软件入门与提高丛书

# 中文版 Premiere Pro CC 入门与提高

凤舞科技　编著

清华大学出版社
北　京

## 内 容 简 介

本书是一本 Premiere Pro CC 软件的实用大全，也是一本案头工具书。全书共分为 6 篇 25 章，内容包括视频编辑的常识、影视文件的格式、Premiere 软件快速入门、Premiere Pro CC 的常用操作、影视素材的添加剪辑、影视素材的调整技法、视频的色彩校正技法、影视画面的调色艺术、转场特效的制作技法、转场特效的应用、视频效果的添加与编辑、视频字幕的编辑与设置、视频字幕的填充与描边、字幕特效的创建与制作、音频文件的操作基础、音频特效的处理与制作、音频特效的制作技法、视频特效的叠加与合成、制作影视节目的动态特效、视频文件的设置与导出、《暗黑征途》特效的制作、《汽车广告》特效的制作、《开心童年》相册特效的制作、《百年好合》婚纱特效的制作、《老有所乐》视频特效的制作。

本书结构清晰、语言简洁，适合 Premiere Pro CC 的初中级读者阅读，既可以作为从事影视广告设计和影视后期制作的广大从业人员的必备工具书，又可以作为高等院校动画影视相关专业的辅导教材。



**图书在版编目(CIP)数据**

中文版 Premiere Pro CC 入门与提高/凤舞科技编著. —北京：清华大学出版社，2015（2020.10重印）
(软件入门与提高丛书)
ISBN 978-7-302-38611-7

Ⅰ. ①中… Ⅱ. ①凤… Ⅲ. ①视频编辑软件 Ⅳ. ①TN94

中国版本图书馆 CIP 数据核字(2014)第 276767 号

责任编辑：杨作梅
装帧设计：刘孝琼
责任校对：马素伟
责任印制：沈 露
出版发行：清华大学出版社
网 址：http://www.tup.com.cn, http://www.wqbook.com
地 址：北京清华大学学研大厦 A 座 邮 编：100084
社 总 机：010-62770175 邮 购：010-62786544
投稿与读者服务：010-62776969, c-service@tup.tsinghua.edu.cn
质量反馈：010-62772015, zhiliang@tup.tsinghua.edu.cn
课件下载：http://www.tup.com.cn, 010-62791865
印 装 者：北京九州迅驰传媒文化有限公司
经 销：全国新华书店
开 本：185mm×260mm 印 张：32.5 字 数：788 千字
(附 DVD 1 张)
版 次：2015 年 1 月第 1 版 印 次：2020 年 10 月第 4 次印刷
定 价：68.00 元

---

产品编号：059475-02

# 前　　言

## ❑ 本书简介

Premiere Pro CC 是美国 Adobe 公司出品的视频非线性编辑软件，是为视频编辑爱好者和相关专业人士准备的编辑工具，可以支持当前所有标清和高清格式视频的实时编辑。它提供了采集、剪辑、调色、美化音频、字幕添加、输出、DVD 刻录的一整套流程，并可以和其他 Adobe 软件高效集成，满足用户创建高质量作品的要求。目前，这款软件广泛应用于影视编辑、广告制作和电视节目的制作中。

## ❑ 本书特色

### ❑ 120 多个提示和注意放送

书中附有作者在使用软件过程中总结的经验技巧，共计 120 多个，方便读者提升实战技巧。

### ❑ 240 多个实战技巧放送

共计 240 多个实例，可以使读者在熟悉基础知识的同时，熟练掌握用 Premiere Pro CC 制作实际案例的方法。

### ❑ 480 多分钟视频演示

书中所介绍的技能实例的操作，全部录制了带语音讲解的演示视频，480 多分钟，读者可以通过观看视频演示进行学习。

### ❑ 1890 多张图片全程图解

通过 1890 多张操作截图来展示软件具体的操作方法，图文对照，简单易学。

## ❑ 本书内容

本书分为 6 大篇幅：入门篇、进阶篇、提高篇、晋级篇、精通篇、实战篇，共计 25 章，具体内容如下。

### ❑ 入门篇

第 1～4 章为入门篇，主要介绍视频编辑的类型、数字视频的相关知识、视频编辑的术语、视频编辑的过程、蒙太奇的合成、数字视频的格式、数字音频的格式、数字图像的格式、Premiere Pro CC 的新增功能、Premiere Pro CC 的主要功能、Premiere Pro CC 的启动与退出、Premiere Pro CC 的工作界面、Premiere Pro CC 的操作界面、自定义 Premiere Pro CC 快捷键、创建项目文件、打开项目文件、保存和关闭项目文件、操作素材文件、使用常用工具等内容。

❑ 进阶篇

第 5～8 章为进阶篇，主要介绍捕捉操作素材、添加影视素材、编辑影视素材、调整影视素材、剪辑影视素材、筛选素材、校正视频色彩、调整图像色彩、控制图像色调等内容。

❑ 提高篇

第 9～11 章为提高篇，主要介绍转场的基础知识、编辑转场特效、设置转场效果属性、常用转场效果的应用、高级转场效果的应用、操作视频效果、设置视频效果的参数、添加常用的视频效果等内容。

❑ 晋级篇

第 12～17 章为晋级篇，主要介绍编辑字幕的基本操作、“字幕属性”面板、设置字幕的属性、设置字幕的填充效果、设置字幕描边与阴影效果、创建字幕路径、创建运动字幕、应用字幕样式和模板、制作字幕的精彩效果、数字音频和操作音频的基础知识、编辑音频效果、音轨混合器的基础知识、处理音频效果、制作立体声音频效果、制作常用音频效果、制作其他音频效果等内容。

❑ 精通篇

第 18～20 章为精通篇，主要介绍 Alpha 通道与遮罩、常用透明叠加、其他叠加方式、运动关键帧、运动效果、画中画效果、视频参数和影片导出参数的设置、影视文件的导出等内容。

❑ 实战篇

第 21～25 章为实战篇，从影视片头、商业广告、电子相册等影视应用的各个方面进行案例实战，既能使读者融会贯通，巩固前面所学知识，又能帮助读者在实战中将设计水平提升到一个新高度。

## ❑ 本书编者

本书由凤舞科技编著，其他参与编写的人员还有谭贤、张卉、罗磊、苏高、孙超、罗林、刘嫔、曾杰、刘芳、刘娟、曹静婷、李龙禹、周旭阳、袁淑敏、谭俊杰、徐茜、杨端阳、谭中阳等人，在此表示感谢。

由于作者知识水平有限，书中难免有错误和疏漏之处，恳请广大读者批评、指正，联系邮箱：itsir@qq.com。

## ❑ 版权声明



编　者

# 目　　录

## 第 19 章 制作影视节目的动态特效 ....385



## 第 20 章 视频文件的设置与导出 ....... 409

# 第 1 章

## 视频编辑常识

本章主要讲解 Premiere Pro CC 视频编辑的基础知识，如数字视频的概念、数字信号的概念、画面运动的原理、音频压缩标准、视频编辑的过程、叙述蒙太奇、表达蒙太奇以及认识镜头组接节奏等内容。通过本章的学习，读者可以快速掌握 Premiere Pro CC 入门知识。

本章重点：

- 视频编辑的类型
- 数字视频的相关知识
- 视频编辑的术语
- 视频编辑的过程
- 蒙太奇的合成

# 1.1 视频编辑的类型

在视频编辑的发展过程中，先后出现了线性编辑和非线性编辑两种编辑方式。本节就来介绍视频编辑的这两种方式。

## 1.1.1 线性编辑

线性编辑是利用电子手段，按照播出节目的需求对原始素材进行顺序剪接处理，最终形成新的连续画面。

线性编辑是指源文件从一端进入，做标记、分割和剪辑，然后从另一端出去。该编辑的主要特点是录像带必须按照顺序进行编辑。

线性编辑的优点是技术比较成熟，操作也比较简单。

线性编辑的缺点是所需的设备不仅需要投入较高的资金，而且设备的连线多，故障发生也频繁，维修起来比较复杂。采用线性编辑技术的编辑过程只能按时间顺序进行编辑，无法删除、缩短以及加长中间某一段的视频。

## 1.1.2 非线性编辑

非线性编辑的实现主要靠软、硬件的支持，两者的组合便称之为非线性编辑系统。

随着计算机软、硬件的发展，非线性编辑借助计算机软件数字化的技术，几乎可以将所有的工作都在计算机中完成。这不仅节省了众多的外部设备，并且降低了故障的发生频率，更是突破了单一事件顺序编辑的限制。

非线性编辑是指应用计算机图形、图像技术等，在计算机中对各种原始素材进行编辑操作，并将最终结果输出到计算机硬盘、光盘以及磁带等记录设备上的一系列完整工艺过程。一个完整的非线性编辑系统主要由计算机、视频卡(或 IEEE 1394 卡)、声卡、高速硬盘、专用特效卡以及外围设备构成，如图 1-1 所示。

图 1-1　非线性编辑系统

相比线性编辑，非线性编辑的优点与特点主要集中在素材的预览、编辑点定位、素材调整的优化、素材组接、素材复制、特效功能、声音的编辑以及视频的合成等方面。

提示：就目前的计算机配置来讲，一台家用计算机添加一张 IEEE 1394 卡，再配合 Premiere Pro 这类专业的视频编辑软件，就可以构成一个非线性编辑系统。

# 1.2 数字视频的相关知识

数字视频是指通过视频捕捉设备进行采集，然后将视频信号转换为帧信息，并以每秒约 30 帧的速度播放的运动画面。本节将讲解数字视频的相关基础知识。

## 1.2.1 数字视频的概念

随着数字技术的迅猛发展，数字视频开始取代模拟视频，并逐渐成为新一代的视频应用标准，现在已广泛应用于商业和网络的传播中。

数字视频就是以数字形式记录的视频。数字视频有与模拟视频不同的产生方式、存储方式和播出方式，主要是用摄像机之类的视频捕捉设备，将外界影像的颜色和亮度信息转变为电信号，再记录到储存介质(如录像带)上。

熟悉模拟信号与数字信号的差别后，数字视频的概念就变得很好理解了。数字视频就是使用数字信号来记录、传输、编辑以及修改的视频数据。

## 1.2.2 模拟信号的概念

模拟信号是指在时间和数值上都是连续且不断变化的信号。模拟信号的幅度、频率及相位都会随着时间发生变化，如声音信号、图形信号等，如图 1-2 所示。

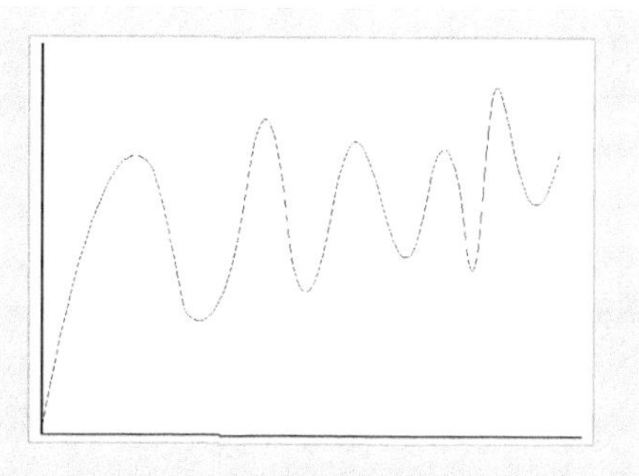

图 1-2　模拟信号波形

## 1.2.3 数字信号的概念

数字信号的幅值波形幅度被限制在有限的个数内。数字信号不会受到强烈的干扰，而且具有便于储存、处理和交换，安全和设备集成化等优点。由于数字信号的幅值有限，因此在传输过程中也会受到干扰，但数字信号只需要在适当的距离即可重新生成无噪声干扰的数字信号波形，如图 1-3 所示。

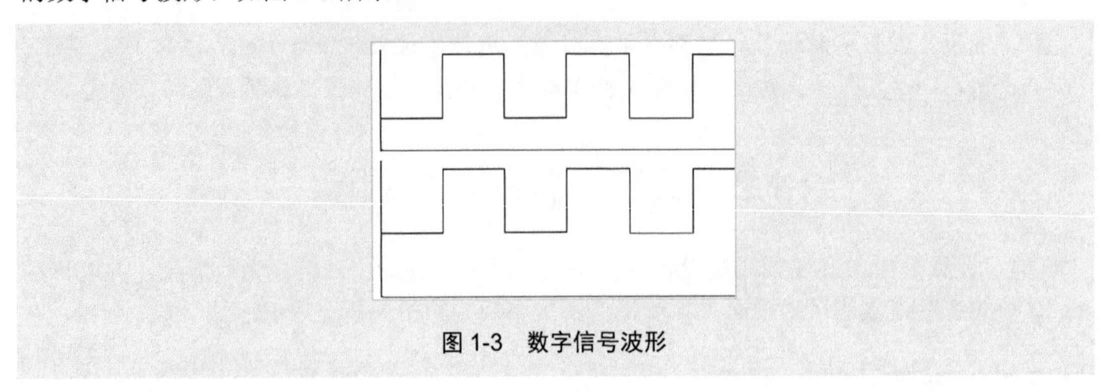

图 1-3　数字信号波形

## 1.2.4　数字视频的发展

数字视频的发展与计算机的处理能力密切相关。

自 20 世纪 40 年代计算机诞生以来，计算机大约经历了计算阶段、数据处理阶段以及多媒体阶段 3 个发展阶段。下面将对这个 3 个发展阶段进行介绍。

- 计算阶段：此阶段计算机刚刚问世不久，主要用于科学与工程技术中。因此，这个阶段的计算机仅能处理数值数据。
- 数据处理阶段：随着字符发生器的诞生，计算机不但能处理简单的数值，还可以表示和处理字幕及各类符号。从此，计算机的应用领域得到了进一步扩展。
- 多媒体阶段：随着各种图形、图像和语音设备的问世，计算机进入了突破性的多媒体时代。在这一阶段，计算机可以直接、生动地传达相关媒体信息，因此多媒体时代是推动数字视频的重要时期。

**提示：**数字视频是对模拟视频信号进行数字化后的产物，是基于数字技术记录视频信息的。

## 1.2.5　画面运动的原理

人们所看到的视频本身是一些静止的图像，当这些静止的图像在人们眼中快速、连续地播放时，便会出现视觉停留的现象。

物体影像会在人的视网膜上停留 0.1～0.4 秒，导致视觉停留时间不同的原因在于物体的运动速度和每个人之间的个体差异，如图 1-4 所示。

图 1-4 画面运动原理

## 1.2.6 音频压缩标准

音频信号是多媒体信息的重要组成部分。音频压缩标准主要是指对占用空间容量较大的音频文件进行压缩操作所依据的标准。

数字音频压缩技术标准分为电话语音压缩、调幅广播语音压缩和调频广播及 CD 音质的宽带音频压缩 3 种。

电话(200Hz～3.4kHz)语音压缩标准主要有 ITU 的 G.722(64kb/s)、G.721(32kb/s)、G.728(16kb/s)和 G.729(8kb/s)等建议，用于数字电话通信。

调幅广播(50Hz～7kHz)语音压缩标准主要采用 ITU 的 G.722(64kb/s)建议，用于优质语音、音乐、音频会议和视频会议等。

调频广播(20Hz～15kHz)及 CD 音质(20Hz～20kHz)的宽带音频压缩标准主要采用 MPEG-1 或 MPEG-2 双杜比 AC-3 等建议，用于 CD、MD、MPC、VCD、DVD、HDTV 和电影配音。

## 1.2.7 视频压缩标准

由于数字视频原有的形式占用空间十分庞大，因此为了方便传送和视频播放的便捷，人们开始压缩数字视频。

数字视频的压缩技术采用特殊的记录方式来保存数字视频信号，使用最多的数字视频压缩标准为 MPEG 标准。

MPEG 标准是由 ISO 国际标准化组织所制定并发布的视频、音频以及数据压缩技术，为存储高清晰度的视频数据奠定了坚实的基础。

**提示：**目前，使用较多的数字视频压缩技术除了 MPEG 之外，还有一种 H.26X 的压缩技术，这种技术可以让用户获得更为清晰的高质量视频画面。

## 1.2.8 数字视频的分辨率

像素是组成画面的最小单位，每个像素点都是由“红”、“绿”、“蓝”3 种颜色组成的。分辨率是指屏幕上像素的数量。

像素和分辨率都是影响画面清晰度的重要因素。因此，分辨率越大、像素数量越多，则视频画面的清晰度就越高，如图 1-5 所示。

图 1-5　分辨率高的照片与分辨率低的照片的比较

**提示：**通过对红、绿、蓝 3 种不同颜色因子的控制，可以使像素点在显示设备中显示出任何颜色。

## 1.2.9 数字视频的颜色深度

颜色深度是指最多支持的颜色种类，一般用“位”来描述。

不同格式的图像呈现出的颜色种类也有所不同，如 GIF 格式图片支持 256 种颜色，需要使用 256 个不同的数值来表示不同的颜色，即从 0～255。

颜色深度越小，色彩的鲜艳度就相对较低，如图 1-6 所示；反之，颜色的深度越大，图片占用的空间也会越大，色彩的鲜艳度也会越高，如图 1-7 所示。

图 1-6　颜色深度低的图像

图 1-7　颜色深度高的图像

# 1.3　视频编辑的术语

在编辑视频之前，首先需要了解视频的相关编辑术语，如帧、剪辑、时基以及获取等。下面就对相关的知识进行详细介绍。

## 1.3.1　帧

帧是传统影视和数字视频中的基本信息单元，就是影像动画中最小单位的单幅影像画面。帧相当于电影胶片上的每一格镜头。任何视频在本质上都是由若干个静态画面构成的，每一幅静态的画面即为一个单独帧。如果按时间顺序放映这些连续的静态画面，图像就会动起来。

## 1.3.2　剪辑

剪辑可以说是视频编辑中最常提到的专业术语，一部完整的好电影通常都需要经过无数次的剪辑操作。

视频剪辑技术在发展过程中也经历了几次变革，最初传统的影像剪辑采用的是机械和电子两种剪辑方式，下面分别对其进行介绍。

- 机械剪辑是指直接性的对胶卷或者录像带进行物理的剪辑，这种剪辑相对比较简单也容易理解。随着磁性录像带的问世，这种机械剪辑的方式逐渐暴露出其缺陷，因为剪辑录像带上的磁性信息除了需要确定和区分视频轨道的位置外，还需要精确切割两帧视频之间的信息，这就增加了剪辑操作的难度。电子剪辑的问世，让这一难题得到了解决。
- 电子剪辑也称为线性录像带电子剪辑，它是通过按新的顺序重新录制信息的过程。

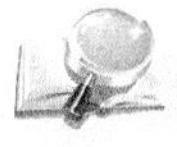

提示：剪辑工作的基本流程如下。

准备工作：①熟悉素材并修改拍摄提纲。②准备设备。③与有关人员进行协商④整理素材。

剪辑阶段：①纸上剪辑(编辑设想)。②初剪。③精剪。

检查阶段：①检查意义表达。②检查画面。③检查声音。

## 1.3.3　时基

时基即时间显示的基本单位。

## 1.3.4　时:分:秒:帧

“时:分:秒:帧”是用来描述剪辑持续时间的时间代码标准。在Premiere Pro CC中，用户可以很直观地在“时间线”面板中查看到持续时间，如图1-8所示。

图 1-8　查看持续时间

## 1.3.5　压缩

压缩是用于重组或删除数据以减小剪辑文件尺寸的特殊方法。

在压缩影像文件时，可在第一次获取到计算机时进行压缩，或者在 Premiere Pro CC 中进行编辑时再压缩。

**提示：** 由于数字视频原有形式占用空间十分庞大，因此，为了方便传送和播放的快捷与方便，压缩视频是所有视频编辑者必须掌握的技术。

## 1.3.6　QuickTime

QuickTime 是一款拥有强大的多媒体技术的内置媒体播放器，可让用户以各种文件格式观看互联网视频、高清电影预告片和个人媒体作品，更可让用户以非比寻常的高品质欣赏这些内容。QuickTime 不仅是一个媒体播放器，而且是一个完整的多媒体架构，可以用来进行多种媒体的创建、生产和分发，并为这一过程提供端到端的支持，包括媒体的实时捕捉、以编程的方式合成媒体、导入和导出现有的媒体，以及编辑和制作、压缩、分发以及用户回放等多个环节。

QuickTime 是一个跨平台的多媒体架构，可以运行在 Mac OS 和 Windows 系统上，如图 1-9 所示。它的构成元素包括一系列多媒体操作系统扩展(在 Windows 系统上实现为 DLL)、一套易于理解的 API、一种文件格式，以及一套诸如 QuickTime 播放器、QuickTime ActiveX 控件、QuickTime 浏览器插件这样的应用程序。

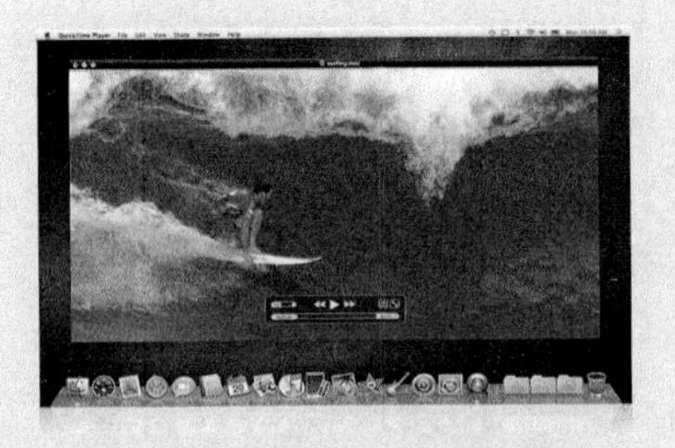

图 1-9　QuickTime 播放器

### 1.3.7 Video Windows

Video Windows 是由 Microsoft 公司开发的一种影像格式，俗称 AVI 电影格式。Video Windows 有着与 QuickTime 同样能播放数字化电影的功能。

## 1.4 视频编辑的过程

一段完整的视频需要经过一系列烦琐的编制过程，包括取材、整理、策划、剪辑、编辑、后期加工、添加字幕以及后期配音等。本节将介绍视频制作过程的基础知识。

### 1.4.1 取材

所谓的取材可以简单地理解为收集原始素材或收集未处理的视频及音频文件。在进行视频取材时，用户可以通过摄像机、数码相机、扫描仪以及录音机等数字设备进行收集。图 1-10 所示为摄像机。

图 1-10 摄像机

### 1.4.2 整理与策划

当获取众多的素材文件后，用户需要做的第一件事就是整理杂乱的素材，并将其策划出来。策划是一个简单的编剧过程，一部影视节目往往需要经过从剧本编写到分镜头脚本的编写过程，才能最终交付使用或放映。

### 1.4.3 剪辑与编辑

视频的剪辑与编辑是整个影视节目制作过程中最重要的一个环节。

剪辑，即将影片制作中所拍摄的大量素材，经过选择、取舍、分解与组接，最终完成一个连贯流畅、含义明确、主题鲜明并有艺术感染力的作品。

视频的剪辑与编辑决定着最终的视频效果，如图 1-11 所示。

图 1-11　剪辑效果

## 1.4.4　后期加工

后期加工主要是指在视频制作完成后，对视频进行的一些特殊的编辑操作。经过剪辑和编辑后，用户可以为视频添加一些特效和转场动画，这些后期加工环节可以增加视频的艺术效果，如图 1-12 所示。

提示：在影视的后期制作与剪辑中，Premiere 占据着重要的地位，被人们用来剪辑、合成视频片段，以及制作简单的后期特效等。在后期制作中，运用 Premiere 还可以加入声音，以及渲染输出多种格式的视频文件等。

图 1-12　后期加工的黑白艺术画面

## 1.4.5　添加字幕

在制作视频时，为视频文件添加字幕，可以凸显视频的主题意思。

在众多视频编辑软件中都提供了文字编辑功能，用户可以展现自己的想象空间，利用这些工具添加各种字幕效果，如图 1-13 所示。

图 1-13 字幕效果

### 1.4.6 后期配音

摄制组工作的后期阶段是将记录在胶片上的每一个镜头由导演、剪接师经心筛选与取舍后，按一场戏、一场戏地顺序组接起来，形成画面连接的半成品；再由导演和录音师把各场戏的对白(角色所说的话)、效果、音响、音乐(包括电影中的歌曲)等录制在磁片上，经混合录制成各种音响连接的另一半成品；最后经由摄影师对组接好的画面进行配光、调色等工艺处理，然后把全部音响以光学手段混合录制在画面的胶片上，成为一部成品，即完成拷贝。此时影片的全部制作才算完成。

后期配音是指为影片或多媒体加入声音的过程。大多数视频制作都会将配音放在最后一步，这样可以节省很多不必要的重复工作。声音的加入可以很直观地传达视频中的情感和氛围。

## 1.5 蒙太奇的合成

“蒙太奇”的原意为文学、音乐与美术的结合，在影视中则是一种将影片内容展现给观众的叙述手法和表现形式。本节将介绍蒙太奇、镜头组接规律以及镜头组接节奏等基础知识。

### 1.5.1 蒙太奇的含义

从狭义上来讲，蒙太奇指的就是在影视后期制作过程中将镜头画面以及色彩等元素组合、编排，从而构成一部影视作品。

提示：蒙太奇的功能主要如下。

- 通过镜头、场面、段落的分切与组接，对素材进行选择和取舍，以使表现内容主次分明，达到高度的概括和集中。
- 引导观众的注意力，激发观众的联想。每个镜头虽然只表现一定的内容，但组接一定顺序的镜头，就能够规范和引导观众的情绪和心理，启迪观众思考。
- 创造独特的影视时间和空间。每个镜头都是对现实时空的记录，经过剪辑，实现对时空的再造，形成独特的影视时空。

## 1.5.2 表现蒙太奇

表现蒙太奇，是指根据画面的内在联系，通过画面与画面、画面与声音之间的变化和冲击，创造单个画面本身无法产生的概念与寓意，激发观众联想。表现蒙太奇可以分为并列式、交叉式、比喻式以及象征式几种形式。图 1-14 和图 1-15 所示分别为比喻式和象征式蒙太奇。

图 1-14　比喻式蒙太奇

图 1-15　象征式蒙太奇

## 1.5.3 叙述蒙太奇

叙述蒙太奇分为顺叙、倒叙、插叙以及分叙等多种类型。

叙述蒙太奇是按照事物的发展规律、内在联系以及时间顺序，把不同的镜头连接在一起，叙述一个情节，展示一系列事件的剪接方法。

## 1.5.4 前进式句型

前进式句型是指景物由远景、全景向近景以及特写过渡。前进式句型用来表现由低沉到高昂向上的情绪和剧情的发展，如图 1-16 所示。

图 1-16　前进式句型

用户在组接前进式句型镜头的时候，如果遇到同一机位、同一景别又是同一主体的画面是不能进行组接的，因为这样的镜头组接在一起看起来很雷同。

**注意：**如果镜头之间主体运动不连贯，或者画面之间有停顿，则必须在前一个镜头内完成一套动作，才能组接下一个镜头。

## 1.5.5 后退式句型

后退式句型是与前进式句型相反的一种表现形式。

后退式句型用于表示由高贵到低沉、压抑的情绪，在影片中表现由细节到扩展的全部场景，如图 1-17 所示。

图 1-17 后退式句型

**注意：**前进式句型和后退式句型一般采用五段式、三段式、两级式三种形式：①五段式有远景、全景、中景、近景、特写。②三段式有远景、中景、特写。③两级式是用表现同一主体的两个景别跨度很大的镜头组接在一起，如远景、大全景接特写。

## 1.5.6 循环式句型

循环式句型是指把前进式和后退式的句子结合在一起使用。

循环式句型是由“全景→中景→近景→特写”，再由“特写→近景→中景→全景”，如图 1-18 所示，甚至还可以反过来运用。它在揭示事物的发展规律上是从宏观到微观，再从微观到宏观的认识事物的方法，或者相反。但从哲学意义上，并不是简单的回归，而是对客观事物从表象到本质的更深刻的认识。循环式句型主要表现由低沉到高昂，再由高昂转向低沉的情绪，这类句型一般在影视故事片中较为常用。

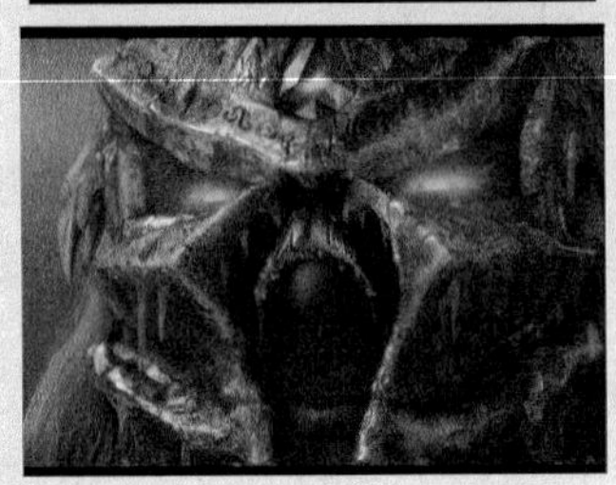

图 1-18　循环式句型

## 1.5.7　镜头组接节奏

为了能够更加明确地向观众表达出作者的思想和信息，组接镜头必须要符合观众的思维方式以及影片的表现规律。

一般来说，拍摄一个场景时，场景的发展不宜过分剧烈，否则就不容易连接起来。但是，若场景的变化不大，同时拍摄角度变换亦不大，则拍出的镜头也不容易组接。由于以上原因，在拍摄的时候，场景的发展变化需要采取循序渐进的方法。循序渐进地变换不同视觉距离的镜头，可以顺畅地连接，从而形成各种蒙太奇句型。

**提示：**在影视创作中，摇镜头可以用于介绍环境、人物的运动、主观视线的转移以及人物内心的感受等。

镜头组接节奏是指通过演员的表演、镜头的转换和运动等因素，让观众直观地感受到人物的情绪变化、剧情的跌宕起伏、环境气氛的变化等。

影片中每一个镜头的组接都需要以影片内容为出发点，并在此基础的前提下调整或控制影片的节奏，如图 1-19 所示。

图 1-19　镜头组接

如果在一个宁静祥和的场景中用了快节奏的镜头转换，就会使观众觉得突兀跳跃，心理上难以接受。然而在一些节奏强烈、激荡人心的场景中，就应该考虑到种种冲击因素，使镜头的变化速度与观众的心理要求一致，以增强观众的激动情绪，从而达到吸引和模仿的目的。

# 第2章

## 影视文件的格式

在使用非线性编辑软件编辑影片之前，首先需要了解数字视频格式和数字音频格式等，从而为制作出绚丽的影视作品奠定良好的基础。

本章重点：

- 数字视频的格式
- 数字音频的格式
- 数字图像的格式

# 2.1 数字视频的格式

为了更加灵活地使用不同格式的素材视频文件，用户必须了解当前最流行的几种视频文件格式，如 MJPEG、MPEG、AVI、MOV、RM/RMVB 以及 WMV 等。

## 2.1.1 MJPEG 格式

MJPEG 是 Motion JPEG 的简称，即动态 JPEG。MJPEG 格式以 25 帧/秒的速度使用 JPEG 算法压缩视频信号，完成动态视频的紧缩。

MJPEG 广泛应用于非线性编辑领域，可精确到帧编辑和多层图像处理，可以把运动的视频序列作为连续的静止图像来处理。这种压缩方式单独完整地压缩每一帧，在编辑过程中可随机存储每一帧。此外，MJPEG 的压缩和解压缩是对称的，可由相同的硬件和软件实现。但 MJPEG 只对帧内的空间冗余进行压缩，不对帧间的时间冗余进行压缩，故压缩效率不高。

## 2.1.2 MPEG 格式

MPEG 类型的视频文件是由 MPEG 编码技术压缩而成的视频文件，被广泛应用于 VCD、DVD 以及 HDTV 的视频编辑与处理中。

MPEG 标准的视频压缩编码技术主要利用具有运动补偿的帧间压缩编码技术来减小时间冗余度，利用 DCT 技术来减小图像的空间冗余度，利用编码在信息表示方面减小统计冗余度。这几种技术的综合运用，大大增强了压缩性能。

## 2.1.3 AVI 格式

AVI 英文全称为 Audio Video Interleaved，即音视频交错格式，它是将语音和影像同步组合在一起的文件格式。

AVI 对视频文件采用了一种有损压缩方式，但压缩比较高，因此尽管画面质量不是太好，但其应用范围仍然非常广泛。AVI 支持 256 色和 RLE 压缩。AVI 信息主要应用在多媒体光盘上，用来保存电视、电影等各种影像信息。AVI 视频格式的优点是兼容性好、调用方便以及图像质量好，视频画质如图 2-1 所示；缺点是尺寸过大，文件的体积十分庞大，占用空间太多。

图 2-1　AVI 视频画质

### 2.1.4 MOV 格式

MOV 即 QuickTime 影片格式，它是 Apple 公司开发的一种音频、视频文件格式，用于存储常用的数字媒体类型。当选择 QuickTime 格式作为保存类型时，动画将保存为.mov 文件。MOV 格式的视频画质如图 2-2 所示。

该格式的文件只能在 Apple 公司所生产的 Mac 机上进行播放。

图 2-2 MOV 视频画质

### 2.1.5 RM/RMVB 格式

RM 和 RMVB 格式都是由 Real Networks 公司制定的视频压缩规范格式。

RM 格式是一种流媒体视频文件格式，可以根据网络数据传输的不同速率制定不同的压缩比率，从而实现在低速率的 Internet 上进行视频文件的实时传送和播放。它主要包含 RealAudio、RealVideo 和 RealFlash 三部分。

RMVB 是一种视频文件格式，RMVB 中的 VB 指 VBR Variable Bit Rate，可改变之比特率，它较上一代 RM 格式的画面要清晰很多，原因是降低了静态画面下的比特率，可以用 RealPlayer、暴风影音、QQ 影音等播放软件来播放。

由于 RM 格式的视频只适合于本地播放，而 RMVB 格式除了可以进行本地播放外，还可以通过互联网播放。因此，更多的用户青睐于使用 RMVB 视频格式。

### 2.1.6 WMV 格式

WMV 是微软推出的一种流媒体格式。在同等视频质量下，WMV 格式的体积非常小，因此很适合在网上播放和传输。WMV 格式的主要优点在于：属于可扩充的媒体类型、可在本地或网络回放、是可伸缩的媒体类型、有多语言支持以及具有可扩展性等。

## 2.2 数字音频的格式

在制作视频作品的过程中，除了需要熟悉视频文件格式外，还必须熟悉各种类型的音频格式，如 WAV、MP3、MIDI 以及 WMA 等。下面介绍数字音频格式的基础知识。

## 2.2.1 WAV 格式

WAV 音频格式是 Windows 系统本身存放数字声音的标准格式，它符合 RIFF(Resource Interchange File Format)文件规范。

WAV 格式用于保存 Windows 平台的音频信息资源，被 Windows 平台及其应用程序广泛支持，该格式也支持 MSADPCM、CCITT A LAW 等多种压缩算法，支持多种音频数字、取样频率和声道。标准格式化的 WAV 文件和 CD 格式的文件一样，也是 44.1kHz 的取样频率，16 位量化数字，因此其声音质量和 CD 相差无几。WAV 音频文件的音质在各种音频文件中是最好的，同时其体积也是最大的，因此不适合在网络上传播。

## 2.2.2 MP3 格式

MP3 格式诞生于 20 世纪 80 年代的德国，是采用了有损压缩算法的音频文件格式。

MP3 音频的编码采用了 10∶1～12∶1 的高压缩率，并且可以保持低音频部分不失真。为了压缩文件的尺寸，MP3 声音牺牲了声音文件中 12kHz～16kHz 高音频部分的质量。

MP3 成为目前最为流行的一种音乐文件的原因是，MP3 可以根据不同需要采用不同的采样率进行编码。其中，127kb/s 采样率的音质接近于 CD 音质，而其大小仅为 CD 音乐的 10%。MP3 格式文件的图标如图 2-3 所示。

图 2-3　MP3 图标

## 2.2.3 MIDI 格式

MIDI 并不能算是一种数字音频文件格式，而是电子乐器传达给计算机的一组指令，可以让其音乐信息在计算机中重现。

MIDI 是一种电子乐器之间以及电子乐器与计算机之间的统一交流协议。很多流行的游戏、娱乐软件中都有不少以 MID、RMI 为扩展名的 MIDI 格式音乐文件。

MIDI 文件是一种描述性的“音乐语言”，它用字节描述所要演奏的乐曲信息。譬如在某一时刻，使用什么乐器，以什么音符开始，以什么音调结束，加以什么伴奏等，也就是说，MIDI 文件本身并不包含波形数据，所以 MIDI 文件非常小巧。

### 2.2.4 WMA 格式

WMA 文件格式是微软公司推出的，是与 MP3 格式齐名的一种音频格式。

WMA 在压缩比和音质方面都超过了 MP3，更是远胜于 RA(Real Audio)，即使在较低的采样频率下也能产生较好的音质。一般使用 Windows Media Audio 编码格式的文件以 WMA 作为扩展名，一些使用 Windows Media Audio 编码格式编码其所有内容的纯音频 ASF 文件也使用 WMA 作为扩展名。

## 2.3 数字图像的格式

常见的数字图像格式主要有 BMP、PCX、GIF、TIFF、JPEG、TGA、EXIF、FPX、PSD 以及 CDR 等，下面分别进行介绍。

### 2.3.1 BMP 格式

BMP(Bitmap)格式是标准的 Windows 图像格式。

BMP 是一种与硬件设备无关的图像文件格式，使用非常广。它采用位映射存储格式，除了图像深度可选以外，不采用其他任何压缩，因此 BMP 文件所占用的空间很大。

BMP 格式支持 1～24 位颜色深度，该格式的特点是包含的图像信息较丰富，几乎不对图像进行压缩，所以占用的磁盘空间大。

### 2.3.2 PCX 格式

PCX 是最早支持彩色图像的一种文件格式，现在最高可以支持 256 种颜色。

PCX 格式的图像文件由文件头和实际图像数据构成。文件头由 128 个字节组成，用于描述版本信息和图像显示设备的横向、纵向分辨率以及调色板等信息，在实际图像数据中，表示图像数据类型和彩色类型。PCX 图像文件中的数据都是用 PCXREL 技术压缩后的图像数据。

### 2.3.3 GIF 格式

GIF(Graphics Interchange Format)的原义是图像互换格式，是 CompuServe 公司在 1987 年开发的图像文件格式。

GIF 是一种基于 LZW 算法的连续色调的无损压缩格式，其压缩率一般在 50%左右。

GIF 格式也是一种非常通用的图像格式，由于最多只能保存 256 种颜色，且使用 LZW 压缩方式压缩文件，因此 GIF 格式保存的文件非常小，不会占用太多的磁盘空间，非常适合在 Internet 上传输，GIF 格式还可以保存动画。

## 2.3.4 TIFF 格式

TIFF(Tag Image File Format)是由 Aldus 和 Microsoft 公司共同研制开发的一种较为通用的图像文件格式。几乎所有的绘画、图像编辑和页面版式应用程序均支持该文件格式。TIFF 是现存图像文件格式中最复杂的一种，具有扩展性、方便性以及可改性等特点，可以提供给 IBM PC 等环境中运行图像编辑的程序。TIFF 格式的图像画质如图 2-4 所示。

图 2-4　TIFF 图像画质

## 2.3.5 JPEG 格式

JPEG 是一种很灵活的格式，支持多种压缩级别，压缩比率通常为 10∶1～4∶1，压缩比越大，品质就越低；压缩比越小，品质就越好。

JPEG 是一种高压缩比、有损压缩真彩色的图像文件格式，其最大的特点是文件比较小，因而在注重文件大小的领域应用广泛，比如网络上的绝大部分要求高颜色深度的图像都是使用 JPEG 格式。JPEG 格式的图像画质如图 2-5 所示。

图 2-5　JPEG 图像画质

## 2.3.6 TGA 格式

TGA(Targa)是计算机上应用最广泛的图像格式，它在兼顾 BMP 图像质量的同时又兼顾了 JPEG 的体积优势，并且还有通道效果、方向性等特点。TGA 因为兼具体积小和效果清晰的特点在 CG 领域常作为影视动画的序列输出格式。

TGA 格式(Tagged Graphics)是由美国 Truevision 公司为其显示卡开发的一种图像文件格式，文件后缀为“.tga”，已被国际上的图形图像工业所接受。TGA 的结构比较简单，属于一种图形图像数据的通用格式，在多媒体领域有很大影响，TGA 图像格式最大的特点是可以做出不规则形状的图形图像文件。一般图形图像文件都为四方形，若需要有圆形、菱形甚至是镂空的图像文件时，TGA 可就派上用场了。TGA 文件支持压缩，使用不失真的压缩算法，其图像画质如图 2-6 所示。

图 2-6 TGA 图像画质

## 2.3.7 EXIF 格式

EXIF 是 1994 年富士公司提倡的数码相机图像文件格式，它其实与 JPEG 格式相同。

EXIF 格式就是在 JPEG 格式头部插入了数码照片的信息，包括拍摄时的光圈、快门、白平衡、ISO、焦距、日期、时间等各种和拍摄有关的条件，以及相机品牌、型号、色彩编码、拍摄时录制的声音、全球定位系统(GPS)、缩略图等。简单地说，EXIF=JPEG＋拍摄参数。因此，用户可以用任何可以查看 JPEG 文件的看图软件浏览 EXIF 格式的照片，但并不是所有的图形程序都能处理 EXIF 信息。

## 2.3.8 FPX 格式

FPX 是一种拥有多重分辨率的影像格式，即影像被存储成一系列分辨率高低不同的文件。

FPX 格式的好处是当影像被放大时仍可维持影像的质量。另外，当修饰 FPX 影像时，只会处理被修饰的部分，不会把整幅影像一并处理，从而减小了处理器及存储器体的负担，并使影像处理时间减少。

## 2.3.9 PSD 格式

PSD 是 Photoshop 图像处理软件的专用文件格式，可以支持图层、通道、蒙版和不同色彩模式的各种图像特征。

PSD/PDD 是 Adobe 公司开发的图形设计软件 Photoshop 的专用格式。PSD 文件可以存储成 RGB 或 CMYK 模式，能够自定义颜色数，还可以保存 Photoshop 的图层、通道、路径等信息，是目前唯一能够支持全部图像色彩模式的格式。PSD 文件的体积庞大，在大多数平面软件内部可以通用(如 CDR、AI、AE 等)，另外在一些其他类型编辑软件内也可使用，例如 Office 系列。PSD 格式的图像画质如图 2-7 所示。

图 2-7　PSD 图像画质

## 2.3.10　CDR 格式

CDR 是绘图软件 CorelDRAW 的专用图形格式。由于 CorelDRAW 是矢量图形绘制软件，所以 CDR 可以记录文件的属性、位置和分页等。

CDR 格式的兼容性比较差，所以只能在 CorelDRAW 应用程序中使用，其他图像编辑软件均不能打开此类文件。

# 第 3 章

# Premiere 软件快速入门

Premiere Pro CC 是由 Adobe 公司开发的一款非线性视频编辑软件，是目前影视编辑领域应用最为广泛的视频编辑处理软件。本章主要介绍 Premiere Pro CC 的工作界面以及基本操作等知识。

本章重点：

- Premiere Pro CC 的新增功能
- Premiere Pro CC 的主要功能
- Premiere Pro CC 的启动与退出
- Premiere Pro CC 的工作界面
- Premiere Pro CC 的操作界面
- 自定义 Premiere Pro CC 快捷键

# 3.1 Premiere Pro CC 的新增功能

Premiere Pro CC 软件专业性强，操作简便，可以对声音、图像、动画、视频、文件等多种素材进行处理加工，从而得到令人满意的影视文件。本节将对 Premiere Pro CC 的一些新增功能进行详细的介绍。

## 3.1.1 Adobe Creative Cloud 同步设置

Premiere Pro CC 新增的“同步设置”命令使用户可以将其首选项、预设和设置同步到 Creative Cloud，如图 3-1 所示。用户如果在多台计算机上使用 Premiere Pro CC，可借助“同步设置”功能使各计算机之间的设置保持同步，即将所有设置上传到 Creative Cloud 账户，然后再下载并应用到其他计算机上。

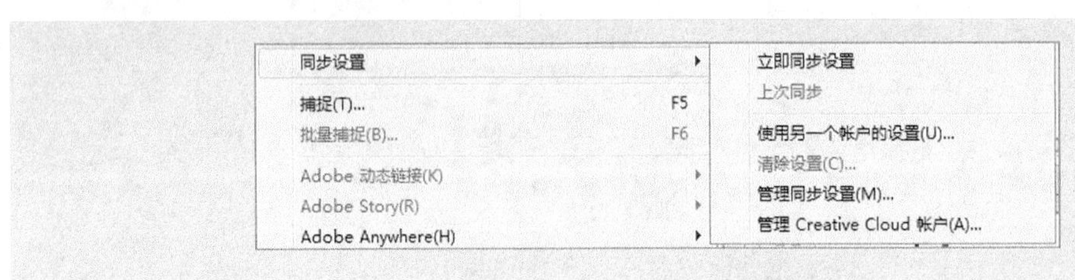


图 3-1 “同步设置”菜单命令

选择“文件”|“同步设置”|“管理同步设置”命令，打开“首选项”对话框，用户可以在此设置同步首选项的设置参数、工作区的布局样式、键盘快捷键，如图 3-2 所示。

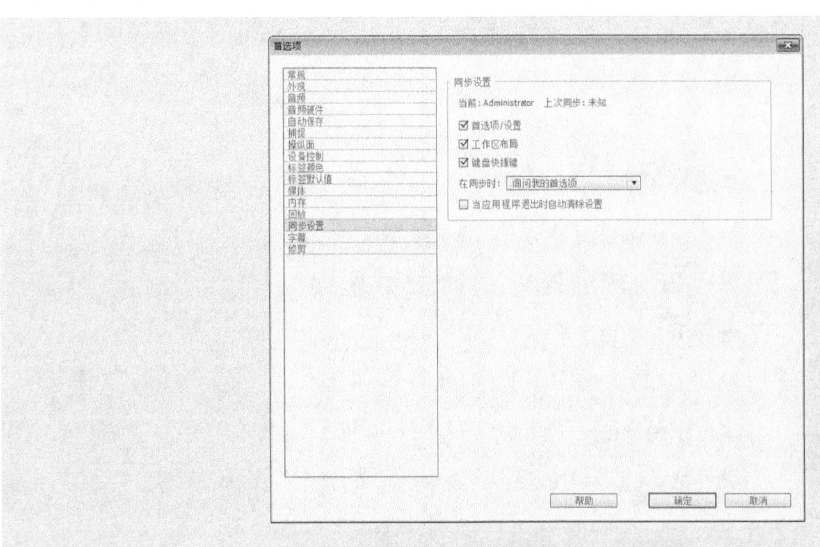


图 3-2 “首选项”对话框

## 3.1.2 Adobe Anywhere 集成

通过 Adobe Anywhere，用户可以使用本地或远程网络同时访问、处理以及使用远程存储的媒体，而不需要传输重复的媒体和代理文件。

要在 Premiere Pro CC 中使用 Adobe Anywhere，方法是选择“文件”|Adobe Anywhere|“登录”命令，如图 3-3 所示。弹出“Adobe Anywhere 登录”对话框，在其中输入所需信息，如图 3-4 所示。单击“确定”按钮，即可登录 Adobe Anywhere 使用远程存储的媒体。

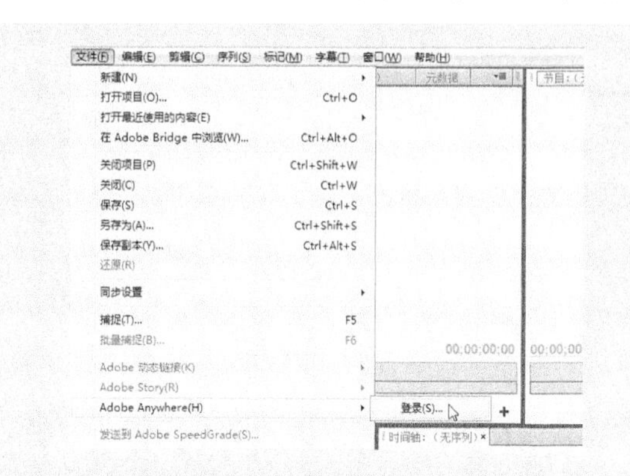

图 3-3 选择“登录”命令

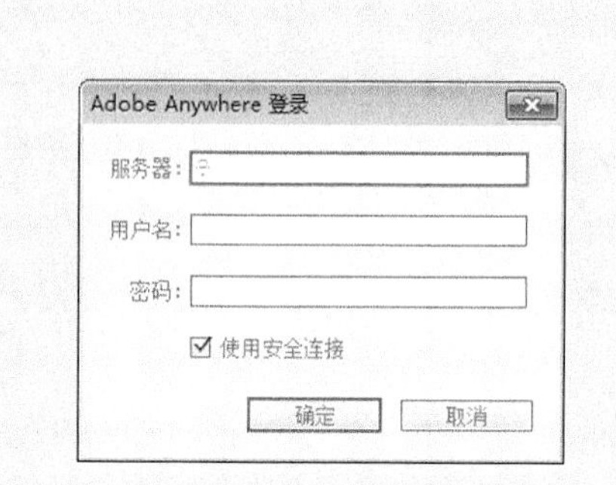


图 3-4 “Adobe Anywhere 登录”对话框

## 3.1.3 音频增效工具管理器

“音频增效工具管理器”适用于处理音频效果，如图 3-5 所示。用户可从“音频轨道混合器”和“效果”面板中访问音频增效工具管理器，也可从“音频首选项”对话框中访问音频增效工具管理器。Premiere Pro CC 现在支持第三方 VST3 增效工具。

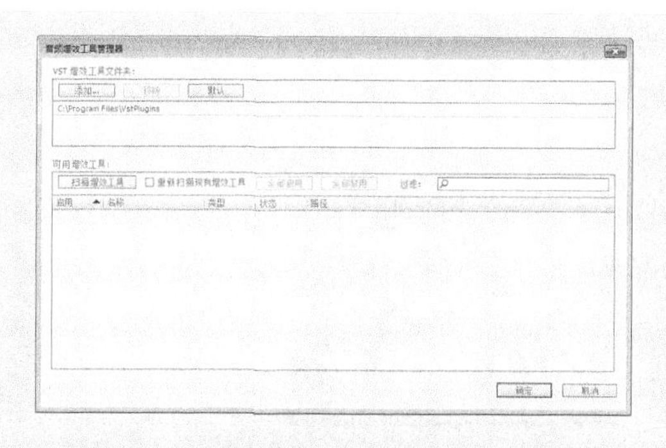

图 3-5 “音频增效工具管理器”对话框

## 3.1.4 项目导入/导出

在 Premiere Pro CC 中，进一步改进和增强了项目的导入和导出功能，用户能够导入更大的保真度 AAF 项目，并支持更多的视频格式，如图 3-6 所示。

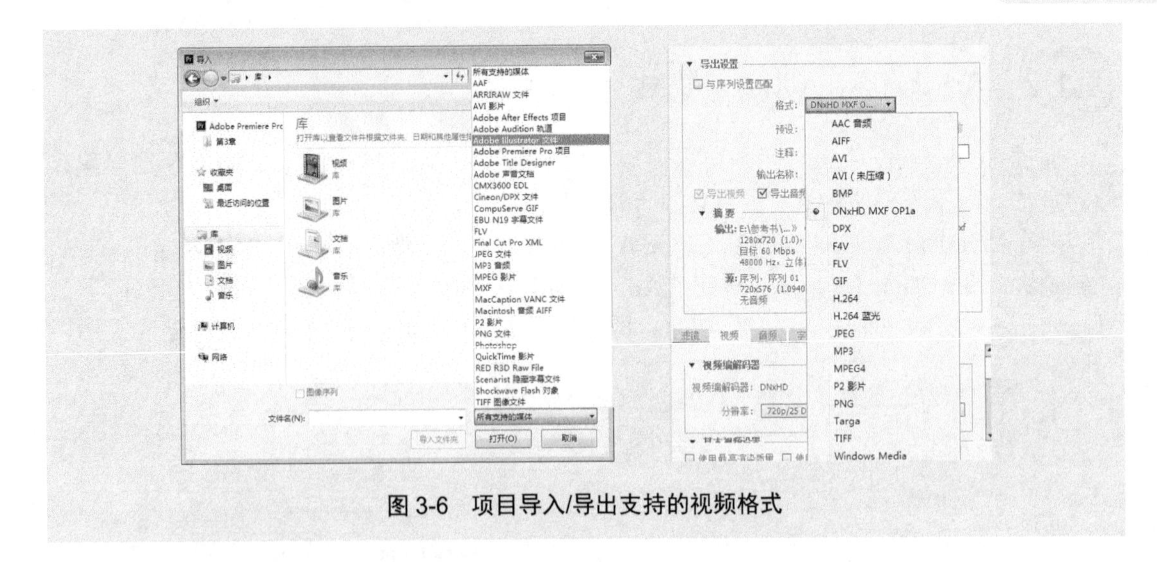


图 3-6　项目导入/导出支持的视频格式

# 3.2　Premiere Pro CC 的主要功能

Premiere Pro CC 是一款具有强大功能的视频编辑软件，其简单的操作步骤、简明的操作界面、多样化的特效受到广大用户的青睐。本节将对 Premiere Pro CC 的主要功能进行详细的介绍。

## 3.2.1　捕捉功能

在 Premiere Pro CC 中，捕捉功能主要用于将素材捕捉至软件中，再进行其他操作。Premiere Pro CC 可以直接从便携式数字摄像机、数字录像机、麦克风或者其他输入设备中捕捉素材。选择“窗口”|“捕捉”命令，即可弹出“捕捉”对话框，如图 3-7 所示。

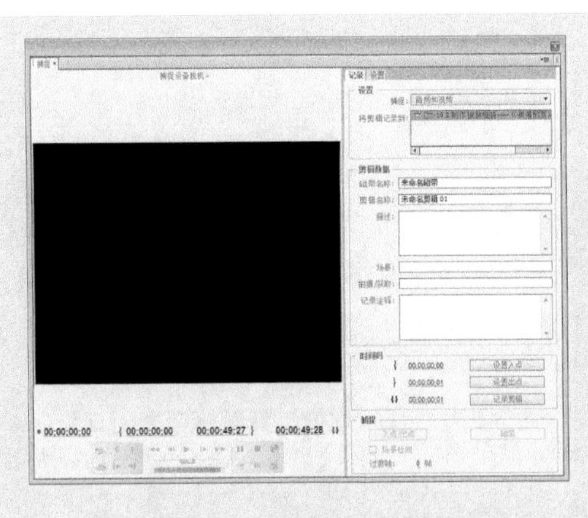

图 3-7　“捕捉”对话框

## 3.2.2 剪辑与编辑功能

经过多次的升级与修正，Premiere Pro CC 拥有了多种编辑工具。Premiere Pro CC 中的剪辑与编辑功能，除了可以轻松剪辑视频与音频素材外，还可以直接改变素材的播放速度、排列顺序等。

## 3.2.3 特效滤镜添加功能

在 Premiere Pro CC 版本中，系统自带有多种不同风格的特效滤镜。为视频或素材图像添加特效滤镜，可以增加素材的美感，如图 3-8 所示。

图 3-8　风格化滤镜特效

## 3.2.4 转场效果添加功能

段落与段落、场景与场景之间的过渡或转换，就叫做转场。

在 Premiere Pro CC 有很多转场效果，如黑场、淡入、淡出、闪烁、翻滚以及 3D 等，用户可以通过这些转场效果让镜头之间的衔接更加完美。如图 3-9 所示为向上折叠转场效果。

图 3-9　向上折叠转场效果

## 3.2.5 字幕工具功能

字幕是指以文字形式显示的电视、电影、舞台作品里面的对话等非影像内容，也泛指影视作品后期加工的文字。

字幕是在电影银幕或电视机荧光屏下方出现的外语对话的译文或其他解说文字以及种种文字，如影片的片名、演职员表、唱词、对白、说明词、人物介绍、地名和年代等。将节目的语音内容以字幕方式显示，可以帮助听力较弱的观众理解节目内容。另外，字幕也可用于翻译外语节目，让不理解该外语的观众，既能听见原作的声音，又能理解节目内容。

字幕工具能够创建出各种效果的静态或动态字幕，灵活运用这些工具可以使影片的内容更加丰富多彩，如图 3-10 所示。

图 3-10　渐变填充字幕效果

## 3.2.6　音频处理功能

Premiere Pro CC 不仅提供了处理视频素材的功能，还提供了强大的音频处理功能，能直接剪辑音频素材，而且可以添加一些音频特效。

## 3.2.7　效果输出功能

输出主要是指对制作的文件进行导出的操作。

Premiere Pro CC 拥有强大的输出功能，可以将制作完成的视频输出成多种格式的视频或图片文件，如图 3-11 所示，还可以将文件输出到硬盘或刻录成 DVD 光盘。

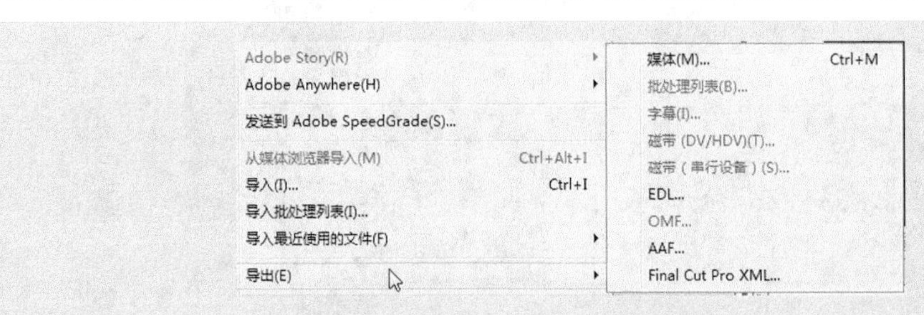


图 3-11　“导出”菜单命令

## 3.2.8　强大的项目管理功能

在 Premiere Pro CC 中，每个项目都拥有单独的保存工作区。

在 Premiere Pro CC 中，独有的 Rapid Find 搜索功能能让用户查看并搜索需要的结果。

除此之外，独立设置每个序列让用户方便地将多个序列分别应用不同的编辑和渲染设置，如图 3-12 所示。

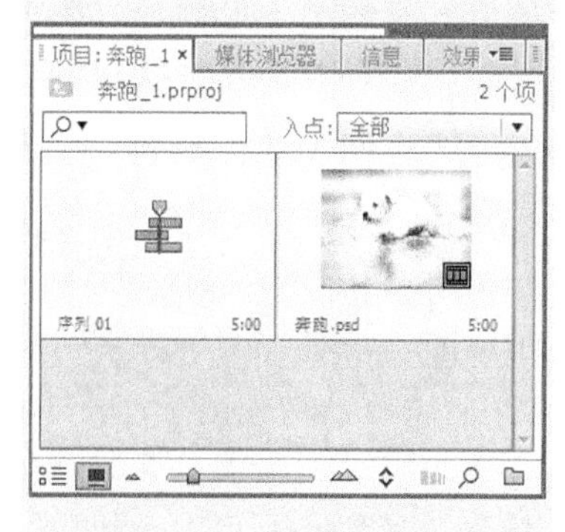

图 3-12 “项目”面板

### 3.2.9 软件的协调性

软件协调性是指不同软件中的一些功能通过协调后，可以相互支持。

Premiere Pro CC 与 Adobe 公司的其他产品组件之间有着优良的协调性，如支持 Photoshop 中的混合模式、能够与 Adobe Illustrator 协调使用等。

### 3.2.10 时间的精确显示

Premiere Pro CC 拥有完善的时间显示功能，使得影片的每一个环节都能得到精确的控制，如图 3-13 所示。

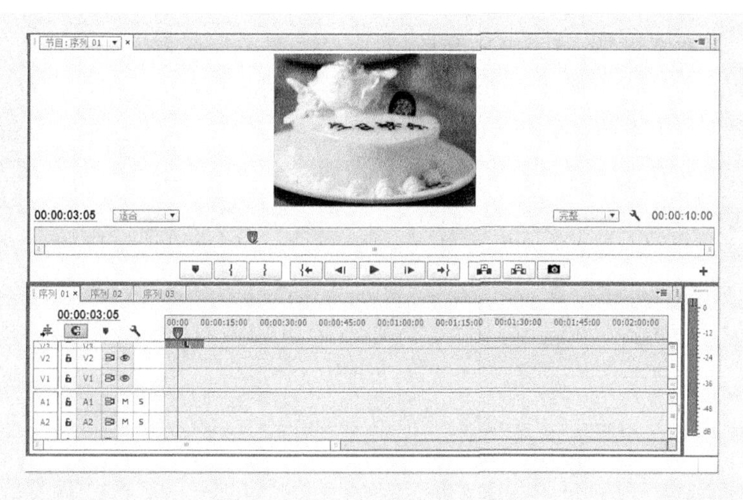

图 3-13 时间的精确显示

## 3.3 Premiere Pro CC 的启动与退出

在运用 Premiere Pro CC 进行视频编辑之前，用户首先要学习一些最基本的操作：启动与退出 Premiere Pro CC 程序。

### 3.3.1 实战——Premiere Pro CC 的启动

将 Premiere Pro CC 安装到计算机中之后，就可以启动 Premiere Pro CC 程序，进行影视编辑操作了。启动 Premiere Pro CC 的操作如下。

**步骤 01** 用鼠标左键双击桌面上的 Premiere Pro CC 程序图标Pr启动 Premiere Pro CC

程序，如图 3-14 所示。

**步骤 02** 弹出“欢迎使用 Adobe Premiere Pro”对话框，单击“新建项目”链接，如图 3-15 所示。

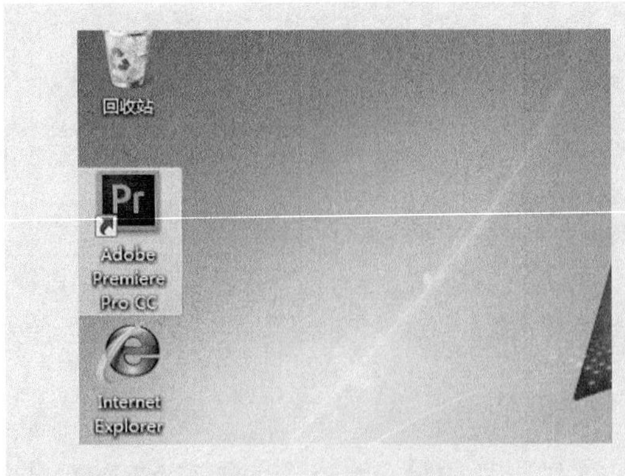


图 3-14 双击程序图标

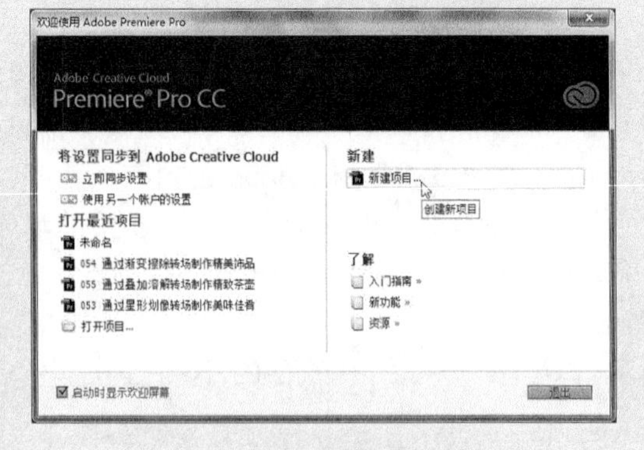


图 3-15 显示程序启动信息

**技巧**：在安装 Adobe Premiere Pro CC 时，软件默认不在桌面创建快捷图标。用户可以在计算机左下方的“开始”程序列表中，在 Adobe Premiere Pro CC 命令上单击鼠标左键并拖曳，至桌面上的空白位置处释放鼠标左键，即可在桌面上创建 Premiere Pro CC 的快捷方式图标；或是单击鼠标右键选择发送到“桌面快捷方式”，以后在桌面上双击 Premiere Pro CC 程序图标，即可启动 Premiere Pro CC 程序。

**步骤 03** 弹出“新建项目”对话框，设置项目名称与位置，然后单击“确定”按钮，如图 3-16 所示。

**步骤 04** 执行操作后，即可新建项目，进入 Premiere Pro CC 工作界面，如图 3-17 所示。

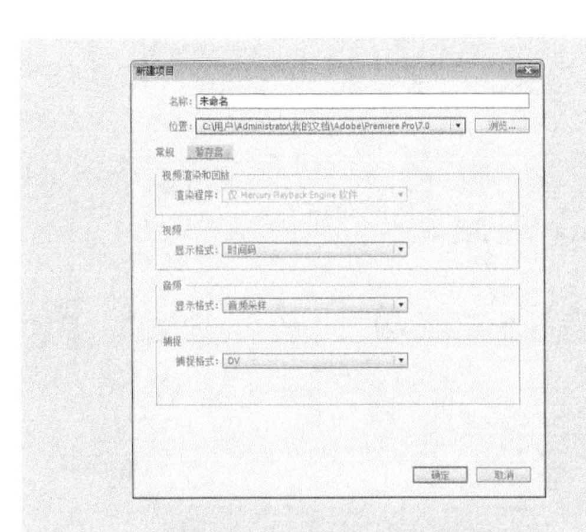


图 3-16 “新建项目”对话框

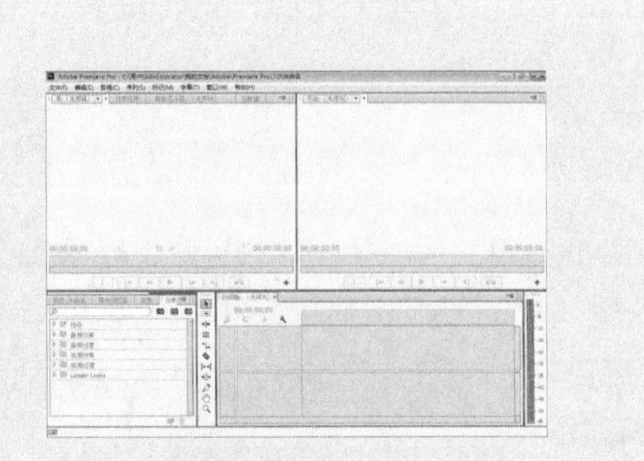

图 3-17 Premiere Pro CC 工作界面

**技巧：** 用户还可以通过以下 3 种方法启动 Premiere Pro CC 软件：

- 单击"开始"按钮，在弹出的"开始"菜单中，选择 Adobe|Adobe Premiere Pro CC 命令。
- 在 Windows 桌面上选择 Premiere Pro CC 图标，单击鼠标右键，在弹出的快捷菜单中选择"打开"命令。
- 在计算机中双击 prproj 格式的项目文件，即可启动 Adobe Premiere Pro CC 应用程序并打开该项目文件。

## 3.3.2 Premiere Pro CC 的退出

在 Premiere Pro CC 中保存项目后，选择"文件"|"退出"命令，如图 3-18 所示，即可退出 Premiere Pro CC 程序。

退出 Premiere Pro CC 程序有以下 6 种方法：

- 按 Ctrl＋Q 组合键，即可退出程序。
- 在 Premiere Pro CC 操作界面中，单击右上角的"关闭"按钮，如图 3-19 所示。

图 3-18 选择"退出"命令

图 3-19 单击"关闭"按钮

- 双击"标题栏"左上角的Pr图标，即可退出程序。
- 单击"标题栏"左上角的Pr图标，在弹出的菜单中选择"关闭"命令，如图 3-20 所示，即可退出程序。
- 按 Alt＋F4 组合键，即可退出程序。
- 在任务栏的 Premiere Pro CC 程序图标上，单击鼠标右键，在弹出的快捷菜单中选择"关闭窗口"命令，如图 3-21 所示，也可以退出程序。

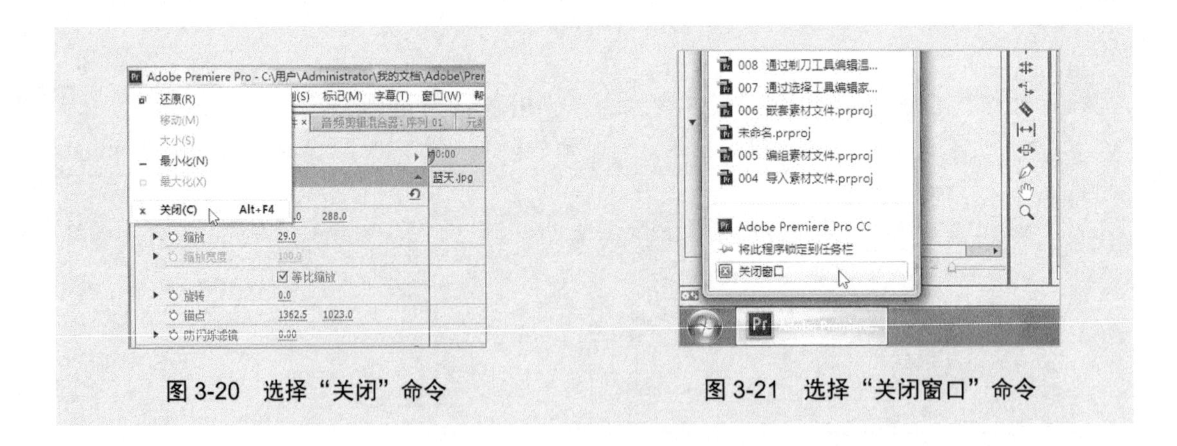


图 3-20 选择“关闭”命令

图 3-21 选择“关闭窗口”命令

# 3.4 Premiere Pro CC 的工作界面

启动 Premiere Pro CC 后，便可以看到 Premiere Pro CC 简洁的工作界面。界面中主要包括标题栏、“监视器”面板以及“历史记录”面板等。本节将对 Premiere Pro CC 工作界面的一些常用内容进行介绍。

## 3.4.1 标题栏

标题栏位于 Premiere Pro CC 软件窗口的最上方，显示了系统当前正在运行的程序名及文件名等信息。

Premiere Pro CC 默认的文件名称为“未命名”，单击标题栏右侧的按钮组，可以最小化、最大化或关闭应用 Premiere Pro CC 程序窗口。

## 3.4.2 监视器面板的显示模式

启动 Premiere Pro CC 软件并任意打开一个项目文件后，默认的“监视器”面板分为“素材源”和“节目监视器”两部分，如图 3-22 所示，用户也可以将其设置为“浮动窗口”模式，如图 3-23 所示。

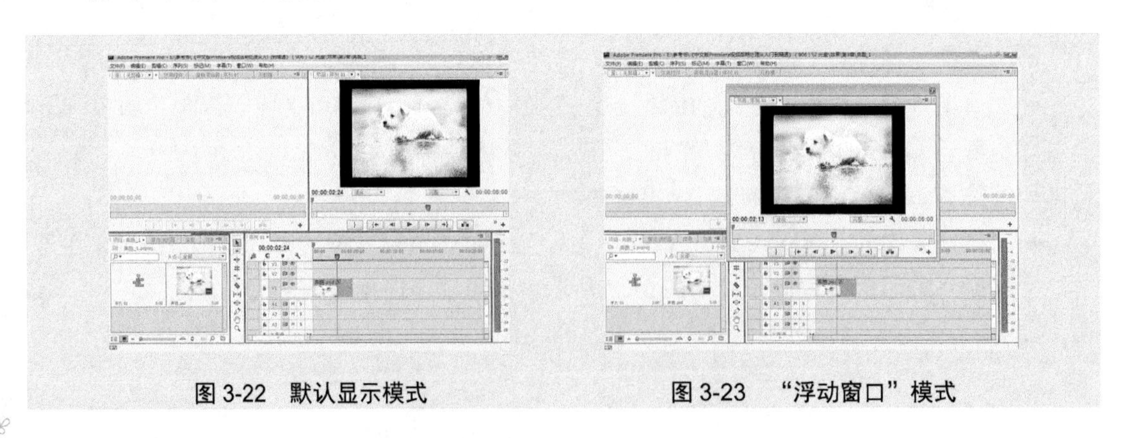

图 3-22 默认显示模式

图 3-23 “浮动窗口”模式

### 3.4.3 监视器面板中的工具

“监视器”面板可以分为以下两种：

- “源监视器”面板：在该面板中可以对项目进行剪辑和预览。
- “节目监视器”面板：在该面板中可以预览项目素材，如图 3-24 所示。面板中各图标的含义见表 3-1。

图 3-24 “节目监视器”面板

表 3-1 “节目监视器”面板中各图标的含义

| 标 号 | 名 称 | 含 义 |
|---|---|---|
| 1 | 添加标记 | 单击该按钮可以显示隐藏的标记 |
| 2 | 标记入点 | 单击该按钮可以将时间轴标尺所在的位置标记为素材入点 |
| 3 | 标记出点 | 单击该按钮可以将时间轴标尺所在的位置标记为素材出点 |
| 4 | 转到入点 | 单击该按钮可以跳转到入点 |
| 5 | 逐帧后退 | 每单击该按钮一次即可将素材后退一帧 |
| 6 | 播放-停止切换 | 单击该按钮可以播放所选的素材，再次单击该按钮，则会停止播放 |
| 7 | 逐帧前进 | 每单击该按钮一次即可将素材前进一帧 |
| 8 | 转到出点 | 单击该按钮可以跳转到出点 |
| 9 | 插入 | 每单击该按钮一次可以在“时间轴”面板的时间轴后面插入源素材一次 |
| 10 | 覆盖 | 每单击该按钮一次可以在“时间轴”面板的时间轴后面插入源素材一次，并覆盖时间轴上原有的素材 |
| 11 | 提升 | 单击该按钮可以将在播放窗口中标注的素材从“时间轴”面板中提出，其他素材的位置不变 |
| 12 | 提取 | 单击该按钮可以将在播放窗口中标注的素材从“时间轴”面板中提取，后面的素材位置自动向前对齐填补间隙 |
| 13 | 按钮编辑器 | 单击该按钮将弹出“按钮编辑器”面板，在该面板中可以重新布局“监视器”面板中的按钮 |

## 3.4.4 “历史记录”面板

在 Premiere Pro CC 中，“历史记录”面板主要用于记录编辑操作时执行的每一个命令，如图 3-25 所示。

用户可以通过在“历史记录”面板中删除指定的命令，来还原之前的编辑操作。当用户选择“历史记录”面板中的历史记录后，单击“历史记录”面板右下角的“删除重做操作”按钮，即可将当前历史记录删除。

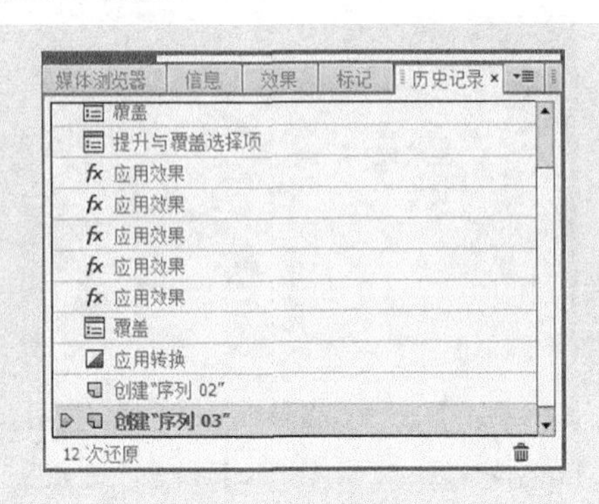


图 3-25 “历史记录”面板

## 3.4.5 “信息”面板

“信息”面板用于显示所选素材以及当前序列中素材的信息。“信息”面板中包括素材本身的帧速率、分辨率、素材长度和素材在序列中的位置等，如图 3-26 所示。Premiere Pro CC 中不同的素材类型，在“信息”面板中所显示的内容也会不一样。

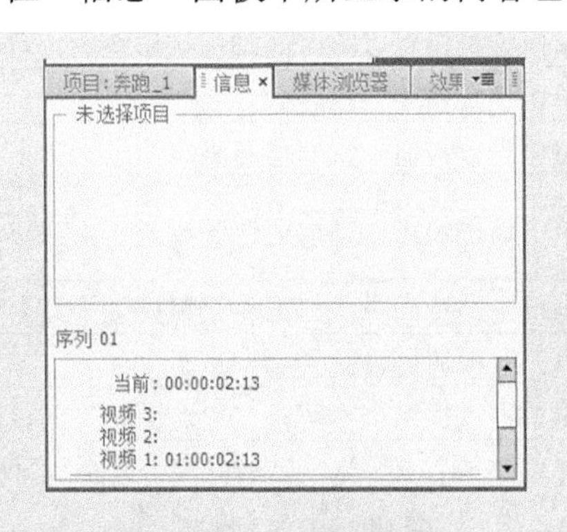


图 3-26 “信息”面板

## 3.4.6 Premiere Pro CC 的菜单栏

Premiere Pro CC 的菜单栏由“文件”、“编辑”、“剪辑”、“序列”、“标记”、“字幕”、“窗口”和“帮助”菜单组成。下面对各菜单的含义进行介绍。

- “文件”菜单：“文件”菜单主要用于对项目文件进行操作。在“文件”菜单中包含“新建”、“打开项目”、“关闭项目”、“保存”、“另存为”、“保存副本”、“捕捉”、“批量捕捉”、“导入”、“导出”以及“退出”等命令，如图 3-27 所示。
- “编辑”菜单：“编辑”菜单主要用于一些常规编辑操作。在“编辑”菜单中包含“撤消”、“重做”、“剪切”、“复制”、“粘贴”、“清除”、“波纹删除”、“全选”、“查找”、“标签”、“快捷键”以及“首选项”等命令，如图 3-28 所示。

**提示**：当用户将鼠标指针移至菜单中带有三角图标的命令上时，该命令将会自动弹出子菜单；如果命令呈灰色显示，表示该命令在当前状态下无法使用；单击带有省略号的命令，将会弹出相应的对话框。

- “剪辑”菜单：“剪辑”菜单用于实现对素材的具体操作，Premiere Pro CC 中剪辑影片的大多数命令都位于该菜单中，如“重命名”、“修改”、“视频选项”、“捕捉设置”、“覆盖”以及“替换素材”等命令，如图 3-29 所示。
- “序列”菜单：Premiere Pro CC 中的“序列”菜单主要用于对项目中当前活动的序列进行编辑和处理。在“序列”菜单中包含“序列设置”、“渲染音频”、“提升”、“提取”、“放大”、“缩小”、“吸附”、“添加轨道”以及“删除轨道”等命令，如图 3-30 所示。

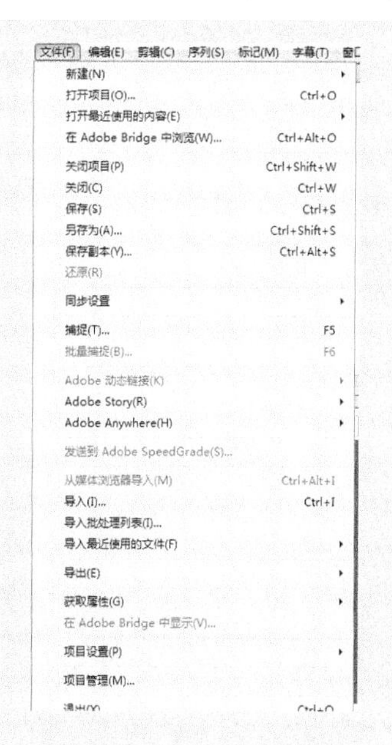


图 3-27 “文件”菜单

编辑(E) 剪辑(C) 序列(S) 标记(M) 字幕(T) 窗口(W)
撤消(U) Ctrl+Z
重做(R) Ctrl+Shift+Z
剪切(T) Ctrl+X
复制(Y) Ctrl+C
粘贴(P) Ctrl+V
粘贴插入(I) Ctrl+Shift+V
粘贴属性(B)... Ctrl+Alt+V
清除(E) Backspace
波纹删除(T) Shift+Delete
重复(C) Ctrl+Shift+/
全选(A) Ctrl+A
选择所有匹配项
取消全选(D) Ctrl+Shift+A
查找(F)... Ctrl+F
查找脸部
标签(L)
移除未使用资源(R)
编辑原始(O) Ctrl+E
在 Adobe Audition 中编辑
在 Adobe Photoshop 中编辑(H)
快捷键(K)...
首选项(N)

图 3-28 “编辑”菜单

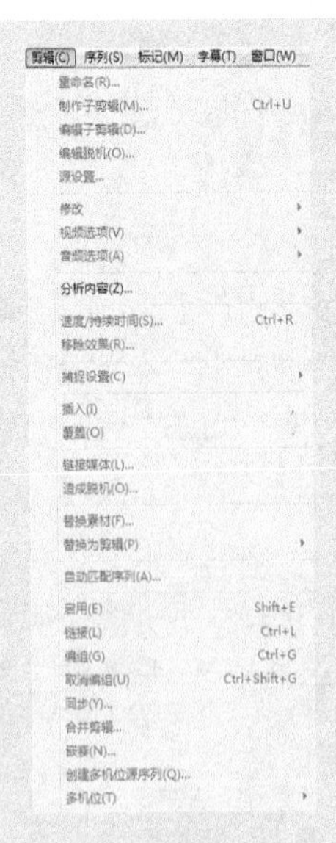


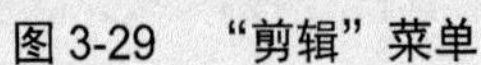
图 3-29 “剪辑”菜单

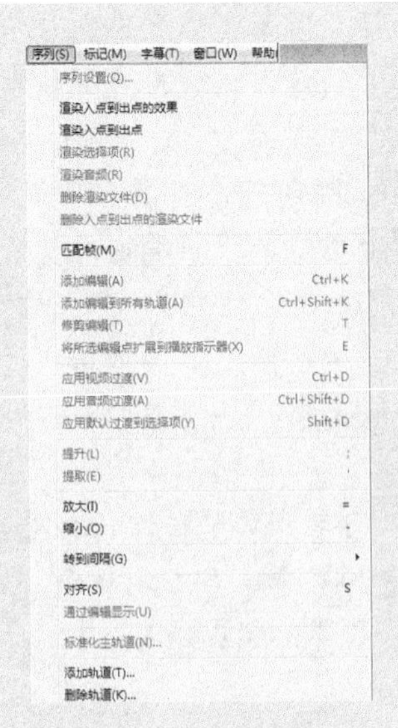


图 3-30 “序列”菜单

- “标记”菜单：“标记”菜单用于对素材和场景序列的标记进行编辑处理。在“标记”菜单中包含“标记入点”、“标记出点”、“跳转入点”、“跳转出点”、“添加标记”以及“清除当前标记”等命令，如图 3-31 所示。
- “字幕”菜单：“字幕”菜单主要用于实现字幕制作过程中的各项编辑和调整操作。在“字幕”菜单中包含“新建字幕”、“字体”、“大小”、“文字对齐”、“方向”、“标记”、“选择”以及“排列”等命令，如图 3-32 所示。

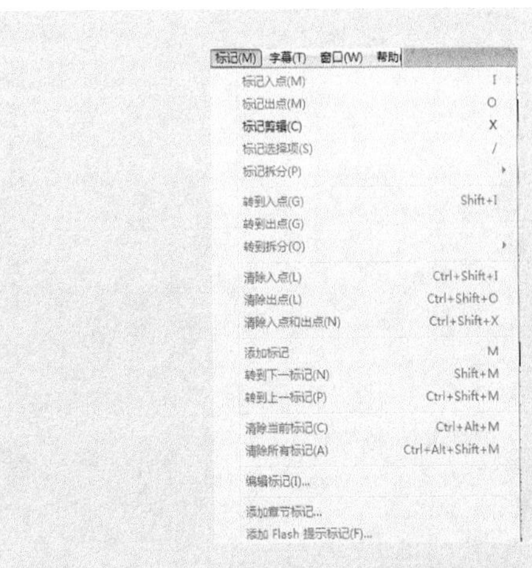


图 3-31 “标记”菜单

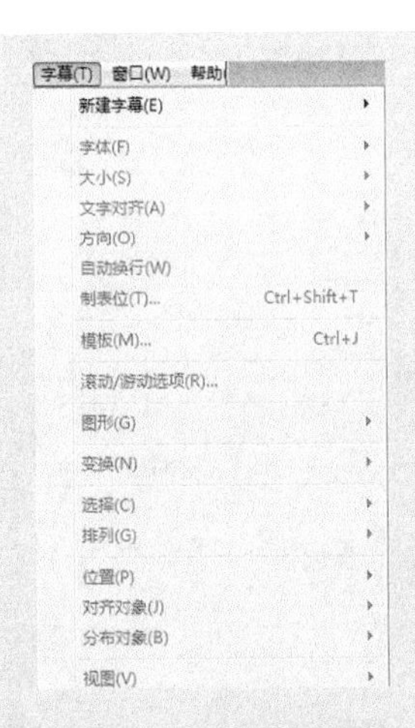


图 3-32 “字幕”菜单

- “窗口”菜单：“窗口”菜单主要用于实现对各种编辑窗口和控制面板的管理操作。在“窗口”菜单中包含“工作区”、“扩展”、“事件”、“信息”、“字幕属性”等命令，如图 3-33 所示。

● “帮助”菜单：Premiere Pro CC 中的“帮助”菜单可以为用户提供在线帮助。在“帮助”菜单中包含“Adobe Premiere Pro 帮助”、“Adobe Premiere Pro 支持中心”、“键盘”、“登录”以及“更新”等命令，如图 3-34 所示。

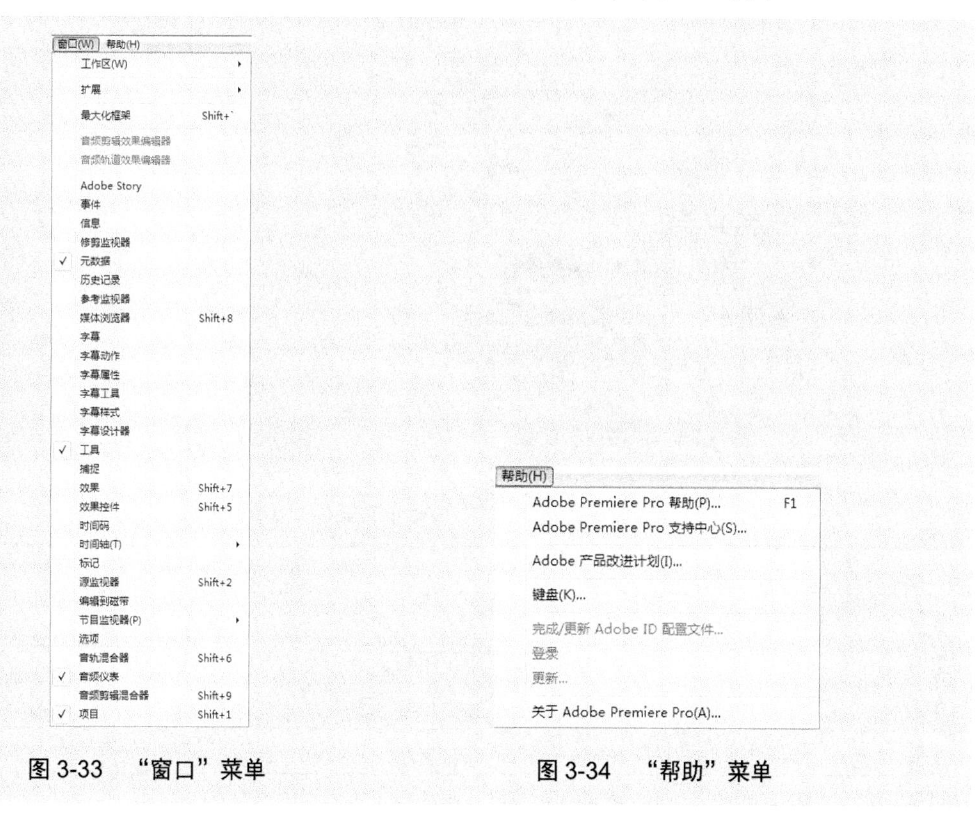


图 3-33 “窗口”菜单　　图 3-34 “帮助”菜单

## 3.5 Premiere Pro CC 的操作界面

除了菜单栏与标题栏外，“项目”面板、“效果”面板、“时间线”面板以及“工具”面板等都是 Premiere Pro CC 操作界面中十分重要的组成部分。

### 3.5.1 “项目”面板

Premiere Pro CC 中的“项目”面板主要用于输入和存储供“时间线”面板编辑合成的素材文件。“项目”面板由三个部分构成，最上面的一部分为素材预览区；在预览区下方的是查找区；然后是素材目录栏；最下面是工具栏，也就是菜单命令的快捷按钮，单击这些按钮可以方便地实现一些常用操作，如图 3-35 所示。默认情况下，“项目”面板不会显示素材预览区，只有单击面板右上角的下三角按钮，在弹出的列表中选择“预览区域”命令，如图 3-36 所示，才能显示素材预览区。表 3-2 列出了“项目”面板中各图标的含义。

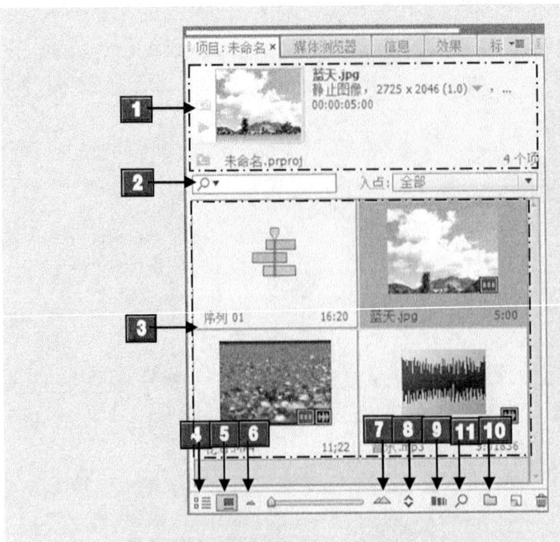


图 3-35 “项目”面板

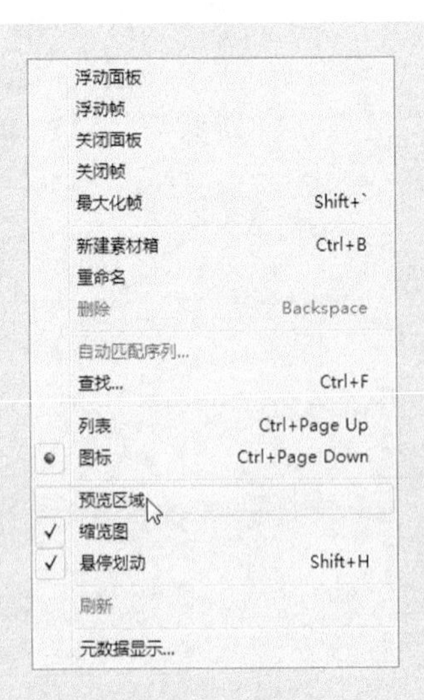


图 3-36 选择“预览区域”命令

表 3-2 “项目”面板中各图标的含义

| 标 号 | 名 称 | 含 义 |
|---|---|---|
| 1 | 素材预览区 | 该选项区主要用于显示所选素材的相关信息 |
| 2 | 查找区 | 该选项区主要用于查找需要的素材 |
| 3 | 素材目录栏 | 该选项区的主要作用是将导入的素材按目录的方式编排起来 |
| 4 | 列表视图 | 单击该按钮可以将素材以列表形式显示，如图 3-37 所示 |
| 5 | 图标视图 | 单击该按钮可以将素材以图标形式显示 |
| 6 | “缩小”按钮 | 单击该按钮可以将素材缩小显示 |
| 7 | “放大”按钮 | 单击该按钮可以将素材放大显示 |
| 8 | “排序图标”按钮 | 单击该按钮可以弹出“排序图标”列表，选择相应的选项可以按一定顺序将素材进行排序，如图 3-38 所示 |
| 9 | “自动匹配序列”按钮 | 单击该按钮可以将“项目”面板中所选的素材自动排列到“时间轴”面板的时间轴页面中。单击“自动匹配序列”按钮，将弹出“序列自动化”对话框，如图 3-39 所示 |
| 10 | “新建素材箱”按钮 | 单击该按钮可以在素材目录栏中新建素材箱，如图 3-40 所示，在素材箱下面的文本框中输入文字，单击空白处即可确认素材箱的名字 |
| 11 | “查找”按钮 | 单击该按钮可以根据名称、标签或出入点在“项目”面板中定位素材。单击“查找”按钮，将弹出“查找”对话框，如图 3-41 所示，在该对话框的“查找目标”文本框中输入需要查找的内容，单击“查找”按钮即可 |

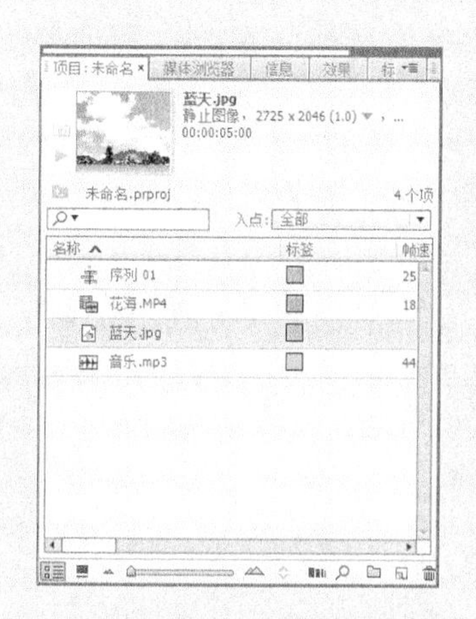


图 3-37 将素材以列表形式显示

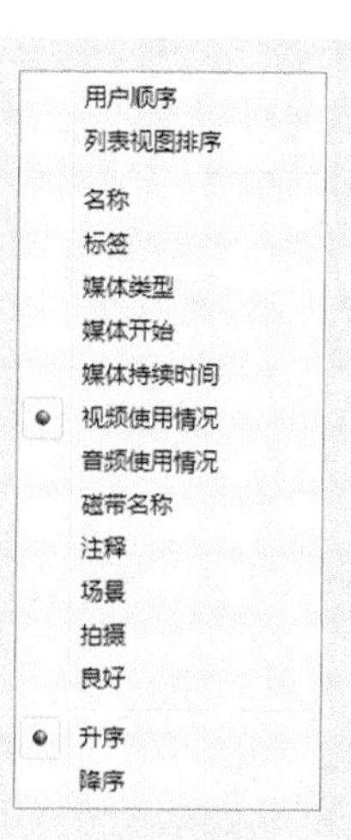


图 3-38 “排序图标”列表框

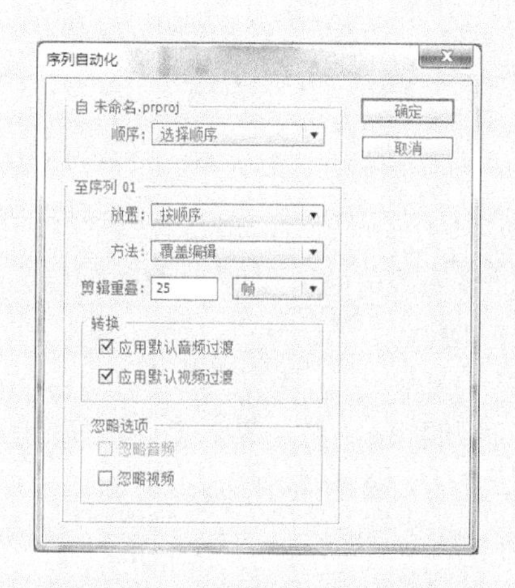


图 3-39 “序列自动化”对话框

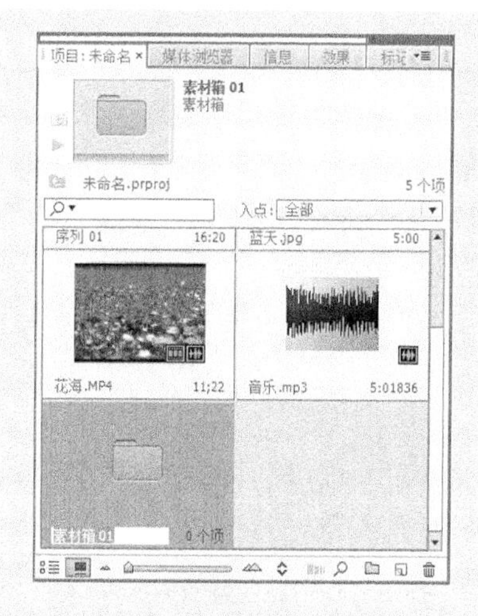


图 3-40 新建素材箱

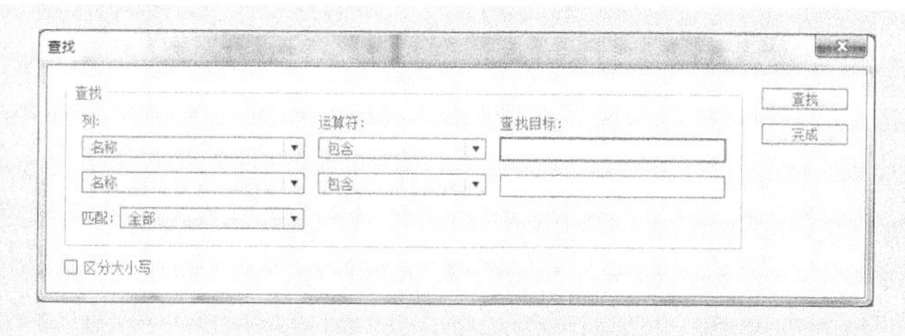


图 3-41 “查找”对话框

## 3.5.2 “效果”面板

Premiere Pro CC 的“效果”面板中包括“预设”、“视频效果”、“音频效果”、

“音频切换效果”和“视频切换效果”选项。

在“效果”面板中，各种选项以按效果类型分组的方式存放视频、音频的特效和转场。通过对素材应用视频特效，可以调整素材的色调、明度等效果，应用音频效果可以调整素材音频的音量和均衡等效果，如图 3-42 所示。在“效果”面板中，单击“视频过渡”效果前面的三角形按钮，即可展开“视频过渡”效果列表，如图 3-43 所示。

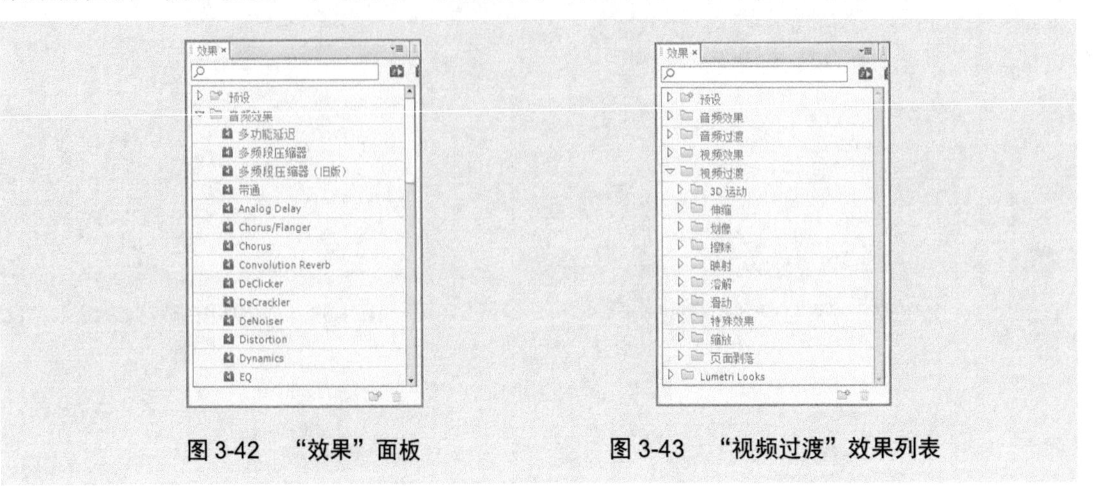


图 3-42　“效果”面板　　图 3-43　“视频过渡”效果列表

## 3.5.3　“效果控件”面板

“效果控件”面板主要用于控制对象的运动、透明度、切换效果以及改变特效的参数等，如图 3-44 所示。图 3-45 所示为设置视频效果的属性。

**提示：** 在“效果控件”面板中选择需要的视频特效，将其添加至视频素材上，然后选择视频素材，进入“效果控件”面板，就可以为添加的特效设置属性。如果在工作界面中没有找到“效果控件”面板，可以选择“窗口”|“效果控件”命令，将其展开。

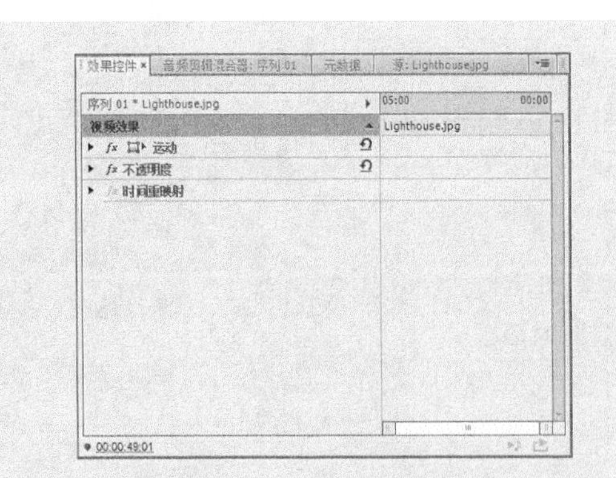


图 3-44　“效果控件”面板

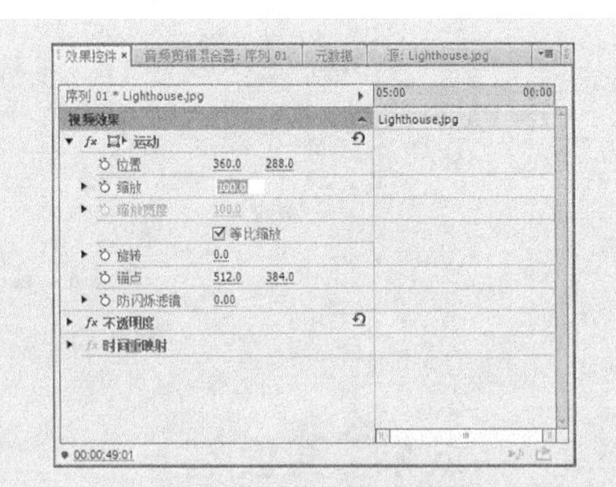


图 3-45　设置视频效果的属性

## 3.5.4 工具箱

工具箱位于“时间轴”面板的左侧，主要包括选择工具、轨道选择工具、波纹编辑工具、滚动编辑工具、比率拉伸工具、剃刀工具、外滑工具、内滑工具、钢笔工具、手形工具、缩放工具，如图3-46所示。各工具的含义见表3-3。

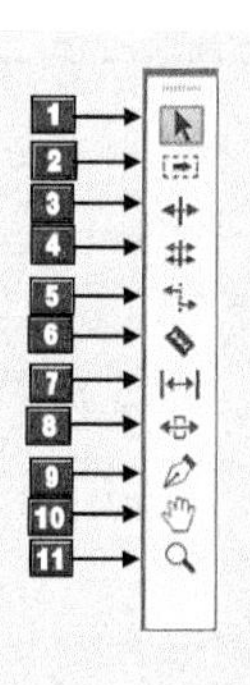


图3-46 工具箱

表3-3 工具箱中各工具的含义

| 标　号 | 名　称 | 含　义 |
|---|---|---|
| 1 | 选择工具 | 该工具主要用于选择素材、移动素材以及调节素材关键帧。将该工具移至素材的边缘，鼠标指针将变成拉伸图标，此时即可拉伸素材并为素材设置入点和出点 |
| 2 | 轨道选择工具 | 该工具主要用于选择某一轨道上的所有素材，按住 Shift 键的同时单击鼠标左键，可以选择所有轨道 |
| 3 | 波纹编辑工具 | 该工具主要用于拖动素材的出点以改变所选素材的长度，而轨道上其他素材的长度不受影响 |
| 4 | 滚动编辑工具 | 该工具主要用于调整两个相邻素材的长度，两个被调整的素材长度变化是一种此消彼长的关系，在固定的长度范围内，一个素材增加的帧数必然会从相邻的素材中减去 |
| 5 | 比率拉伸工具 | 该工具主要用于调整素材的速度。缩短素材则速度加快，拉长素材则速度减慢 |
| 6 | 剃刀工具 | 该工具主要用于分割素材，将素材分割为两段，产生新的入点和出点 |
| 7 | 外滑工具 | 选择此工具时，可同时更改“时间轴”内某剪辑的入点和出点，并保留入点和出点之间的时间间隔不变。例如，如果将“时间轴”内的一个10秒剪辑修剪到了5秒，可以使用外滑工具来确定剪辑的哪个5秒部分显示在“时间轴”内 |
| 8 | 内滑工具 | 选择此工具时，可将“时间轴”内的某个剪辑向左或向右移动，同时修剪周围的两个剪辑。三个剪辑的组合持续时间以及该组在“时间轴”内的位置将保持不变 |

续表

| 标 号 | 名 称 | 含 义 |
| --- | --- | --- |
| 9 | 钢笔工具 | 该工具主要用于调整素材的关键帧 |
| 10 | 手形工具 | 该工具主要用于改变“时间轴”面板的可视区域，在编辑一些较长的素材时，使用该工具非常方便 |
| 11 | 缩放工具 | 该工具主要用于调整“时间轴”面板中显示的时间单位，按住 Alt 键，可以在放大和缩小模式间进行切换 |

**提示**：工具箱的主要用途是使用选择工具对“时间轴”面板中的素材进行编辑、添加或删除。因此，默认状态下工具箱将自动激活选择工具。

### 3.5.5 “时间轴”面板

Premiere Pro CC “时间轴”面板是进行视频、音频编辑的重要窗口之一，如图 3-47 所示，在面板中可以轻松实现对素材的剪辑、插入、调整以及添加关键帧等操作。

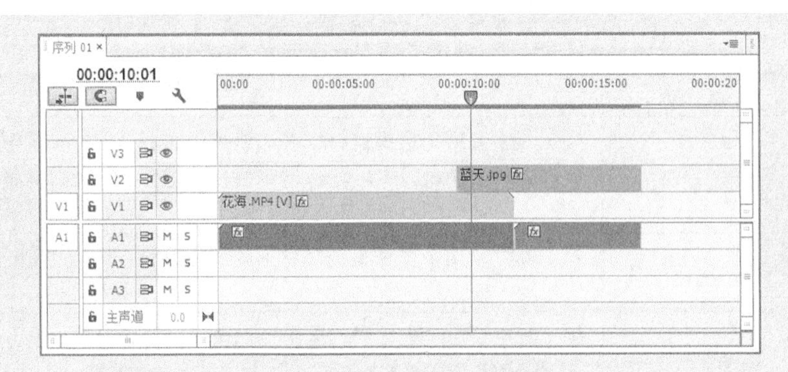


图 3-47 “时间轴”面板

**提示**：在 Premiere Pro CC 中，用户可以自定义“时间轴”的轨道头，并可以确定显示哪些控件。由于视频和音频轨道的控件各不相同，因此每种轨道类型各有单独的按钮编辑器。右键单击视频或音频轨道，在弹出的快捷菜单中选择“自定义”命令，即可根据需要拖放按钮。

## 3.6 自定义 Premiere Pro CC 快捷键

在 Premiere Pro CC 中，用户可以根据自己的习惯，设置操作界面、视频采集以及缓存设置、快捷键等。本节将详细介绍快捷键的自定义操作方法。

## 3.6.1 实战——键盘快捷键的更改

更改按键需要在“键盘快捷键”对话框中完成，下面将介绍更改键盘快捷键的操作方法。

**步骤01** 选择“编辑”|“快捷键”命令，弹出“键盘快捷键”对话框，如图 3-48 所示。

**步骤02** 在“应用程序”栏中选择需要设置快捷键的选项，在“快捷键”栏中选择对应选项，如图 3-49 所示。

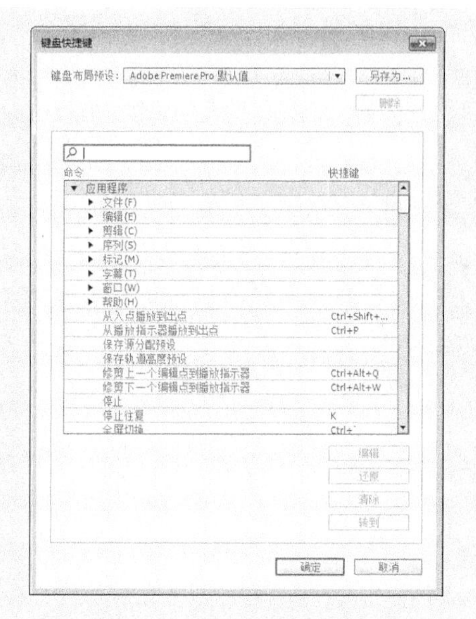


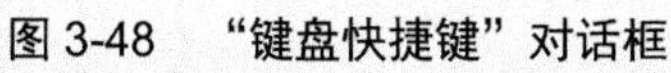
图 3-48 “键盘快捷键”对话框

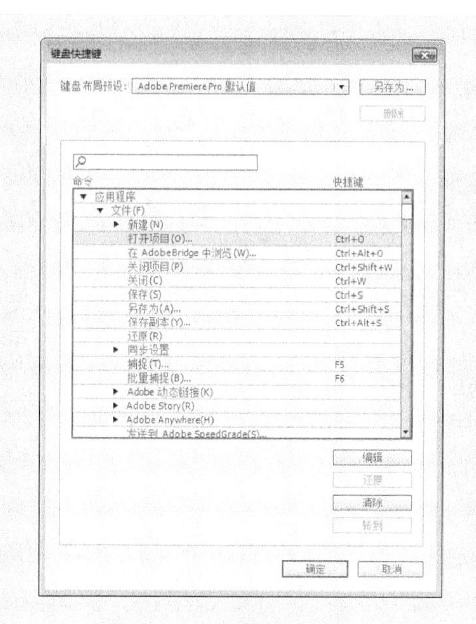


图 3-49 选择对应选项

**步骤03** 单击“编辑”按钮，在键盘上按 Tab 键，再单击“确定”按钮，即可更改键盘快捷键。

## 3.6.2 实战——面板快捷键的更改

更改面板快捷键与更改键盘快捷键的方法一样。下面介绍更改面板快捷键的操作方法。

**步骤01** 选择“编辑”|“快捷键”命令，打开“键盘快捷键”对话框，选择“面板”选项，如图 3-50 所示。

**步骤02** 在列表框中，依次选择“音轨混合器”|“音轨混合器面板菜单”|“显示/隐藏轨道”选项，如图 3-51 所示。

**步骤03** 单击“编辑”按钮，在键盘上按 Back Space 键，单击“确定”按钮，即可更改面板快捷键。

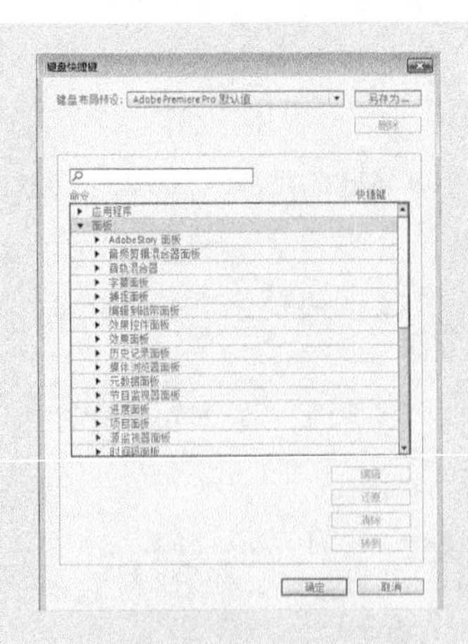

图 3-50　选择“面板”选项

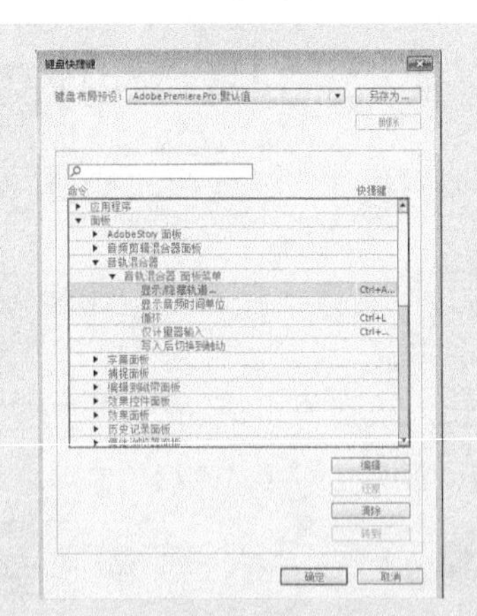

图 3-51　选择“显示/隐藏轨道”选项

**提示：** 更改快捷键之后，用户还可以对快捷键进行清除操作，或重新进行布局等。在 Premiere Pro CC 的“键盘快捷键”对话框中，可以单击“键盘布局预设”右侧的下三角按钮，在弹出的列表框中根据需要选择 Premiere 的不同版本，自定义键盘布局。另外，还可以在“键盘快捷键”对话框中修改键盘快捷键后，单击右上角的“另存为”按钮，另存为布局预设。

# 第 4 章

# Premiere Pro CC 的常用操作

Premiere Pro CC 软件主要用于对影视视频文件进行编辑，但在编辑之前需要掌握项目文件、素材文件和常用工具的使用方法。本章将详细介绍创建项目文件、打开项目文件、保存和关闭项目文件以及使用常用工具等内容，以供读者掌握。

本章重点：

- 创建项目文件
- 打开项目文件
- 保存和关闭项目文件
- 操作素材文件
- 使用常用工具

# 4.1 创建项目文件

在启动 Premiere Pro CC 后，用户首先需要做的就是创建一个新的工作项目。为此，Premiere Pro CC 提供了多种创建项目的方法。

## 4.1.1 在欢迎界面中创建项目

在“欢迎使用 Adobe Premiere Pro”对话框中，可以执行相应的操作进行项目创建。

当用户启动 Premiere Pro CC 后，系统将自动弹出欢迎界面，界面中有“新建项目”、“打开项目”和“帮助”三个拥有不同的功能的按钮，此时用户可以单击“新建项目”按钮，如图 4-1 所示，即可创建一个新的项目。

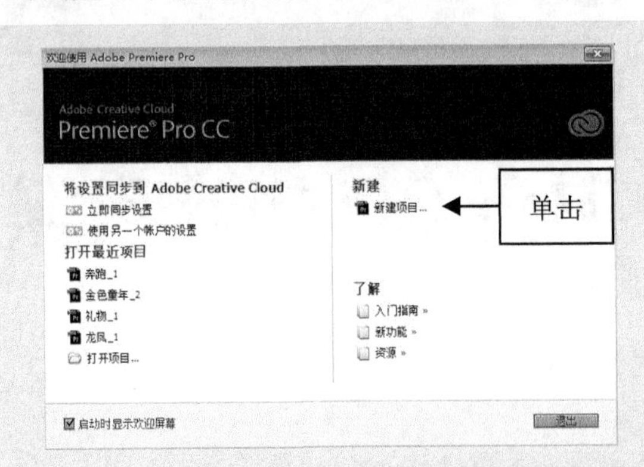


图 4-1 “欢迎使用 Adobe Premiere Pro”对话框

## 4.1.2 实战——使用“文件”菜单创建项目

用户除了通过欢迎界面新建项目外，也可以进入到 Premiere Pro CC 主界面中，通过“文件”菜单进行创建。

**步骤 01** 选择“文件”|“新建”|“项目”命令，如图 4-2 所示。

**步骤 02** 弹出“新建项目”对话框，单击“浏览”按钮，如图 4-3 所示。

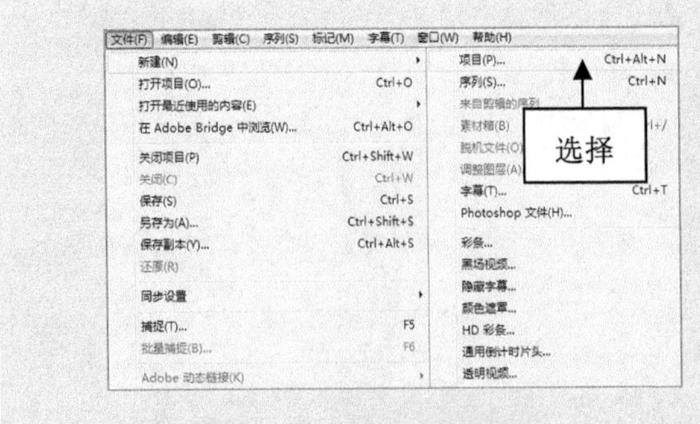


图 4-2 选择“项目”命令

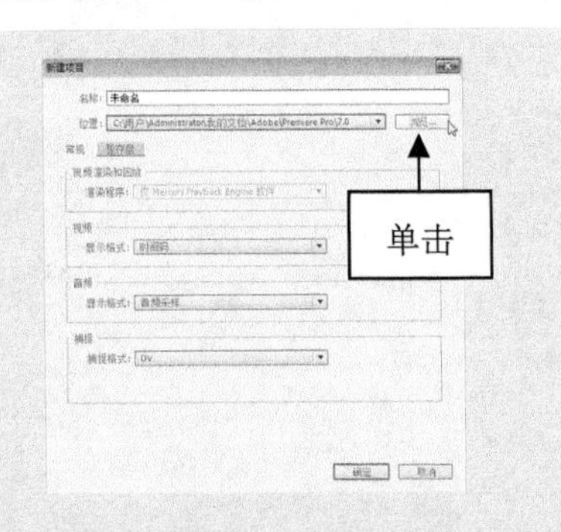


图 4-3 单击“浏览”按钮

**步骤03** 弹出“请选择新项目的目标路径”对话框，选择合适的文件夹，如图4-4所示。

**步骤04** 单击“选择文件夹”按钮，返回到“新建项目”对话框，设置“名称”为“新建项目”，如图4-5所示。

图4-4　选择合适的文件夹

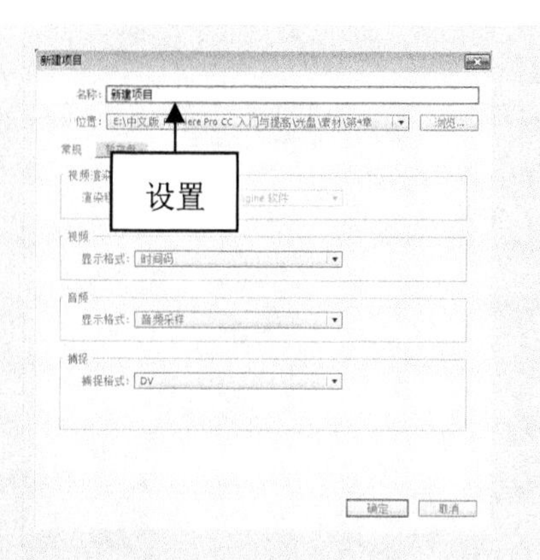


图4-5　设置项目名称

**步骤05** 单击“确定”按钮，选择“文件”|“新建”|“序列”命令。弹出“新建序列”对话框，单击“确定”按钮，如图4-6所示，即可使用“文件”菜单创建项目文件。

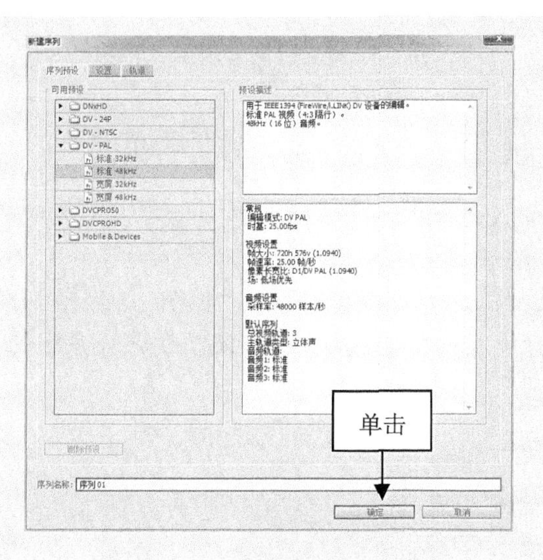


图4-6　“新建序列”对话框

**技巧**：除了上述两种创建新项目的方法外，用户还可以使用快捷键Ctrl + Alt + N组合键，实现快速创建一个项目文件。

# 4.2 打开项目文件

当用户启动 Premiere Pro CC 后，可以选择打开一个项目的方式进入系统程序，本节将介绍打开项目的 3 种方法。

## 4.2.1 在欢迎界面中打开项目

在欢迎界面中除了可以创建项目文件外，还可以打开项目文件。

当用户启动 Premiere Pro CC 后，系统将自动弹出欢迎界面。此时，用户可以单击“打开项目”按钮，如图 4-7 所示，在弹出的“打开项目”对话框中，选择需要打开的编辑项目，单击“打开项目”按钮即可。

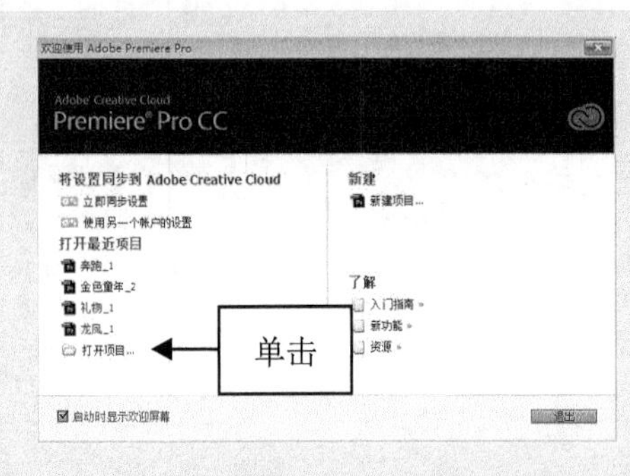


图 4-7　单击“打开项目”按钮

## 4.2.2 实战——使用“文件”菜单打开项目

在 Premiere Pro CC 中，用户可以根据需要打开保存的项目文件。下面介绍使用“文件”菜单打开项目的操作方法。

**步骤 01** 选择“文件”|“打开项目”命令，如图 4-8 所示。

**步骤 02** 弹出“打开项目”对话框，打开随书附带光盘中的“素材\第 4 章\商品广告.prproj”文件，如图 4-9 所示。

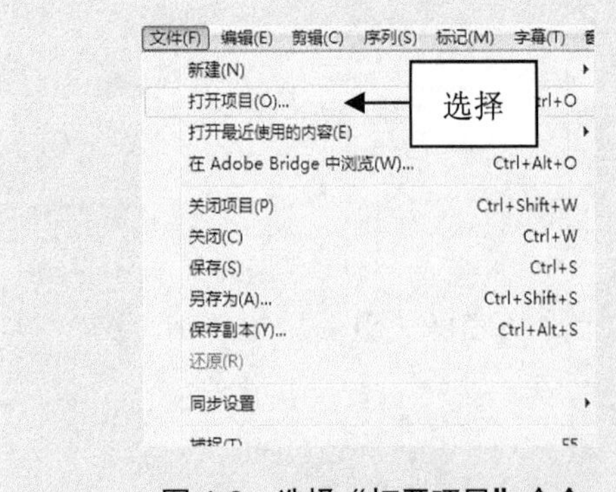


图 4-8　选择“打开项目”命令

图 4-9　选择项目文件

**步骤03** 单击“打开”按钮，即可打开项目文件，如图 4-10 所示。

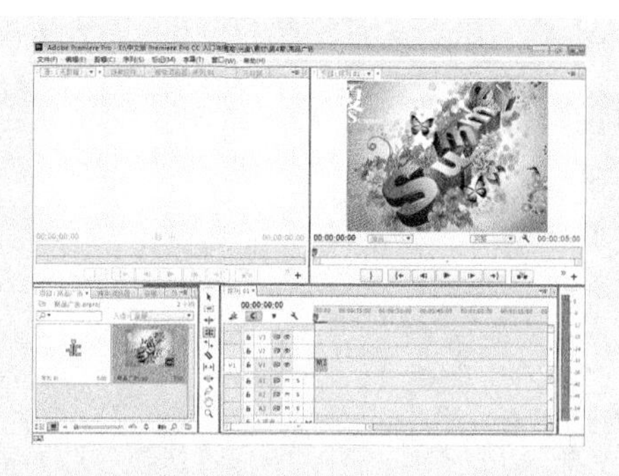

图 4-10 打开项目文件

### 4.2.3 打开最近使用的项目

使用“打开最近使用项目”功能可以快速地打开项目文件。

进入欢迎界面后，用户可以单击位于欢迎界面中间部分的“打开最近项目”来打开上次编辑的项目，如图 4-11 所示。

另外，用户还可以进入 Premiere Pro CC 工作界面，在菜单命令中选择“文件”|“打开最近使用的内容”命令，如图 4-12 所示，在弹出的子菜单中再选择需要打开的项目。

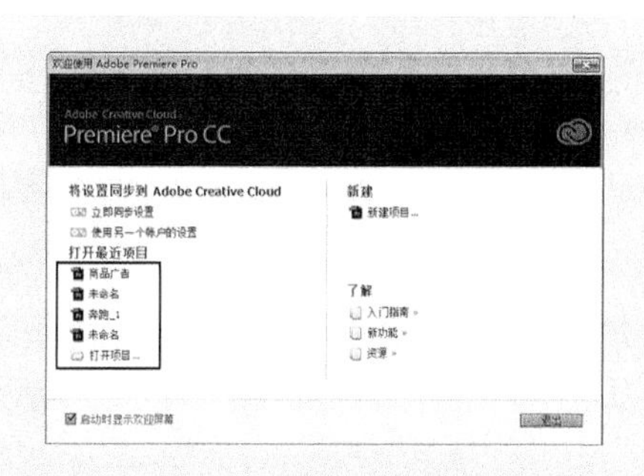


图 4-11 最近使用项目

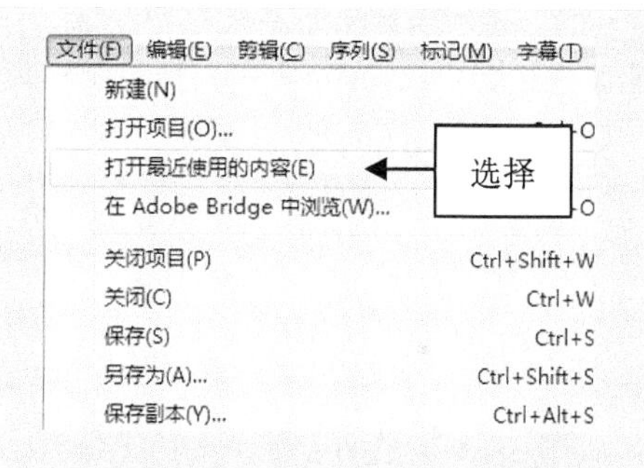


图 4-12 选择“打开最近使用的内容”命令

**技巧：**用户还可通过以下方式打开项目文件：

- 通过按 Ctrl + Alt + O 组合键，打开 bridge 浏览器，在浏览器中选择需要打开的项目或者素材文件。
- 使用快捷键打开项目文件，按 Ctrl + O 组合键，在弹出的“打开项目”对话框中选择需要打开的文件，单击“打开”按钮，即可打开当前选择的项目。

## 4.3 保存和关闭项目文件

除了上一节介绍的创建项目和打开项目的操作方法外，用户还可以对项目文件进行保存和关闭操作。本节将详细介绍保存和关闭项目文件的操作方法，以供读者掌握。

## 4.3.1 实战——使用“文件”菜单保存项目

为了确保用户所编辑的项目文件不会丢失，当用户编辑完当前项目文件后，可以将项目文件进行保存。

**步骤01** 按 Ctrl+O 组合键，打开随书附带光盘中的“素材\第 4 章\爆竹.prproj”文件，如图 4-13 所示。

**步骤02** 在“时间线”面板中调整素材的长度，如图 4-14 所示。

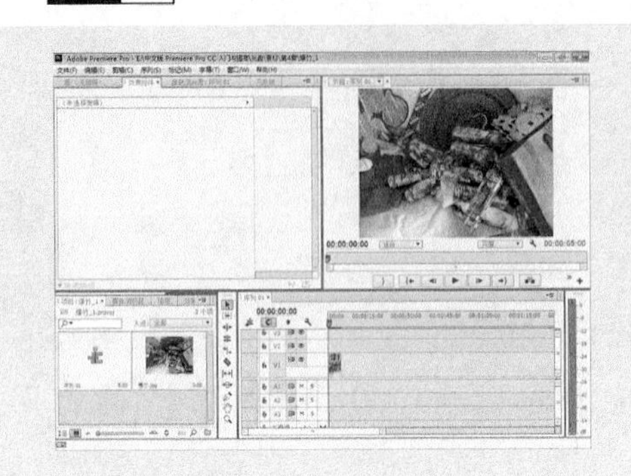

图 4-13　打开项目文件

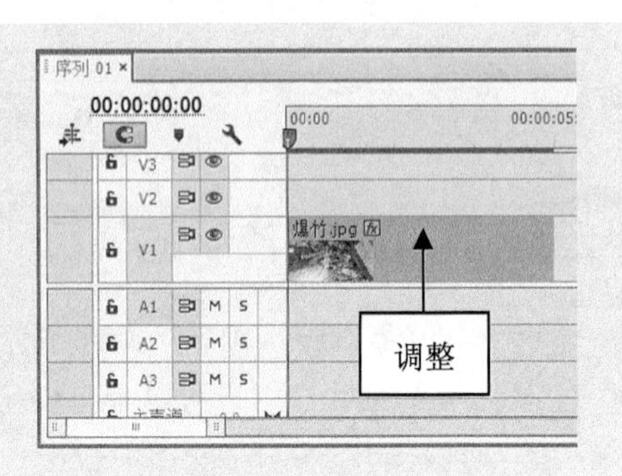


图 4-14　调整素材长度

**步骤03** 选择“文件”|“保存”命令，如图 4-15 所示。

**步骤04** 弹出“保存项目”对话框，显示保存进度，即可保存项目，如图 4-16 所示。

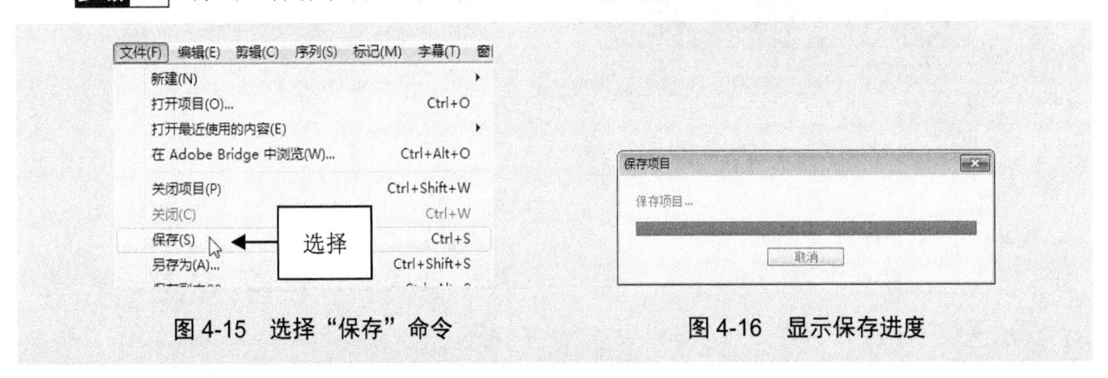


图 4-15　选择“保存”命令

图 4-16　显示保存进度

## 4.3.2 使用快捷键保存项目

使用快捷键保存项目是一种快捷的保存方法，用户可以按 Ctrl+S 组合键在弹出的“保存项目”对话框中单击“保存”按钮。如果用户已经对文件进行过一次保存，则再次保存文件时将不会弹出“保存项目”对话框。

也可以按 Ctrl+Alt+S 组合键，在弹出的“保存项目”对话框中将项目作为副本保存，如图 4-17 所示。

图 4-17 “保存项目”对话框

### 4.3.3 关闭项目的三种方法

当用户完成所有的编辑操作并将文件进行了保存，可以将当前项目关闭。

下面将介绍关闭项目的 3 种方法：

- 用户如果需要关闭项目，可以选择“文件”|“关闭”命令，如图 4-18 所示。
- 选择 “文件”|“关闭项目”命令，如图 4-19 所示。

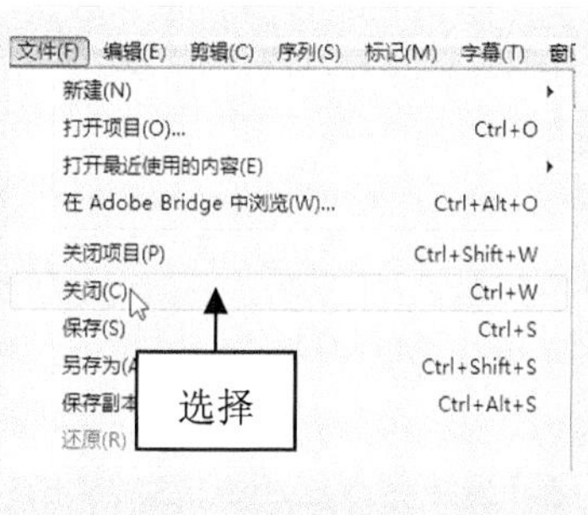


图 4-18 选择“关闭”命令

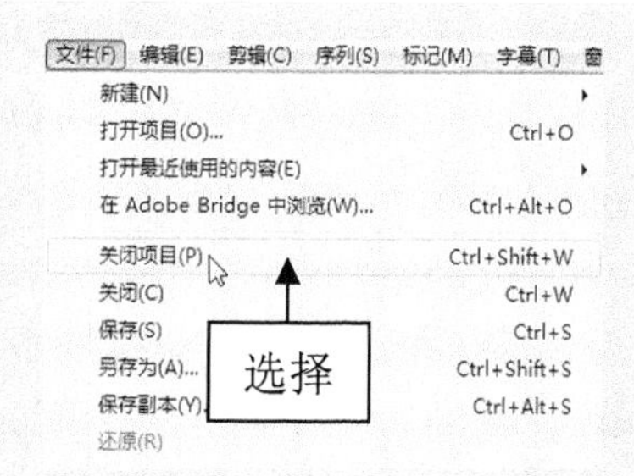


图 4-19 选择“关闭项目”命令

- 按 Ctrl＋W 组合键，或者按 Ctrl＋Alt＋W 组合键，执行关闭项目的操作。

## 4.4 操作素材文件

在 Premiere Pro CC 中，用户可以在项目文件中对素材文件进行相关操作。

### 4.4.1 实战——导入素材文件

在 Premiere 中通常所指的素材包括视频文件、音频文件、图像文件等。

**步骤01** 按 Ctrl + Alt + N 组合键，弹出“新建项目”对话框，单击“确定”按钮，如图 4-20 所示，即可创建一个项目文件，按 Ctrl + N 组合键新建序列。

**步骤02** 选择“文件”|“导入”命令，如图 4-21 所示。

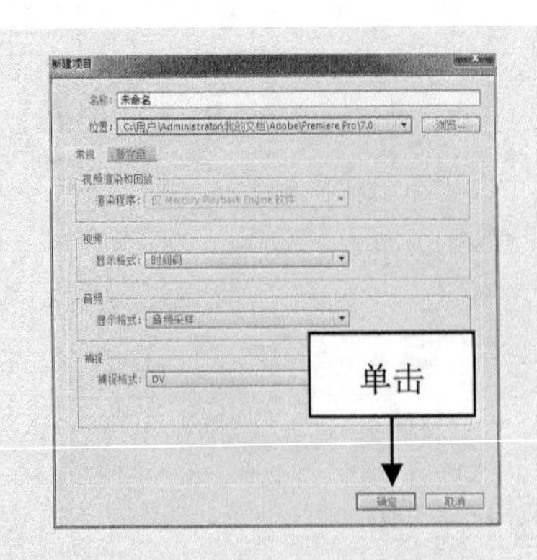


图 4-20　单击“确定”按钮

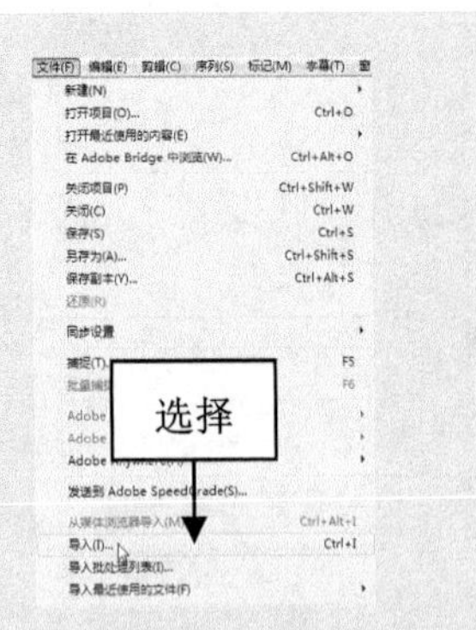


图 4-21　选择“导入”命令

步骤03　弹出“导入”对话框，在对话框中，选择随书附带光盘中的“素材\第 4 章\龙之战.prproj”文件，单击“打开”按钮，如图 4-22 所示。

步骤04　执行操作后，即可在“项目”面板中查看导入的图像素材文件，如图 4-23 所示。

图 4-22　单击“打开”按钮

图 4-23　查看素材文件

步骤05　将图像素材拖曳至“时间线”面板中，并预览图像效果，如图 4-24 所示。

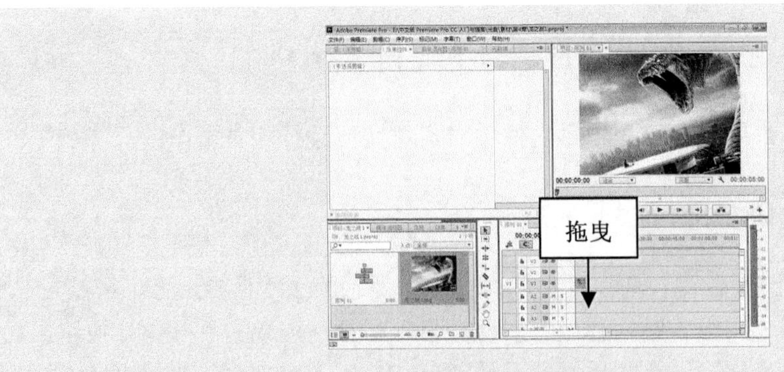


图 4-24　预览图像效果

## 4.4.2 打包项目素材

当用户使用的素材数量较多时，除了使用“项目”面板来对素材进行管理外，还可以将素材进行统一规划，并将其归纳于同一文件夹内。

打包项目素材的具体方法是：首先，选择“文件”|“项目管理”命令，如图 4-25 所示，在弹出的“项目管理”对话框中，选择需要保留的序列。然后，在“生成项目”选项区内设置项目文件归档方式，单击“确定”按钮，如图 4-26 所示。

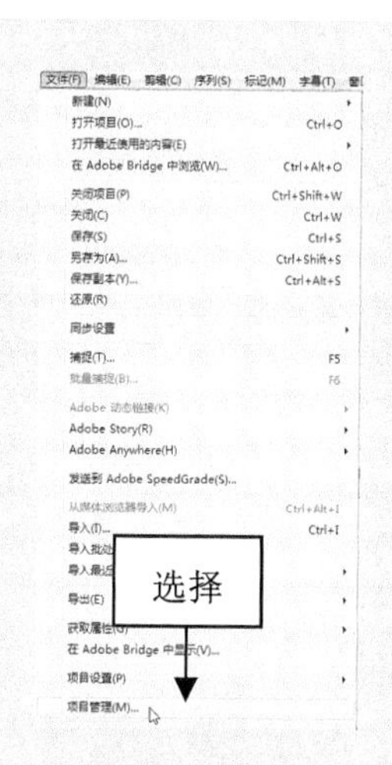


图 4-25　选择“项目管理”命令

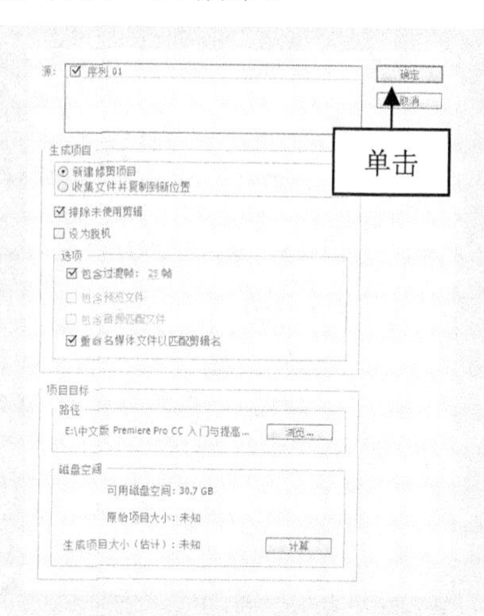


图 4-26　单击“确定”按钮

## 4.4.3 实战——播放导入的素材

在 Premiere Pro CC 中，导入素材文件后，用户可以根据需要播放导入的素材。

**步骤 01** 按 Ctrl+O 组合键，打开随书附带光盘中的“素材\第 4 章\胶布.prproj”文件，如图 4-27 所示。

**步骤 02** 在“节目监视器”面板中，单击“播放-停止切换”按钮，如图 4-28 所示。

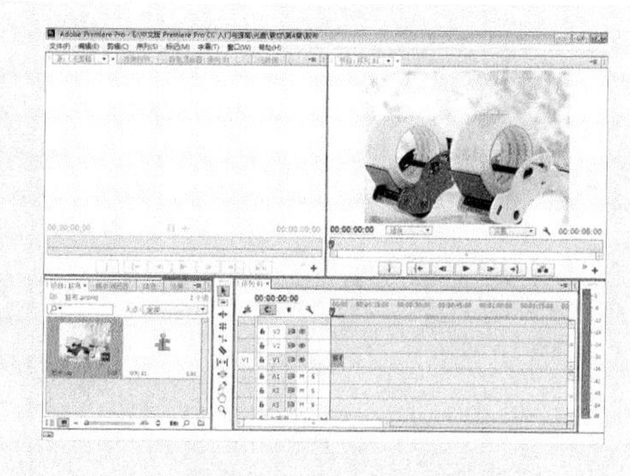

图 4-27　打开项目文件

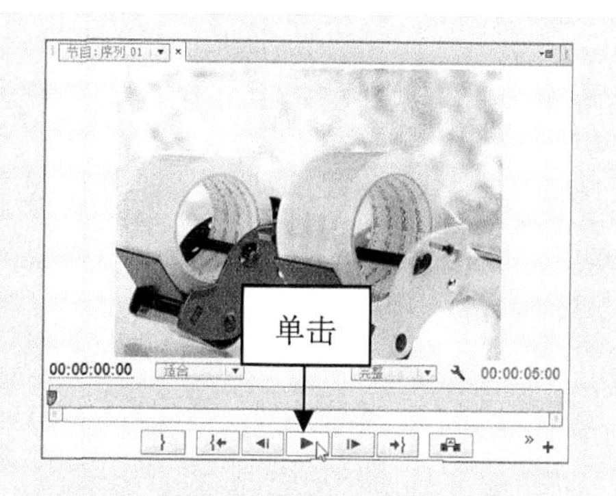


图 4-28　单击“播放-停止切换”按钮

**步骤 03** 执行操作后，即可播放导入的素材，在“节目监视器”面板中可预览图像素材效果，如图 4-29 所示。

图 4-29 预览图像素材效果

### 4.4.4 实战——素材文件的编组

当用户要添加两个或两个以上的素材文件时，可能会同时对多个素材进行整体编辑操作。

**步骤01** 按 Ctrl+O 组合键，打开随书附带光盘中的“素材\第 4 章\城市的脚步.prproj”文件，选择两个素材，如图 4-30 所示。

**步骤02** 在“时间轴”的素材上，单击鼠标右键，在弹出快捷菜单中，选择“编组”命令，如图 4-31 所示。

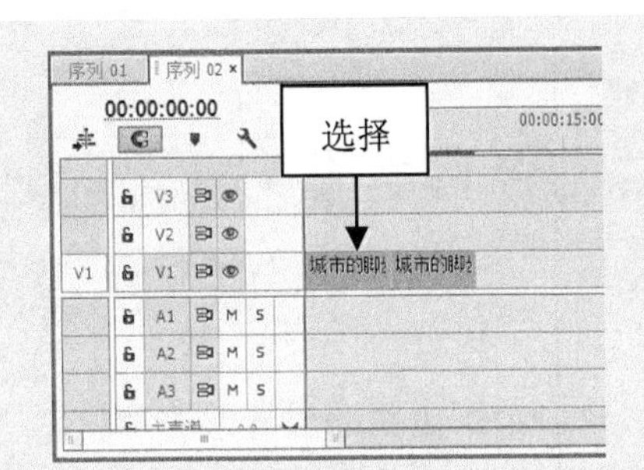


图 4-30 选择两个素材

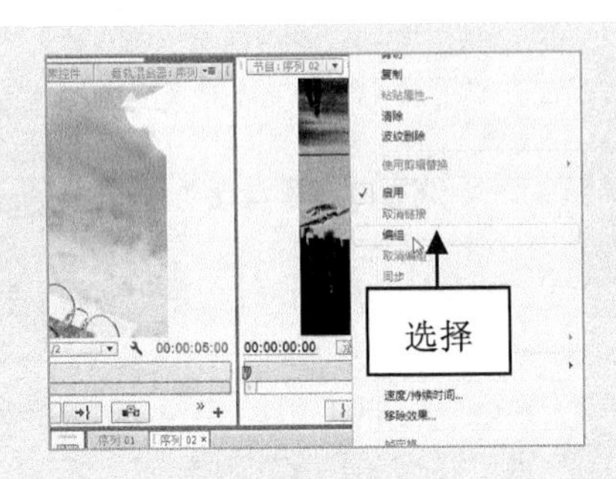


图 4-31 选择“编组”命令

**步骤03** 执行操作后，即可编组素材文件。

### 4.4.5 实战——素材文件的嵌套

Premiere Pro CC 中的嵌套功能是将一个时间线嵌套至另一个时间线中，成为一整段素材使用，能在很大程度上提高工作效率。

**步骤01** 按 Ctrl+O 组合键，打开随书附带光盘中的“素材\第 4 章\怪物电力公司.prproj” 文件，选择两个素材，如图 4-32 所示。

**步骤02** 在“时间轴”面板的素材上，单击鼠标右键，在弹出快捷菜单中，选择“嵌套”命令，如图 4-33 所示。

**步骤03** 执行操作后，即可嵌套素材文件，在“项目”面板中将增加一个“嵌套序列 01”的文件，如图 4-34 所示。

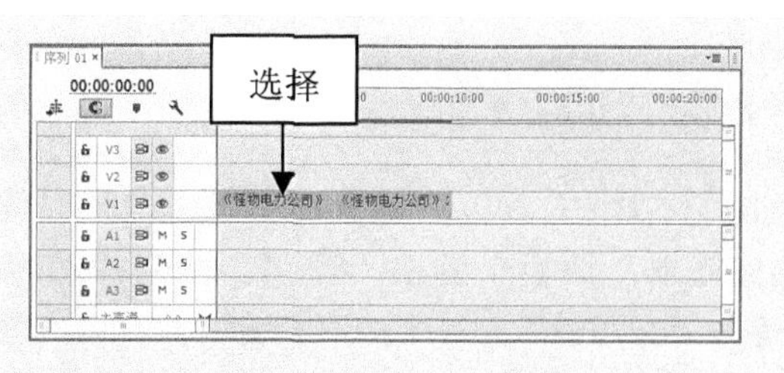


图 4-32 选择两个素材

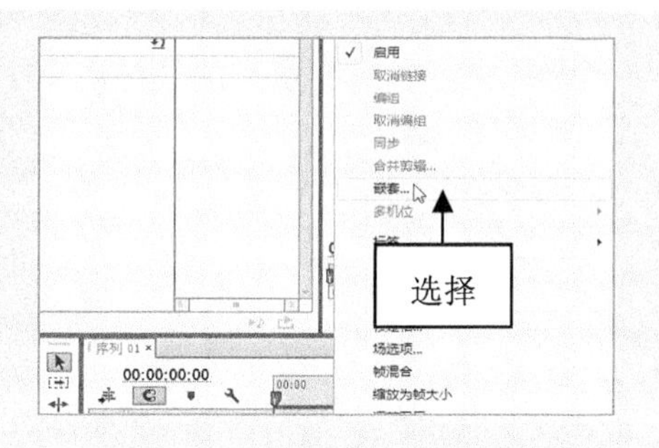


图 4-33 选择“嵌套”命令

图 4-34 增加“嵌套序列 01”文件

注意：当用户为一个嵌套的序列应用特效时，Premiere Pro CC 将自动将特效应用于嵌套序列内的所有素材中，这样可以将复杂的操作简单化。

## 4.4.6 插入编辑

插入编辑是在当前“时间线”面板中没有该素材的情况下，使用“源监视器”面板中的“插入”功能向“时间线”面板中插入素材。

在 Premiere Pro CC 中，将当前时间指示器移至“时间线”面板中已有素材的中间，单击“源监视器”面板中的“插入”按钮，如图 4-35 所示。执行操作后，即可将“时间线”面板中的素材一分为二，并将“源监视器”面板中的素材插入至两者素材之间，如图 4-36 所示。

图 4-35 单击“插入”按钮

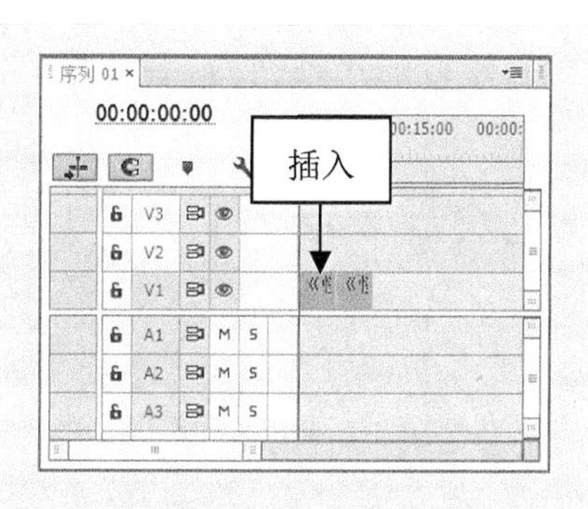


图 4-36 插入素材效果

### 4.4.7 覆盖编辑

覆盖编辑是指将新的素材文件替换原有的素材文件。当"时间线"面板中已经存在一段素材文件时，在"源监视器"面板中调出"覆盖"按钮，然后单击"覆盖"按钮，如图 4-37 所示，执行操作后，"时间线"面板中的原有素材内容将被覆盖，如图 4-38 所示。

图 4-37　单击"覆盖"按钮

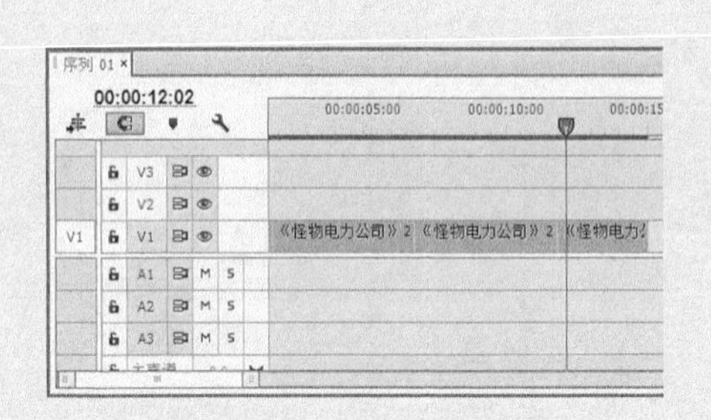


图 4-38　覆盖素材效果

注意：当"监视器"面板的底部放置按钮的空间不足时，软件会自动隐藏一些按钮。用户可以单击右下角的✚按钮，在弹出的列表框中选择被隐藏的按钮。

## 4.5 使用常用工具

Premiere Pro CC 中为用户提供了各种实用的工具，并将其集中在工具栏中。用户只有熟练地掌握各种工具的操作方法，才能够更加熟练地掌握 Premiere Pro CC 的编辑技巧。

### 4.5.1 选择工具

选择工具作为 Premiere Pro CC 使用最为频繁的工具之一，其主要功能是选择一个或多个片段。

如果用户需要选择单个片段，可以单击鼠标左键即可，如图 4-39 所示；如果用户需要选择多个片段，可以单击鼠标左键并拖曳，框选需要选择的多个片段，如图 4-40 所示。

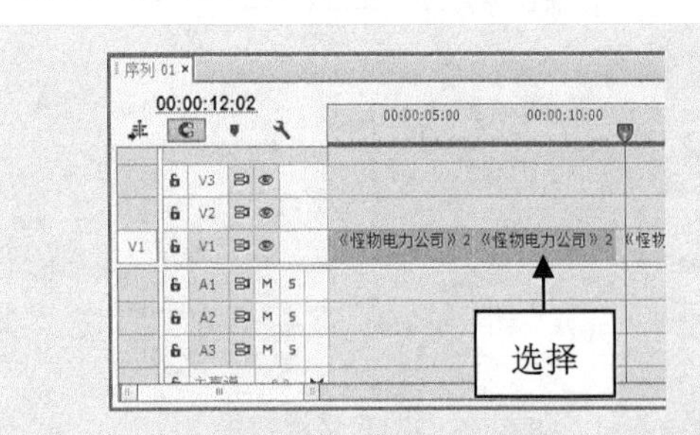


图 4-39　选择单个素材

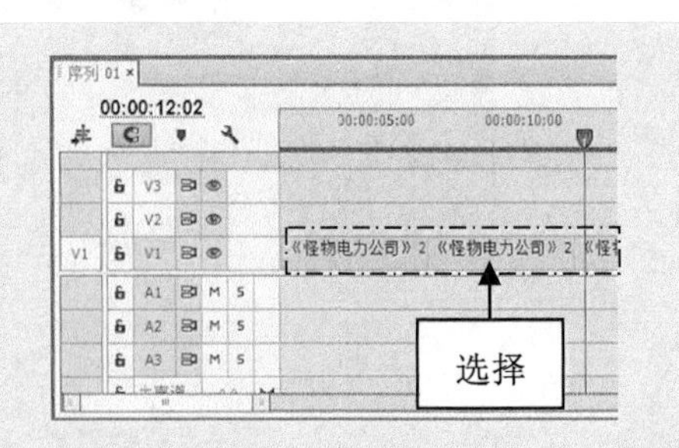


图 4-40　选择多个素材

## 4.5.2 实战——使用剃刀工具

剃刀工具可以将一段选中的素材文件进行剪切，将其分成两段或几段独立的素材片段。

**步骤01** 按 Ctrl+O 组合键，打开随书附带光盘中的“素材\第 4 章\冰糖葫芦.prproj”文件，如图 4-41 所示。

**步骤02** 选取剃刀工具，在“时间轴”面板的素材上依次单击鼠标左键，即可剪切素材，如图 4-42 所示。

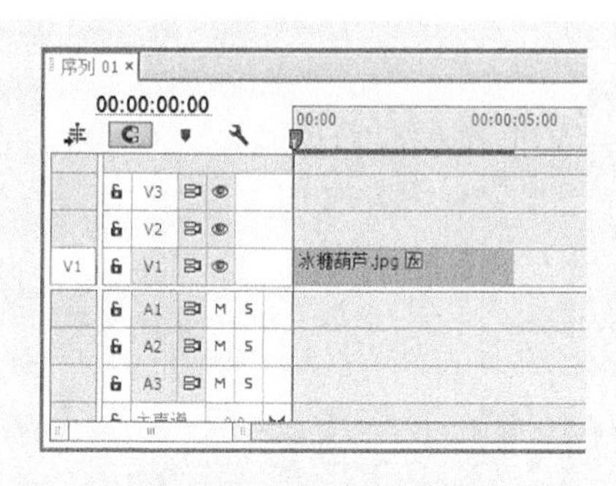


图 4-41　打开项目文件

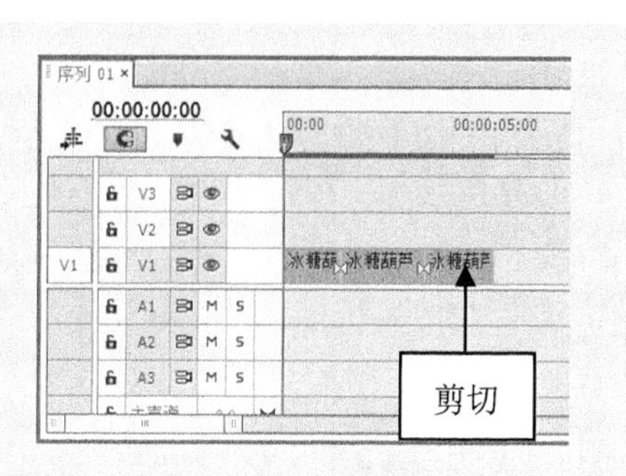


图 4-42　剪切素材

## 4.5.3 实战——使用滑动工具

滑动工具用于移动“时间轴”面板中素材的位置，该工具会影响相邻素材片段的出入点和长度，滑动工具包括外滑工具与内滑工具。

1. 外滑工具

使用外滑工具时，可以同时更改“时间轴”内某剪辑的入点和出点，并保留入点和出点之间的时间间隔不变。

**步骤01** 按 Ctrl+O 组合键，打开随书附带光盘中的“素材\第 4 章\流水瀑布.prproj”文件，如图 4-43 所示。

**步骤02** 在 V1 轨道上添加“流水瀑布 3”素材，并覆盖部分“流水瀑布 2”素材，选取外滑工具，如图 4-44 所示。

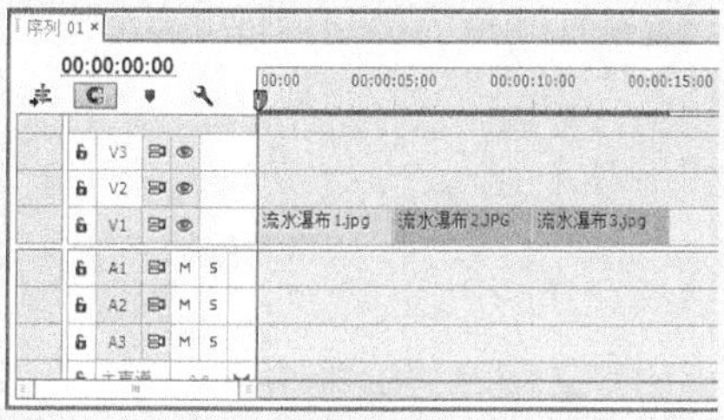

图 4-43　打开项目文件

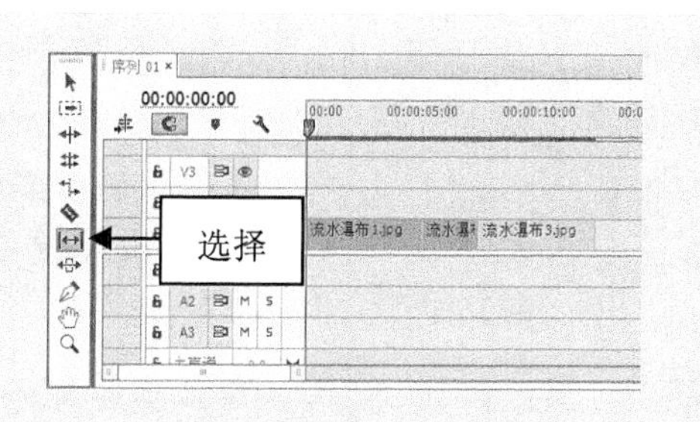


图 4-44　选择外滑工具

图 4-45　显示更改素材入点和出点的效果

**步骤03**　在 V1 轨道上的“流水瀑布 2”素材对象上单击鼠标左键并拖曳，在“节目监视器”面板中显示更改素材入点和出点的效果，如图 4-45 所示。

2. 内滑工具

使用内滑工具时，可将“时间轴”内的某个剪辑向左或向右移动，同时修剪其周围的两个剪辑。三个剪辑的组合持续时间以及该组在“时间轴”内的位置将保持不变。

**步骤01**　在工具箱中选择内滑工具，在 V1 轨道上的“流水瀑布 2”素材对象上单击鼠标左键并拖曳，即可将“流水瀑布 2”素材向左或向右移动，同时修剪其周围的两个视频文件，如图 4-46 所示。

**步骤02**　释放鼠标后，即可确认更改“流水瀑布 2”素材的位置，如图 4-47 所示。

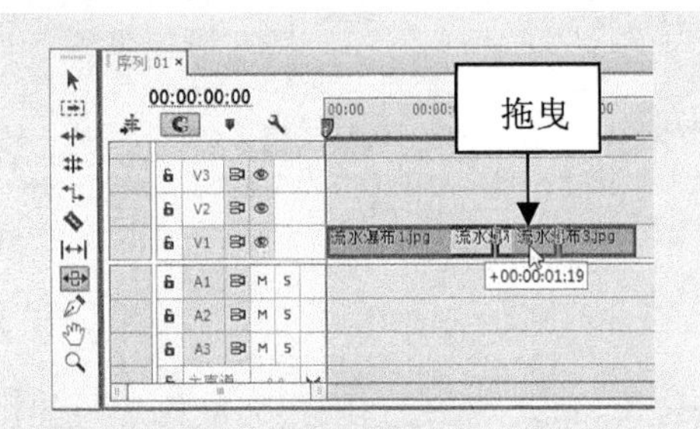


图 4-46　移动素材文件

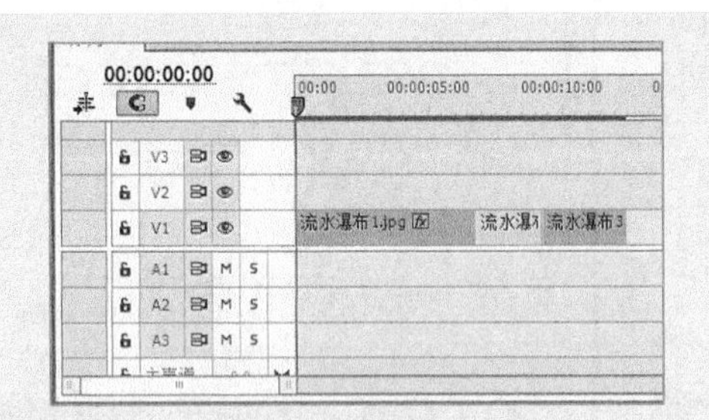


图 4-47　更改“流水瀑布 2”素材的位置

**步骤03**　将时间指示器定位在“流水瀑布 1”素材的开始位置，在“节目监视器”面板中单击“播放-停止切换”按钮，即可观看更改后的视频效果，如图 4-48 所示。

图 4-48　观看视频效果

**注意**：内滑工具与外滑工具最大的区别在于：使用内滑工具剪辑只能剪辑相邻的素材，而本身的素材不会被剪辑。

## 4.5.4 实战——使用比率拉伸工具

比率拉伸工具主要用于调整素材的速度。使用比率拉伸工具在“时间轴”面板中缩短素材，则会加快视频的播放速度；反之，拉长素材则速度减慢。下面介绍使用比率拉伸工具编辑素材的操作方法。

**步骤01** 在 Premiere Pro CC 工作界面中，打开随书附带光盘中的“素材\第 4 章\水珠.prproj”文件，如图 4-49 所示。

**步骤02** 在“项目”面板中选择导入的素材文件，并将其拖曳至“时间轴”面板中的 V1 轨道上，在工具箱中选择比率拉伸工具，如图 4-50 所示。

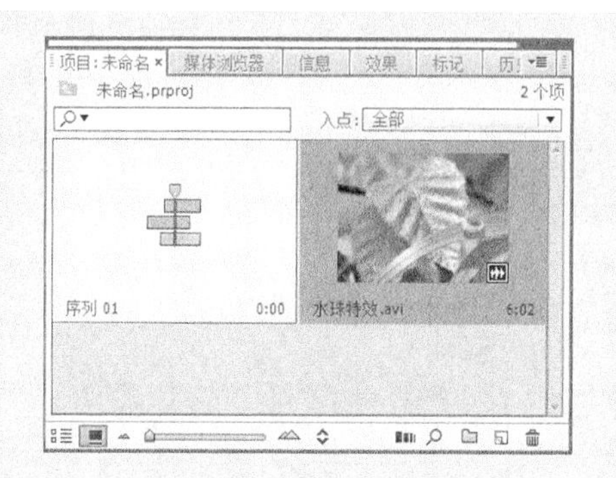

图 4-49 导入素材文件

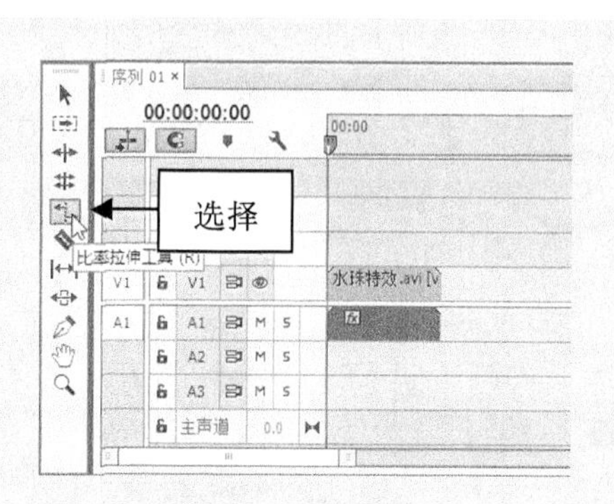


图 4-50 选择比率拉伸工具

**步骤03** 将鼠标移至添加的素材文件的结束位置，当鼠标变成比率拉伸图标时，单击鼠标左键并向左拖曳至合适位置上，释放鼠标，可以缩短素材对象，如图 4-51 所示。

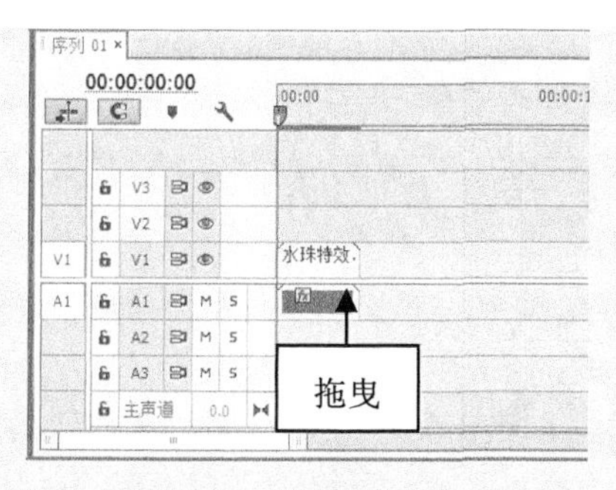


图 4-51 缩短素材对象

**步骤04** 在“节目监视器”面板中单击“播放-停止切换”按钮，即可观看缩短素材后的视频播放效果，如图 4-52 所示。

**提示：** 用与上述同样的操作方法，拉长素材对象，在“节目监视器”面板中单击“播放”按钮，即可观看拉长素材后的视频播放效果。

图 4-52　比率拉伸工具编辑视频的效果

## 4.5.5　实战——使用波纹编辑工具

使用波纹编辑工具拖曳素材的出点可以改变所选素材的长度，而轨道上其他素材的长度不受影响。

**步骤 01**　按 Ctrl＋O 组合键，打开随书附带光盘中的“素材\第 4 章\城市风景.prproj”文件，选取工具箱中的波纹编辑工具，如图 4-53 所示。

**步骤 02**　选择最下方素材向右拖曳至合适位置，即可改变素材长度，如图 4-54 所示。

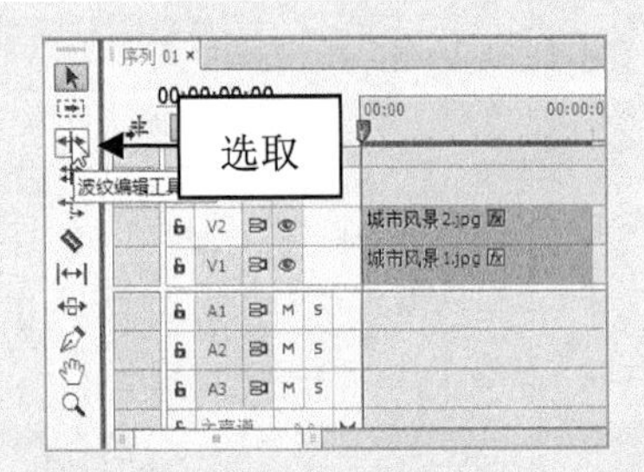


图 4-53　选取波纹编辑工具

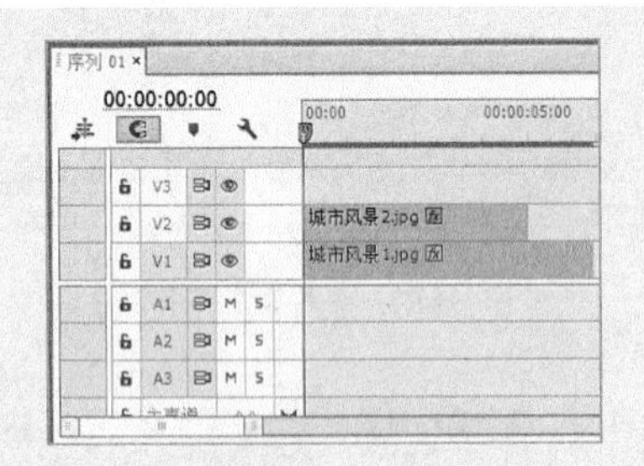


图 4-54　改变素材长度

## 4.5.6　实战——使用轨道选择工具

轨道选择工具用于选择某一轨道上的所有素材，当用户按住 Shift 键的同时，可以切换到多轨道选择工具。

**步骤 01**　打开随书附带光盘中的“素材\第 4 章\城市风景.prproj”文件，选取工具箱中的轨道选择工具，如图 4-55 所示。

**步骤 02**　在最上方轨道上，单击鼠标左键，即可选择轨道上的素材，如图 4-56 所示。

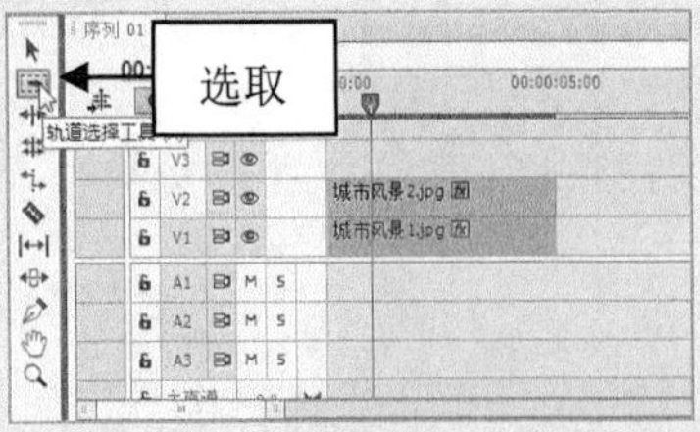

图 4-55　选取轨道选择工具

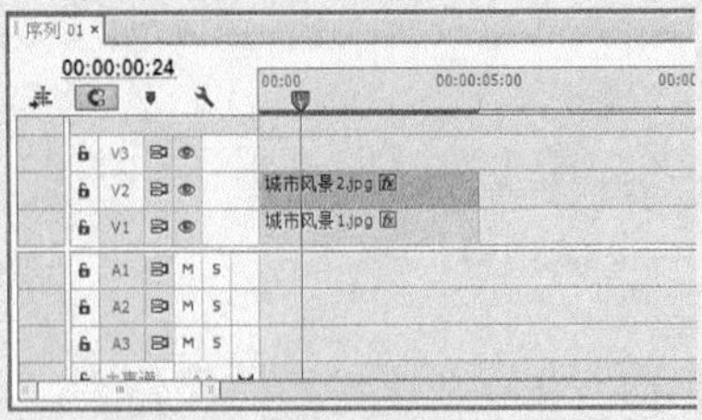

图 4-56　选择轨道上的素材

**步骤 03** 执行上述操作后，即可在“节目监视器”面板中查看视频效果，如图 4-57 所示。

图 4-57 视频效果

# 第5章

## 影视素材的添加剪辑

通过对 Premiere Pro CC 常用操作的了解，用户应该已经对“时间轴”面板这一影视剪辑常用到的对象有了一定的认识。本章将从添加与编辑视频素材的操作方法与技巧讲起，逐渐提升用户对 Premiere Pro CC 的熟练度。

本章重点：

- 捕捉操作素材
- 添加影视素材
- 编辑影视素材

# 5.1 捕捉操作素材

素材的捕捉是进行视频影片编辑前的一个准备性工作，这项工作直接关系到后期编辑和最终输出的影片质量，具有重要的意义。

## 5.1.1 实战——安装与连接 1394 卡

视频捕捉是一个 A/D 转换的过程，所以需要特定的硬件设备，Premiere Pro CC 可以通过 1394 卡或者具有 1394 接口的捕捉卡来捕捉视频素材信号和输出影片。现在常用到的视频捕捉卡多是被继承为视音频处理套卡，如图 5-1 所示为 1394 卡。

图 5-1　1394 卡

现在一般都采用数码摄像机进行实地拍摄，可以直接得到自己需要的视频素材内容，因而实地拍摄是取得素材最常用的方法。拍摄完毕后，将数码摄像机的 IEEE 1394 接口与计算机连接好，就可以开始传输视频文件。在传输视频文件之前，用户首先需要掌握好安装与设置 1394 卡的方法，只有正常的安装了 1394 卡，才能顺利的采集视频文件。

1. 安装 1394 卡

对于业余爱好者来说，有一般的 IEEE 1394 接口卡和一款不错的视频采集软件就足以应付平时的使用了。在绝大多数场合中，1394 卡只是作为一种影像采集设备用来连接 DV 和计算机，其本身并不具备视频的采集和压缩功能，它只是为用户提供多个 1394 接口，以便连接 1394 硬件设备。下面将介绍安装 1394 视频采集卡的操作方法。

步骤 01　准备好 1394 视频卡，关闭计算机电源，并拆开机箱，找到 1394 卡的 PCI 插槽，如图 5-2 所示。

步骤 02　找到 PCI 插槽后，将 1394 视频卡插入主板的 PCI 插槽上，如图 5-3 所示。

步骤 03　用螺钉紧固 1394 卡，如图 5-4 所示。

步骤 04　执行上述操作后，即可完成 1394 卡的安装，如图 5-5 所示。

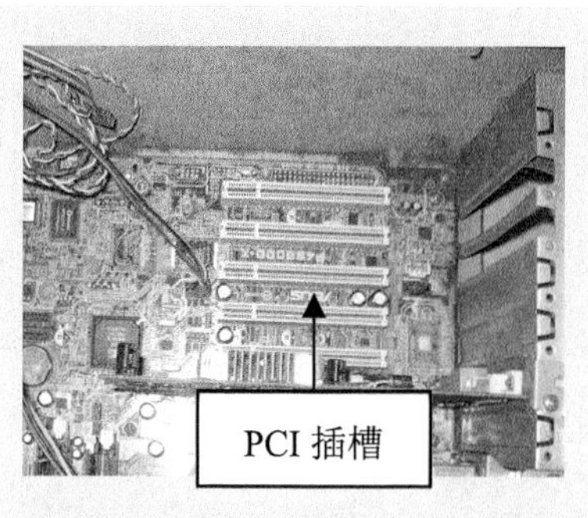

图 5-2　找到 1394 卡的 PCI 插槽

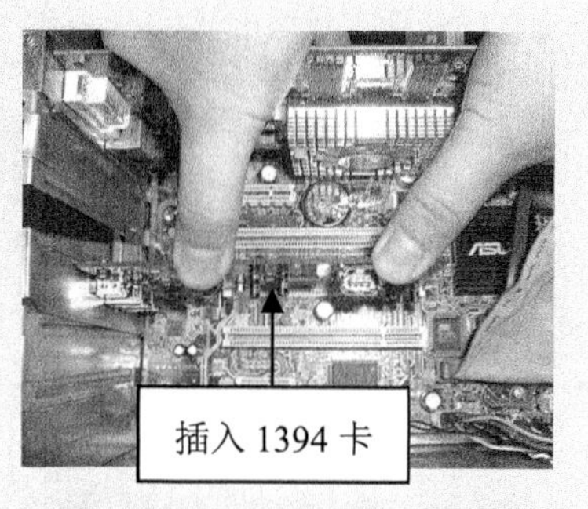

图 5-3　插入主板的 PCI 插槽上

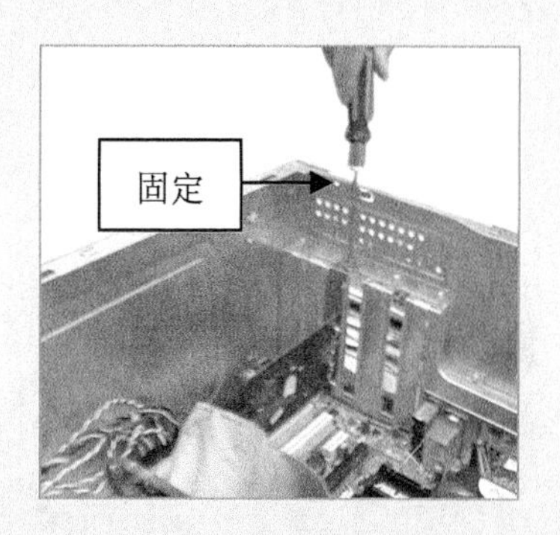

图 5-4　用螺钉紧固 1394 卡

图 5-5　完成 1394 卡的安装

**注意：**用户在选购视频捕获卡前，需要先考虑自己的计算机是否能够胜任视频捕获、压缩及保存工作，因为视频编辑对 CPU、硬盘、内存等硬件的要求较高。另外，用户在购买前还应了解购买捕获卡的用途，根据需要选择不同档次的产品。

2. 查看 1394 卡

完成 1394 卡的硬件安装工作后，启动计算机，系统会自动查找并安装 1394 卡的驱动程序。若需要确认 1394 卡是否安装成功，用户可以自行查看。

步骤01 在“计算机”图标上，单击鼠标右键，在弹出的快捷菜单中选择“管理”命令，如图 5-6 所示。

步骤02 打开“计算机管理”窗口，在左侧窗格中选择“设备管理器”选项，在右侧窗格中即可查看“IEEE 1394 总线主控制器”选项，如图 5-7 所示。

3. 连接台式机 1394 接口

安装好 IEEE 1394 视频卡后，接下来就需要使用 1394 视频卡连接计算机，这样才可以进入视频的捕获阶段。目前，台式计算机已经成为大多数家庭或企业的首选。因此，掌握运用 1394 视频线与台式计算机的 1394 接口的连接显得相当重要。

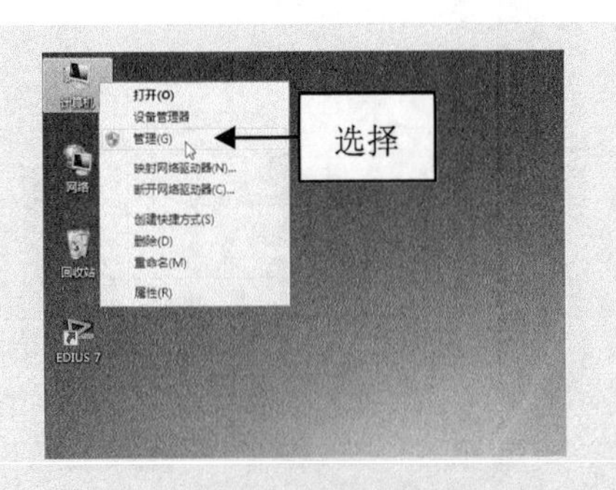


图 5-6　选择“管理”命令

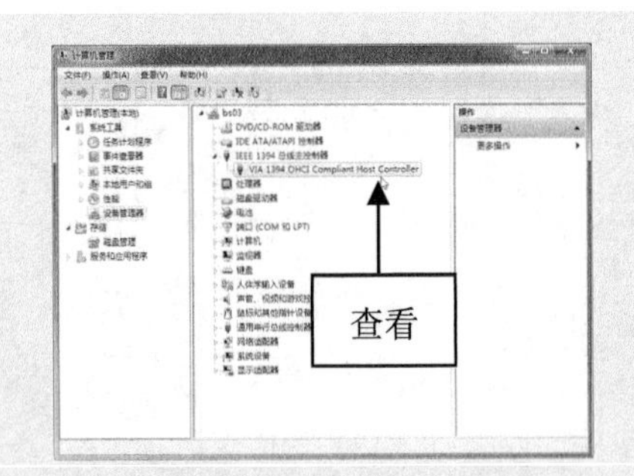


图 5-7　查看安装的 1394 卡

**步骤 01**　将 IEEE 1394 视频线取出，在台式计自算机的机箱后找到 IEEE 1394 卡的接口，并将 IEEE 1394 视频线一端的接头插入接口处，如图 5-8 所示。

**步骤 02**　将 IEEE 1394 视频线的另一端连接到 DV 摄像机，如图 5-9 所示，即可完成与台式计算机 1394 接口的连接操作。

图 5-8　将视频线一端的接头插入接口处

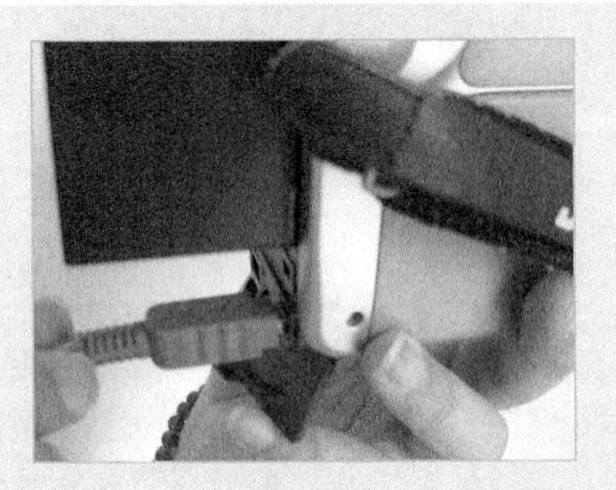

图 5-9　另一端连接到 DV 摄像机

**提示：** 通常使用 4-Pin 对 6-Pin 的 1394 线连接摄像机和台式机，这种连线的一端接口较大，另一端接口就比较小。接口较小一端与摄像机连接，接口较大一端与台式计算机上安装的 1394 卡连接。

4. 连接笔记本 1394 接口

随着计算机技术的飞速发展，许多笔记本电脑中都集成了 IEEE 1394 接口，下面介绍连接笔记本上 1394 接口的操作方法。

**步骤 01**　将 4-Pin 的 IEEE 1394 视频线取出，在笔记本电脑的后方找到 4-Pin 的 IEEE 1394 卡的接口，如图 5-10 所示。

**步骤 02**　将视频线插入笔记本电脑的 1394 接口处，如图 5-11 所示，即可将 DV 摄像机中的视频内容输出至笔记本电脑中。

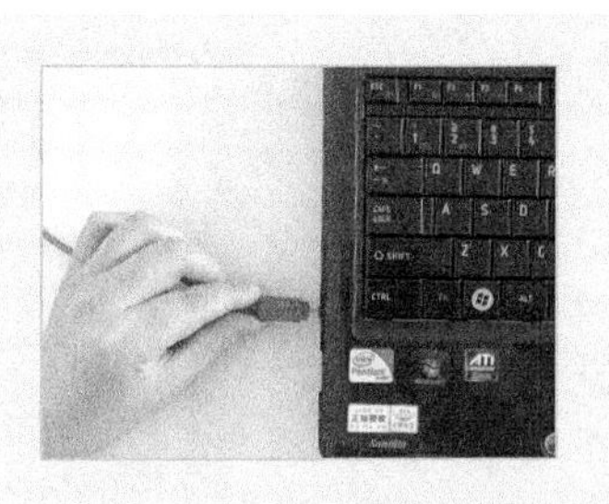

图 5-10　找到 4-Pin 的 IEEE 1394 卡的接口

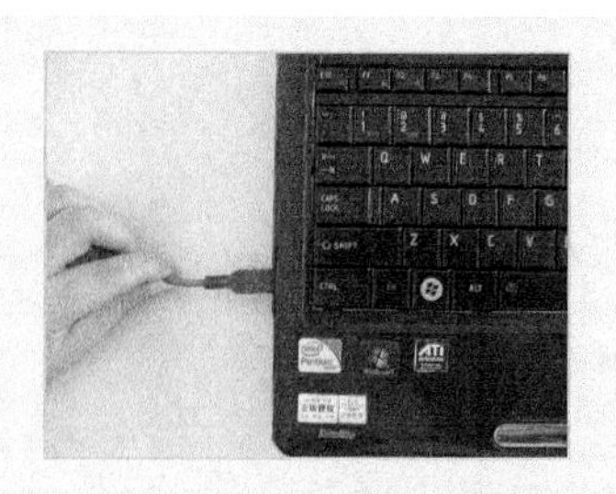

图 5-11　插入笔记本电脑的 1394 接口处

## 5.1.2 捕捉界面

视频捕捉对话框中包括状态显示区、预览窗口、参数设置面板、窗口菜单和设备控制面板 5 个部分。

当用户启动完 Premiere Pro CC 后，选择“文件”|“捕捉”命令，此时，系统将弹出“捕捉”对话框，如图 5-12 所示。同时用户可以单击“设置”标签，即可切换至“设置”选项卡，如图 5-13 所示。

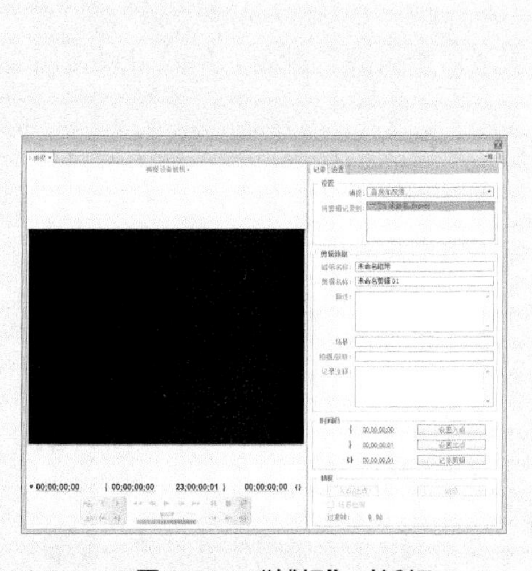

图 5-12　“捕捉”对话框

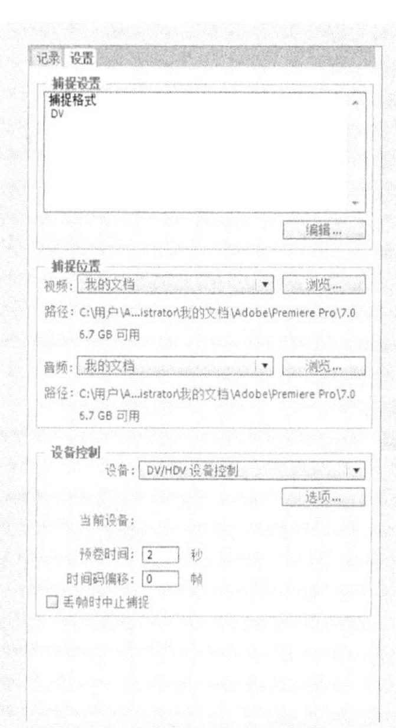


图 5-13　切换至“设置”选项卡

## 5.1.3 捕捉参数的设置

在进行视频捕捉之前，首先需要对捕捉参数进行设置。在 Premiere Pro CC 中，选择“编辑”|“首选项”|“设备控制”命令，即可弹出“首选项”对话框，如图 5-14 所示，用户可以在对话框中设置视频输入设备的标准。

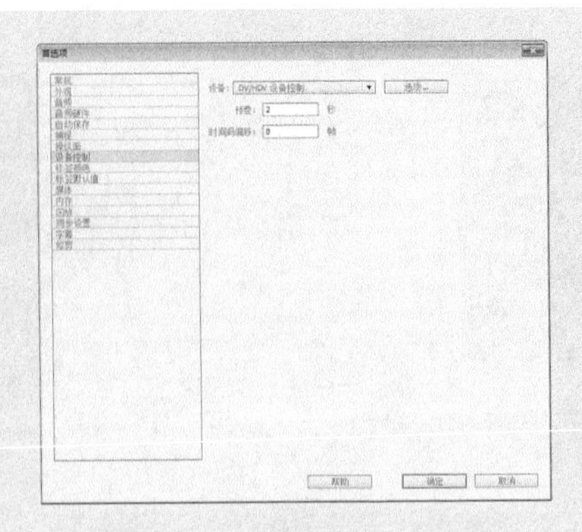

图 5-14　“首选项”对话框

技巧：在设置完捕捉参数后，可以对视频文件进行捕捉操作。捕捉视频大致可以分为三个步骤。首先，用户在“设备控制”面板中单击“录制”按钮，即可开始捕捉所需要的视频素材；接下来，当视频捕捉结束后，用户可以再次单击“录制”按钮，系统将自动弹出“保存已捕捉素材”对话框；最后，用户可以设置素材的保存位置及素材的名称等，完成后单击“确定”按钮，即可完成捕捉。

### 5.1.4　实战——音频素材的录制

录制音频的方法很多，其中 Windows 中就自带有录音设备。用户可以使用 Windows 中的录音机程序进行录制。

**步骤 01**　单击“开始”按钮，在弹出的“开始”菜单中选择“所有程序”命令，如图 5-15 所示。

**步骤 02**　选择“附件”|“录音机”命令，如图 5-16 所示。

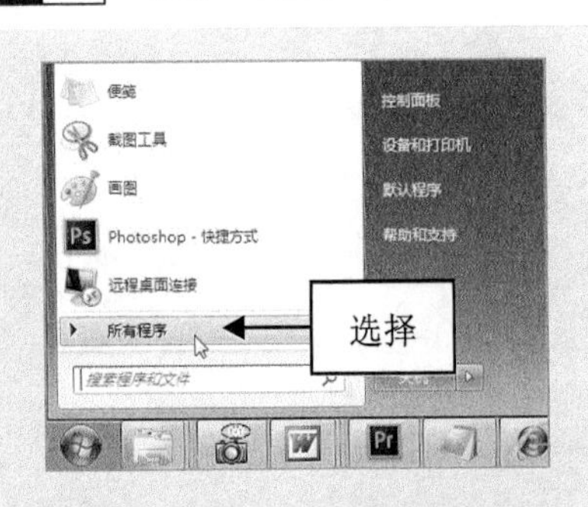


图 5-15　选择“所有程序”命令

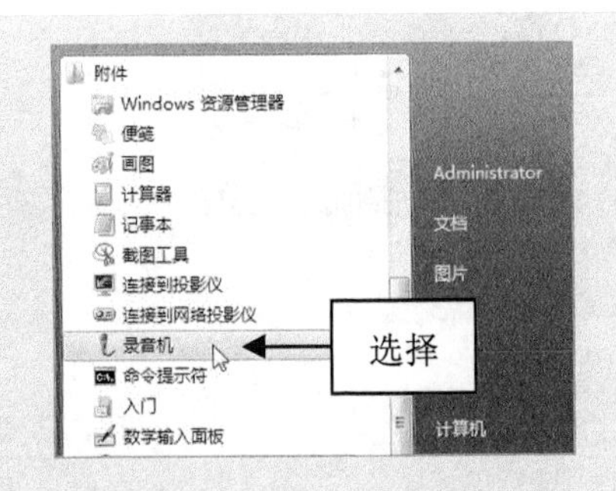


图 5-16　选择“录音机”命令

**步骤 03**　执行操作后，系统将自动弹出“录音机”对话框，如图 5-17 所示。

**步骤 04**　单击“录音机”对话框中的“开始录制”按钮，即可开始录制音频素材，如图 5-18 所示。

图 5-17 “录音机”对话框

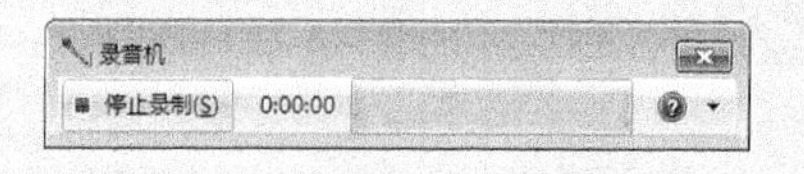


图 5-18 开始录制音频素材

步骤05 录制完成后，用户可以单击“停止录制”按钮，如图 5-19 所示。

步骤06 即可弹出“另存为”对话框，设置文件名和保存路径，单击“保存”按钮即可保存录制音频素材，如图 5-20 所示。

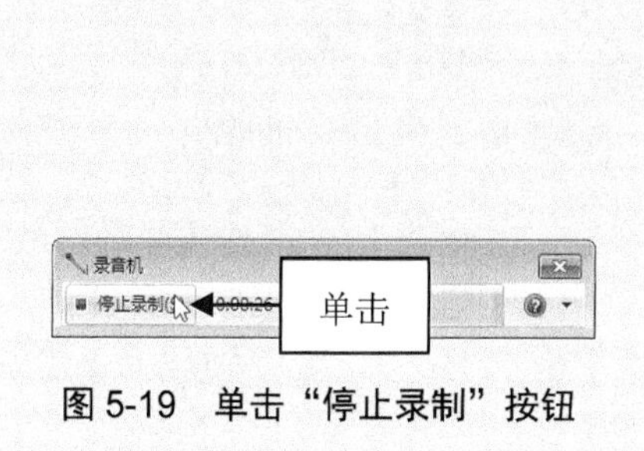


图 5-19 单击“停止录制”按钮

图 5-20 “另存为”对话框

# 5.2 添加影视素材

制作视频影片的首要操作就是添加素材，本节主要介绍在 Premiere Pro CC 中添加影视素材的方法，包括添加视频素材、音频素材、静态图像及图层图像等。

## 5.2.1 实战——视频素材的添加

添加一段视频素材是一个将源素材导入到素材库，并将素材库的原素材添加到“时间轴”面板中的视频轨道上的过程。

步骤01 在 Premiere Pro CC 界面中，打开随书附带光盘中的“素材\第 5 章\午间新闻.prproj”文件，选择“文件”|“导入”命令，如图 5-21 所示。

步骤02 弹出“导入”对话框，选择“午间新闻”视频素材，如图 5-22 所示。

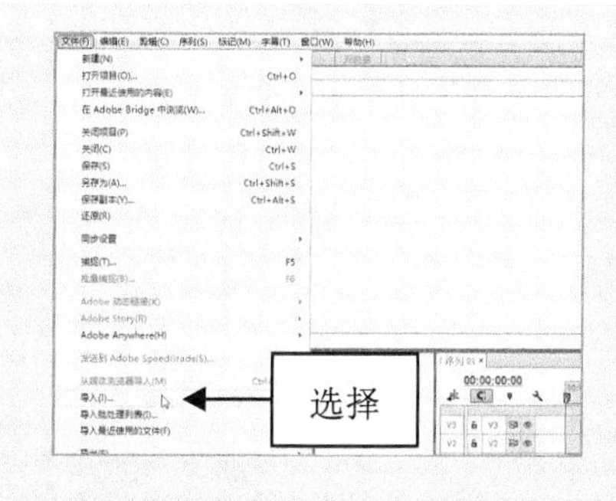


图 5-21 选择“文件”|“导入”命令

图 5-22 选择视频素材

**步骤03** 单击“打开”按钮，将视频素材导入至“项目”面板中，如图 5-23 所示。

**步骤04** 在“项目”面板中，选择视频文件，将其拖曳至“时间轴”面板的 V1 轨道中，如图 5-24 所示。

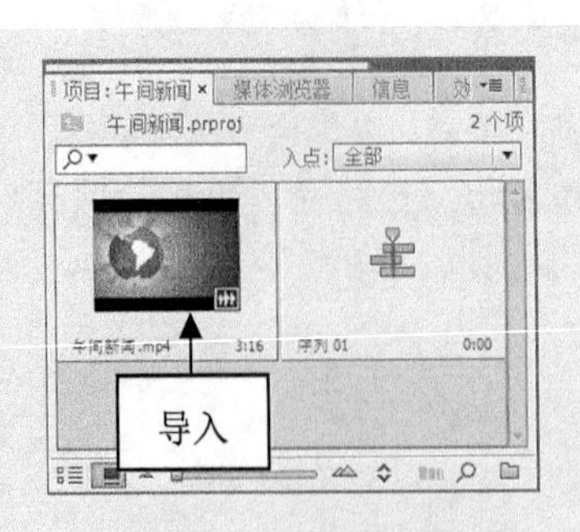


图 5-23 导入视频素材

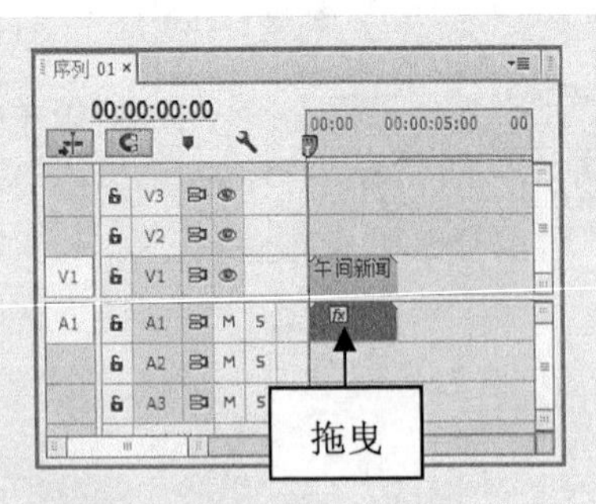


图 5-24 拖曳至“时间轴”面板

**步骤05** 执行上述操作后，即可添加视频素材。

**提示：** 在 Premiere Pro CC 中，导入素材除了运用上述方法外，还可以双击“项目”面板空白位置，快速弹出“导入”对话框。

## 5.2.2 实战——音频素材的添加

为了使影片更加完善，用户可以根据需要为影片添加音频素材，下面将介绍其操作方法。

**步骤01** 按 Ctrl+O 组合键，打开随书附带光盘中的“素材\第 5 章\音乐.prproj”文件，选择“文件”|“导入”命令，弹出“导入”对话框，选择需要添加的音频素材，如图 5-25 所示。

**步骤02** 单击“打开”按钮，将音频素材导入至“项目”面板中，选择素材文件，将其拖曳至“时间轴”面板的 A1 轨道中，即可添加音频素材，如图 5-26 所示。

图 5-25 选择需要添加的音频素材

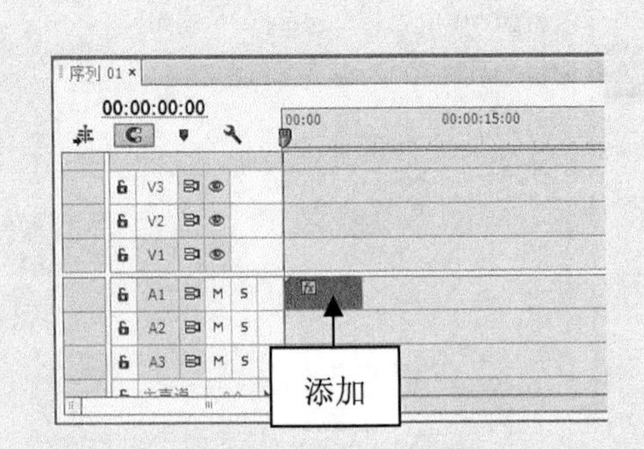


图 5-26 添加音频文件

## 5.2.3 实战——静态图像的添加

为了使影片内容更加丰富多彩，在对影片进行编辑的过程中，用户可以根据需要添加各种静态的图像。

**步骤01** 按 Ctrl+O 组合键，打开随书附带光盘中的“素材\第 5 章\流泪.prproj”文件，选择“文件”|“导入”命令，弹出“导入”对话框，选择需要的图像，单击“打开”按钮，导入一幅静态图像，如图 5-27 所示。

**步骤02** 在“项目”面板中，选择图像素材文件，将其拖曳至“时间轴”面板的 V1 轨道中，即可添加静态图像，如图 5-28 所示。

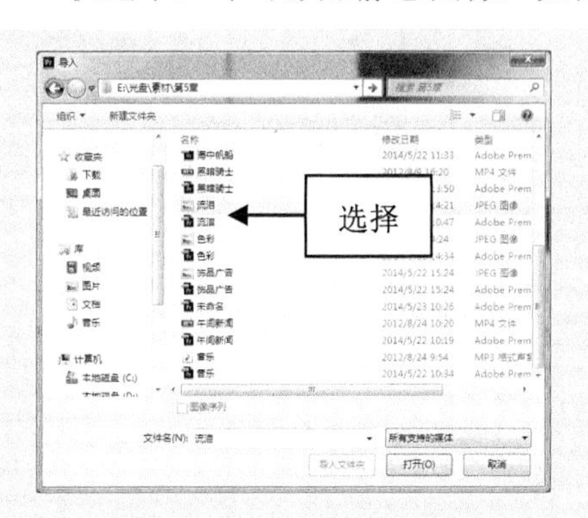


图 5-27 选择要添加的图像

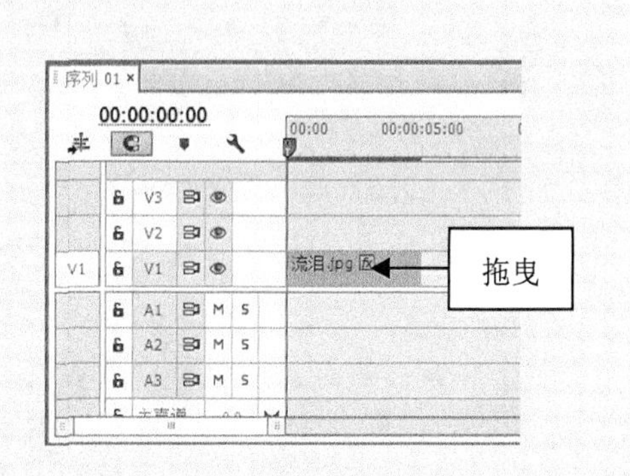


图 5-28 添加静态图像

## 5.2.4 实战——图层图像的添加

在 Premiere Pro CC 中，不仅可以导入视频、音频以及静态图像素材，还可以导入图层图像素材。

**步骤01** 按 Ctrl+O 组合键，打开随书附带光盘中的“素材\第 5 章\奔跑.prproj”文件，选择“文件”|“导入”命令，弹出“导入”对话框，选择需要的图像，如图 5-29 所示，单击“打开”按钮。

**步骤02** 弹出“导入分层文件：奔跑”对话框，单击“确定”按钮，如图 5-30 所示，将所选择的 PSD 图像导入至“项目”面板中。

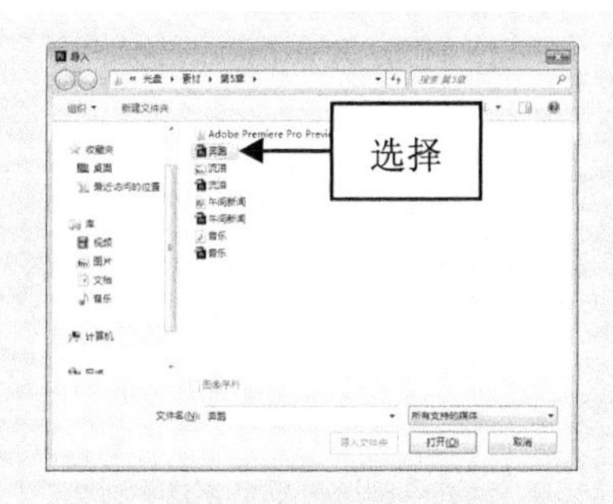


图 5-29 选择需要的素材图像

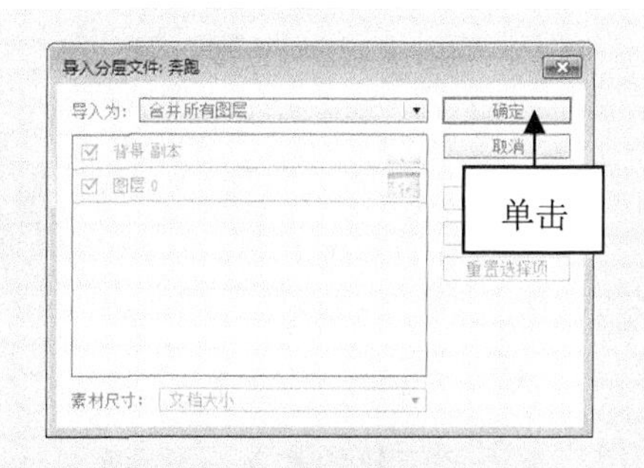


图 5-30 单击“确定”按钮

**步骤 03** 选择导入的 PSD 图像，并将其拖曳至“时间轴”面板的 V1 轨道中，即可添加图层图像，如图 5-31 所示。

**步骤 04** 执行操作后，在“节目监视器”面板中可以预览添加的图层图像效果，如图 5-32 所示。

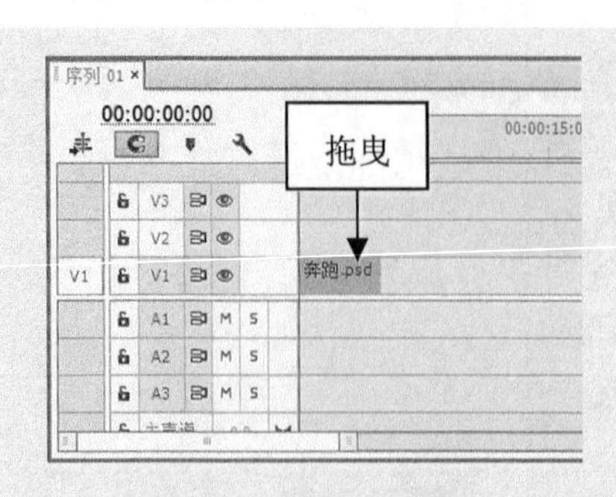


图 5-31　添加图层图像

图 5-32　预览图层图像效果

# 5.3　编辑影视素材

对影片素材进行编辑是整个影片编辑过程中的一个重要环节，同样也是 Premiere Pro CC 大功能的体现。本节将详细介绍编辑影视素材的操作方法。

## 5.3.1　素材的基本操作

在编辑影视时，常常会用到一些简单的基本操作，如复制和粘贴素材、分离与组合素材、删除素材等。

1. 复制和粘贴

“复制”与“粘贴”对于使用过计算机的用户来说，这两个命令已经再熟悉不过了，其作用是将选择的素材文件进行复制，然后将其粘贴。

**技巧**：用户在使用“复制”与“粘贴”命令时，可以按 Ctrl + C 组合键，进行复制操作，按 Ctrl + V 组合键，进行粘贴操作。

2. 分离与组合

“分离”与“组合”是作用于两个或两个以上素材使用的命令，当序列中有一段有音频的视频文件需要重新配音时，用户可以通过分离素材的方法，将音乐与视频进行分离，然后重新为视频素材添加新的音频。

3. 删除视频素材

当用户对添加的视频素材不满意时，可以将其删除，并重新导入新的视频素材。

4. 重命名视频素材

“重命名”素材可以将导入视频素材的名称进行修改。

5. 设置素材显示方式

在 Premiere Pro CC 中，素材的显示方法分为两种，一种为列表式，另一种为图标式。用户可以通过修改“项目”面板下方的图标按钮，改变素材的显示方法。

6. 设置素材入点与出点

素材的入点和出点功能可以表示素材可用部分的起始时间与结束时间，其作用是让用户在添加素材之前，将素材内符合影片需求的部分挑选出来。

7. 设置素材标记

标记的作用是在素材或时间轴上添加一个可以达到快速查找视频帧的记号，还可以快速对齐其他素材。

**注意：** 在含有相关联系的音频和视频素材中，用户添加的编号标记将同时作用于素材的音频部分和视频部分。

8. 锁定和解锁轨道

锁定轨道的作用是为了防止编辑后的特效被修改，因此用户常常将确定不需要修改的轨道进行锁定。当用户需要再次修改锁定的轨道时，可以将轨道解锁。

## 5.3.2 实战——影视视频的复制与粘贴

复制也称拷贝，指将文件从一处拷贝一份完全一样的到另一处，而原来的一份依然保留。复制影视视频的具体方法是：在“时间轴”面板中，选择需要复制的视频文件，选择“编辑”|“复制”命令即可复制影视视频。

粘贴素材可以为用户节约许多不必要的重复操作，让用户的工作效率得到提高。

**步骤01** 按 Ctrl+O 组合键，打开随书附带光盘中的“素材\第 5 章\海中帆船.prproj”文件，在视频轨道上，选择视频文件，如图 5-33 所示。

**步骤02** 将时间轴移至 00:00:05:00 的位置，选择“编辑”|“复制”命令，如图 5-34 所示。

**步骤03** 执行操作后，即可复制文件，按 Ctrl+V 组合键，即可将复制的视频粘贴至 V1 轨道中的时间轴位置，如图 5-35 所示。

**步骤04** 将时间轴移至视频的开始位置，单击“播放-停止切换”按钮，即可预览视频效果，如图 5-36 所示。

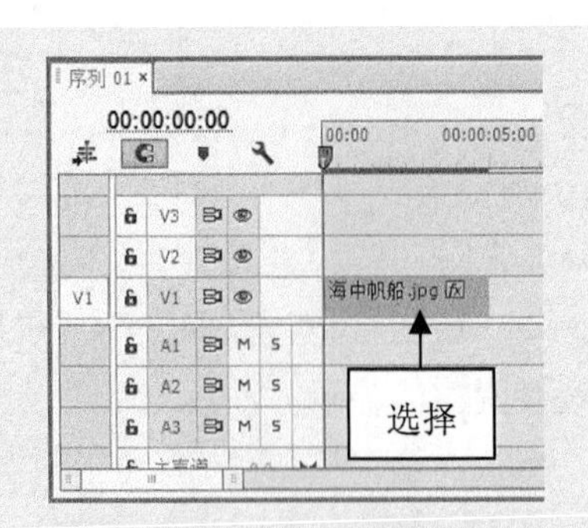


图 5-33　选择视频文件

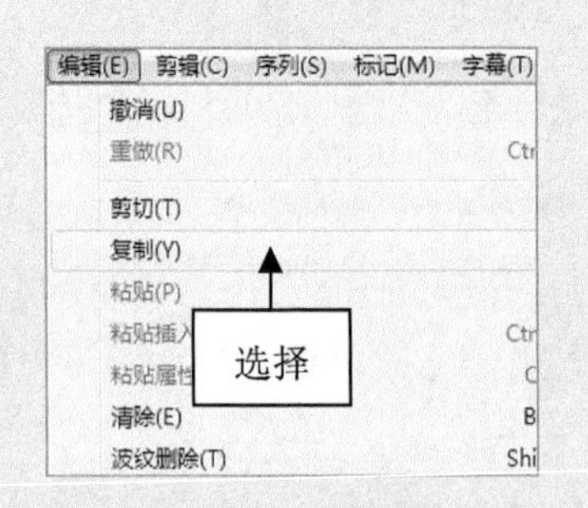


图 5-34　选择“复制”命令

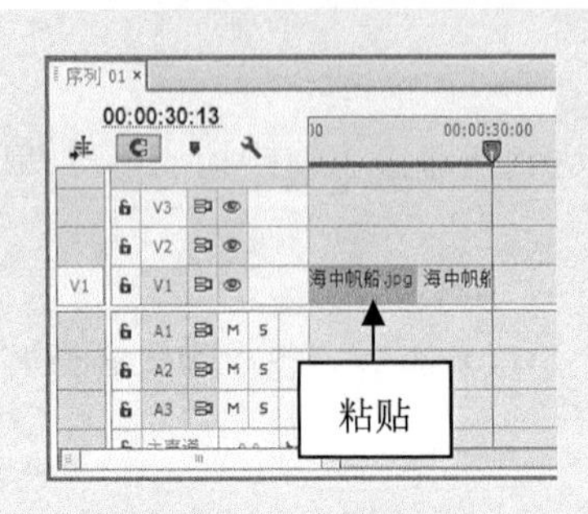


图 5-35　粘贴视频文件

图 5-36　预览视频效果

## 5.3.3　实战——影视视频的分离

为了使影视获得更好的音乐效果，许多影视都会在后期重新配音，这时需要进行分离影视素材的操作。

**步骤01**　按 Ctrl+O 组合键，打开随书附带光盘中的“素材\第 5 章\黑暗骑士.prproj”文件，如图 5-37 所示。

**步骤02**　选择 V1 轨道上的视频素材，选择“剪辑”|“取消链接”命令，如图 5-38 所示。

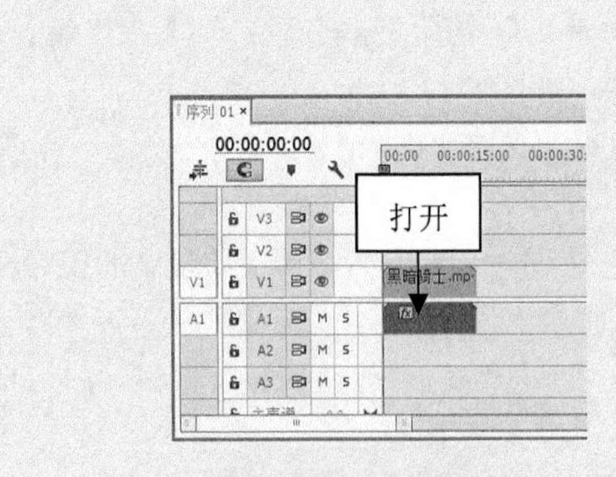


图 5-37　打开项目文件

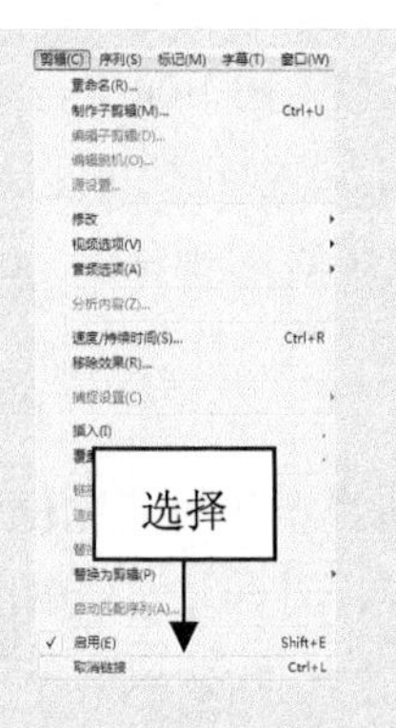


图 5-38　选择“取消链接”命令

**注意**：使用“取消链接”命令可以将视频素材与音频素材分离后单独进行编辑，防止编辑视频素材时，音频素材也被修改。

**步骤03** 即可将视频与音频分离，选择 V1 轨道上的视频素材，单击鼠标左键并拖曳，即可单独移动视频素材，如图 5-39 所示。

**步骤04** 在“节目监视器”面板上，单击“播放-停止切换”按钮，预览视频效果，如图 5-40 所示。

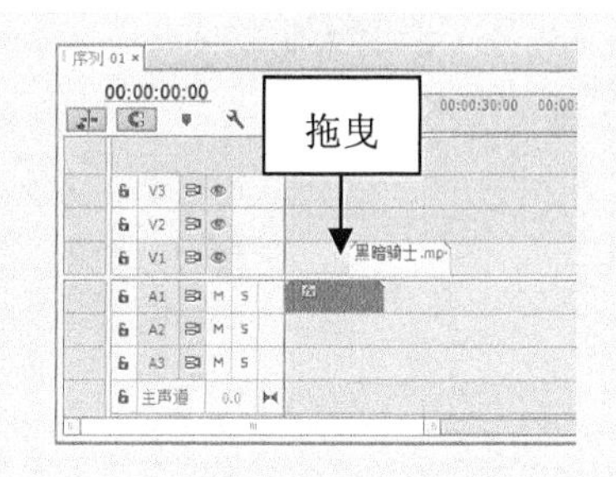


图 5-39　移动视频素材

图 5-40　分离影片的效果

## 5.3.4 实战——影视视频的组合

在对视频文件和音频文件重新编辑后，可以将其进行组合操作。

**步骤01** 按 Ctrl＋O 组合键，打开随书附带光盘中的“素材\第 5 章\彩色椅子.prproj”文件，如图 5-41 所示。

**步骤02** 在“时间轴”面板中，选择所有的素材，如图 5-42 所示。

图 5-41　打开项目文件

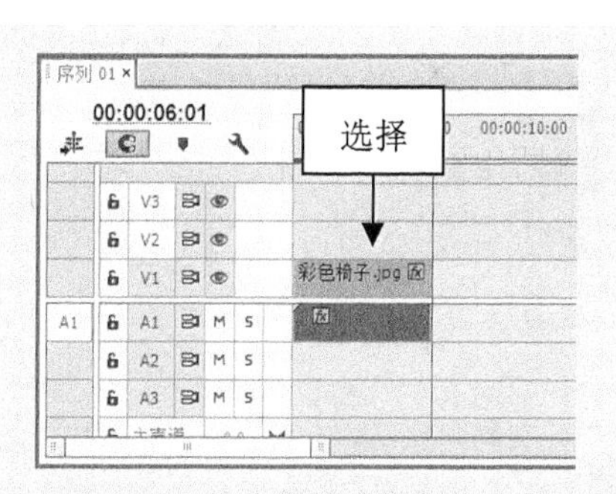


图 5-42　选择所有的素材

**步骤03** 选择“剪辑”|“链接”命令，如图 5-43 所示。

**步骤04** 执行操作后，即可组合影视视频，如图 5-44 所示。

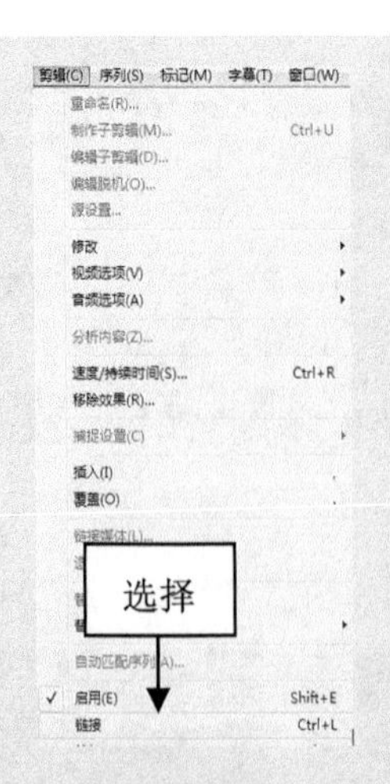


图 5-43　选择“链接”命令

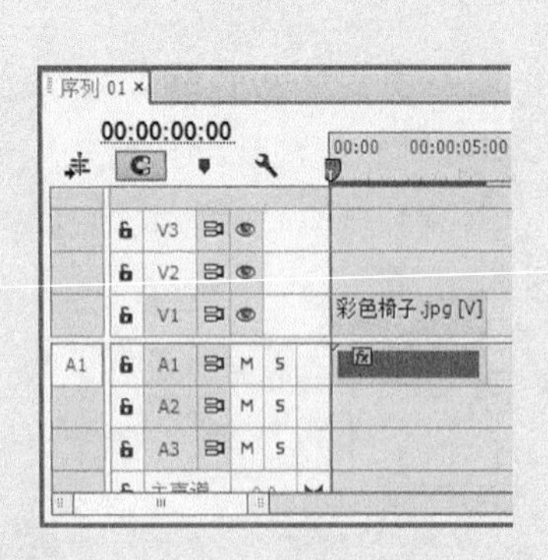


图 5-44　组合影视视频

## 5.3.5　实战——影视视频的删除

在对影视素材编辑的过程中，用户可能需要删除一些不需要的视频素材。

**步骤01**　按 Ctrl+O 组合键，打开随书附带光盘中的“素材\第 5 章\白光.prproj”文件，如图 5-45 所示。

**步骤02**　在“时间轴”面板中选择中间的“白光”素材，选择“编辑”|“清除”命令，如图 5-46 所示。

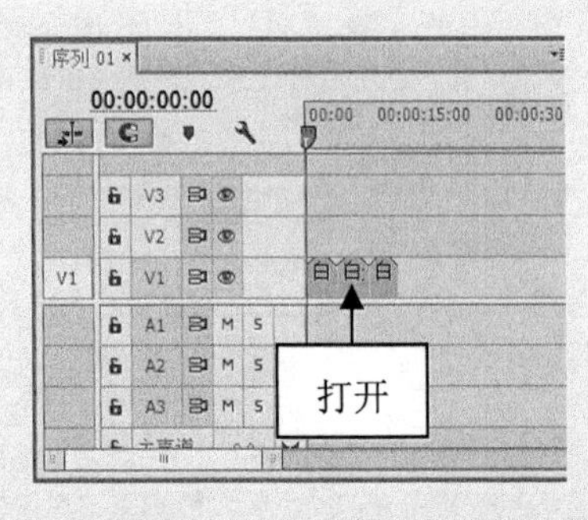


图 5-45　打开项目文件

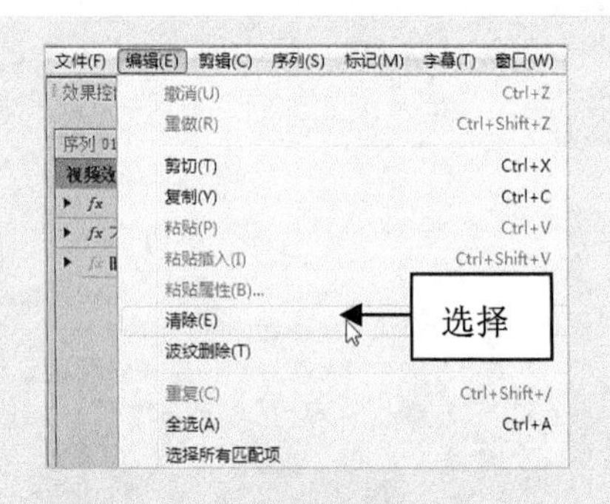


图 5-46　选择“清除”命令

**步骤03**　执行上述操作后，即可删除目标素材，在 V1 轨道上选择左侧的“白光”素材，如图 5-47 所示。

**步骤04**　单击鼠标右键，在弹出的快捷菜单中选择“波纹删除”命令，如图 5-48 所示。

**步骤05**　执行上述操作后，即可在 V1 轨道上删除“白光”素材，此时，第 3 段素材将会移动到第 2 段素材的位置，如图 5-49 所示。

**步骤06**　在“节目监视器”面板上，单击“播放-停止切换”按钮，预览视频效果，如图 5-50 所示。

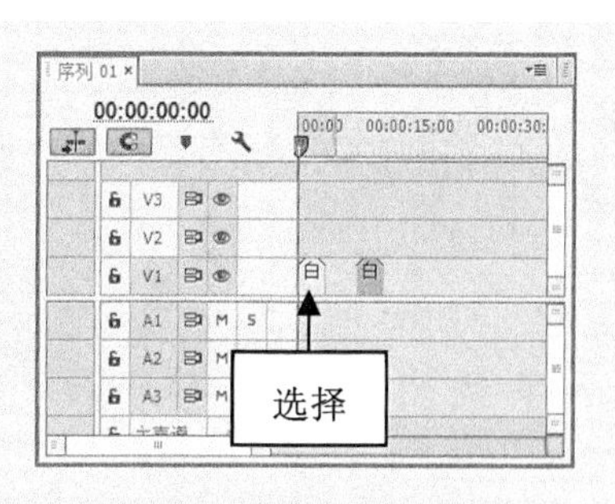


图 5-47 选择左侧素材

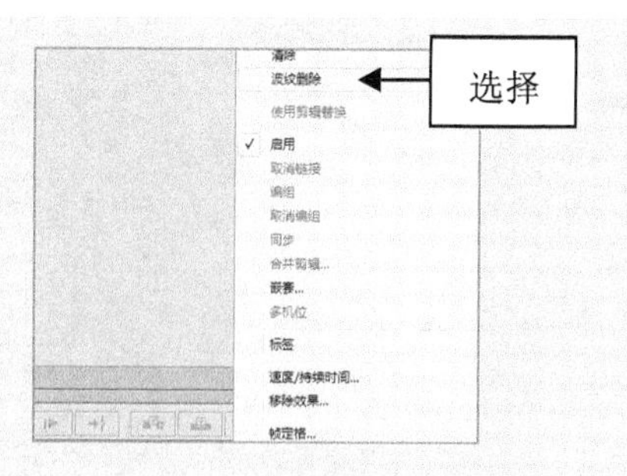


图 5-48 选择“波纹删除”命令

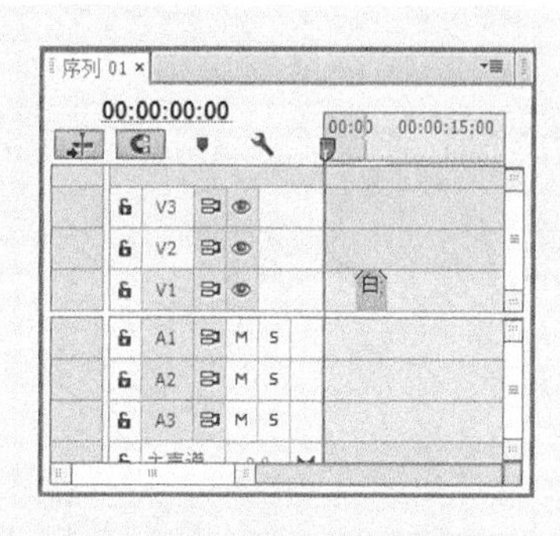


图 5-49 删除“白光”素材

图 5-50 预览视频效果

**技巧：**在 Premiere Pro CC 中除了上述方法可以删除素材对象外，用户还可以在选择素材对象后，使用以下快捷键：

- 按 Delete 键或按 Backspace 键，快速删除选择的素材对象。
- 按 Shift+Delete 组合键，或按 Shift+Backspace 组合键，快速对素材进行波纹删除操作。

## 5.3.6 实战——影视素材重命名

影视素材名称是用来方便用户查询的目标位置，用户可以通过重命名的操作来更改素材默认的名称，以便于用户快速查找。

**步骤 01** 按 Ctrl＋O 组合键，打开随书附带光盘中的“素材\第 5 章\电子广告.prproj”文件，如图 5-51 所示。

**步骤 02** 在“时间轴”面板中选择“电子广告”素材，选择“剪辑”|“重命名”命令，如图 5-52 所示。

**步骤 03** 弹出“重命名剪辑”对话框，将“剪辑名称”改为“1 月”，如图 5-53 所示。

**步骤 04** 单击“确定”按钮，即可在 V1 轨道上重命名“电子广告”素材，如图 5-54 所示。

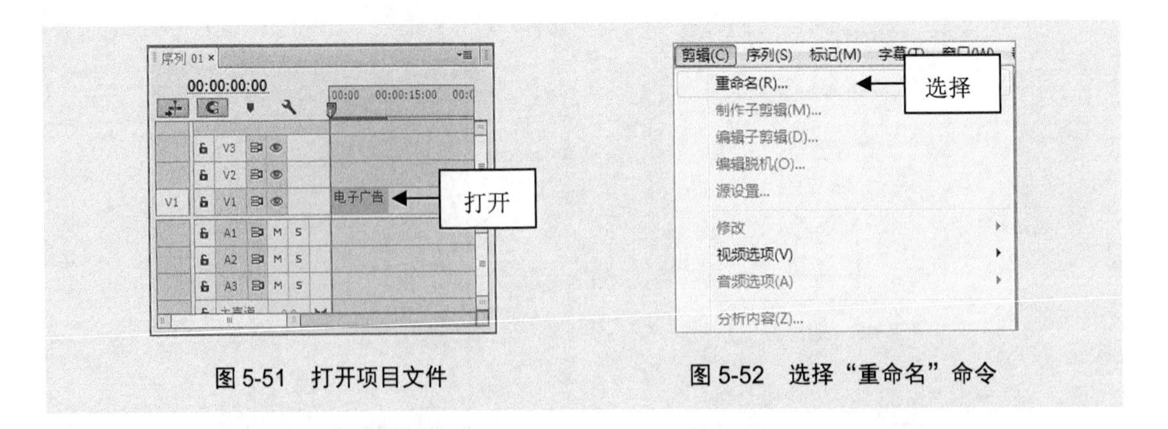


图 5-51　打开项目文件

图 5-52　选择“重命名”命令

图 5-53　“重命名剪辑”对话框

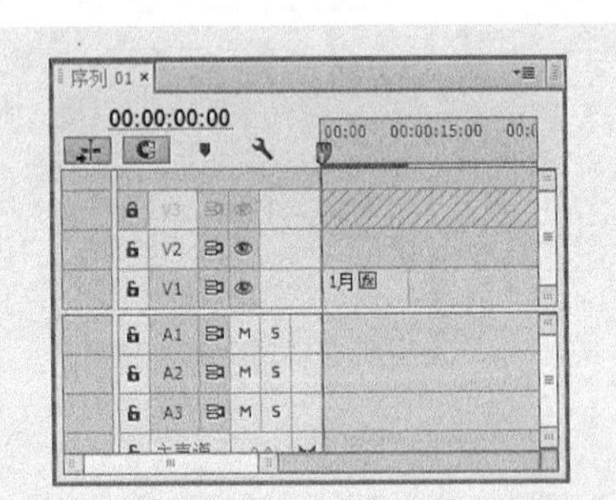


图 5-54　重命名“电子广告”素材

**技巧：**在 Premiere Pro CC 中除了上述方法可以重命名素材对象外，用户还可以选择素材对象后，在素材名称进入编辑状态时即可重新设置视频素材的名称，输入新的名称，并按 Enter 键确认，即可重命名影视素材。

## 5.3.7　实战——显示方式的设置

在 Premiere Pro CC 中，素材拥有多种显示方式，如默认的“合成视频”模式、Alpha 模式以及“所有示波器”模式等。

**步骤 01**　按 Ctrl+O 组合键，打开随书附带光盘中的“素材\第 5 章\色彩.prproj”文件，如图 5-55 所示。

**步骤 02**　使用鼠标左键双击导入的素材文件，在“源监视器”面板中显示该素材，如图 5-56 所示。

**步骤 03**　单击“源监视器”面板左上角的下三角按钮，在弹出的列表框中选择“所有示波器”命令，如图 5-57 所示。

**步骤 04**　执行操作后，即可改变素材的显示方式，“源监视器”面板中的素材将以“所有示波器”方式显示，如图 5-58 所示。

图 5-55 打开素材文件

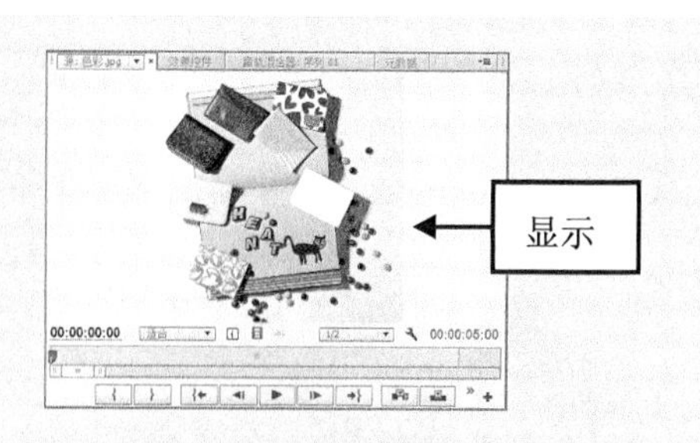


图 5-56 显示素材

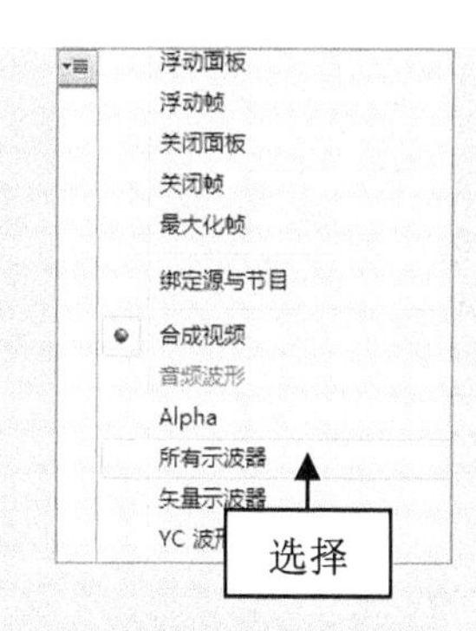


图 5-57 选择“所有示波器”命令

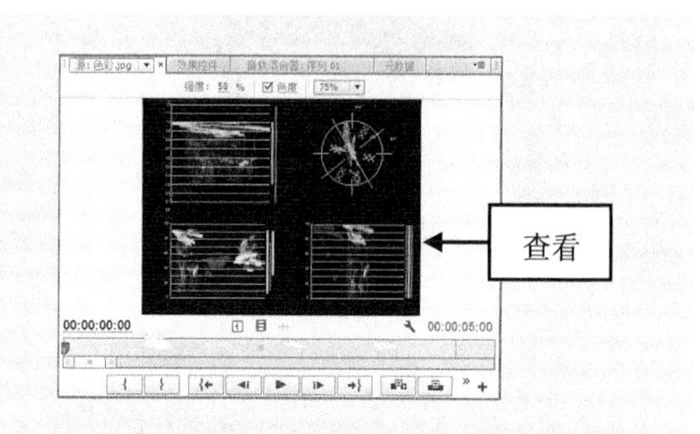


图 5-58 以“所有示波器”方式显示

## 5.3.8 实战——素材入点的设置

在 Premiere Pro CC 中，设置素材的入点可以标识素材起始点时间的可用部分。

**步骤 01** 以上例的素材为例，在“节目监视器”面板中拖曳“当前时间指示器”至合适位置，如图 5-59 所示。

**步骤 02** 选择“标记”|“标记入点”命令，如图 5-60 所示，执行操作后，即可设置素材的入点。

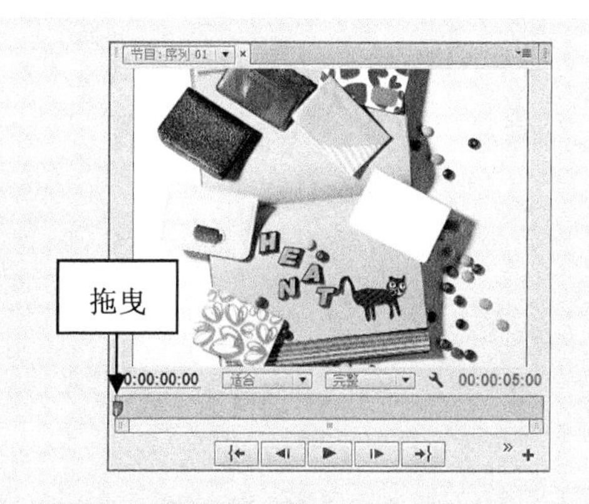


图 5-59 拖曳当前时间指示器

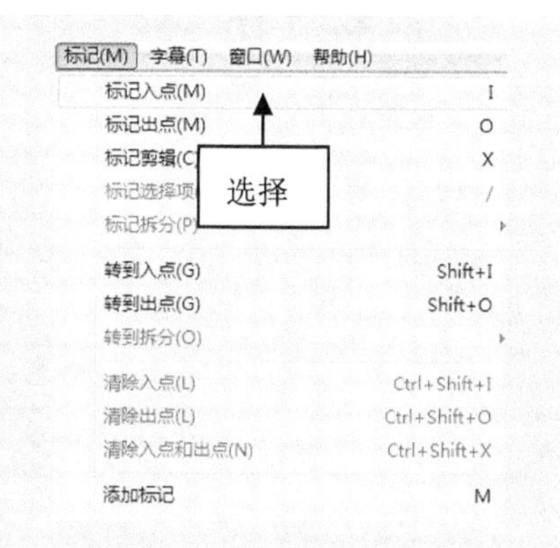


图 5-60 选择“标记入点”命令

## 5.3.9 实战——素材出点的设置

在 Premiere Pro CC 中，设置素材的出点可以标识素材结束点时间的可用部分。

**步骤 01** 以上例的素材为例，在"节目监视器"面板中拖曳"当前时间指示器"至合适位置，如图 5-61 所示。

**步骤 02** 选择"标记"|"标记出点"命令，如图 5-62 所示，执行操作后，即可设置素材的出点。

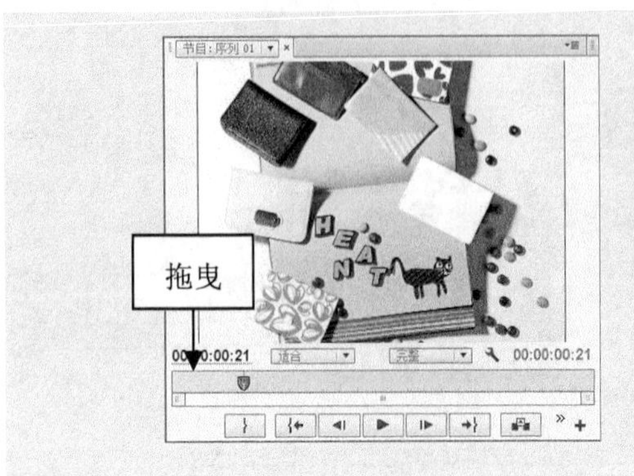


图 5-61 拖曳当前时间指示器

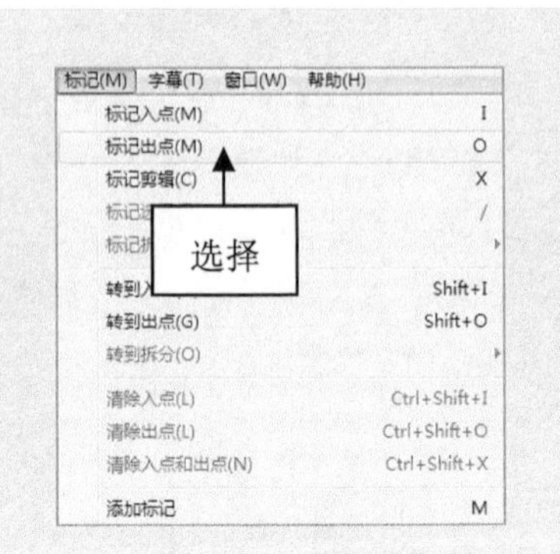


图 5-62 选择"标记出点"命令

## 5.3.10 实战——素材标记的设置

用户在编辑影视时，可以在素材或时间轴中添加标记。为素材设置标记后，可以快速切换至标记的位置，从而快速查询视频帧。

**步骤 01** 按 Ctrl＋O 组合键，打开随书附带光盘中的"素材\第 5 章\饰品广告.prproj"文件，如图 5-63 所示。

**步骤 02** 在"时间轴"面板中拖曳"当前时间指示器"至合适位置，如图 5-64 所示。

图 5-63 打开项目文件

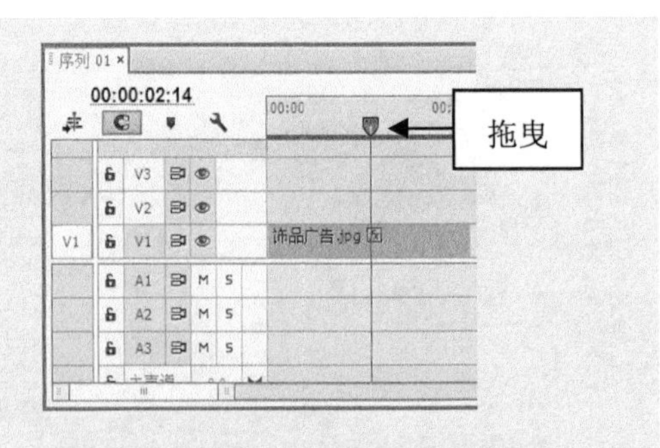


图 5-64 拖曳当前时间指示器

提示：标记能用来确定序列或素材中重要的动作或声音，有助于定位和排列素材，使用标记不会改变素材内容。

步骤03 选择“标记”|“添加标记”命令，如图 5-65 所示。

步骤04 执行操作后，即可设置素材标记，如图 5-66 所示。

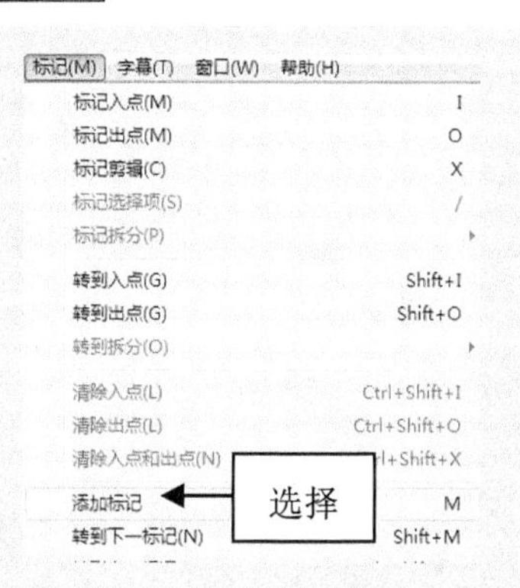


图 5-65 选择“添加标记”命令

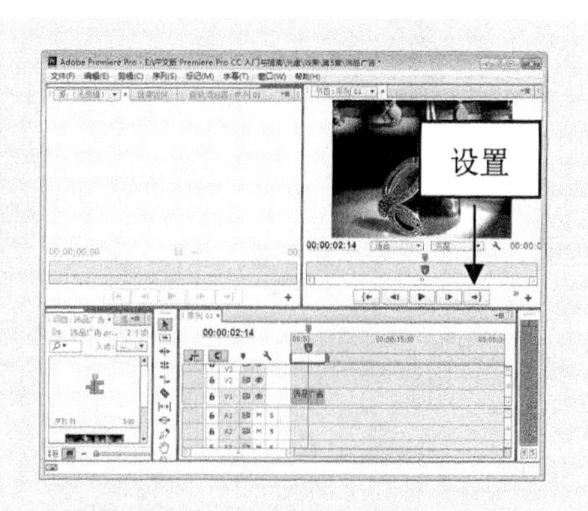


图 5-66 设置素材标记

提示：在 Premiere Pro CC 中，除了可以运用上述方法为素材添加标记外，用户还可以使用以下两种方法添加标记。

- 在“时间轴”面板中将播放指示器拖曳至合适位置，然后单击面板左上角的“添加标记”按钮，可以设置素材标记。
- 在“节目监视器”面板中单击“按钮编辑器”按钮，弹出“按钮编辑器”面板，在其中将“添加标记”按钮拖曳至“节目监视器”面板的下方，即可在“节目监视器”面板中使用“添加标记”按钮为素材设置标记。

## 5.3.11 轨道的锁定

锁定轨道可以防止用户编辑的素材特效被修改，下面将介绍锁定轨道的方法。

锁定轨道的具体方法是：在“时间轴”面板中选择 A1 轨道中的素材文件，然后选中轨道左侧的“轨道锁定开关”选项，即可锁定该轨道，如图 5-67 所示。

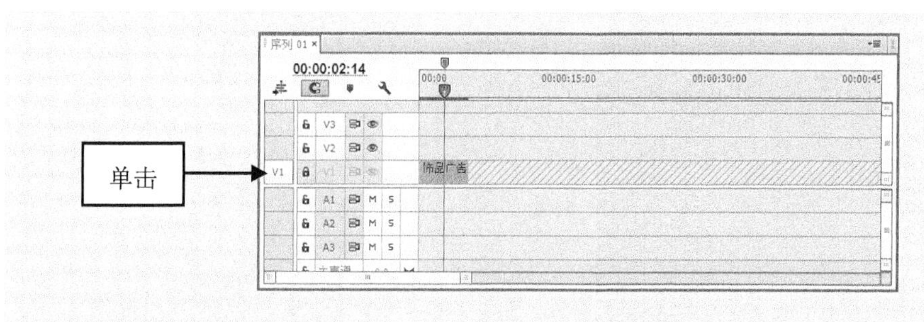


图 5-67 锁定轨道

提示：虽然无法对已锁定轨道中的素材进行修改，但是当用户预览或导出序列时，这些素材也将包含在其中。

## 5.3.12 轨道的解锁

当用户需要再次对该轨道中的素材进行编辑时，可以将其解锁，然后进行修改与操作。

解锁轨道的具体方法是：在“时间轴”面板中选择 A1 轨道中的素材文件，然后取消选中轨道左侧的“轨道锁定开关”选项，即可解锁该轨道，如图 5-68 所示。

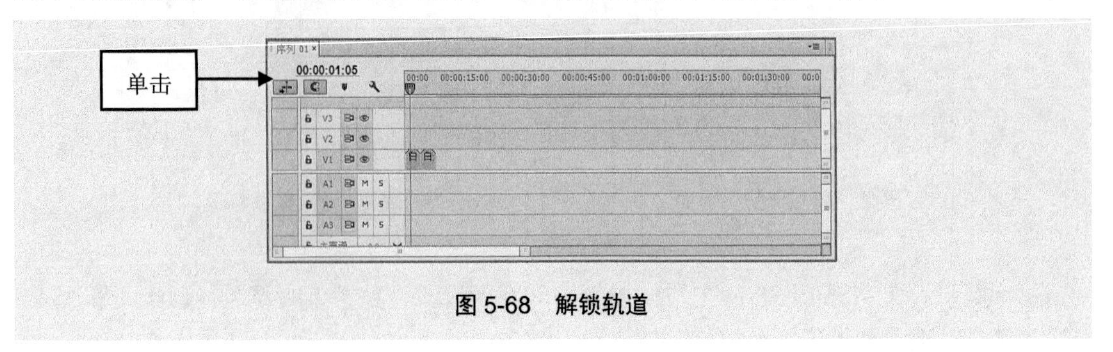


图 5-68 解锁轨道

# 第6章

## 影视素材的调整技法

Premiere Pro CC是一款适应性很强的视频编辑软件，它的专业性更强，操作更简便，可以对视频、图像以及音频等多种素材进行处理和加工，从而得到令人满意的影视文件。本章主要介绍调整与剪辑影视素材的操作方法和技巧。

本章重点：

- 调整影视素材
- 剪辑影视素材
- 筛选素材

# 6.1 调整影视素材

在编辑影片时，有时需要调整项目尺寸来放大显示素材，有时需要调整播放时间或播放速度，这些操作均可在 Premiere Pro CC 中实现。

## 6.1.1 实战——项目尺寸的调整

在编辑影片时，由于素材的尺寸长短不一，常常需要通过时间标尺栏上的控制条来调整项目尺寸的长短。具体操作如下。

**步骤 01** 在 Premiere Pro CC 的欢迎界面中，单击“新建项目”按钮，弹出“新建项目”对话框，设置“名称”为“白云”，单击“确定”按钮，即可新建一个项目文件，如图 6-1 所示。

**步骤 02** 按 Ctrl+N 组合键弹出“新建序列”对话框，单击“确定”按钮即可新建一个名称为“序列 01”的序列，如图 6-2 所示。

图 6-1 新建项目文件

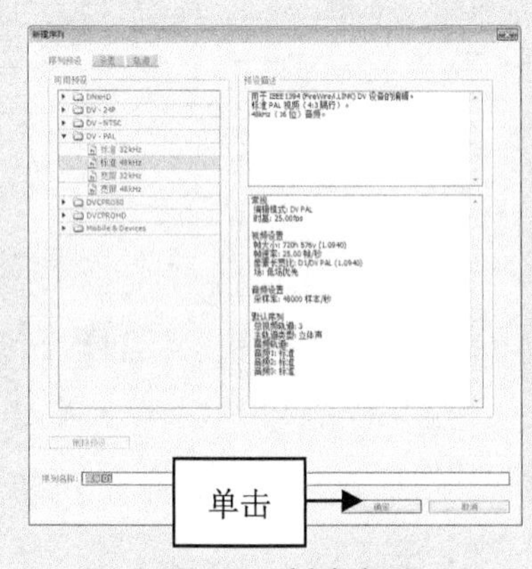


图 6-2 新建序列

**步骤 03** 选择“文件”|“导入”命令，弹出“导入”对话框，选择随书附带光盘中的“素材\第 6 章\白云.jpg”文件，如图 6-3 所示。

**步骤 04** 单击“打开”按钮，导入素材文件，如图 6-4 所示。

图 6-3 选择素材文件

图 6-4 打开的素材文件

步骤05 选择“项目”面板中的素材文件，并将其拖曳至“时间线”面板的 V1 轨道中，如图 6-5 所示。

步骤06 选择素材文件，然后将鼠标指针移至时间标尺栏上方的控制条上，单击鼠标左键并向右拖曳，即可加长项目的尺寸，如图 6-6 所示。

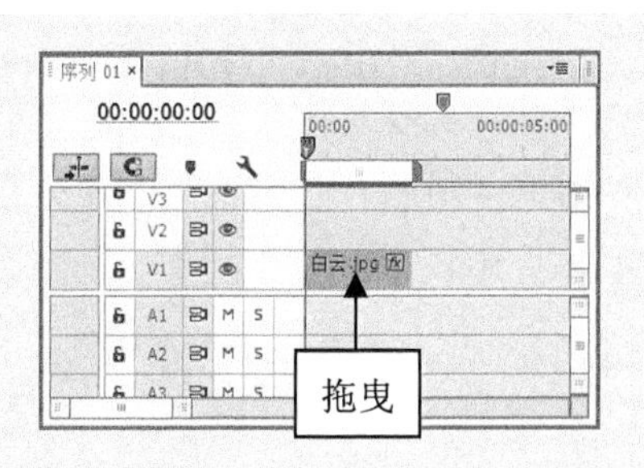


图 6-5 将素材拖到“时间轴”面板

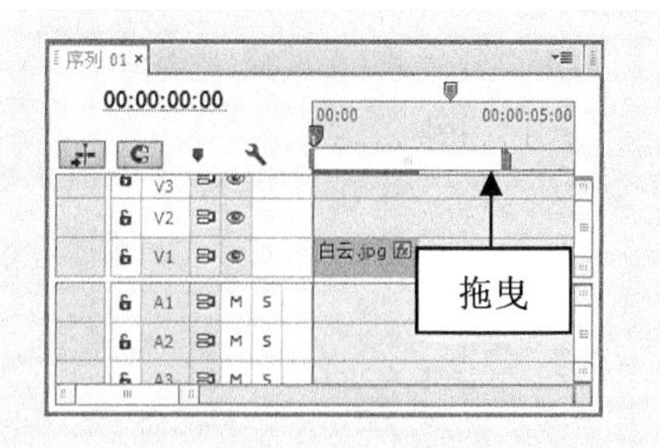


图 6-6 加长项目的尺寸

步骤07 执行上述操作后，在控制条上双击鼠标左键，即可将控制条调整至与素材相同的长度，如图 6-7 所示。

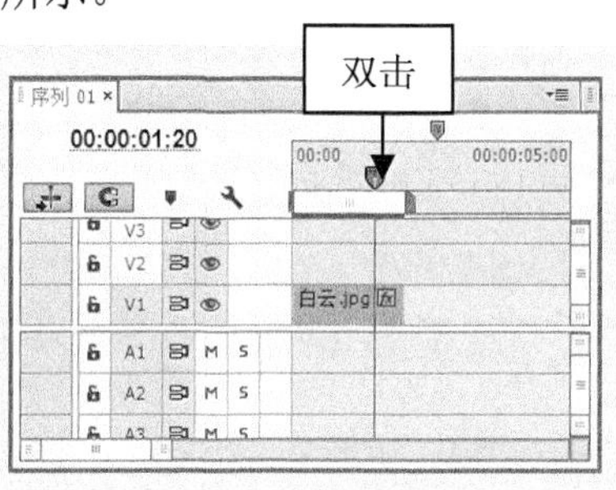


图 6-7 调整项目的尺寸

## 6.1.2 播放时间的调整

在编辑影片的过程中，很多时候需要对素材本身的播放时间进行调整。

调整播放时间的具体方法是：选取选择工具，选择视频轨道上的素材，然后将鼠标指针移至素材右端的结束点，当鼠标指针呈双向箭头形状时，按住鼠标左键拖曳，即可调整素材的播放时间，如图 6-8 所示。

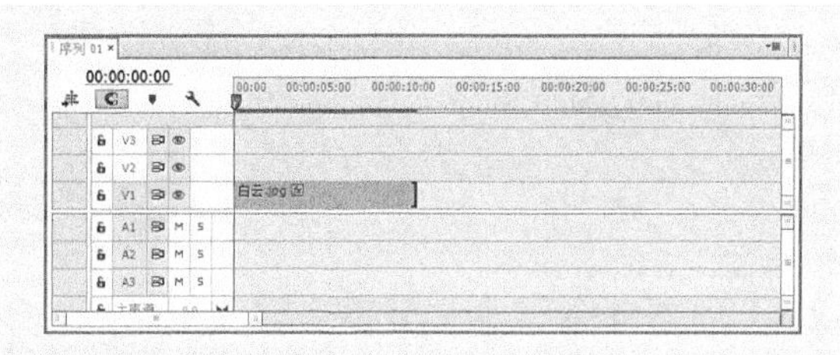


图 6-8 调整素材的播放时间

## 6.1.3 实战——播放速度的调整

可以通过调整视频素材的播放速度来制作快镜头或慢镜头效果，具体操作如下。

**步骤01** 在 Premiere Pro CC 欢迎界面中，单击“新建项目”按钮，弹出“新建项目”对话框，设置“名称”为“野生动物”，单击“确定”按钮，即可新建项目文件，如图 6-9 所示。

**步骤02** 按 Ctrl+N 组合键弹出“新建序列”对话框，新建一个名称为“序列 01”的序列，单击“确定”按钮即可创建序列，如图 6-10 所示。

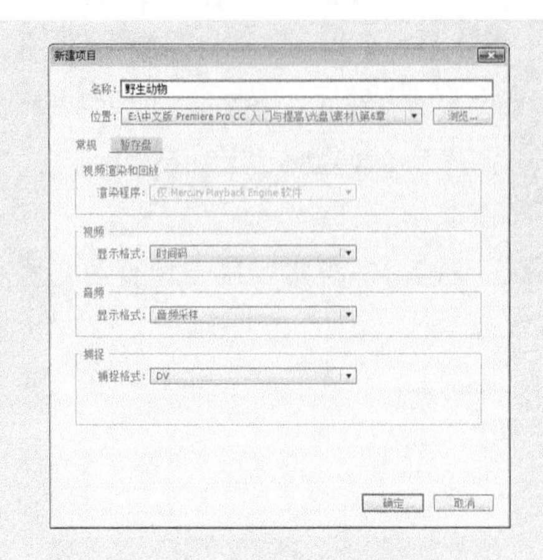

图 6-9 新建项目文件

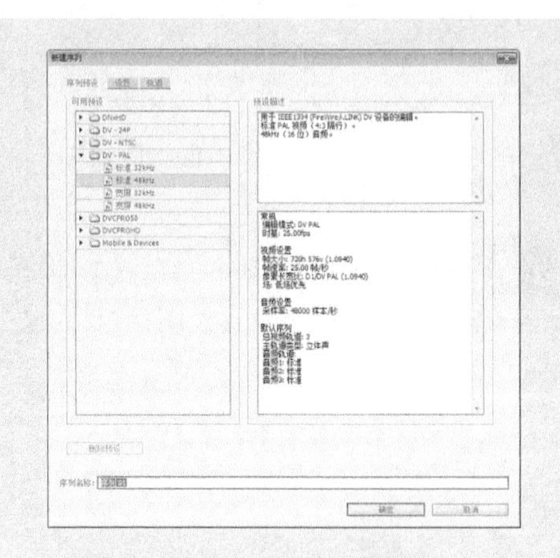

图 6-10 新建序列

**步骤03** 按 Ctrl+I 组合键，弹出“导入”对话框，选择随书附带光盘中的“素材\第 6 章\野生动物.wmv”文件，如图 6-11 所示。

**步骤04** 单击“打开”按钮，导入素材文件，如图 6-12 所示。

图 6-11 “导入”对话框

图 6-12 打开的素材文件

**步骤05** 选择“项目”面板中的素材文件，将其拖曳至“时间线”面板的 V1 轨道中，如图 6-13 所示。

**步骤06** 选择 V1 轨道上的素材，单击鼠标右键，在弹出的快捷菜单中，选择“速度/

持续时间”命令，如图 6-14 所示。

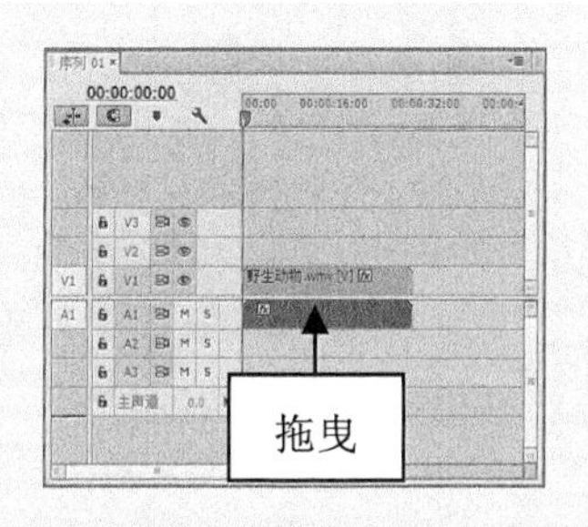


图 6-13 将素材拖到“时间轴”面板

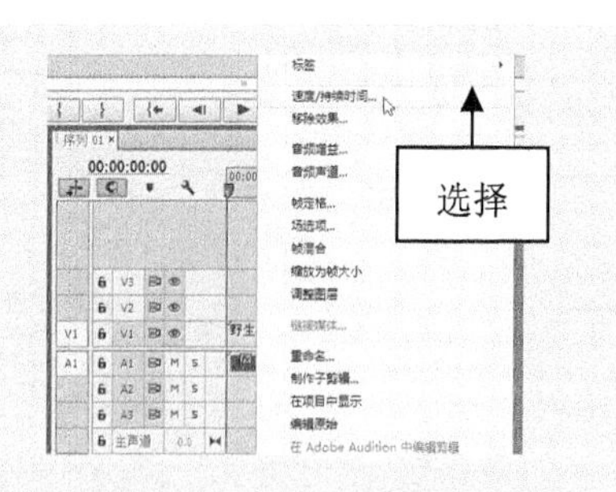


图 6-14 选择“速度/持续时间”选项

**步骤07** 弹出“剪辑速度/持续时间”对话框，设置“速度”为 220%，如图 6-15 所示。

**步骤08** 设置完成后，单击“确定”按钮，即可在“时间线”面板中查看调整播放速度后的效果，如图 6-16 所示。

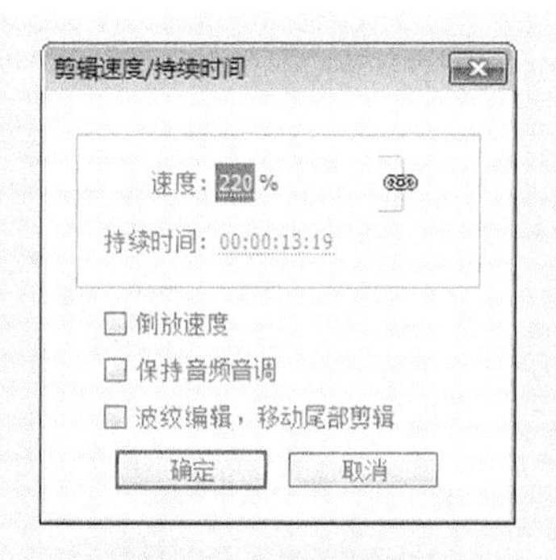


图 6-15 设置参数值

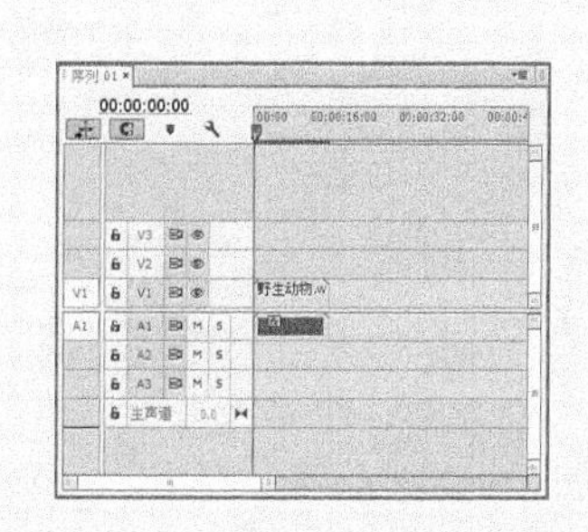

图 6-16 查看调整播放速度后的效果

**提示：**在“剪辑速度/持续时间”对话框中，当“速度”值设置为 100%以上时，值越大则速度越快，播放时间就越短；当“速度”值设置为 100%以下时，值越大则速度越慢，播放时间就越长。

## 6.1.4 实战——播放位置的调整

如果对添加到视频轨道上的素材位置不满意，可以根据需要对其进行调整，并且可以将素材调整到不同的轨道位置。具体操作如下。

**步骤01** 在 Premiere Pro CC 欢迎界面中，单击“新建项目”按钮，弹出“新建项目”对话框，设置“名称”为“美妆广告”，单击“确定”按钮，即可新建一个项目文件，如图 6-17 所示。

**步骤02** 按 Ctrl+N 组合键弹出“新建序列”对话框，单击“确定”按钮即可新建一个名称为“序列 01”的序列，如图 6-18 所示。

图 6-17　新建项目文件

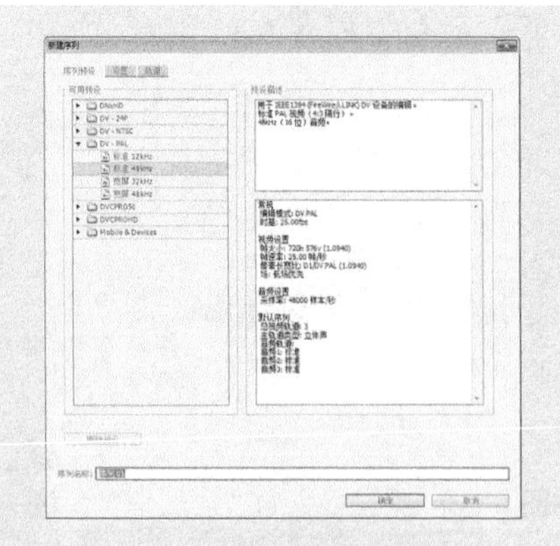
图 6-18　新建序列

步骤03　按 Ctrl+I 组合键，弹出“导入”对话框，选择随书附带光盘中的“素材\第6章\美妆广告.jpg”文件，如图 6-19 所示。

步骤04　单击“打开”按钮，导入素材文件，如图 6-20 所示。

图 6-19　“导入”对话框

图 6-20　打开的素材文件

步骤05　选取工具箱中的选择工具，在“项目”面板中的素材文件上，按住鼠标左键将其拖曳至视频软件的合适位置，如图 6-21 所示。

步骤06　选择 V1 轨道中的素材文件，将其拖曳至 V2 轨道中，如图 6-22 所示。

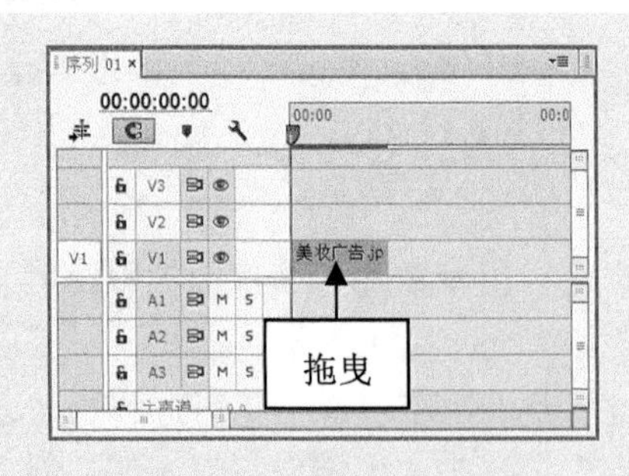

图 6-21　调整素材的位置

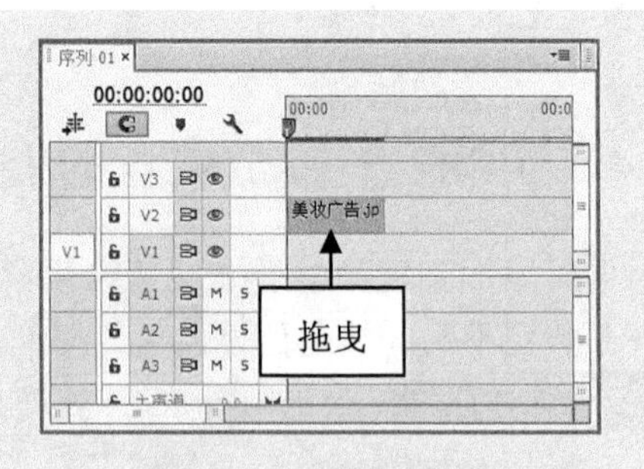

图 6-22　拖曳至其他轨道

# 6.2 剪辑影视素材

剪辑就是通过为素材设置出点和入点，截取到其中较好的片段，然后将截取的影视片断与新的素材片段组合。三点和四点编辑便是专业视频影视编辑工作中常常用到的编辑方法。本节主要介绍在 Premiere Pro CC 中剪辑影视素材的方法。

## 6.2.1 三点剪辑技术

“三点剪辑技术”是指用素材中的部分内容替换影片剪辑中的部分内容。

在进行剪辑操作时，需要如下三个重要的点。

- 素材的入点：是指素材在影片剪辑内部首先出现的帧。
- 剪辑的入点：是指剪辑内被替换部分在当前序列上的第一帧。
- 剪辑的出点：是指剪辑内被替换部分在当前序列上的最后一帧。

## 6.2.2 “适配素材”对话框

在“适配素材”对话框中，主要用于设置与影视素材长度匹配的相关参数。“源”素材的长度与“节目”素材的长度不匹配，系统将自动弹出“适配素材”对话框，如图 6-23 所示。对话框中各选项的含义见表 6-1。

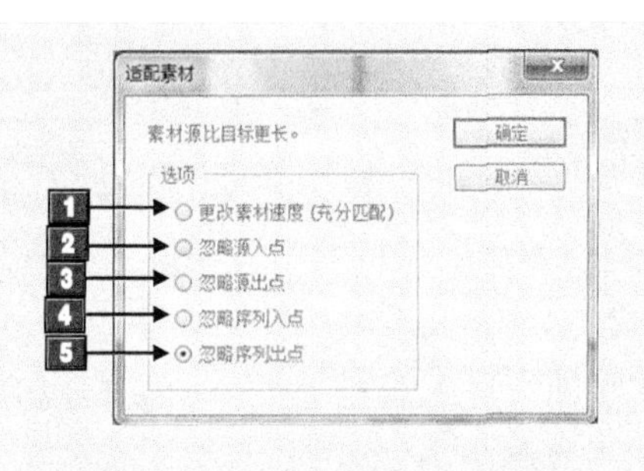


图 6-23 “适配素材”对话框

表 6-1 “适配素材”对话框中各选项的含义

| 标 号 | 名 称 | 含 义 |
|---|---|---|
| 1 | 更改素材速度(充分匹配) | 选中该单选按钮后调整素材时，Premiere Pro CC 会根据实际情况来加快或减慢所插入的素材速度 |
| 2 | 忽略源入点 | 以序列入点的持续时间为准，从左侧删除素材的出入点区域内的部分内容，让素材更加适应前者 |
| 3 | 忽略源出点 | 以序列出点的持续时间为准，从右侧删除素材的出入点区域内的部分内容，让素材更加适应后者 |
| 4 | 忽略序列入点 | 该单选按钮是在素材的出点与入点对齐的情况下，用素材内多出的部分覆盖序列入点之前的部分内容 |
| 5 | 忽略序列出点 | 该单选按钮是在素材入点与序列入点对齐的情况下，用素材内多出的部分覆盖序列的出点之后的内容 |

## 6.2.3 实战——三点剪辑素材的运用

三点剪辑是指用素材中的部分内容替换掉影片剪辑中的部分内容，下面介绍运用三点剪辑素材的操作方法。

**步骤 01** 在 Premiere Pro CC 欢迎界面中，单击“新建项目”按钮，弹出“新建项目”对话框，设置“名称”为“龙凤”，如图 6-24 所示，单击“确定”按钮，即可新建一个项目文件。

**步骤 02** 按 Ctrl+N 组合键弹出“新建序列”对话框，单击“确定”按钮即可新建一个名称为“序列 01”的序列，如图 6-25 所示。

图 6-24　新建项目文件

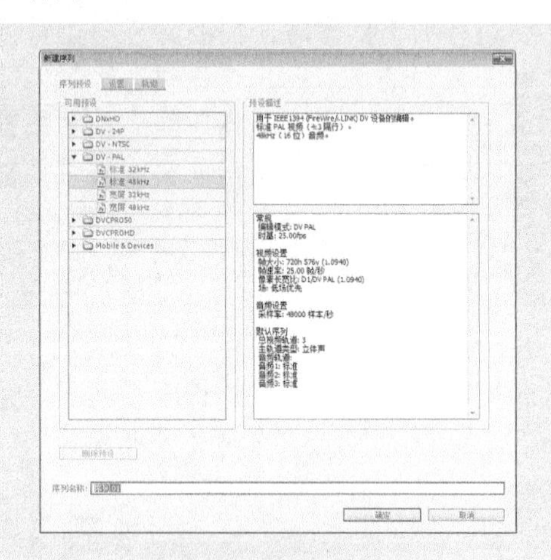

图 6-25　新建序列

**步骤 03** 按 Ctrl+I 组合键，弹出“导入”对话框，选择随书附带光盘中的“素材\第 6 章\龙凤.mpg”文件，如图 6-26 所示。

**步骤 04** 单击“打开”按钮，导入素材文件，如图 6-27 所示。

图 6-26　“导入”对话框

图 6-27　打开的素材文件

**步骤 05** 选择“项目”面板中的视频素材文件，将其拖曳至“时间线”面板的 V1 轨道中，如图 6-28 所示。

**步骤06** 设置时间为 00:00:02:02，单击“标记入点”按钮，添加标记，如图 6-29 所示。

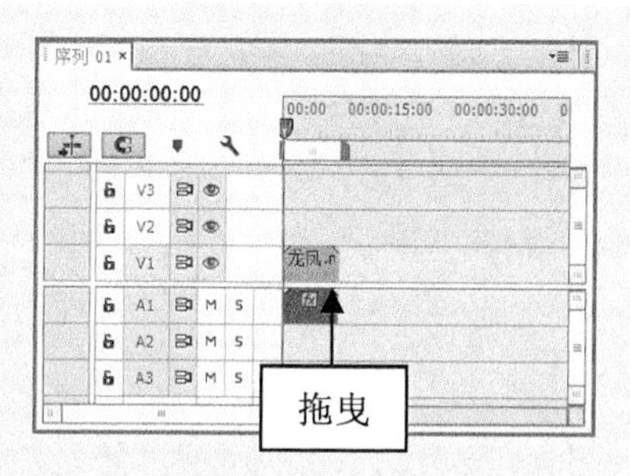


图 6-28 将素材拖到“时间轴”面板

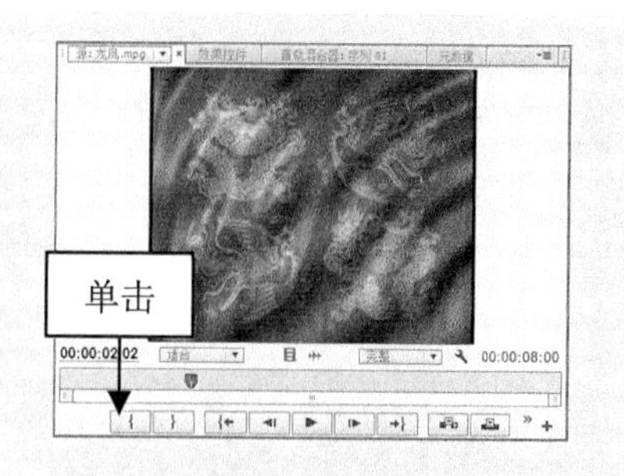


图 6-29 添加标记

**步骤07** 在“节目监视器”面板中设置时间为 00:00:04:00，并单击“标记出点”按钮，如图 6-30 所示。

**步骤08** 在“项目”面板中双击视频，在“源监视器”面板中设置时间为 00:00:01:12，并单击“标记入点”按钮，如图 6-31 所示。

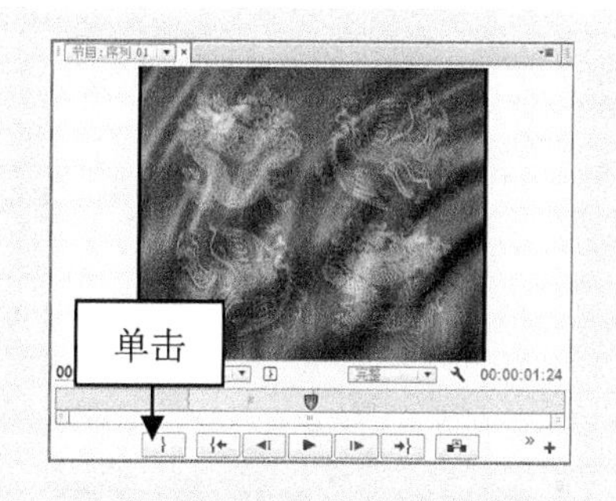


图 6-30 单击“标记出点”

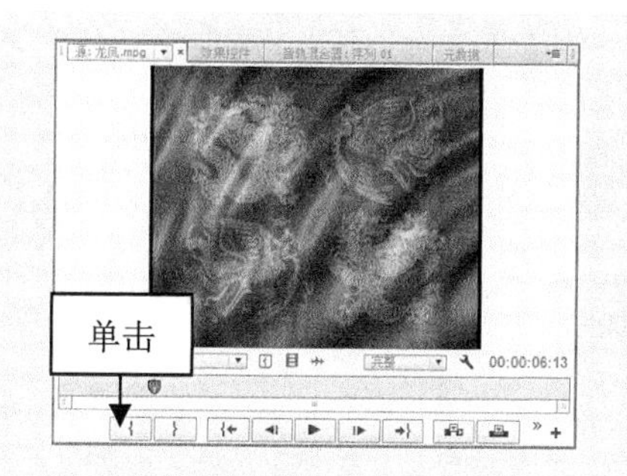


图 6-31 单击“标记入点”

**步骤09** 执行操作后，单击“源监视器”面板中的“覆盖”按钮，即可用当前序列的 00:00:02:02～00:00:04:00 时间段的内容替换以 00:00:01:12 为起始点至对应时间段的素材内容，如图 6-32 所示。

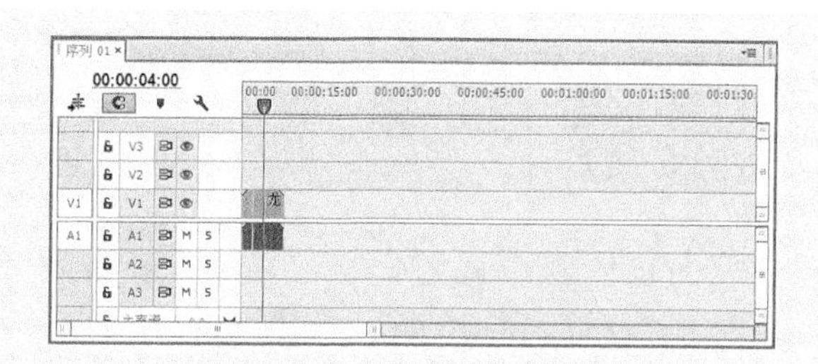


图 6-32 三点剪辑素材效果

## 6.2.4 实战——四点剪辑技术的运用

“四点剪辑技术”比三点剪辑多一个点，需要设置源素材的出点。“四点编辑技术”同样需要用到设置入点和出点的操作。

**步骤01** 在 Premiere Pro CC 工作界面中，按 Ctrl+O 组合键，打开随书附带光盘中的“素材\第 6 章\闪光.prproj”文件，如图 6-33 所示。

**步骤02** 选择“项目”面板中的视频素材文件，将其拖曳至“时间线”面板的 V1 轨道中，如图 6-34 所示。

图 6-33 打开的项目文件

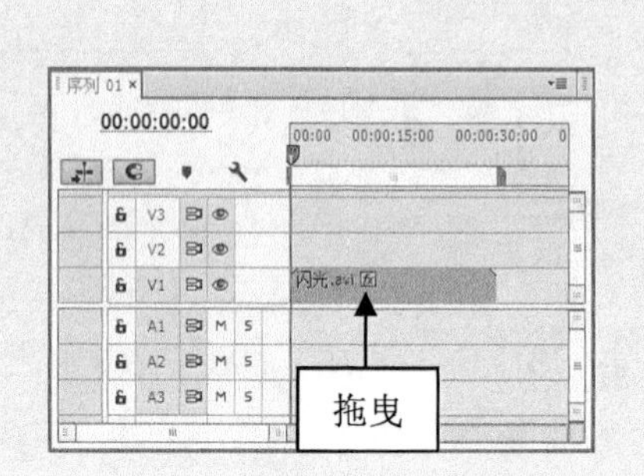


图 6-34 拖曳素材至视频轨道

**步骤03** 在“节目监视器”面板中设置时间为 00:00:02:20，并单击“标记入点”按钮，如图 6-35 所示。

**步骤04** 在“节目监视器”面板中设置时间为 00:00:14:00，并单击“标记出点”按钮，如图 6-36 所示。

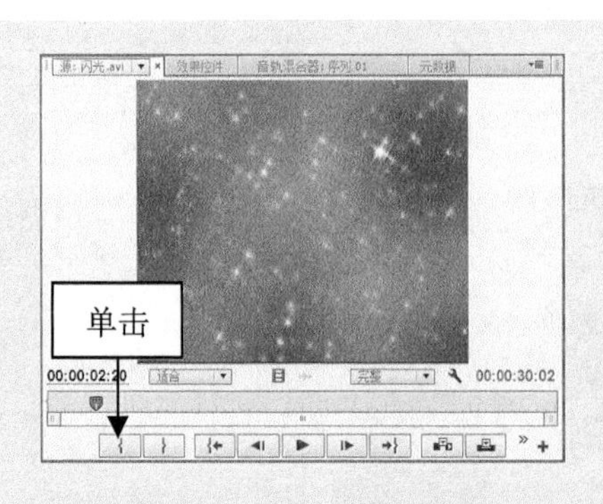


图 6-35 单击“标记入点”

图 6-36 单击“标记出点”

**步骤05** 在“项目”面板中双击视频素材，在“源监视器”面板中设置时间为 00:00:07:00，并单击“标记入点”按钮，如图 6-37 所示。

**步骤06** 在“源监视器”面板中设置时间为 00:00:28:00，并单击“标记出点”按钮，如图 6-38 所示。

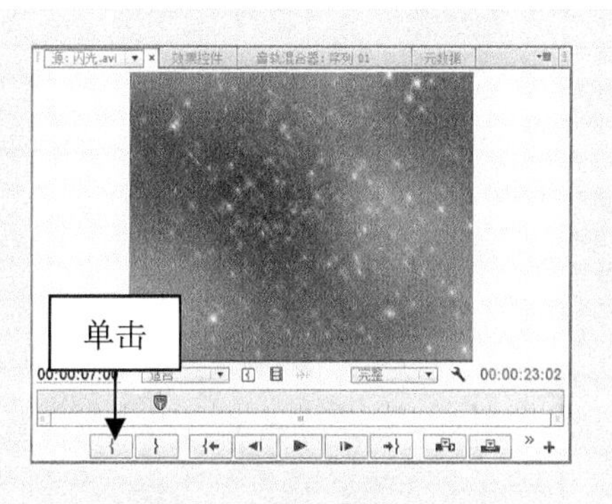


图 6-37 单击“标记入点”

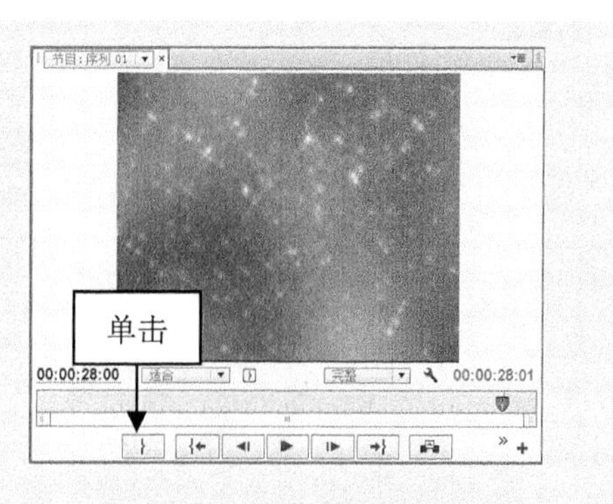


图 6-38 单击“标记出点”

**步骤07** 在“源监视器”面板中单击“覆盖”按钮，即可完成四点剪辑的操作，如图 6-39 所示。

图 6-39 四点剪辑素材效果

**步骤08** 单击“播放”按钮，预览视频画面效果，如图 6-40 所示。

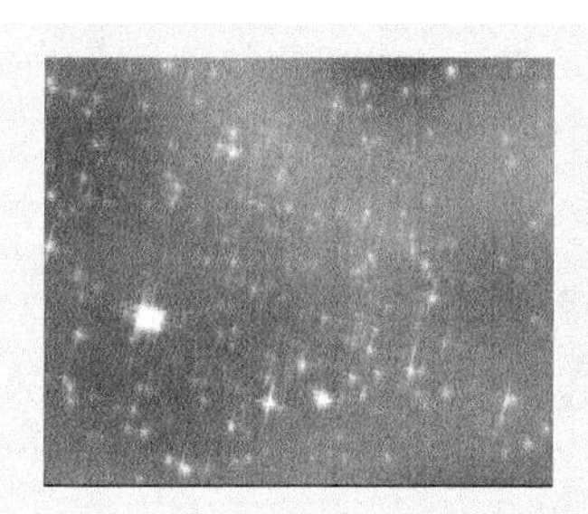

图 6-40 预览视频效果

## 6.2.5 实战——运用滚动编辑工具剪辑素材

在 Premiere Pro CC 中，使用滚动编辑工具剪辑素材时，在“时间线”面板中拖曳素材文件的边缘可以同时修整素材的进入端和输出端。下面介绍运用滚动编辑工具剪辑素材的操作方法。

**步骤01** 按 Ctrl+O 组合键，打开随书附带光盘中的“素材\第 6 章\音乐剪辑.prproj”文件，如图 6-41 所示。

步骤02 选择“项目”面板中的素材文件，并将其拖曳至“时间线”面板的 V1 轨道中，如图 6-42 所示。

图 6-41 打开的项目文件

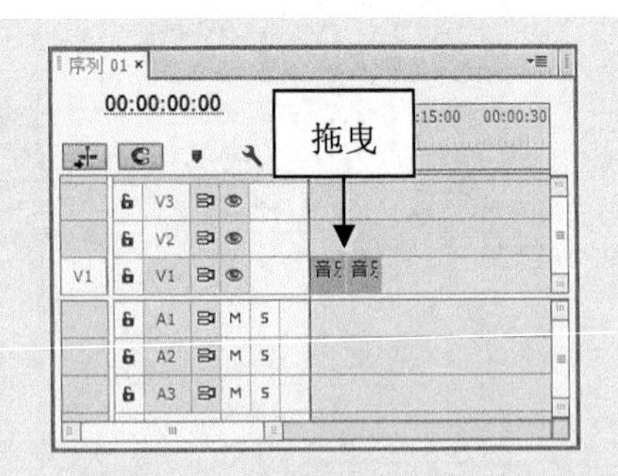


图 6-42 拖曳素材至视频轨道

步骤03 在工具箱中选择滚动编辑工具，将鼠标指针移至“时间线”面板中的两个素材之间，当鼠标呈双向箭头时向右拖曳，如图 6-43 所示。

步骤04 至合适位置后释放鼠标左键，即可完成剪辑素材的操作，轨道上的其他素材也发生了变化，如图 6-44 所示。

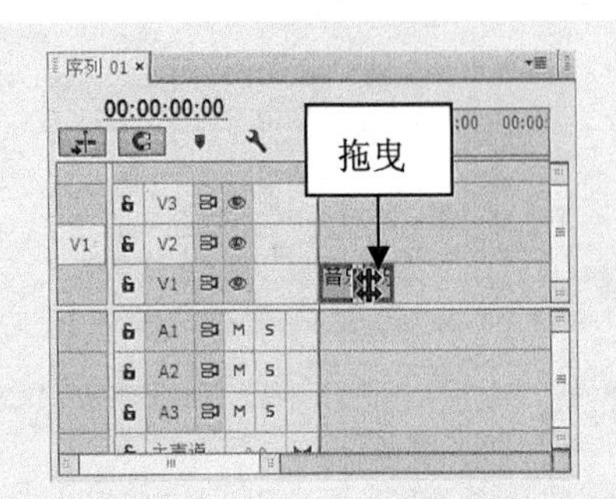


图 6-43 向右拖曳

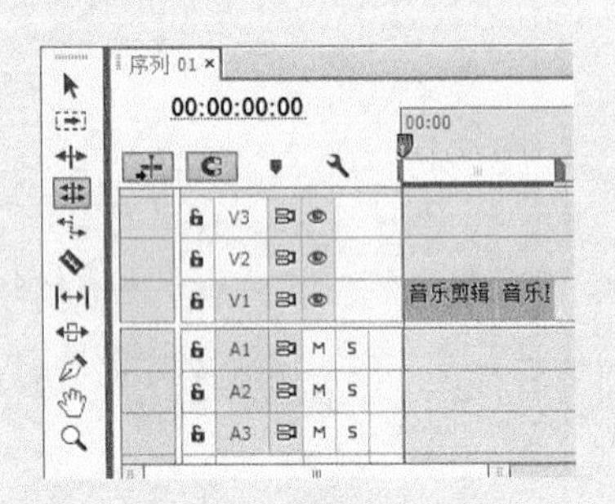


图 6-44 使用滚动编辑工具剪辑素材

## 6.2.6 实战——运用滑动工具剪辑素材

滑动工具包括外滑工具与内滑工具，使用外滑工具时，可以同时更改“时间轴”中某个剪辑的入点和出点，并保留入点和出点之间的时间间隔不变；使用内滑工具时，可将“时间轴”中的某个剪辑向左或向右移动，同时修剪其周围的两个剪辑。下面介绍运用滑动工具剪辑素材的操作方法。

步骤01 按 Ctrl＋O 组合键，打开随书附带光盘中的“素材\第 6 章\彩色齿轮.prproj”文件，如图 6-45 所示。

步骤02 选择“项目”面板中的“彩色”素材文件，并将其拖曳至“时间线”面板的 V1 轨道中，如图 6-46 所示。

步骤03 在“时间轴”面板上，将时间指示器定位在“彩色”素材对象的中间，如图 6-47 所示。

图 6-45 打开的素材文件

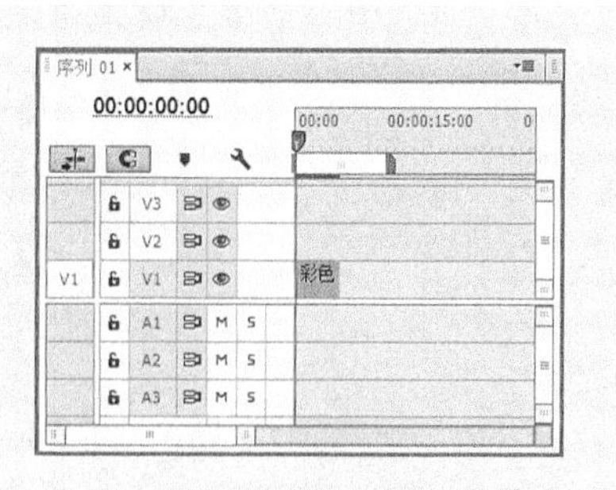


图 6-46 拖曳素材至视频轨道

**步骤04** 在“项目”面板中双击“彩色”素材文件，在“源监视器”面板中显示素材，单击“覆盖”按钮，如图 6-48 所示。

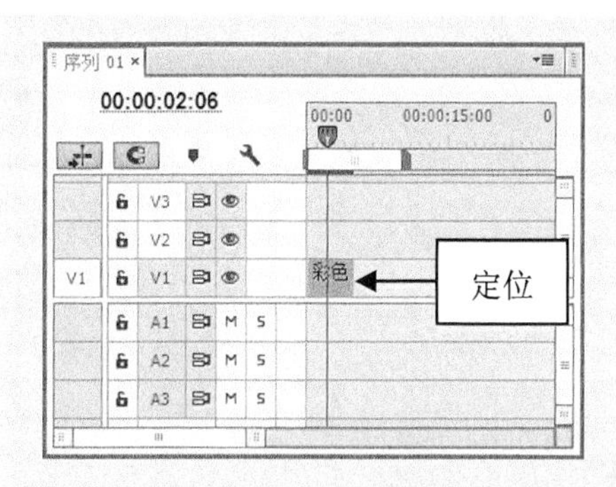


图 6-47 定位时间指示器

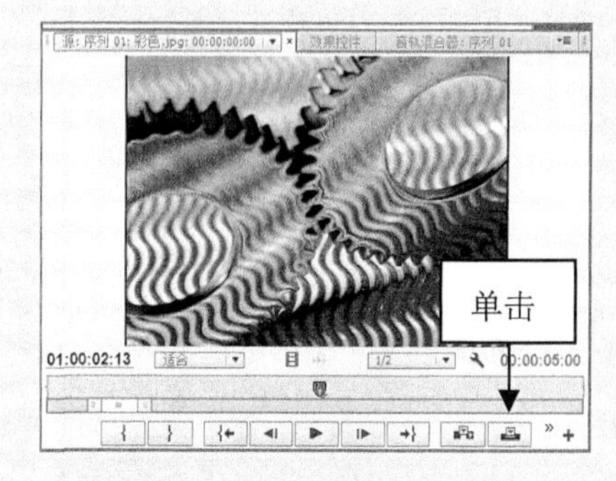


图 6-48 单击“覆盖”按钮

**步骤05** 执行操作后，即可在 V1 轨道上的时间指示器位置上添加“齿轮”素材，并覆盖位置上的原素材，如图 6-49 所示。

**步骤06** 将“边框”素材从“项目面板”中拖曳至时间轴上的“齿轮”素材的后面，并覆盖部分“齿轮”素材，如图 6-50 所示。

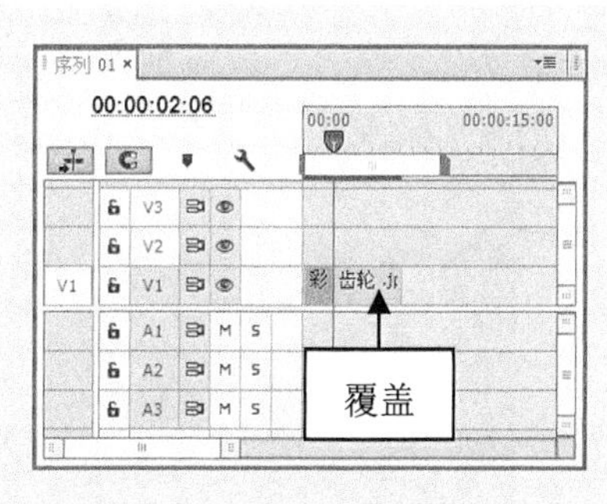


图 6-49 添加“齿轮”素材

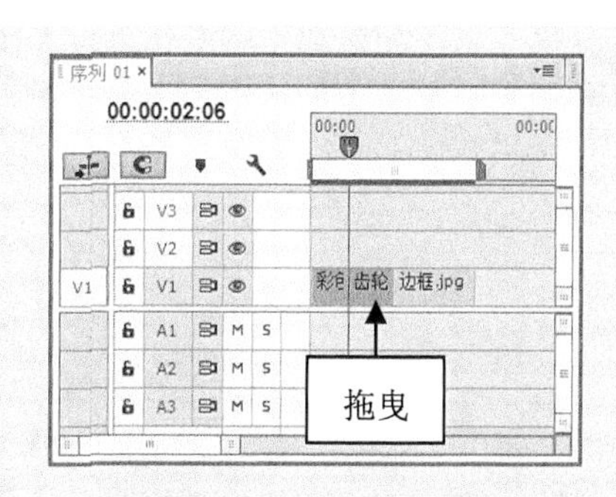


图 6-50 添加“边框”素材

**步骤07** 释放鼠标后，即可在 V1 轨道上添加“边框”素材，并覆盖部分“齿轮”素材，在工具箱中选择外滑工具，如图 6-51 所示。

**步骤08** 在 V1 轨道上的“齿轮”素材对象上单击鼠标左键并拖曳，在“节目监视器”面板中会显示更改素材入点和出点的效果，如图 6-52 所示。

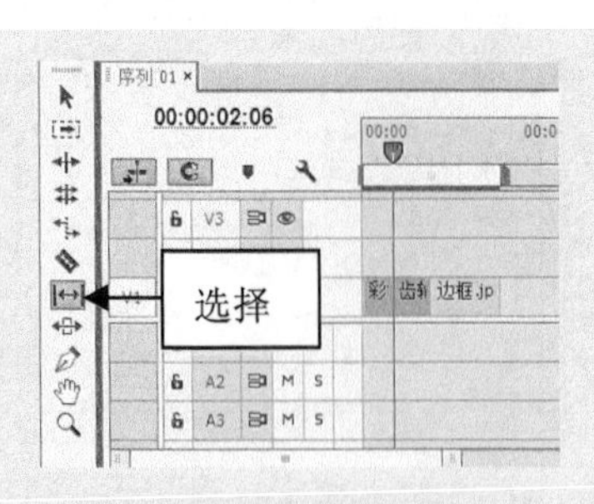


图 6-51　选择外滑工具

图 6-52　显示更改素材入点和出点的效果

**步骤 09**　释放鼠标后，即可确认更改“齿轮”素材的入点和出点。将时间指示器定位在“齿轮”素材的开始位置，在“节目监视器”面板中单击“播放”按钮，即可观看更改效果，如图 6-53 所示。

**步骤 10**　在工具箱中选择内滑工具，在 V1 轨道上的“齿轮”素材对象上单击鼠标左键并拖曳，即可将“齿轮”素材向左或向右移动，同时修剪其周围的两个视频文件，如图 6-54 所示。

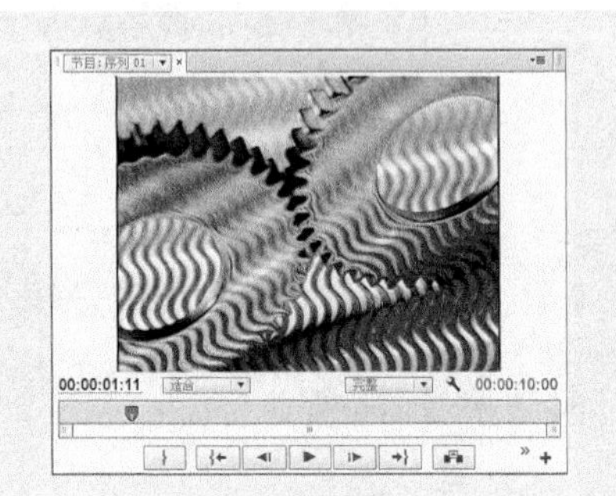


图 6-53　观看更改效果

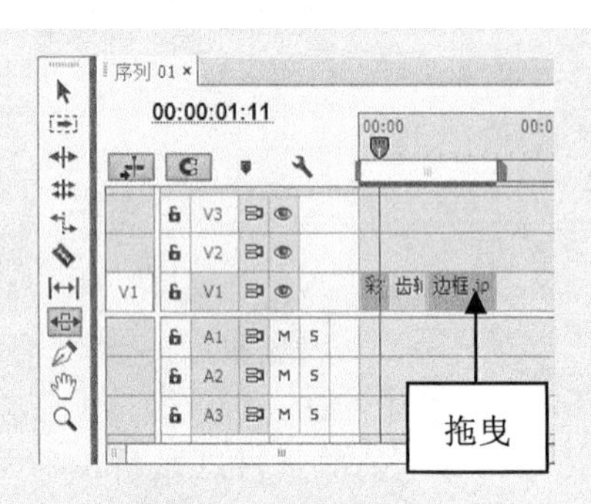


图 6-54　移动素材文件

**步骤 11**　释放鼠标后，即可确认更改“齿轮”素材的位置，如图 6-55 所示。

**步骤 12**　将时间指示器定位在“彩色”素材的开始位置，在“节目监视器”面板中单击“播放-停止切换”按钮，即可观看更改后的视频效果，如图 6-56 所示。

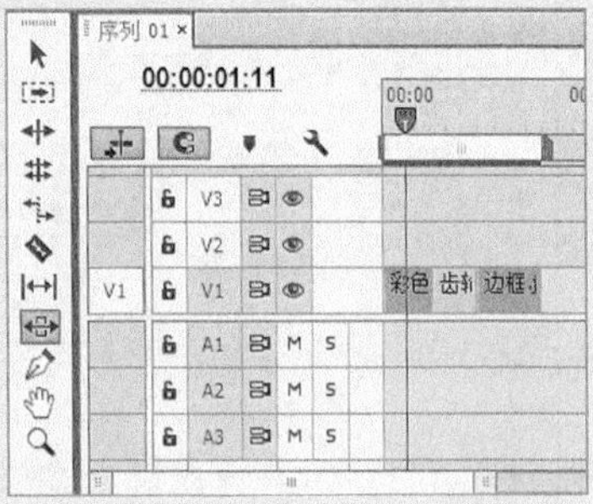

图 6-55　移动“齿轮”素材文件

图 6-56　观看更改效果

## 6.2.7 实战——运用波纹编辑工具剪辑素材

使用波纹编辑工具拖曳素材的出点可以改变所选素材的长度，而轨道上其他素材的长度不受影响。下面介绍使用波纹编辑工具编辑素材的操作方法。

**步骤01** 在 Premiere Pro CC 工作界面中，按 Ctrl+O 组合键，打开随书附带光盘中的“素材\第 6 章\手机广告.prproj”文件，如图 6-57 所示。

**步骤02** 在“项目”面板中选择两个素材文件，并将其拖曳至“时间轴”面板中的 V1 轨道上，在工具箱中选择波纹编辑工具，如图 6-58 所示。

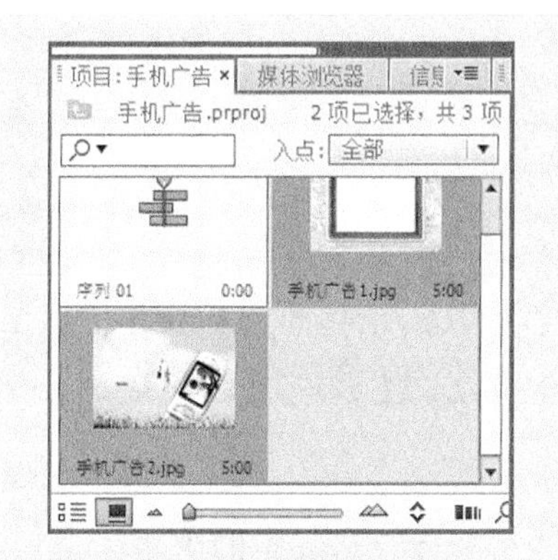


图 6-57 打开项目文件

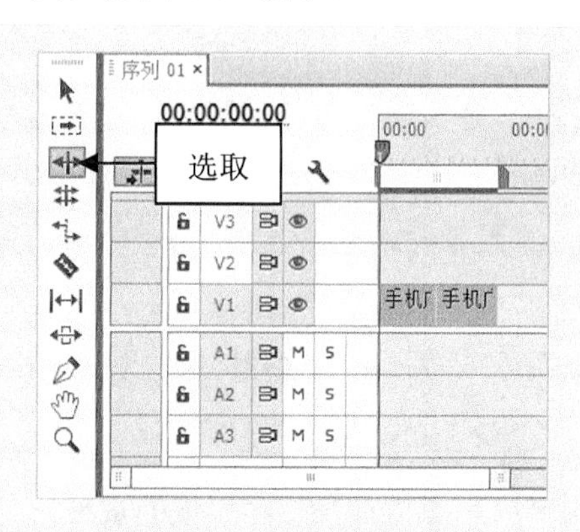


图 6-58 选取波纹编辑工具

**步骤03** 将鼠标指针移至“手机广告 1”素材对象的开始位置，当鼠标指针变成波纹编辑图标时，单击鼠标左键并向右拖曳，如图 6-59 所示。

**步骤04** 至合适位置后释放鼠标，即可完成素材剪辑，轨道上的其他素材则同步进行移动，如图 6-60 所示。

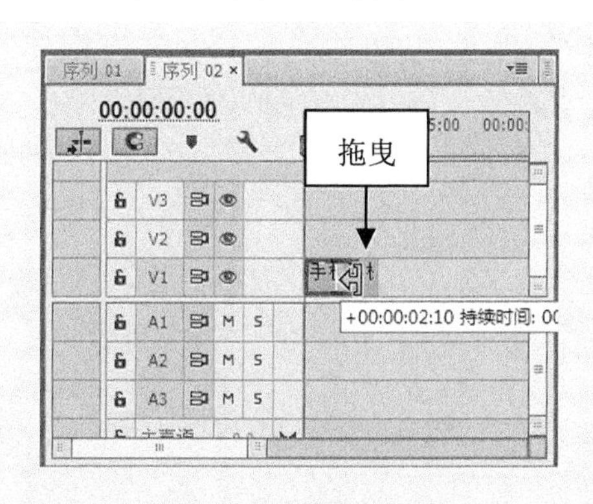


图 6-59 缩短素材对象

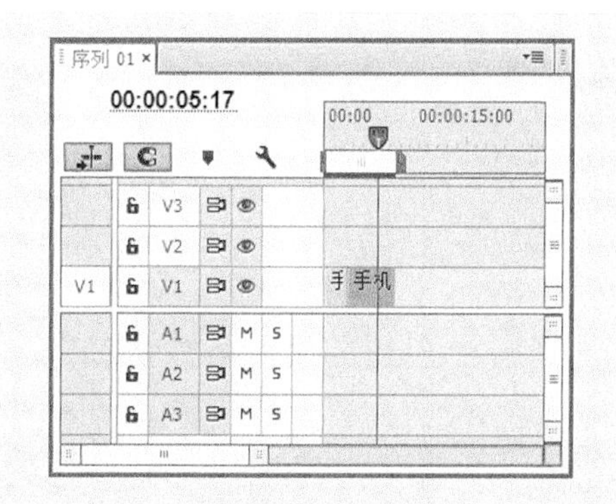


图 6-60 剪辑素材

**步骤05** 执行上述操作后，最终效果如图 6-61 所示。

图 6-61　波纹编辑工具编辑视频的效果

## 6.3　筛 选 素 材

了解了素材的添加与编辑后，还需要对各种素材进行筛选，并根据不同的素材来选择对应的主题。

1. 主题素材的选择

确定一个主题后，接下来就是选择相应的素材，通常情况下，应该选择与主题相符合的素材图像或者视频，这样能够让视频的最终效果更加突出，主题更加鲜明。

2. 素材主题的设置

很多用户习惯首先收集大量的素材，再根据素材来选择接下来编辑的内容。

根据素材来选择内容也是个好的习惯，这样不仅可以扩大选择的范围，还能扩展视野。

# 第 7 章

# 视频的色彩校正技法

在影视制作过程中，色彩的灵活运用是设计者设计水平强有力的体现，通过色彩可以表现设计者独特的风采和个性，运用色彩这一手段可以给制作中的影视作品赋予特定的情感和内涵。本章将对视频的色彩校正技巧进行详细介绍。

本章重点：

- 色彩基础
- 校正视频色彩

# 7.1 了解色彩基础

色彩在影视视频的编辑中是必不可少的一个重要元素，合理的色彩总能为视频增添一些亮点。用户在学习调整视频素材的颜色之前，必须对色彩的基础知识有一个基本的了解。

## 7.1.1 色彩的概念

色彩是光线进入眼睛而产生的一种视觉效应，因此光线是影响色彩明亮度和鲜艳度的一个重要因素。

从物理角度来讲，可见光是电磁波的一部分，其波长大致为 400～700nm，位于该范围内的光线被称为可视光线区域。自然光的光线可以分为红、橙、黄、绿、青、蓝、紫 7 种不同的色彩，如图 7-1 所示。

图 7-1 颜色的划分

提示：在红、橙、黄、绿、青、蓝、紫 7 种不同的光谱色中，黄色的明度最高(最亮)；橙色和绿色的明度低于黄色；红色、青色又低于橙色和绿色；紫色的明度最低(最暗)。

自然界中的大多数物体都有吸收、反射和透射光线的特性，由于其本身并不能发光，因此人们看到的大多是剩余光线的混合色彩，如图 7-2 所示。

图 7-2 自然界中的色彩

## 7.1.2 色相

色相是指颜色的“相貌”，主要用于区别色彩的种类和名称。

颜色的区别在于它们之间的色相差别。不同的颜色可以让人产生温暖或寒冷的感觉，如红色能带来温暖、激情的感觉；蓝色则带给人寒冷、平稳的感觉，如图 7-3 所示。

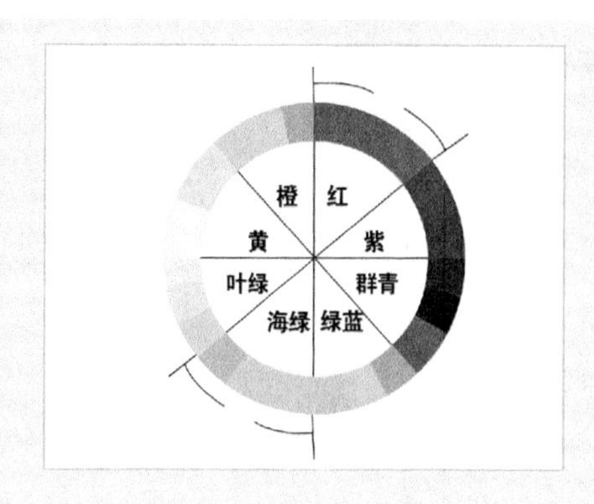


图 7-3 色环中的冷暖色

提示：当人们看到红色和橙红色时，会自然地联想到太阳、火焰，因而感到温暖。而青色、蓝色、紫色等为主的画面称之为冷色调，其中以青色最“冷”。

## 7.1.3 亮度和饱和度

亮度是指色彩的明暗程度，几乎所有的颜色都具有亮度的属性；饱和度是指色彩的鲜艳程度，并由颜色的波长来决定。

要表现出物体的立体感与空间感，就需要通过不同亮度的对比来实现。色彩的亮度越高，颜色就越淡；反之，亮度越低，颜色就越重，并最终表现为黑色。从色彩的成分来讲，饱和度取决于色彩中含色成分与消色成分之间的比例。含色成分越多，饱和度则越高；反之，消色成分越多，则饱和度越低，如图 7-4 所示。

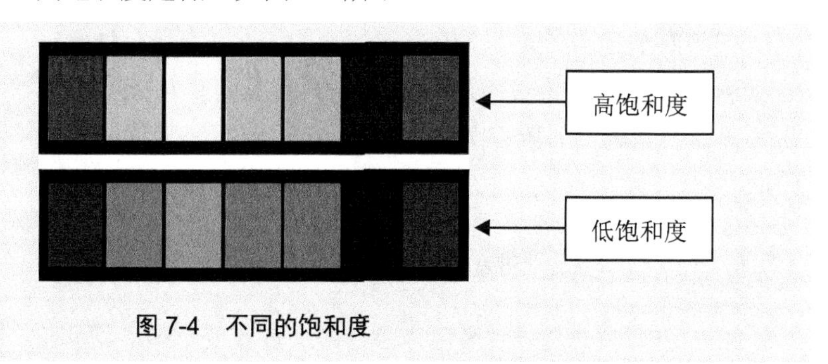


图 7-4 不同的饱和度

## 7.1.4 RGB 色彩模式

RGB 是指由红、绿、蓝三原色组成的色彩模式，三原色中的每一种色彩都包含 256 种亮度，合成三个通道即可显示完整的色彩图像。在 Premiere Pro CC 中可以通过调整红、绿、蓝 3 个通道的数值，来设置对象的色彩。图 7-5 所示为 RGB 色彩模式的视频画面。

图 7-5　RGB 色彩模式的视频画面

## 7.1.5　灰度模式

灰度模式的图像不包含颜色，彩色图像转换为该模式后，色彩信息都会被删除。灰度模式是一种无色模式，其中含有 256 种亮度级别和一个 Black 通道。因此，用户看到的图像中都是由 256 种不同强度的黑色所组成的。图 7-6 所示为灰度模式的视频画面。

图 7-6　灰度模式的视频画面

## 7.1.6　Lab 色彩模式

Lab 色彩模式是由一个亮度通道和两个色度通道组成的，该色彩模式是一个彩色测量的国际标准。

Lab 色彩模式的色域最广，是唯一不依赖于设备的颜色模式。Lab 色彩模式由 3 个通道组成，一个是亮度通道(L)，另外两个是色彩通道，用 a 和 b 来表示。a 通道包括的颜色是从深绿色到灰色再到红色；b 通道则是从亮蓝色到灰色再到黄色。图 7-7 所示为 Lab 色彩模式的视频画面。

图 7-7　Lab 色彩模式的视频画面

## 7.1.7　HLS 色彩模式

HLS 色彩模式是一种颜色标准，即通过改变色调、饱和度、亮度三个颜色通道以及它们相互之间的叠加来得到各种各样的颜色。

HLS 色彩模式是基于人对色彩的心理感受，将色彩分为色相(Hue)、饱和度(Saturation)、亮度(Luminance)三个要素，这种色彩模式更加符合人的主观感受，让用户觉得更加直观。

**技巧**：当用户需要使用灰色时，由于已知任何饱和度为 0 的 HLS 颜色均为中性灰色，因此用户只需要调整亮度即可。

# 7.2 校正视频色彩

在 Premiere Pro CC 中编辑影片时，往往需要对影视素材的色彩进行校正，即调整素材的颜色。本节主要介绍校正视频色彩的技巧。

## 7.2.1 实战——“RGB 曲线”特效的校正

“RGB 曲线”特效主要是通过调整画面的明暗关系和色彩变化来实现画面的校正。

**提示**：RGB 曲线效果是针对每个颜色通道使用曲线特效来调整剪辑的颜色，每条曲线允许在整个图像的色调范围内调整多达 16 个不同的点。通过使用“辅助颜色校正”控件，还可以指定要校正的颜色范围。

使用“RGB 曲线”特效校正色彩的操作如下。

**步骤01** 在 Premiere Pro CC 工作界面中，按 Ctrl+O 组合键，打开随书附带光盘中的“素材\第 7 章\浪漫七夕.prproj”文件，如图 7-8 所示。

**步骤02** 选择“项目”面板中的素材文件，并将其拖曳至“时间轴”面板的 V1 轨道中，如图 7-9 所示。

图 7-8 打开项目文件

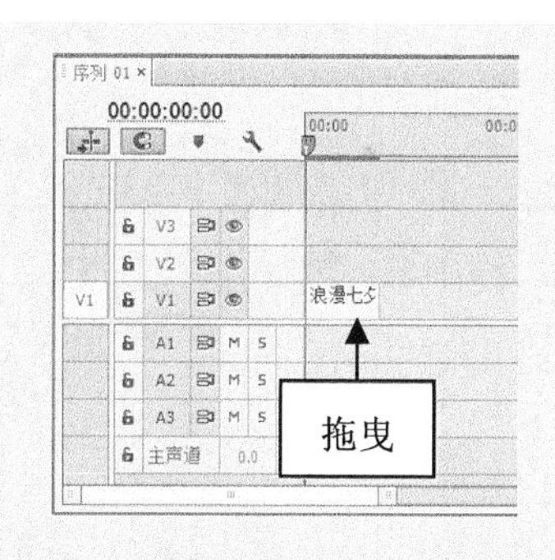


图 7-9 拖曳素材文件至“时间轴”

**步骤03** 在“时间轴”面板中添加素材后，在“节目监视器”面板中可以查看素材画面，如图 7-10 所示。

**步骤04** 在“效果”面板中，依次展开“视频效果”|“颜色校正”选项，在其中选择“RGB 曲线”选项，如图 7-11 所示。

**步骤05** 单击鼠标左键并拖曳“RGB 曲线”特效至“时间轴”面板中的素材文件上，如图 7-12 所示，释放鼠标即可添加视频特效。

**步骤06** 选择 V1 轨道上的素材，在“效果控件”面板中，展开“RGB 曲线”选项，如图 7-13 所示，其中各选项的含义见表 7-1。

图 7-10　查看素材画面

图 7-11　选择“RGB 曲线”选项

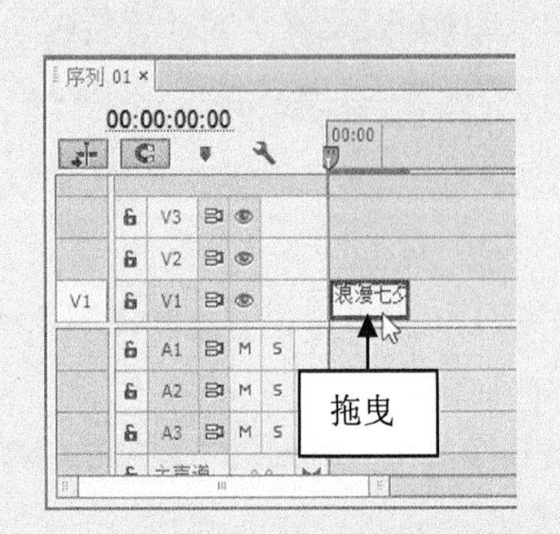


图 7-12　拖曳“RGB 曲线”特效

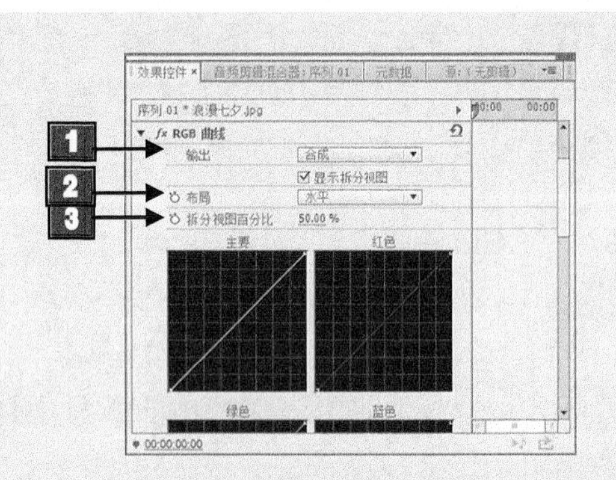


图 7-13　展开“RGB 曲线”选项

表 7-1　“RGB 曲线”特效中各选项的含义

| 标　号 | 名　称 | 含　义 |
|---|---|---|
| 1 | 输出 | 选择“合成”选项，可以在“节目监视器”中查看调整的最终结果，选择“亮度”选项，可以在“节目监视器”中查看色调值调整的显示效果 |
| 2 | 布局 | 确定“拆分视图”图像是并排(水平)还是上下(垂直)布局 |
| 3 | 拆分视图百分比 | 调整校正视图的大小，默认值为 50% |

**步骤07** 在“红色”矩形区域，单击鼠标左键拖曳，创建并移动控制点，如图 7-14 所示。

**步骤08** 执行上述操作后，即可完成色彩校正，如图 7-15 所示。

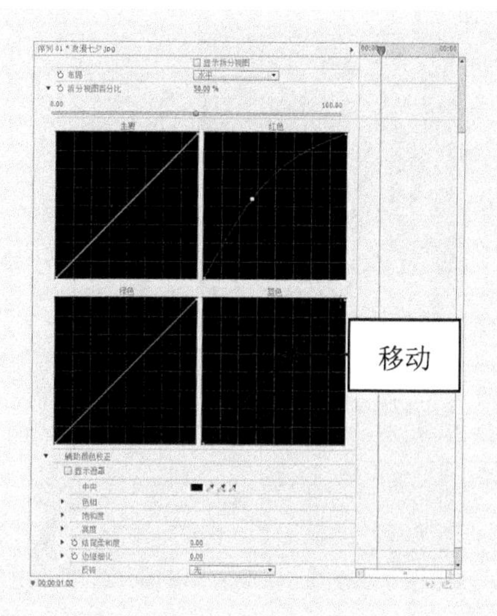


图 7-14 创建并移动控制点

图 7-15 运用 RGB 曲线校正色彩

提示：在“RGB曲线”选项列表中，用户还可以设置以下选项。

- 显示拆分视图：将图像的一部分显示为校正视图，而将其他图像的另一部分显示为未校正视图。
- 主要：在更改曲线形状时改变所有通道的亮度和对比度。使曲线向上弯曲会使剪辑变亮，使曲线向下弯曲会使剪辑变暗。曲线较陡峭的部分表示图像中对比度较高的部分。通过单击可将点添加到曲线上，而通过拖动可操控形状，将点拖离图表可以删除点。
- 辅助颜色校正：指定由效果校正的颜色范围。可以通过色相、饱和度和明亮度定义颜色。单击三角形可访问控件。
- 中央：在用户指定的范围中定义中央颜色。选择吸管工具，然后在屏幕上单击任意位置以指定颜色，此颜色会显示在色板中。也可以单击色板来打开Adobe拾色器，然后选择中央颜色。
- 色相、饱和度和亮度：根据色相、饱和度和明亮度指定要校正的颜色范围。单击选项名称旁边的三角形可以访问阈值和柔和度(羽化)控件，用于定义色相、饱和度和明亮度的范围。
- 结尾柔和度：使指定区域的边界模糊，从而使校正更大程度上与原始图像混合。较高的值会增加柔和度。
- 边缘细化：使指定区域有更清晰的边界，校正显得更明显，较高的值会增加指定区域的边缘清晰度。
- 反转：校正所有的颜色，使用“辅助颜色校正”设置的颜色范围除外。

**步骤09** 单击“播放-停止切换”按钮，预览视频效果，如图 7-16 所示。

图 7-16　RGB 曲线调整前后的对比效果

**提示：**“辅助颜色校正”属性用来指定使用效果校正的颜色范围。可以通过色相、饱和度和明亮度指定颜色或颜色范围，将颜色校正效果隔离到图像的特定区域。这类似于在 Photoshop 中执行选择或遮蔽图像。“辅助颜色校正”属性可供“亮度校正器”、“亮度曲线”、“RGB 颜色校正器”、“RGB 曲线”以及“三向颜色校正器”等效果使用。

### 7.2.2　实战——“RGB 颜色校正器”特效的校正

“RGB 颜色校正器”特效既可以通过色调调整图像，也可以通过通道调整图像。具体操作如下。

**步骤 01**　在 Premiere Pro CC 工作界面中，按 Ctrl+O 组合键，打开随书附带光盘中的“素材\第 7 章\企鹅.prproj”文件，如图 7-17 所示。

**步骤 02**　选择“项目”面板中的素材文件，并将其拖曳至“时间轴”面板的 V1 轨道中，如图 7-18 所示。

图 7-17　打开项目文件

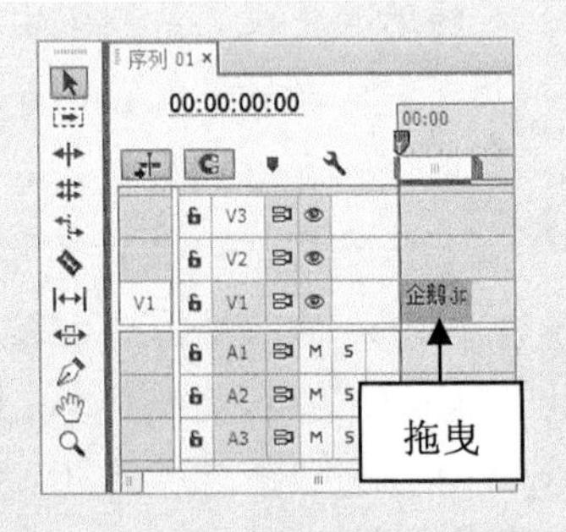


图 7-18　拖曳素材文件至“时间轴”

**步骤 03**　在“时间轴”面板中添加素材后，在“节目监视器”面板中可以查看素材画面，如图 7-19 所示。

**步骤 04**　在“效果”面板中，依次展开“视频效果”|“颜色校正”选项，在其中选择“RGB 颜色校正器”选项，如图 7-20 所示。

**步骤 05**　单击鼠标左键并拖曳“RGB 颜色校正器”特效至“时间轴”面板中的素材文件上，如图 7-21 所示，释放鼠标即可添加视频特效。

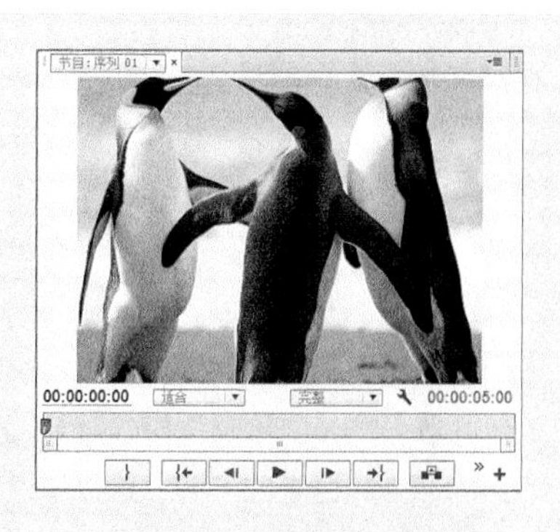
图 7-19　查看素材画面

图 7-20　选择“RGB 颜色校正器”选项

**步骤 06** 选择 V1 轨道上的素材，在“效果控件”面板中，展开“RGB 颜色校正器”选项，如图 7-22 所示。选项中各项的含义见表 7-2。

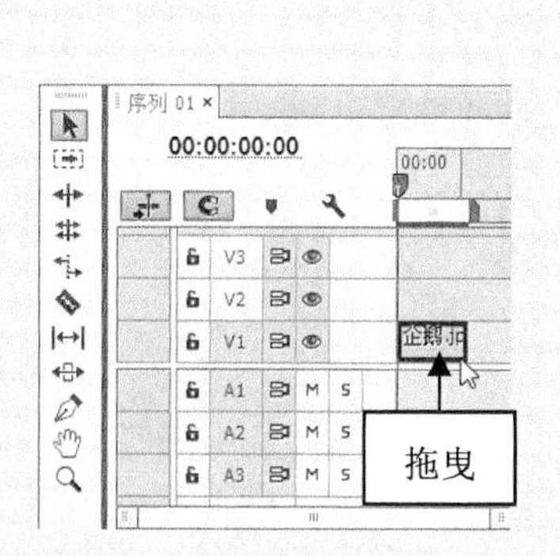

图 7-21　拖曳“RGB 颜色校正器”特效

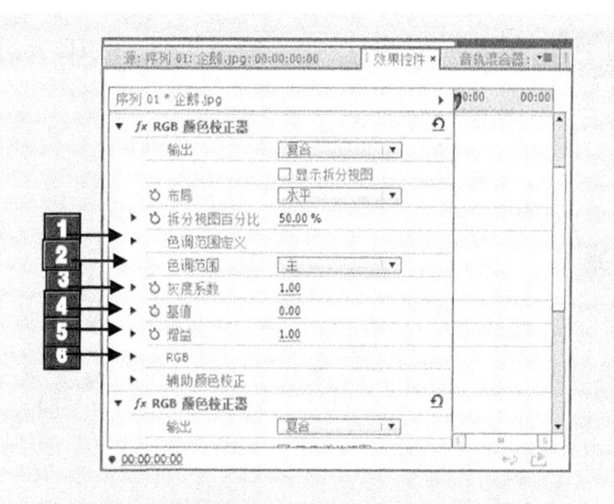

图 7-22　展开“RGB 颜色校正器”选项

表 7-2　“RGB 颜色校正器”特效中各选项的含义

| 标　号 | 名　称 | 含　义 |
|---|---|---|
| 1 | 色调范围定义 | 使用“阈值”和“衰减”控件定义阴影和高光的色调范围(“阴影阈值”能确定阴影的色调范围；“阴影柔和度”能使用衰减确定阴影的色调范围；“高光阈值”能确定高光的色调范围；“高光柔和度”能使用衰减确定高光的色调范围) |
| 2 | 色调范围 | 指定将颜色校正应用于整个图像(主)、仅高光、仅中间调还是仅阴影 |
| 3 | 灰度系数 | 在不影响黑白色阶的情况下调整图像的中间调值，使用此控件可在不扭曲阴影和高光的情况下调整过暗或过亮的图像 |
| 4 | 基值 | 通过将固定偏移添加到图像的像素值中来调整图像。此控件与“增益”控件结合使用可增加图像的总体亮度 |
| 5 | 增益 | 通过乘法调整亮度值，从而影响图像的总体对比度。较亮的像素受到的影响大于较暗的像素受到的影响 |

续表

| 标　号 | 名　称 | 含　义 |
| --- | --- | --- |
| 6 | RGB | 允许分别调整每个颜色通道的中间调值、对比度和亮度。单击三角形可展开用于设置每个通道的灰度系数、基值和增益的选项(“红色灰度系数”、“绿色灰度系数”和“蓝色灰度系数”在不影响黑白色阶的情况下调整红色、绿色或蓝色通道的中间调值；“红色基值”、“绿色基值”和“蓝色基值”通过将固定的偏移添加到通道的像素值中来调整红色、绿色或蓝色通道的色调值。此控件与“增益”控件结合使用可增加通道的总体亮度；“红色增益”、“绿色增益”和“蓝色增益”通过乘法调整红色、绿色或蓝色通道的亮度值，使较亮的像素受到的影响大于较暗的像素受到的影响) |

**步骤07** 使用鼠标左键双击选择的特效，在“效果控件”面板中，设置“灰度系数”为 1.50，如图 7-23 所示。

**步骤08** 执行上述操作后，即可运用 RGB 颜色校正器校正色彩，如图 7-24 所示。

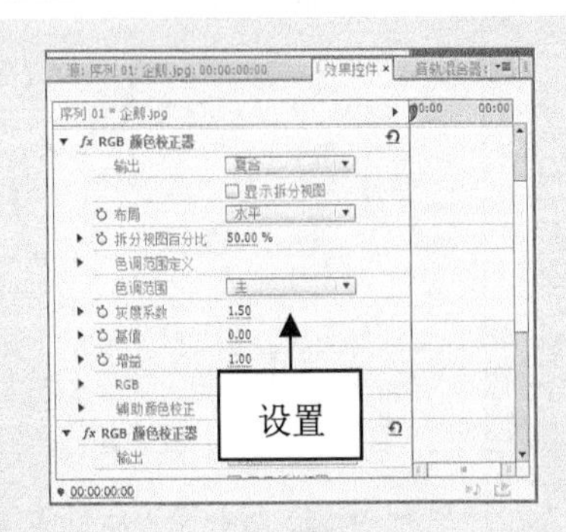


图 7-23　设置“灰度系数”为 1.50

图 7-24　运用 RGB 颜色校正器校正色彩

**步骤09** 单击“播放-停止切换”按钮，预览视频效果，如图 7-25 所示。

图 7-25　RGB 颜色校正器调整前后的对比效果

**提示：**用户使用“RGB 颜色校正器”特效来调整 RGB 颜色各通道的中间调值、色调值以及亮度值，修改画面的高光、中间调和阴影定义的色调范围，从而调整剪辑中的颜色。

## 7.2.3 实战——“三向颜色校正器”特效的校正

“三向颜色校正器”特效的主要作用是调整暗度、中间色和亮度的颜色，用户可以通过精确调整参数来指定颜色范围。具体操作如下。

**步骤 01** 按 Ctrl＋O 组合键，打开随书附带光盘中的“素材\第 7 章\胶卷特写.prproj”文件，如图 7-26 所示。

**步骤 02** 打开项目文件后，在“节目监视器”面板中可以查看素材画面，如图 7-27 所示。

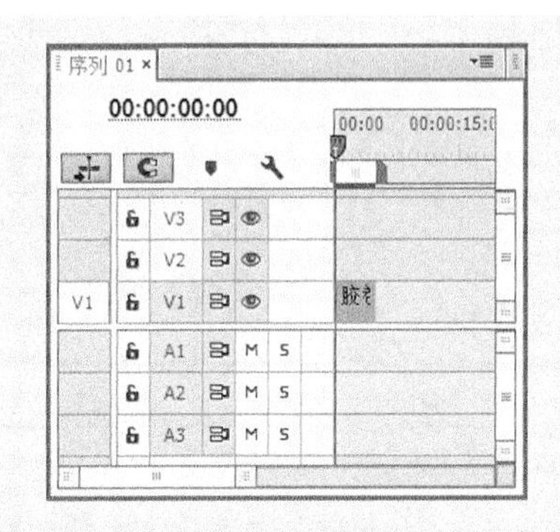

图 7-26 打开项目文件

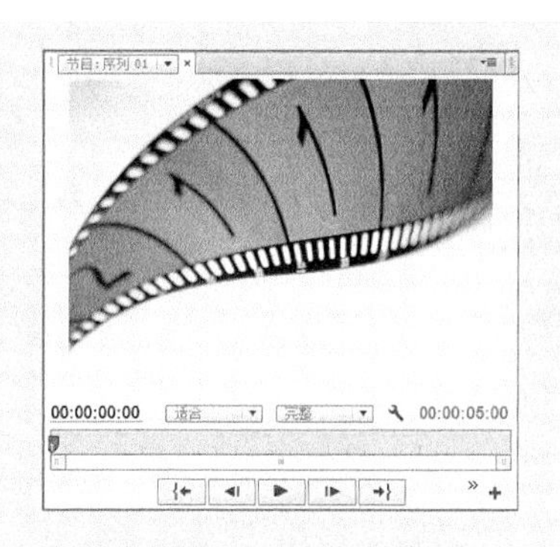

图 7-27 查看素材画面

**步骤 03** 在“效果”面板中，依次展开“视频效果”|“颜色校正”选项，在其中选择“三向颜色校正器”选项，如图 7-28 所示。

**步骤 04** 单击鼠标左键并拖曳“三向颜色校正器”特效至“时间轴”面板中的素材文件上，如图 7-29 所示，释放鼠标即可添加视频特效。

图 7-28 选择“三向颜色校正器”选项

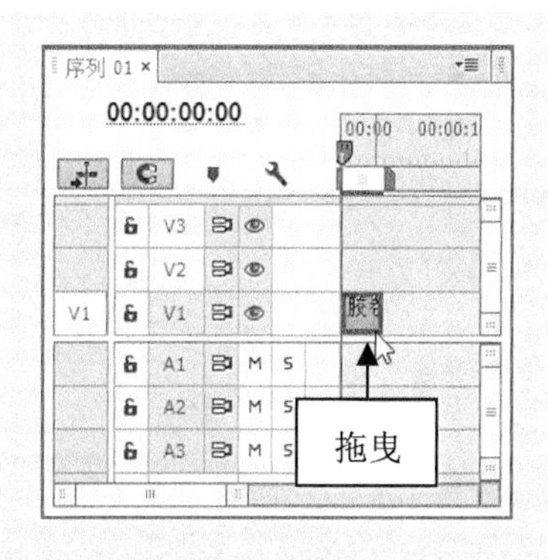


图 7-29 拖曳“三向颜色校正器”特效

**步骤 05** 选择 V1 轨道上的素材，在“效果控件”面板中，展开“三向颜色校正器”选项，如图 7-30 所示。

**步骤 06** 选择“三向颜色校正器”|“主要”选项，设置“主色相角度”为 16.0° 的“主平衡数量级”为 50.00、“主平衡增益”为 80.00，如图 7-31 所示。各选项含

义见表 7-3。

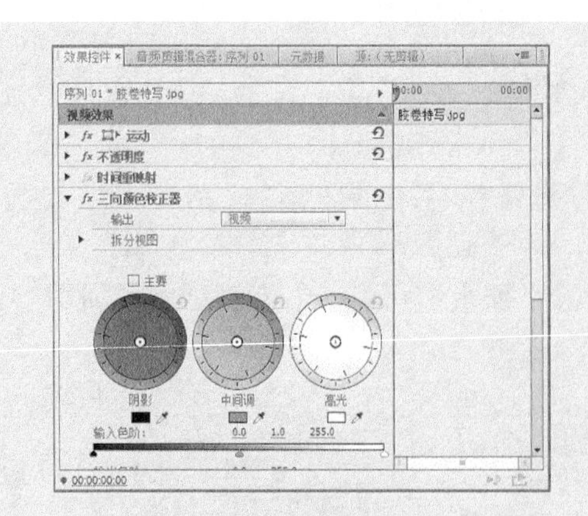


图 7-30　展开“三向颜色校正器”选项

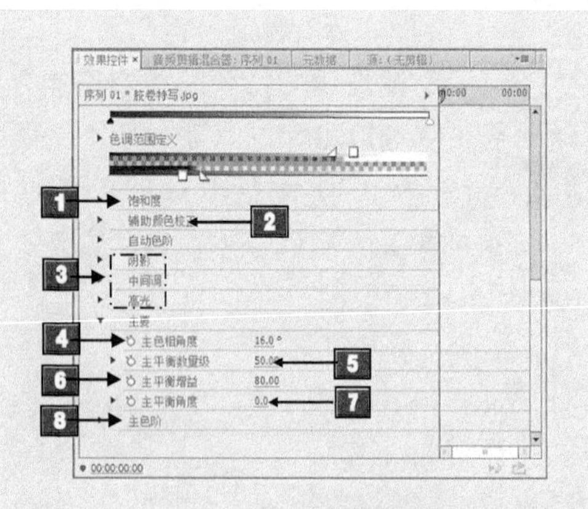


图 7-31　设置相应选项

表 7-3　“三向颜色校正器”特效中各选项的含义

| 标　号 | 名　称 | 含　义 |
| --- | --- | --- |
| 1 | 饱和度 | 调整主、阴影、中间调或高光的颜色饱和度。默认值为 100，表示不影响颜色。小于 100 的值表示降低饱和度，而 0 表示完全移除颜色。大于 100 的值将产生饱和度更高的颜色 |
| 2 | 辅助颜色校正 | 指定由效果校正的颜色范围。可以通过色相、饱和度和明亮度定义颜色范围。通过“柔化”、“边缘细化”、“反转限制颜色”调整校正效果(“柔化”可以模糊指定区域的边界，从而使校正更大程度上与原始图像混合，较高的值会增加柔和度；“边缘细化”可以使指定区域的边界更清晰，校正显得更明显，较高的值会增加指定区域的边缘清晰度；“反转限制颜色”校正所有颜色，用户使用“辅助颜色校正”设置指定的颜色范围除外) |
| 3 | 阴影/中间调/高光 | 通过调整“色相角度”、“平衡数量级”、“平衡增益”以及“平衡角度”控件调整相应的色调范围 |
| 4 | 主色相角度 | 控制高光、中间调或阴影中的色相旋转。默认值为 0。负值向左旋转色轮，正值则向右旋转色轮 |
| 5 | 主平衡数量级 | 控制由“平衡角度”确定的颜色平衡校正量。可对高光、中间调和阴影应用调整 |
| 6 | 主平衡增益 | 通过乘法调整亮度值，使较亮的像素受到的影响大于较暗的像素受到的影响。可对高光、中间调和阴影应用调整 |
| 7 | 主平衡角度 | 控制高光、中间调或阴影中的色相转换 |
| 8 | 主色阶 | 输入黑色阶、输入灰色阶、输入白色阶用来调整高光、中间调或阴影的黑场、中间调和白场输入色阶。输出黑色阶、输出白色阶用来调整输入黑色对应的映射输出色阶以及高光、中间调或阴影对应的输入白色阶 |

**步骤07** 执行上述操作后，即可运用“三向颜色校正器”校正色彩，如图7-32所示。

**步骤08** 在“效果控件”面板中，单击“三向颜色校正器”选项左侧的“切换效果开关”按钮，如图7-33所示，即可隐藏“三向颜色校正器”的校正效果，对比查看校正前后的视频画面效果。

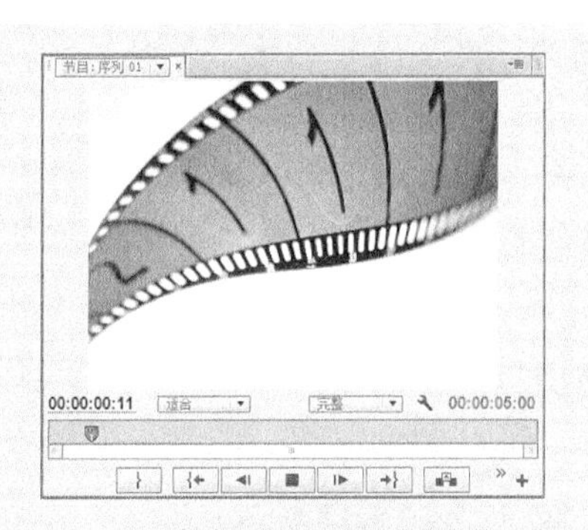


图7-32 预览视频效果

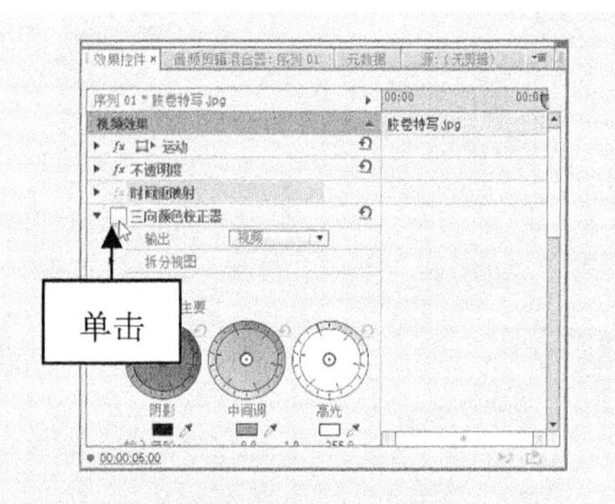


图7-33 单击“切换效果开关”按钮

提示：在“三向颜色校正器”选项列表中，用户还可以设置以下选项。

- 三向色相平衡和角度：使用对应于阴影(左轮)、中间调(中轮)和高光(右轮)的三个色轮来控制色相和饱和度调整。一个圆形缩略图围绕色轮中心移动，并控制色相(UV)转换。缩略图上的垂直手柄控制平衡数量级，而平衡数量级将影响控件的相对粗细度。色轮的外环控制色相旋转。
- 输入色阶：外面的两个输入色阶滑块将黑场和白场映射到输出滑块的设置。中间输入滑块用于调整图像中的灰度系数，此滑块移动中间调并更改灰色调的中间范围的强度值，但不会显著改变高光和阴影。
- 输出色阶：将黑场和白场输入色阶滑块映射到指定值。默认情况下，输出滑块分别位于色阶 0(此时阴影是全黑的)和色阶 255(此时高光是全白的)处。因此，在输出滑块的默认位置，移动黑色输入滑块会将阴影值映射到色阶 0，而移动白场滑块会将高光值映射到色阶 255。其余色阶将在色阶 0 和 255 之间重新分布。这种重新分布将会增大图像的色调范围，实际上也是提高图像的总体对比度。
- 色调范围定义：定义剪辑中的阴影、中间调和高光的色调范围。拖动方形滑块可以调整阈值。拖动三角形滑块可以调整柔和度(羽化)。
- 自动黑色阶：提升剪辑中的黑色阶，使最黑的色阶高于 7.5IRE。阴影的一部分会被剪切，而中间像素值将按比例重新分布。因此，使用自动黑色阶会使图像中的阴影变亮。
- 自动对比度：同时应用自动黑色阶和自动白色阶。这将使高光变暗而阴影部分变亮。
- 自动白色阶：降低剪辑中的白色阶，使最亮的色阶不超过 100IRE。高光的一部分会被剪切，而中间像素值将按比例重新分布。因此，使用自动白色阶会使图像中的高光变暗。

- 黑色阶、灰色阶、白色阶：使用不同的吸管工具来采样图像中的目标颜色或监视器桌面上的任意位置，以设置最暗阴影、中间调灰色和最亮高光的色阶。也可以单击色板打开 Adobe 拾色器，然后选择颜色来定义黑色、中间调灰色和白色。
- 输入黑色阶、输入灰色阶、输入白色阶：指定由效果校正的颜色范围。可以通过色相、饱和度和明亮度定义颜色范围。单击三角形可以访问控件来调整高光、中间调或阴影的黑场、中间调和白场输入色阶。

**步骤09** 单击“播放-停止切换”按钮，预览视频效果，如图 7-34 所示。

图 7-34　三向颜色校正器调整前后的对比效果

**提示**：在 Premiere Pro CC 中，使用色轮进行相应调整的选项如下。

- 色相角度：将颜色向目标颜色旋转。向左移动外环会将颜色向绿色旋转。向右移动外环会将颜色向红色旋转，如图 7-35 所示。
- 平衡数量级：控制引入视频的颜色强度。从中心向外移动圆形会增加数量级(强度)。通过移动“平衡增益”手柄可以微调强度，如图 7-36 所示。

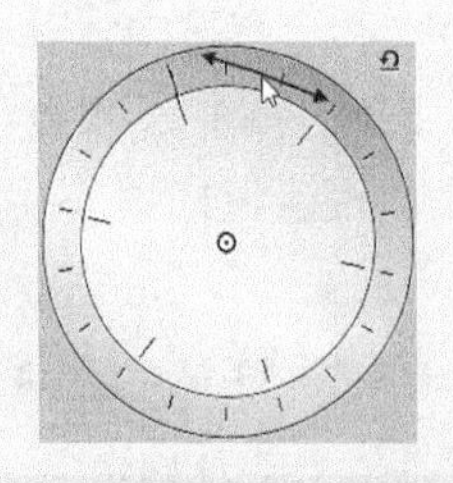

图 7-35　色相角度

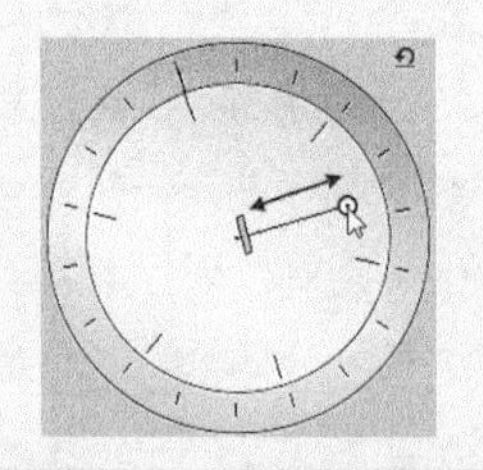

图 7-36　平衡数量级

- 平衡增益：影响“平衡数量级”和“平衡角度”调整的相对粗细度。保持此控件的垂直手柄靠近色轮中心会使调整非常精细。向外环移动手柄会使调整非常粗略，如图 7-37 所示。
- 平衡角度：向目标颜色移动视频颜色。向特定色相移动“平衡数量级”圆形会相应地移动颜色。移动的强度取决于“平衡数量级”和“平衡增益”的共同调整，如图 7-38 所示。

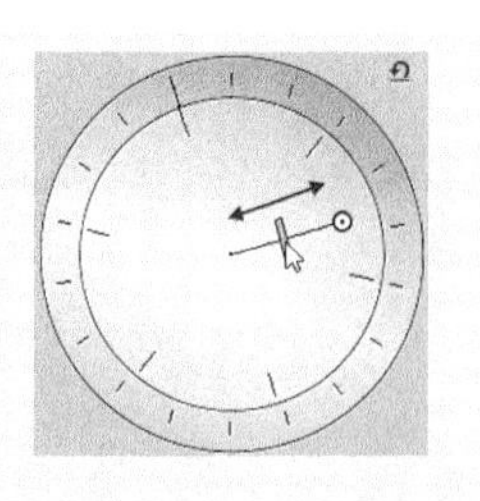
图 7-37　平衡增益

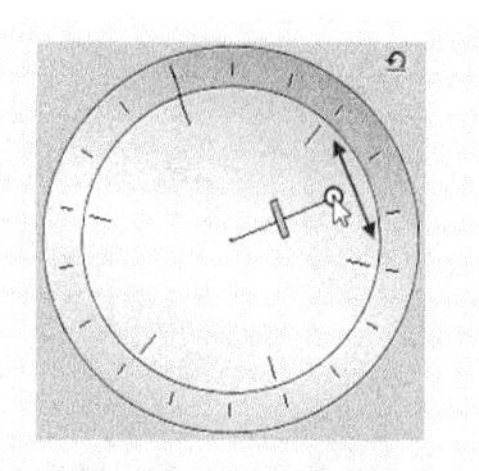
图 7-38　平衡角度

技巧：在 Premiere Pro CC 中，使用“三向颜色校正器”可以进行以下选项调整。

- 快速消除色偏：“三向颜色校正器”特效拥有可以快速平衡颜色的一些控件，使白色、灰色和黑色保持中性。
- 快速进行明亮度校正：“三向颜色校正器”具有可快速调整剪辑明亮度的自动控件。
- 调整颜色平衡和饱和度：三向颜色校正器效果提供“色相平衡和角度”色轮和“饱和度”控件供用户设置，用于平衡视频中的颜色。顾名思义，颜色平衡可以平衡红色、绿色和蓝色分量，从而在图像中产生所需的白色和中性灰色；也可以为特定的场景设置特殊色调。
- 替换颜色：使用“三向颜色校正器”中的“辅助颜色校正”控件可以帮助用户将更改应用于单个颜色或一系列颜色。

## 7.2.4 实战——“亮度曲线”特效的校正

“亮度曲线”特效可以通过单独调整画面的亮度，让整个画面的明暗得到统一控制。这种调整方法无法单独调整每个通道的亮度。具体操作如下。

**步骤01** 按 Ctrl+O 组合键，打开随书附带光盘中的“素材\第 7 章\动感水杯.prproj”文件，如图 7-39 所示。

**步骤02** 打开项目文件后，在“节目监视器”面板中可以查看素材画面，如图 7-40 所示。

序列 01 ×
00:00:00:00
00:00　00:00:15:00
V3
V2
V1　V1
动感水
A1　M　S
A2　M　S
A3　M　S

图 7-39　打开项目文件

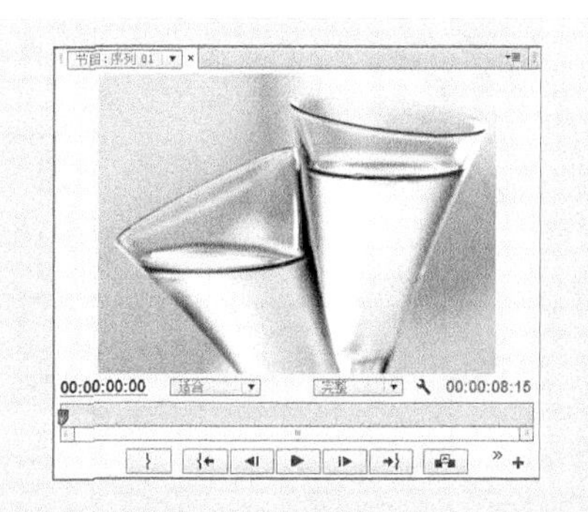

图 7-40　查看素材画面

**提示：**亮度曲线和 RGB 曲线可以调整视频剪辑中的整个色调范围或仅调整选定的颜色范围。色阶只有三种调整(黑色阶、灰色阶和白色阶)，而亮度曲线和 RGB 曲线允许在整个图像的色调范围内调整多达 16 个不同的点(从阴影到高光)。

**步骤 03** 在“效果”面板中，依次展开“视频效果”|“颜色校正”选项，在其中选择“亮度曲线”选项，如图 7-41 所示。

**步骤 04** 单击鼠标左键并拖曳“亮度曲线”特效至“时间轴”面板中的素材文件上，如图 7-42 所示，释放鼠标即可添加视频特效。

图 7-41　选择“亮度曲线”选项

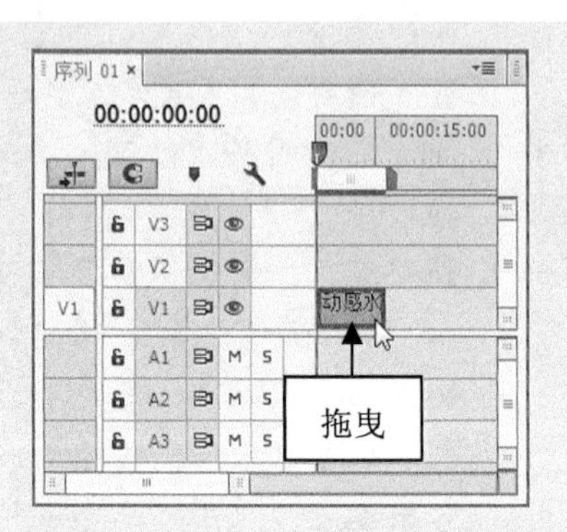


图 7-42　拖曳“亮度曲线”特效

**步骤 05** 选择 V1 轨道上的素材，在“效果控件”面板中，展开“亮度曲线”选项，如图 7-43 所示。

**步骤 06** 将鼠标移至“亮度波形”矩形区域，在曲线上单击鼠标左键并拖曳，添加控制点并调整控制点的位置，重复以上操作，共添加两个控制点，如图 7-44 所示。

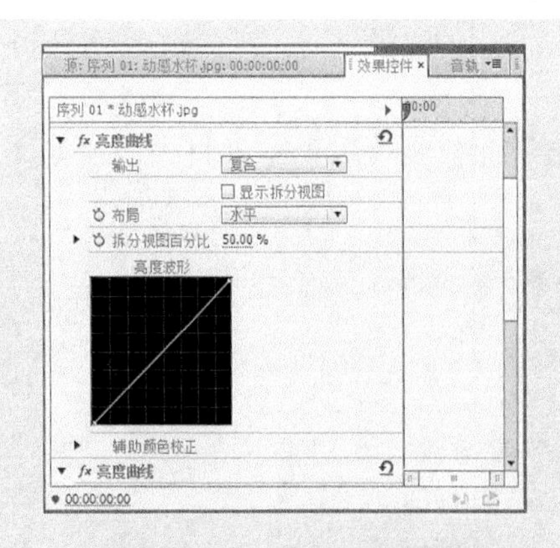


图 7-43　展开“亮度曲线”选项

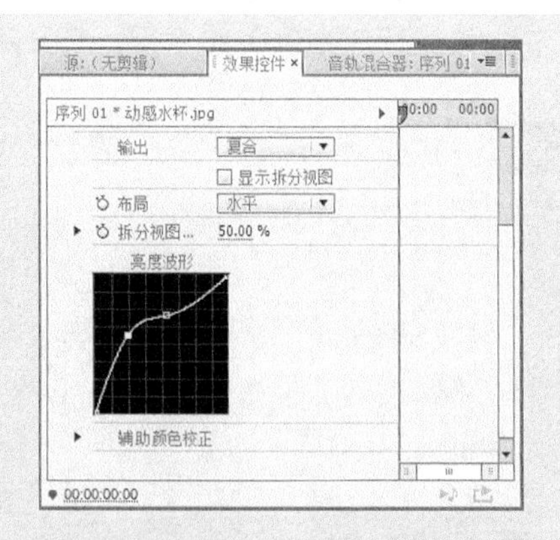


图 7-44　添加两个控制点并调整位置

**步骤 07** 执行上述操作后，即可运用亮度曲线校正色彩。单击“播放-停止切换”按钮预览视频效果，如图 7-45 所示。

图 7-45　亮度曲线调整前后的对比效果

## 7.2.5　实战——“亮度校正器”特效的校正

“亮度校正器”特效可以调整素材的高光、中间值、阴影状态下的亮度与对比度参数，也可以使用“辅助颜色校正”来指定色彩范围。具体操作如下。

**步骤 01**　按 Ctrl+O 组合键，打开随书附带光盘中的“素材\第 7 章\汽车飞驰.prproj”文件，如图 7-46 所示。

**步骤 02**　打开项目文件后，在“节目监视器”面板中可以查看素材画面，如图 7-47 所示。

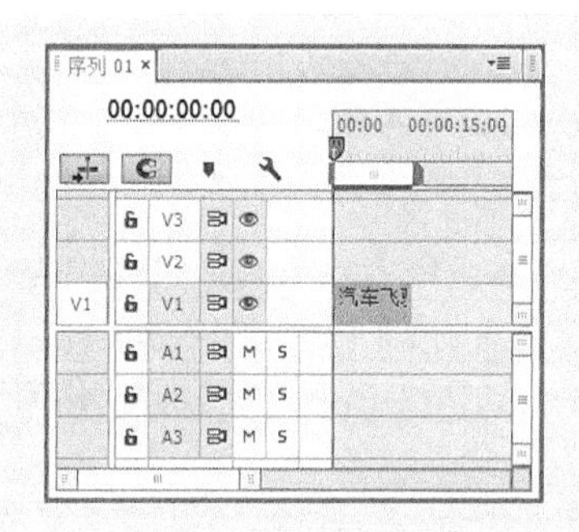



图 7-46　打开项目文件

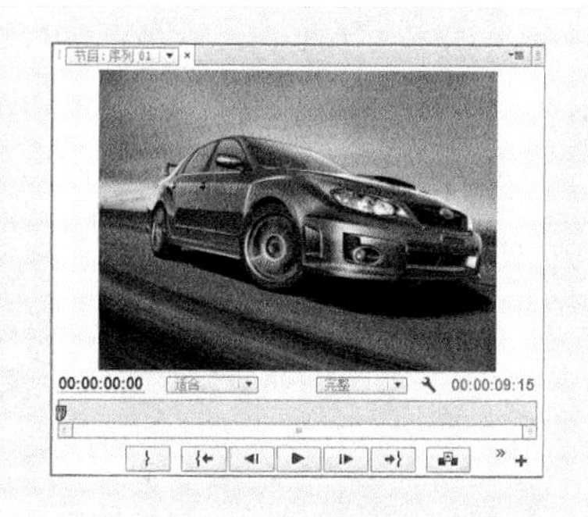



图 7-47　查看素材画面

**步骤 03**　在“效果”面板中，依次展开“视频效果”|“颜色校正”选项，在其中选择“亮度校正器”选项，如图 7-48 所示。

**步骤 04**　将“亮度校正器”特效拖曳至“时间轴”面板中 V1 轨道中的素材上，如图 7-49 所示。

图 7-48　选择“亮度校正器”选项

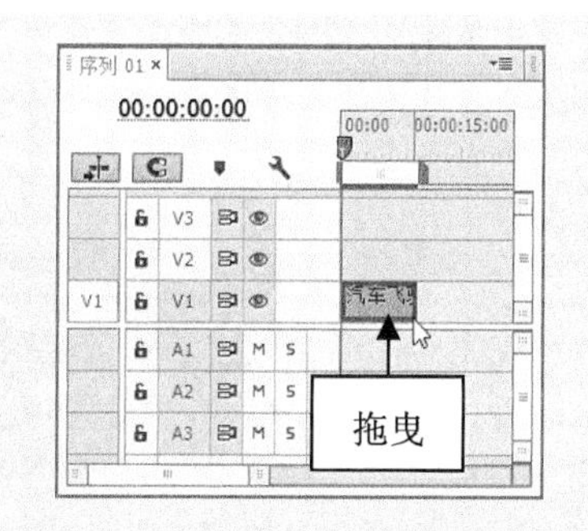



图 7-49　拖曳“亮度校正器”特效

步骤05 在“效果控件”面板中，展开“亮度校正器”选项，单击“色调范围”栏右侧的下三角形按钮，在弹出的列表中选择“主”选项，设置“亮度”为 30.00、“对比度”为 40.00，如图 3-50 所示。

步骤06 单击“色调范围”栏右侧的下三角形按钮，在弹出的列表框中选择“阴影”选项，设置“亮度”为-4.00、“对比度”为-10.00，如图 7-51 所示。各选项的含义见表 7-4。

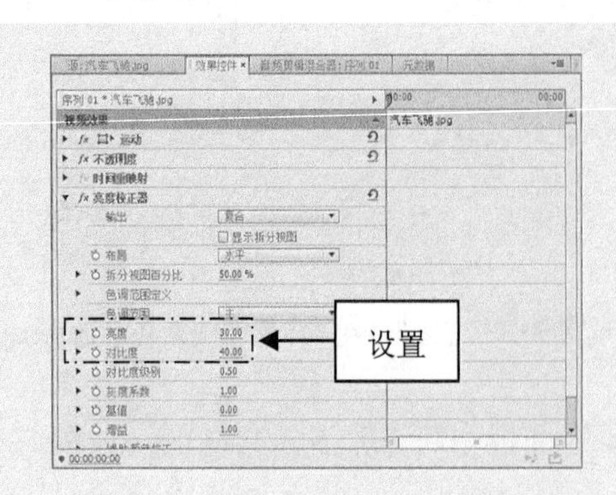


图 7-50 “主”选项中设置相应选项

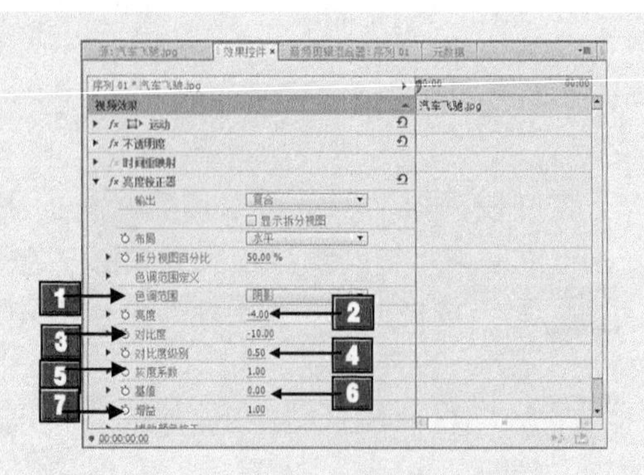


图 7-51 “阴影”选项中设置相应选项

表 7-4 “亮度校正器”特效中各选项的含义

| 标 号 | 名 称 | 含 义 |
|---|---|---|
| 1 | 色调范围 | 指定将明亮度调整应用于整个图像(主)、仅高光、仅中间调还是仅阴影 |
| 2 | 亮度 | 调整剪辑中的黑色阶。使用此控件可确保剪辑中的黑色画面内容显示为黑色 |
| 3 | 对比度 | 通过调整相对于剪辑原始对比度值的增益来影响图像的对比度 |
| 4 | 对比度级别 | 设置剪辑的原始对比度值 |
| 5 | 灰度系数 | 在不影响黑白色阶的情况下调整图像的中间调值。此控件会导致对比度变化，非常类似于在亮度曲线效果中更改曲线的形状。使用此控件可在不扭曲阴影和高光的情况下调整过暗或过亮的图像 |
| 6 | 基值 | 通过将固定偏移添加到图像的像素值中来调整图像。此控件与“增益”控件结合使用可增加图像的总体亮度 |
| 7 | 增益 | 通过乘法调整亮度值，从而影响图像的总体对比度。较亮像素受到的影响大于较暗像素受到的影响 |

步骤07 执行上述操作后，即可运用亮度校正器调整色彩，单击“播放-停止切换”按钮，预览视频效果，如图 7-52 所示。

图 7-52 亮度校正器调整前后的对比效果

### 7.2.6 实战——“广播级颜色”特效的校正

“广播级颜色”特效用于校正需要输出到录像带上的影片色彩，使用这种校正技巧可以改善输出影片的品质。具体操作如下。

**步骤01** 按 Ctrl+O 组合键，打开随书附带光盘中的“素材\第 7 章\蜀门.prproj”文件，如图 7-53 所示。

**步骤02** 打开项目文件后，在“节目监视器”面板中可以查看素材画面，如图 7-54 所示。

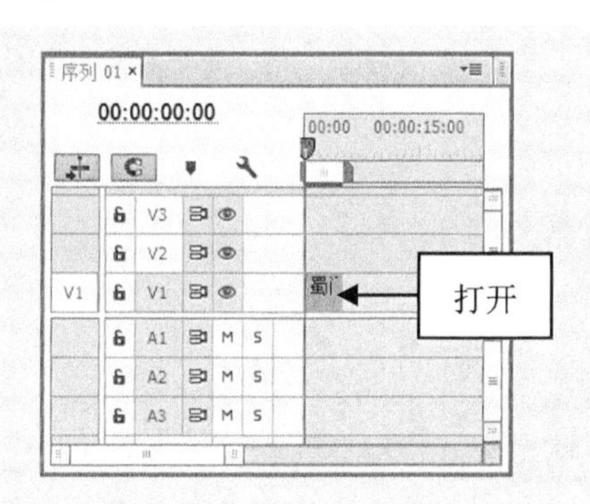


图 7-53 打开项目文件

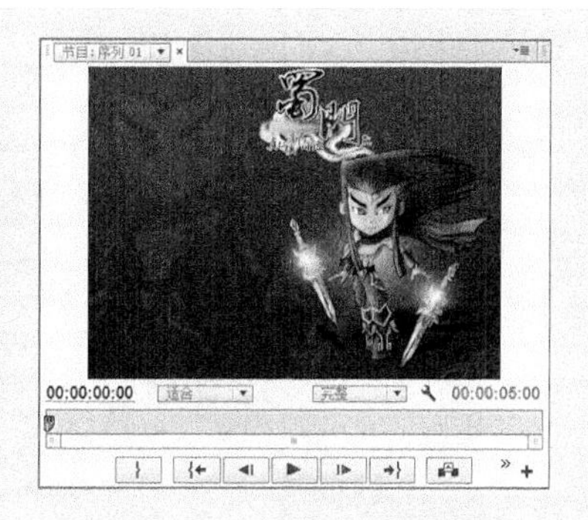


图 7-54 查看素材画面

**步骤03** 在“效果”面板中，依次展开“视频效果”|“颜色校正”选项，在其中选择“广播级颜色”选项，如图 7-55 所示。

**步骤04** 单击鼠标左键并拖曳“广播级颜色”特效至“时间轴”面板中的素材文件上，如图 7-56 所示，释放鼠标即可添加视频特效。

图 7-55 选择“广播级颜色”选项

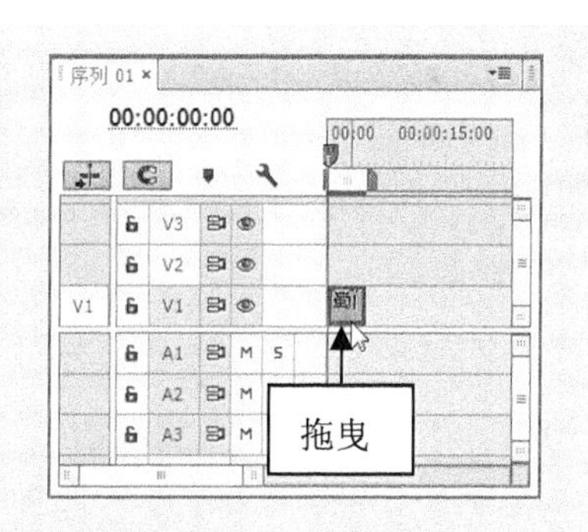


图 7-56 拖曳“广播级颜色”特效

**步骤05** 选择 V1 轨道上的素材，在“效果控件”面板中，展开“广播级颜色”选项，如图 7-57 所示。

**步骤06** 设置“最大信号波幅”为 90，如图 7-58 所示。

**步骤07** 执行上述操作后，即可运用广播级颜色调整色彩。单击“播放-停止切换”按钮，预览视频效果，如图 7-59 所示。

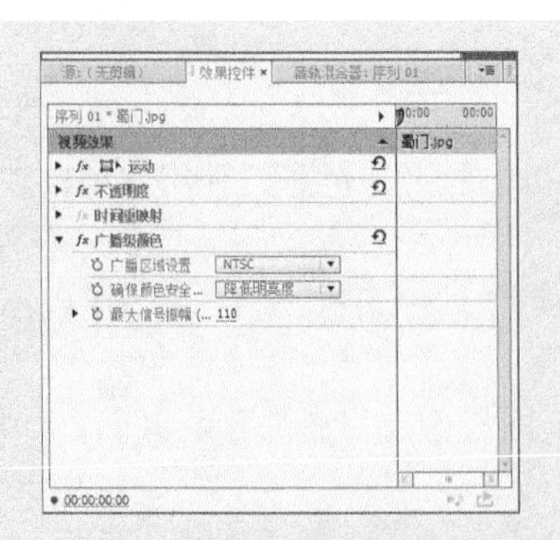

图 7-57　展开“广播级颜色”选项

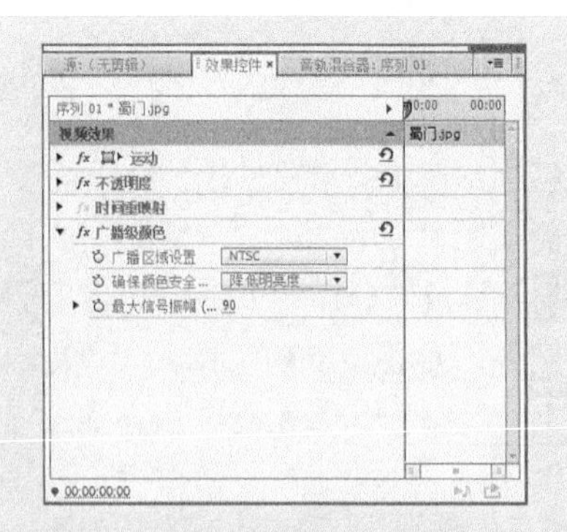

图 7-58　设置“最大信号波幅”选项

图 7-59　广播级颜色调整前后的对比效果

## 7.2.7 实战——“快速颜色校正器”特效的校正

使用“快速颜色校正器”特效不仅可以通过调整素材的色调饱和度校正素材的颜色，还可以通过调整素材的白平衡来校正颜色。具体操作如下。

**步骤 01** 按 Ctrl+O 组合键，打开随书附带光盘中的“素材\第 7 章\颜料.prproj”文件，如图 7-60 所示。

**步骤 02** 打开项目文件后，在“节目监视器”面板中可以查看素材画面，如图 7-61 所示。

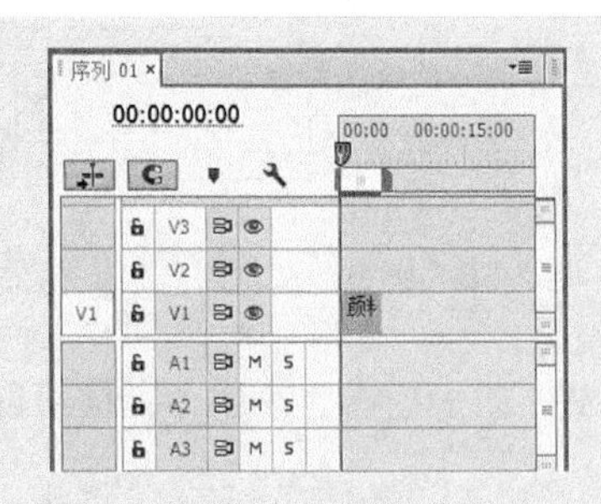

图 7-60　打开项目文件

图 7-61　查看素材画面

**步骤 03** 在“效果”面板中，依次展开“视频效果”|“颜色校正”选项，在其中选

择“快速颜色校正器”选项，如图 7-62 所示。

**步骤 04** 单击鼠标左键并拖曳“快速颜色校正器”特效至“时间轴”面板中的素材文件上，如图 7-63 所示，释放鼠标即可添加视频特效。

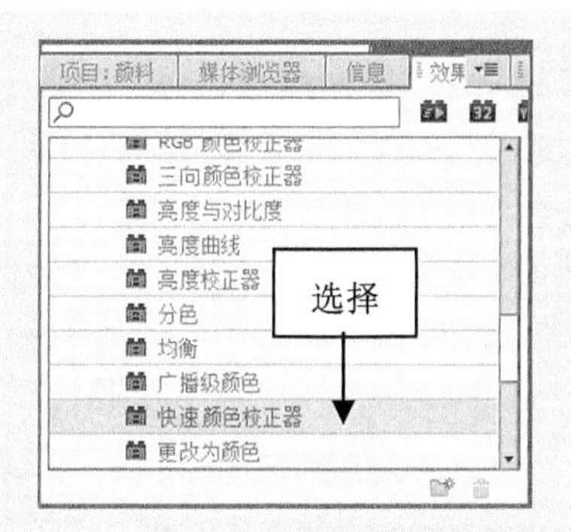


图 7-62 选择“快速颜色校正器”选项

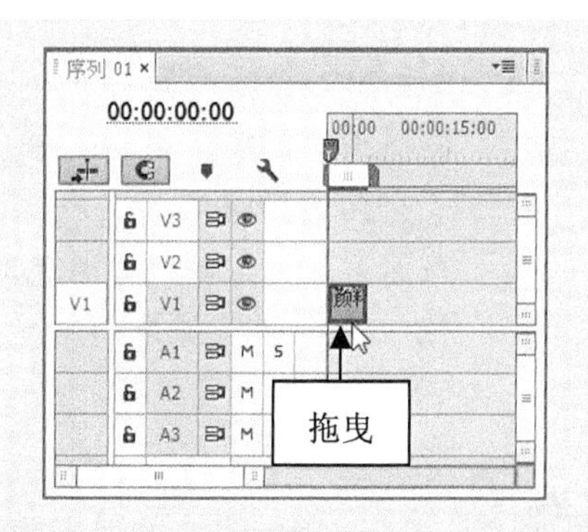


图 7-63 拖曳“快速颜色校正器”特效

**步骤 05** 选择 V1 轨道上的素材，在“效果控件”面板中，展开“快速颜色校正器”选项，单击“白平衡”选项右侧的色块，如图 7-64 所示。各选项的含义见表 7-5。

**步骤 06** 在弹出的“拾色器”对话框中，设置 RGB 参数值分别为 119、198、187，如图 7-65 所示。

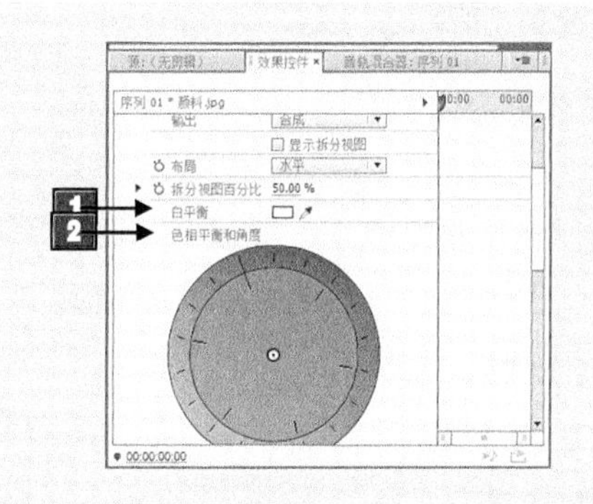


图 7-64 单击“白平衡”选项右侧的色块

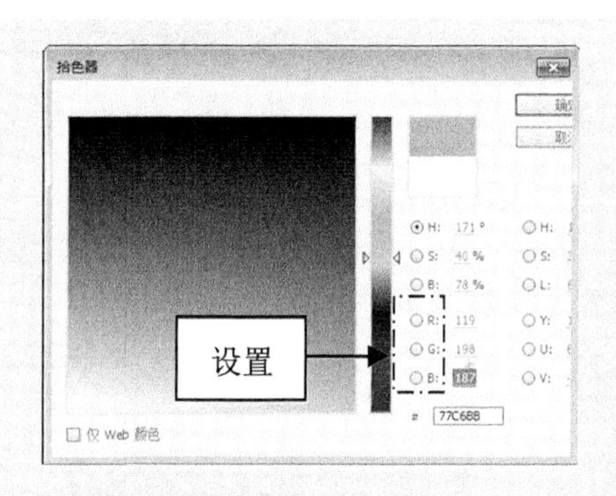


图 7-65 设置 RGB 参数值

表 7-5 “快速颜色校正器”特效中各选项的含义

| 标 号 | 名 称 | 含 义 |
|---|---|---|
| 1 | 白平衡 | 通过使用吸管工具来采样图像中的目标颜色或监视器桌面上的任意位置，将白平衡分配给图像。也可以单击色板打开 Adobe 拾色器，然后选择颜色来定义白平衡 |
| 2 | 色相平衡和角度 | 使用色轮控制色相平衡和色相角度，小圆形围绕色轮中心移动，并控制色相(UV)转换，这将会改变平衡数量级和平衡角度，小垂线可设置控件的相对精密度，而此控件控制平衡增益 |

**提示**：在“快速颜色校正器”选项列表中，还可以设置以下选项。

- 色相角度：控制色相旋转，默认值为 0，负值向左旋转色轮，正值则向右旋转色轮。
- 平衡数量级：控制由“平衡角度”确定的颜色平衡校正量。
- 平衡增益：通过乘法来调整亮度值，使较亮的像素受到的影响大于较暗的像素受到的影响。
- 平衡角度：控制所需的色相值的选择范围。
- 饱和度：调整图像的颜色饱和度，默认值为 100，表示不影响颜色，小于 100 的值表示降低饱和度，而 0 表示完全移除颜色，大于 100 的值将产生饱和度更高的颜色。

**步骤 07** 单击“确定”按钮，即可运用“快速颜色校正器”调整色彩。单击“播放-停止切换”按钮，预览视频效果，如图 7-66 所示。

图 7-66　快速颜色校正器调整前后的对比效果

**技巧**：在 Premiere Pro CC 中，也可以选择“白平衡”吸管，然后通过单击的方式对节目监视器中的区域进行采样，最好对本应为白色的区域采样。“快速颜色校正器”特效会将采样的颜色向白色调整，从而校正素材画面的白平衡。

## 7.2.8 实战——“更改颜色”特效的校正

“更改颜色”特效是指通过指定一种颜色，然后再用另一种新的颜色来替换用户指定的颜色，从而达到色彩转换的效果。

**步骤 01** 按 Ctrl＋O 组合键，打开随书附带光盘中的“素材\第 7 章\七彩蝴蝶.prproj”文件，如图 7-67 所示。

**步骤 02** 打开项目文件后，在“节目监视器”面板中可以查看素材画面，如图 7-68 所示。

**步骤 03** 在“效果”面板中，依次展开“视频效果”|“颜色校正”选项，在其中选择“更改颜色”选项，如图 7-69 所示。

**步骤 04** 按住鼠标左键拖曳“更改颜色”特效至“时间轴”面板中的素材文件上，如图 7-70 所示，释放鼠标即可添加视频特效。

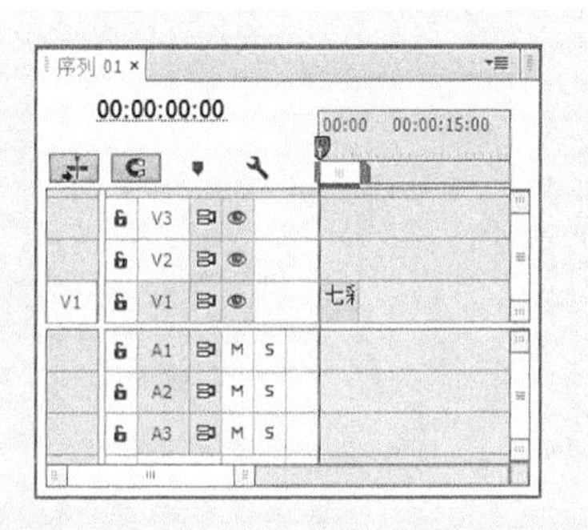


图 7-67　打开项目文件

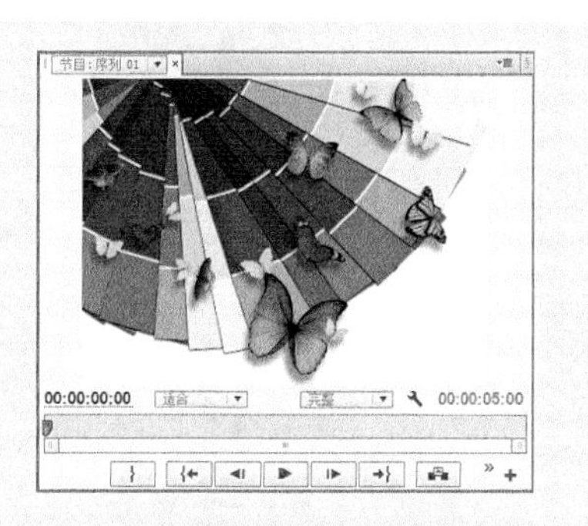


图 7-68　查看素材画面

图 7-69　选择“更改颜色”选项

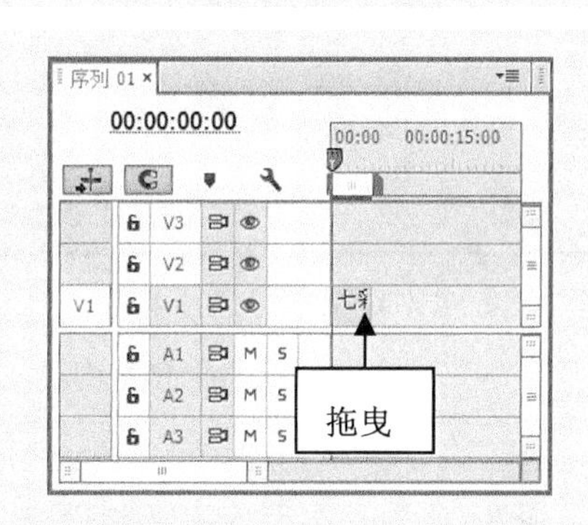


图 7-70　拖曳“更改颜色”特效

**步骤 05** 选择 V1 轨道上的素材，在“效果控件”面板中，展开“更改颜色”选项，单击“要更改的颜色”选项右侧的吸管图标，如图 7-71 所示。

**步骤 06** 在“节目监视器”中的合适位置处单击，进行采样，如图 7-72 所示。

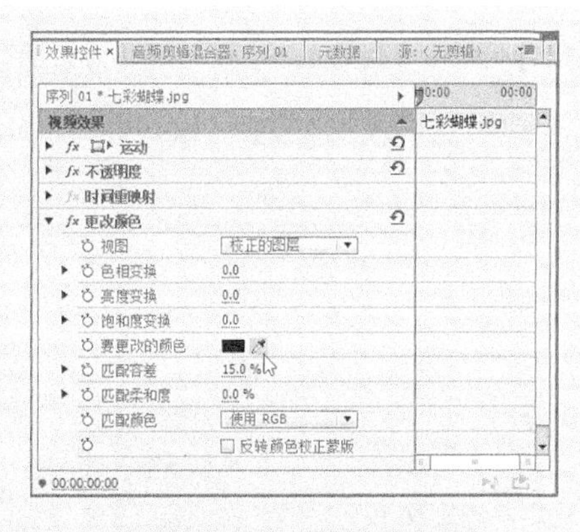


图 7-71　单击吸管图标

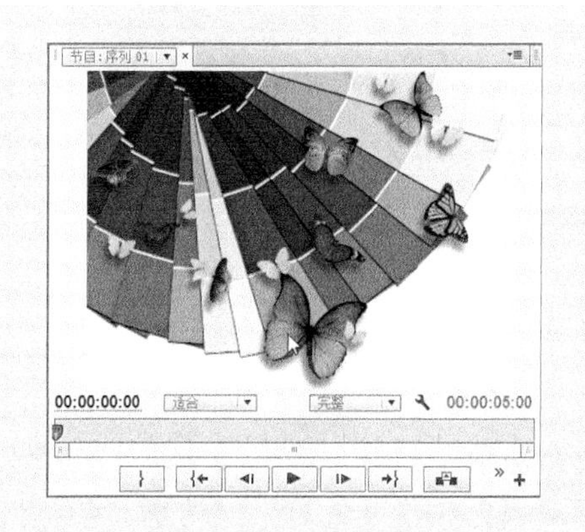


图 7-72　进行采样

**步骤 07** 取样完成后，在“效果控件”面板中，展开“更改颜色”选项，设置“色相变换”为-175、“亮度变换”为 8、“匹配容差”为 28%，如图 7-73 所示。各选项的含义见表 7-6。

**步骤 08** 执行上述操作后，即可运用“更改颜色”特效调整色彩，如图 7-74 所示。

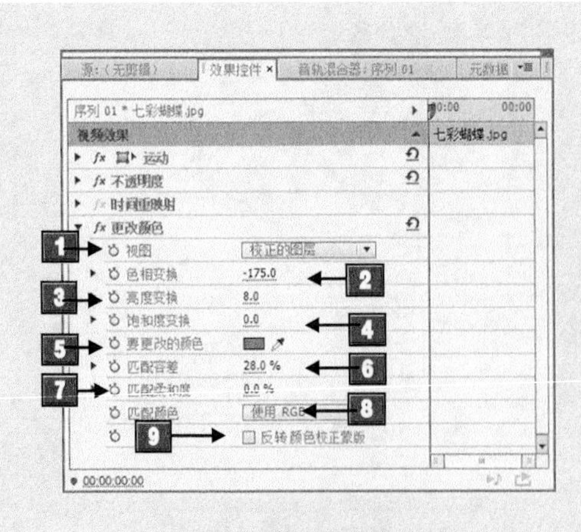
图 7-73　设置相应的选项

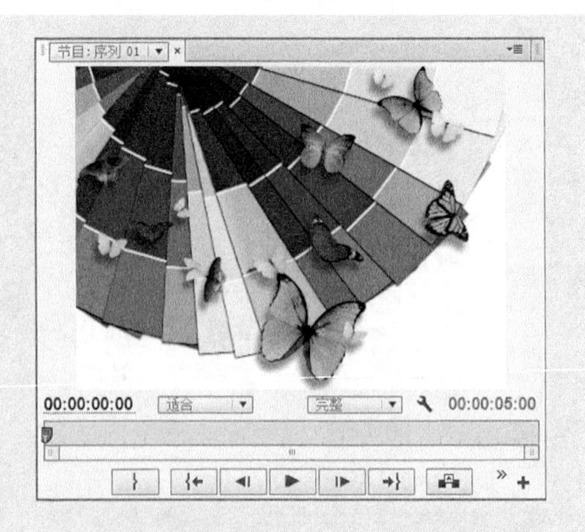
图 7-74　运用"更改颜色"特效调整色彩

表 7-6　"更改颜色"特效中各选项的含义

| 标　号 | 名　称 | 含　义 |
|---|---|---|
| 1 | 视图 | "校正的图层"显示更改颜色的效果。"颜色校正遮罩"显示将要更改的图层区域。颜色校正遮罩中的白色区域变化最大，黑暗区域变化最小 |
| 2 | 色相变换 | 色相的调整量(读数) |
| 3 | 亮度变换 | 正值使匹配的像素变亮，负值使它们变暗 |
| 4 | 饱和度变换 | 正值增加匹配的像素饱和度(向纯色移动)，负值降低匹配的像素饱和度(向灰色移动) |
| 5 | 要更改的颜色 | 范围中要更改的中央颜色 |
| 6 | 匹配容差 | 设置颜色可以在多大程度上不同于"要匹配的颜色"并且仍然匹配 |
| 7 | 匹配柔和度 | 不匹配的像素受效果影响的程度，与"要匹配的颜色"的相似性成比例 |
| 8 | 匹配颜色 | 在其中比较颜色以确定相似性的色彩空间 |
| 9 | 反转颜色校正蒙版 | 用于确定哪些颜色受影响的蒙版 |

**提示：** 当用户第一次确认需要修改的颜色时，只需要选择近似的颜色即可，因为在了解颜色替换效果后才能精确调整替换的颜色。"更改颜色"特效通过调整素材色彩范围内的色相、亮度以及饱和度的数值，来改变色彩范围内的颜色。

**步骤 09** 单击"播放-停止切换"按钮，预览视频效果，最终效果如图 7-75 所示。

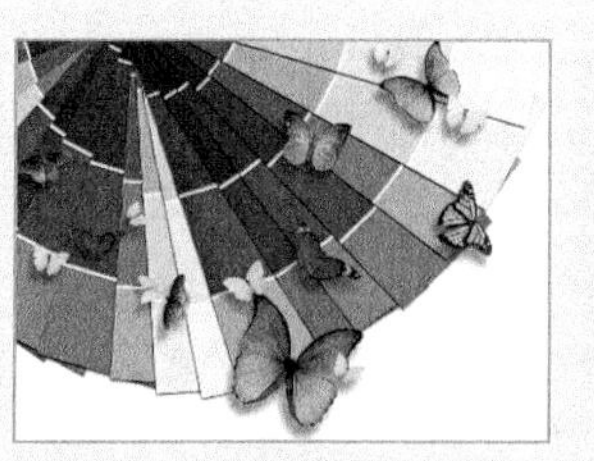
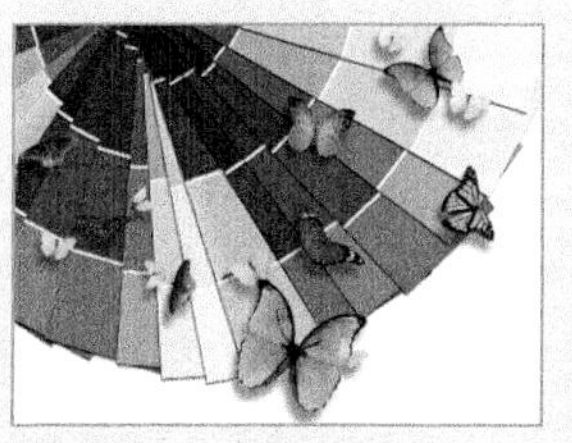

图 7-75　更改颜色调整前后的对比效果

**提示**：在 Premiere Pro CC 中，用户也可以使用“更改为颜色”特效的色相、亮度和饱和度(HLS)值将用户在图像中选择的颜色更改为另一种颜色，而保持其他颜色不受影响。

“更改为颜色”提供了“更改颜色”效果未能提供的灵活性和选项。这些选项包括用于精确颜色匹配的色相、亮度和饱和度的容差滑块，以及选择用户希望更改成目标颜色的精确 RGB 值的功能，“更改为颜色”选项的界面如图 7-76 所示。其各选项的含义见表 7-7。将素材添加到“时间轴”面板的轨道上后，为素材添加“更改为颜色”特效，在“效果控件”面板中，展开“更改为颜色”选项，单击“自”右侧的色块，在弹出的“拾色器”对话框中设置 RGB 参数分别为 3、231、72；单击“至”右侧的色块，在弹出的“拾色器”对话框中设置 RGB 参数分别为 251、275、80；设置“色相”为 20、“亮度”为 60、“饱和度”为 20、“柔和度”为 20，调整效果如图 7-77 所示。

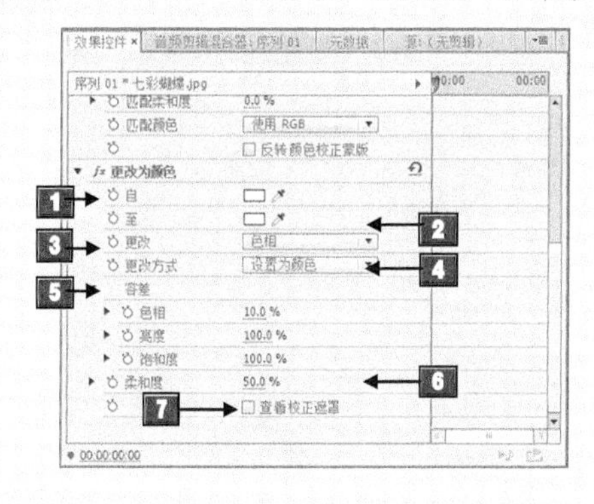


图 7-76　“更改为颜色”选项界面

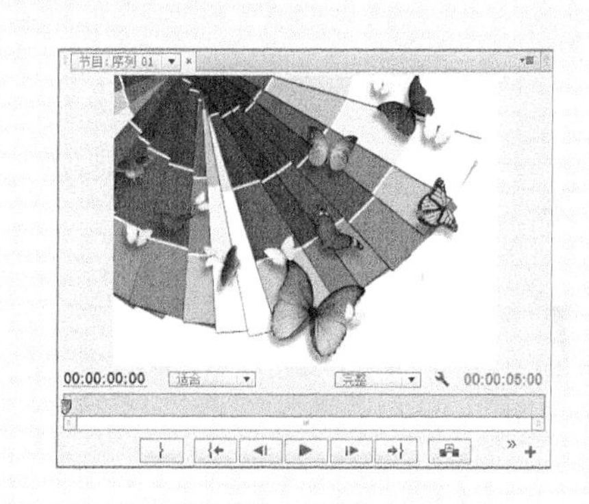

图 7-77　调整效果

表 7-7　“更改为颜色”特效中各选项的含义

| 标　号 | 名　称 | 含　义 |
|---|---|---|
| 1 | 自 | 要更改的颜色范围的中心 |
| 2 | 至 | 将匹配的像素更改成的颜色(要动画化颜色变化，请为“至”颜色设置关键帧) |
| 3 | 更改 | 选择受影响的通道 |

续表

| 标 号 | 名 称 | 含 义 |
| --- | --- | --- |
| 4 | 更改方式 | 设置如何更改颜色。“设置为颜色”将受影响的像素直接更改为目标颜色；“变换为颜色”使用 HLS 插值向目标颜色变换受影响的像素值，每个像素的更改量取决于像素的颜色与“自”颜色的接近程度 |
| 5 | 容差 | 设置颜色可以在多大程度上不同于“自”颜色并且仍然匹配，展开此控件可以显示色相、亮度和饱和度值的单独滑块 |
| 6 | 柔和度 | 用于校正遮罩边缘的羽化量，较高的值将在受颜色更改影响的区域与不受影响的区域之间创建更平滑的过渡 |
| 7 | 查看校正遮罩 | 显示灰度遮罩，表示效果影响每个像素的程度，白色区域的变化最大，黑暗区域变化最小 |

## 7.2.9 实战——“颜色平衡(HLS)”特效的校正

HLS 是色相、亮度以及饱和度三个颜色通道的简称。“颜色平衡(HLS)”特效能够通过调整画面的色相、饱和度以及明度来实现平衡素材颜色的作用。具体操作如下。

步骤01 按 Ctrl＋O 组合键，打开随书附带光盘中的“素材\第 7 章\音乐交响曲.prproj”文件，如图 7-78 所示。

步骤02 打开项目文件后，在“节目监视器”面板中可以查看素材画面，如图 7-79 所示。

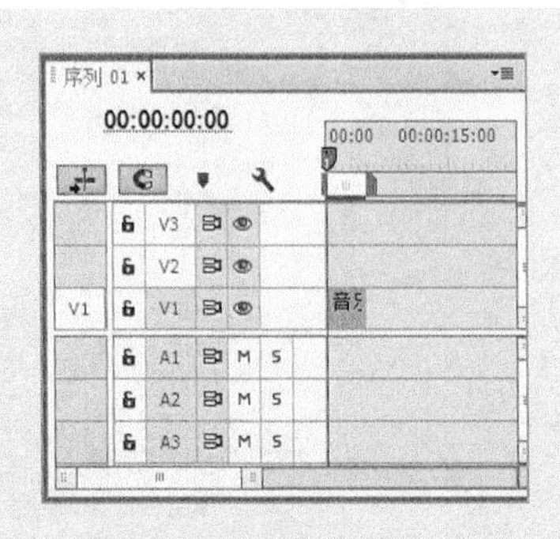


图 7-78 打开项目文件

图 7-79 查看素材画面

步骤03 在“效果”面板中，依次展开“视频效果”|“颜色校正”选项，在其中选择“颜色平衡(HLS)”选项，如图 7-80 所示。

步骤04 单击鼠标左键并拖曳“颜色平衡(HLS)”特效至“时间轴”面板中的素材文件上，如图 7-81 所示，释放鼠标即可添加视频特效。

步骤05 选择 V1 轨道上的素材，在“效果控件”面板中，展开“颜色平衡(HLS)”选项，如图 7-82 所示。

图 7-80 选择“颜色平衡(HLS)”选项

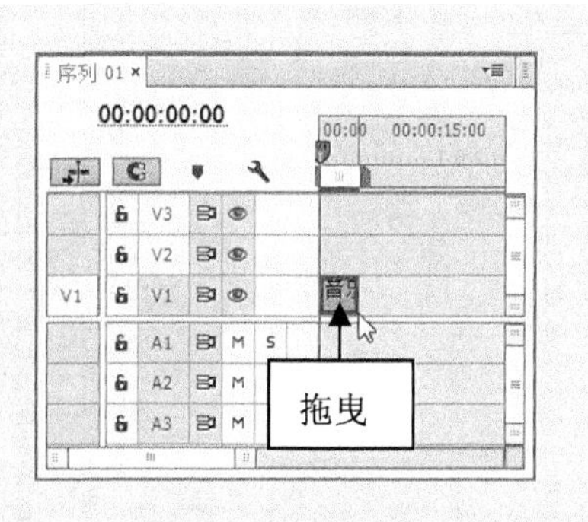


图 7-81 拖曳“颜色平衡(HLS)”特效

**步骤 06** 在“效果控件”面板中，设置“色相”为 8.0°、“亮度”为 10.0、“饱和度”为 10.0，如图 7-83 所示。

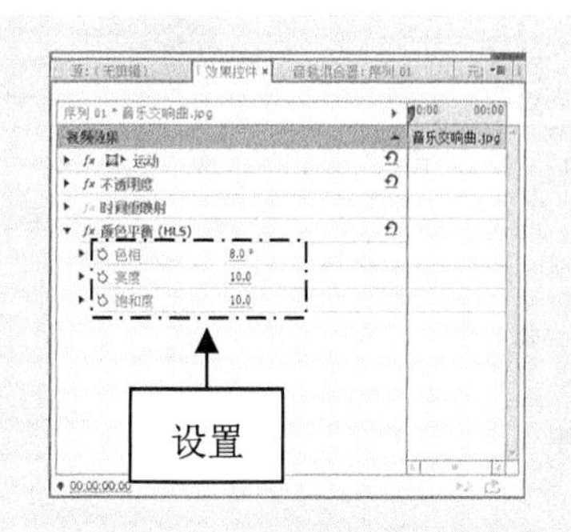


图 7-82 展开“颜色平衡(HLS)”选项

图 7-83 设置相应的数值

**步骤 07** 执行以上操作后，即可运用“颜色平衡(HLS)”调整色彩。单击“播放-停止切换”按钮，预览视频效果，如图 7-84 所示。

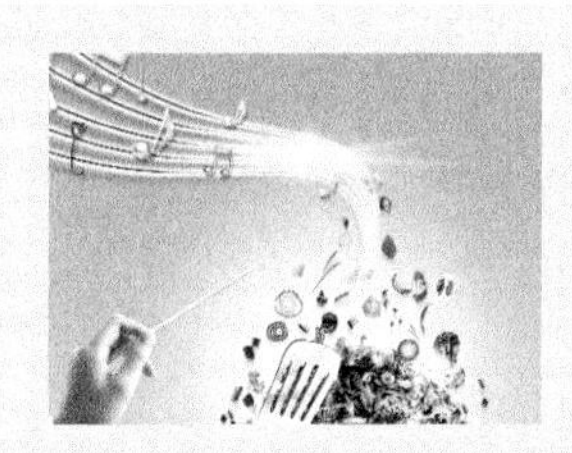

图 7-84 颜色平衡(HLS)调整前后的对比效果

## 7.2.10 实战——“分色”特效的校正

“分色”特效可以将素材中除选中颜色及类似色以外的颜色分离，并以灰度模式显示。使用“分色”特效的具体操作如下。

**步骤 01** 按 Ctrl+O 组合键，打开随书附带光盘中的“素材\第 7 章\少女.prproj”文件，如图 7-85 所示。

步骤02 打开项目文件后，在“节目监视器”面板中可以查看素材画面，如图 7-86 所示。

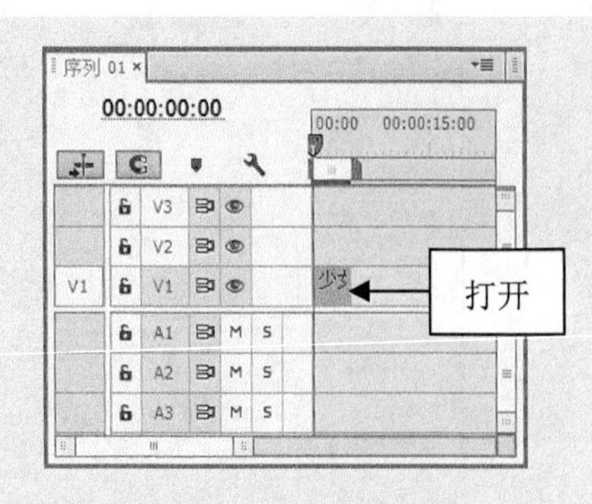


图 7-85 打开项目文件

图 7-86 查看素材画面

步骤03 在“效果”面板中，依次展开“视频效果”|“颜色校正”选项，在其中选择“分色”选项，如图 7-87 所示。

步骤04 单击鼠标左键并拖曳“分色”特效至“时间轴”面板中的素材文件上，如图 7-88 所示，释放鼠标即可添加视频特效。

步骤05 选择 V1 轨道上的素材，在“效果控件”面板中，展开“分色”选项，单击“要保留的颜色”选项右侧的吸管，如图 7-89 所示。

步骤06 在“节目监视器”中的素材背景中的蓝色区域上单击，进行采样，如图 7-90 所示。

图 7-87 选择“分色”选项

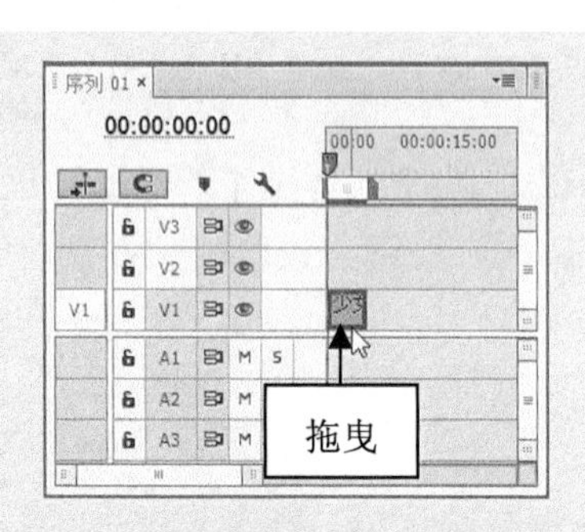


图 7-88 拖曳“分色”特效

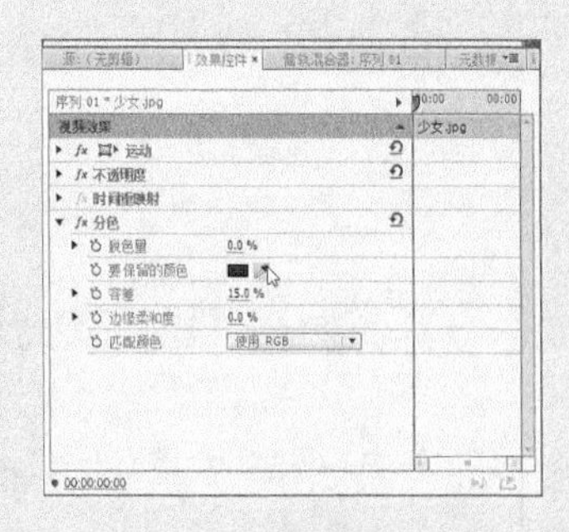

图 7-89 单击吸管图标

图 7-90 进行采样

**步骤07** 取样完成后，在“效果控件”面板中，展开“分色”选项，设置“脱色量”为 100.0%、“容差”为 33.0%，如图 7-91 所示。

**步骤08** 执行上述操作后，即可运用“分色”特效调整色彩，如图 7-92 所示。

图 7-91 设置相应的选项

图 7-92 运用“分色”特效调整色彩

**步骤09** 单击“播放-停止切换”按钮，预览视频效果，最终效果如图 7-93 所示。

图 7-93 分色调整前后的对比效果

## 7.2.11 实战——“通道混合器”特效的校正

“通道混合器”特效是利用当前颜色通道的混合值修改一个颜色通道，通过为每一个通道设置不同的颜色偏移来校正素材的颜色。

**步骤01** 按 Ctrl＋O 组合键，打开随书附带光盘中的“素材\第 7 章\创意字母.prproj”文件，如图 7-94 所示。

**步骤02** 打开项目文件后，在“节目监视器”面板中可以查看素材画面，如图 7-95 所示。

图 7-94 打开项目文件

图 7-95 查看素材画面

步骤03 在“效果”面板中，依次展开“视频效果”|“颜色校正”选项，在其中选择“通道混合器”选项，如图 7-96 所示。

步骤04 单击鼠标左键并拖曳“通道混合器”特效至“时间轴”面板中的素材文件上，如图 7-97 所示，释放鼠标即可添加视频特效。

步骤05 选择 V1 轨道上的素材，在“效果控件”面板中，展开“通道混合器”选项，如图 7-98 所示。各选项的含义见表 7-8。

步骤06 在“效果控件”面板中，设置“红色-红色”为 131、“红色-绿色”为-85、“红色-蓝色”为 69、“红色-恒量”为-7、“绿色-红色”为 45、“绿色-绿色”为 90，如图 7-99 所示。

图 7-96 选择“通道混合器”选项

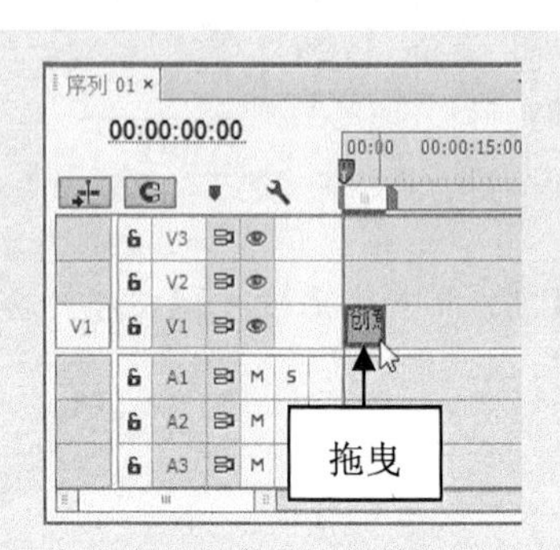


图 7-97 拖曳“通道混合器”特效

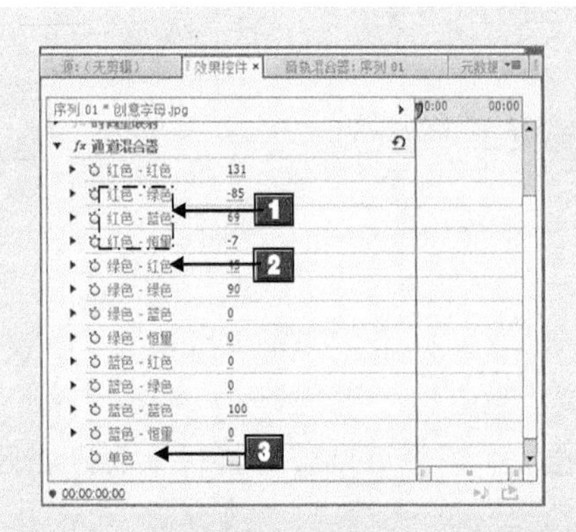


图 7-98 展开“通道混合器”选项

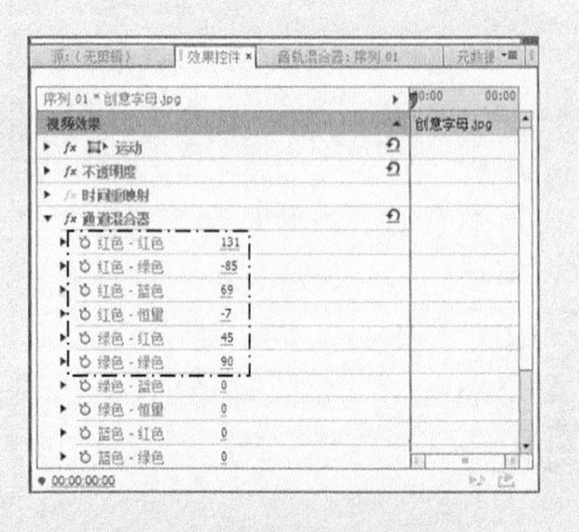


图 7-99 设置相应的数值

表 7-8 “通道混合器”特效中各选项的含义

| 标　号 | 名　称 | 含　义 |
|---|---|---|
| 1 | “输出通道-输入通道” | 增加到输出通道值的输入通道值的百分比。例如，“红色-绿色”设置为 10 表示在每个像素的红色通道的值上增加该像素绿色通道的值的 10%。“蓝色-绿色”设置为 100 和“蓝色-蓝色”设置为 0 表示将蓝色通道值替换成绿色通道值 |
| 2 | “输出通道-恒量” | 增加到输出通道值的恒量值(百分比)。例如，“红色-恒量”为 100 表示通过增加 100%红色来为每个像素增加红色通道的饱和度 |
| 3 | “单色” | 使用红绿蓝三色输出通道中的红色输出通道的值，从而创建灰度图像 |

**步骤07** 执行以上操作后，即可运用“通道混合器”调整色彩。单击“播放-停止切换”按钮，预览视频效果，如图 7-100 所示。

图 7-100 通道混合器调整前后的对比效果

**提示：**在 Premiere Pro CC 中，通道混合器效果通过使用当前颜色通道的混合组合来修改颜色通道，使用此效果可以执行其他颜色调整工具无法轻松完成的创意颜色调整。例如通过选择每个颜色通道所占的百分比来创建高质量灰度图像，创建高质量棕褐色调或其他着色图像，以及交换或复制通道。

## 7.2.12 实战——“色调”特效的校正

使用“色调”特效可以修改图像的颜色信息，并给每个像素施加一种混合效果。

**步骤01** 按 Ctrl＋O 组合键，打开随书附带光盘中的“素材\第 7 章\影片.prproj”文件，如图 7-101 所示。

**步骤02** 打开项目文件后，在“节目监视器”面板中可以查看素材画面，如图 7-102 所示。

图 7-101 打开项目文件

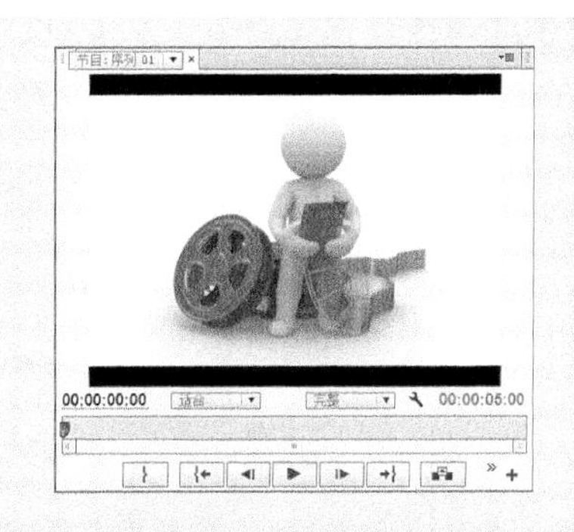

图 7-102 查看素材画面

**步骤03** 在“效果”面板中，依次展开“视频效果”|“颜色校正”选项，在其中选择“色调”选项，如图 7-103 所示。

**步骤04** 单击鼠标左键并拖曳“色调”特效至“时间轴”面板中的素材文件上，如图 7-104 所示，释放鼠标即可添加视频特效。

**步骤05** 选择 V1 轨道上的素材，在“效果控件”面板中，展开“色调”选项，如图 7-105 所示。

图 7-103　选择“色调”选项

图 7-104　拖曳“色调”特效

**步骤 06**　在“效果控件”面板中，设置“将黑色映射到”的 RGB 参数为 22、189、57，“着色量”为 20.0%，如图 7-106 所示。

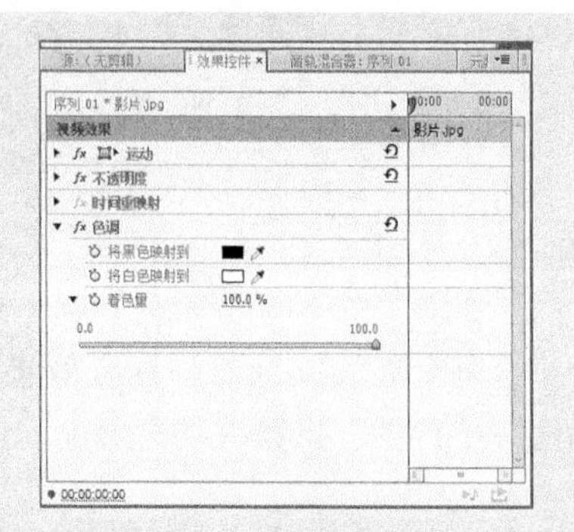


图 7-105　展开“色调”选项

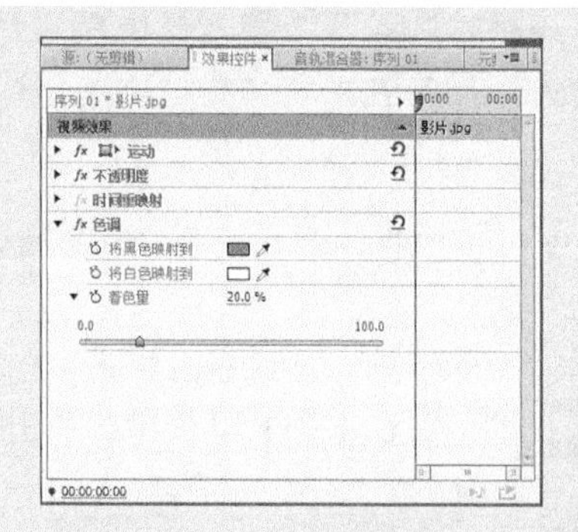


图 7-106　设置相应的数值

**步骤 07**　执行以上操作后，即可运用“色调”特效调整色彩。单击“播放-停止切换”按钮，预览视频效果，如图 7-107 所示。

图 7-107　色调调整前后的对比效果

## 7.2.13　实战——“均衡”特效的校正

“均衡”特效可以改变图像的像素，其效果与应用 Adobe Photoshop 中的“色调均化”特效的效果相似。具体操作如下。

**步骤 01**　按 Ctrl+O 组合键，打开随书附带光盘中的“素材\第 7 章\耳机广告.prproj”文件，如图 7-108 所示。

**步骤02** 打开项目文件后，在“节目监视器”面板中可以查看素材画面，如图 7-109 所示。

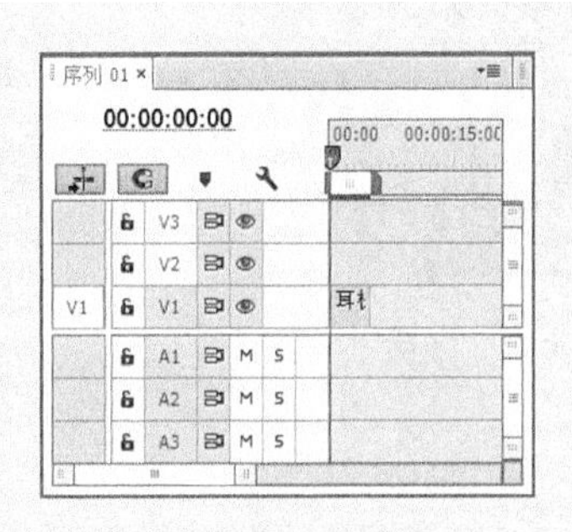

图 7-108　打开项目文件

图 7-109　查看素材画面

**步骤03** 在“效果”面板中，依次展开“视频效果”|“颜色校正”选项，在其中选择“均衡”选项，如图 7-110 所示。

**步骤04** 单击鼠标左键并拖曳“均衡”特效至“时间轴”面板中的素材文件上，如图 7-111 所示，释放鼠标即可添加视频特效。

图 7-110　选择“均衡”选项

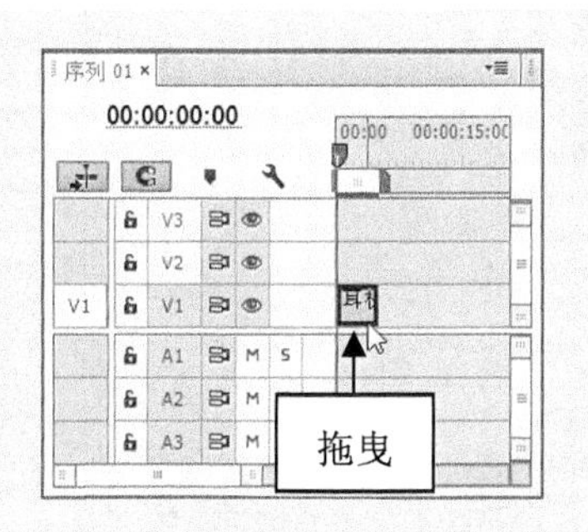


图 7-111　拖曳“均衡”特效

**步骤05** 选择 V1 轨道上的素材，在“效果控件”面板中，展开“均衡”选项，如图 7-112 所示。

**步骤06** 在“效果控件”面板中，设置“均衡量”为 80.0%，如图 7-113 所示。

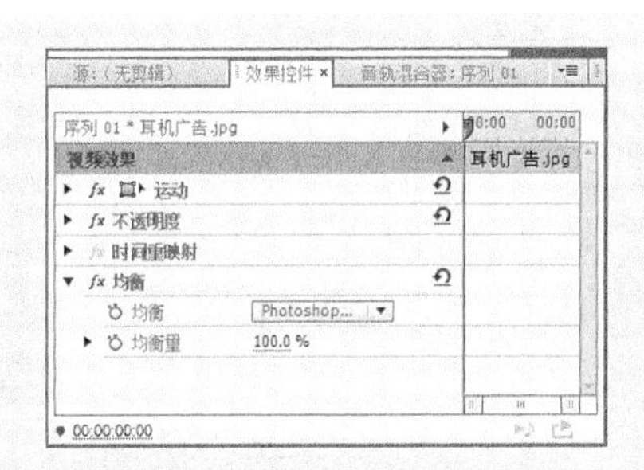

图 7-112　展开“均衡”选项

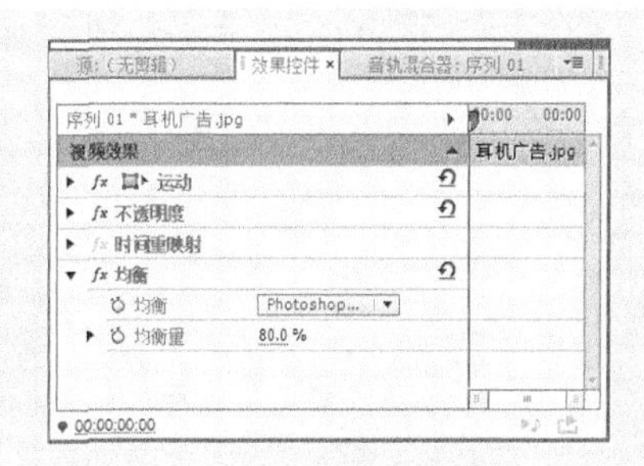

图 7-113　设置相应的数值

**步骤07** 执行以上操作后，即可运用“均衡”特效调整色彩。单击“播放-停止切换”按钮，预览视频效果，如图 7-114 所示。

图 7-114　均衡调整前后的对比效果

## 7.2.14　实战——“视频限幅器”特效的校正

视频限幅器效果用于限制剪辑中的明亮度和颜色，使它们位于用户定义的参数范围，使用“视频限幅器”特效的操作如下。

**步骤 01**　按 Ctrl＋O 组合键，打开随书附带光盘中的“素材\第 7 章\光线.prproj”文件，如图 7-115 所示。

**步骤 02**　打开项目文件后，在“节目监视器”面板中可以查看素材画面，如图 7-116 所示。

图 7-115　打开项目文件

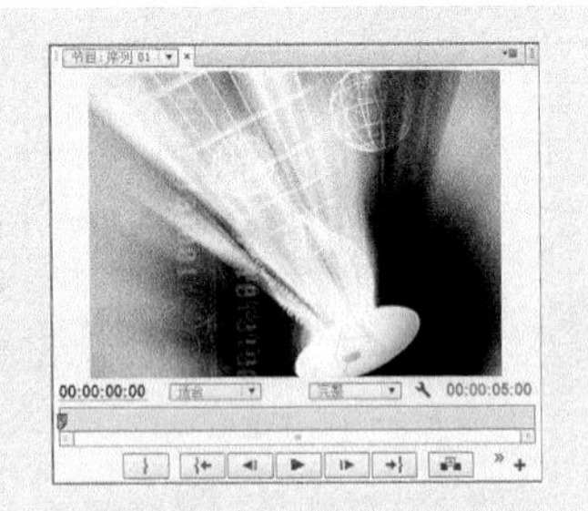


图 7-116　查看素材画面

**步骤 03**　在“效果”面板中，依次展开“视频效果”|“颜色校正”选项，在其中选择“视频限幅器”选项，如图 7-117 所示。

**步骤 04**　单击鼠标左键并拖曳“视频限幅器”特效至“时间轴”面板中的素材文件上，如图 7-118 所示，释放鼠标即可添加视频特效。

图 7-117　选择“视频限幅器”选项

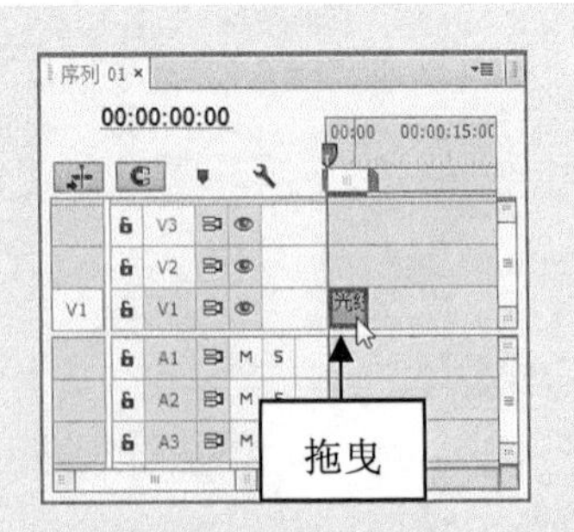


图 7-118　拖曳“视频限幅器”特效

**步骤05** 选择 V1 轨道上的素材，在“效果控件”面板中，展开“视频限幅器”选项，如图 7-119 所示。各选项的含义见表 7-9。

**步骤06** 在“效果控件”面板中，设置“色度最大值”为 70.00%，如图 7-120 所示。

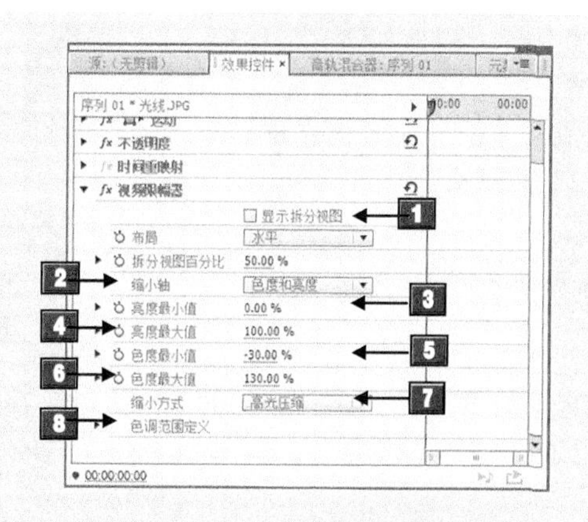

图 7-119 展开“视频限幅器”选项

图 7-120 设置相应的数值

表 7-9 “视频限幅器”特效各选项的含义

| 标　号 | 名　称 | 含　义 |
| --- | --- | --- |
| 1 | 显示拆分视图 | 将图像的一部分显示为校正视图，而将其他图像的另一部分显示为未校正视图 |
| 2 | 缩小轴 | 允许设置多项限制，以定义明亮度的范围(亮度)、颜色(色度)、颜色和明亮度(色度和亮度)或总体视频信号(智能限制)。“最小”和“最大”控件的可用性取决于所选择的“缩小轴”选项 |
| 3 | 亮度最小值 | 指定图像中的最暗级别 |
| 4 | 亮度最大值 | 指定图像中的最亮级别 |
| 5 | 色度最小值 | 指定图像中的颜色的最低饱和度 |
| 6 | 色度最大值 | 指定图像中的颜色的最高饱和度 |
| 7 | 缩小方式 | 允许压缩特定的色调范围以保留重要色调范围中的细节(“高光压缩”、“中间调压缩”、“阴影压缩”或“高光和阴影压缩”)或压缩所有的色调范围(“压缩全部”)。默认值为“压缩全部” |
| 8 | 色调范围定义 | 定义剪辑中的阴影、中间调和高光的色调范围，拖动方形滑块可调整阈值，拖动三角形滑块可调整柔和度(羽化)的程度。<br>阴影阈值、阴影柔和度、高光阈值、高光柔和度确定剪辑中的阴影、中间调和高光的阈值和柔和度。可以输入值，或单击选项名称旁边的三角形并拖动滑块来设置 |

提示：在“视频限幅器”选项列表中，还可以设置以下选项。

- 信号最小值：指定最小的视频信号，包括亮度和饱和度。
- 信号最大值：指定最大的视频信号，包括亮度和饱和度。

**步骤 07** 执行以上操作后，即可运用“视频限幅器”特效调整色彩。单击“播放-停止切换”按钮，预览视频效果，如图 7-121 所示。

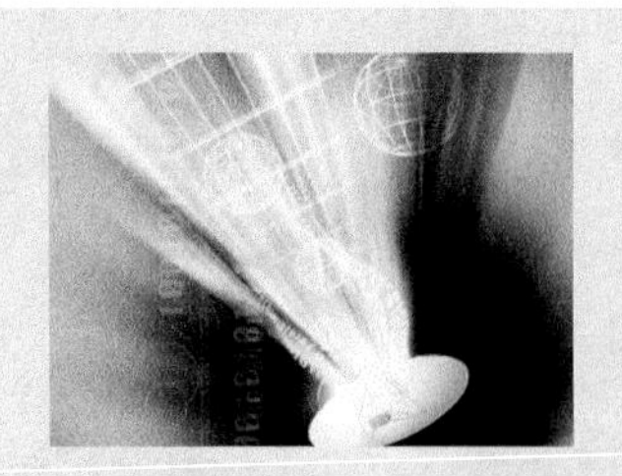
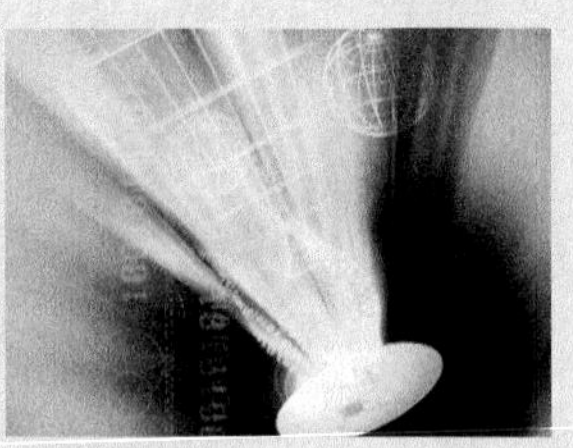

图 7-121　视频限幅器调整前后的对比效果

**注意：**进行颜色校正之后，应用视频限幅器效果，可以使视频信号符合广播标准，同时尽可能保持较高的图像质量。建议使用 YC 波形范围，以确保视频信号介于 7.5～100IRE 的等级范围。

# 第 8 章

# 影视画面的调色艺术

在前一章中介绍了图像色彩的校正技巧，本章将对图像色彩和色调进行调整与控制，主要内容包括调整图像的卷积内核、照明效果、自动对比度以及色彩传递等。通过本章的学习，可以帮助读者掌握色调调整的技巧。

本章重点：

- 调整图像色彩
- 控制图像色调

# 8.1　调整图像色彩

色彩的调整主要是针对素材中的对比度、亮度、颜色以及通道等项目进行特殊处理。在 Premiere Pro CC 中，系统为用户提供了 9 种特殊效果，本节将对其中几种常用特效进行介绍。

## 8.1.1　实战——自动颜色

在 Premiere Pro CC 中，用户可以根据需要运用自动颜色调整图像的色彩。下面介绍运用自动颜色调整图像的操作方法。

**步骤 01** 选择“文件”|“打开”命令，打开随书附带光盘中的“素材\第 8 章\锡器工艺.prproj”文件，如图 8-1 所示。

**步骤 02** 打开项目文件后，在“节目监视器”面板中可以查看素材画面，如图 8-2 所示。

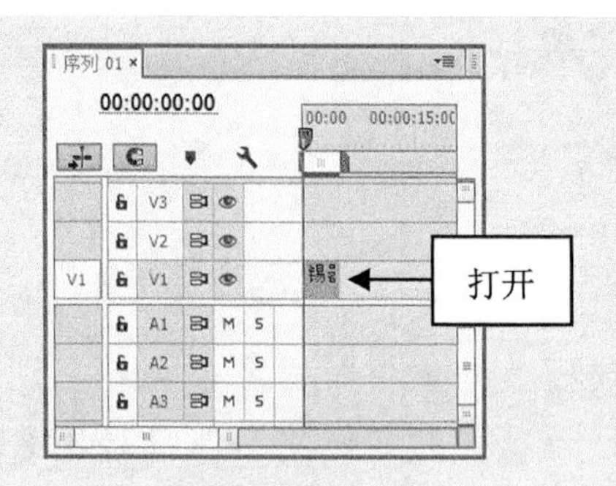


图 8-1　打开项目文件

图 8-2　查看素材画面

**步骤 03** 在“效果”面板中，依次展开“视频效果”|“调整”选项，在其中选择“自动颜色”选项，如图 8-3 所示。

**步骤 04** 单击鼠标左键并拖曳“自动颜色”特效至“时间轴”面板中的素材文件上，如图 8-4 所示，释放鼠标即可添加视频特效。

图 8-3　选择“自动颜色”选项

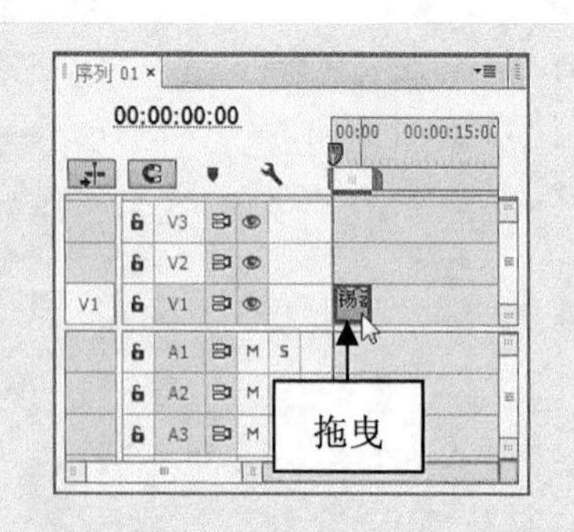


图 8-4　拖曳“自动颜色”特效

**步骤05** 选择 V1 轨道上的素材，在“效果控件”面板中，展开“自动颜色”选项，如图 8-5 所示。

**步骤06** 在“效果控件”面板中，设置“减少黑色像素”和“减少白色像素”均为 10.00%，如图 8-6 所示。

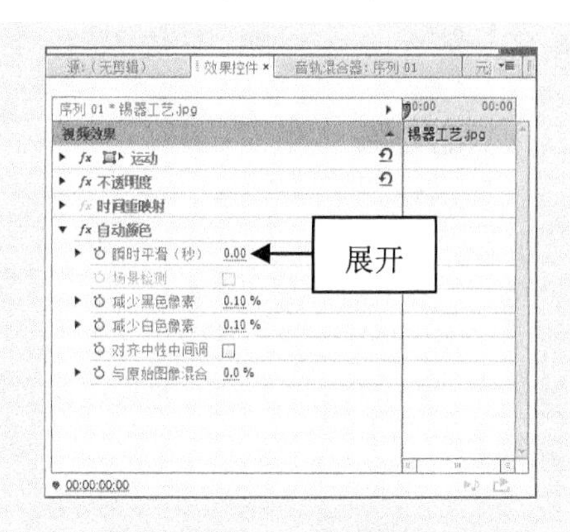


图 8-5　展开“自动颜色”选项

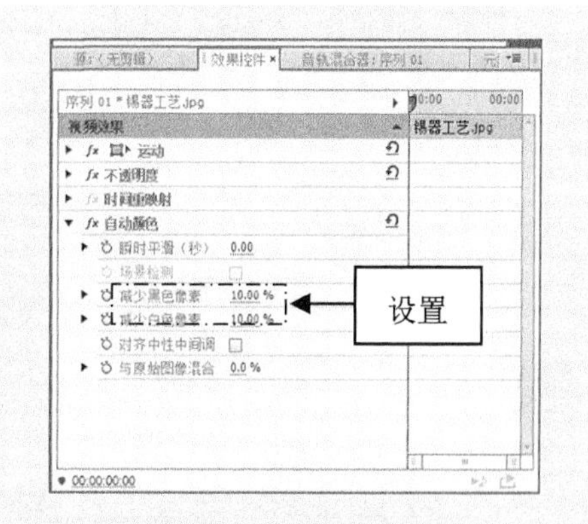


图 8-6　设置相应的数值

**步骤07** 执行以上操作后，即可运用“自动颜色”调整色彩，单击“播放-停止切换”按钮，预览视频效果，如图 8-7 所示。

图 8-7　预览视频效果

**提示：** 在 Premiere Pro CC 中，使用“自动颜色”视频特效，用户可以通过搜索图像的方式，来标识暗调、中间调和高光，以调整图像的对比度和颜色。

## 8.1.2　实战——自动色阶

在 Premiere Pro CC 中，“自动色阶”特效是可以自动调整素材画面的高光、阴影，并可以调整每一个位置的颜色。下面介绍运用自动色阶调整图像的操作方法。

**步骤01** 选择“文件”|“打开”命令，打开随书附带光盘中的“素材\第 8 章\发光.prproj”文件，如图 8-8 所示。

**步骤02** 打开项目文件后，在“节目监视器”面板中可以查看素材画面，如图 8-9 所示。

**步骤03** 在“效果”面板中，依次展开“视频效果”|“调整”选项，在其中选择

“自动色阶”选项，如图 8-10 所示。

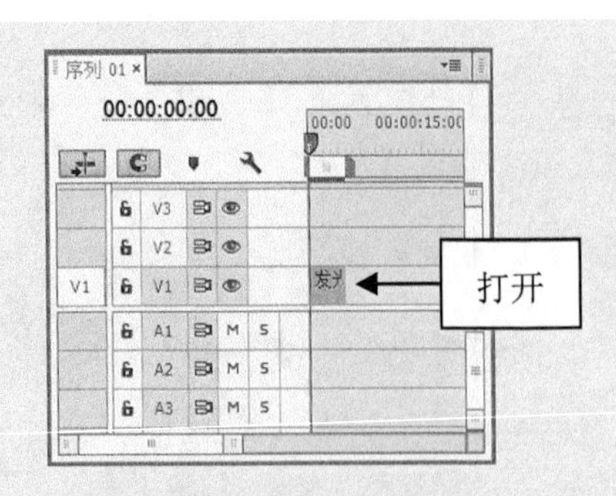


图 8-8　打开项目文件

图 8-9　查看素材画面

**步骤 04** 单击鼠标左键并拖曳“自动色阶”特效至“时间轴”面板中的素材文件上，如图 8-11 所示，释放鼠标即可添加视频特效。

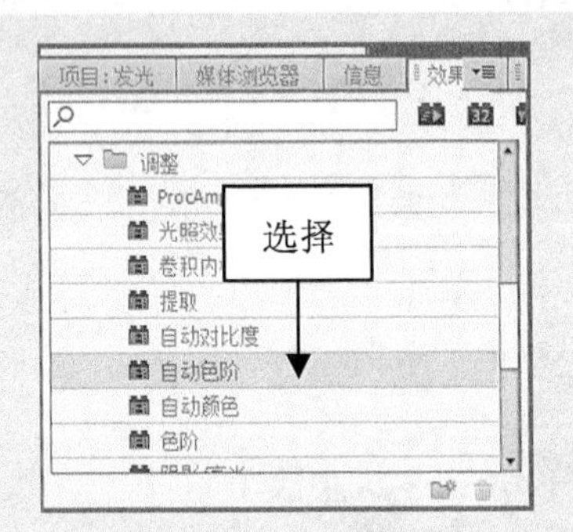


图 8-10　选择“自动色阶”选项

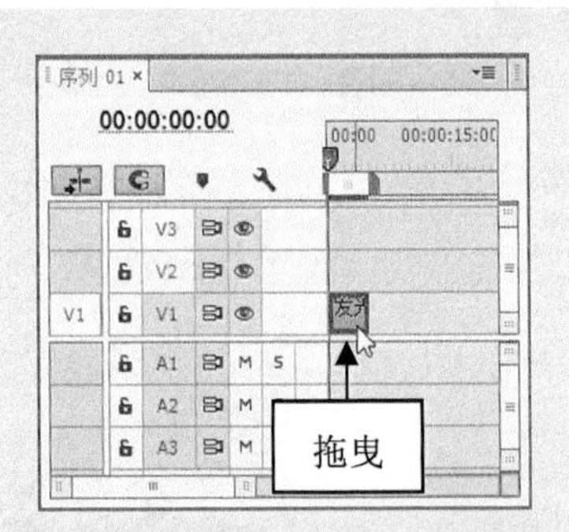


图 8-11　拖曳“自动色阶”特效

**步骤 05** 选择 V1 轨道上的素材，在“效果控件”面板中，展开“自动色阶”选项，如图 8-12 所示。

**步骤 06** 在“效果控件”面板中，设置“减少白色像素”为 10.00%、“与原始图像混合”为 20.0%，如图 8-13 所示。

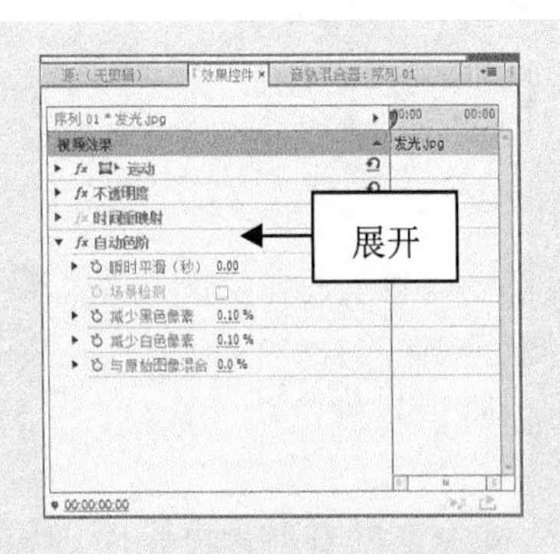


图 8-12　展开“自动色阶”选项

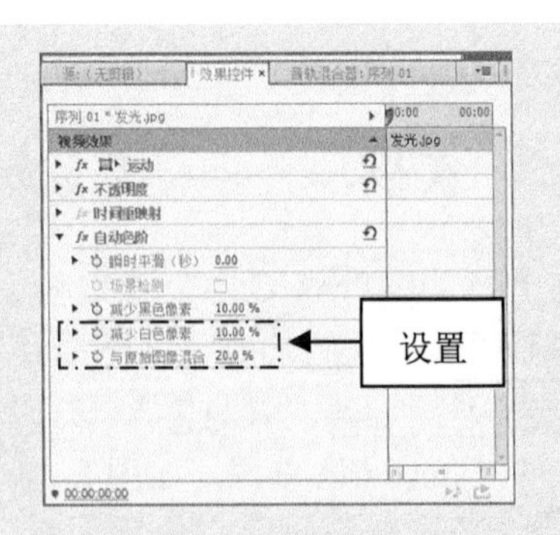


图 8-13　设置相应的数值

**步骤 07** 执行以上操作后，即可运用“自动色阶”调整色彩，单击“播放-停止切换”按钮，预览视频效果，如图 8-14 所示。

图 8-14 自动色阶调整前后的对比效果

## 8.1.3 实战——卷积内核

在 Premiere Pro CC 中，“卷积内核”特效可以根据数学卷积分的运算来改变素材中的每一个像素。下面介绍运用卷积内核调整图像的操作方法。

**步骤 01** 选择“文件”|“打开”命令，打开随书附带光盘中的“素材\第 8 章\鉴赏会展.prproj”文件，如图 8-15 所示。

**步骤 02** 打开项目文件后，在“节目监视器”面板中可以查看素材画面，其效果如图 8-16 所示。

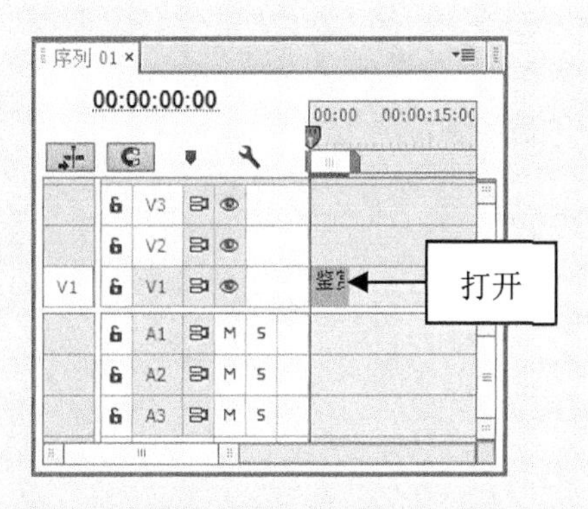


图 8-15 打开项目文件

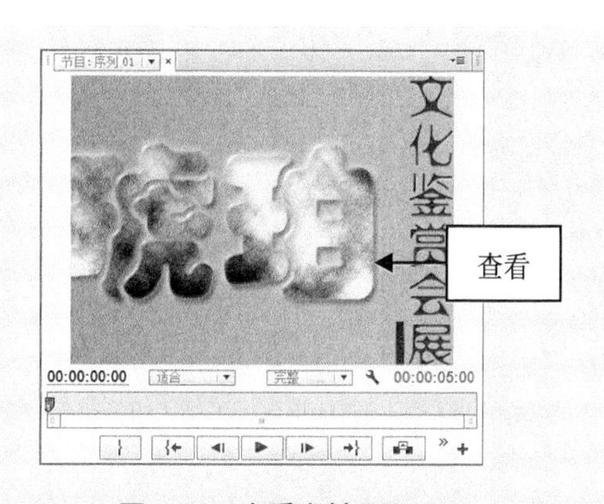


图 8-16 查看素材画面

**提示：** 在 Premiere Pro CC 中，“卷积内核”视频特效主要用于以某种预先指定的数字计算方法来改变图像中像素的亮度值，从而得到丰富的视频效果。在“效果控件”面板的“卷积内核”选项下，单击各选项前的三角形按钮，在其下方可以通过拖动滑块来调整数值。

**步骤 03** 在“效果”面板中，依次展开“视频效果”|“调整”选项，在其中选择“卷积内核”选项，如图 8-17 所示。

**步骤 04** 单击鼠标左键并拖曳“卷积内核”特效至“时间轴”面板中的素材文件上，如图 8-18 所示，释放鼠标即可添加视频特效。

图 8-17　选择“卷积内核”选项

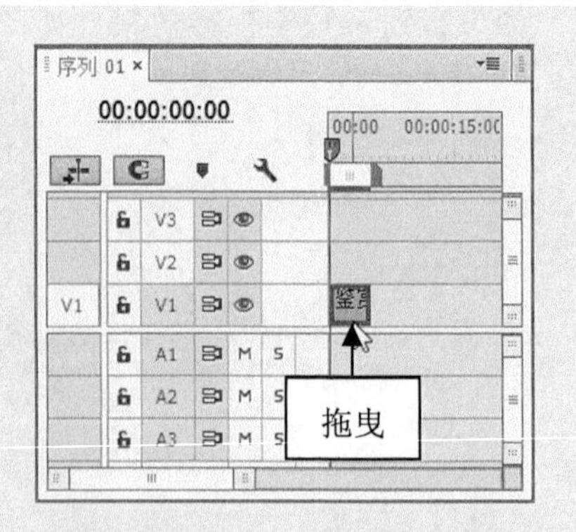


图 8-18　拖曳“卷积内核”特效

**提示**：在“卷积内核”选项列表中，每项以字母 M 开头的设置均表示 3×3 矩阵中的一个单元格，例如，M11 表示第 1 行第 1 列的单元格，M22 表示矩阵中心的单元格。单击任何单元格设置旁边的数字，可以输入要作为该像素亮度值的倍数的值。

**步骤 05**　选择 V1 轨道上的素材，在“效果控件”面板中，展开“卷积内核”选项，如图 8-19 所示。

**步骤 06**　在“效果控件”面板中，设置 M11 为 2，如图 8-20 所示。

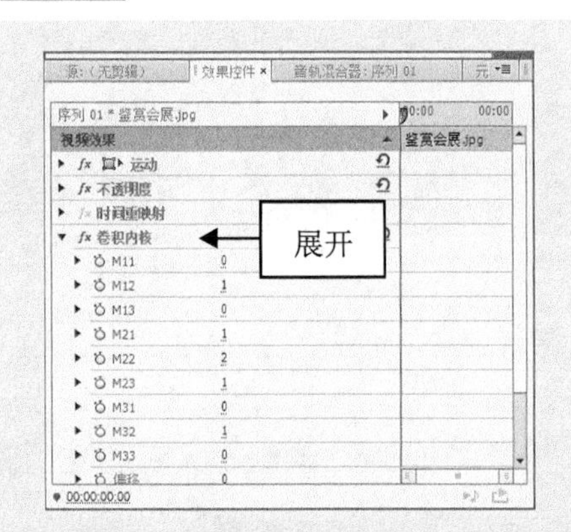


图 8-19　展开“卷积内核”选项

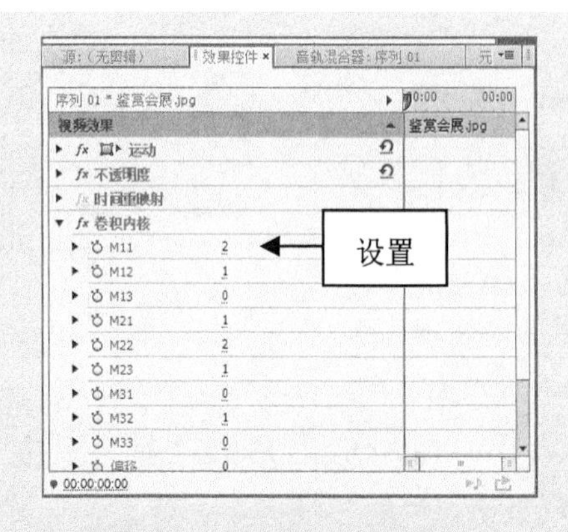


图 8-20　设置相应的数值

**技巧**：在“卷积内核”选项列表中，单击“偏移”选项旁边的数字并输入一个值，此值将与缩放计算的结果相加；单击“缩放”选项旁边的数字并输入一个值，计算中的像素亮度值总和将除以此值。

**步骤 07**　执行以上操作后，即可运用“卷积内核”调整色彩，单击“播放-停止切换”按钮，预览视频效果，如图 8-21 所示。

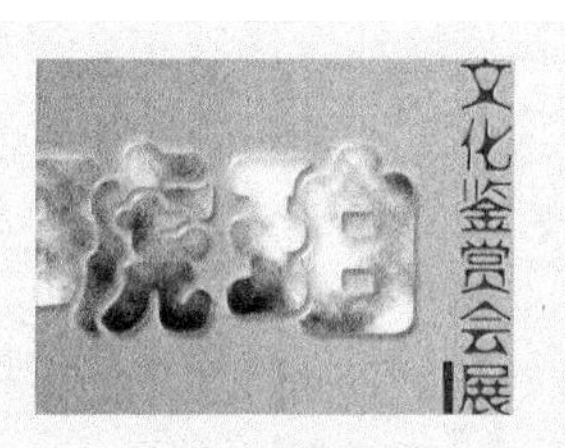

图 8-21　卷积内核调整前后的对比效果

## 8.1.4　实战——光照效果

“光照效果”视频特效可以用来在图像中制作并应用多种照明效果。

**步骤01**　选择“文件”|“打开”命令，打开随书附带光盘中的“素材\第 8 章\珠宝广告.prproj”文件，如图 8-22 所示。

**步骤02**　打开项目文件后，在“节目监视器”面板中可以查看素材画面，如图 8-23 所示。

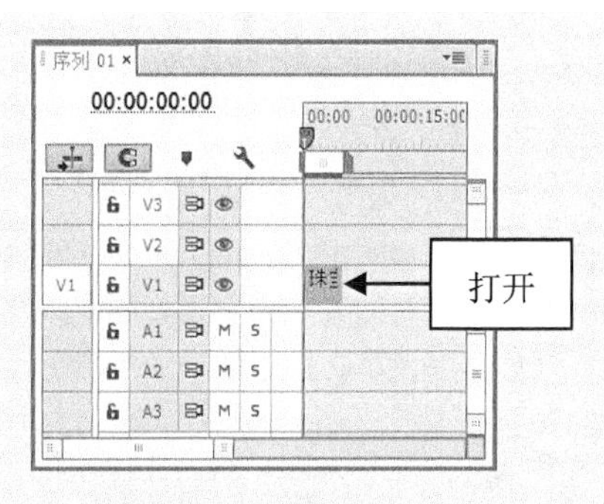


图 8-22　打开项目文件

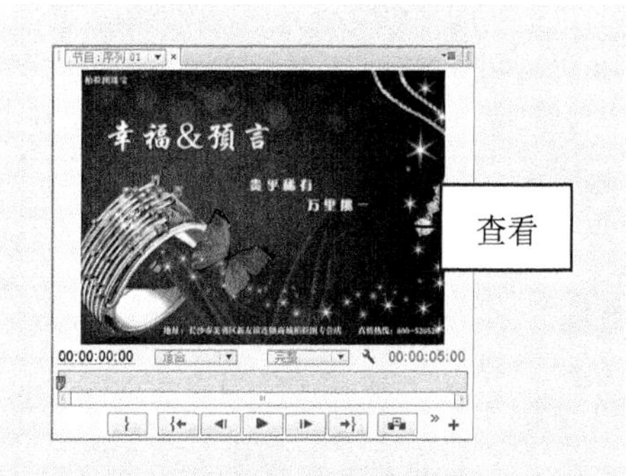


图 8-23　查看素材画面

**步骤03**　在“效果”面板中，依次展开“视频效果”|“调整”选项，在其中选择“光照效果”选项，如图 8-24 所示。

**步骤04**　单击鼠标左键并拖曳“光照效果”特效至“时间轴”面板中的素材文件上，如图 8-25 所示，释放鼠标即可添加视频特效。

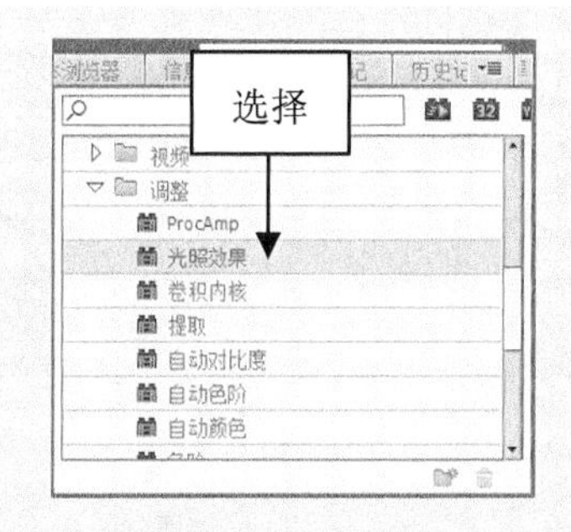


图 8-24　选择“光照效果”选项

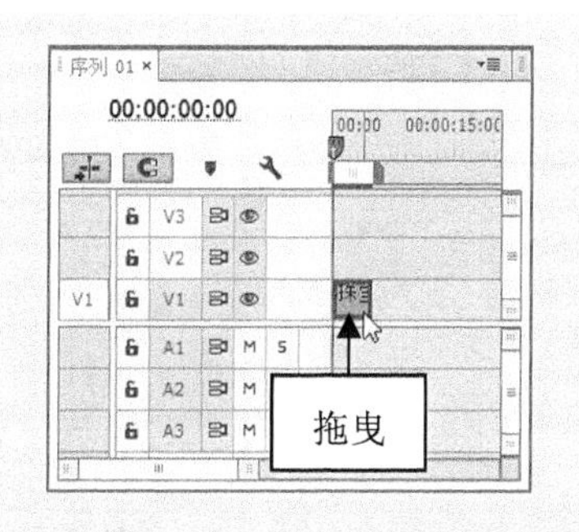


图 8-25　拖曳“光照效果”特效

**步骤05** 选择 V1 轨道上的素材，在“效果控件”面板中，展开“光照效果”选项，如图 8-26 所示。各选项含义见表 8-1。

**步骤06** 在“效果控件”面板中，设置“光照类型”为“点光源”、“中央”为(16.0，126.0)、“主要半径”为 85.0、“次要半径”为 85.0、“角度”为 123.0°、“强度”为 9.0、“聚焦”为 16.0，如图 8-27 所示。

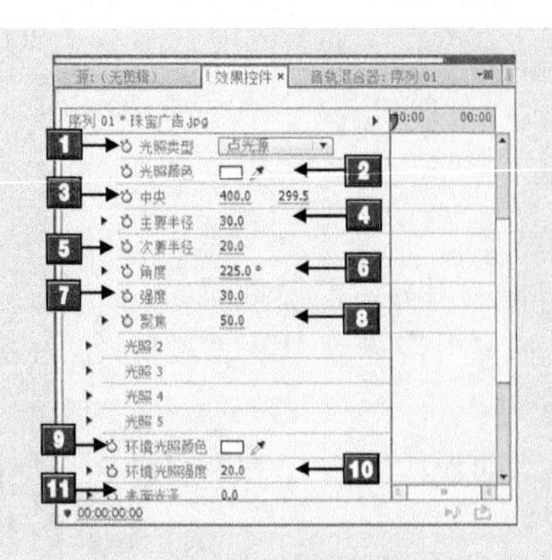

图 8-26 展开“光照效果”选项

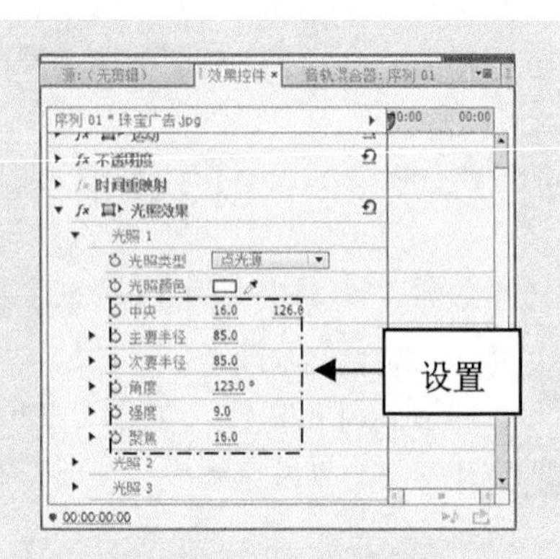


图 8-27 设置相应的数值

表 8-1 “光照效果”特效中各选项的含义

| 标　号 | 名　称 | 含　义 |
|---|---|---|
| 1 | 光照类型 | 选择光照类型以指定光源。“无”表示用来关闭光照；“方向型”从远处提供光照，使光线角度不变；“全光源”表示直接在图像上方提供四面八方的光照，类似于灯泡照在一张纸上的情形；“聚光”表示投射椭圆形光束 |
| 2 | 光照颜色 | 用来指定光照颜色。可以单击色板使用 Adobe 拾色器选择颜色，然后单击“确定”按钮；也可以单击“吸管”图标，然后单击计算机桌面上的任意位置以选择颜色 |
| 3 | 中央 | 使用光照中心的 X 和 Y 坐标值移动光照，也可以通过在节目监视器中拖动中心圆来定位光照 |
| 4 | 主要半径 | 调整全光源或点光源的长度，也可以在节目监视器中拖动手柄来调整 |
| 5 | 次要半径 | 用于调整点光源的宽度。光照变为圆形后，增加次要半径也就会增加主要半径，也可以在节目监视器中拖动手柄之一来调整此属性 |
| 6 | 角度 | 用于更改平行光或点光源的方向。通过指定度数值可以调整此项控制，也可在“节目监视器”中将指针移至控制柄之外，直至其变成双头弯箭头，然后进行拖动以旋转光 |
| 7 | 强度 | 该选项用于控制光照的明亮强度 |
| 8 | 聚焦 | 该选项用于调整点光源的最明亮区域的大小 |
| 9 | 环境光照颜色 | 该选项用于更改环境光的颜色 |
| 10 | 环境光照强度 | 提供漫射光，就像该光照与室内其他光照(如日光或荧光)相混合一样。选择值 100 表示仅使用光源，或选择值-100 表示移除光源，要更改环境光的颜色，可以单击颜色框并使用出现的拾色器进行设置 |
| 11 | 表面光泽 | 决定表面反射多少光(类似在一张照相纸的表面上)，值介于-100(低反射)到 100(高反射)之间 |

提示：在“光照效果”选项列表中，用户还可以设置以下选项。

- 表面材质：用于确定反射率较高者是光本身还是光照对象。值-100 表示反射光的颜色，值 100 表示反射对象的颜色。
- 曝光：用于增加(正值)或减少(负值)光照的亮度。光照的默认亮度值为 0。

步骤07 执行以上操作后，即可运用“光照效果”调整色彩，单击“播放-停止切换”按钮，预览视频效果，如图 8-28 所示。

图 8-28 光照效果调整前后的对比效果

提示：在 Premiere Pro CC 中，在剪辑应用“光照效果”时，最多可采用 5 个光照效果来产生有创意的光照。“光照效果”可用于控制光照属性，如光照类型、方向、强度、颜色、光照中心和光照传播，Premiere Pro CC 中还有一个“凹凸层”控件可以使用其他素材中的纹理或图案产生特殊光照效果，例如类似 3D 表面的效果。

## 8.1.5 实战——阴影/高光

“阴影/高光”特效可以使素材画面变亮并加强阴影。

步骤01 选择“文件”|“打开”命令，打开随书附带光盘中的“素材\第 8 章\圣诞快乐.prproj”文件，如图 8-29 所示。

步骤02 打开项目文件后，在“节目监视器”面板中可以查看素材画面，如图 8-30 所示。

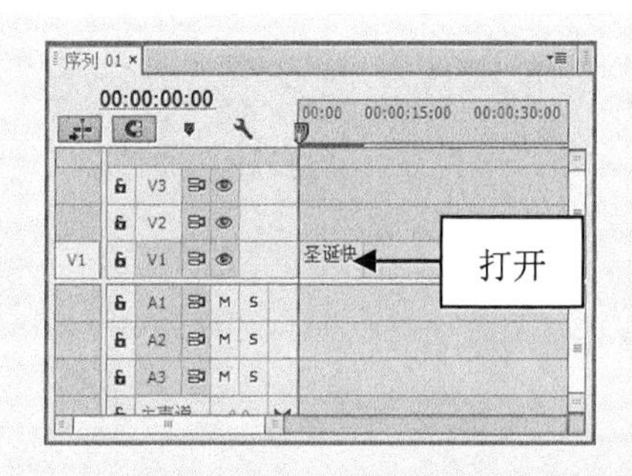


图 8-29 打开项目文件

图 8-30 查看素材画面

**步骤 03** 在“效果”面板中，依次展开“视频效果”|“调整”选项，在其中选择“阴影/高光”选项，如图 8-31 所示。

**步骤 04** 单击鼠标左键并拖曳“阴影/高光”特效至“时间轴”面板中的素材文件上，如图 8-32 所示，释放鼠标即可添加视频特效。

图 8-31 选择“阴影/高光”选项

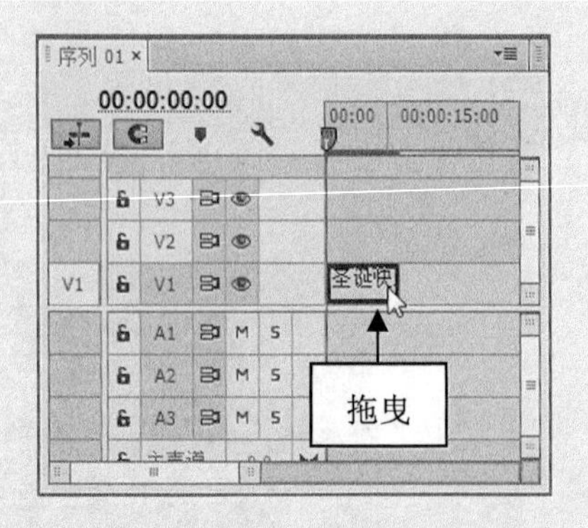


图 8-32 拖曳“阴影/高光”特效

**提示：** 在 Premiere Pro CC 中，“阴影/高光”效果主要通过增亮图像中的主体，来降低图像中的高光。“阴影/高光”效果不会使整个图像变暗或变亮，它基于周围的像素独立调整阴影和高光，也可以调整图像的总体对比度，默认设置用于修复有逆光问题的图像。

**步骤 05** 选择 V1 轨道上的素材，在“效果控件”面板中，展开“阴影/高光”选项，如图 8-33 所示。各选项含义见表 8-2。

**步骤 06** 在“效果控件”面板中，设置“阴影色调宽度”为 50、“阴影半径”为 89、“高光半径”为 27、“颜色校正”为 20、“减少黑色像素”为 26.00%、“减少白色像素”为 15.01%，如图 8-34 所示。

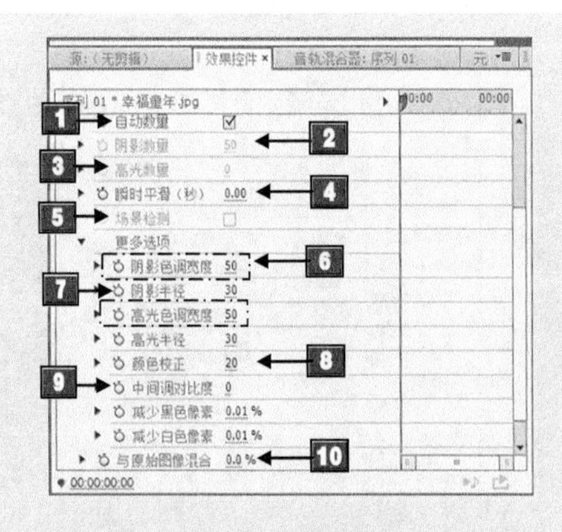


图 8-33 展开“阴影/高光”选项

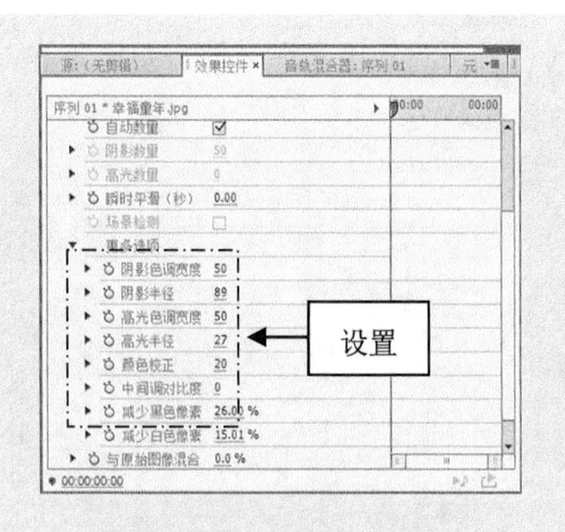


图 8-34 设置相应的数值

表 8-2 “阴影/高光”特效中各选项的含义

| 标 号 | 名 称 | 含 义 |
|---|---|---|
| 1 | 自动数量 | 如果选择此选项，将忽略“阴影数量”和“高光数量”值，并使用适合变亮和恢复阴影细节的自动确定的数量。选择此选项还会激活“瞬时平滑”控件 |
| 2 | 阴影数量 | 使图像中的阴影变亮的程度，仅当取消选中“自动数量”复选框时，此控件才处于活动状态 |
| 3 | 高光数量 | 使图像中的高光变暗的程度，仅当取消选中“自动数量”复选框时，此控件才处于活动状态 |
| 4 | 瞬时平滑 | 相邻帧相对于其周围帧的范围(以秒为单位)，通过分析此范围可以确定每个帧所需的校正量，如果设置“瞬时平滑”选项为 0，将独立分析每个帧，而不考虑周围的帧。“瞬时平滑”选项可以随时间推移而形成外观更平滑的校正 |
| 5 | 场景检测 | 如果选中该复选框，在分析周围帧的瞬时平滑时，超出场景变化的帧将被忽略 |
| 6 | 阴影色调宽度和高光色调宽度 | 用于调整阴影和高光中的可调色调的范围，较低的值将可调范围分别限制到仅最暗和最亮的区域，较高的值会扩展可调范围，这些控件有助于隔离要调整的区域。例如，要使暗的区域变亮的同时不影响中间调，应设置较低的“阴影色调宽度”值，以便在调整“阴影数量”选项时，仅使图像最暗的区域变亮，对指定图像而言太大的值可能在强烈的从暗到亮边缘的周围产生光晕 |
| 7 | 阴影半径和高光半径 | 某个像素周围区域的半径(以像素为单位)，效果使用此半径来确定这一像素是否位于阴影或高光中。通常，此值应大致等于图像中的关注主体的大小 |
| 8 | 颜色校正 | 效果应用于所调整的阴影和高光的颜色校正量。例如，如果增大“阴影数量”值，原始图像中的暗色将显示出来；“颜色校正”值越高，这些颜色越饱和；对阴影和高光的校正越明显，可用的颜色校正范围越大 |
| 9 | 中间调对比度 | 效果应用于中间调的对比度的数量，较高的值单独增加中间调中的对比度，而同时使阴影变暗、高光变亮，负值表示降低对比度 |
| 10 | 与原始图像混合 | 用于调整效果的透明度。效果的结果与原始图像混合，合成的效果结果位于顶部，此值设置得越高，效果对剪辑的影响越小。例如，如果将此值设置为 100%，效果对剪辑没有可见结果；如果将此值设置为 0%，原始图像不会显示出来 |

**步骤 07** 执行以上操作后，即可运用“阴影/高光”调整色彩，单击“播放-停止切换”按钮，预览视频效果，如图 8-35 所示。

图 8-35　阴影/高光调整前后的对比效果

## 8.1.6　实战——自动对比度

“自动对比度”特效主要用于调整素材整体色彩的混合，去除素材的偏色。下面介绍运用自动对比度调整图像的操作方法。

**步骤 01**　选择“文件”|“打开”命令，打开随书附带光盘中的“素材\第 8 章\惊悚.prproj”文件，如图 8-36 所示。

**步骤 02**　打开项目文件后，在“节目监视器”面板中可以查看素材画面，如图 8-37 所示。

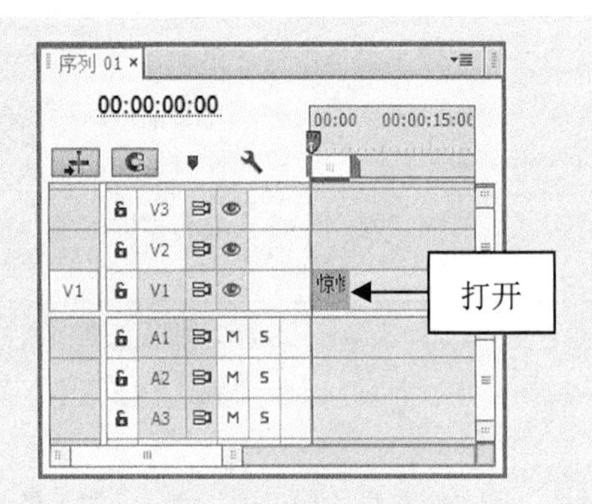


图 8-36　打开项目文件

图 8-37　查看素材画面

**提示：**在 Premiere Pro CC 中，使用“自动对比度”视频特效，可以让系统自动调整图像中颜色的总体对比度和混合颜色，该视频特效不是进行单独地调整各通道，所以不会引入或消除色偏，它是将图像中的最亮的和最暗的素材像素映射为白色和黑色，使高光显得更亮，而暗调显得更暗。

**步骤 03**　在“效果”面板中，依次展开“视频效果”|“调整”选项，在其中选择“自动对比度”选项，如图 8-38 所示。

**步骤 04**　单击鼠标左键并拖曳“自动对比度”特效至“时间轴”面板中的素材文件上，如图 8-39 所示，释放鼠标即可添加视频特效。

图 8-38 选择“自动对比度”选项

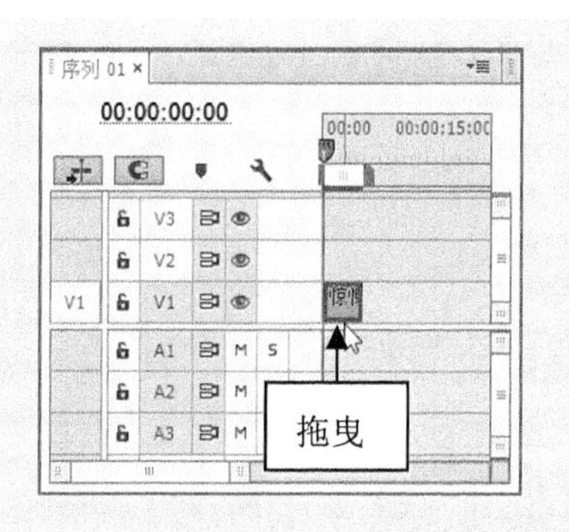


图 8-39 拖曳“自动对比度”特效

**提示**：在 Premiere Pro CC 中，“自动对比度”特效与“自动色阶”特效都可以用来调整对比度与颜色。其中，“自动对比度”特效在无须增加或消除色偏的情况下调整总体对比度和颜色混合；“自动色阶”特效会自动校正高光和阴影。另外，由于“自动色阶”特效单独调整每个颜色通道，因此可能会消除或增加色偏。

**步骤 05** 选择 V1 轨道上的素材，在“效果控件”面板中，展开“自动对比度”选项，如图 8-40 所示。各选项含义见表 8-3。

**步骤 06** 在“效果控件”面板中，设置“减少白色像素”为 10.00%，如图 8-41 所示。

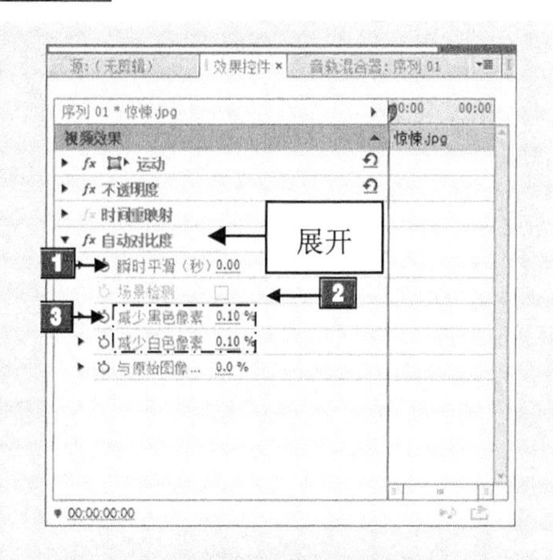


图 8-40 展开“自动对比度”选项

图 8-41 设置相应的数值

表 8-3 “自动对比度”特效中各选项的含义

| 标 号 | 名 称 | 含 义 |
| --- | --- | --- |
| 1 | 瞬时平滑 | 用于调整相邻帧相对于其周围帧的范围(以秒为单位)，通过分析此范围可以确定每个帧所需的校正量。如果“瞬时平滑”为 0，将独立分析每个帧，而不考虑周围的帧。“瞬时平滑”选项可以随时间推移而形成外观更平滑的校正 |
| 2 | 场景检测 | 如果选中该复选框，在效果分析周围帧的瞬时平滑时，超出场景变化的帧将被忽略 |

续表

| 标　号 | 名　称 | 含　义 |
| --- | --- | --- |
| 3 | 减少黑色像素、减少白色像素 | 有多少阴影和高光被剪切到图像中新的极端阴影和高光颜色。注意不要将剪切值设置得太大，因为这样做会降低阴影或高光中的细节。建议设置为 0.0%到 1%之间的值。默认情况下，阴影和高光像素将被剪切 0.1%，也就是说，当发现图像中最暗和最亮的像素时，将会忽略任一极端的前 0.1%；这些像素随后映射到输出黑色和输出白色。此剪切可确保输入黑色和输入白色值基于代表像素值而不是极端像素值 |

**步骤 07** 执行以上操作后，即可运用“自动对比度”调整色彩，单击“播放-停止切换”按钮，预览视频效果，如图 8-42 所示。

图 8-42　自动对比度调整前后的对比效果

**提示**：在 Premiere Pro CC 中，使用“自动对比度”视频特效，将通道中的像素自定义为白色和黑色后，根据需要按比例重新分配中间像素值来自动调整图像的色调。

## 8.1.7　实战——ProcAmp

ProcAmp 特效可以分别调整影片的亮度、对比度、色相以及饱和度。

**步骤 01** 选择“文件”|“打开”命令，打开随书附带光盘中的“素材\第 8 章\圆圈.prproj”文件，如图 8-43 所示。

**步骤 02** 打开项目文件后，在“节目监视器”面板中可以查看素材画面，如图 8-44 所示。

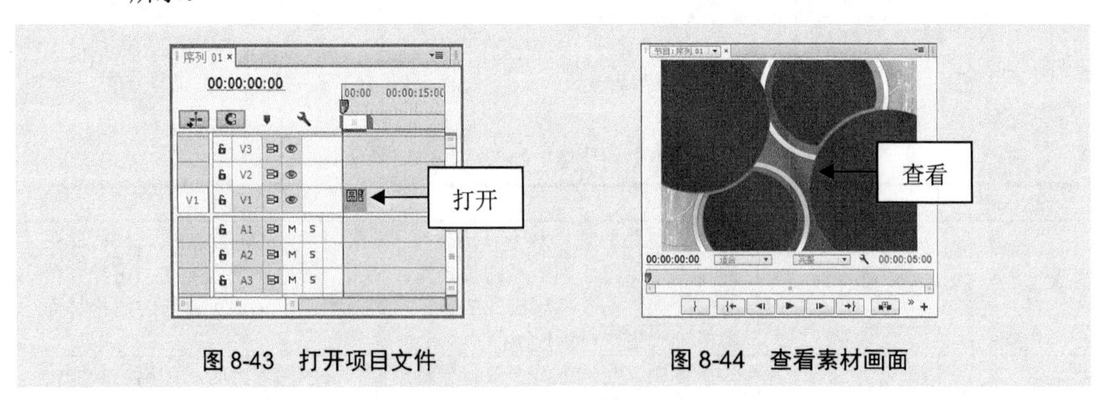


图 8-43　打开项目文件

图 8-44　查看素材画面

**步骤03** 在“效果”面板中，依次展开“视频效果”|“调整”选项，在其中选择ProcAmp选项，如图8-45所示。

**步骤04** 单击鼠标左键并拖曳ProcAmp特效至“时间轴”面板中的素材文件上，如图8-46所示，释放鼠标即可添加视频特效。

图8-45　选择ProcAmp选项

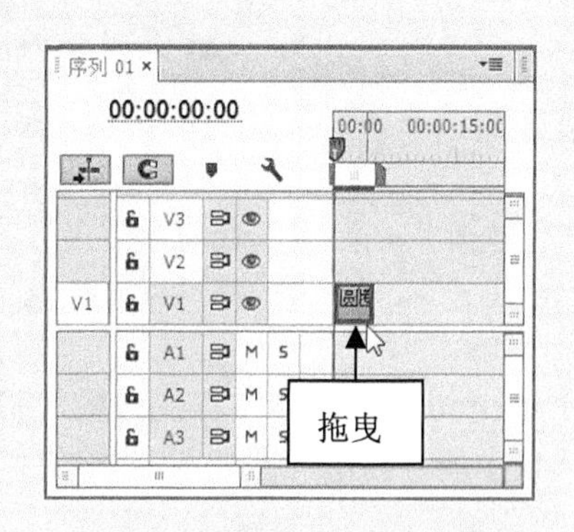


图8-46　拖曳ProcAmp特效

**步骤05** 选择V1轨道上的素材，在“效果控件”面板中，展开ProcAmp选项，如图8-47所示。

**步骤06** 在“效果控件”面板中，设置“色相”为50.0°，如图8-48所示。

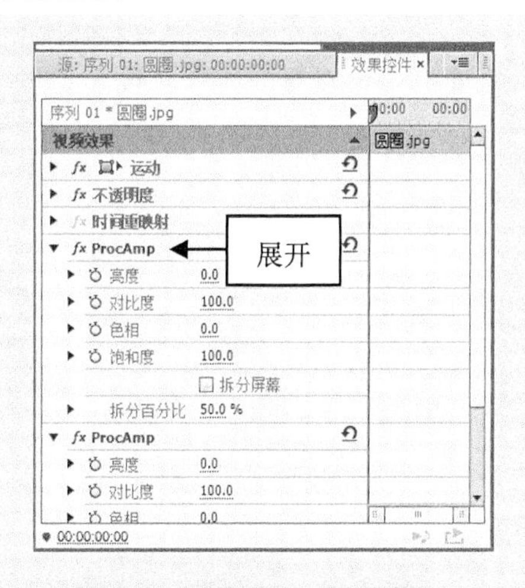


图8-47　展开ProcAmp选项

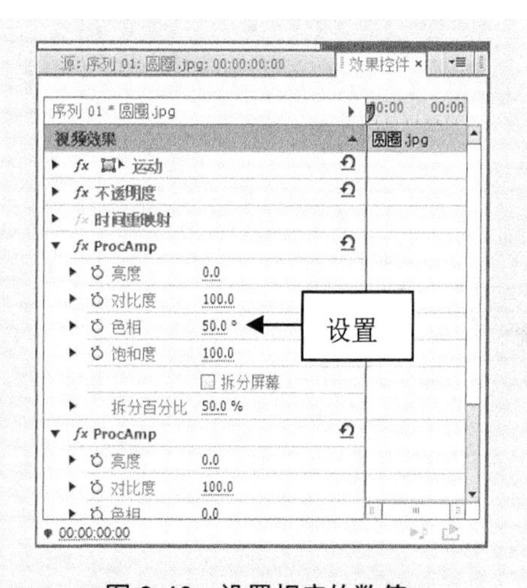


图8-48　设置相应的数值

**步骤07** 执行以上操作后，即可运用ProcAmp调整色彩，单击“播放-停止切换”按钮，预览视频效果，如图8-49所示。

**提示：** 在Premiere Pro CC中，ProcAmp效果用于模仿标准电视设备上的处理放大器。此效果调整剪辑图像的亮度、对比度、色相、饱和度以及拆分百分比。

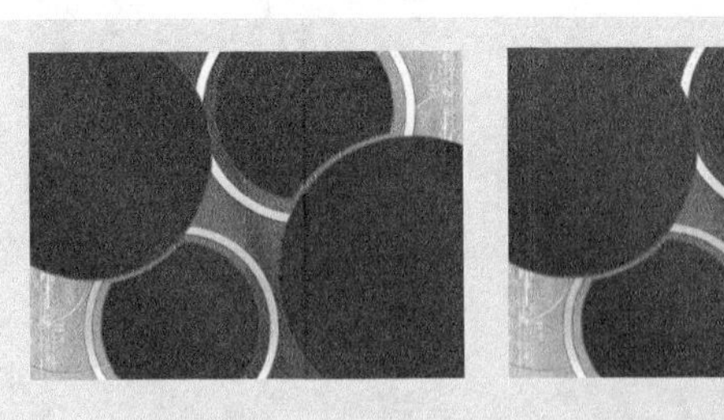

图 8-49　ProcAmp 调整前后的对比效果

# 8.2　控制图像色调

在 Premiere Pro CC 中，图像的色调控制主要用于纠正素材画面的色彩，以弥补素材在前期采集中所存在的一些缺陷。本节主要介绍图像色调的控制技巧。

## 8.2.1　实战——黑白

“黑白”特效主要是用于将素材画面转换为灰度图像，下面将介绍调整图像的黑白效果的操作方法。

**步骤 01**　选择“文件”|“打开”命令，打开随书附带光盘中的“素材\第 8 章\枪战.prproj”文件，如图 8-50 所示。

**步骤 02**　打开项目文件后，在“节目监视器”面板中可以查看素材画面，如图 8-51 所示。

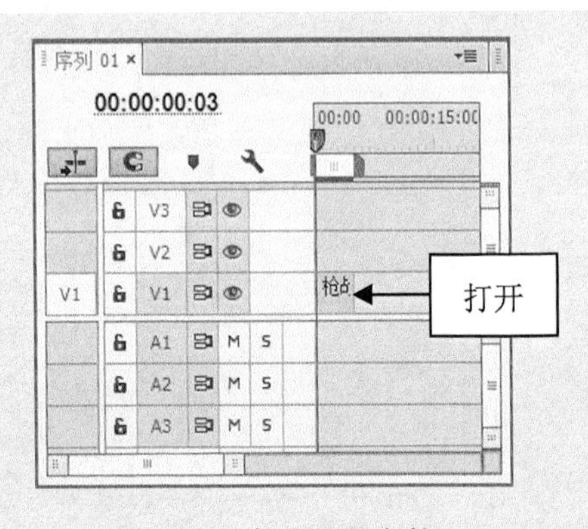


图 8-50　打开项目文件

图 8-51　查看素材画面

**步骤 03**　在“效果”面板中，依次展开“视频效果”|“图像控制”选项，在其中选择“黑白”选项，如图 8-52 所示。

**步骤 04**　单击鼠标左键并拖曳“黑白”特效至“时间轴”面板中的素材文件上，如图 8-53 所示，释放鼠标即可添加视频特效。

**步骤 05**　选择 V1 轨道上的素材，在“效果控件”面板中，展开“黑白”选项，保持默认设置即可，如图 8-54 所示。

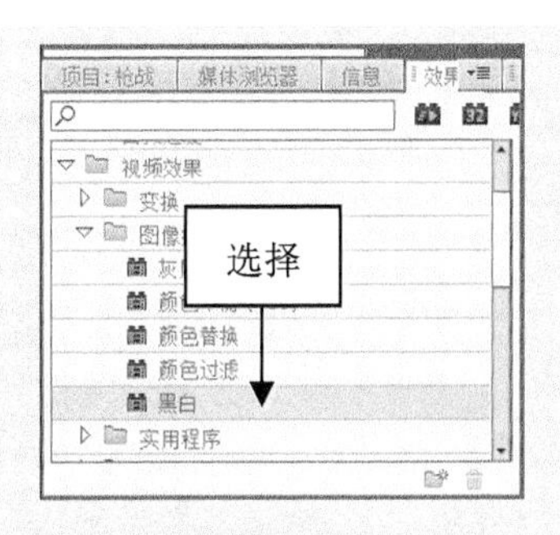


图 8-52 选择“黑白”选项

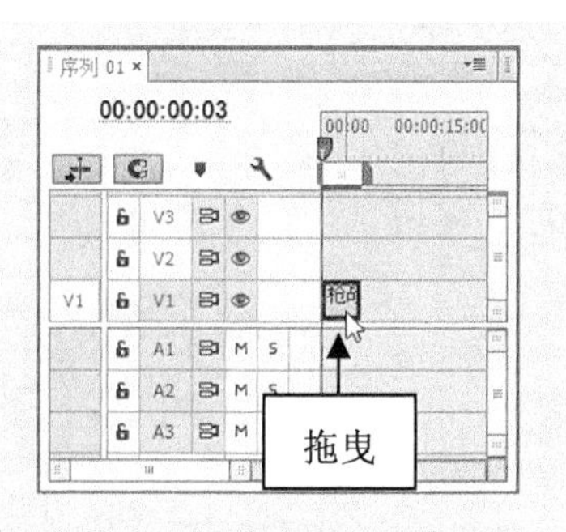


图 8-53 拖曳“黑白”特效

**步骤06** 执行以上操作后，即可运用“黑白”调整色彩，单击“播放-停止切换”按钮，预览视频效果，如图 8-55 所示。

图 8-54 保持默认设置

图 8-55 预览视频效果

## 8.2.2 实战——颜色过滤

“颜色过滤”特效主要用于将图像中某一指定单一颜色外的其他部分转换为灰度图像。

**步骤01** 选择“文件”|“打开”命令，打开随书附带光盘中的“素材\第 8 章\海豚.prproj”文件，如图 8-56 所示。

**步骤02** 打开项目文件后，在“节目监视器”面板中可以查看素材画面，如图 8-57 所示。

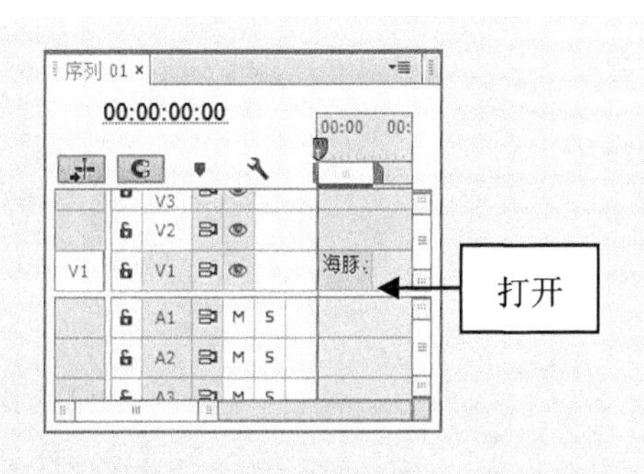


图 8-56 打开项目文件

图 8-57 查看素材画面

步骤03 在“效果”面板中，依次展开“视频效果”|“图像控制”选项，在其中选择“颜色过滤”选项，如图 8-58 所示。

步骤04 单击鼠标左键并拖曳“颜色过滤”特效至“时间轴”面板中的素材文件上，如图 8-59 所示，释放鼠标即可添加视频特效。

图 8-58 选择“颜色过滤”选项

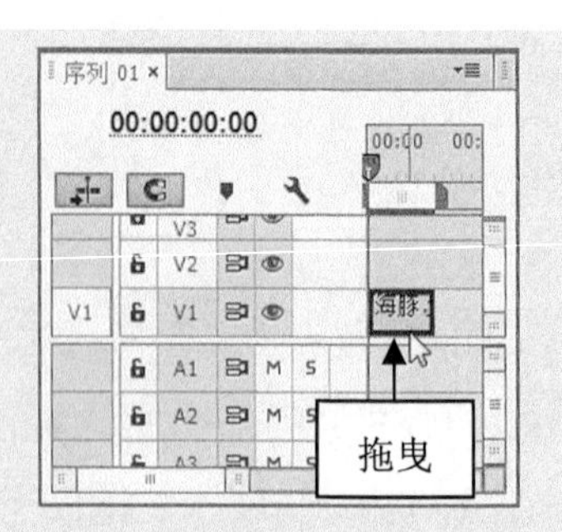


图 8-59 拖曳“颜色过滤”特效

步骤05 选择 V1 轨道上的素材，在“效果控件”面板中，展开“颜色过滤”选项，如图 8-60 所示。

步骤06 在“效果控件”面板中，单击“颜色”右侧的吸管，在“节目监视器”中的素材背景中的蓝色上单击，进行采样，如图 8-61 所示。

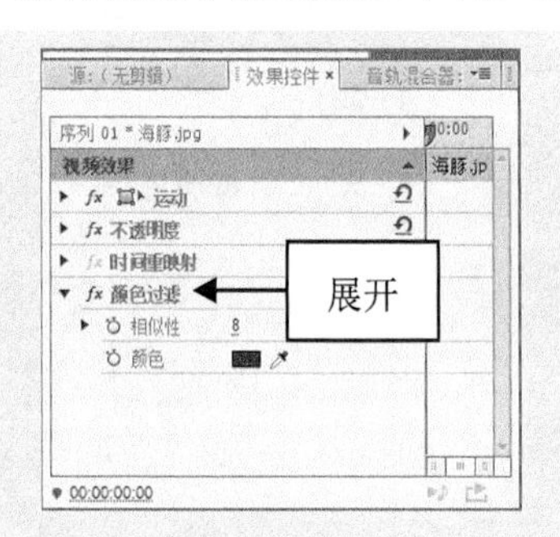


图 8-60 展开“颜色过滤”选项

图 8-61 进行采样

步骤07 取样完成后，在“效果控件”面板中，设置“相似性”为 20，如图 8-62 所示。

步骤08 执行以上操作后，即可运用“颜色过滤”调整色彩，如图 8-63 所示。

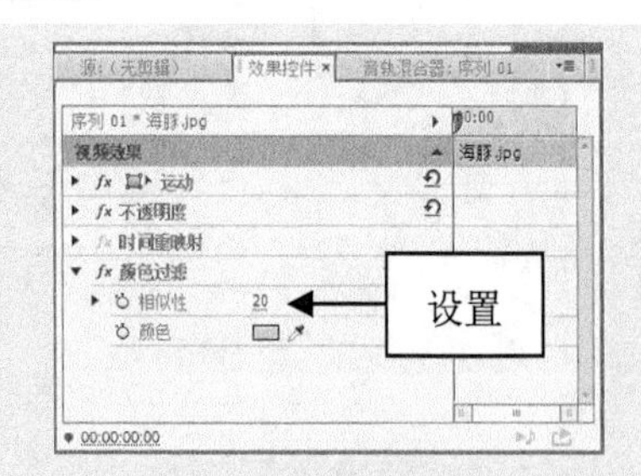


图 8-62 设置相应选项

图 8-63 运用“颜色过滤”调整色彩

步骤09 单击“播放-停止切换”按钮，预览视频效果，最终效果如图8-64所示。

图8-64 颜色过滤调整前后的对比效果

## 8.2.3 实战——颜色替换

“颜色替换”特效主要是通过目标颜色来改变素材中的颜色，下面将介绍调整图像的颜色替换的操作方法。

步骤01 选择“文件”|“打开”命令，打开随书附带光盘中的“素材\第8章\战士.prproj”文件，如图8-65所示。

步骤02 打开项目文件后，在“节目监视器”面板中可以查看素材画面，如图8-66所示。

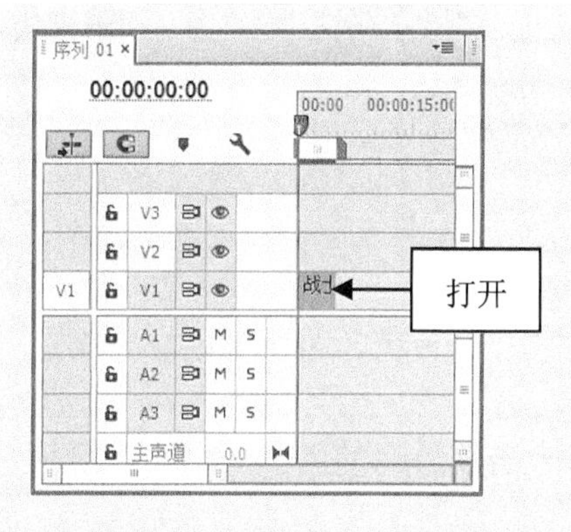


图8-65 打开项目文件

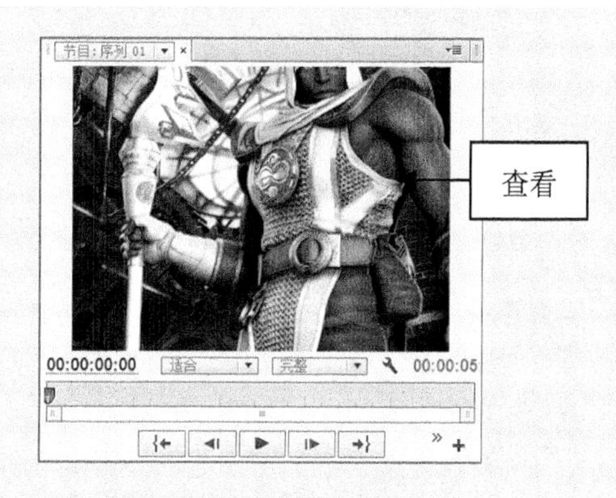


图8-66 查看素材画面

步骤03 在“效果”面板中，依次展开“视频效果”|“图像控制”选项，在其中选择“颜色替换”选项，如图8-67所示。

步骤04 单击鼠标左键并拖曳“颜色替换”特效至“时间轴”面板中的素材文件上，如图8-68所示，释放鼠标即可添加视频特效。

步骤05 选择V1轨道上的素材，在“效果控件”面板中，展开“颜色替换”选项，如图8-69所示。

步骤06 在“效果控件”面板中，单击“目标颜色”右侧的吸管，并在“节目监视器”的素材背景中吸取人物皮肤颜色，进行采样，如图8-70所示。

图 8-67 选择“颜色替换”选项

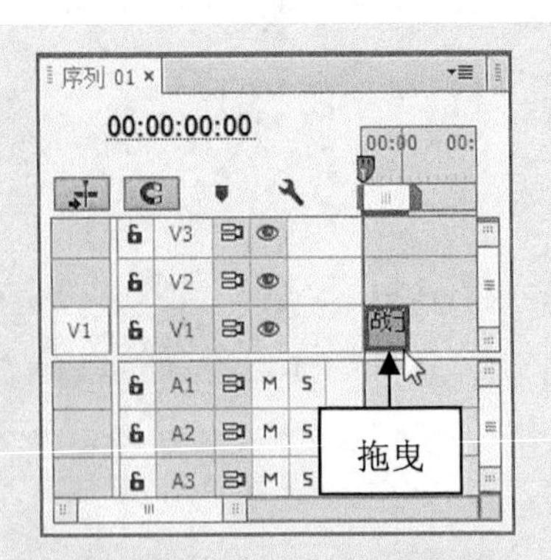


图 8-68 拖曳“颜色替换”特效

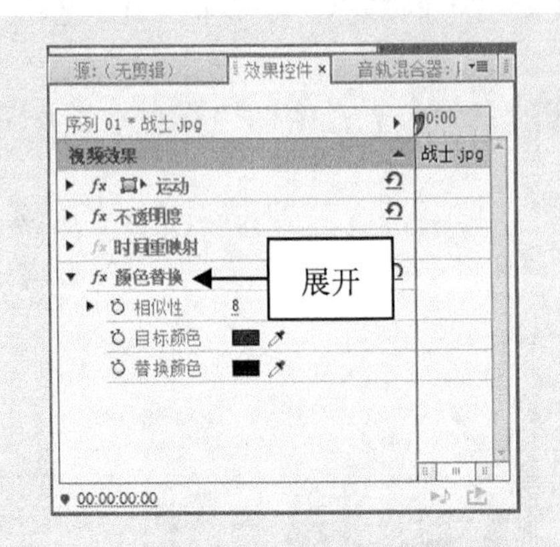


图 8-69 展开“颜色替换”选项

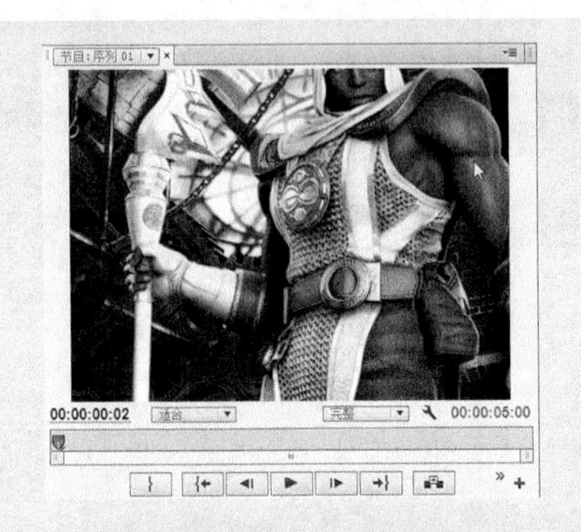


图 8-70 进行采样

**步骤07** 取样完成后，在“效果控件”面板中，设置“替换颜色”为黄色，设置“相似性”为 30，如图 8-71 所示。

**步骤08** 执行以上操作后，即可运用“颜色替换”调整色彩，如图 8-72 所示。

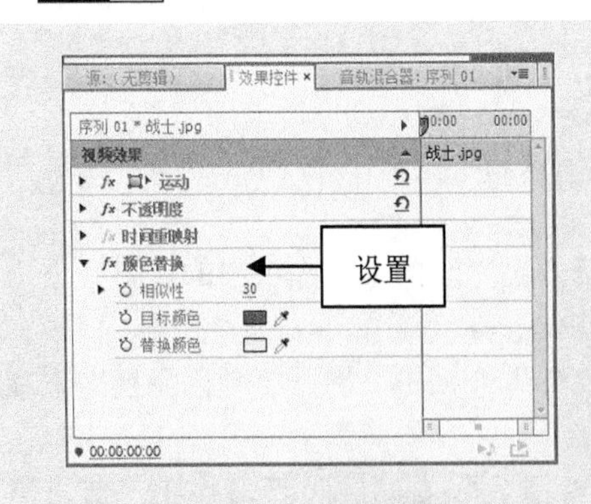


图 8-71 设置相应选项

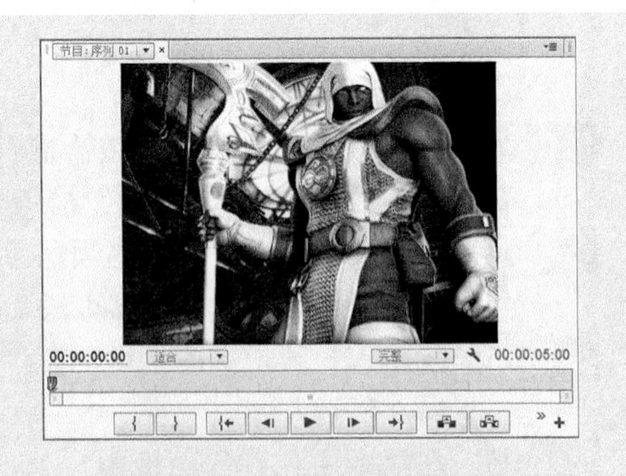


图 8-72 预览视频效果

**步骤09** 单击“播放-停止切换”按钮，预览视频效果，最终效果如图 8-73 所示。

图 8-73 颜色替换调整前后的对比效果

## 8.2.4 实战——灰度系数校正

在 Premiere Pro CC 中，“灰度系数校正”特效主要是用于修正图像的中间色调，下面介绍运用灰度系数校正调整图像的操作方法。

**步骤01** 选择“文件”|“打开”命令，打开随书附带光盘中的“素材\第 8 章\电子广告.prproj”文件，如图 8-74 所示。

**步骤02** 打开项目文件后，在“节目监视器”面板中可以查看素材画面，如图 8-75 所示。

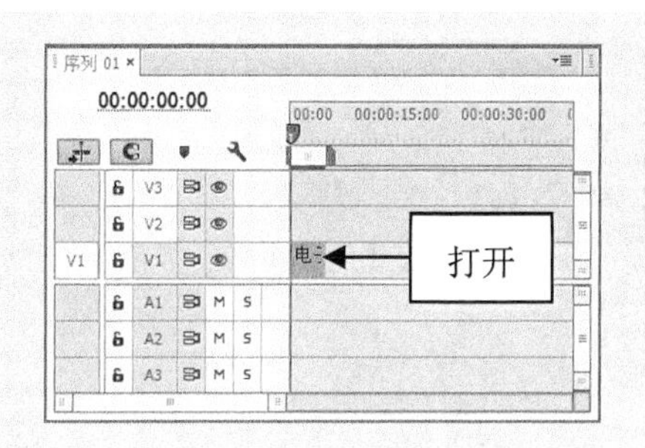


图 8-74 打开项目文件

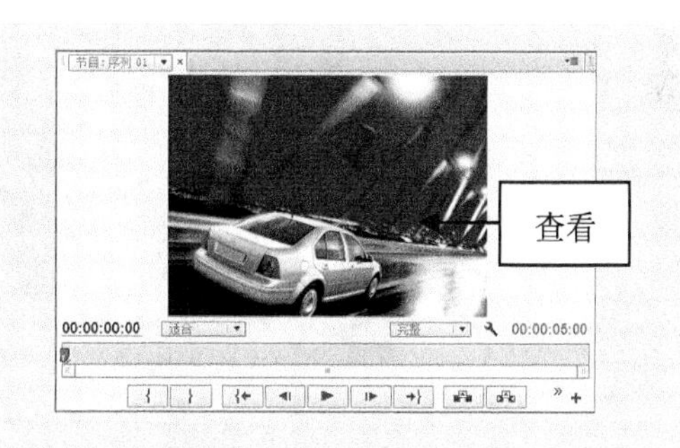


图 8-75 查看素材画面

**步骤03** 在“效果”面板中，依次展开“视频效果”|“图像控制”选项，在其中选择“灰度系数校正”选项，如图 8-76 所示。

**步骤04** 单击鼠标左键并拖曳“灰度系数校正”特效至“时间轴”面板中的素材文件上，如图 8-77 所示，释放鼠标即可添加视频特效。

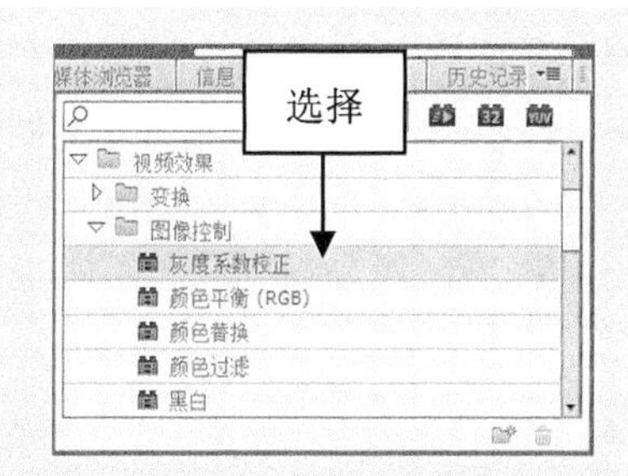


图 8-76 选择“灰度系数校正”选项

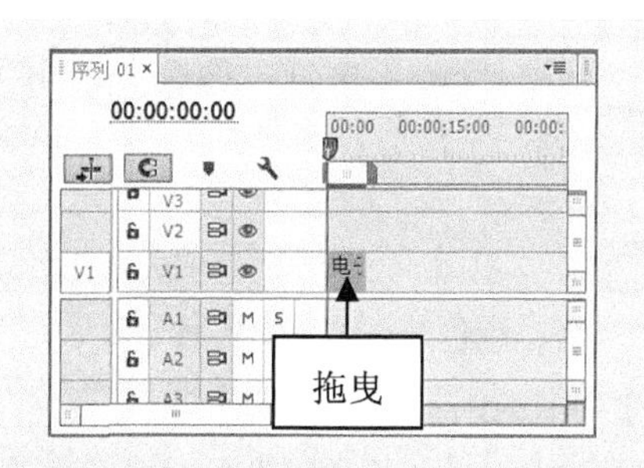


图 8-77 拖曳“灰度系数校正”特效

**步骤 05** 选择 V1 轨道上的素材，在“效果控件”面板中，展开“灰度系数校正”选项，如图 8-78 所示。

**步骤 06** 在“效果控件”面板中，设置“灰度系数”为 20，如图 8-79 所示。

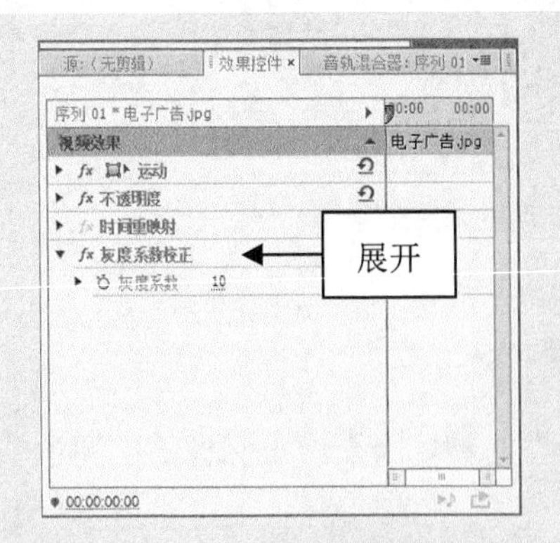


图 8-78　展开“灰度系数校正”选项

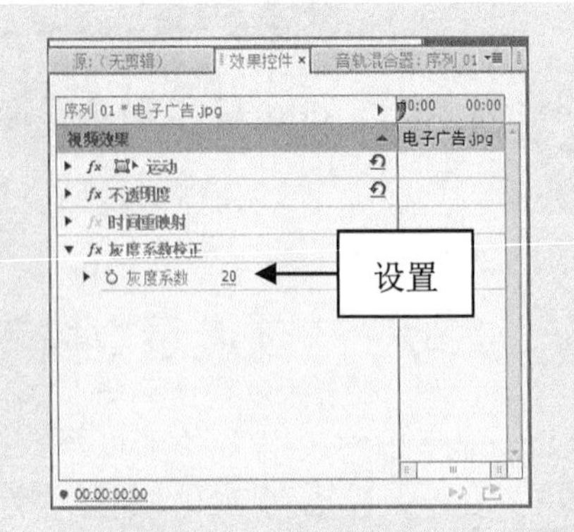


图 8-79　设置相应选项

**步骤 07** 执行以上操作后，即可运用“灰度系数校正”调整色彩，单击“播放-停止切换”按钮，预览视频效果，最终效果如图 8-80 所示。

图 8-80　灰度系数校正调整前后的对比效果

## 8.2.5　实战——颜色平衡(RGB)

在 Premiere Pro CC 中，“颜色平衡(RGB)”特效是用于调整素材画面色彩的 R、G、B 参数，以校正图像的色彩。下面介绍运用颜色平衡(RGB)调整图像的操作方法。

**步骤 01** 选择“文件”|“打开”命令，打开随书附带光盘中的“素材\第 8 章\别墅广告.prproj”文件，如图 8-81 所示。

**步骤 02** 打开项目文件后，在“节目监视器”面板中可以查看素材画面，如图 8-82 所示。

**步骤 03** 在“效果”面板中，依次展开“视频效果”|“图像控制”选项，在其中选择“颜色平衡(RGB)”选项，如图 8-83 所示。

**步骤 04** 单击鼠标左键并拖曳“颜色平衡(RGB)”特效至“时间轴”面板中的素材文件上，如图 8-84 所示，释放鼠标即可添加视频特效。

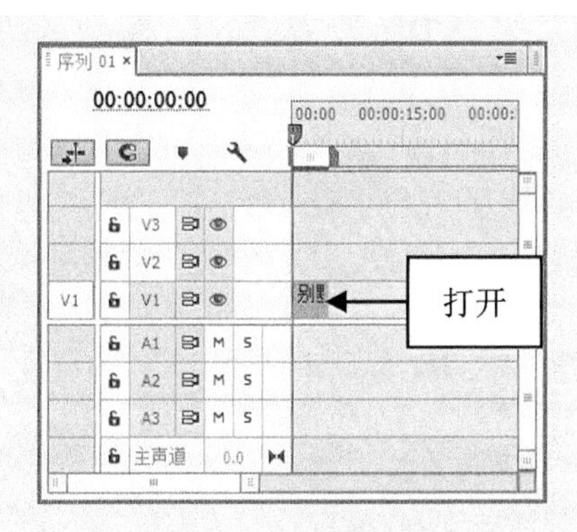


图 8-81　打开项目文件

图 8-82　查看素材画面

图 8-83　选择“颜色平衡(RGB)”选项

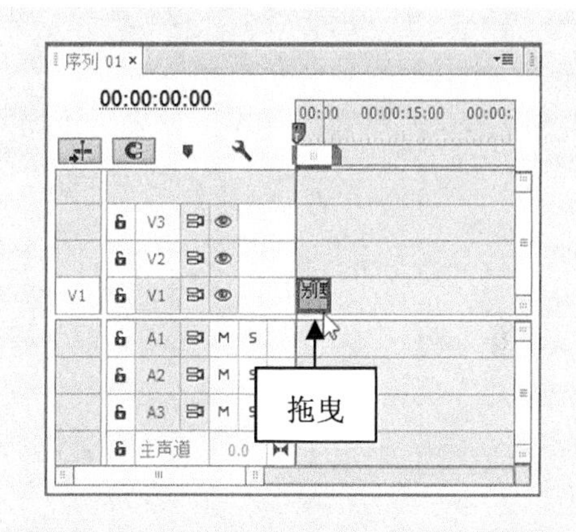


图 8-84　拖曳“颜色平衡(RGB)”特效

**步骤 05**　选择 V1 轨道上的素材，在“效果控件”面板中，展开“颜色平衡(RGB)”选项，如图 8-85 所示。

**步骤 06**　在“效果控件”面板中，设置“红色”为 105、“绿色”为 105、“蓝色”为 110，如图 8-86 所示。

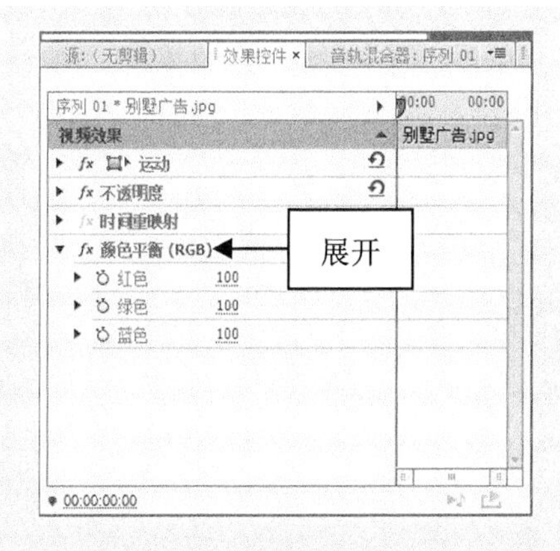


图 8-85　展开“颜色平衡(RGB)”选项

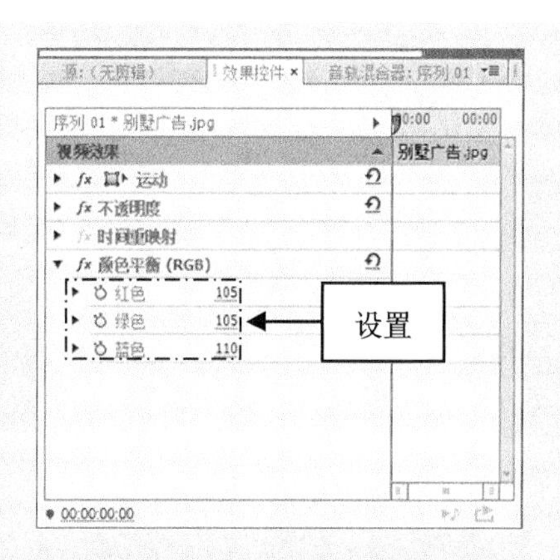


图 8-86　设置相应选项

**步骤 07** 执行以上操作后，即可运用“颜色平衡(RGB)”调整色彩，单击“播放-停止切换”按钮，预览视频效果，最终效果如图 8-87 所示。

图 8-87　颜色平衡(RGB)调整前后的对比效果

**提示：**在 Premiere Pro CC 中，“图像控制”视频特效组可以用来调整图像色调的效果，以弥补素材在前期采集时存在的缺陷，该视频特效组提供了 5 种视频特效效果，通过使用这些视频特效，可以调整出不同的色彩。

# 第 9 章

# 转场特效的制作技法

转场是通过一些特殊的方法，在素材与素材之间产生自然、平滑、美观、流畅的过渡效果，让视频画面更富有表现力。本章中，用户不仅可以了解到 Premiere Pro CC 中的一些常用转场效果，还可以学习添加和替换转场效果的方法。

本章重点：

- 掌握转场的基础知识
- 编辑转场效果
- 设置转场效果属性

# 9.1　掌握转场的基础知识

在两个镜头之间添加转场效果，使得镜头与镜头之间的过渡更为平滑。本节将对转场的相关基础知识进行介绍。

## 9.1.1　转场功能

视频影片是由镜头与镜头之间的链接组建起来的，因此在许多镜头与镜头之间的切换过程中，难免会显得过于僵硬。因此，在许多镜头之间的切换过程中，需要选择不同的转场来达到过渡效果，如图 9-1 所示。转场除了平滑两个镜头的过渡外，还能起到画面和视角之间的切换作用。

图 9-1　转场效果

## 9.1.2　转场分类

Premiere Pro CC 中提供了多种多样的典型转换效果，根据不同的类型，系统将其分别归类在不同的文件夹中。

Premiere Pro CC 中包含的效果分别为 3D 转场效果、过渡效果、伸展效果、划像效果、页面剥落效果、叠化效果、擦除效果、映射效果、滑动效果、缩放效果以及其他的特殊效果等。图 9-2 所示为转场的“页面剥落”效果。

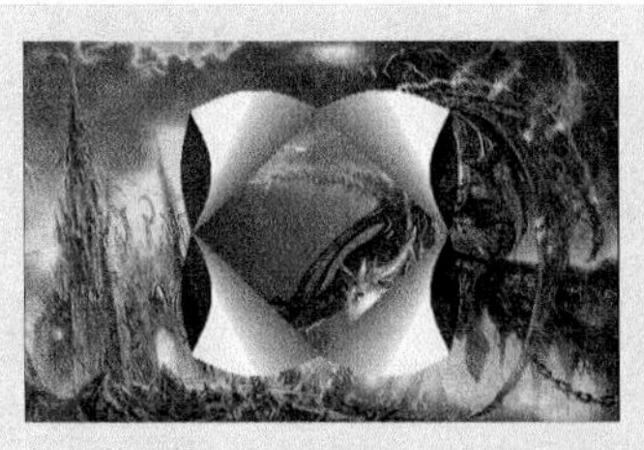
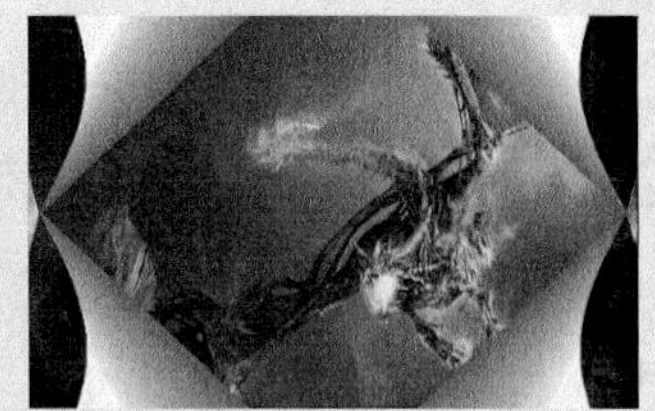

图 9-2　“页面剥落”转场效果

## 9.1.3　转场应用

构成电视片的最小单位是镜头，一个个镜头连接在一起形成的镜头序列叫作段落。每个段落都具有某个单一的、相对完整的意思。而段落与段落之间、场景与场景之间的过渡或转换，就叫作转场。不同的专场效果应用在不同的领域，可以使其效果更佳，如图 9-3 所示。

图 9-3 “翻转”转场效果

在影视科技不断发展的今天，转场的应用已经从单纯的影视效果发展到许多商业的动态广告、游戏的开场动画制作以及一些网络视频的制作中。如 3D 转场中的“帘式”转场，多用于娱乐节目中，让节目看起来更加生动。在叠化转场中的“白场过渡与黑场过渡”转场效果就常用在影视节目的片头和片尾处，这种缓慢的过渡可以避免让观众产生过于突然的感觉。

# 9.2 编辑转场特效

用户在了解 Premiere Pro CC 转场效果的一些基本知识后，接下来将开始为视频影片添加和编辑转场效果。本节主要介绍编辑转场特效的基本操作方法。

## 9.2.1 实战——转场效果的添加

在 Premiere Pro CC 中，转场效果被放置在“效果”面板的“视频过渡”文件夹中，用户只需将转场效果拖入视频轨道中即可。下面介绍添加转场效果的操作方法。

**步骤 01** 选择“文件”|“打开项目”命令，打开随书附带光盘中的“素材\第 9 章\创意.prproj”文件，如图 9-4 所示。

**步骤 02** 在“效果控件”面板中调整素材的缩放比例，在“效果”面板中展开“视频过渡”选项，如图 9-5 所示。

**步骤 03** 执行上述操作后，在其中展开“3D 运动”选项，选择“旋转离开”选项，如图 9-6 所示。

**步骤 04** 单击鼠标左键并将其拖曳至 V1 轨道的两个素材之间，即可添加转场效果，如图 9-7 所示。

图 9-4　打开的项目文件

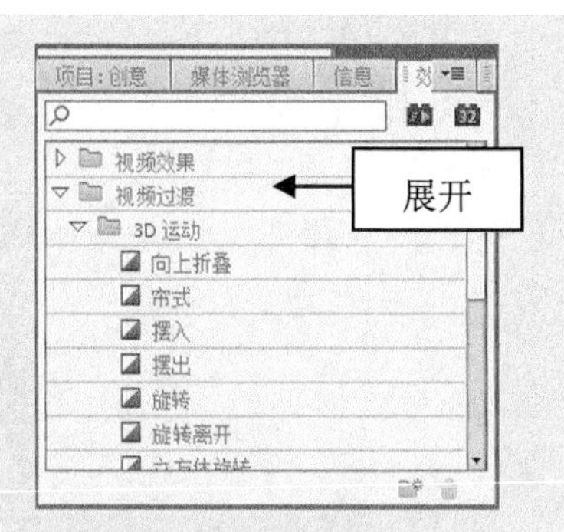


图 9-5　展开“视频过渡”选项

图 9-6　选择“旋转离开”选项

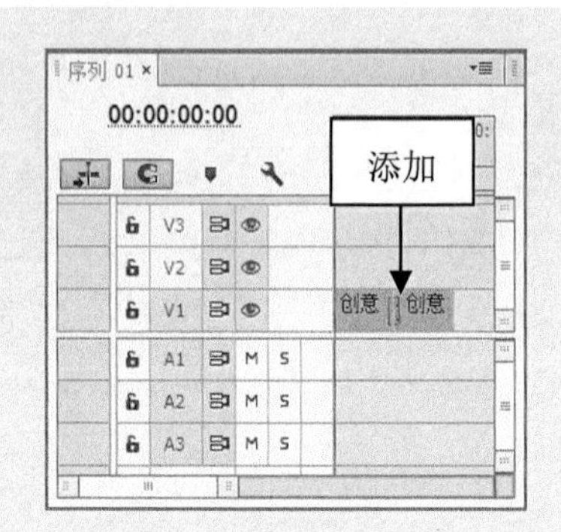


图 9-7　添加转场效果

**步骤 05**　执行上述操作后，单击“节目监视器”面板中的“播放-停止切换”按钮，即可预览转场效果，如图 9-8 所示。

图 9-8　预览转场效果

**技巧：**在 Premiere Pro CC 中，添加完转场效果后，按空格键，也可播放转场效果。

## 9.2.2　实战——为不同的轨道添加转场效果

在 Premiere Pro CC 中，不仅可以在同一个轨道中添加转场效果，还可以在不同的轨道中添加转场效果。下面介绍为不同的轨道添加转场效果的操作方法。

**步骤01** 选择“文件”|“打开项目”命令，打开随书附带光盘中的“素材\第 9 章\钢铁超人.prproj”文件，如图 9-9 所示。

**步骤02** 拖曳“项目”面板中的素材至 V1 轨道和 V2 轨道上，并使素材与素材之间合适的交叉，如图 9-10 所示，在“效果控件”面板中调整素材的缩放比例。

图 9-9 打开的项目文件

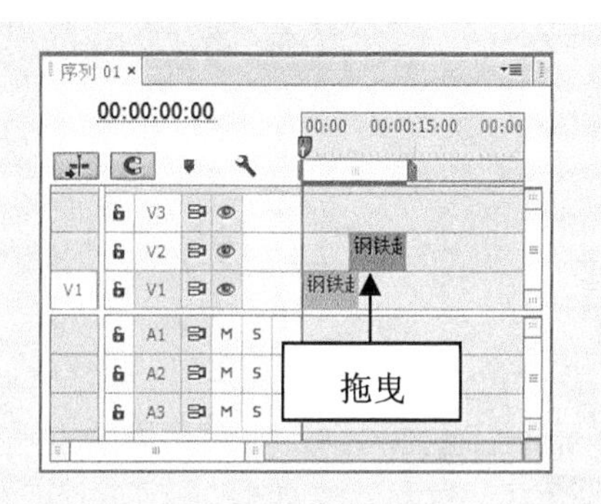


图 9-10 拖曳素材

**步骤03** 在“效果”面板中展开“视频过渡”|“3D 运动”选项，选择“门”选项，如图 9-11 所示。

**步骤04** 单击鼠标左键将其拖曳至 V2 轨道的素材上，即可添加转场效果，如图 9-12 所示。

图 9-11 选择“门”选项

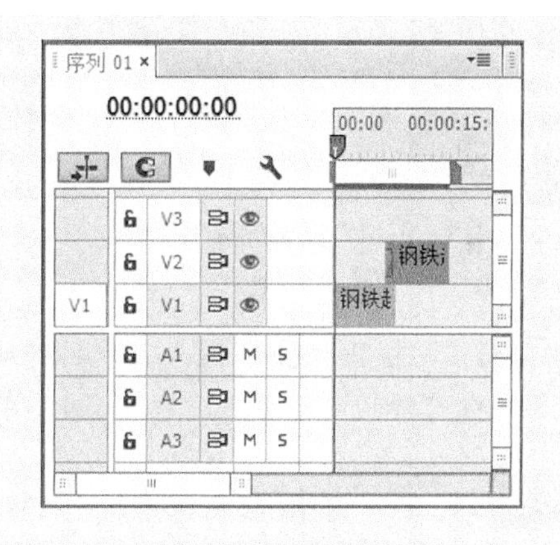


图 9-12 添加转场效果

**步骤05** 执行上述操作后，单击“节目监视器”面板中的“播放-停止切换”按钮，即可预览转场效果，如图 9-13 所示。

**注意：** 在 Premiere Pro CC 中，将多个素材依次在轨道中连接时，注意前一个素材的最后一帧与后一个素材的第一帧之间的衔接性，两个素材一定要紧密地连接在一起。如果中间留有时间空隙，则会在最终的影片播放中出现黑场。

图 9-13　预览转场效果

## 9.2.3　实战——转场效果的替换和删除

在 Premiere Pro CC 中，当用户对添加的转场效果并不满意时，可以替换或删除转场效果。下面介绍替换和删除转场效果的操作方法。

**步骤 01**　选择“文件”|“打开项目”命令，打开随书附带光盘中的“素材\第 9 章\闪光.prproj”文件，如图 9-14 所示。

**步骤 02**　在“时间线”面板的 V1 轨道中可以查看转场效果，如图 9-15 所示。

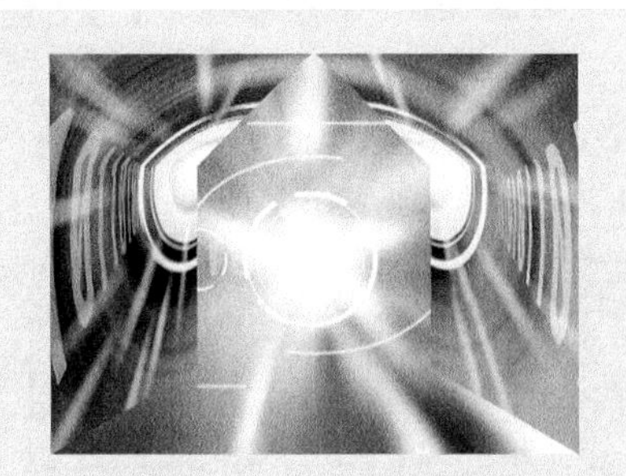

图 9-14　打开的项目文件

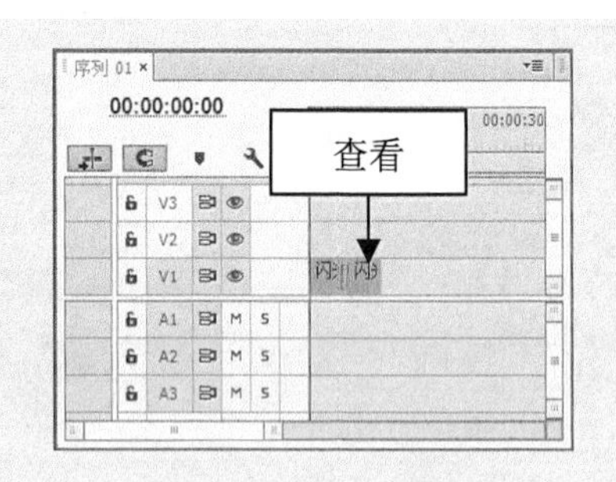


图 9-15　查看转场效果

**技巧：** 在 Premiere Pro CC 中，如果用户不再需要某个转场效果，可以在“时间线”面板中选择该转场效果，按 Delete 键删除即可。

**步骤 03**　在“效果”面板中展开“视频过渡”|“划像”选项，选择“圆划像”选项，如图 9-16 所示。

**步骤 04**　单击鼠标左键并将其拖曳至 V1 轨道的原转场效果所在位置，即可替换转场效果，如图 9-17 所示。

**步骤 05**　执行上述操作后，单击“节目监视器”面板中的“播放-停止切换”按钮，即可预览替换后的转场效果，如图 9-18 所示。

**步骤 06**　在“时间线”面板中选择转场效果，单击鼠标右键，在弹出的快捷菜单中选择“清除”命令，如图 9-19 所示，即可删除转场效果。

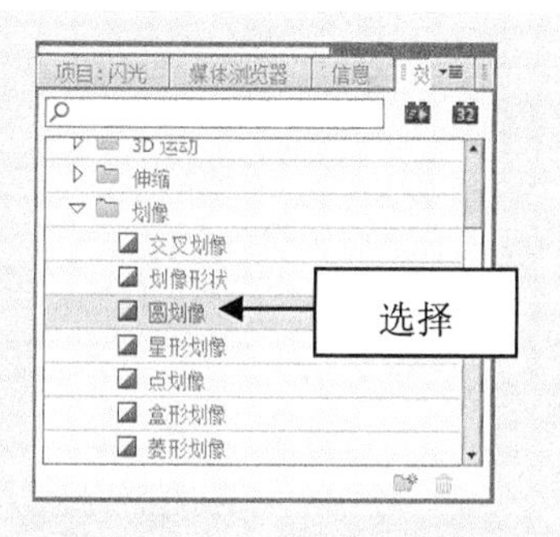


图 9-16 选择“圆划像”选项

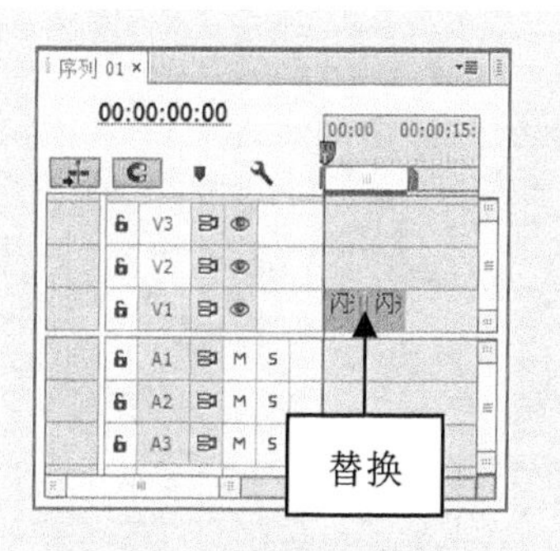


图 9-17 替换转场效果

图 9-18 预览转场效果

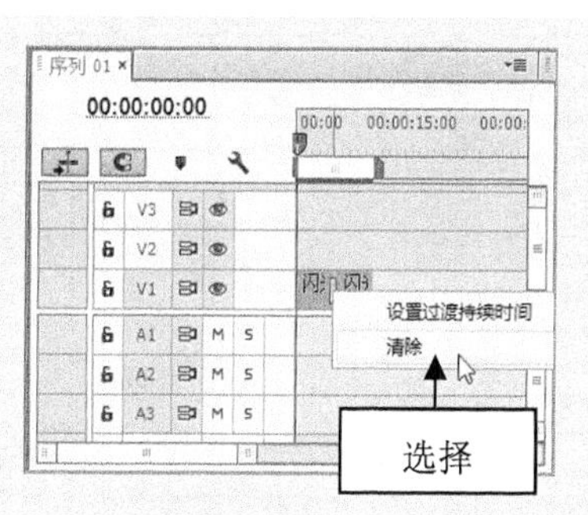


图 9-19 选择“清除”命令

# 9.3 设置转场效果属性

在 Premiere Pro CC 中，可以对添加后的转场效果进行相应设置，从而达到美化转场效果的目的。本节主要介绍设置转场效果属性的方法。

## 9.3.1 实战——转场时间的设置

在默认情况下，添加的视频转场效果默认为 30 帧的播放时间，用户可以根据需要对转场的播放时间进行调整。下面介绍设置转场播放时间的操作方法。

**步骤01** 在 Premiere Pro CC 界面中，选择“文件”|“打开项目”命令，打开随书附带光盘中的“素材\第 9 章\美女.prproj”文件，如图 9-20 所示。

**步骤02** 在“效果控件”面板中调整素材的缩放比例，在“效果”面板中展开“视频过渡”|“划像”选项，选择“划像形状”选项，如图 9-21 所示。

**步骤03** 单击鼠标左键并将其拖曳至 V1 轨道的两个素材之间，即可添加转场效果，如图 9-22 所示。

**步骤04** 在“时间线”面板的 V1 轨道中选择添加的转场效果，在“效果控件”面板中设置“持续时间”为 00:00:03:00，如图 9-23 所示。

图 9-20　打开的项目文件

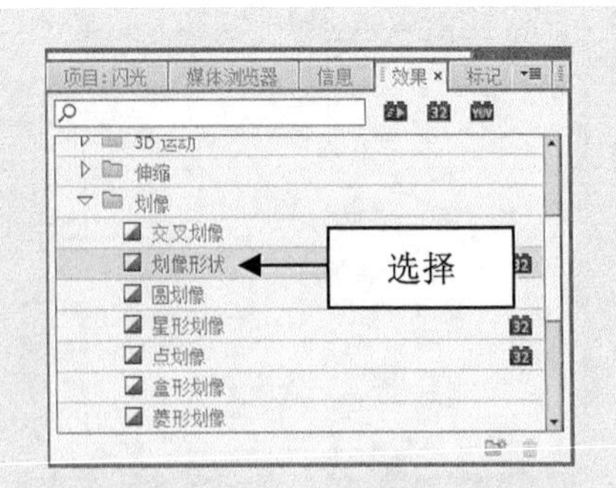


图 9-21　选择“划像形状”选项

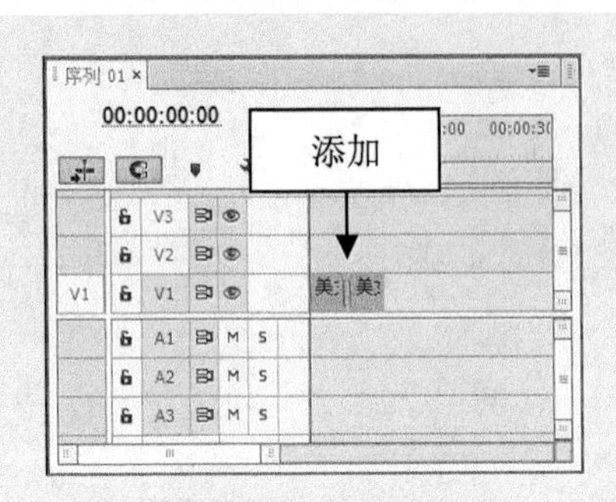


图 9-22　添加转场效果

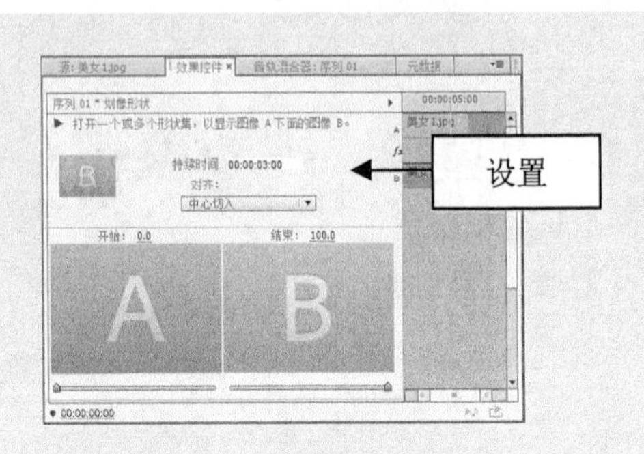


图 9-23　设置持续时间

**步骤 05**　执行上述操作后，即可设置转场时间，单击“节目监视器”面板中的“播放-停止切换”按钮，即可预览转场效果，如图 9-24 所示。

图 9-24　预览转场效果

**提示**：在 Premiere Pro CC 中的“效果控件”面板中，不仅可以设置转场效果的持续时间，还可以显示素材的实际来源、边框、边色、反向以及抗锯齿品质等。

## 9.3.2　实战——转场效果的对齐

在 Premiere Pro CC 中，用户可以根据需要对添加的转场效果设置对齐方式。下面介绍对齐转场效果的操作方法。

**步骤01** 在 Premiere Pro CC 界面中，选择“文件”|“打开项目”命令，打开随书附带光盘中的“素材\第 9 章\户外广告.prproj”文件，如图 9-25 所示。

图 9-25 打开的项目文件

提示：Premiere Pro CC 中的“效果控件”面板中，系统默认的对齐方式为居中于切点，用户还可以设置对齐方式为起点切入或者结束于切点。

**步骤02** 在“项目”面板中拖曳素材至 V1 轨道中，在“效果控件”面板中调整素材的缩放比例，在“效果”面板中展开“视频过渡”|“页面剥落”选项，选择“卷走”选项，如图 9-26 所示。

**步骤03** 单击鼠标左键并将其拖曳至 V1 轨道的两个素材之间，即可添加转场效果，如图 9-27 所示。

图 9-26 选择“卷走”选项

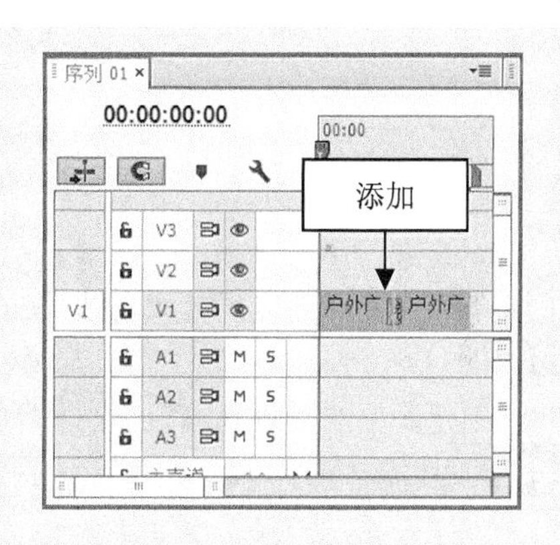


图 9-27 添加转场效果

**步骤04** 双击添加的转场效果，在“效果控件”面板中单击“对齐”右侧的下拉按钮，在弹出的列表框中选择“起点切入”选项，如图 9-28 所示。

**步骤05** 执行上述操作后，V1 轨道上的转场效果即可对齐到“起点切入”位置，如图 9-29 所示。

**步骤06** 单击“节目监视器”面板中的“播放-停止切换”按钮，即可预览转场效果，如图 9-30 所示。

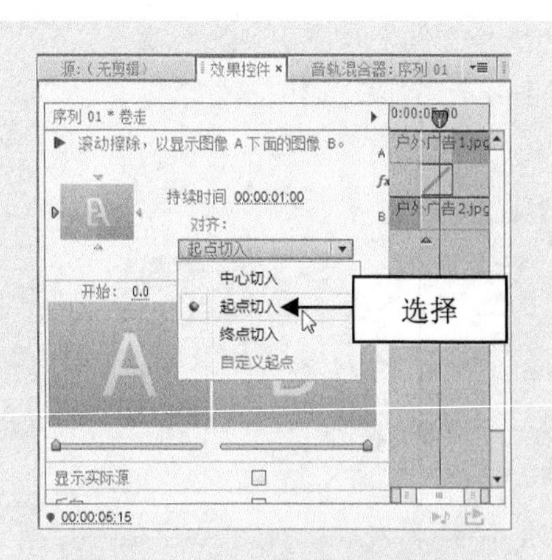


图 9-28 选择“起点切入”选项

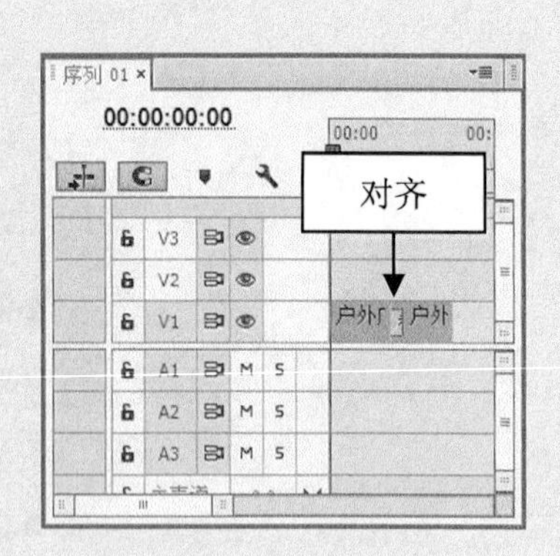


图 9-29 对齐转场效果

图 9-30 预览转场效果

## 9.3.3 实战——转场效果的反向

在 Premiere Pro CC 中，将转场效果设置反向，预览转场效果时可以反向预览显示效果。下面介绍设置反向转场效果的操作方法。

**步骤 01** 在 Premiere Pro CC 界面中，选择“文件”|“打开项目”命令，打开随书附带光盘中的“素材\第 9 章\中秋快乐.prproj”文件，如图 9-31 所示。

**步骤 02** 在“时间线”面板中选择转场效果，如图 9-32 所示。

图 9-31 打开的项目文件

**步骤 03** 执行上述操作后，展开“效果控件”面板，如图 9-33 所示。

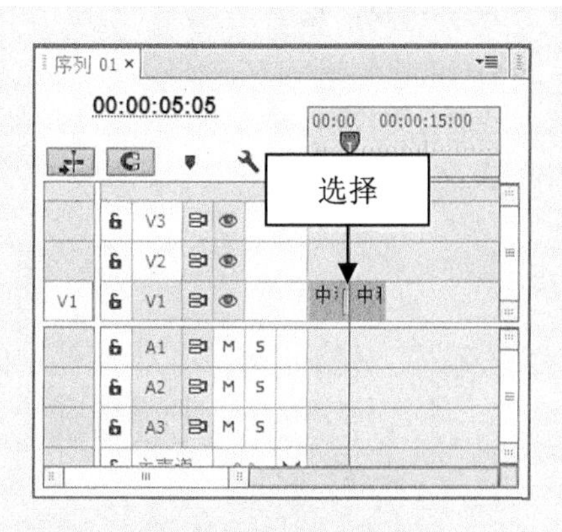


图 9-32 选择转场效果

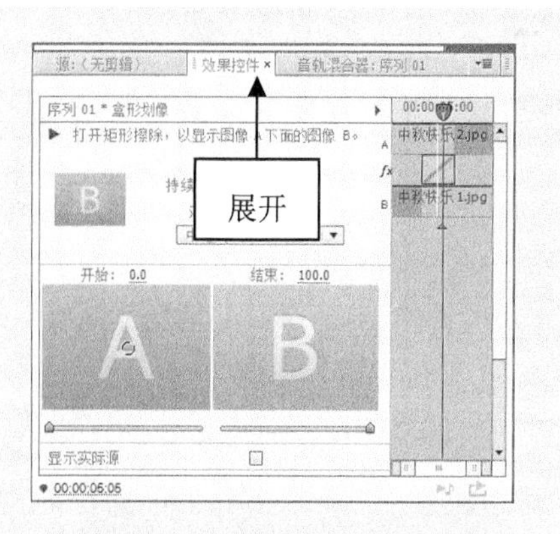


图 9-33 展开“效果控件”面板

**步骤04** 在“效果控件”面板中勾选“反向”复选框，如图 9-34 所示。

**步骤05** 执行上述操作后，单击“节目监视器”面板中的“播放-停止切换”按钮，即可预览反向转场效果，如图 9-35 所示。

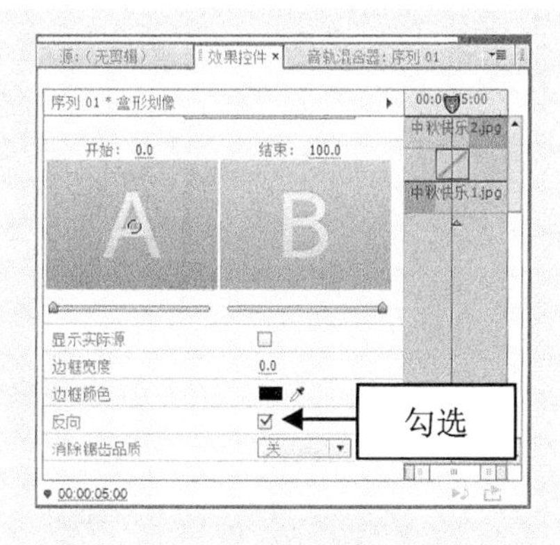


图 9-34 勾选“反向”复选框

图 9-35 预览反向转场效果

## 9.3.4 实战——实际来源的显示

在 Premiere Pro CC 中，系统默认的转场效果并不会显示原始素材，用户可以通过设置“效果控件”面板来显示素材来源。下面介绍显示实际来源的操作方法。

**步骤01** 在 Premiere Pro CC 界面中，选择“文件”|“打开项目”命令，打开随书附带光盘中的“素材\第 9 章\音乐达人.prproj”文件，如图 9-36 所示。

图 9-36 打开的项目文件

步骤02 在“时间线”面板的 V1 轨道中双击转场效果，展开“效果控件”面板，如图 9-37 所示。

步骤03 在其中勾选“显示实际源”复选框，执行上述操作后，即可显示实际来源，查看到转场的开始与结束点，如图 9-38 所示。

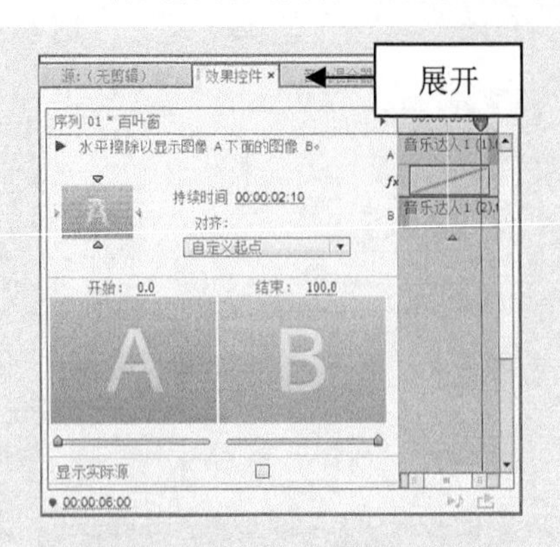


图 9-37 展开“效果控件”面板

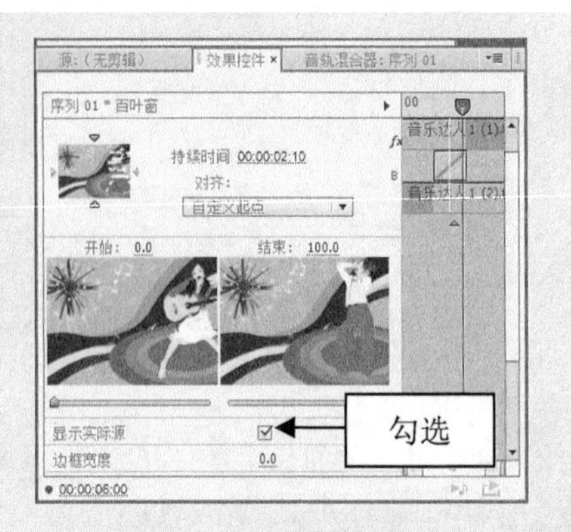


图 9-38 显示实际来源

提示：在“效果控件”面板中勾选“显示实际源”复选框，则大写 A 和 B 两个预览区中显示的分别是视频轨道上第一段素材转场的开始帧和第二段素材的结束帧。

## 9.3.5 实战——转场边框的设置

在 Premiere Pro CC 中，还可以设置边框宽度及边框颜色。下面介绍设置边框与颜色的操作方法。

步骤01 在 Premiere Pro CC 工作界面中，选择“文件”|“打开项目”命令，打开随书附带光盘中的“素材\第 9 章\纹理挂表.prproj”文件，如图 9-39 所示。

步骤02 在“时间线”面板中选择转场效果，如图 9-40 所示。

图 9-39 打开的项目文件

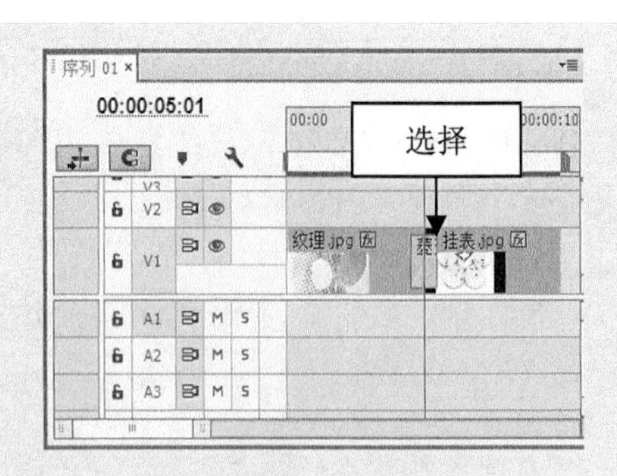


图 9-40 选择转场效果

步骤03 在“效果控件”面板中单击“边色”右侧的色块，弹出“拾色器”对话框，在其中设置 RGB 颜色值为 60、255、0，如图 9-41 所示。

**步骤 04** 单击“确定”按钮，在“效果控件”面板中设置“边框宽度”为 6.0，如图 9-42 所示。

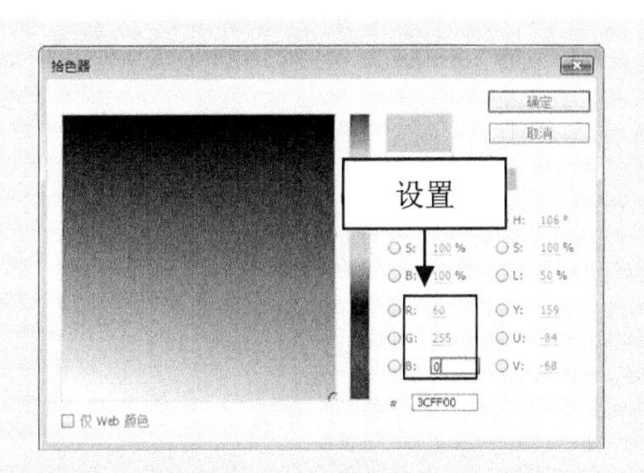


图 9-41 设置 RGB 颜色值

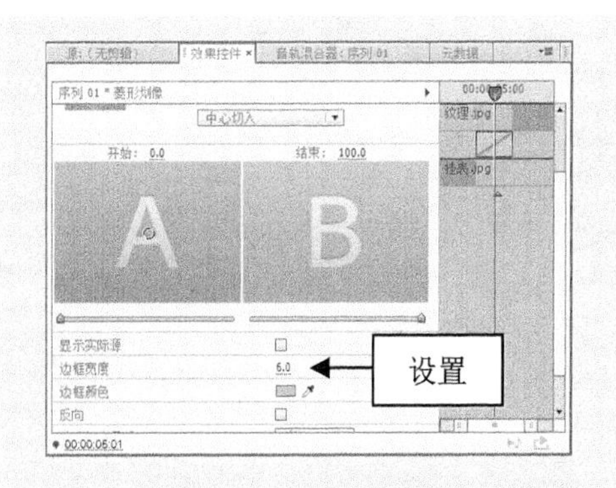


图 9-42 设置边宽值

**步骤 05** 执行上述操作后，单击“节目监视器”面板中的“播放-停止切换”按钮，即可预览设置边框颜色后的转场效果，如图 9-43 所示。

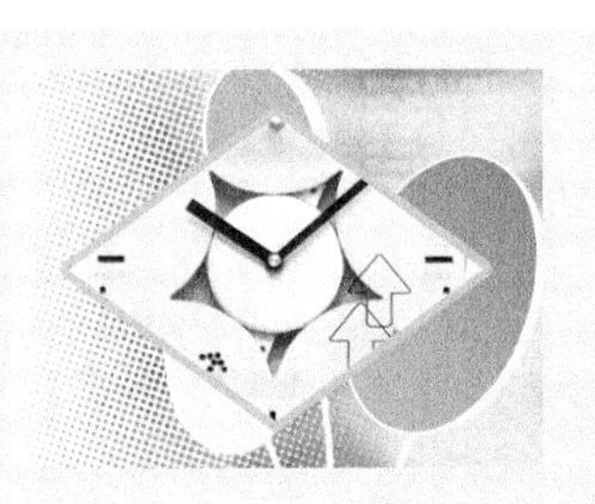

图 9-43 预览转场效果

# 第 10 章

## 转场特效的应用

第 9 章介绍了转场效果的基本设置方法，本章主要介绍常用转场效果与高级转场效果的添加方法，包括添加门转场效果和添加翻页转场效果等内容。

本章重点：

- 常用转场效果的应用
- 高级转场效果的应用

# 10.1 常用转场效果的应用

本节主要介绍常用转场效果的制作方法，以实现场景或情节之间的平滑过渡或达到丰富画面、吸引观众的效果。

## 10.1.1 实战——向上折叠转场效果

应用“向上折叠”视频转场效果，会出现第一个镜头像“折纸”一样的折叠，并逐渐显示出第二个镜头的转场效果。具体操作如下。

**步骤01** 在 Premiere Pro CC 工作界面中，按 Ctrl+O 组合键，打开随书附带光盘中的“素材\第 10 章\汽车广告.prproj”文件，如图 10-1 所示。

**步骤02** 打开项目文件后，在“节目监视器”面板中可以查看素材画面，如图 10-2 所示。

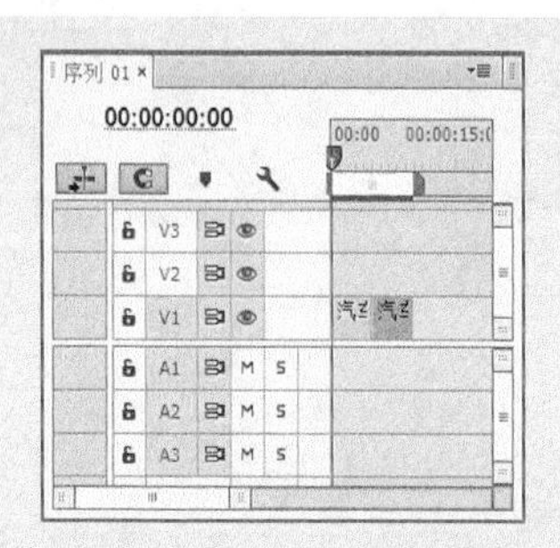

图 10-1 打开项目文件

图 10-2 查看素材画面

**提示：**在 Premiere Pro CC 中，将视频过渡效果应用于素材文件的开始或者结尾处时，可以认为是在素材文件与黑屏之间应用视频过渡效果。

**步骤03** 在“效果”面板中，依次展开“视频过渡”|“3D 运动”选项，在其中选择“向上折叠”选项，如图 10-3 所示。

**步骤04** 将“向上折叠”视频过渡拖曳至“时间轴”面板中的两个素材文件之间，如图 10-4 所示，释放鼠标即可添加视频过渡。

图 10-3 选择“向上折叠”选项

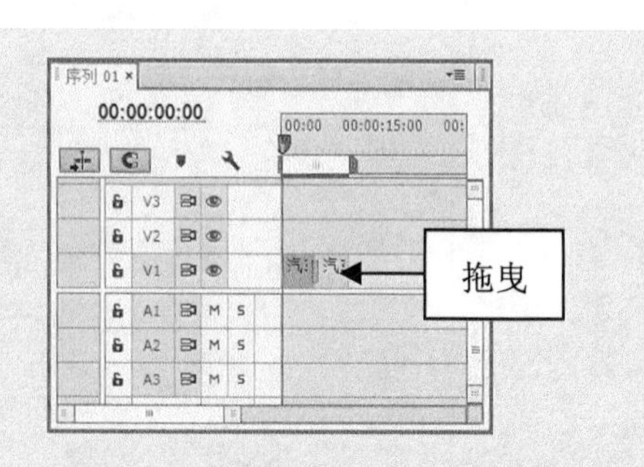


图 10-4 拖曳视频过渡

**步骤05** 在添加的视频过渡上单击鼠标右键，在弹出的快捷菜单中选择“设置过渡持续时间”命令，如图10-5所示。

**步骤06** 在弹出的“设置过渡持续时间”对话框中，设置“持续时间”为00:00:03:00，如图10-6所示。

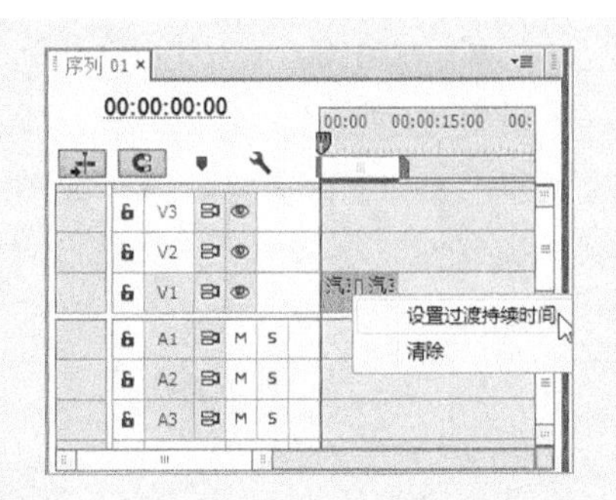


图10-5　选择“设置过渡持续时间”命令

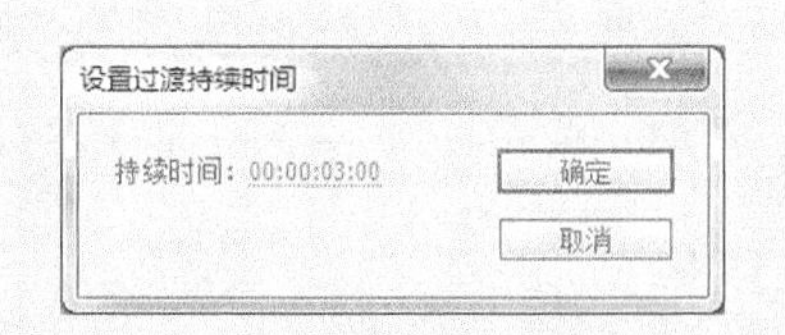


图10-6　“设置过渡持续时间”对话框

**步骤07** 单击“确定”按钮，即可改变过渡持续时间，如图10-7所示。

**步骤08** 执行上述操作后，完成“向上折叠”转场效果的设置，如图10-8所示。

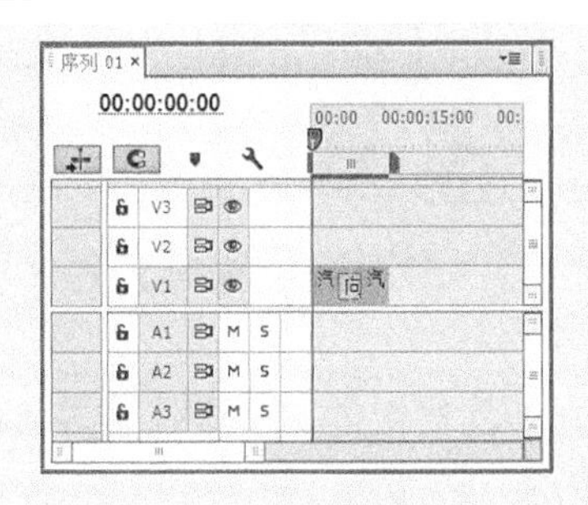


图10-7　设置过渡持续时间

图10-8　设置“向上折叠”转场效果

**步骤09** 在“节目监视器”面板中，单击“播放-停止切换”按钮，预览视频效果，如图10-9所示。

图10-9　预览视频效果

提示：在“3D运动”文件夹中，提供了“向上折叠”、“帘式”、“摆入”、“摆出”、“旋转”“旋转离开”、“立方体旋转”、“筋斗过渡”、“翻转”以及“门”等10种3D运动视频过渡效果。

## 10.1.2　实战——交叉伸展转场效果

“交叉伸展”转场效果是将第一个镜头的画面进行收缩，然后逐渐过渡至第二个镜头的转场效果。应用“交叉伸展”转场效果的具体操作如下。

**步骤01** 在 Premiere Pro CC 工作界面中，按 Ctrl+O 组合键，打开随书附带光盘中的“素材\第 10 章\欢度五一.prproj”文件，如图 10-10 所示。

**步骤02** 打开项目文件后，在“节目监视器”面板中可以查看素材画面，如图 10-11 所示。

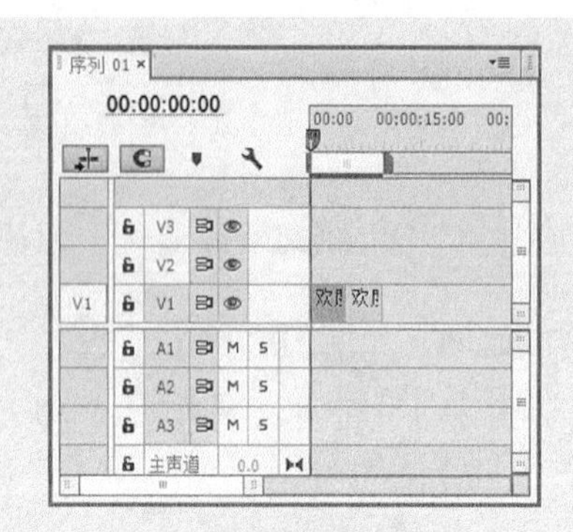


图 10-10　打开项目文件

图 10-11　查看素材画面

**步骤03** 在“效果”面板中，依次展开“视频过渡”|“伸缩”选项，在其中选择“交叉伸展”选项，如图 10-12 所示。

**步骤04** 将“交叉伸展”视频过渡添加到“时间轴”面板中的两个素材文件之间，然后选择“交叉伸展”视频过渡，如图 10-13 所示。

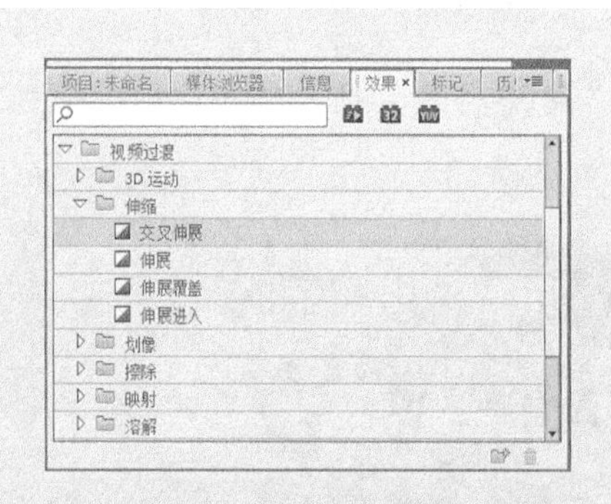


图 10-12　选择“交叉伸展”选项

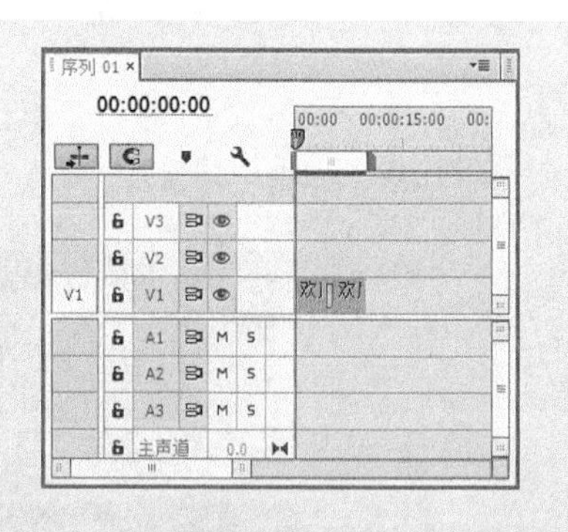


图 10-13　选择“交叉伸展”视频过渡

**步骤05** 切换至“效果控件”面板，在效果缩略图右侧单击“自东向西”按钮，如图 10-14 所示，调整伸展的方向。

**步骤06** 执行上述操作后，即可设置交叉伸展转场效果，如图 10-15 所示。

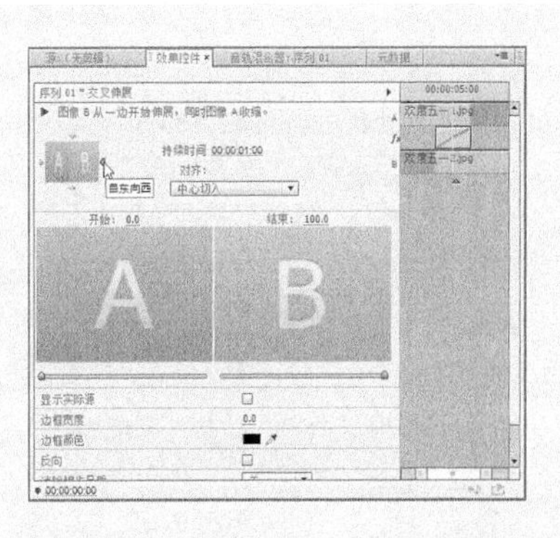

图 10-14 单击“自东向西”按钮

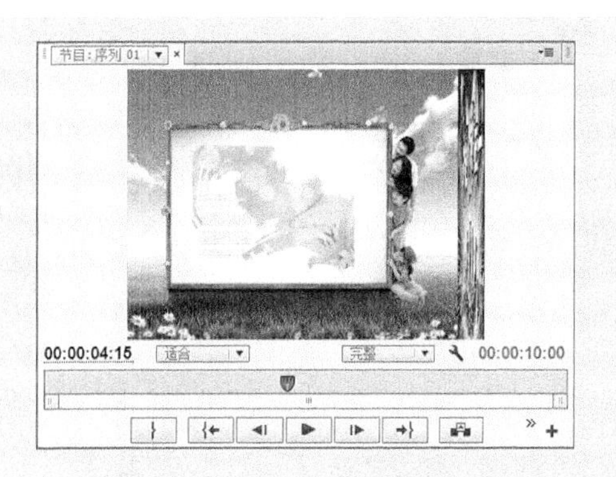

图 10-15 设置“交叉伸展”转场效果

步骤07 在“节目监视器”面板中，单击“播放-停止切换”按钮，预览视频效果，如图 10-16 所示。

图 10-16 预览视频效果

## 10.1.3 实战——星形划像转场效果

“星形划像”转场效果是将第二个镜头的画面以星形方式扩张，然后逐渐取代第一个镜头的转场效果。应用“星形划像”转场效果的具体操作如下。

步骤01 在 Premiere Pro CC 工作界面中，按 Ctrl+O 组合键，打开随书附带光盘中的“素材\第 10 章\电视广告.prproj”文件，如图 10-17 所示。

步骤02 打开项目文件后，在“节目监视器”面板中可以查看素材画面，如图 10-18 所示。

图 10-17 打开项目文件

图 10-18 查看素材画面

**步骤 03** 在“效果”面板中，依次展开“视频过渡”|“划像”选项，在其中选择“星形划像”选项，如图 10-19 所示。

**步骤 04** 将“星形划像”视频过渡添加到“时间轴”面板中相应的两个素材文件之间，然后选择“星形划像”视频过渡，如图 10-20 所示。

图 10-19 选择“星形划像”选项

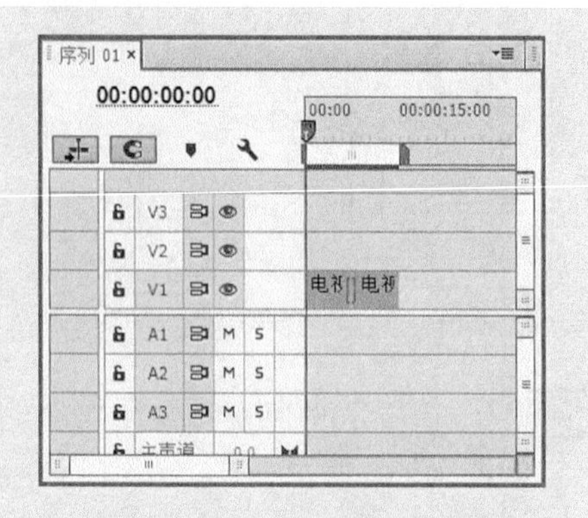


图 10-20 选择“星形划像”视频过渡

**步骤 05** 切换至“效果控件”面板，设置“边框宽度”为 1.0，单击“中心切入”右侧的下拉按钮，在弹出的列表中选择“起点切入”选项，如图 10-21 所示。

**步骤 06** 执行上述操作后，在“效果控件”面板右侧的时间轴上可以看到视频过渡的切入起点，如图 10-22 所示。

**提示：** 在“效果控件”面板的时间轴上，将鼠标指针移至效果图标右侧的视频过渡效果上，当鼠标指针变成带箭头的矩形形状时，按住鼠标左键并拖曳，可以自定义视频过渡的切入起点，如图 10-23 所示。

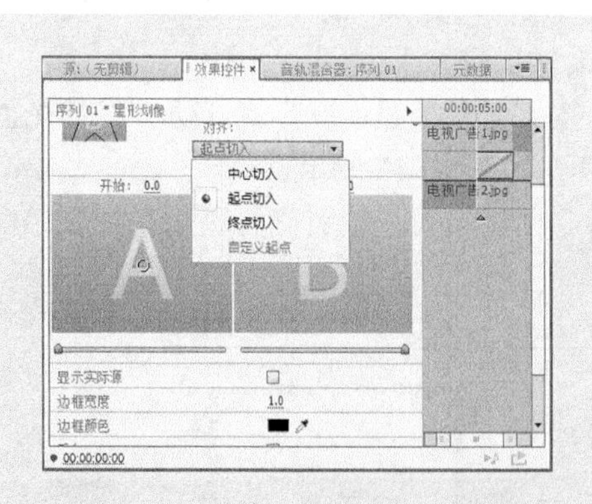


图 10-21 选择“起点切入”选项

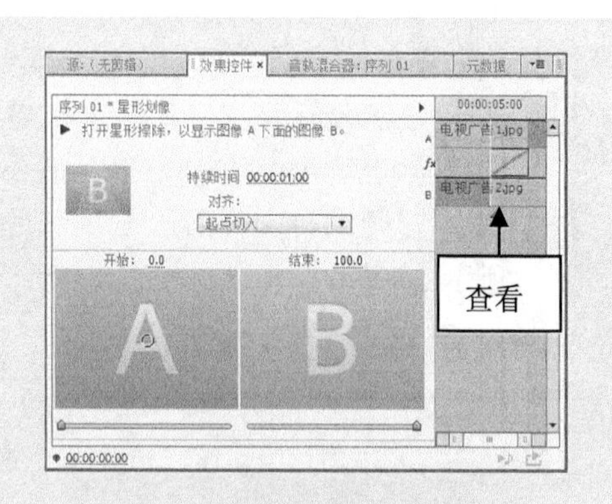


图 10-22 查看切入起点

**步骤 07** 执行上述操作后，即可完成“星形划像”转场效果的设置，如图 10-24 所示。

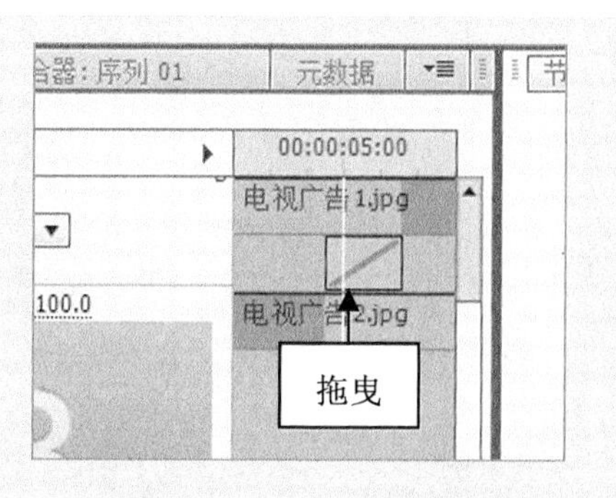


图 10-23 拖曳视频过渡效果

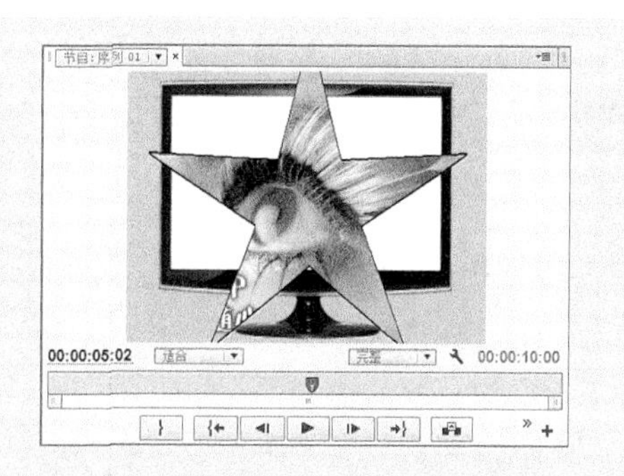


图 10-24 设置“星形划像”转场效果

**步骤 08** 在“节目监视器”面板中，单击“播放-停止切换”按钮，预览视频效果，如图 10-25 所示。

图 10-25 预览视频效果

## 10.1.4 实战——叠加溶解转场效果

“叠加溶解”转场效果是第一个镜头的画面融化消失，第二个镜头的画面同时出现的转场效果。应用“叠加溶解”转场效果的具体操作如下。

**步骤 01** 在 Premiere Pro CC 工作界面中，按 Ctrl+O 组合键，打开随书附带光盘中的“素材\第 10 章\精致茶壶.prproj”文件，如图 10-26 所示。

**步骤 02** 打开项目文件后，在“节目监视器”面板中可以查看素材画面，如图 10-27 所示。

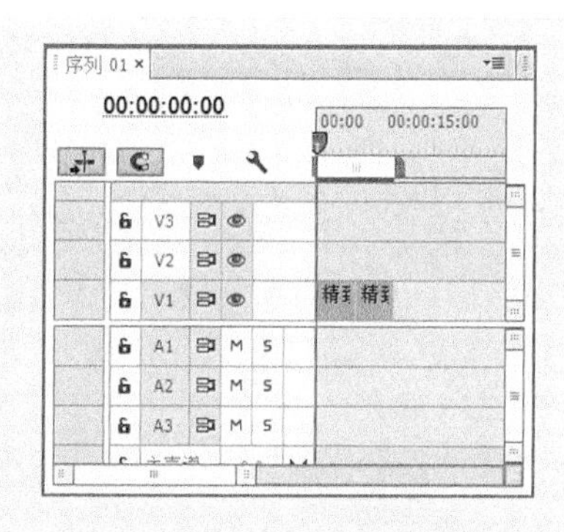


图 10-26 打开项目文件

图 10-27 查看素材画面

**步骤 03** 在“效果”面板中，依次展开“视频过渡”|“溶解”选项，在其中选择“叠加溶解”选项，如图 10-28 所示。

**步骤 04** 将“叠加溶解”视频过渡添加到“时间轴”面板中相应的两个素材文件之间，如图 10-29 所示。

图 10-28 选择“叠加溶解”选项

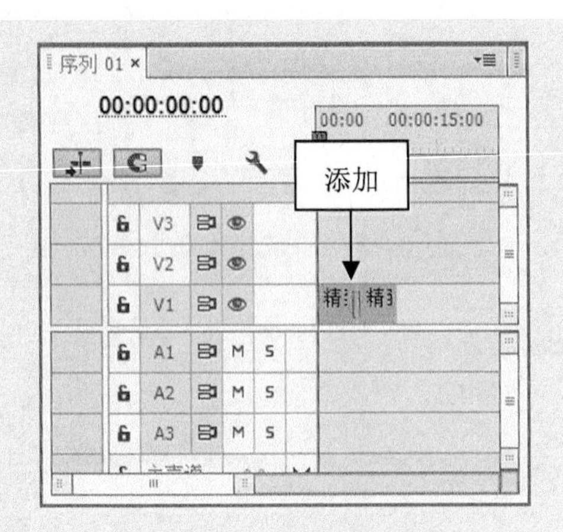


图 10-29 添加视频过渡

**步骤 05** 在“时间轴”面板中选择“叠加溶解”视频过渡，切换至“效果控件”面板，将鼠标指针移至效果图标右侧的视频过渡效果上，当鼠标指针变成红色拉伸形状时，按住鼠标左键并向右拖曳，如图 10-30 所示，即可调整视频过渡效果的播放时间。

**步骤 06** 执行上述操作后，即可完成“叠加溶解”转场效果的设置，如图 10-31 所示。

**步骤 07** 在“节目监视器”面板中，单击“播放-停止切换”按钮，预览视频效果，如图 10-32 所示。

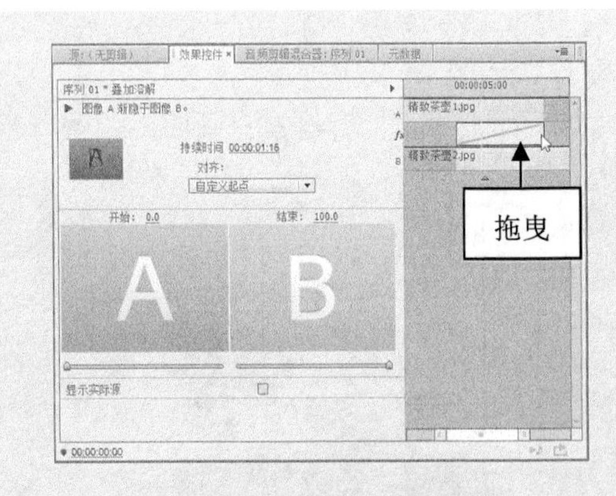


图 10-30 拖曳视频过渡

图 10-31 设置“叠加溶解”转场效果

图 10-32 预览视频效果

## 10.1.5 实战——中心拆分转场效果

“中心拆分”转场效果是将第一个镜头的画面从中心拆分为 4 个画面，并向 4 个角落移动，逐渐过渡至第二个镜头的转场效果。应用“中心拆分”转场效果的具体操作如下。

**步骤 01** 在 Premiere Pro CC 工作界面中，按 Ctrl+O 组合键，打开随书附带光盘中的“素材\第 10 章\冰河世纪.prproj”文件，如图 10-33 所示。

**步骤 02** 打开项目文件后，在“节目监视器”面板中可以查看素材画面，如图 10-34 所示。

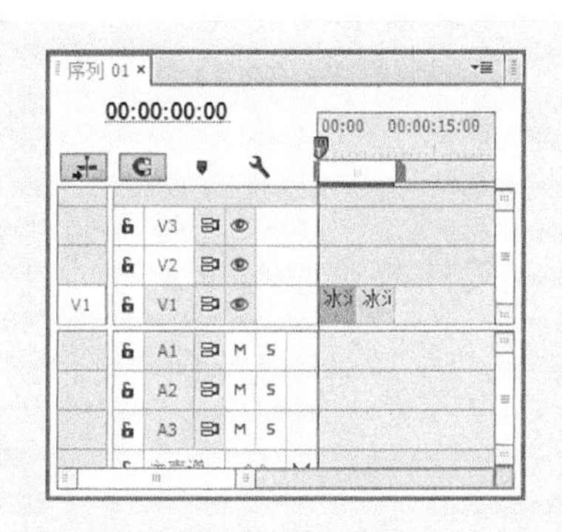


图 10-33 打开项目文件

图 10-34 查看素材画面

**步骤 03** 在“效果”面板中，依次展开“视频过渡”|“滑动”选项，在其中选择“中心拆分”选项，如图 10-35 所示。

**步骤 04** 将“中心拆分”视频过渡添加到“时间轴”面板中相应的两个素材文件之间，如图 10-36 所示。

**步骤 05** 在“时间轴”面板中选择“中心拆分”视频过渡，切换至“效果控件”面板，设置“边框宽度”为 2.0、“边框颜色”为白色，如图 10-37 所示。

**步骤 06** 执行上述操作后，即可完成“中心拆分”转场效果的设置，如图 10-38 所示。

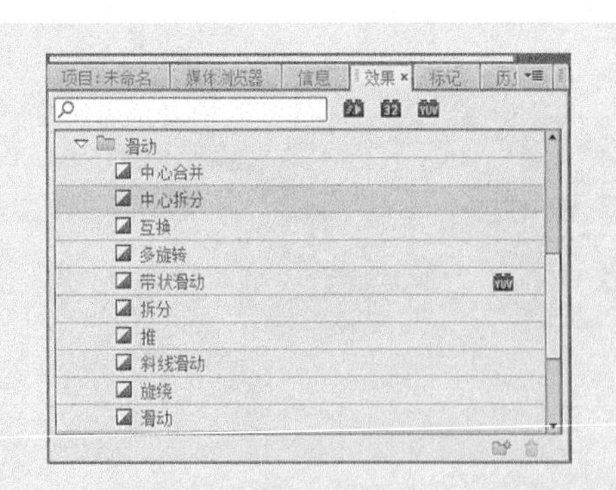

图 10-35　选择"中心拆分"选项

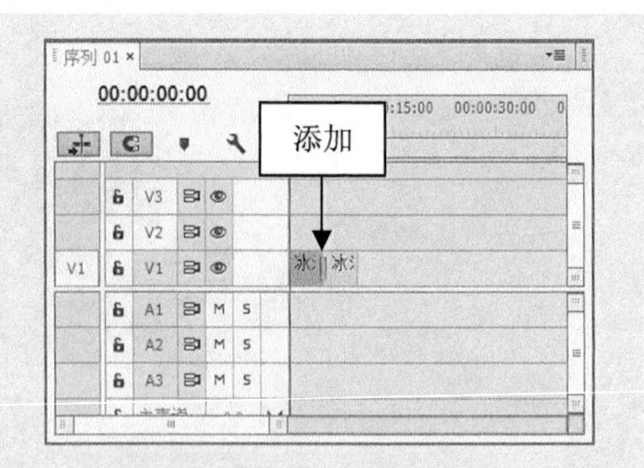


图 10-36　添加视频过渡

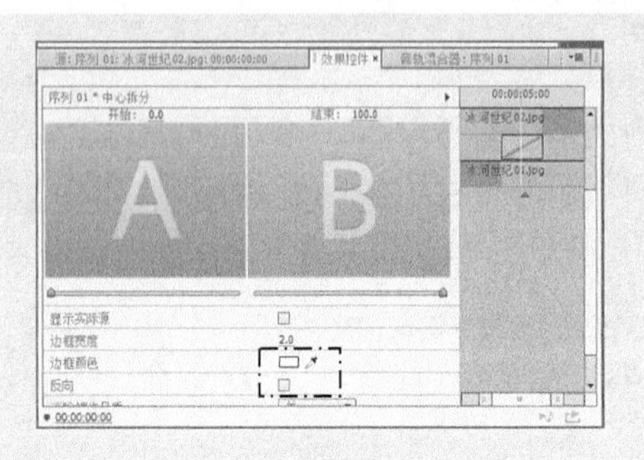

图 10-37　设置颜色为白色

图 10-38　设置"中心拆分"转场效果

**步骤 07** 在"节目监视器"面板中，单击"播放-停止切换"按钮，预览视频效果，如图 10-39 所示。

图 10-39　预览视频效果

## 10.1.6　实战——带状滑动转场效果

"带状滑动"转场效果是将第二个镜头的画面以长条带状的方式进入，逐渐取代第一个镜头的转场效果。应用"带状滑动"转场效果的具体操作如下。

**步骤 01** 在 Premiere Pro CC 工作界面中，按 Ctrl＋O 组合键，打开随书附带光盘中的"素材\第 10 章\手机.prproj"文件，如图 10-40 所示。

**步骤 02** 打开项目文件后，在"节目监视器"面板中可以查看素材画面，如图 10-41 所示。

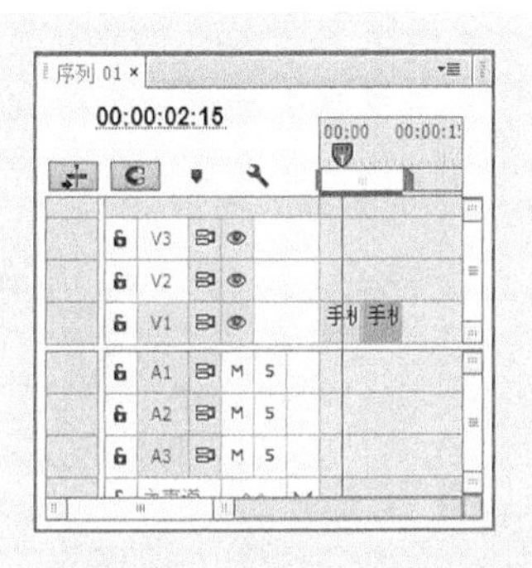


图 10-40 打开项目文件

图 10-41 查看素材画面

**步骤03** 在“效果”面板中，依次展开“视频过渡”|“滑动”选项，在其中选择“带状滑动”选项，如图 10-42 所示。

**步骤04** 将“带状滑动”视频过渡添加到“时间轴”面板中相应的两个素材文件之间，如图 10-43 所示。

**步骤05** 在“时间轴”面板中选择“带状滑动”视频过渡，如图 10-44 所示。

图 10-42 选择“带状滑动”选项

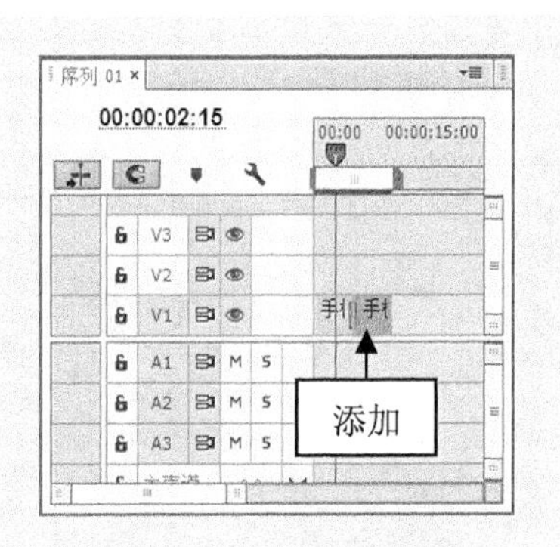


图 10-43 添加视频过渡

**步骤06** 切换至“效果控件”面板，单击“自定义”按钮，如图 10-45 所示。

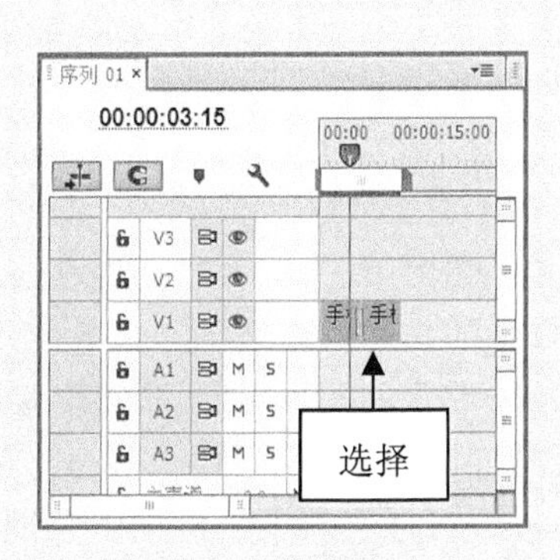


图 10-44 选择视频过渡

图 10-45 单击“自定义”按钮

**步骤07** 弹出“带状滑动设置”对话框，设置“带数量”为 12，如图 10-46 所示。

**步骤08** 单击“确定”按钮，即可完成“带状滑动”视频过渡效果的设置，如图 10-47 所示。

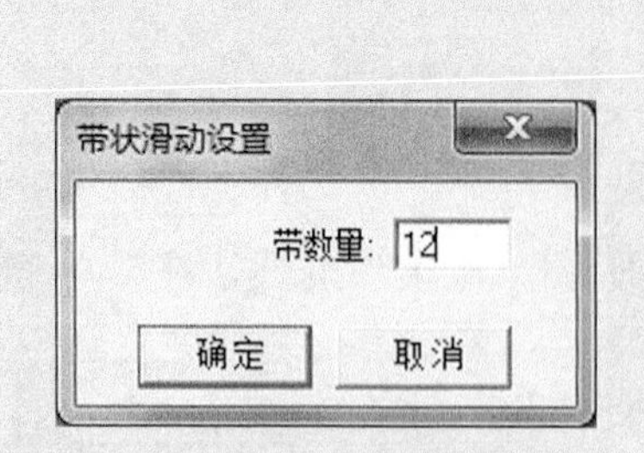


图 10-46　设置“带数量”为 12

图 10-47　设置“带状滑动”视频过渡效果

**步骤09** 在“节目监视器”面板中，单击“播放-停止切换”按钮，预览视频效果，如图 10-48 所示。

图 10-48　预览视频效果

## 10.1.7　实战——缩放轨迹转场效果

“缩放轨迹”转场效果是将第一个镜头的画面向中心缩小，并显示缩小轨迹，逐渐过渡到第二个镜头的转场效果。应用“缩放轨迹”转场效果的具体操作如下。

**步骤01** 在 Premiere Pro CC 工作界面中，按 Ctrl+O 组合键，打开随书附带光盘中的“素材\第 10 章\结婚特写.prproj”文件，如图 10-49 所示。

**步骤02** 打开项目文件后，在“节目监视器”面板中可以查看素材画面，如图 10-50 所示。

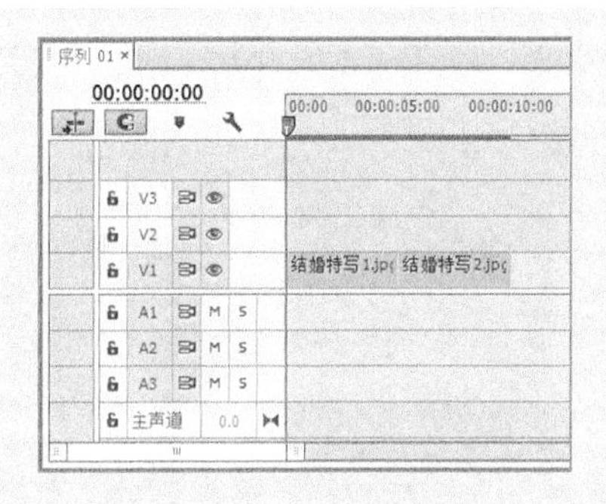

图 10-49　打开项目文件

图 10-50　查看素材画面

**步骤 03**　在“效果”面板中，依次展开“视频过渡”|“缩放”选项，在其中选择“缩放轨迹”选项，如图 10-51 所示。

**步骤 04**　将“缩放轨迹”视频过渡拖曳到“时间轴”面板中相应的两个素材文件之间，如图 10-52 所示。

图 10-51　选择“缩放轨迹”选项

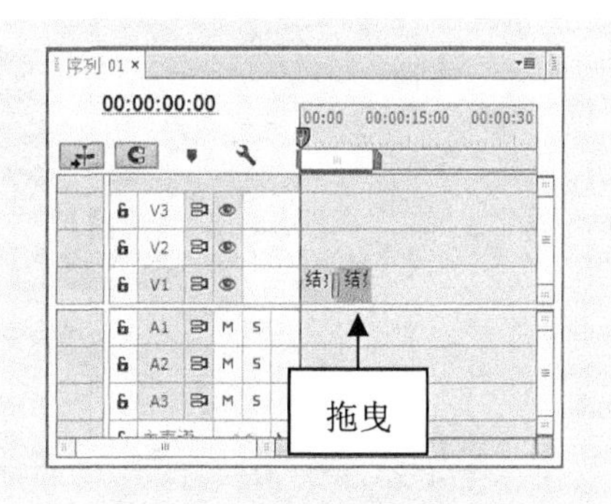


图 10-52　拖曳视频过渡

**步骤 05**　释放鼠标即可添加视频过渡效果，然后在“时间轴”面板中选择“缩放轨迹”视频过渡，如图 10-53 所示。

**步骤 06**　切换至“效果控件”面板，单击“自定义”按钮，如图 10-54 所示。

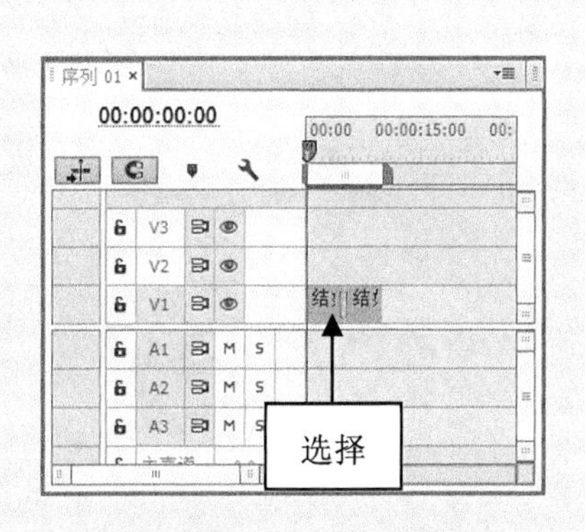


图 10-53　选择视频过渡

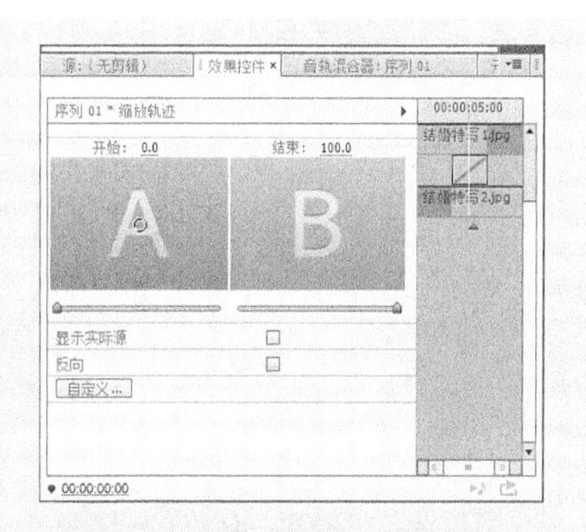

图 10-54　单击“自定义”按钮

**步骤07** 弹出“缩放轨迹设置”对话框，设置“轨迹数量”为16，如图10-55所示。

**步骤08** 单击“确定”按钮，即可完成“缩放轨迹”视频过渡的设置，如图10-56所示。

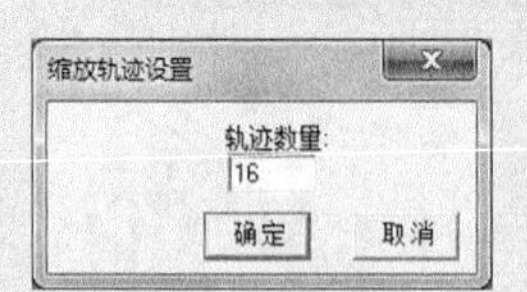


图 10-55 设置“轨迹数量”为 16

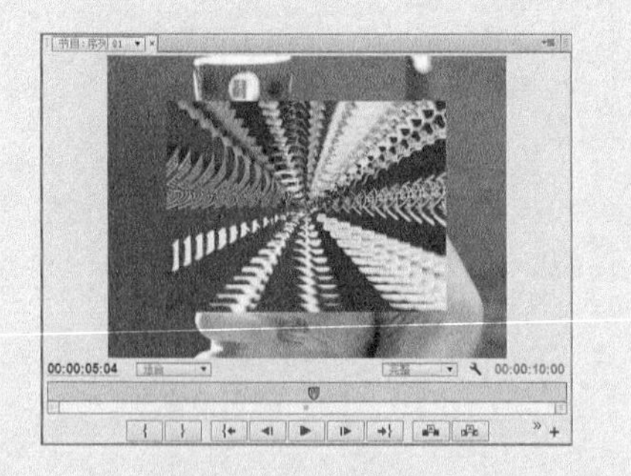


图 10-56 设置“缩放轨迹”视频过渡

**步骤09** 在“节目监视器”面板中，单击“播放-停止切换”按钮，预览视频效果，如图10-57所示。

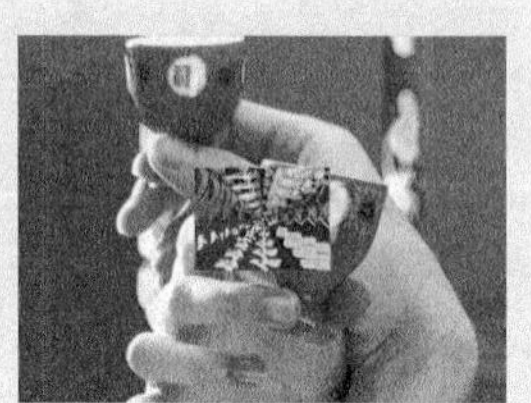

图 10-57 预览视频效果

## 10.1.8 实战——页面剥落转场效果

“页面剥落”转场效果是将第一个镜头的画面以页面的形式从左上角剥落，并逐渐过渡到第二个镜头的转场效果。应用“页面剥落”转场效果的具体操作如下。

**步骤01** 在 Premiere Pro CC 工作界面中，按 Ctrl+O 组合键，打开随书附带光盘中的“素材\第10章\元旦快乐.prproj”文件，如图10-58所示。

**步骤02** 打开项目文件后，在“节目监视器”面板中可以查看素材画面，如图10-59所示。

图 10-58 打开项目文件

图 10-59 查看素材画面

**步骤03** 在“效果”面板中，依次展开“视频过渡”|“页面剥落”选项，在其中选择“页面剥落”选项，如图10-60所示。

**步骤04** 将“页面剥落”视频过渡添加到“时间轴”面板中相应的两个素材文件之间，如图10-61所示。

**步骤05** 在“时间轴”面板中选择“页面剥落”视频过渡，切换至“效果控件”面板，勾选“反向”复选框，如图10-62所示，即可将页面剥落视频过渡效果进行反向。

**步骤06** 在“节目监视器”面板中，单击“播放-停止切换”按钮，预览视频效果，如图10-63所示。

图10-60 选择“页面剥落”选项

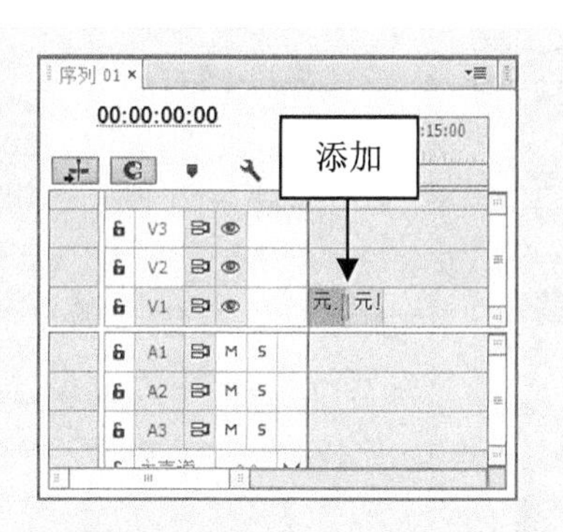


图10-61 添加视频过渡

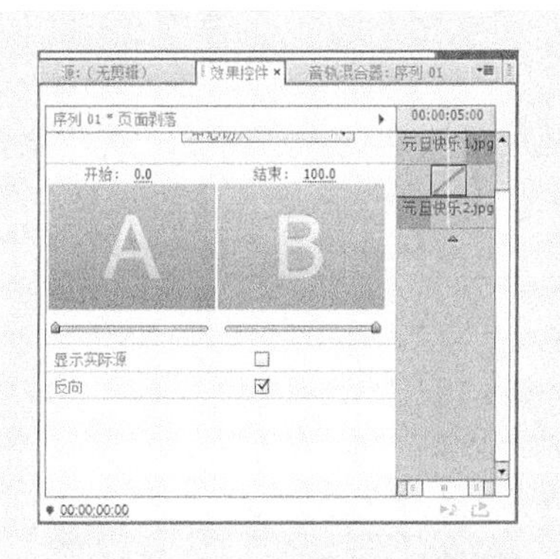


图10-62 勾选“反向”复选框

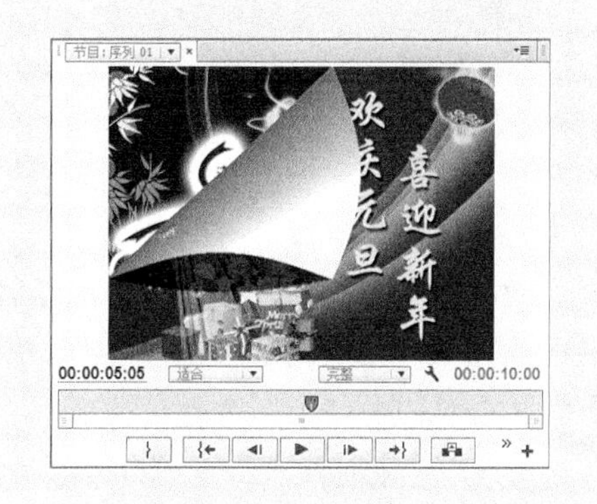


图10-63 预览视频效果

## 10.1.9 实战——映射转场效果

“映射”转场效果提供了两种类型的转场特效，一种是“声道映射”转场，另一种是“明亮度映射”转场。本例将介绍“声道映射”转场效果的使用方法，具体操作如下。

**步骤01** 在Premiere Pro CC工作界面中，按Ctrl+O组合键，打开随书附带光盘中的“素材\第10章\游戏宣传.prproj”文件，如图10-64所示。

**步骤02** 打开项目文件后，在“节目监视器”面板中可以查看素材画面，如图10-65所示。

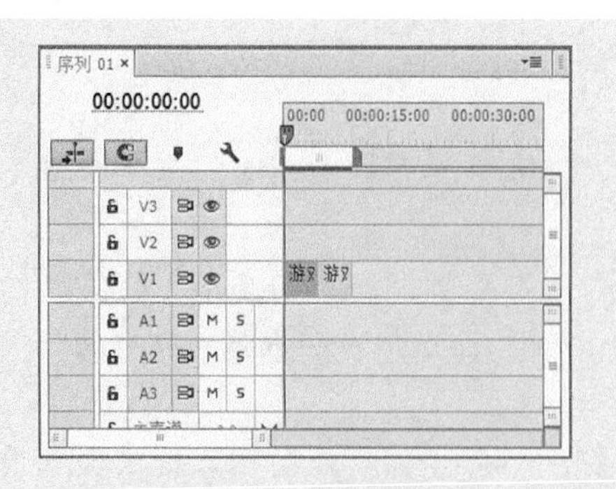

图 10-64 打开项目文件

图 10-65 查看素材画面

**步骤 03** 在“效果”面板中，依次展开“视频过渡”|“映射”选项，在其中选择“声道映射”选项，如图 10-66 所示。

**步骤 04** 将“声道映射”视频过渡拖曳到“时间轴”面板中相应的两个素材文件之间，如图 10-67 所示。

**步骤 05** 释放鼠标，弹出“通道映射设置”对话框，勾选“至目标蓝色”右侧的“反转”复选框，如图 10-68 所示。

**步骤 06** 单击“确定”按钮，即可添加“声道映射”转场效果，如图 10-69 所示。

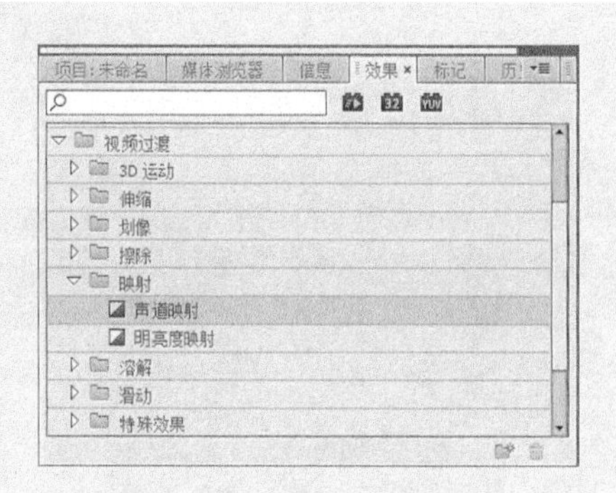


图 10-66 选择“声道映射”选项

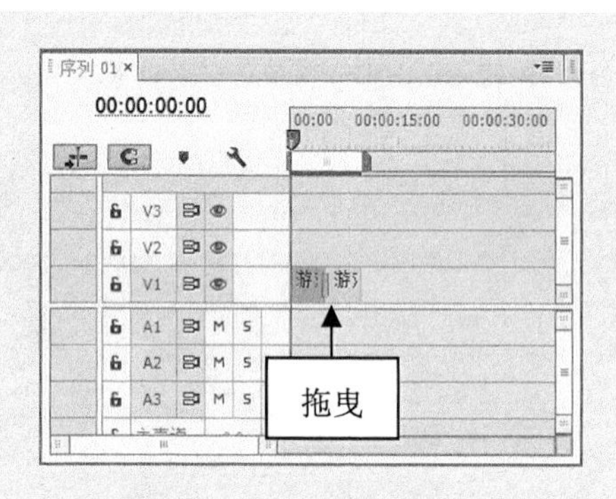


图 10-67 拖曳视频过渡

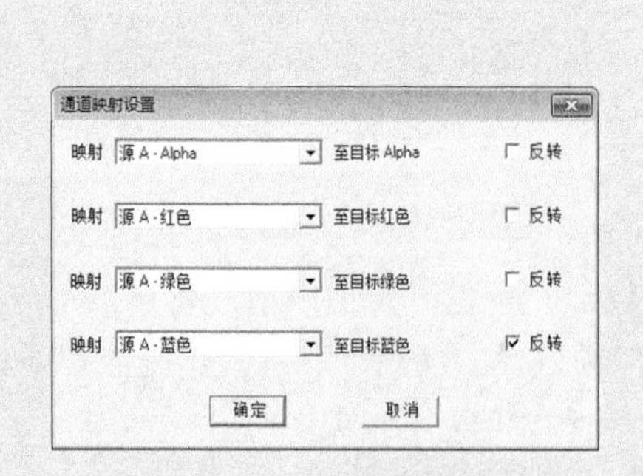


图 10-68 勾选相应的复选框

图 10-69 添加“声道映射”转场效果

**步骤07** 在“节目监视器”面板中，单击“播放-停止切换”按钮，预览视频效果，如图10-70所示。

图10-70 预览视频效果

## 10.1.10 实战——翻转转场效果

“翻转”转场效果是将第一个镜头的画面翻转，逐渐过渡到第二个镜头的转场效果。应用“翻转”转场效果的具体操作如下。

**步骤01** 在Premiere Pro CC工作界面中，按Ctrl+O组合键，打开随书附带光盘中的“素材\第10章\小提琴.prproj”文件，如图10-71所示。

**步骤02** 打开项目文件后，在“节目监视器”面板中可以查看素材画面，如图10-72所示。

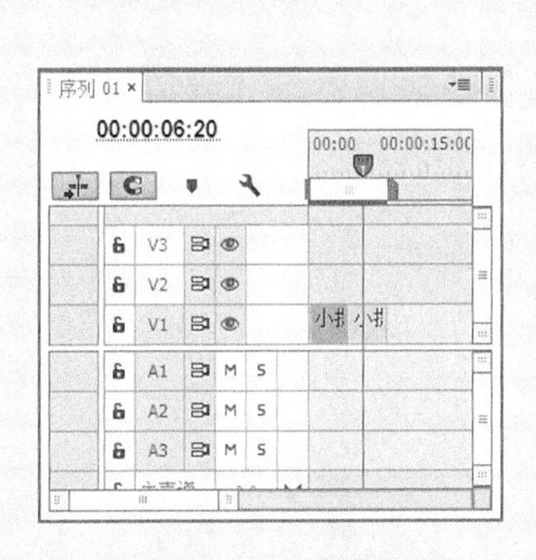


图10-71 打开项目文件

图10-72 查看素材画面

**步骤03** 在“效果”面板中，依次展开“视频过渡”|“3D运动”选项，在其中选择“翻转”选项，如图10-73所示。

**步骤04** 将“翻转”视频过渡添加到“时间轴”面板中相应的两个素材文件之间，如图10-74所示。

图 10-73　选择“翻转”选项

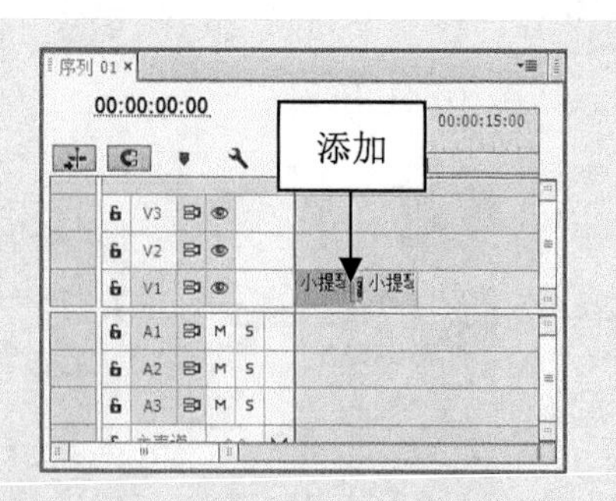


图 10-74　添加视频过渡

**步骤 05**　在“时间轴”面板中选择“翻转”视频过渡，切换至“效果控件”面板，单击“自定义”按钮，如图 10-75 所示。

**步骤 06**　在弹出的“翻转设置”对话框中，设置“带”为 8，单击“填充颜色”右侧的色块，如图 10-76 所示。

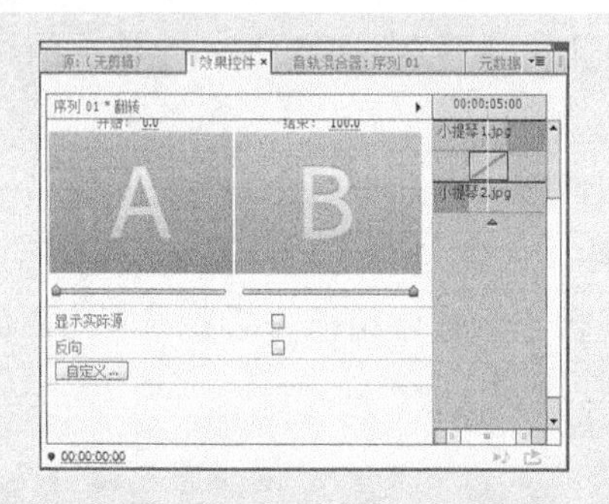


图 10-75　单击“自定义”按钮

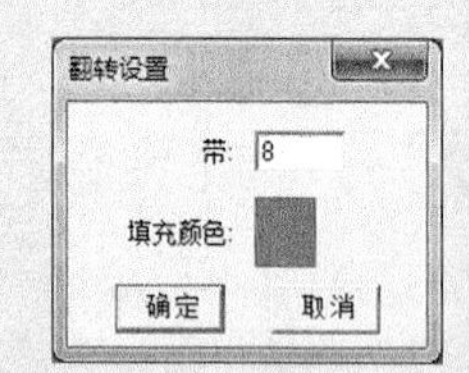


图 10-76　单击色块

**步骤 07**　在弹出的“拾色器”对话框中，设置颜色的 RGB 参数值为 255、252、0，如图 10-77 所示。

**步骤 08**　单击“确定”按钮，即可完成“翻转”转场效果的设置，如图 10-78 所示。

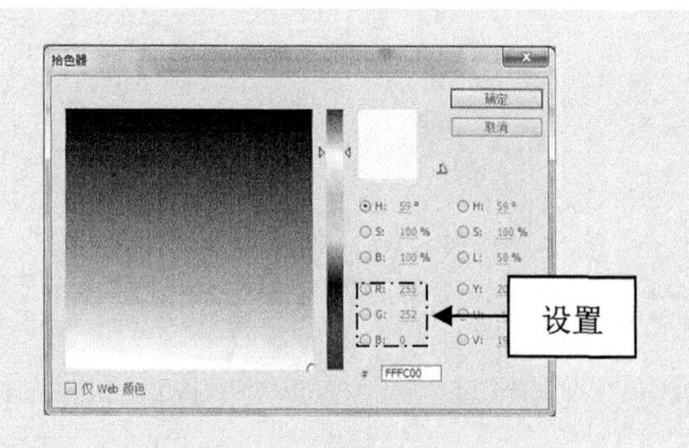


图 10-77　设置颜色参数

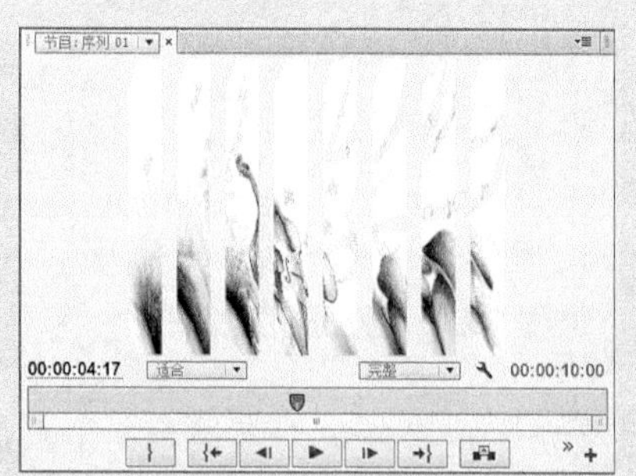


图 10-78　设置“翻转”转场效果

**步骤 09**　在“节目监视器”面板中，单击“播放-停止切换”按钮，预览视频效果，如图 10-79 所示。

图 10-79 预览视频效果

## 10.1.11 实战——纹理化转场效果

“纹理化”转场效果是在第一个镜头的画面显示第二个镜头画面的纹理，然后过渡到第二个镜头的转场效果。应用“纹理化”转场效果的具体操作如下。

**步骤01** 在 Premiere Pro CC 工作界面中，按 Ctrl+O 组合键，打开随书附带光盘中的“素材\第 10 章\远射远眺.prproj”文件，如图 10-80 所示。

**步骤02** 打开项目文件后，在“节目监视器”面板中可以查看素材画面，如图 10-81 所示。

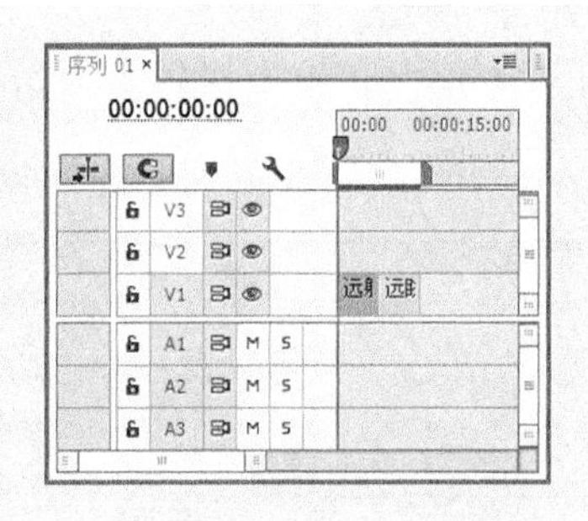


图 10-80 打开项目文件

图 10-81 查看素材画面

**步骤03** 在“效果”面板中，依次展开“视频过渡”|“特殊效果”选项，在其中选择“纹理化”选项，如图 10-82 所示。

**步骤04** 将“纹理化”视频过渡拖曳到“时间轴”面板中相应的两个素材文件之间，释放鼠标，即可添加“纹理化”转场效果，如图 10-83 所示。

图 10-82 选择“纹理化”选项

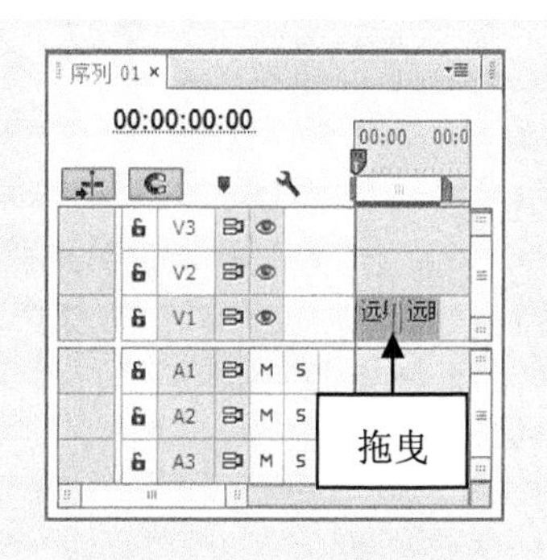


图 10-83 拖曳视频过渡

**步骤 05** 在“节目监视器”面板中，单击“播放-停止切换”按钮，预览视频效果，如图 10-84 所示。

图 10-84　预览视频效果

## 10.1.12　实战——门转场效果

“门”转场效果主要是在两个图像素材之间以关门的形式来实现过渡。应用“门”转场效果的具体操作如下。

**步骤 01** 在 Premiere Pro CC 工作界面中，按 Ctrl+O 组合键，打开随书附带光盘中的“素材\第 10 章\蛋糕.prproj”文件，如图 10-85 所示。

**步骤 02** 打开项目文件后，在“节目监视器”面板中可以查看素材画面，如图 10-86 所示。

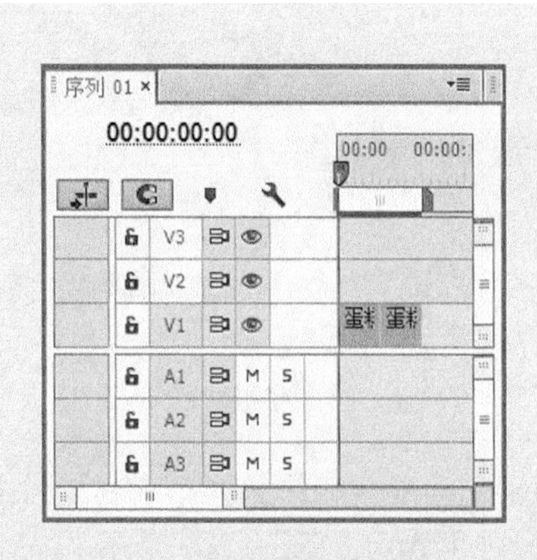


图 10-85　打开项目文件

图 10-86　查看素材画面

**步骤 03** 在“效果”面板中，依次展开“视频过渡”|“3D 运动”选项，在其中选择“门”选项，如图 10-87 所示。

**步骤 04** 将“门”视频过渡拖曳到“时间轴”面板中相应的两个素材文件之间，释放鼠标，即可添加“门”转场效果，如图 10-88 所示。

**步骤 05** 在“节目监视器”面板中，单击“播放-停止切换”按钮，预览视频效果，如图 10-89 所示。

图 10-87 选择“门”选项

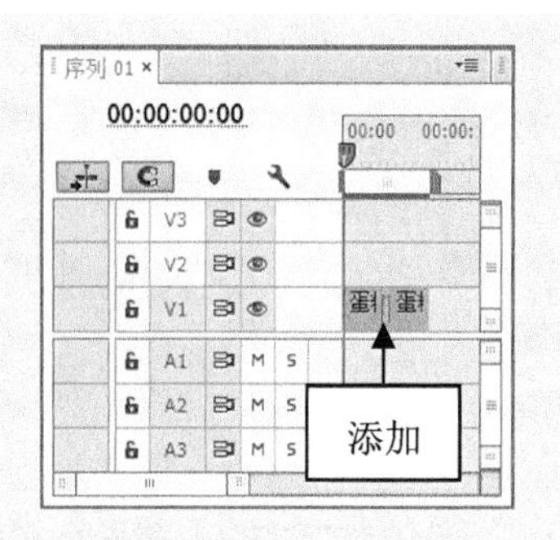


图 10-88 添加视频过渡

图 10-89 预览视频效果

## 10.1.13 实战——卷走转场效果

“卷走”转场效果是将第一个镜头中的画面像纸张一样卷出镜头，最终显示出第二个镜头。应用“卷走”转场效果的具体操作如下。

**步骤01** 按 Ctrl+O 组合键，以 10.1.12 小节的素材为例，在“效果”面板中，依次展开“视频过渡”|“页面剥落”选项，在其中选择“卷走”选项，如图 10-90 所示。

**步骤02** 将“卷走”视频过渡拖曳到“时间轴”面板中相应的两个素材文件之间，释放鼠标，即可添加“卷走”转场效果，如图 10-91 所示。

图 10-90 选择“卷走”选项

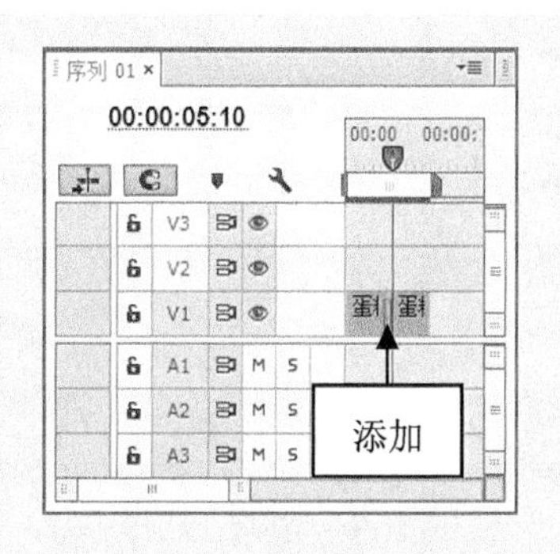


图 10-91 添加视频过渡

**步骤03** 在“节目监视器”面板中，单击“播放-停止切换”按钮，预览视频效果，如图 10-92 所示。

图 10-92　预览视频效果

## 10.1.14　实战——旋转转场效果

“旋转”转场效果是将第二幅图像以旋转的形式出现在第一幅图像上以实现过渡。应用“旋转”转场效果的具体操作如下。

**步骤 01**　在 Premiere Pro CC 工作界面中，按 Ctrl+O 组合键，打开随书附带光盘中的“素材\第 10 章\数码.prproj”文件，如图 10-93 所示。

**步骤 02**　打开项目文件后，在“节目监视器”面板中可以查看素材画面，如图 10-94 所示。

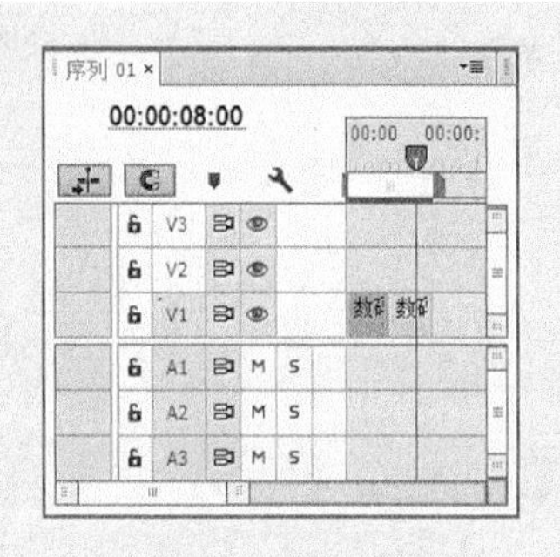


图 10-93　打开项目文件

图 10-94　查看素材画面

**步骤 03**　在“效果”面板中，依次展开“视频过渡”|“3D 运动”选项，在其中选择“旋转”选项，如图 10-95 所示。

**步骤 04**　将“旋转”视频过渡添加到“时间轴”面板中相应的两个素材文件之间，如图 10-96 所示。

**步骤 05**　展开“效果控件”面板，设置“持续时间”为 00:00:08:00，如图 10-97 所示。

图 10-95　选择“旋转”选项

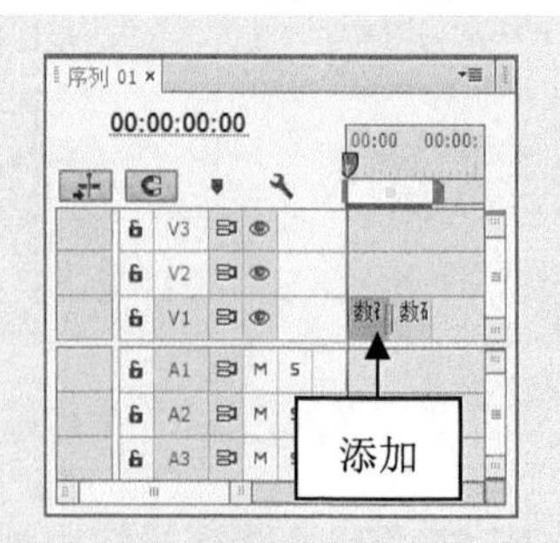


图 10-96　添加视频过渡

**步骤06** 执行上述操作后，即可添加“旋转”转场效果，如图 10-98 所示。

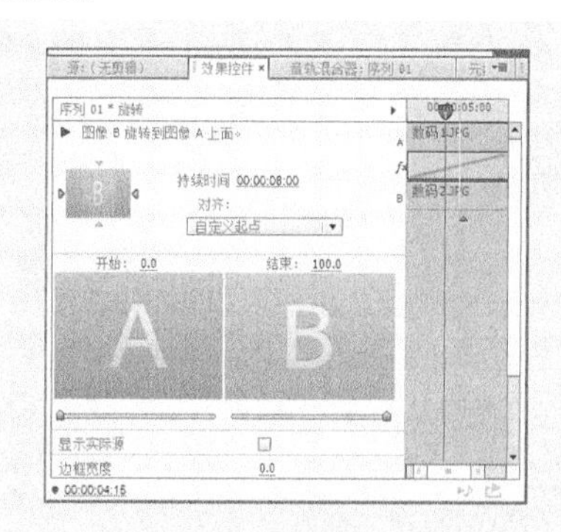


图 10-97　设置持续时间

图 10-98　添加“旋转”转场效果

**步骤07** 在“节目监视器”面板中，单击“播放-停止切换”按钮，预览视频效果，如图 10-99 所示。

图 10-99　预览视频效果

## 10.1.15　实战——摆入转场效果

“摆入”转场效果是将第二幅图像像钟摆一样从画面外侧摆入，并取代第一幅图像在屏幕中的位置。应用“摆入”转场效果的具体操作如下。

**步骤01** 在 Premiere Pro CC 工作界面中，按 Ctrl+O 组合键，打开随书附带光盘中的“素材\第 10 章\绚丽.prproj”文件，如图 10-100 所示。

**步骤02** 打开项目文件后，在“节目监视器”面板中可以查看素材画面，如图 10-101 所示。

图 10-100　打开项目文件

图 10-101　查看素材画面

**步骤 03** 在"效果"面板中，依次展开"视频过渡"|"3D 运动"选项，在其中选择"摆入"选项，如图 10-102 所示。

**步骤 04** 将"摆入"视频过渡拖曳到"时间轴"面板中相应的两个素材文件之间，执行操作后，即可添加"摆入"转场效果，如图 10-103 所示。

图 10-102 选择"摆入"选项

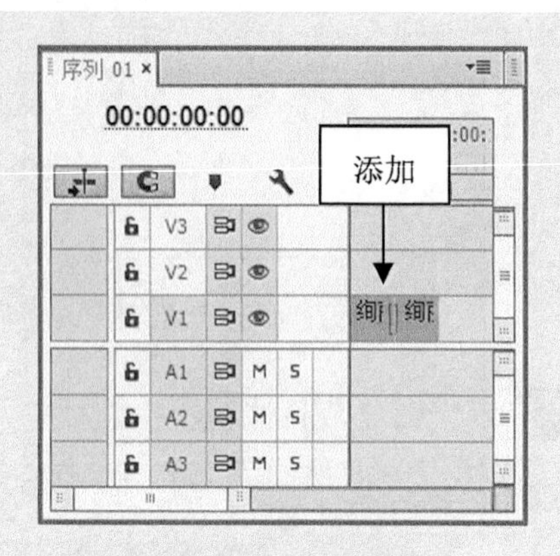


图 10-103 添加视频过渡

**步骤 05** 在"节目监视器"面板中，单击"播放-停止切换"按钮，预览添加转场后的视频效果，如图 10-104 所示。

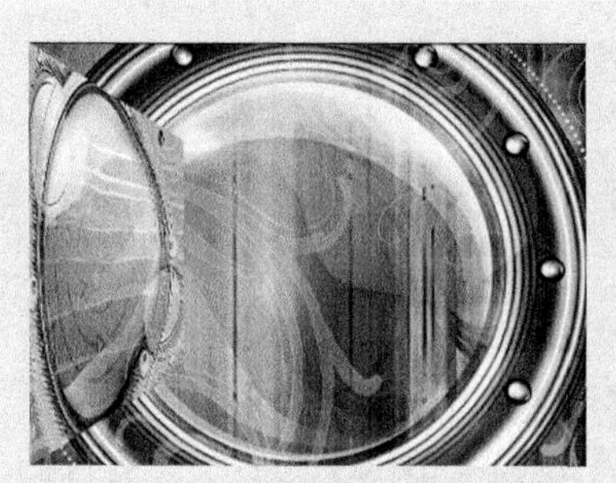

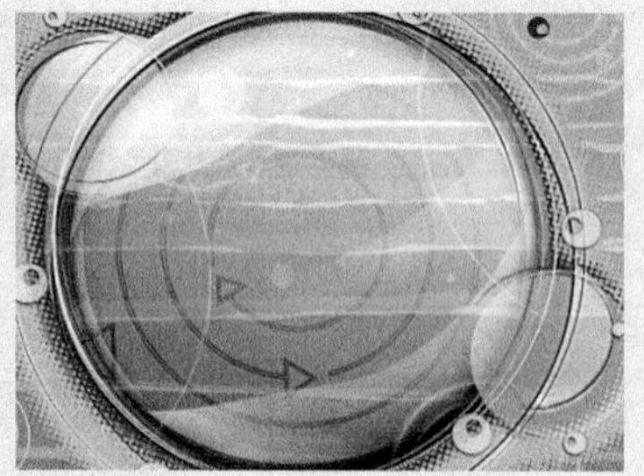

图 10-104 预览视频效果

## 10.1.16 实战——摆出转场效果

"摆出"转场效果与"摆入"转场效果有些类似，只是过渡的方式有些不同。应用"摆出"转场效果的具体操作如下。

**步骤 01** 以 10.1.15 小节的素材为例，在"效果"面板中展开"视频过渡"选项，在"3D 运动"列表框中选择"摆出"选项，如图 10-105 所示。

**步骤 02** 单击鼠标左键将"摆出"视频过渡拖曳到"时间轴"面板中相应的两个素材文件之间，如图 10-106 所示。

图 10-105 选择“摆出”选项

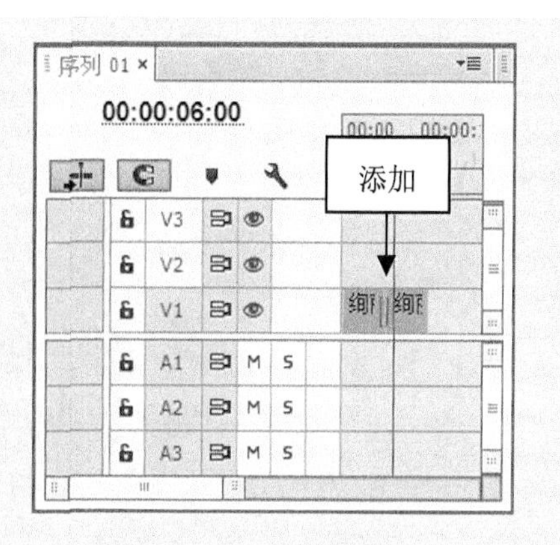


图 10-106 添加视频过渡

**步骤 03** 释放鼠标，展开“效果控件”面板。设置“持续时间”为 00:00:09:00，如图 10-107 所示。

**步骤 04** 执行操作后，即可添加摆出转场效果。在“节目监视器”面板中，单击“播放-停止切换”按钮，预览添加转场后的图像效果，如图 10-108 所示。

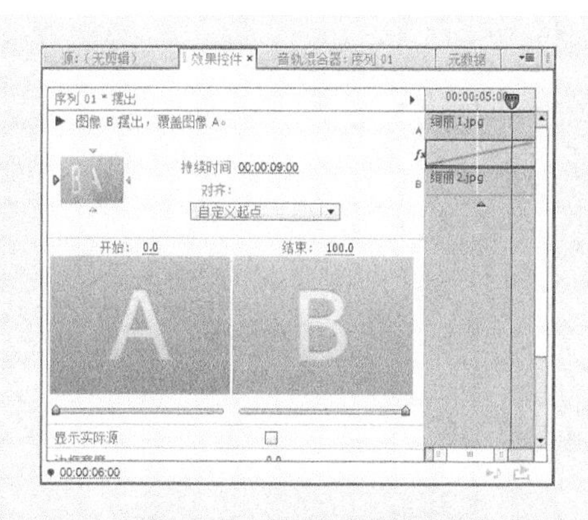


图 10-107 设置持续时间

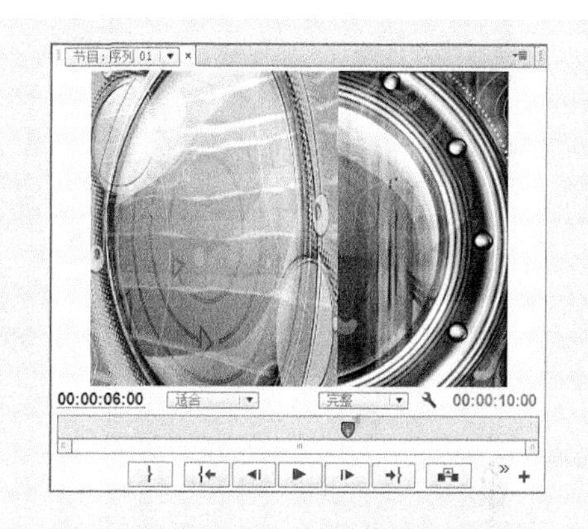


图 10-108 预览视频效果

## 10.1.17 实战——棋盘转场效果

“棋盘”转场效果是将第二幅图像以棋盘格的形式替换掉第一幅图像以实现过渡。应用“棋盘”转场效果的具体操作如下。

**步骤 01** 在 Premiere Pro CC 工作界面中，按 Ctrl+O 组合键，打开随书附带光盘中的“素材\第 10 章\水果.prproj”文件，如图 10-109 所示。

**步骤 02** 打开项目文件后，在“节目监视器”面板中可以查看素材画面，如图 10-110 所示。

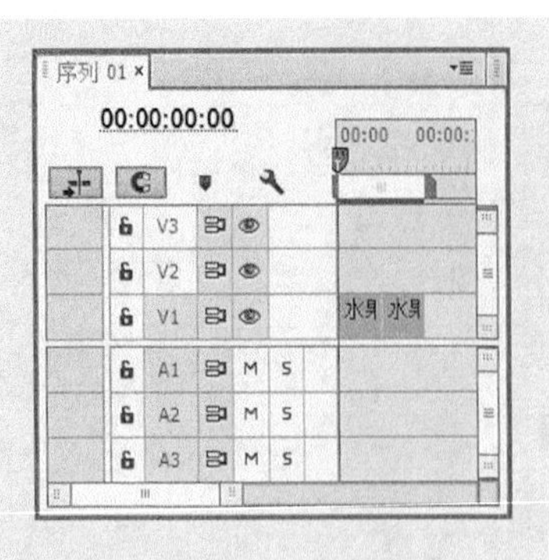


图 10-109　打开项目文件

图 10-110　查看素材画面

**步骤 03**　在“效果”面板中，展开“视频过渡”选项，在“擦除”列表框中选择“棋盘”选项，如图 10-111 所示。

**步骤 04**　将“棋盘”视频过渡添加到“时间轴”面板中相应的两个素材文件之间，如图 10-112 所示，并设置时间为 00:00:09:00。

**步骤 05**　在“节目监视器”面板中，单击“播放-停止切换”按钮，预览添加转场后的视频效果，如图 10-113 所示。

图 10-111　选择“棋盘”选项

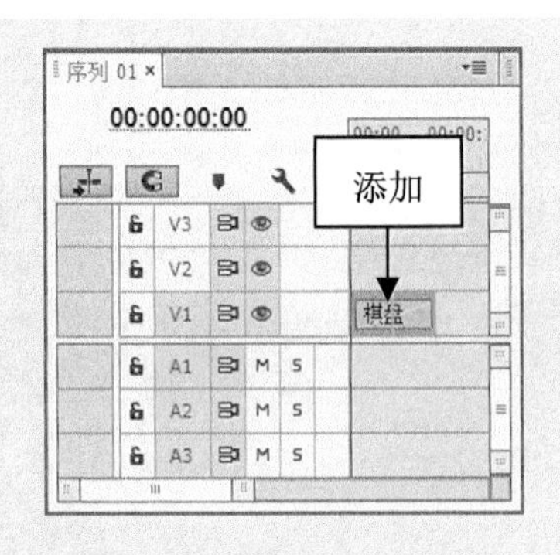


图 10-112　添加视频过渡

图 10-113　预览视频效果

## 10.1.18　实战——交叉划像转场效果

“交叉划像”转场是将第一个镜头的画面进行收缩，然后逐渐过渡至第二个镜头的转场效果。应用“交叉划像”转场效果的具体操作如下。

**步骤01** 在 Premiere Pro CC 工作界面中，按 Ctrl+O 组合键，打开随书附带光盘中的“素材\第 10 章\装饰.prproj”文件，如图 10-114 所示。

**步骤02** 打开项目文件后，在“节目监视器”面板中可以查看素材画面，如图 10-115 所示。

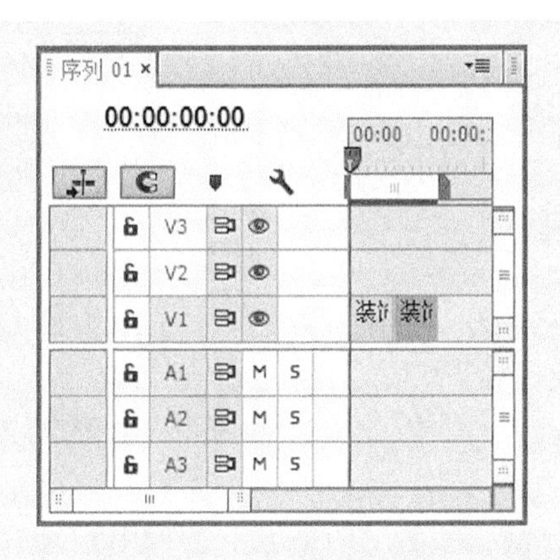


图 10-114　打开项目文件

图 10-115　查看素材画面

**步骤03** 在“效果”面板中，展开“视频过渡”选项，在“划像”列表框中选择“交叉划像”选项，如图 10-116 所示。

**步骤04** 将“交叉划像”视频过渡添加到“时间轴”面板中相应的两个素材文件之间，如图 10-117 所示，设置时间为 00:00:09:00。

图 10-116　选择“交叉划像”选项

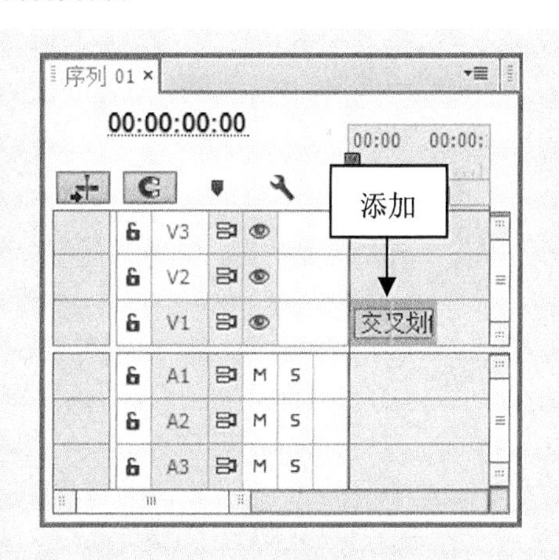


图 10-117　添加视频过渡

**步骤05** 在“节目监视器”面板中，单击“播放-停止切换”按钮，预览添加转场后的视频效果，如图 10-118 所示。

图 10-118　预览视频效果

## 10.1.19　实战——中心剥落转场效果

“中心剥落”转场效果是将第一个镜头从中心分裂成 4 块并卷起同时显示第二个镜头的转场效果。应用“中心剥落”转场效果的具体操作如下。

**步骤 01**　以 10.1.18 小节的素材为例，在“效果”面板的“页面剥落”列表框中选择“中心剥落”选项，如图 10-119 所示。

**步骤 02**　单击鼠标左键将“中心剥落”视频过渡拖曳到“时间轴”面板中相应的两个素材文件之间，如图 10-120 所示，设置时间为 00:00:08:00。

**步骤 03**　执行操作后，即可添加“中心剥落”转场效果。在“节目监视器”面板中，单击“播放-停止切换”按钮，预览添加转场后的视频效果，如图 10-121 所示。

图 10-119　选择“中心剥落”选项

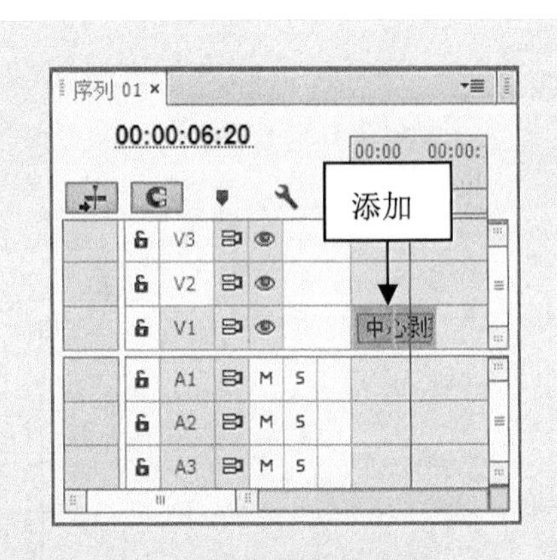


图 10-120　添加转场效果

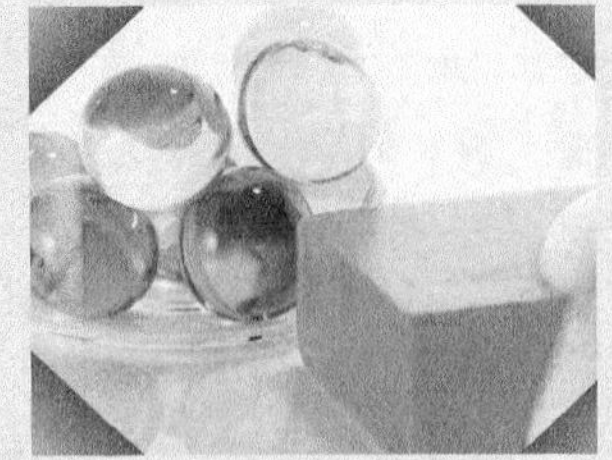

图 10-121　预览视频效果

**提示：**“页面剥落”列表框中的转场效果是指一个镜头将要结束时，将其最后一系列的画面翻转，从而转接到下一个镜头的一系列画面，它的主要作用是强调前后一系列画面的对比或者过渡。

## 10.2 高级转场效果的应用

在 Premiere Pro CC 中，用户可以根据需要在影片素材之间添加高级转场特效。本节主要介绍高级转场效果的添加方法。

### 10.2.1 实战——渐变擦除转场效果

“渐变擦除”转场效果是将第二个镜头的画面以渐变的方式逐渐取代第一个镜头的转场效果。应用“渐变擦除”转场效果的具体操作如下。

**步骤01** 在 Premiere Pro CC 工作界面中，按 Ctrl+O 组合键，打开随书附带光盘中的“素材\第 10 章\精美饰品.prproj”文件，如图 10-122 所示。

**步骤02** 打开项目文件后，在“节目监视器”面板中可以查看素材画面，如图 10-123 所示。

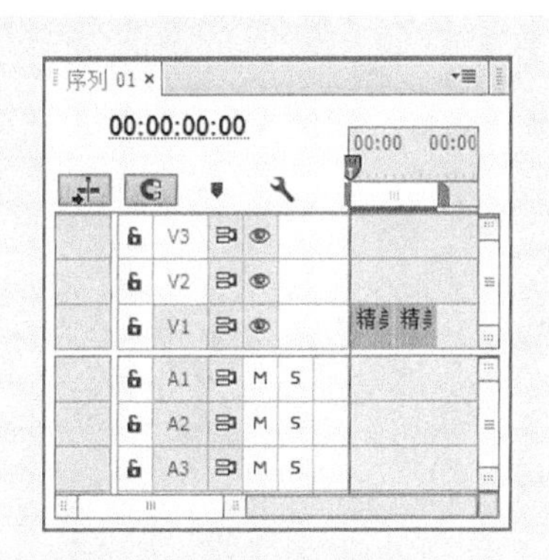

图 10-122 打开项目文件

图 10-123 查看素材画面

**步骤03** 在“效果”面板中，依次展开“视频过渡”|“擦除”选项，在其中选择“渐变擦除”选项，如图 10-124 所示。

**步骤04** 将“渐变擦除”视频过渡拖曳到“时间轴”面板中相应的两个素材文件之间，如图 10-125 所示。

**步骤05** 释放鼠标，弹出“渐变擦除设置”对话框，在对话框中设置“柔和度”为 0，如图 10-126 所示。

**步骤06** 单击“确定”按钮，即可完成“渐变擦除”转场效果的设置，如图 10-127 所示。

图 10-124　选择“渐变擦除”选项

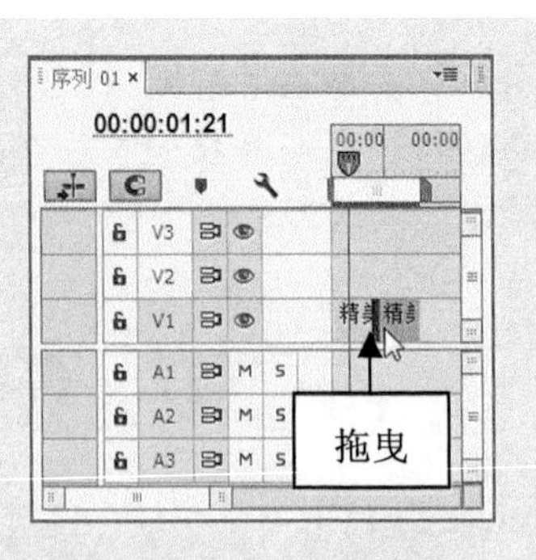


图 10-125　拖曳视频过渡

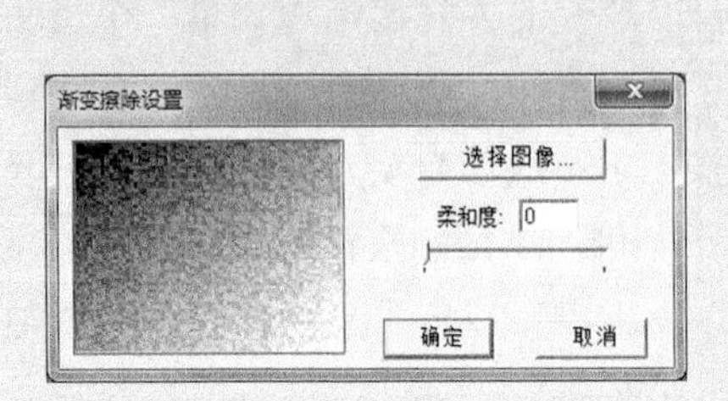


图 10-126　设置“柔和度”

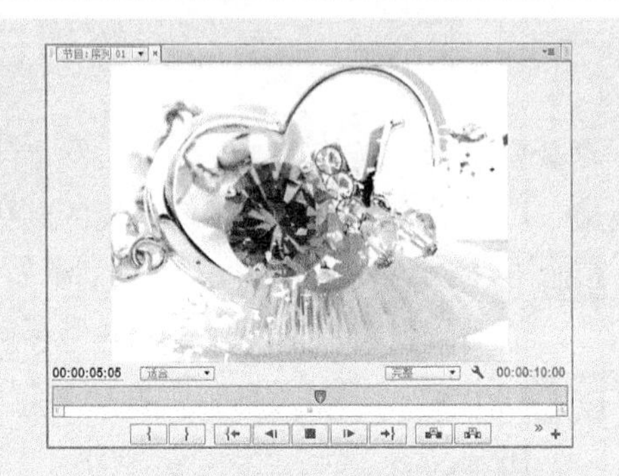


图 10-127　设置“渐变擦除”转场效果

**步骤07**　单击“播放-停止切换”按钮，预览视频效果，如图 10-128 所示。

图 10-128　预览视频效果

## 10.2.2　实战——翻页转场效果

“翻页”转场效果主要是将第一幅图像以翻页的形式从一角卷起，以显示出第二幅图像。应用“翻页”转场效果的具体操作如下。

**步骤01**　按 Ctrl+O 组合键，打开随书附带光盘中的“素材\第 10 章\海报.prproj”文件，如图 10-129 所示。

**步骤02**　打开项目文件后，在“节目监视器”面板中可以查看素材画面，如图 10-130 所示。

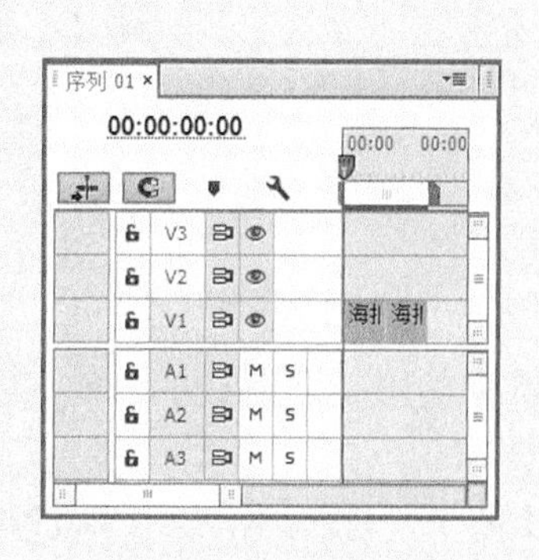


图 10-129 打开项目文件

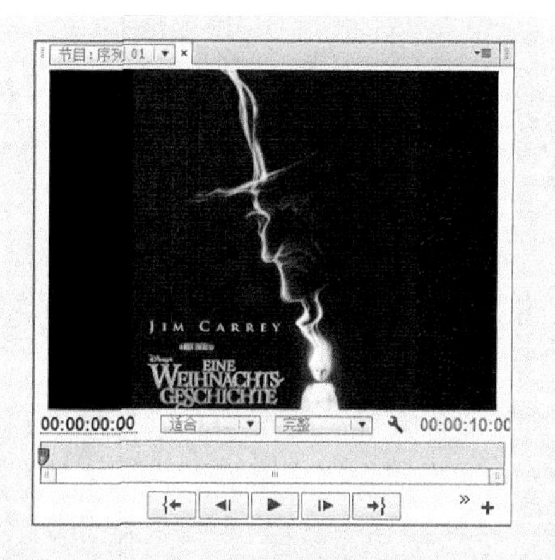


图 10-130 查看素材画面

步骤03 在“效果”面板中，依次展开“视频过渡”|“页面剥落”选项，在其中选择“翻页”选项，如图 10-131 所示。

步骤04 将“翻页”视频过渡拖曳到“时间轴”面板中相应的两个素材文件之间，如图 10-132 所示。

图 10-131 选择“翻页”选项

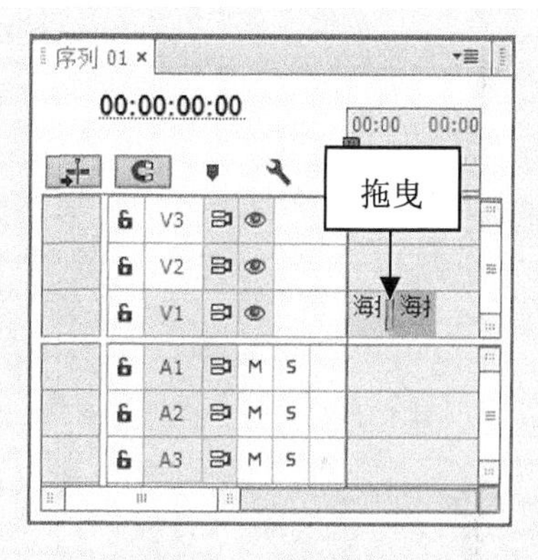


图 10-132 拖曳视频过渡

步骤05 执行操作后，即可添加“翻页”转场效果。在“节目监视器”面板中，单击“播放-停止切换”按钮，预览添加转场后的视频效果，如图 10-133 所示。

图 10-133 预览视频效果

**技巧**：在“效果”面板的“页面剥落”列表框中，选择“翻页”转场效果后，可以单击鼠标右键，在弹出的快捷菜单中选择“设置所选择为默认过渡”命令，即可将“翻页”转场效果设置为默认转场。

## 10.2.3 实战——滑动带转场效果

“滑动带”转场效果是将第二个镜头的画面以百叶窗的形式逐渐显示出来。应用“滑动带”转场效果的具体操作如下。

**步骤01** 按 Ctrl＋O 组合键，打开随书附带光盘中的“素材\第 10 章\饮料创意.prproj”文件，如图 10-134 所示。

**步骤02** 打开项目文件后，在“节目监视器”面板中可以查看素材画面，如图 10-135 所示。

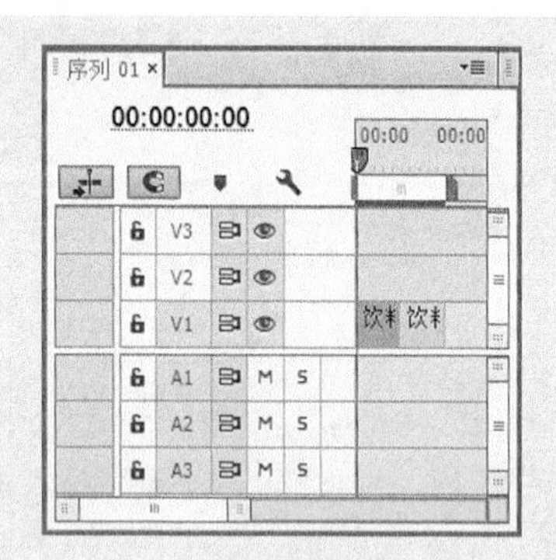


图 10-134　打开项目文件

图 10-135　查看素材画面

**步骤03** 在“效果”面板中，依次展开“视频过渡”|“滑动”选项，在其中选择“滑动带”选项，如图 10-136 所示。

**步骤04** 将“滑动带”视频过渡拖曳到“时间轴”面板中相应的两个素材文件之间，如图 10-137 所示。

图 10-136　选择“滑动带”选项

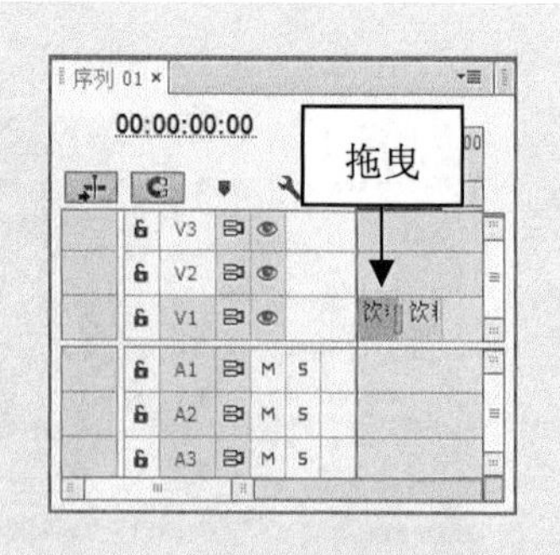


图 10-137　拖曳视频过渡

**步骤05** 在添加的视频过渡上单击鼠标右键，在弹出的快捷菜单中选择“设置过渡持续时间”命令，如图10-138所示。

**步骤06** 在弹出的“设置过渡持续时间”对话框中，设置“持续时间”为00:00:09:00，如图10-139所示。

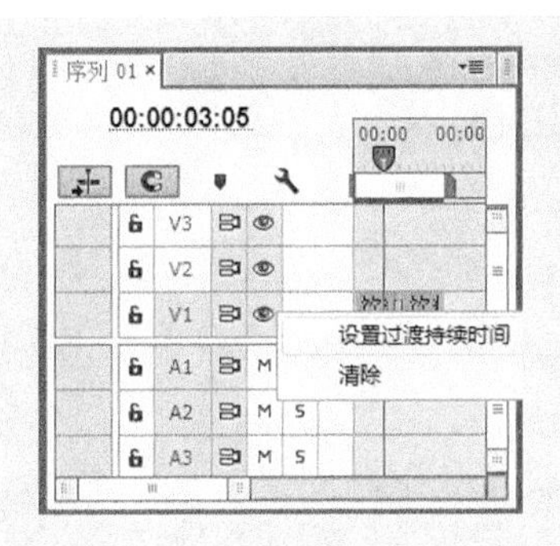


图10-138 选择“设置过渡持续时间”命令

图10-139 设置过渡持续时间

**步骤07** 单击“确定”按钮，即可完成设置过渡持续时间，如图10-140所示。

**步骤08** 执行上述操作后，即可完成“滑动带”转场效果的设置，如图10-141所示。

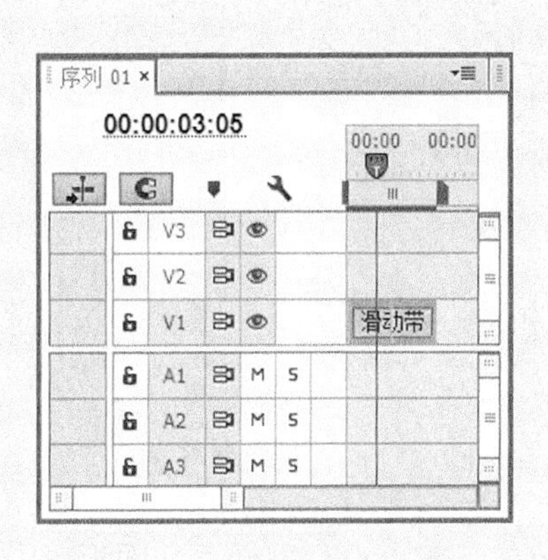


图10-140 设置完过渡持续时间效果

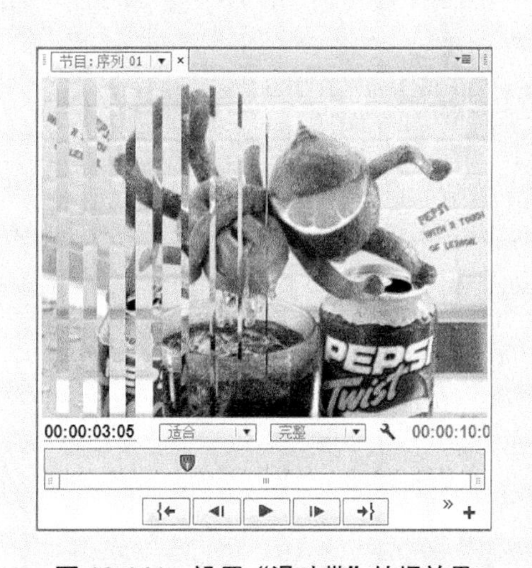


图10-141 设置“滑动带”转场效果

提示：在Premiere Pro CC中，“滑动”转场效果是以画面滑动的方式进行转换的，共有12种转场效果。

**步骤09** 在“节目监视器”面板中，单击“播放-停止切换”按钮，预览添加转场后的视频效果，如图10-142所示。

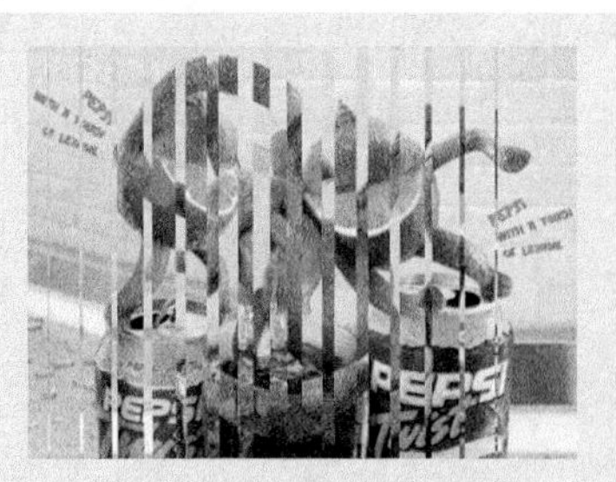

图 10-142　预览视频效果

## 10.2.4　实战——滑动转场效果

“滑动”转场效果不改变第一个画面，而是直接将第二个画面滑入第一个画面中。应用“滑动”转场效果的具体操作如下。

**步骤 01**　以 10.2.3 小节的素材为例，在“效果”面板的“滑动”列表框中选择“滑动”选项，如图 10-143 所示。

**步骤 02**　单击鼠标左键将“滑动”视频过渡拖曳到“时间轴”面板中相应的两个素材文件之间，设置时间为 00:00:06:20，如图 10-144 所示。

图 10-143　选择“滑动”选项

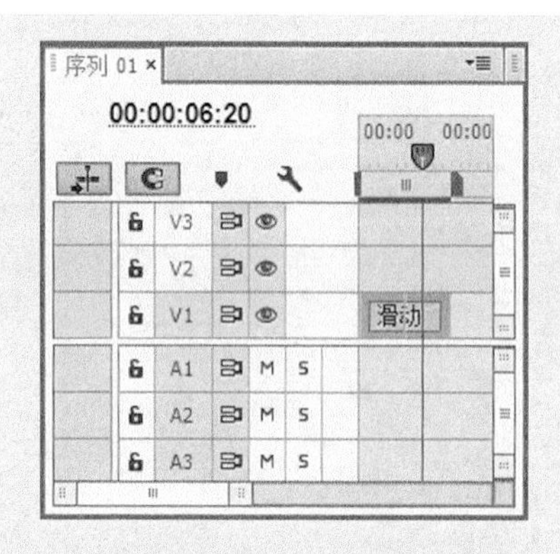


图 10-144　添加转场效果

**步骤 03**　执行操作后，即可添加“滑动”转场效果。在“节目监视器”面板中，单击“播放-停止切换”按钮，预览添加转场后的视频效果，如图 10-145 所示。

图 10-145　预览视频效果

## 10.2.5 实战——抖动溶解转场效果

“抖动溶解”转场效果是在第一个画面中开始出现点状矩阵，最终使第一个画面完全被替换为第二个画面。应用“抖动溶解”转场效果的具体操作如下。

**步骤01** 按 Ctrl+O 组合键，打开随书附带光盘中的“素材\第 10 章\黄金.prproj”文件，如图 10-146 所示。

**步骤02** 打开项目文件后，在“节目监视器”面板中可以查看素材画面，如图 10-147 所示。

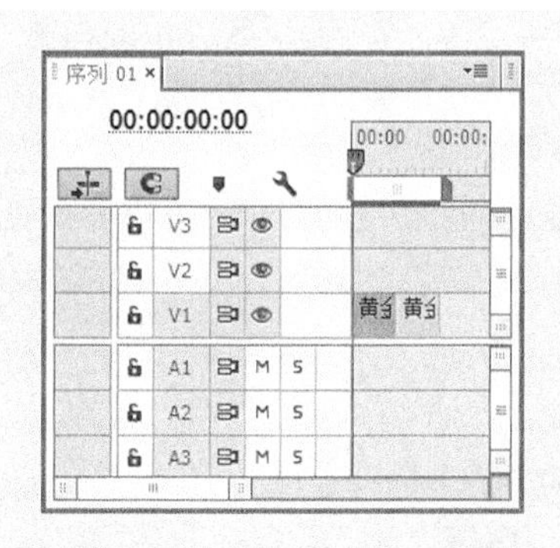


图 10-146 打开项目文件

图 10-147 查看素材画面

**步骤03** 在“效果”面板中，依次展开“视频过渡”|“溶解”选项，在其中选择“抖动溶解”选项，如图 10-148 所示。

**步骤04** 将“抖动溶解”视频过渡拖曳到“时间轴”面板中相应的两个素材文件之间，如图 10-149 所示。

图 10-148 选择“抖动溶解”选项

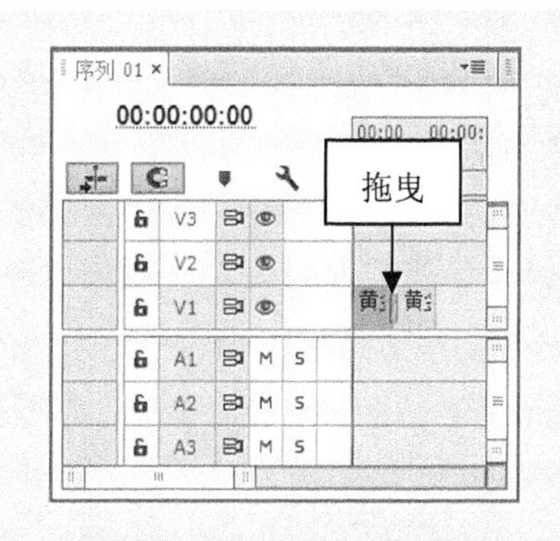


图 10-149 拖曳视频过渡

**步骤05** 在添加的视频过渡上单击鼠标右键，在弹出的快捷菜单中选择“设置过渡持续时间”命令，如图 10-150 所示。

**步骤06** 在弹出的“设置过渡持续时间”对话框中，设置“持续时间”为 00:00:09:00，如图 10-151 所示，单击“确定”按钮，即可设置过渡持续时间。

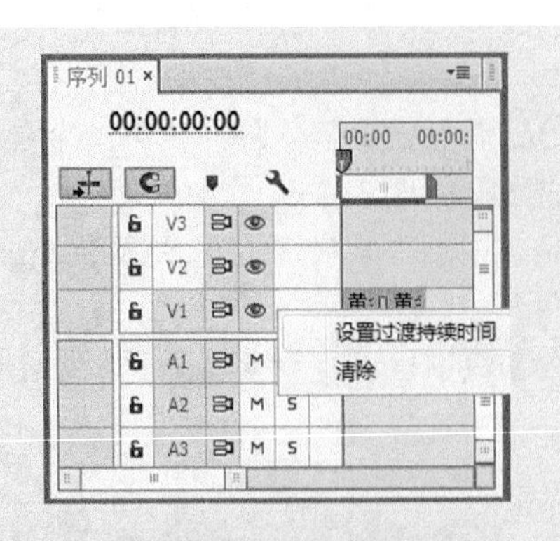


图 10-150 选择“设置过渡持续时间”命令

图 10-151 “设置过渡持续时间”对话框

**步骤 07** 执行操作后，即可添加“抖动溶解”转场效果。在“节目监视器”面板中，单击“播放-停止切换”按钮，预览添加转场后的视频效果，如图 10-152 所示。

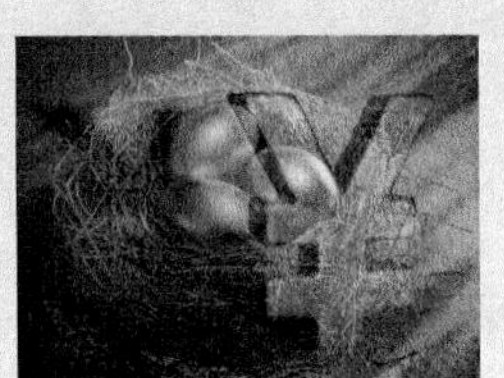

图 10-152 预览视频效果

## 10.2.6 实战——伸展进入转场效果

“伸展进入”转场效果是用一种覆盖的方式来完成转场效果的，在第二个镜头画面被无限放大的同时，逐渐恢复到正常比例和透明度，最终覆盖在第一个镜头的画面上。

**步骤 01** 以 10.2.5 小节的素材为例，在“效果”面板的“伸缩”列表框中选择“伸展进入”选项，如图 10-153 所示。

**步骤 02** 将“伸展进入”视频过渡拖曳到“时间轴”面板中相应的两个素材文件之间，如图 10-154 所示，设置时间为 00:00:10:00。

图 10-153 选择“伸展进入”选项

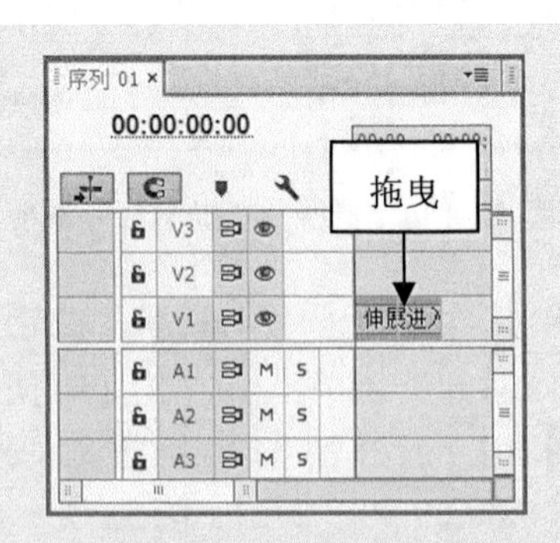


图 10-154 拖曳视频过渡

**步骤03** 执行操作后，即可添加“伸展进入”转场效果。在“节目监视器”面板中，单击“播放-停止切换”按钮，预览添加转场后的视频效果，如图10-155所示。

图10-155 预览视频效果

## 10.2.7 实战——划像形状转场效果

“划像形状”转场效果是在第一个画面中先出现一种形状的透明部分，然后逐渐展现出第二个画面。

**步骤01** 按Ctrl+O组合键，打开随书附带光盘中的“素材\第10章\大桥.prproj”文件，如图10-156所示。

**步骤02** 打开项目文件后，在“节目监视器”面板中可以查看素材画面，如图10-157所示。

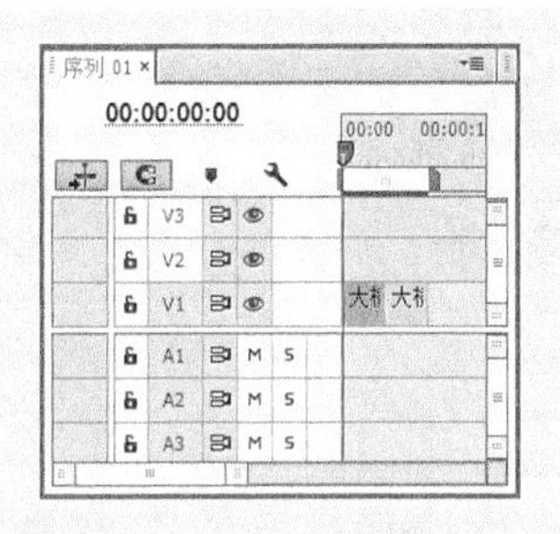


图10-156 打开项目文件

图10-157 查看素材画面

**步骤03** 在“效果”面板中，依次展开“视频过渡”|“划像”选项，在其中选择“划像形状”选项，如图10-158所示。

**步骤04** 将“划像形状”视频过渡拖曳到“时间轴”面板中相应的两个素材文件之间，如图10-159所示。

图10-158 选择“划像形状”选项

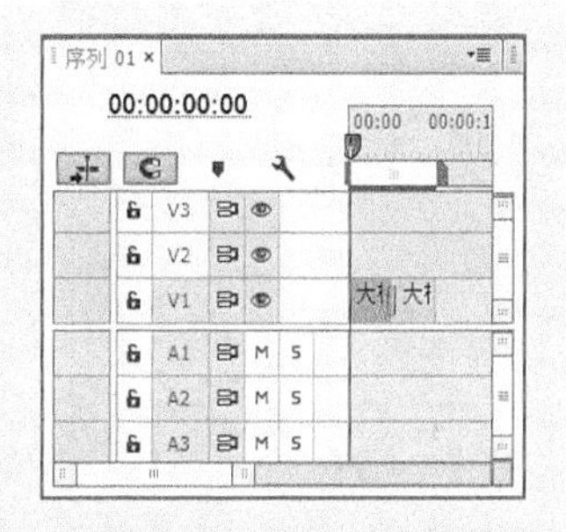


图10-159 拖曳视频过渡

**步骤 05** 在添加的视频过渡上单击鼠标右键，在弹出的快捷菜单中选择“设置过渡持续时间”命令，如图 10-160 所示。

**步骤 06** 在弹出的“设置过渡持续时间”对话框中，设置“持续时间”为 00:00:09:00，如图 10-161 所示，单击“确定”按钮，即可设置过渡持续时间。

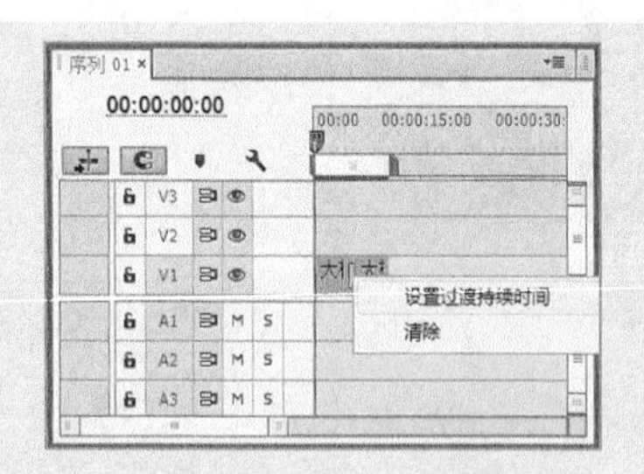


图 10-160　选择“设置过渡持续时间”命令

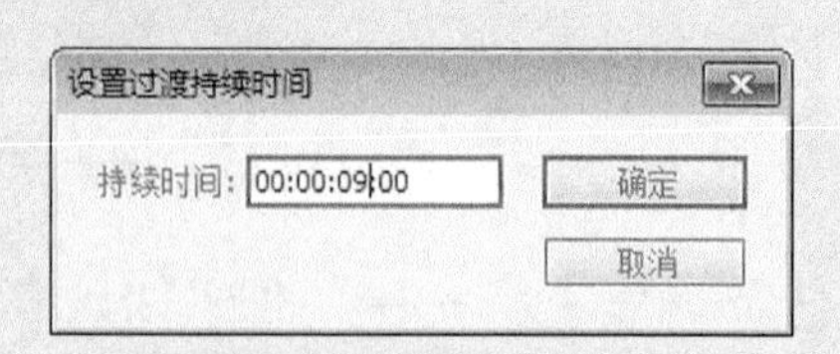


图 10-161　设置过渡持续时间

**步骤 07** 执行操作后，即可添加“划像形状”转场效果。在“节目监视器”面板中，单击“播放-停止切换”按钮，预览添加转场后的视频效果，如图 10-162 所示。

图 10-162　预览视频效果

## 10.2.8　实战——缩放轨迹转场效果

在 Premiere Pro CC 中，“缩放”转场效果采用了大小变换的方式来实现视频剪辑之间的过渡。下面介绍应用“缩放”转场效果的方法。

**步骤 01** 按 Ctrl+O 组合键，打开随书附带光盘中的“素材\第 10 章\浓情端午.prproj”文件，如图 10-163 所示。

**步骤 02** 打开项目文件后，在“节目监视器”面板中可以查看素材画面，如图 10-164 所示。

图 10-163　打开项目文件

图 10-164　查看素材画面

**提示**：在 Premiere Pro CC 中，“缩放”转场效果包含“交叉缩放”、“缩放”、“缩放轨迹”以及“缩放框”4种转场类型，下面对部分类型进行介绍。

- “缩放轨迹”转场效果：此种转场效果是将两个相邻的剪辑，如图像 A 和 B，将图像 B 从图像 A 的中心放大并带着拖尾出现，然后取代图像 A。
- “缩放框”转场效果：此种过渡是将两个相邻的剪辑，将图像 B 以 12 个方框的形式从图像 A 上放大出现，并取代图像 A。

**步骤03** 在“效果”面板中，依次展开“视频过渡”|“缩放”选项，在其中选择“缩放轨迹”选项，如图 10-165 所示。

**步骤04** 将“缩放轨迹”视频过渡拖曳到“时间轴”面板中相应的两个素材文件之间，如图 10-166 所示。

图 10-165 选择“缩放轨迹”选项

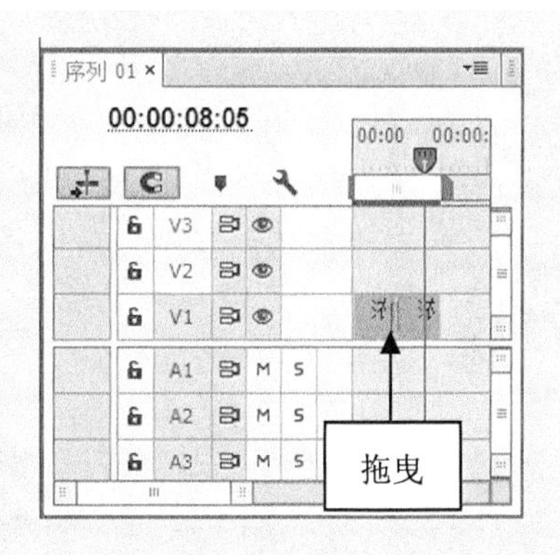


图 10-166 拖曳视频过渡

**步骤05** 执行上述操作后，单击“节目监视器”面板中的“播放-停止切换”按钮，即可预览“缩放轨迹”转场效果，如图 10-167 所示。

图 10-167 预览视频效果

## 10.2.9 实战——立方体旋转转场效果

“立方体旋转”是一种比较高级的 3D 转场效果，该效果将第一个镜头与第二个镜头以某个立方体的一面进行旋转转换。

**步骤01** 按 Ctrl＋O 组合键，打开随书附带光盘中的“素材\第 10 章\艺术背景墙.prproj”文件，如图 10-168 所示。

步骤 02 打开项目文件后，在“节目监视器”面板中可以查看素材画面，如图 10-169 所示。

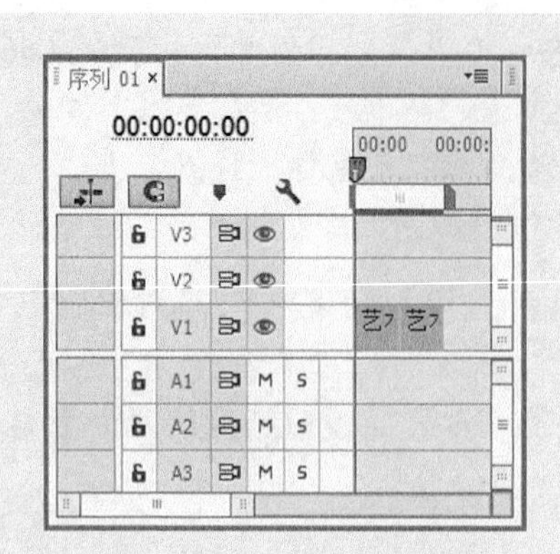

图 10-168 打开项目文件

图 10-169 查看素材画面

步骤 03 在“效果”面板中，依次展开“视频过渡”|“3D 运动”选项，在其中选择“立方体旋转”选项，如图 10-170 所示。

步骤 04 将“立方体旋转”视频过渡拖曳到“时间轴”面板中相应的两个素材文件之间，如图 10-171 所示。

图 10-170 选择“立方体旋转”选项

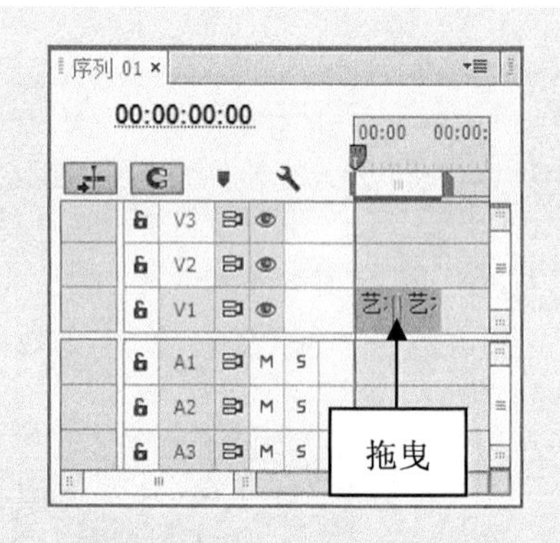


图 10-171 拖曳视频过渡

步骤 05 执行上述操作后，单击“节目监视器”面板中的“播放-停止切换”按钮，即可预览“立方体旋转”转场效果，如图 10-172 所示。

图 10-172 预览视频效果

## 10.2.10 实战——三维转场效果

“三维”转场效果是用第一个画面与第二个画面的通道信息生成一段全新画面内容后，将其应用至画面之间的转场效果。

**步骤01** 按 Ctrl+O 组合键，打开随书附带光盘中的“素材\第 10 章\心连心.prproj”文件，如图 10-173 所示。

**步骤02** 在“效果”面板中，依次展开“视频过渡”|“特殊效果”选项，在其中选择“三维”选项，将其拖曳到“时间轴”面板中相应的两个素材文件之间，如图 10-174 所示。

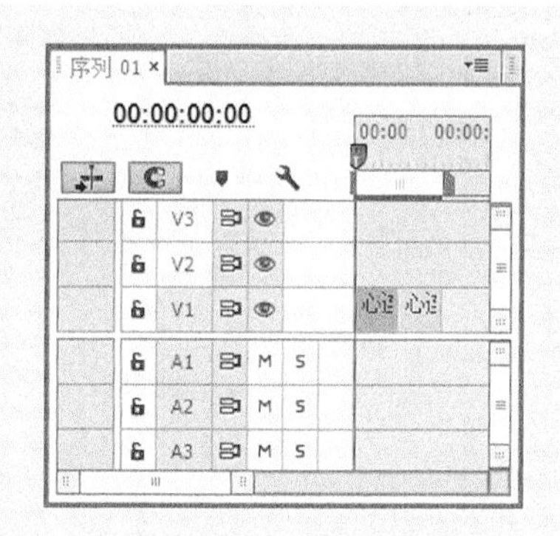


图 10-173 打开项目文件

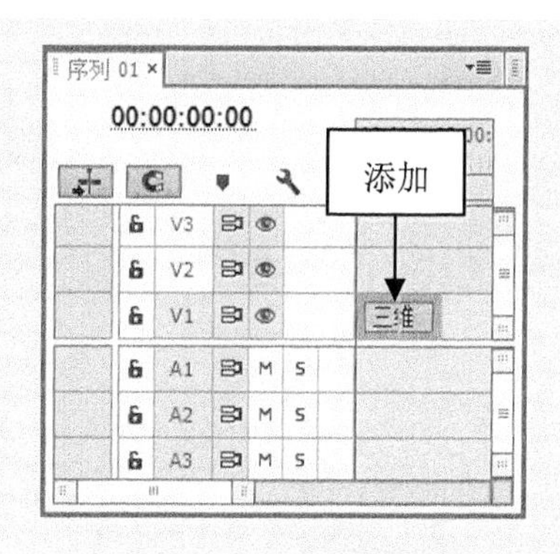


图 10-174 添加转场效果

**步骤03** 执行操作后，即可添加“三维”转场效果。在“节目监视器”面板中，单击“播放-停止切换”按钮，预览添加转场后的视频效果，如图 10-175 所示。

图 10-175 预览视频效果

# 第 11 章

# 视频效果的添加与编辑

随着数字时代的发展，添加影视效果这一复杂的工作已经得到了简化。在Premiere Pro CC强大的视频效果的帮助下，添加视频效果已经成为非线性视频编辑初学者也能轻松做到的事。本章将讲解Premiere Pro CC系统中提供的多种视频效果的添加与制作方法。

本章重点：

- 操作视频效果
- 设置视频效果的参数
- 添加常用的视频效果

# 11.1 操作视频效果

Premiere Pro CC 根据视频效果的作用，将提供的 130 多种视频效果分为“变换”、“图像控制”、“实用程序”、“扭曲”、“时间”、“杂色与颗粒”、“模糊与锐化”、“生成”、“视频”、“调整”、“过渡”、“透视”、“通道”、“键控”、“颜色校正”、“风格化”等 16 个文件夹，放置在“效果”面板中的“视频效果”文件夹中，如图 11-1 所示。为了更好地应用这些绚丽的效果，用户首先需要掌握视频效果的基本操作方法。

图 11-1 “视频效果”文件夹

## 11.1.1 单个视频效果的添加

已添加视频效果的素材右侧的“不透明度”按钮都会变成紫色，以便于用户区分素材是否添加了视频效果，单击“不透明度”按钮，即可在弹出的列表框中查看添加的视频效果，如图 11-2 所示。

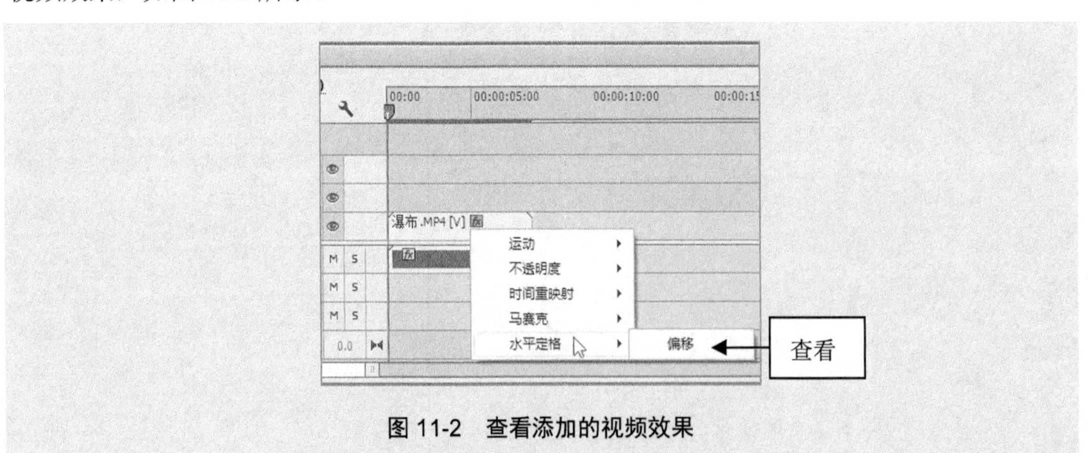


图 11-2 查看添加的视频效果

在 Premiere Pro CC 中，添加到“时间轴”面板的每个视频都会预先应用或内置固定效果。固定效果可控制剪辑的固有属性，用户可以在“效果控件”面板中调整所有的固定效果属性来激活它们。固定效果包括以下内容：

- 运动：包括多种属性，用于旋转和缩放视频，调整视频的防闪烁属性，或将这些视频与其他视频进行合成。
- 不透明度：允许降低视频的不透明度，用于实现叠加、淡化和溶解之类的效果。
- 时间重映射：允许针对视频的任何部分减速、加速或倒放或者将帧冻结。通过提供微调控制，使这些变化加速或减速。
- 音量：控制视频中的音频音量。

为素材添加视频效果之后，用户还可以在“效果控件”面板中展开相应的效果选项，为添加的特效设置参数，如图 11-3 所示。

在 Premiere Pro CC 的“效果控件”面板中，如果添加的效果右侧出现“设置”按钮 ，单击该按钮可以弹出相应的对话框，用户可以根据需要运用对话框设置视频效果的参数，如图 11-4 所示。

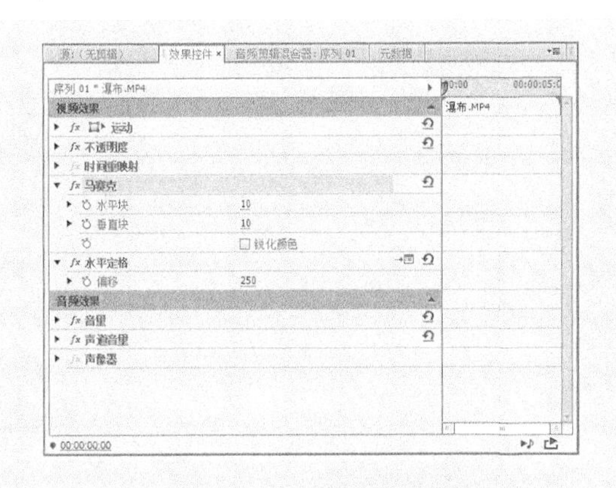


图 11-3　设置视频效果选项

图 11-4　运用对话框设置视频效果的参数

**注意：**Premiere Pro CC 在应用于视频的所有标准效果之后渲染固定效果，标准效果会按照从上往下出现的顺序渲染，可以在“效果控件”面板中将标准效果拖到新的位置来更改它们的顺序，但是不能重新排列固定效果的顺序。这些操作可能会影响到视频效果的最终效果。

## 11.1.2　多个视频效果的添加

在 Premiere Pro CC 中，将素材拖入“时间线”面板后，用户可以将“效果”面板中的视频效果依次拖曳至“时间线”面板的素材中，实现多个视频效果的添加。下面介绍添加多个视频效果的方法。

选择“窗口”|“效果”命令，展开“效果”面板，如图 11-5 所示。打开“视频效果”文件夹，为素材添加“扭曲”子文件夹中的“放大”视频效果，如图 11-6 所示。

图 11-5 “效果”面板

图 11-6 添加“放大”特效

当用户完成单个视频效果的添加后，可以在“效果控件”面板中查看到已添加的视频效果，如图 11-7 所示。接下来，用户可以继续拖曳其他视频效果来完成多视频效果的添加，执行操作后，“效果控件”面板中即可显示添加的其他视频效果，如图 11-8 所示。

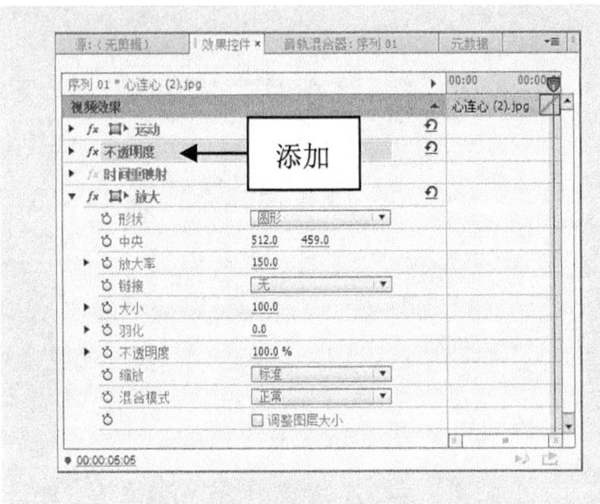


图 11-7 添加单个视频效果

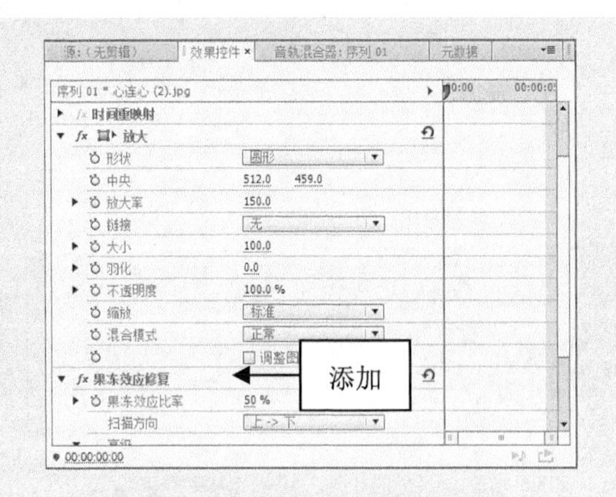


图 11-8 添加多个视频效果

## 11.1.3 实战——视频效果的复制与粘贴

使用“复制”功能可以对视频效果进行复制操作。用户在执行复制操作时，可以在“时间轴”面板中选择以添加视频效果的源素材，并在“效果控件”面板中，选择视频效果，单击鼠标右键，在弹出的快捷菜单中选择“复制”命令即可。

**步骤 01** 在 Premiere Pro CC 工作界面中，按 Ctrl+O 组合键，打开随书附带光盘中的“素材\第 11 章\彩色.prproj”文件，如图 11-9 所示。

**步骤 02** 打开项目文件后，在“节目监视器”面板中可以查看素材画面，如图 11-10 所示。

**步骤 03** 在“效果”面板中，依次展开“视频效果”|“调整”选项，在其中选择 ProcAmp 选项，如图 11-11 所示。

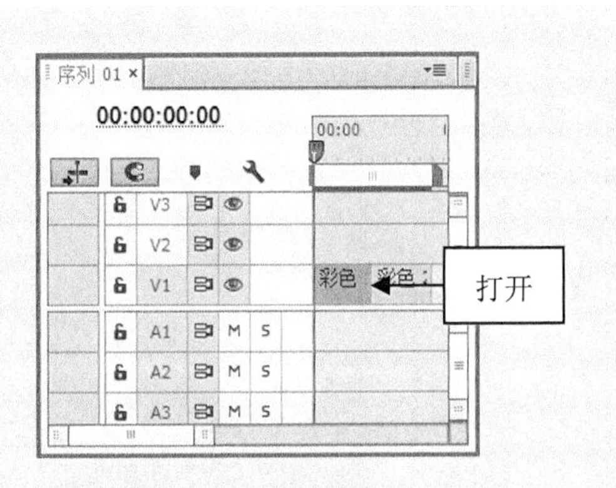


图 11-9　打开项目文件

图 11-10　查看素材画面

**步骤04** 将 ProcAmp 视频效果拖曳至“时间轴”面板中的“彩色 1”素材上，切换至“效果控件”面板，设置“亮度”为 1.0、“对比度”为 108.0、“饱和度”为 155.0，在 ProcAmp 选项上单击鼠标右键，在弹出的快捷菜单中选择“复制”命令，如图 11-12 所示。

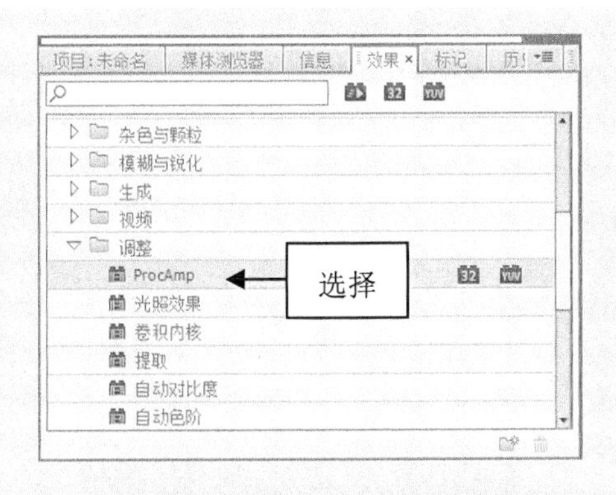


图 11-11　选择“ProcAmp”选项

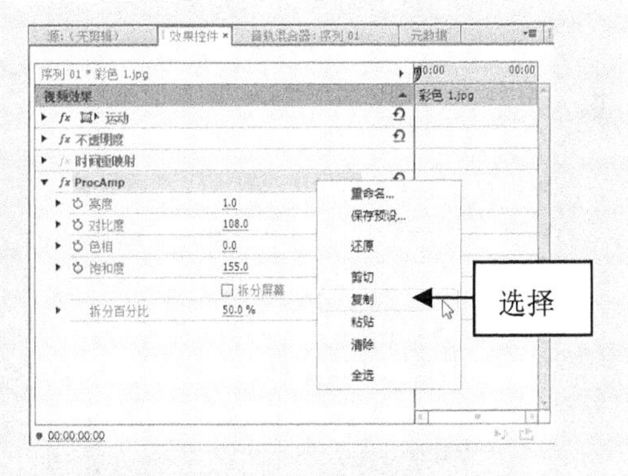


图 11-12　选择“复制”命令

**步骤05** 在“时间轴”面板中，选择“彩色 2”素材文件，如图 11-13 所示。

**步骤06** 在“效果控件”面板中的空白位置单击鼠标右键，在弹出的快捷菜单中选择“粘贴”命令，如图 11-14 所示。

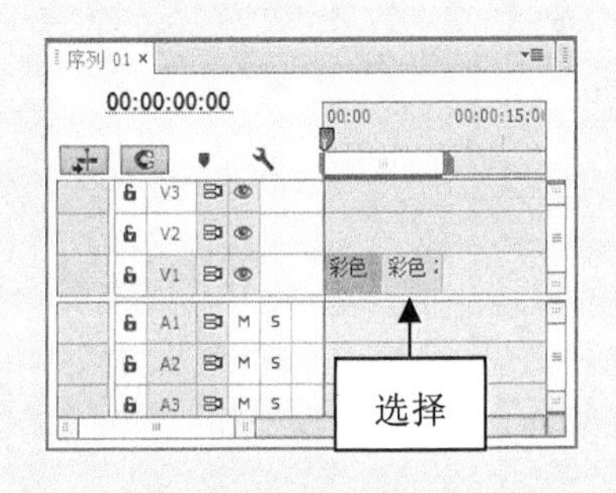


图 11-13　选择“彩色 2”素材文件

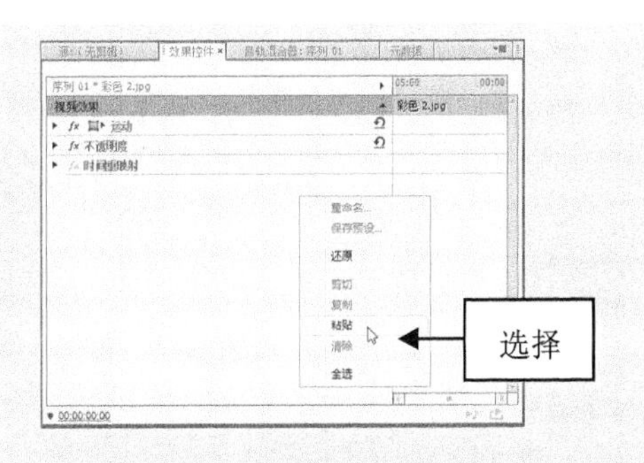


图 11-14　选择“粘贴”命令

**步骤07** 执行上述操作，即可将复制的视频效果粘贴到“彩色 2”素材中，如图 11-15 所示。

**步骤08** 单击“播放-停止切换”按钮，预览视频效果，如图 11-16 所示。

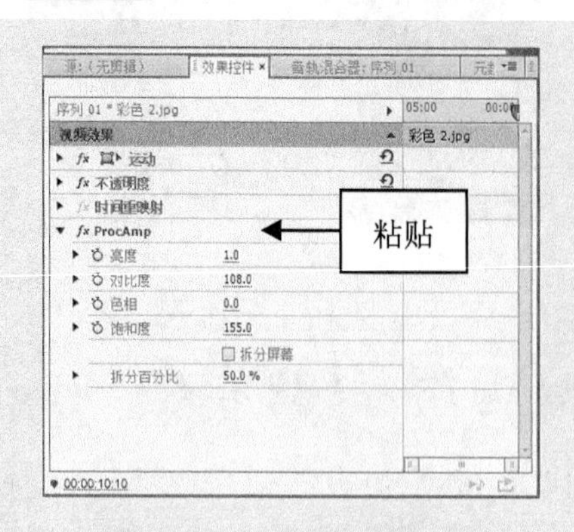


图 11-15 粘贴视频效果

图 11-16 预览视频效果

## 11.1.4 实战——视频效果的删除

用户在进行视频效果添加的过程中，如果对添加的视频效果不满意时，可以通过“清除”命令来删除。

**步骤01** 在 Premiere Pro CC 工作界面中，按 Ctrl+O 组合键，打开随书附带光盘中的“素材\第 11 章\广告创意.prproj”文件，如图 11-17 所示。

**步骤02** 打开项目文件后，在“节目监视器”面板中可以查看素材画面，如图 11-18 所示。

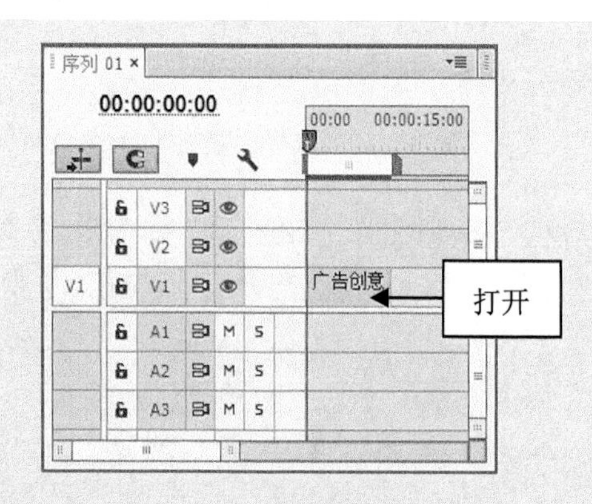


图 11-17 打开项目文件

图 11-18 查看素材画面

**步骤03** 切换至“效果控件”面板，在“紊乱置换”选项上单击鼠标右键，在弹出的快捷菜单中选择“清除”命令，如图 11-19 所示。

**步骤04** 执行上述操作后，即可清除“紊乱置换”视频效果，选择“色调”选项，如图 11-20 所示。

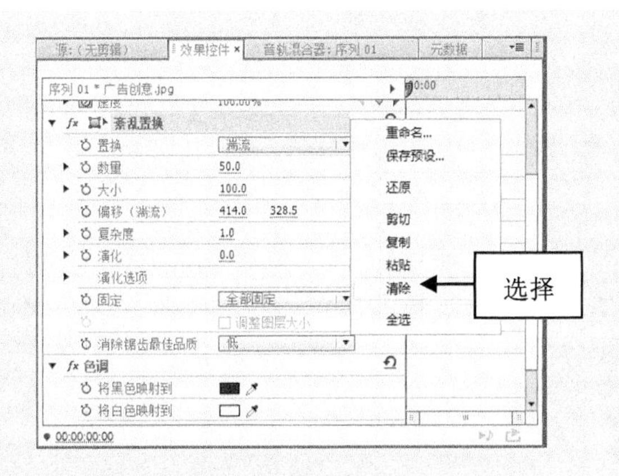


图 11-19 选择"清除"命令

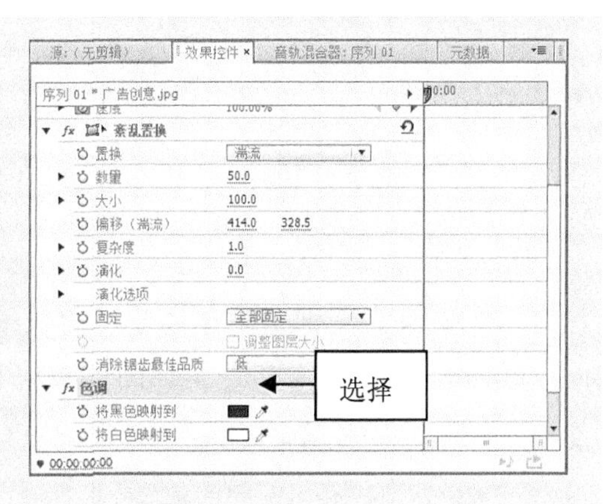


图 11-20 选择"色调"选项

**步骤 05** 在菜单栏中单击"编辑"|"清除"命令，如图 11-21 所示。

**步骤 06** 执行操作后，即可清除"色调"视频效果，如图 11-22 所示。

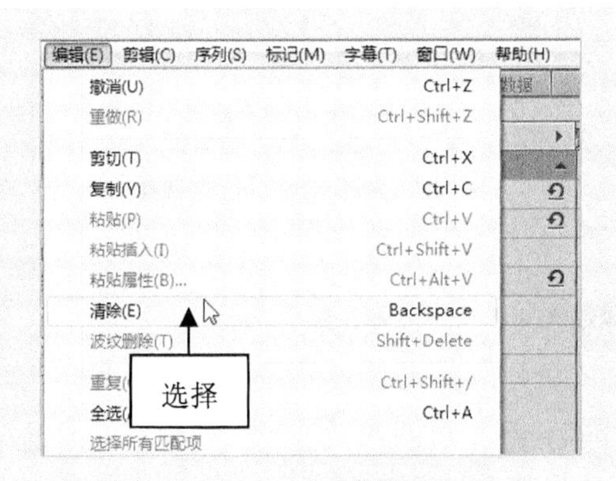


图 11-21 选择"清除"命令

图 11-22 清除"色调"视频效果

**步骤 07** 单击"播放-停止切换"按钮，预览视频效果，如图 11-23 所示。

图 11-23 删除视频效果前后的对比效果

**技巧**：除了上述方法可以删除视频效果外，用户还可以选中相应的视频效果后，按 Delete 键将其删除。

### 11.1.5 视频效果的关闭

关闭视频效果是指将已添加的视频效果暂时隐藏，如果需要再次显示该效果，用户可以重新启用，而无须再次添加。

在 Premiere Pro CC 中，用户可以单击“效果控件”面板中的“切换效果开关”按钮，如图 11-24 所示，即可隐藏该素材的视频效果。当用户再次单击“切换效果开关”按钮时，即可重新显示视频效果，如图 11-25 所示。

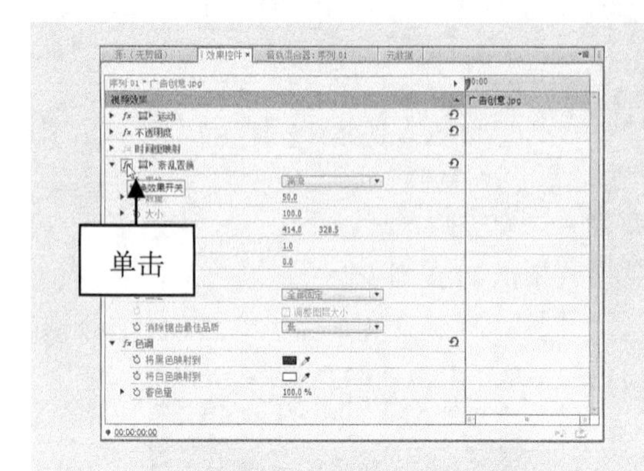


图 11-24 关闭视频效果

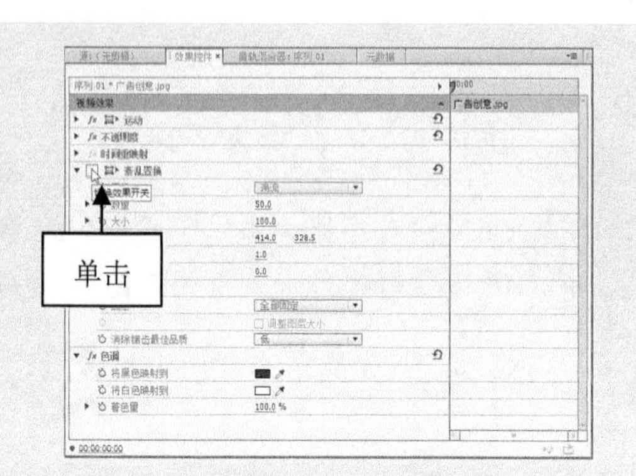


图 11-25 显示视频效果

## 11.2 设置视频效果的参数

在 Premiere Pro CC 中，每一个独特的效果都具有各自的参数配置，用户可以通过合理设置参数来达到最佳效果。本节主要介绍视频效果参数的设置方法。

### 11.2.1 实战——对话框参数的设置

在 Premiere Pro CC 中，用户可以根据需要运用对话框设置视频效果的参数。下面介绍运用对话框设置参数的操作方法。

**步骤 01** 按 Ctrl+O 组合键，打开随书附带光盘中的“素材\第 11 章\迷你车.prproj”文件，如图 11-26 所示，在 V1 轨道上，选择素材文件。

**步骤 02** 展开“效果控件”面板，单击“弯曲”效果右侧的“设置”按钮，如图 11-27 所示。

**步骤 03** 弹出“弯曲设置”对话框，调整垂直速率，单击“确定”按钮，如图 11-28 所示。

**步骤 04** 执行操作后，即可通过对话框设置参数，其视频效果如图 11-29 所示。

图 11-26　打开的项目文件

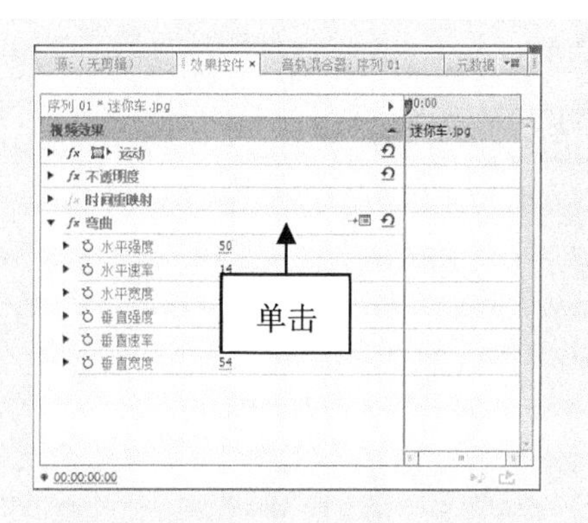


图 11-27　单击“设置”按钮

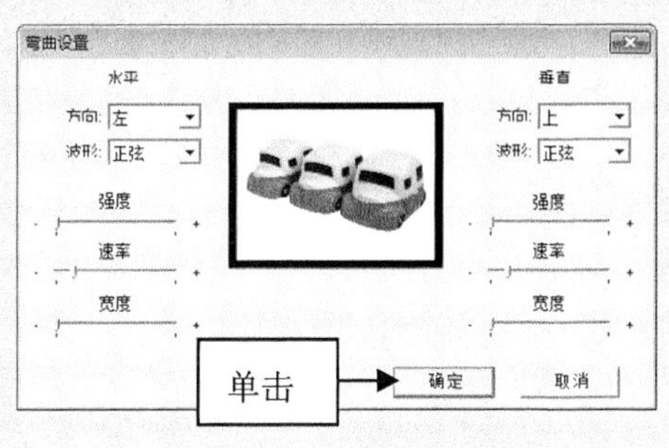


图 11-28　设置参数值

图 11-29　预览视频效果

## 11.2.2　实战——效果控件参数的设置

在 Premiere Pro CC 中，除了可以使用对话框设置参数，用户还可以运用效果控制区设置视频效果的参数。

**步骤 01**　按 Ctrl＋O 组合键，打开随书附带光盘中的“素材\第 11 章\牛奶包装盒.prproj”文件，如图 11-30 所示，在 V1 轨道上，选择素材文件。

**步骤 02**　展开“效果控件”面板，单击“Cineon 转换器”效果前的三角形按钮，展开“Cineon 转换器”效果，如图 11-31 所示。

图 11-30　打开的项目文件

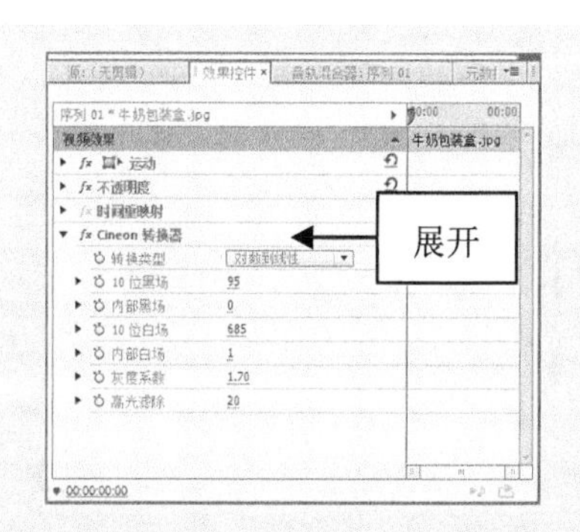


图 11-31　展开“Cineon 转换器”效果

步骤03 单击“转换类型”右侧的下拉按钮，在弹出的列表框中，选择“对数到对数”命令，如图 11-32 所示。

步骤04 执行操作后，即可运用效果控件设置视频效果参数，其视频效果如图 11-33 所示。

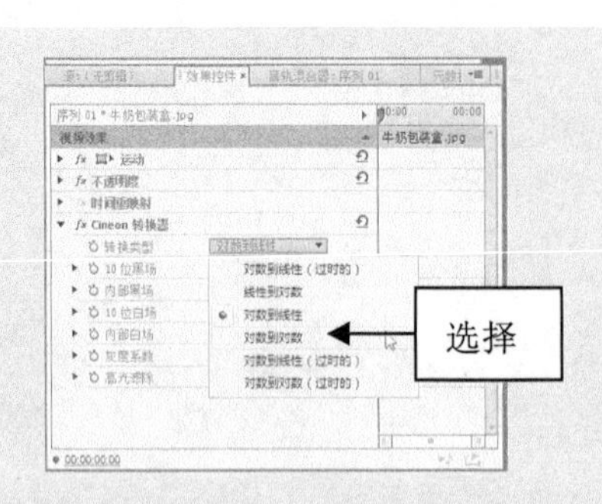


图 11-32 选择“对数到对数”命令

图 11-33 预览视频效果

# 11.3 添加常用的视频效果

系统根据视频效果的作用，将视频效果分为“变换”、“视频控制”、“实用”、“扭曲”以及“时间”等多种类别。接下来将为读者介绍几种常用的视频效果的添加方法。

## 11.3.1 实战——键控效果

“键控”视频效果主要针对视频图像的特定键进行处理。下面介绍“色度键”视频效果的添加方法。

步骤01 在 Premiere Pro CC 工作界面中，按 Ctrl+O 组合键，打开随书附带光盘中的“素材\第 11 章\破壳.prproj”文件，如图 11-34 所示。

步骤02 打开项目文件后，在“节目监视器”面板中可以查看素材画面，如图 11-35 所示。

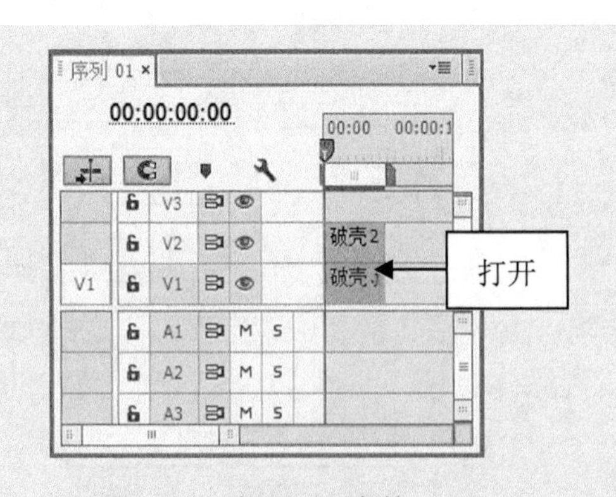


图 11-34 打开项目文件

图 11-35 查看素材画面

**步骤03** 在"效果"面板中，依次展开"视频效果"|"键控"选项，在其中选择"色度键"选项，如图 11-36 所示。各选项含义见表 11-1。

**步骤04** 将"色度键"特效拖曳至"时间轴"面板中的"破壳 2"素材文件上，如图 11-37 所示。

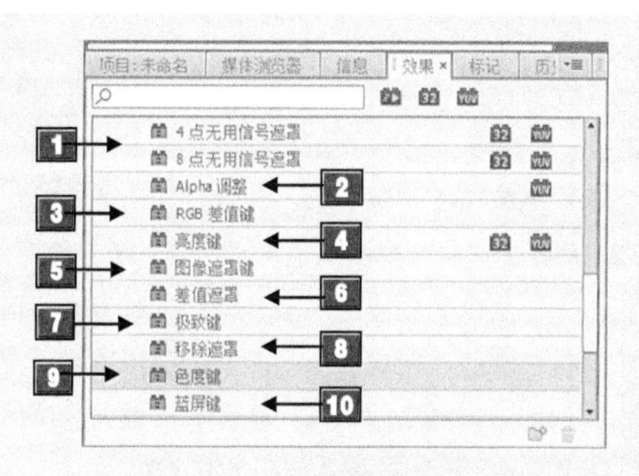

图 11-36 选择"色度键"选项

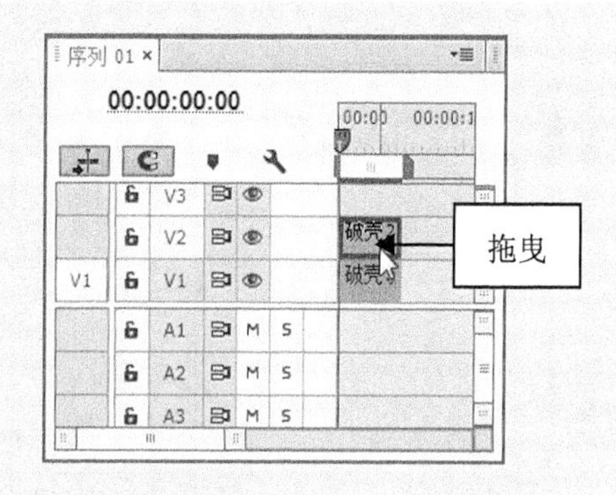


图 11-37 拖曳"色度键"视频效果

表 11-1 "键控效果"特效中各选项的含义

| 标 号 | 名 称 | 含 义 |
|---|---|---|
| 1 | 无用信号遮罩效果 | 这三个"无用信号遮罩效果"有助于剪除镜头中的无关部分，以便能够更有效地应用和调整关键效果。为了进行更详细的键控，将以 4 个、8 个或 16 个调整点应用遮罩。应用效果后，单击"效果控件"面板中的效果名称旁边的"变换"图标，这样将会在节目监视器中显示无用信号遮罩手柄。要调整遮罩，在节目监视器中拖动手柄，或在"效果控件"面板中拖动控件 |
| 2 | Alpha 调整 | 需要更改固定效果的默认渲染顺序时，可使用"Alpha 调整"效果代替不透明度效果。更改不透明度百分比可创建透明度级别 |
| 3 | RGB 差值键 | "RGB 差值键"效果是色度键效果的简化版本。此效果允许选择目标颜色的范围，但无法混合视频或调整灰色中的透明度。"RGB 差值键"效果可用于不包含阴影的明亮场景，或用于不需要微调的粗剪 |
| 4 | 亮度键 | "亮度键"效果可以抠出图层中指定明亮度或亮度的所有区域 |
| 5 | 图像遮罩键 | "图像遮罩键"效果根据静止视频剪辑(充当遮罩)的明亮度值抠出剪辑视频的区域。透明区域显示下方轨道上的剪辑产生的视频，可以指定项目中要充当遮罩的任何静止视频剪辑，不必位于序列中。要使用移动视频作为遮罩，改用轨道遮罩键效果 |
| 6 | 差值遮罩 | "差值遮罩"效果创建透明度的方法是将源剪辑和差值剪辑进行比较，然后在源视频中抠出与差值视频中的位置和颜色均匹配的像素。通常，此效果用于抠出移动物体后面的静态背景，然后放在不同的背景上。差值剪辑通常仅仅是背景素材的帧(在移动物体进入场景之前)。鉴于此，"差值遮罩"效果最适合使用固定摄像机和静止背景拍摄的场景 |

续表

| 标　号 | 名　称 | 含　义 |
|---|---|---|
| 7 | 极致键 | “极致键”效果在具有支持的 NVIDIA 显卡的计算机上采用 GPU 加速，从而提高播放和渲染性能 |
| 8 | 移除遮罩 | “移除遮罩”效果从某种颜色的剪辑中移除颜色边纹。将 Alpha 通道与独立文件中的填充纹理相结合时，此效果很有用。如果导入具有预乘 Alpha 通道的素材，或使用 After Effects 创建 Alpha 通道，则可能需要从视频中移除光晕。光晕源于视频的颜色和背景之间或遮罩与颜色之间较大的对比度，移除或更改遮罩的颜色可以移除光晕 |
| 9 | 色度键 | “色度键”效果抠出所有类似于指定的主要颜色的视频像素。抠出剪辑中的颜色值时，该颜色或颜色范围将变得对整个剪辑透明。用户可通过调整容差级别来控制透明颜色的范围；也可以对透明区域的边缘进行羽化，以便创建透明和不透明区域之间的平滑过渡 |
| 10 | 蓝屏键 | “蓝屏键”效果基于真色度的蓝色创建透明度区域。使用此键可在创建合成时抠出明亮的蓝屏 |

步骤 05　在“效果控件”面板中，展开“色度键”选项，设置“颜色”为白色、“相似性”为 4.0%，如图 11-38 所示。各选项含义见表 11-2 所示。

步骤 06　执行上述操作后，即可运用“键控”特效编辑素材，如图 11-39 所示。

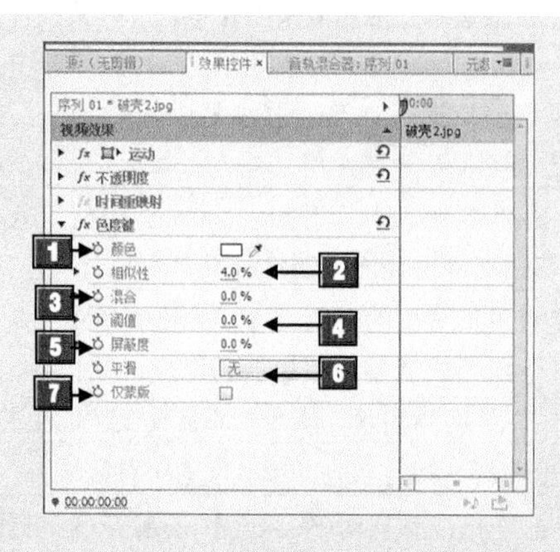


图 11-38　设置相应的选项

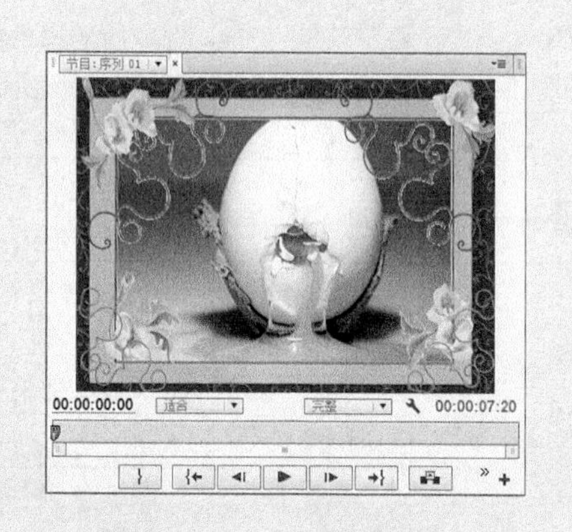


图 11-39　预览视频效果

表 11-2　“色度键”特效中各选项的含义

| 标　号 | 名　称 | 含　义 |
|---|---|---|
| 1 | 颜色 | 设置要抠出的目标颜色 |
| 2 | 相似性 | 扩大或减小将变得透明的目标颜色的范围。较高的值可增大范围 |
| 3 | 混合 | 把要抠出的剪辑与底层剪辑进行混合。较高的值可混合更大比例的剪辑 |
| 4 | 阈值 | 使阴影变暗或变亮。向右拖动可使阴影变暗，但不要拖到“阈值”滑块之外，这样做可反转灰色和透明像素 |
| 5 | 屏蔽度 | 使对象与文档的边缘对齐 |

续表

| 标 号 | 名 称 | 含 义 |
| --- | --- | --- |
| 6 | 平滑 | 指定 Premiere 应用于透明和不透明区域之间边界的消除锯齿量。消除锯齿可混合像素，从而产生更柔化、更平滑的边缘。选择“无”即可产生锐化边缘，没有消除锯齿功能。需要保持锐化线条(如字幕中的线条)时，此选项很有用。选择“低”或“高”即可产生不同的平滑量 |
| 7 | 仅蒙版 | 仅显示剪辑的 Alpha 通道。黑色表示透明区域，白色表示不透明区域，而灰色表示部分透明区域 |

步骤07 单击“播放-停止切换”按钮，预览视频效果，如图 11-40 所示。

图 11-40 预览视频效果

提示：在“键控”特效中，用户还可以设置以下选项。

- 轨道遮罩键效果：使用轨道遮罩键移动或更改透明区域。轨道遮罩键通过一个剪辑(叠加的剪辑)显示另一个剪辑(背景剪辑)，此过程中使用第三个文件作为遮罩，在叠加的剪辑中创建透明区域。此效果需要两个剪辑和一个遮罩，每个剪辑位于自身的轨道上。遮罩中的白色区域在叠加的剪辑中是不透明的，防止底层剪辑显示出来。遮罩中的黑色区域是透明的，而灰色区域是部分透明的。
- 非红色键：非红色键效果基于绿色或蓝色背景创建透明度。此键类似于蓝屏键效果，但是它还允许用户混合两个剪辑。此外，非红色键效果有助于减少不透明对象边缘的边纹。在需要控制混合时，或在蓝屏键效果无法产生满意结果时，可使用非红色键效果来抠出绿屏。
- 颜色键：颜色键效果抠出所有类似于指定的主要颜色的视频像素。此效果仅修改剪辑的 Alpha 通道。

## 11.3.2 实战——垂直翻转效果

“垂直翻转”视频效果用于将视频上下垂直反转，下面将介绍添加垂直翻转效果的操作方法。

步骤01 在 Premiere Pro CC 工作界面中，按 Ctrl+O 组合键，打开随书附带光盘中的“素材\第 11 章\森林女神.prproj”文件，如图 11-41 所示。

**步骤 02** 打开项目文件后，在“节目监视器”面板中可以查看素材画面，如图 11-42 所示。

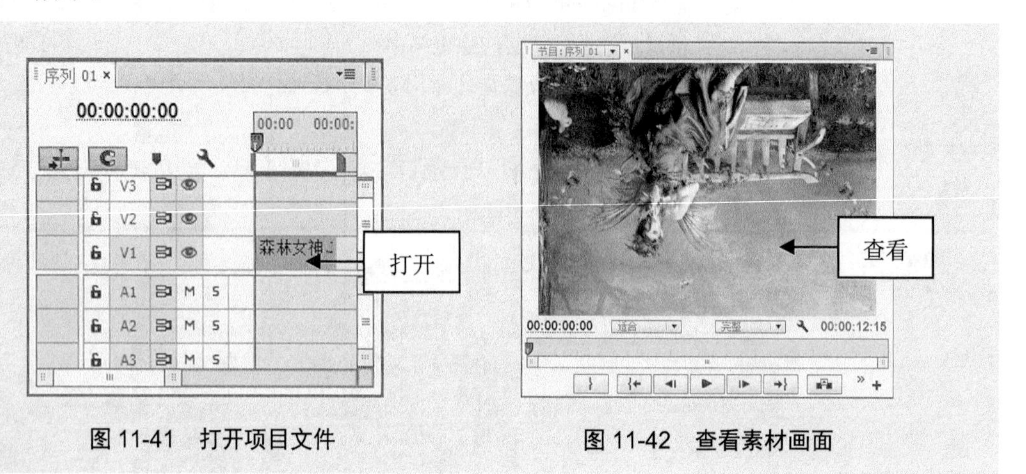


图 11-41　打开项目文件　　　图 11-42　查看素材画面

**步骤 03** 在“效果”面板中，依次展开“视频效果”|“变换”选项，在其中选择“垂直翻转”选项，如图 11-43 所示。

**步骤 04** 将“垂直翻转”特效拖曳至“时间轴”面板中的“森林女神”素材文件上，如图 11-44 所示。

**步骤 05** 单击“播放-停止切换”按钮，预览视频效果，如图 11-45 所示。

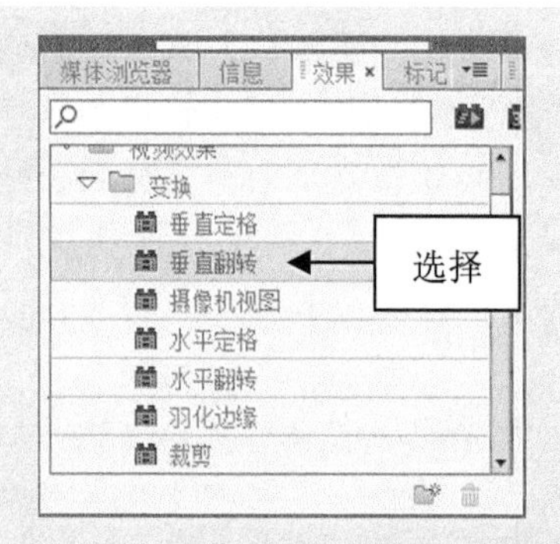


图 11-43　选择“垂直翻转”选项

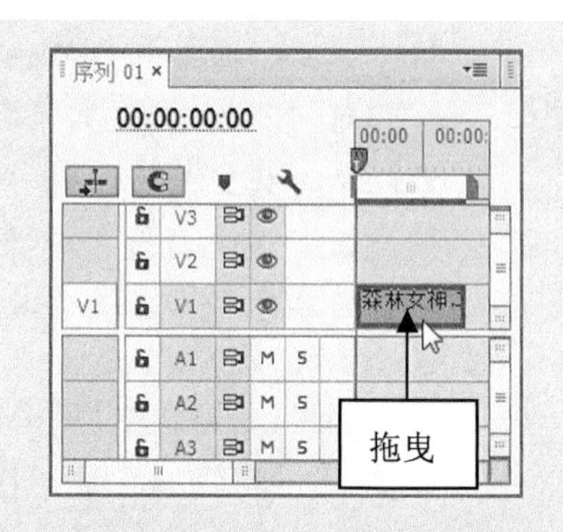


图 11-44　拖曳“垂直翻转”效果

图 11-45　预览视频效果

## 11.3.3 实战——水平翻转效果

“水平翻转”视频效果用于将视频中的每一帧从左向右翻转，下面将介绍添加水平翻转效果的操作方法。

**步骤 01** 在 Premiere Pro CC 工作界面中，按 Ctrl+O 组合键，打开随书附带光盘中的“素材\第 11 章\巧克力.prproj”文件，如图 11-46 所示。

**步骤 02** 打开项目文件后，在“节目监视器”面板中可以查看素材画面，如图 11-47 所示。

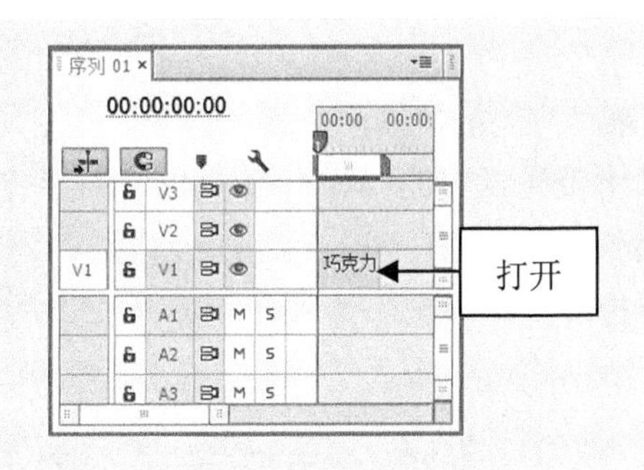


图 11-46　打开项目文件

图 11-47　查看素材画面

**步骤 03** 在“效果”面板中，依次展开“视频效果”|“变换”选项，在其中选择“水平翻转”选项，如图 11-48 所示。

**步骤 04** 将“水平翻转”特效拖曳至“时间轴”面板中的“巧克力”素材文件上，如图 11-49 所示。

图 11-48　选择“水平翻转”选项

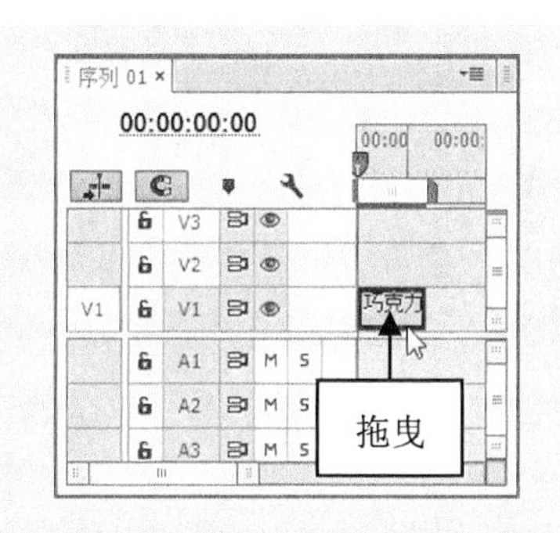


图 11-49　拖曳“水平翻转”效果

**步骤 05** 单击“播放-停止切换”按钮，预览视频效果，如图 11-50 所示。

**提示：** 在 Premiere Pro CC 中，“变换”列表框中的视频效果主要是使素材的形状产生二维或者三维的变化，其效果包括“垂直空格”、“垂直翻转”、“摄像机视图”、“水平空格”、“水平翻转”、“羽化边缘”以及“裁剪”7 种视频效果。

图 11-50　预览视频效果

## 11.3.4　实战——高斯模糊效果

“高斯模糊”视频效果用于修改明暗分界点的差值，以产生模糊效果。

**步骤 01**　按 Ctrl+O 组合键，打开随书附带光盘中的“素材\第 11 章\福字.prproj”文件，如图 11-51 所示，在“效果”面板中，展开“视频效果”选项。

**步骤 02**　在“模糊和锐化”列表框中选择“高斯模糊”选项，如图 11-52 所示，将其拖曳至 V1 轨道上。

图 11-51　打开的项目文件

图 11-52　选择“高斯模糊”选项

**步骤 03**　展开“效果控件”面板，设置“模糊度”为 20.0，如图 11-53 所示。

**步骤 04**　执行操作后，即可添加“高斯模糊”视频效果，预览视频效果如图 11-54 所示。

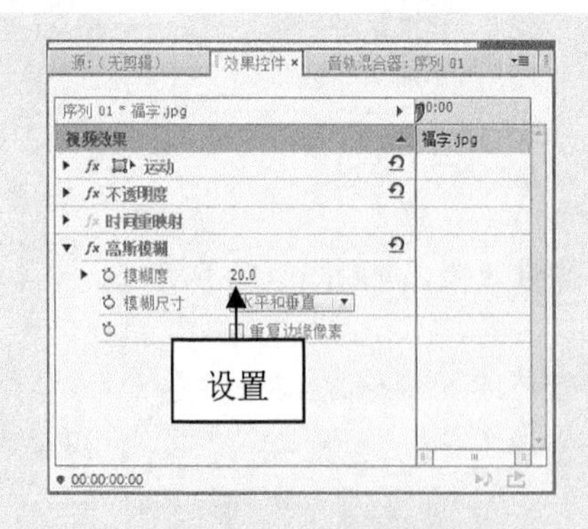


图 11-53　设置参数值

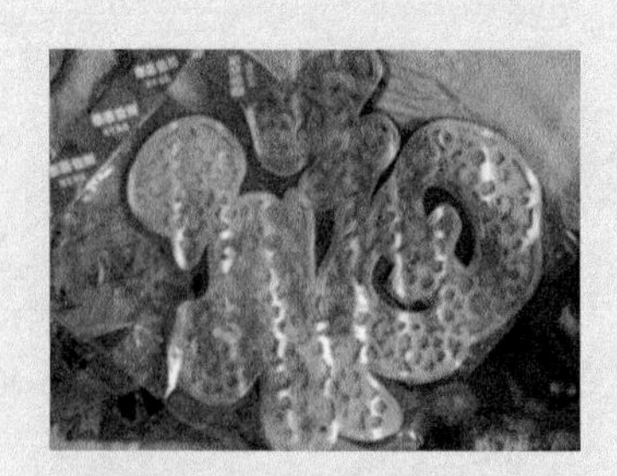

图 11-54　预览视频效果

## 11.3.5 实战——镜头光晕效果

“镜头光晕”视频效果用于修改明暗分界点的差值，以产生模糊效果。

提示：在 Premiere Pro CC 中，“生成”列表框中的视频效果主要用于在素材上创建具有特色的图形或渐变颜色，并可以与素材合成。

**步骤01** 按 Ctrl+O 组合键，打开随书附带光盘中的“素材\第 11 章\旅游.prproj”文件，如图 11-55 所示，在“效果”面板中，展开“视频效果”选项。

**步骤02** 在“生成”列表框中选择“镜头光晕”选项，如图 11-56 所示，将其拖曳至 V1 轨道上。

**步骤03** 展开“效果控件”面板，设置“光晕中心”值为 1076.6 329.6、“光晕亮度”为 136%，如图 11-57 所示。

**步骤04** 执行操作后，即可添加“镜头光晕”视频效果，预览视频效果如图 11-58 所示。

图 11-55　打开的项目文件

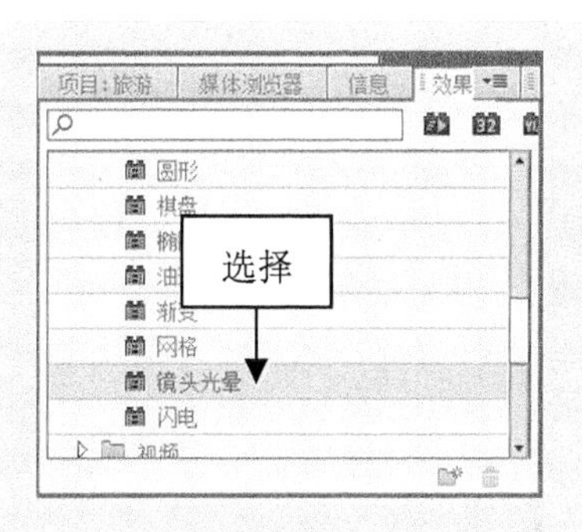


图 11-56　选择“镜头光晕”选项

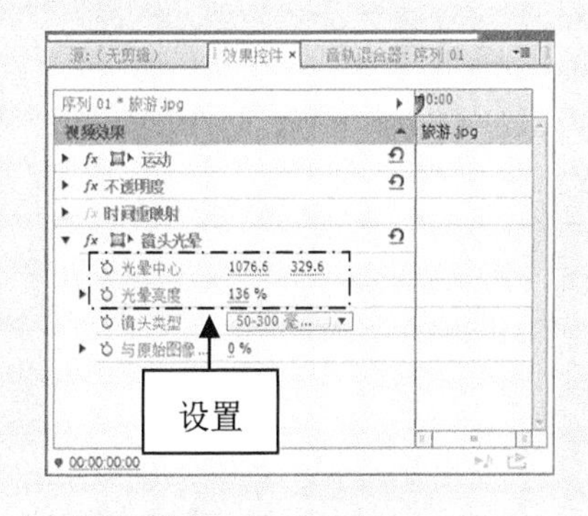


图 11-57　设置参数值

图 11-58　预览视频效果

## 11.3.6 实战——波形变形效果

“波形变形”视频效果用于使视频形成波浪式的变形效果，下面将介绍添加波形扭曲效果的操作方法。

**步骤01** 按 Ctrl＋O 组合键，打开随书附带光盘中的“素材\第 11 章\彩色铅笔.prproj”文件，如图 11-59 所示，在“效果”面板中，展开“视频效果”选项。

**步骤02** 在“扭曲”列表框中选择“波形变形”选项，如图 11-60 所示，将其拖曳至 V1 轨道上。

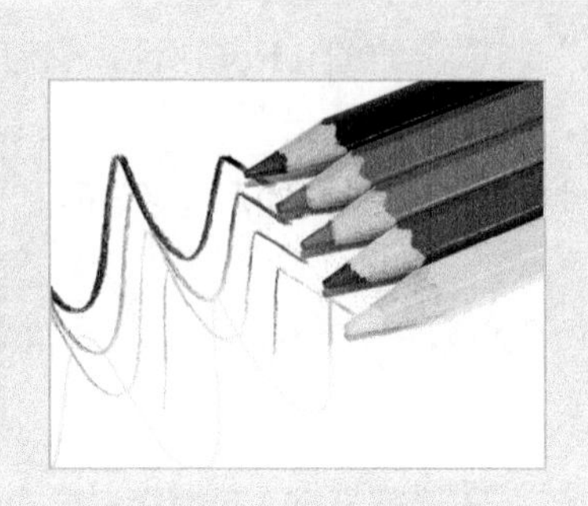

图 11-59 打开的项目文件

图 11-60 选择“波形变形”选项

**步骤03** 展开“效果控件”面板，设置“波形宽度”为 50，如图 11-61 所示。

**步骤04** 执行操作后，即可添加“波形变形”视频效果，预览效果如图 11-62 所示。

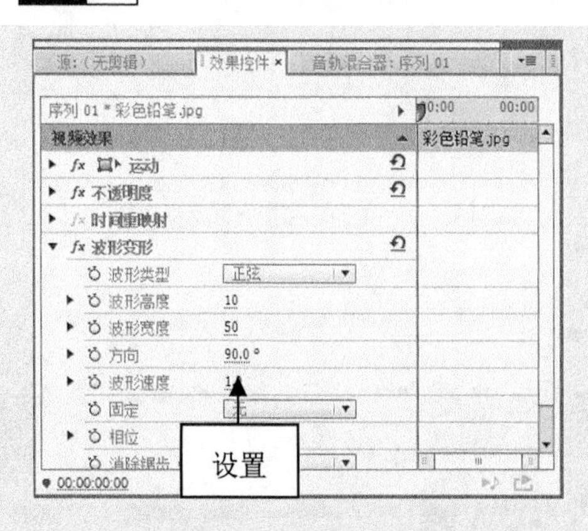


图 11-61 设置参数值

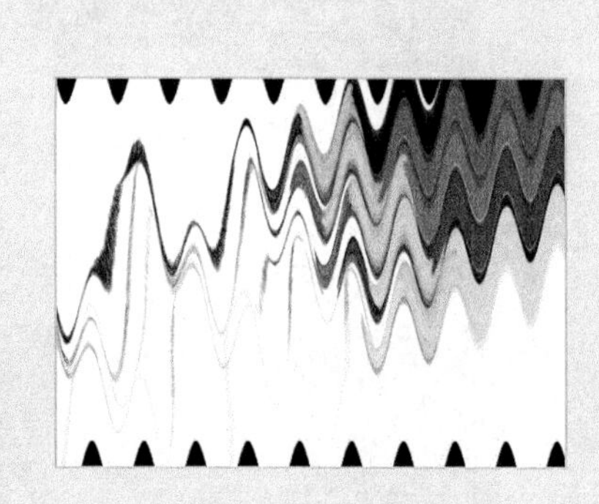

图 11-62 预览视频效果

## 11.3.7 实战——纯色合成效果

“纯色合成”视频效果用于将一种颜色与视频混合，下面将介绍添加纯色合成效果的操作方法。

**步骤01** 按 Ctrl＋O 组合键，打开随书附带光盘中的“素材\第 11 章\米老鼠.prproj”文件，如图 11-63 所示，在“效果”面板中，展开“视频效果”选项。

**步骤02** 在“通道”列表框中选择“纯色合成”选项，如图11-64所示，将其拖曳至V1轨道上。

图11-63　打开的项目文件

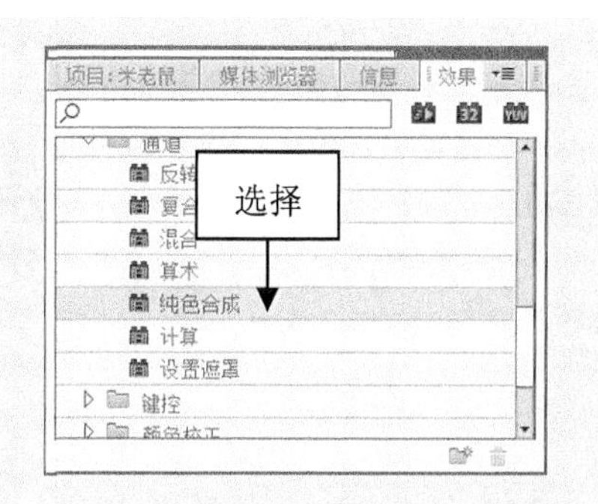


图11-64　选择“纯色合成”选项

**步骤03** 展开“效果控件”面板，依次单击“源不透明度”和“颜色”所对应的“切换动画”按钮，如图11-65所示。

**步骤04** 设置时间为00:00:05:10、“源不透明度”为50.0%、“颜色”RGB参数为0、204、255，如图11-66所示。

**步骤05** 执行操作后，即可添加“纯色合成”效果，单击“播放-停止切换”按钮，即可查看视频效果，如图11-67所示。

图11-65　单击“切换动画”按钮

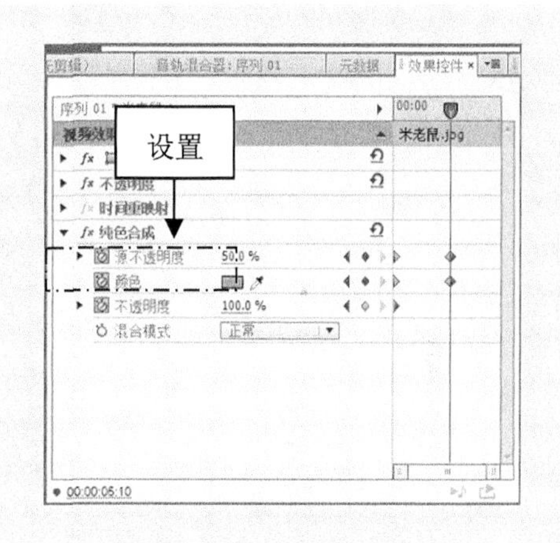


图11-66　设置参数值

图11-67　查看视频效果

## 11.3.8 实战——蒙尘与划痕效果

“蒙尘与划痕”效果是用于产生一种朦胧的模糊效果，下面将介绍添加蒙尘与划痕效果的操作方法。

**步骤01** 按 Ctrl+O 组合键，打开随书附带光盘中的“素材\第 11 章\跳水.prproj”文件，如图 11-68 所示，在“效果”面板中，展开“视频效果”选项。

**步骤02** 在“杂色与颗粒”列表框中选择“蒙尘与划痕”选项，如图 11-69 所示，将其拖曳至 V1 轨道上。

图 11-68　打开的项目文件

图 11-69　选择“蒙尘与划痕”选项

**步骤03** 展开“效果控件”面板，设置“半径”为 8，如图 11-70 所示。

**步骤04** 执行操作后，即可添加“蒙尘与划痕”效果，视频预览效果如图 11-71 所示。

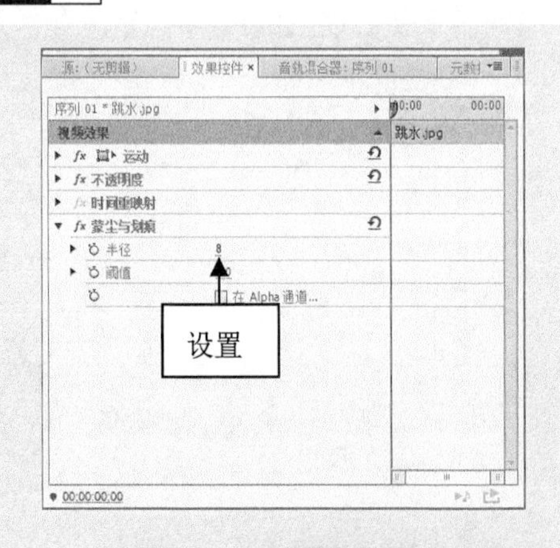


图 11-70　设置参数值

图 11-71　预览视频效果

## 11.3.9 实战——透视视频效果

“透视”特效主要用于在视频画面上添加透视效果。下面介绍“基本 3D”视频效果的添加方法。

**步骤01** 按 Ctrl+O 组合键，打开随书附带光盘中的“素材\第 11 章\江湖侠女.prproj”

文件，如图 11-72 所示。

**步骤02** 打开项目文件后，在“节目监视器”面板中可以查看素材画面，如图 11-73 所示。

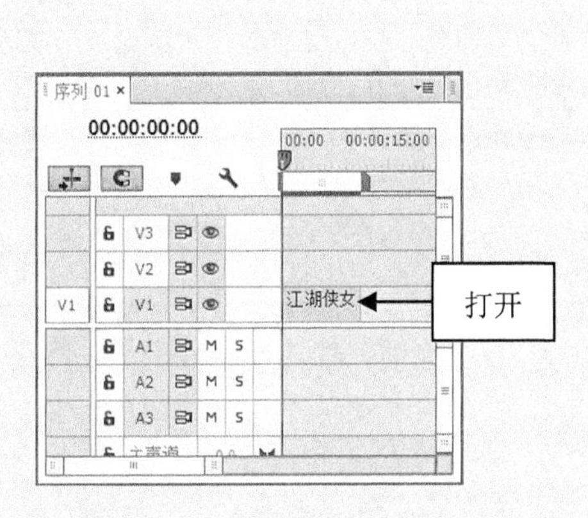


图 11-72 打开项目文件

图 11-73 查看素材画面

**步骤03** 在“效果”面板中，依次展开“视频效果”|“透视”选项，在其中选择“基本 3D”选项，如图 11-74 所示。各选项含义见表 11-3。

**步骤04** 将“基本 3D”视频特效拖曳至“时间轴”面板中的素材文件上，如图 11-75 所示，选择 V1 轨道上的素材。

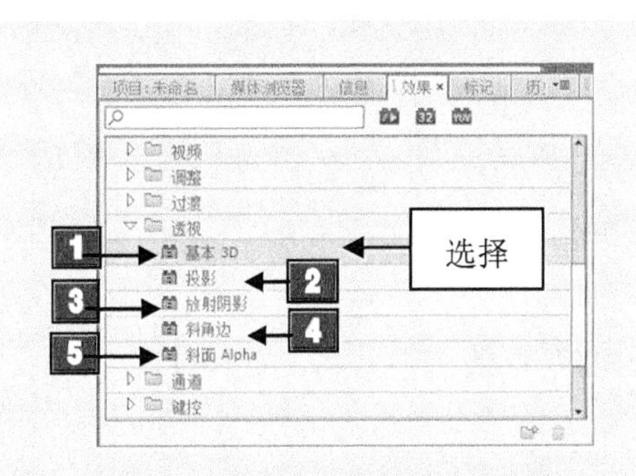


图 11-74 选择“基本 3D”选项

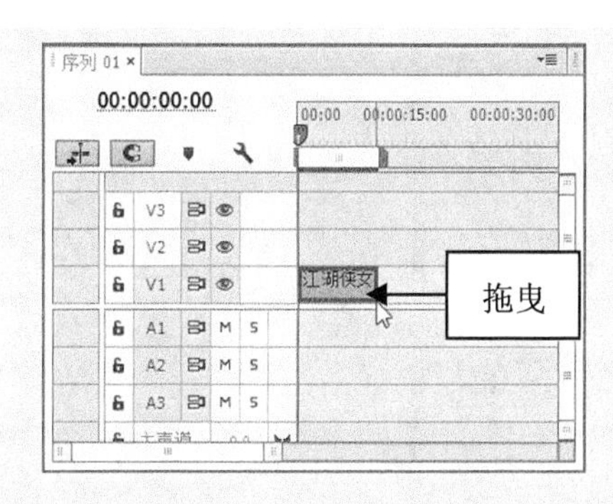


图 11-75 拖曳视频特效

表 11-3 “基本 3D”特效中各选项的含义

| 标 号 | 名 称 | 含 义 |
|---|---|---|
| 1 | 基本 3D | “基本 3D”效果在 3D 空间中操控剪辑，可以围绕水平和垂直轴旋转视频，以及朝靠近或远离用户的方向移动剪辑，此外还可以创建镜面高光来表现由旋转表面反射的光感 |
| 2 | 投影 | “投影”效果添加出现在剪辑后面的阴影，投影的形状取决于剪辑的 Alpha 通道 |
| 3 | 放射阴影 | “放射阴影”效果在应用此效果的剪辑上创建来自点光源的阴影，而不是来自无限光源的阴影(如同投影效果)。此阴影是从源剪辑的 Alpha 通道投射的，因此在光透过半透明区域时，该剪辑的颜色可影响阴影的颜色 |

续表

| 标　号 | 名　称 | 含　义 |
|---|---|---|
| 4 | 斜角边 | “斜角边”效果为视频边缘提供凿刻和光亮的 3D 外观，边缘位置取决于源视频的 Alpha 通道。与“斜面 Alpha”不同，在此效果中创建的边缘始终为矩形，因此具有非矩形 Alpha 通道的视频无法形成适当的外观。所有的边缘具有同样的厚度 |
| 5 | 斜面 Alpha | “斜面 Alpha”效果将斜缘和光添加到视频的 Alpha 边界，通常可为 2D 元素呈现 3D 外观，如果剪辑没有 Alpha 通道或者剪辑完全不透明，则此效果将应用于剪辑的边缘。此效果所创建的边缘比斜角边效果创建的边缘柔和，此效果适用于包含 Alpha 通道的文本 |

**步骤 05** 在“效果控件”面板中，展开“基本 3D”选项，如图 11-76 所示。

**步骤 06** 设置“旋转”选项为-100.0°，单击“旋转”选项左侧的“切换动画”按钮，如图 11-77 所示。

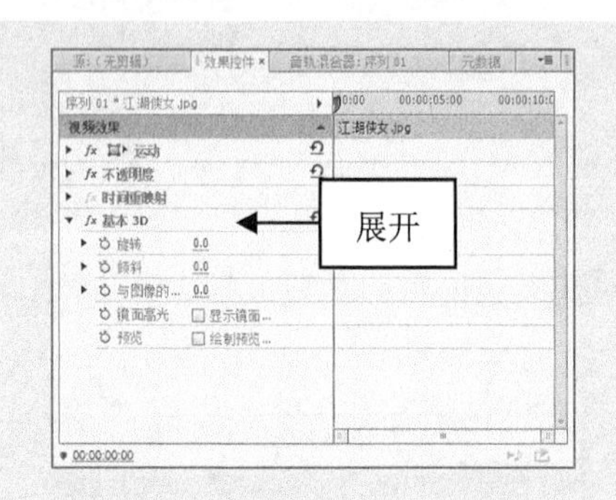


图 11-76　展开“基本 3D”选项

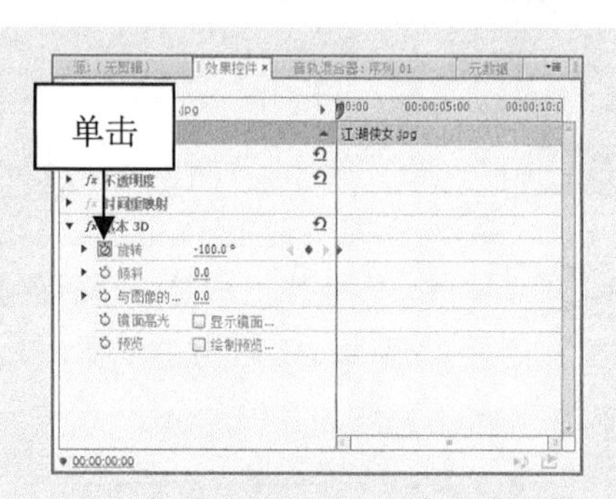


图 11-77　单击“切换动画”按钮

**步骤 07** 拖曳时间指示器至 00:00:05:00 的位置，设置“旋转”为 0.0°，如图 11-78 所示。各选项的含义见表 11-4。

**步骤 08** 执行上述操作后，即可运用“基本 3D”特效调整素材，如图 11-79 所示。

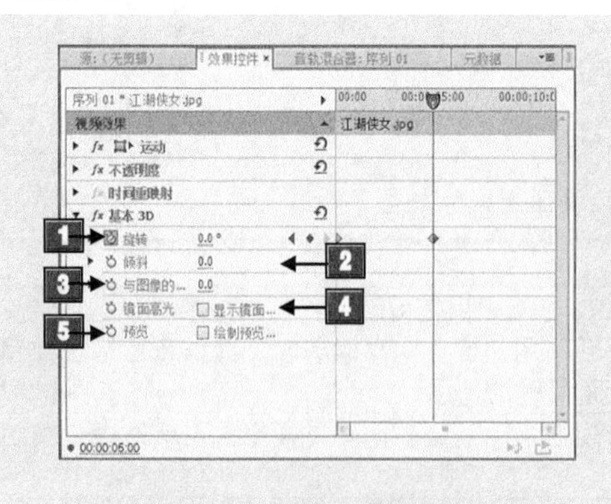


图 11-78　设置“旋转”为 0.0°

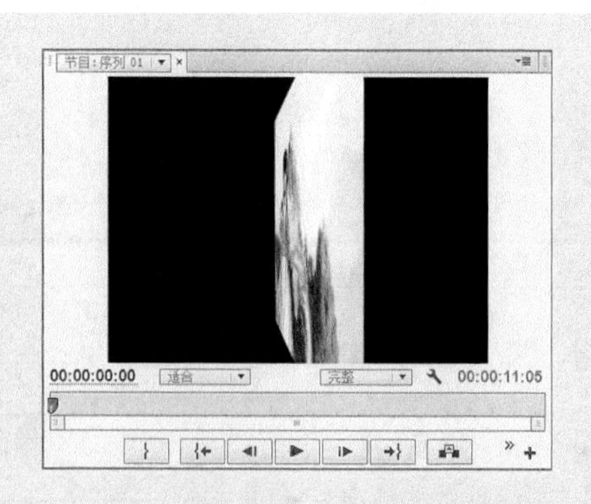

图 11-79　运用“基本 3D”特效调整视频

表 11-4　“基本 3D”特效中各选项的含义

| 标　号 | 名　称 | 含　义 |
|---|---|---|
| 1 | 旋转 | 旋转控制水平旋转(围绕垂直轴旋转)。可以旋转 90° 以上来查看视频的背面(是前方的镜像视频) |
| 2 | 倾斜 | 控制垂直旋转(围绕水平轴旋转) |
| 3 | 与图像的距离 | 指定视频离观看者的距离。随着距离变大，视频会后退 |
| 4 | 镜面高光 | 添加闪光来反射所旋转视频的表面，就像在表面上方有一盏灯照亮。在选择“绘制预览线框”的情况下，如果镜面高光在剪辑上不可见(高光的中心与剪辑不相交)，则以红色加号(+)作为指示，而如果镜面高光可见，则以绿色加号(+)作为指示。镜面高光效果在节目监视器中变为可见之前，必须渲染一个预览 |
| 5 | 预览 | 绘制 3D 视频的线框轮廓，线框轮廓可快速渲染。要查看最终结果，在完成操控线框视频时取消选中“绘制预览线框”复选框 |

步骤09　单击“播放-停止切换”按钮，预览视频效果，如图 11-80 所示。

图 11-80　预览视频效果

## 11.3.10　实战——时间码视频效果

“时间码”效果可以在视频画面中添加一个时间码，常常运用在节目情节十分紧张的情况下，表现出一种时间紧迫感。

步骤01　按 Ctrl＋O 组合键，打开随书附带光盘中的“素材\第 11 章\雪景.prproj”文件，如图 11-81 所示。

步骤02　在“效果”面板中，展开“视频效果”选项，在“视频”列表框中选择“时间码”选项，如图 11-82 所示，将其拖曳至 V1 轨道上。

图 11-81　打开的项目文件

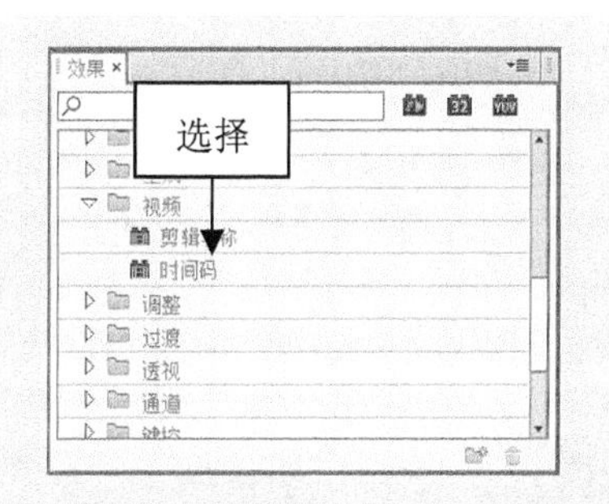


图 11-82　选择“时间码”选项

步骤03 展开“效果控件”面板，设置“大小”为 16.0%、“不透明度”为 50.0%、“位移”为 287，如图 11-83 所示。

步骤04 执行操作后，即可添加“时间码”视频效果，单击“播放-停止切换”按钮，即可查看视频效果，如图 11-84 所示。

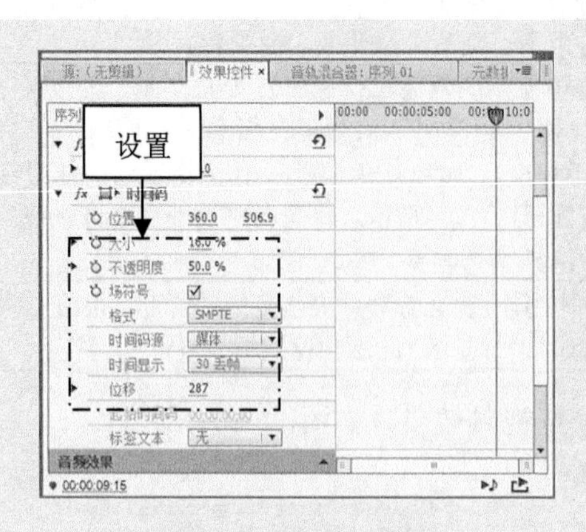


图 11-83 设置参数值

图 11-84 查看视频效果

## 11.3.11 实战——闪光灯视频效果

“闪光灯”视频效果可以使视频产生一种周期性的频闪效果，下面将介绍添加闪光灯视频效果的操作方法。

步骤01 按 Ctrl+O 组合键，打开随书附带光盘中的“素材\第 11 章\玩偶.prproj”文件，如图 11-85 所示，在“效果”面板中，展开“视频效果”选项。

步骤02 在“风格化”列表框中选择“闪光灯”选项，如图 11-86 所示，将其拖曳至 V1 轨道上。

图 11-85 打开的项目文件

图 11-86 选择“闪光灯”选项

步骤03 展开“效果控件”面板，设置“闪光色”的 RGB 参数为 214、234、45，“与原始图像混合”为 80%，如图 11-87 所示。

**步骤04** 执行操作后，即可添加“闪光灯”视频效果，单击“播放-停止切换”按钮，即可查看视频效果，如图 11-88 所示。

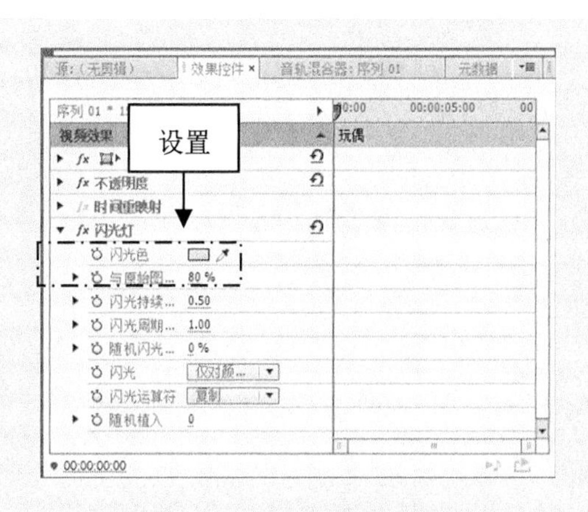


图 11-87　设置参数值

图 11-88　查看视频效果

## 11.3.12　实战——彩色浮雕视频效果

“彩色浮雕”视频效果用于生成彩色的浮雕效果，视频中颜色对比越强烈，浮雕效果越明显。

**步骤01** 按 Ctrl＋O 组合键，打开随书附带光盘中的“素材\第 11 章\装饰.prproj”文件，如图 11-89 所示，在“效果”面板中，展开“视频效果”选项。

**步骤02** 在“风格化”列表框中选择“彩色浮雕”选项，如图 11-90 所示，将其拖曳至 V1 轨道上。

**步骤03** 展开“效果控件”面板，设置“起伏”为 10.00，如图 11-91 所示。

图 11-89　打开的项目文件

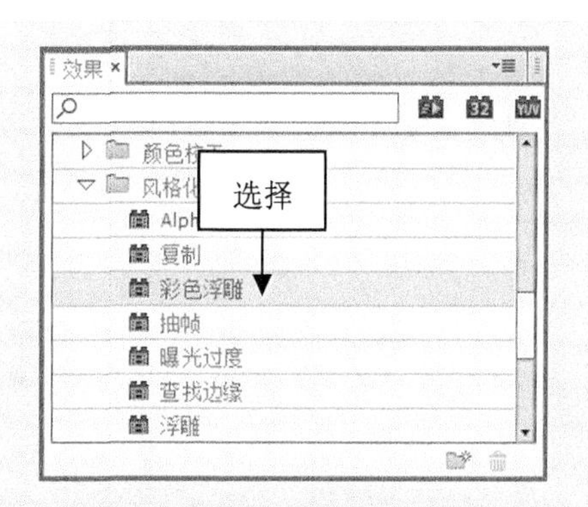


图 11-90　选择“彩色浮雕”选项

**步骤04** 执行操作后，即可添加“彩色浮雕”视频效果，视频效果如图 11-92 所示。

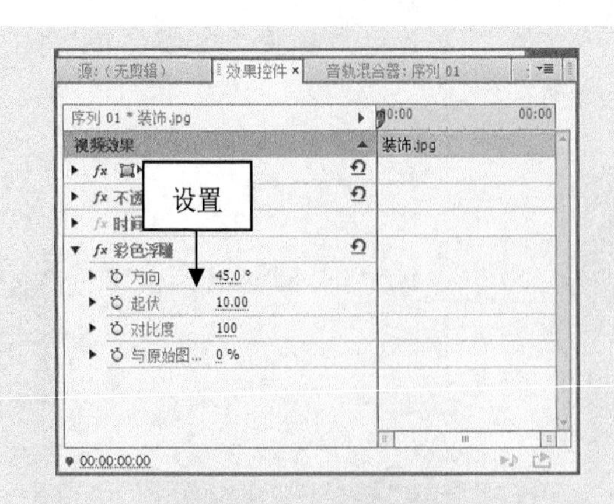


图 11-91 设置参数值

图 11-92 预览视频效果

# 第 12 章

## 视频字幕的编辑与设置

字幕是影视作品中不可缺少的重要组成部分，漂亮的字幕设计可以使影片更具有吸引力和感染力，Premiere Pro CC 高质量的字幕功能，让用户使用起来更加得心应手。本章将向读者详细介绍编辑与设置影视字幕的操作方法。

本章重点：

- 编辑字幕的基本操作
- 了解“字幕属性”面板
- 设置字幕的属性

# 12.1 编辑字幕的基本操作

字幕是以各种字体、浮雕和动画等形式出现在画面中的文字总称。下面为用户介绍如何在 Premiere Pro CC 中添加和编辑字幕。

## 12.1.1 字幕工作区

字幕是以各种字体、浮雕和动画等形式出现在画面中的文字总称，字幕设计与书写是影视造型的艺术手段之一。在通过实例学习创建字幕之前，首先要向读者介绍创建字幕的操作方法，以及掌握“字幕编辑”窗口。

在 Premiere Pro CC 中，字幕是一个独立的文件，用户可以通过创建新的字幕来添加字幕效果，也可以将字幕文件拖入“时间轴”面板中的视频轨道上添加字幕效果。

默认的 Premiere Pro CC 工作界面中并没有打开“字幕编辑”窗口。此时，用户需要选择“文件”|“新建”|“字幕”命令，如图 12-1 所示。弹出“新建字幕”对话框，在其中可根据需要设置新字幕的名称，如图 12-2 所示。

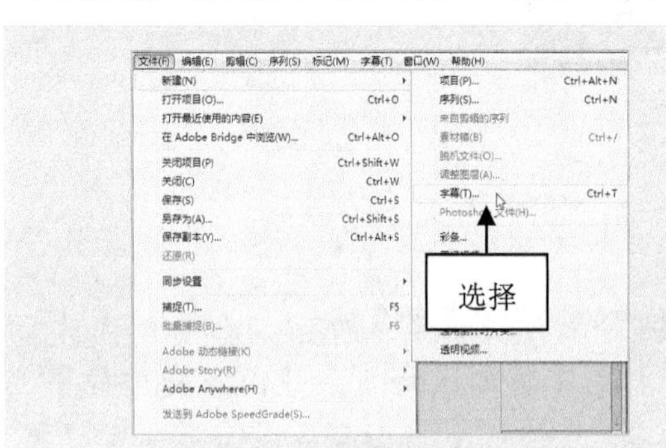


图 12-1 选择“字幕”命令

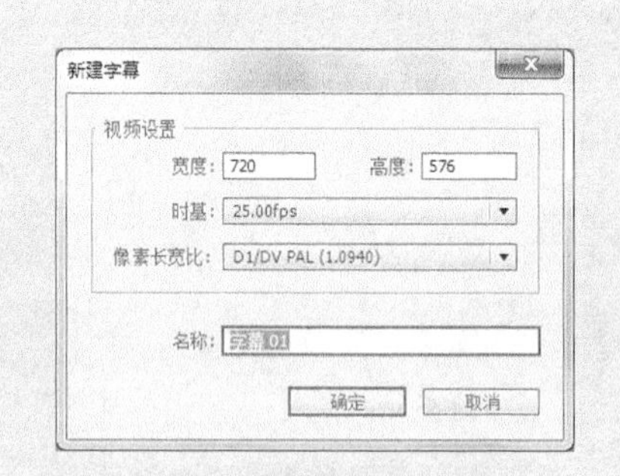


图 12-2 “新建字幕”对话框

单击“确定”按钮，即可打开“字幕编辑”窗口，如图 12-3 所示。“字幕编辑”窗口主要包括工具箱、字幕动作、字幕样式、字幕属性和工作区 5 个部分。各部分含义见表 12-1。

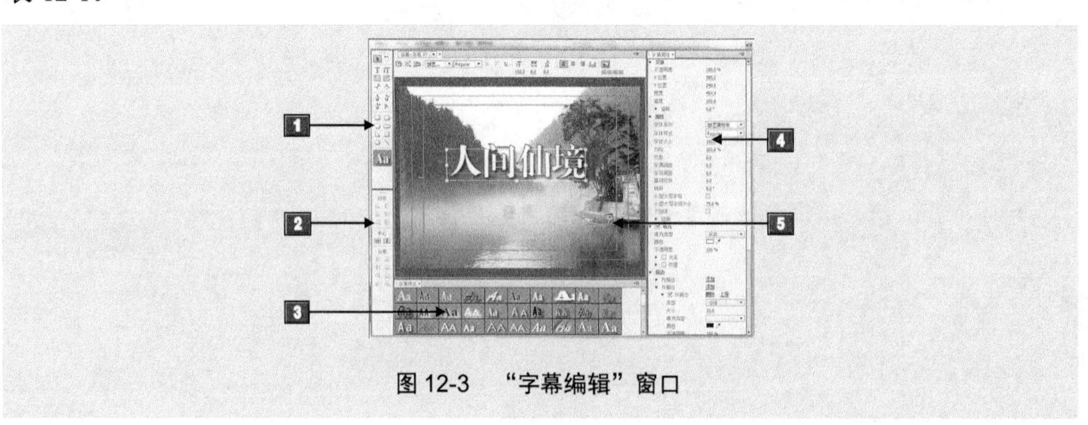


图 12-3 “字幕编辑”窗口

表 12-1 “字幕编辑”窗口中各部分的含义

| 标 号 | 名 称 | 含 义 |
|---|---|---|
| 1 | 工具箱 | 主要包括创建各种字幕、图形的工具 |
| 2 | 字幕动作 | 主要用于对字幕、图形进行移动、旋转等操作 |
| 3 | 字幕样式 | 用于设置字幕的样式，用户也可以自己创建字幕样式，单击面板右上方的按钮，弹出列表框，选择“保存样式库”选项即可 |
| 4 | 字幕属性 | 主要用于设置字幕、图形的一些特性 |
| 5 | 工作区 | 用于创建字幕、图形的工作区域，在这个区域中有两个线框，外侧的线框为动作安全区；内侧的线框为标题安全区，在创建字幕时，字幕不能超过这个范围 |

字幕编辑窗口左上角的字幕工具箱中的各种工具，主要用于输入、移动各种文本和绘制各种图形。字幕工具主要包括有选择工具、旋转工具、文字工具、垂直文字工具、区域文字工具、垂直区域文字工具、路径输入工具、垂直路径输入工具以及钢笔工具等，如图 12-4 所示。表 12-2 列出了各选项的释义。

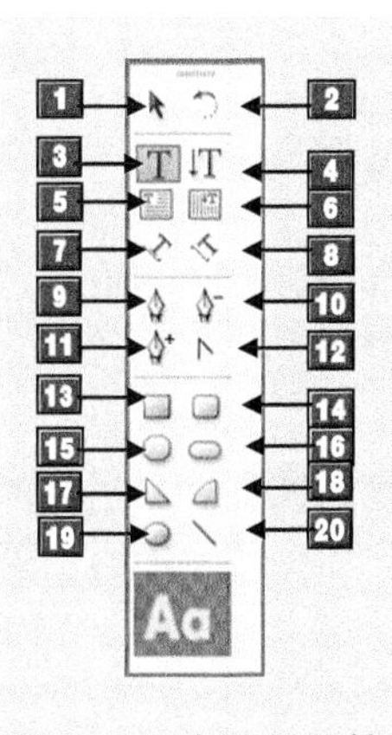


图 12-4 字幕工具箱

表 12-2 字幕工具箱中各选项的含义

| 标 号 | 名 称 | 含 义 |
|---|---|---|
| 1 | 选择工具 | 可以对已经存在的图形及文字进行选择，以及对位置和控制点进行调整 |
| 2 | 旋转工具 | 可以对已经存在的图形及文字进行旋转 |
| 3 | 文字工具 | 可以在工作区中输入文本 |
| 4 | 垂直文字工具 | 可以在工作区中输入垂直文本 |
| 5 | 区域文字工具 | 可以制作段落文本，适用于文本较多的时候 |
| 6 | 垂直区域文字工具 | 可以制作垂直段落文本 |
| 7 | 路径文字工具 | 可以制作出水平路径文本效果 |
| 8 | 垂直路径文字工具 | 可以制作出垂直路径文本效果 |
| 9 | 钢笔工具 | 可以勾画复杂的轮廓和定义多个锚点 |

续表

| 标　号 | 名　称 | 含　义 |
|---|---|---|
| 10 | 删除定位点工具 | 可以在轮廓线上删除锚点 |
| 11 | 添加定位点工具 | 可以在轮廓线上添加锚点 |
| 12 | 转换定位点工具 | 可以调整轮廓线上锚点的位置和角度 |
| 13 | 矩形工具 | 可以绘制出矩形 |
| 14 | 圆角矩形工具 | 可以绘制出圆角的矩形 |
| 15 | 切角矩形工具 | 可以绘制出切角的矩形 |
| 16 | 圆矩形工具 | 可以绘制出圆矩形 |
| 17 | 楔形工具 | 可以绘制出楔形的图形 |
| 18 | 弧形工具 | 可以绘制出弧形 |
| 19 | 椭圆形工具 | 可以绘制出椭圆形图形 |
| 20 | 直线工具 | 可以绘制出直线图形 |

**技巧：**在 Premiere Pro CC 中，除了使用以上方法创建字幕，用户还可以选择菜单栏上的“字幕”|“新建字幕”|“默认静态字幕”命令或按 Ctrl + T 组合键，也可以快速弹出“新建字幕”对话框，创建字幕效果。

## 12.1.2 字幕样式

“字幕样式”的添加能够帮助用户快速设置字幕的样式，从而获得精美的字幕效果。

在 Premiere Pro CC 中，为用户提供了大量的字幕样式，如图 12-5 所示。同样，用户也可以自己创建字幕，单击面板右上方的按钮，弹出列表框，选择“保存样式库”命令即可，如图 12-6 所示。

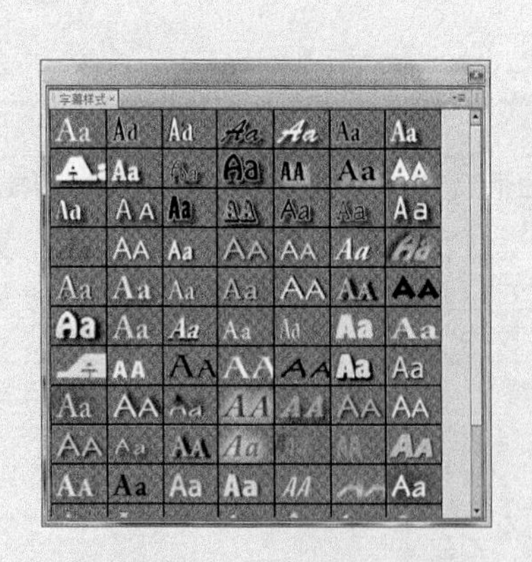

图 12-5 “字幕样式”面板

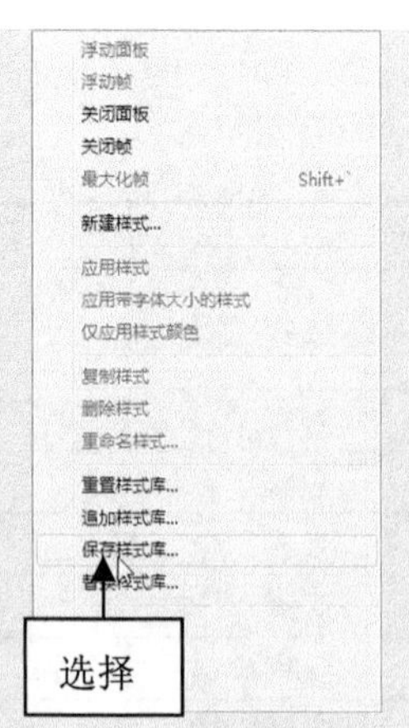


图 12-6 选择“保存样式库”命令

提示：根据字体类型的不同，某些字体拥有多种不同的形态效果，而“字体样式”选项便是用于指定当前所要显示的字体形态。

## 12.1.3 实战——水平字幕的创建

水平字幕是指沿水平方向进行分布的字幕类型。用户可以使用字幕工具中的“文字工具”进行创建。

步骤 01 按 Ctrl+O 组合键，打开随书附带光盘中的“素材\第 12 章\蜡烛.prproj”文件，如图 12-7 所示。

步骤 02 选择“文件”|“新建”|“字幕”命令，如图 12-8 所示。

图 12-7 打开的项目文件

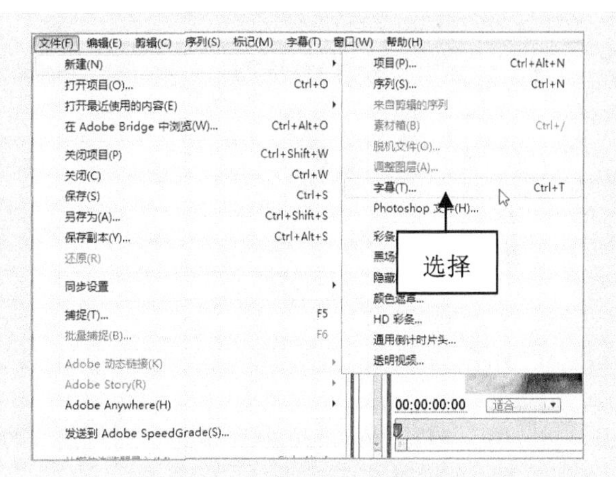


图 12-8 选择“字幕”命令

提示：“字幕”面板的主要功能是创建和编辑字幕，并可以直观地预览到字幕应用到视频影片中的效果。“字幕”面板由属性栏和编辑窗口两部分组成，其中编辑窗口是用户创建和编辑字幕的场所，在编辑完成后可以通过属性栏改变字体和字体样式。

步骤 03 弹出“新建字幕”对话框，设置“名称”为“字幕 01”，如图 12-9 所示。

步骤 04 单击“确定”按钮，打开字幕编辑窗口，选择文字工具 T，如图 12-10 所示。

技巧：打开字幕文件与导入素材文件的方法一样，具体方法是：选择“文件”|“导入”命令，在弹出的“导入”对话框中，选择合适的字幕文件，单击“打开”按钮即可。还可以运用 Ctrl + I 组合键来打开字幕。

步骤 05 在工作区中的合适位置输入文字为“蜡烛”，设置“填充颜色”为黑色、“字体大小”为 65.0，如图 12-11 所示。

图 12-9　设置名称

图 12-10　选择文字工具

**步骤 06**　关闭字幕编辑窗口，在“项目”面板中，将会显示新创建的字幕对象，如图 12-12 所示。

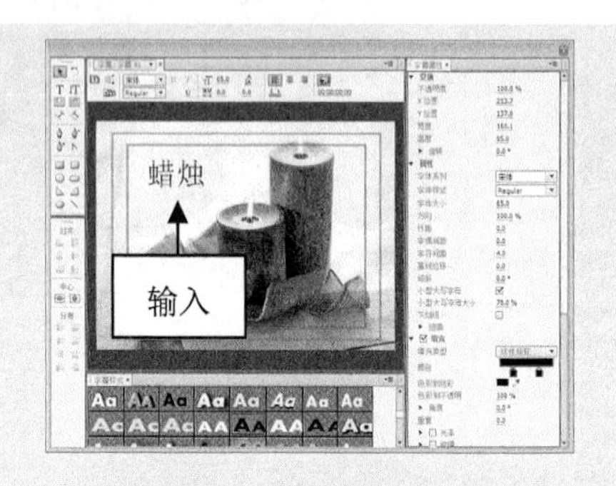


图 12-11　输入文字

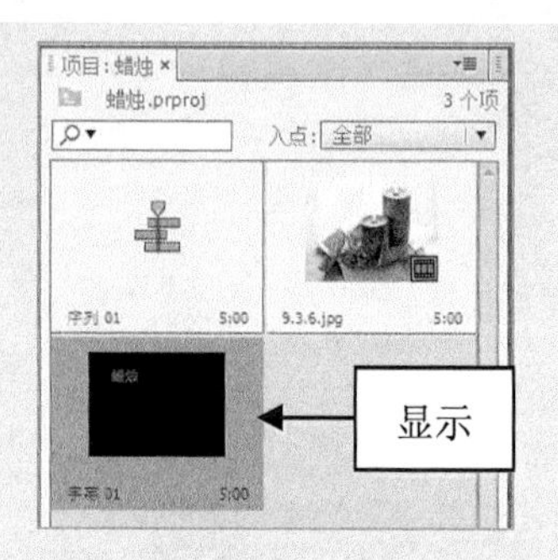


图 12-12　显示新创建的字幕

**步骤 07**　将新创建的字幕拖曳至“时间线”面板的 V2 轨道上，调整控制条大小，如图 12-13 所示。

**步骤 08**　执行操作后，即可创建水平字幕，并查看新创建的字幕效果，如图 12-14 所示。

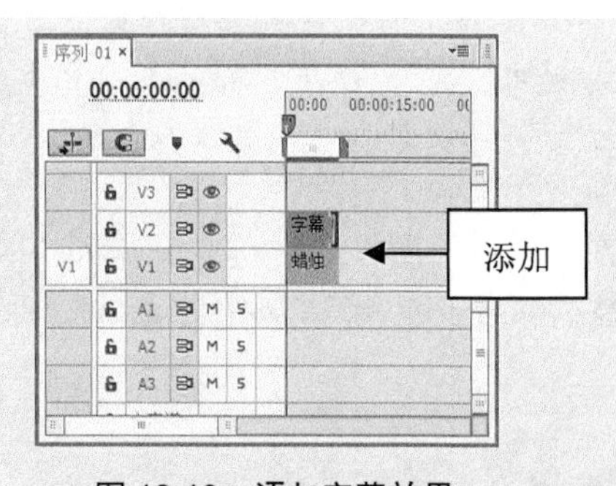


图 12-13　添加字幕效果

图 12-14　预览字幕效果

## 12.1.4　实战——垂直字幕的创建

用户在了解如何创建水平文本字幕后，创建垂直文本字幕的方法就变得十分简单了。下面将介绍创建垂直字幕的操作方法。

**步骤01** 按 Ctrl＋O 组合键，打开随书附带光盘中的“素材\第 12 章\变形金刚.prproj”文件，如图 12-15 所示，选择“文件”|“新建”|“字幕”命令，新建一个字幕文件。

**步骤02** 在字幕编辑窗口中，选择垂直文字工具，在工作区中合适的位置输入相应的文字，如图 12-16 所示。

图 12-15　打开的项目文件

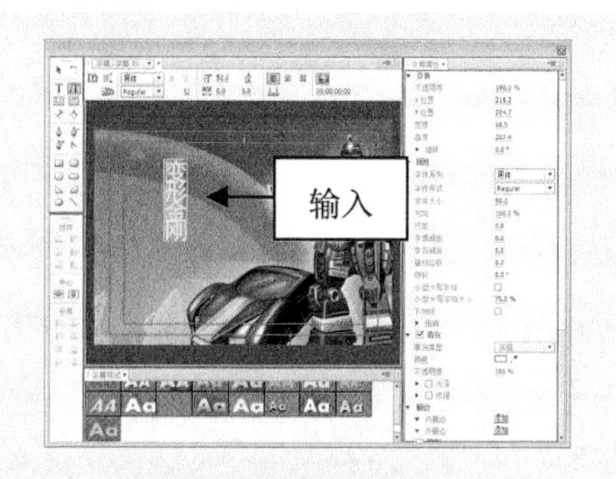


图 12-16　输入文字

**步骤03** 在“字幕属性”面板中，设置“字体系列”为黑体、“字体大小”为 50.0、“字偶间距”为 10.0、“颜色”为红色(RGB 为 167、0、0)，如图 12-17 所示。

**步骤04** 关闭字幕编辑窗口，将新创建的字幕拖曳至“时间线”面板的 V2 轨道上，调整控制条的长度，即可创建垂直字幕，效果如图 12-18 所示。

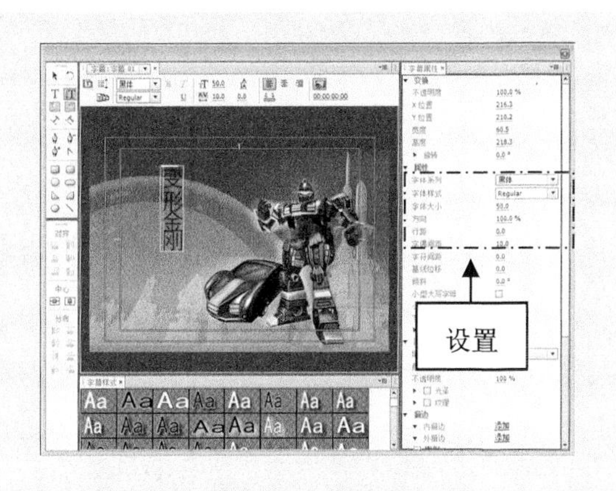


图 12-17　设置参数值

图 12-18　创建垂直字幕后的效果

**注意：** 在字幕编辑窗口中创建字幕时，在工作区中，有两个线框，外侧的线框以内为动作安全区；内侧的线框以内为标题安全区，在创建字幕时，字幕不能超过相应的范围，否则导出影片时将不能显示。

## 12.1.5　实战——字幕的导出

为了让用户更加方便地创建字幕，系统允许用户将设置好的字幕导出到字幕样式库中，这样方便用户随时调用这种字幕。

**步骤01** 按 Ctrl＋O 组合键，打开随书附带光盘中的“素材\第 12 章\环保.prproj”文件，如图 12-19 所示。

**步骤02** 在“项目”面板中，选择字幕文件，如图 12-20 所示。

图 12-19　打开的项目文件

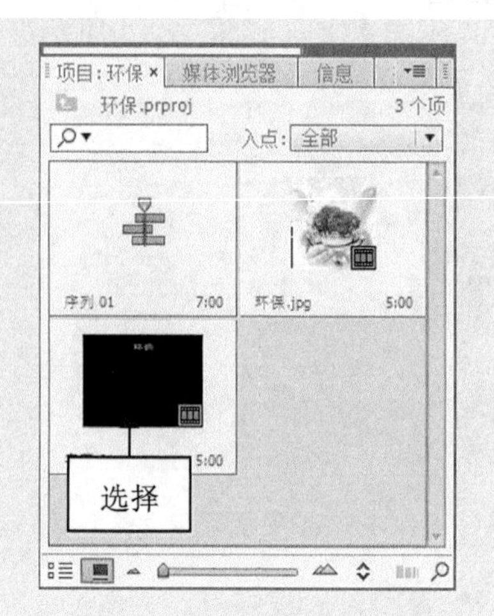


图 12-20　选择字幕文件

**步骤03** 选择“文件”|“导出”|“字幕”命令，如图 12-21 所示。

**步骤04** 弹出“保存字幕”对话框，设置文件名和保存路径，单击“保存”按钮，如图 12-22 所示，执行操作后，即可导出字幕文件。

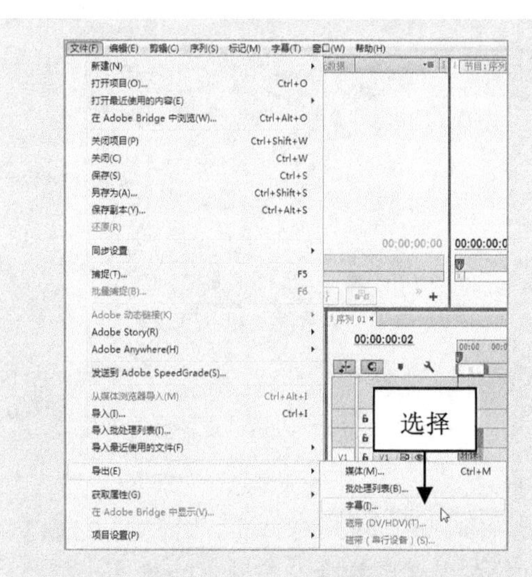


图 12-21　选择“字幕”命令

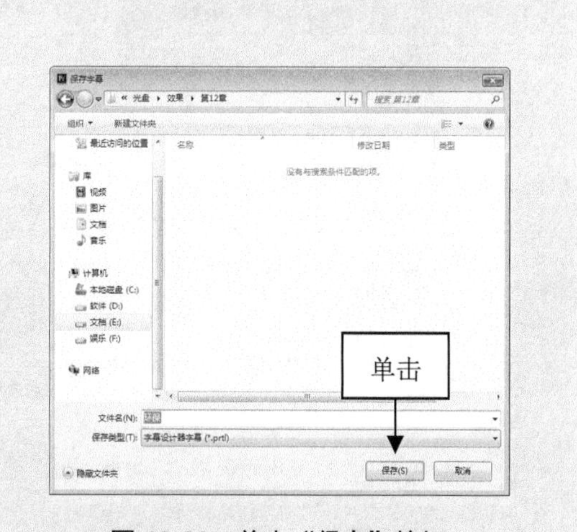


图 12-22　单击“保存”按钮

## 12.2　了解“字幕属性”面板

“字幕属性”面板位于“字幕编辑”面板的右侧，系统将其分为“变换”、“属性”、“填充”、“描边”以及“阴影”等属性类型，下面将对各选项区进行详细介绍。



## 12.2.1 “变换”选项区

“变换”选项区主要用于控制字幕的“透明度”、“Y/Y 轴位置”、“宽度/高度”以及“旋转”等属性。

单击“变换”选项左侧的三角形按钮，展开该选项，各选项如图 12-23 所示，各选项的含义见表 12-3。

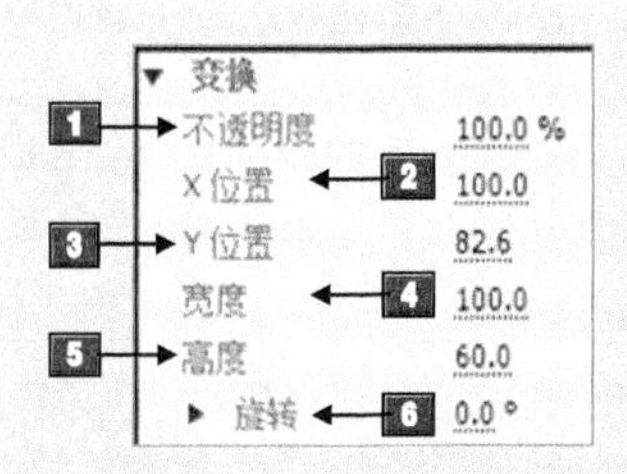


图 12-23 “变换”选项区

表 12-3 “变换”选项区中各选项的含义

| 标 号 | 名 称 | 含 义 |
|---|---|---|
| 1 | 不透明度 | 用于设置字幕的不透明度 |
| 2 | X 位置 | 用于设置字幕在 X 轴的位置 |
| 3 | Y 位置 | 用于设置字幕在 Y 轴的位置 |
| 4 | 宽度 | 用于设置字幕的宽度 |
| 5 | 高度 | 用于设置字幕的高度 |
| 6 | 旋转 | 用于设置字幕的旋转角度 |

## 12.2.2 “属性”选项区

“属性”选项区可以调整字幕文本的“字体系列”、“字体大小”、“行距”、“字偶间距”以及为字幕添加下划线等属性。

单击“属性”选项左侧的三角形按钮，展开该选项，各选项如图 12-24 所示，各选项的含义见表 12-4。

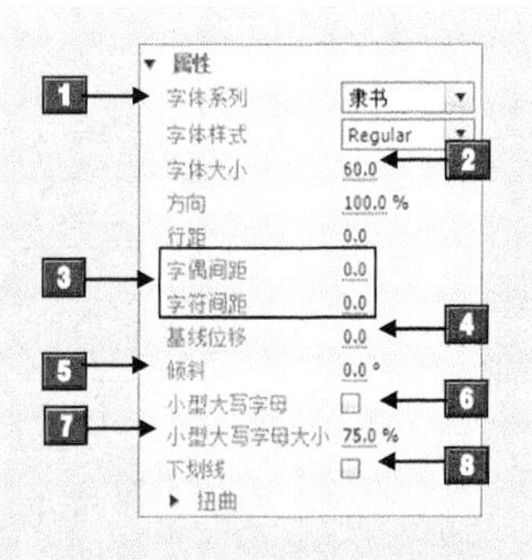


图 12-24 “属性”选项区

表 12-4 “属性”选项区中各选项的含义

| 标 号 | 名 称 | 含 义 |
|---|---|---|
| 1 | 字体系列 | 单击“字体”右侧的按钮，在弹出的下拉列表框中可选择所需要的字体，显示的字体取决于 Windows 中安装的字库 |
| 2 | 字体大小 | 用于设置当前选择的文本字体大小 |
| 3 | 字偶间距/字符间距 | 用于设置文本的字距，数值越大，文字的距离越大 |
| 4 | 基线位移 | 在保持文字行距和大小不变的情况下，改变文本在文字块内的位置，或将文本更远地偏离路径 |
| 5 | 倾斜 | 用于调整文本的倾斜角度，当数值为 0 时，表示文本没有任何倾斜度；当数值大于 0 时，表示文本向右倾斜；当数值小于 0 时，表示文本向左倾斜 |
| 6 | 小型大写字母 | 选中该复选框，则选择的所有字母将变为大写 |
| 7 | 小型大写字母大小 | 用于设置大写字母的尺寸 |
| 8 | 下划线 | 选中该复选框，则可为文本添加下划线 |

## 12.2.3 “填充”选项区

“填充”效果是一个可选属性效果，因此，当用户关闭字幕的“填充”属性后，必须通过其他方式将字幕元素呈现在画面中。

“填充”选项区主要是用来控制字幕的“填充类型”、“颜色”、“透明度”以及为字幕添加“材质”和“光泽”属性，如图 12-25 所示。各选项的含义见表 12-5。

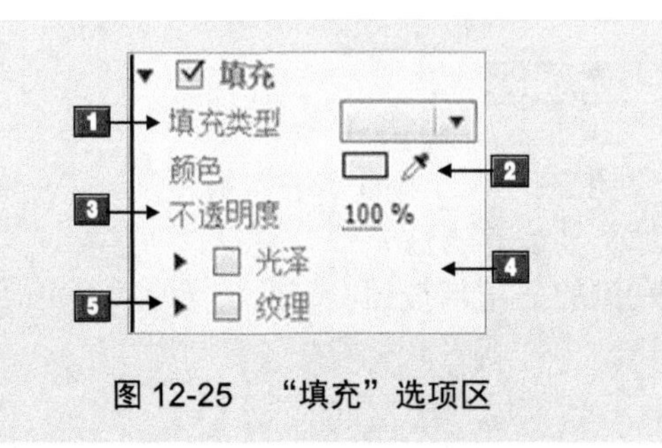


图 12-25 “填充”选项区

表 12-5 “填充”选项区中各选项的含义

| 标 号 | 名 称 | 含 义 |
|---|---|---|
| 1 | 填充类型 | 单击“填充类型”右侧的下三角按钮，在弹出的列表框中可选择不同的选项，可以制作出不同的填充效果 |
| 2 | 颜色 | 单击其右侧的颜色色块，可以调整文本的颜色 |
| 3 | 不透明度 | 用于调整文本颜色的透明度 |
| 4 | 光泽 | 选中该复选框，并单击左侧的“展开”按钮▶，展开具体的“光泽”参数设置，可以在文本上加入光泽效果 |

续表

| 标 号 | 名 称 | 含 义 |
|---|---|---|
| 5 | 纹理 | 选中该复选框，并单击左侧的“展开”按钮▶，展开具体的“纹理”参数设置，可以对文本进行纹理贴图方面的设置，从而使字幕更加生动和美观 |

## 12.2.4 “描边”选项区

“描边”选项区中可以为字幕添加描边效果，下面介绍“描边”选项区的相关基础知识。

在 Premiere Pro CC 中，系统将描边分为“内描边”和“外描边”两种类型，单击“描边”选项左侧的“展开”按钮，展开该选项，然后再展开其中相应的选项，如图 12-26 所示。各选项的含义见表 12-6。

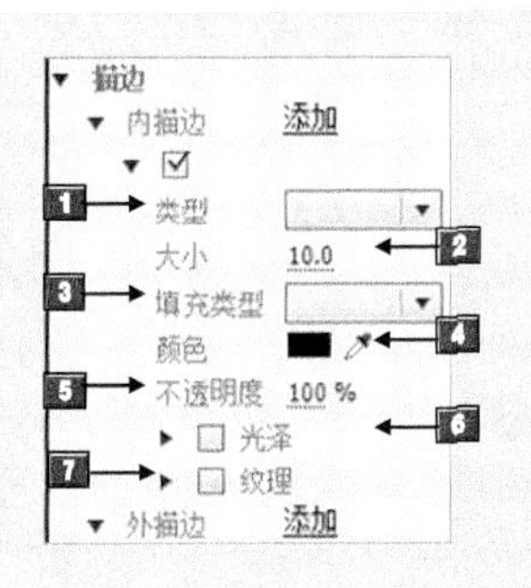


图 12-26 “描边”选项区

表 12-6 “描边”选项区中各选项的含义

| 标 号 | 名 称 | 含 义 |
|---|---|---|
| 1 | 类型 | 单击“类型”右侧的下三角按钮，弹出下拉列表，该列表中包括“边缘”、“凸出”和“凹进”3 个选项 |
| 2 | 大小 | 用于设置轮廓线的大小 |
| 3 | 填充类型 | 用于设置轮廓的填充类型 |
| 4 | 颜色 | 单击右侧的颜色色块，可以改变轮廓线的颜色 |
| 5 | 不透明度 | 用于设置文本轮廓的透明度 |
| 6 | 光泽 | 选中该复选框，可为轮廓线加入光泽效果 |
| 7 | 纹理 | 选中该复选框，可为轮廓线加入纹理效果 |

## 12.2.5 “阴影”选项区

“阴影”选项区可以为字幕设置阴影属性，该选项区是一个可选效果，用户只有在勾选“阴影”复选框后，才可以添加阴影效果。

勾选“阴影”复选框，将激活“阴影”选项区中的各参数，如图 12-27 所示。各选项的含义见表 12-7。

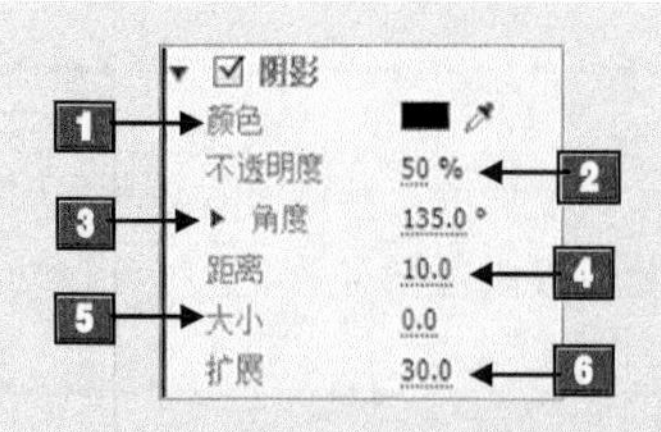


图 12-27 “阴影”选项区

表 12-7 “阴影”选项区中各选项的含义

| 标 号 | 名 称 | 含 义 |
| --- | --- | --- |
| 1 | 颜色 | 用于设置阴影的颜色 |
| 2 | 不透明度 | 用于设置阴影的透明度 |
| 3 | 角度 | 用于设置阴影的角度 |
| 4 | 距离 | 用于调整阴影和文字的距离，数值越大，阴影与文字的距离越远 |
| 5 | 大小 | 用于放大或缩小阴影的尺寸 |
| 6 | 扩展 | 为阴影效果添加羽化并产生扩展效果 |

## 12.3 设置字幕的属性

为了让字幕的整体效果更加具有吸引力和感染力，因此，需要用户对字幕属性进行细致调整才可以。本节将介绍字幕属性的作用与调整的技巧。

### 12.3.1 实战——字幕样式

字幕样式是 Premiere Pro CC 为用户预设的字幕属性设置方案，让用户能够快速的设置字幕的属性。

步骤 01 按 Ctrl＋O 组合键，打开随书附带光盘中的“素材\第 12 章\蛋糕.prproj”文件，如图 12-28 所示。

步骤 02 在“项目”面板上，使用鼠标左键双击字幕文件，如图 12-29 所示。

图 12-28 打开的项目文件

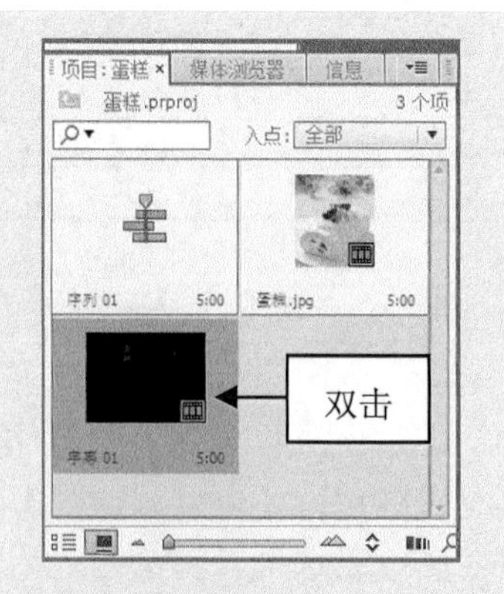


图 12-29 双击字幕文件

**步骤03** 打开字幕编辑窗口，在“字幕样式”面板中，选择合适的字幕样式，如图 12-30 所示。

**步骤04** 执行操作后，即可应用字幕样式，其图像效果如图 12-31 所示。

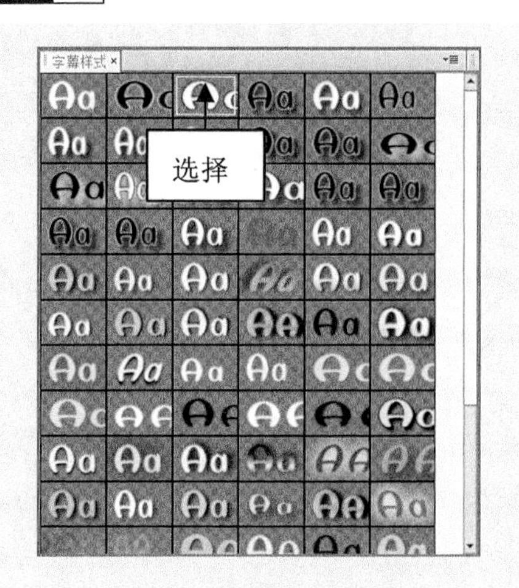


图 12-30 选择合适的字幕样式

图 12-31 应用字幕样式后的效果

## 12.3.2 实战——变换效果

在 Premiere Pro CC 中，设置字幕变换效果可以对文本或图形的透明度和位置等参数进行设置。

**步骤01** 按 Ctrl+O 组合键，打开随书附带光盘中的“素材\第 12 章\节日.prproj”文件，如图 12-32 所示。

**步骤02** 在“时间线”面板中的 V2 轨道中，使用鼠标左键双击字幕文件，如图 12-33 所示。

图 12-32 打开的项目文件

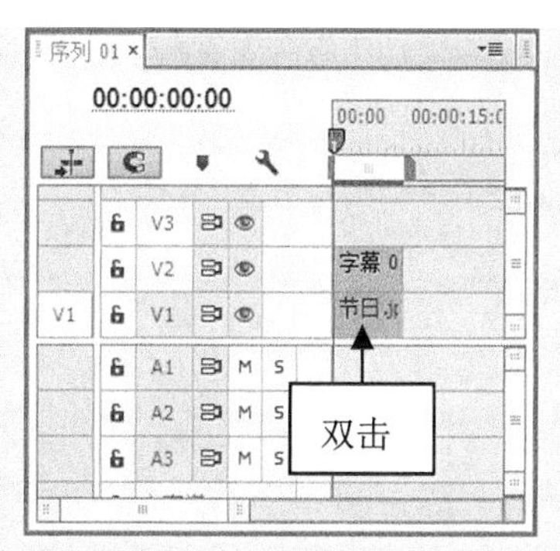


图 12-33 双击字幕文件

**步骤03** 打开字幕编辑窗口，在“变换”选项区中，设置“X 位置”为 524.0、“Y 位置”为 85.9，如图 12-34 所示。

**步骤04** 执行操作后，即可设置变换效果，其图像效果如图 12-35 所示。

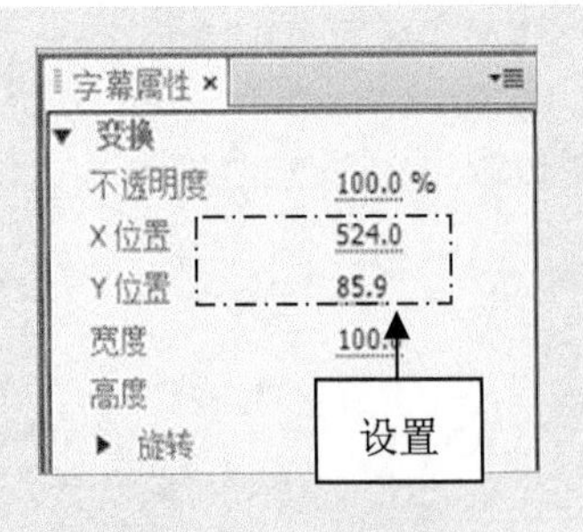


图 12-34　设置参数值

图 12-35　设置变换后的效果

## 12.3.3　实战——设置字幕间距

字幕间距主要是指文字之间的间隔距离，下面将介绍设置字幕间距的操作方法。

**步骤 01**　按 Ctrl＋O 组合键，打开随书附带光盘中的“素材\第 12 章\鱼缸.prproj”文件，如图 12-36 所示。

**步骤 02**　在“时间线”面板中的 V2 轨道中，使用鼠标左键双击字幕文件，如图 12-37 所示。

图 12-36　打开的项目文件

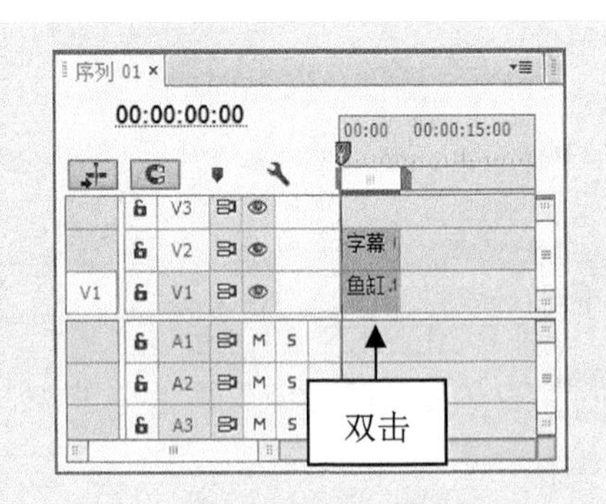


图 12-37　双击字幕文件

**步骤 03**　打开字幕编辑窗口，在“属性”选项区中设置“字符间距”为 20.0，如图 12-38 所示。

**步骤 04**　执行操作后，即可修改字幕的间距，效果如图 12-39 所示。

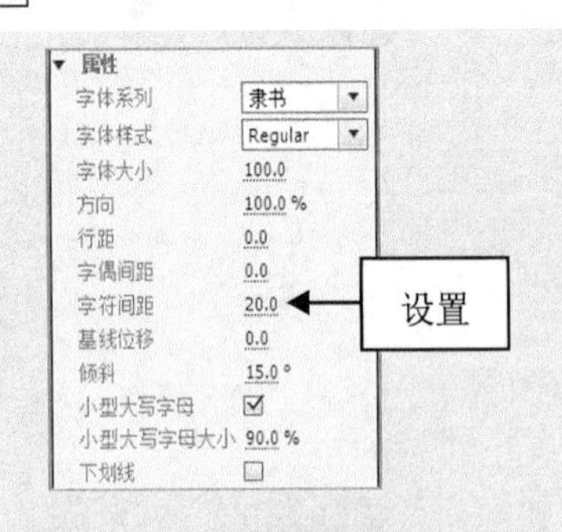


图 12-38　设置参数值

图 12-39　视频效果

## 12.3.4 实战——设置字体属性

在“属性”选项区中，可以重新设置字幕的字体，下面将介绍设置字体属性的操作方法。

**步骤01** 按 Ctrl＋O 组合键，打开随书附带光盘中的“素材\第 12 章\烟花璀璨.prproj”文件，如图 12-40 所示。

**步骤02** 在“项目”面板上，使用鼠标左键双击字幕文件，如图 12-41 所示。

图 12-40 打开的项目文件

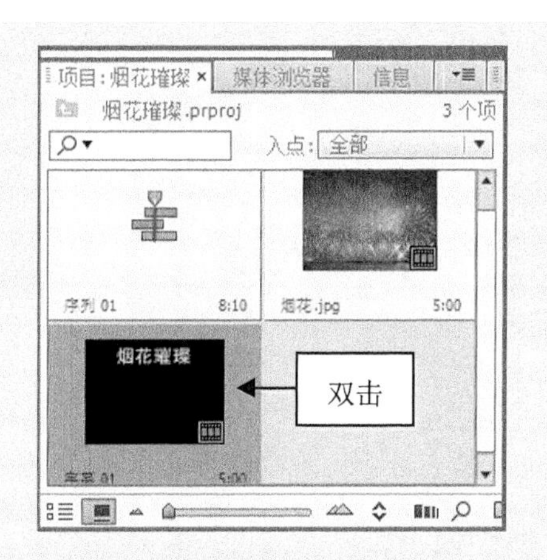


图 12-41 双击字幕文件

**步骤03** 打开字幕编辑窗口，在“属性”选项区中，设置“字体系列”为方正水柱简体、“字体大小”为 110.0，如图 12-42 所示。

**步骤04** 执行操作后，即可设置字体属性，效果如图 12-43 所示。

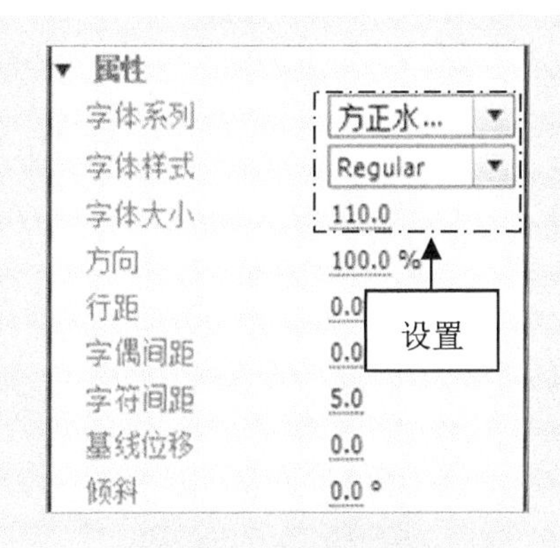


图 12-42 设置各参数

图 12-43 设置字体属性后的效果

## 12.3.5 实战——字幕角度的旋转

在创建字幕对象后，可以将创建的字幕进行旋转操作，以得到更好的字幕效果。

**步骤 01** 按 Ctrl+O 组合键，打开随书附带光盘中的“素材\第 12 章\闪亮.prproj”文件，如图 12-44 所示。

**步骤 02** 在“项目”面板上，使用鼠标左键双击字幕文件，如图 12-45 所示。

图 12-44 打开的项目文件

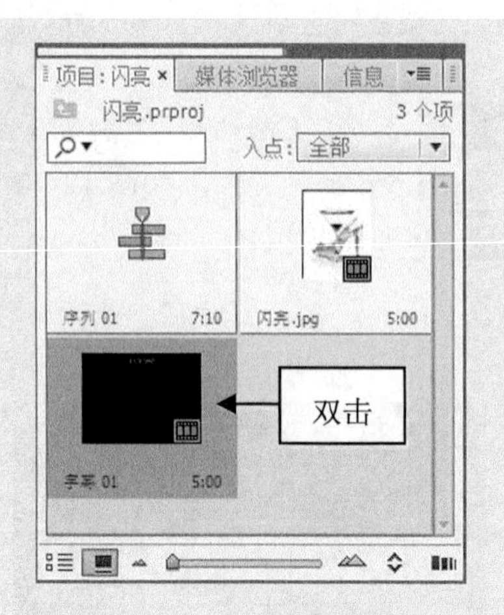


图 12-45 双击字幕文件

**步骤 03** 打开字幕编辑窗口，在“字幕属性”面板的“变换”选项区中，设置“旋转”为 330.0°，如图 12-46 所示。

**步骤 04** 执行操作后，即可旋转字幕角度，在“节目监视器”面板中预览旋转字幕角度后的效果，如图 12-47 所示。

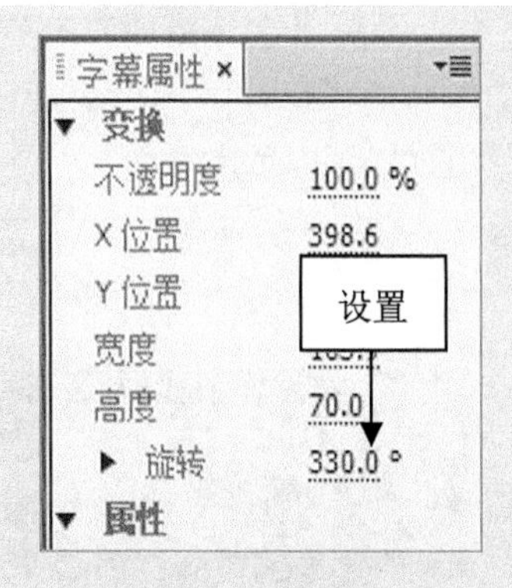


图 12-46 设置参数值

图 12-47 旋转字幕角度后的效果

## 12.3.6 实战——设置字幕大小

如果字幕中的字太小，可以对其进行设置，下面将介绍设置字幕大小的操作方法。

**步骤 01** 按 Ctrl+O 组合键，打开随书附带光盘中的“素材\第 12 章\剑魂.prproj”文件，如图 12-48 所示。

**步骤 02** 在“项目”面板上，使用鼠标左键双击字幕文件，如图 12-49 所示。

图 12-48 打开的项目文件

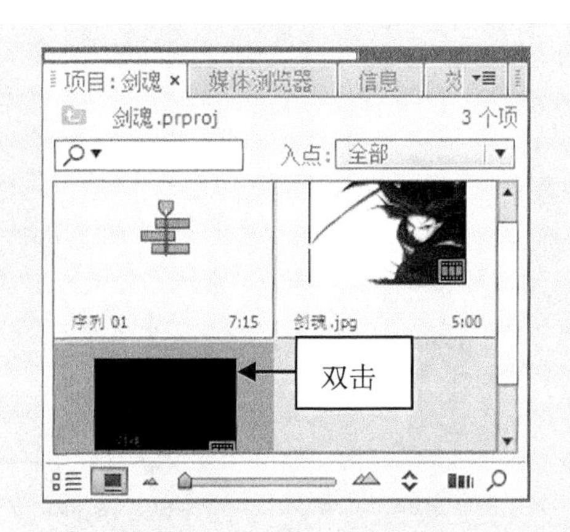

图 12-49 双击字幕文件

**步骤03** 打开字幕编辑窗口，在“字幕属性”面板中，设置“字体大小”为 120.0，如图 12-50 所示。

**步骤04** 执行操作后，即可设置字幕大小，在“节目监视器”面板中预览设置字幕大小后的效果，如图 12-51 所示。

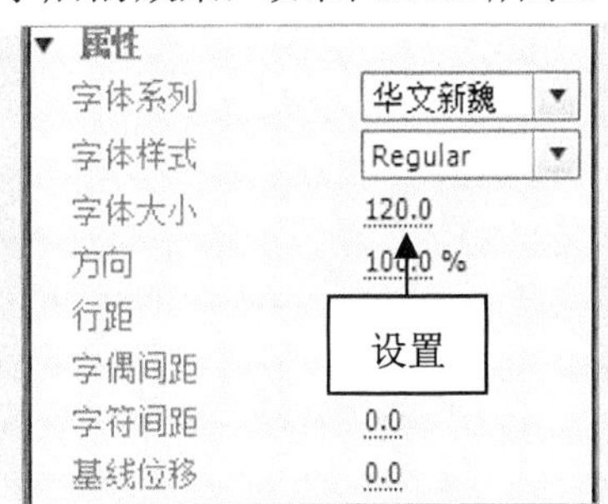

图 12-50 设置参数值

图 12-51 预览图像效果

## 12.3.7 实战——设置排列属性

在 Premiere Pro CC 中制作字幕文件之前，还可以对字幕进行排序，使字幕文件更加美观。

**步骤01** 按 Ctrl+O 组合键，打开随书附带光盘中的“素材\第 12 章\彩色世界.prproj”文件，如图 12-52 所示。

**步骤02** 在“项目”面板上，使用鼠标左键双击字幕文件，如图 12-53 所示。

**步骤03** 打开字幕编辑窗口，选择最下方的字幕，如图 12-54 所示。

**步骤04** 单击鼠标右键，弹出快捷菜单，选择“排列”|“后移”命令，如图 12-55 所示，即可设置排列属性。

图 12-52　打开的项目文件

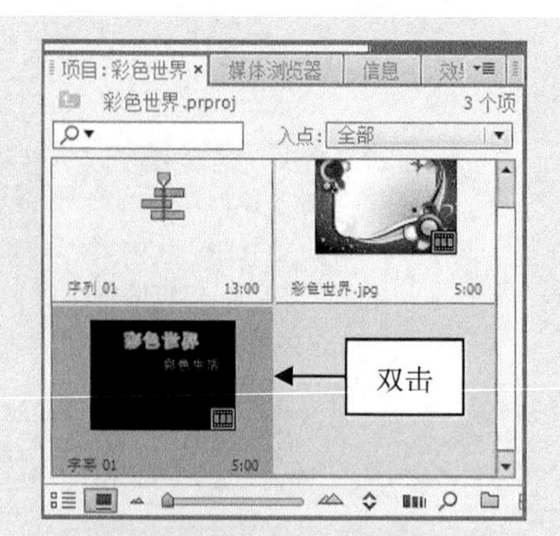


图 12-53　双击字幕文件

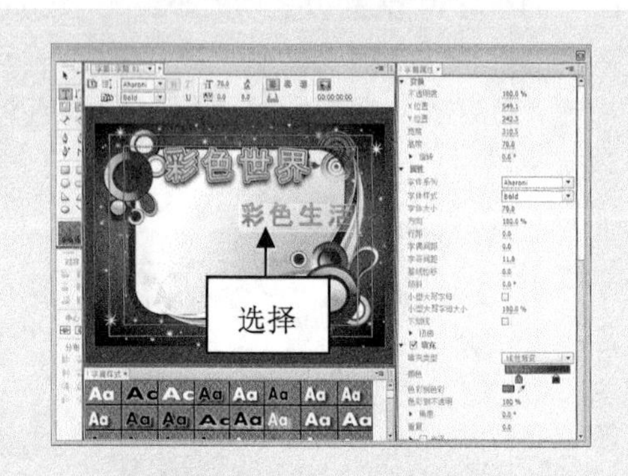


图 12-54　选择合适的字幕

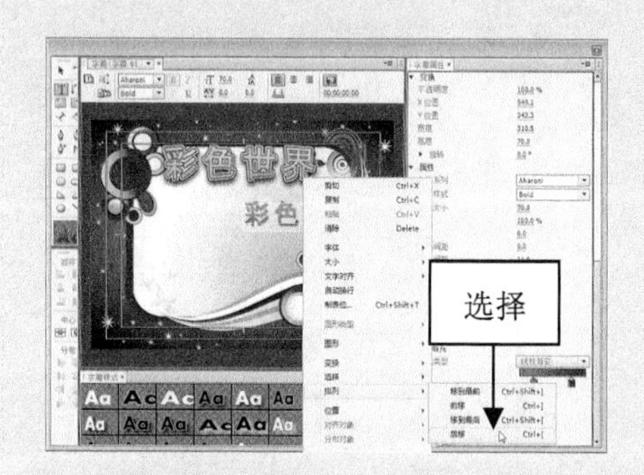


图 12-55　选择“后移”命令

# 第 13 章

# 视频字幕的填充与描边

在 Premiere Pro CC 中对字幕文件进行制作后，还可以进行填充或描边操作，以便得到更漂亮的字幕效果。本章主要介绍设置实色填充、设置渐变填充、设置内描边效果、设置外描边效果以及设置字幕阴影等内容。

本章重点：

- 设置字幕的填充效果
- 设置字幕描边与阴影效果

# 13.1 设置字幕的填充效果

“填充”属性中除了可以为字幕添加“实色填充”外，还可以添加“线性渐变填充”、“放射性渐变”、“四色渐变”等复杂的色彩渐变填充效果。同时还提供了“光泽”与“纹理”字幕填充效果。本节将详细介绍设置字幕填充效果的操作方法。

## 13.1.1 实战——实色填充

“实色填充”是指在字体内填充一种单独的颜色，下面将介绍设置实色填充的操作方法。

**步骤01** 按 Ctrl＋O 组合键，打开随书附带光盘中的“素材\第 13 章\感恩教师节.prproj”文件，如图 13-1 所示。

**步骤02** 打开项目文件后，在“节目监视器”面板中可以查看素材画面，如图 13-2 所示。

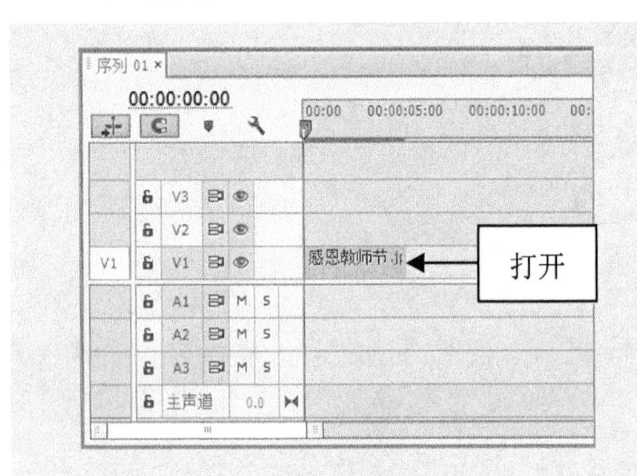


图 13-1 打开项目文件

图 13-2 查看素材画面

**步骤03** 选择“字幕”|“新建字幕”|“默认静态字幕”命令，如图 13-3 所示。

**步骤04** 在弹出的“新建字幕”对话框中输入字幕的名称，单击“确定”按钮，如图 13-4 所示。

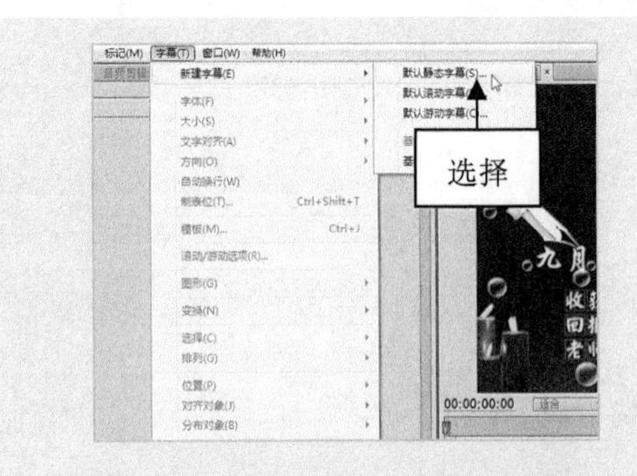


图 13-3 选择“默认静态字幕”命令

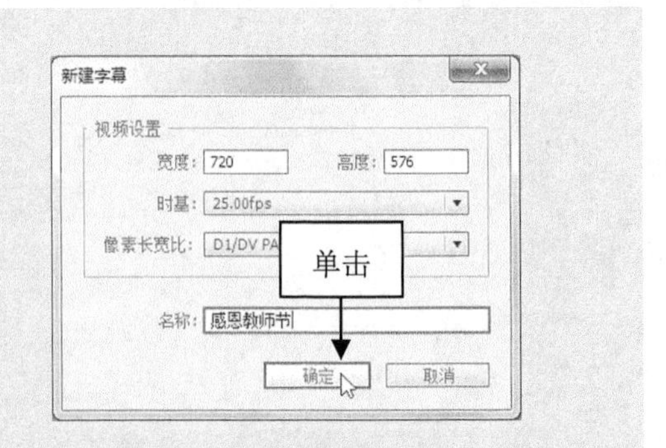


图 13-4 单击“确定”按钮

**步骤05** 打开“字幕编辑”窗口，选取工具箱中的文字工具T，在绘图区中的合适位置单击鼠标左键，显示闪烁的光标，如图 13-5 所示。

**步骤06** 输入文字“感恩教师节”，选择输入的文字，如图 13-6 所示。

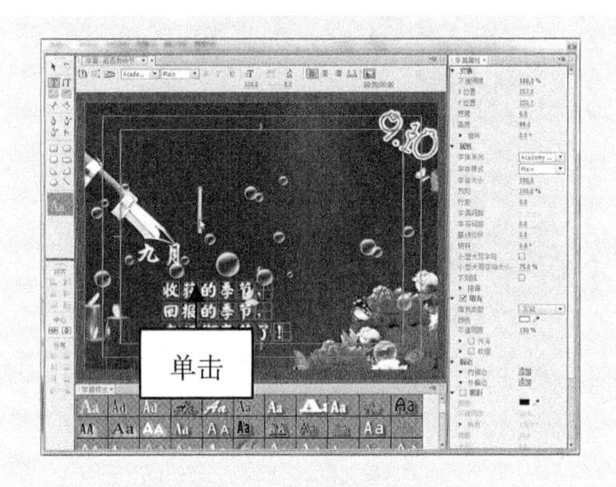


图 13-5 显示闪烁的光标

图 13-6 选择输入的文字

**注意：**在“字幕编辑”窗口中输入汉字时，有时会因为使用的字体样式不支持该文字，而导致输入的汉字无法显示，此时用户可以选择输入的文字，将字体样式设置为常用的汉字字体，即可解决该问题。

**步骤07** 展开“属性”选项，单击“字体系列”右侧的下拉按钮，在弹出的列表框中选择“黑体”选项，如图 13-7 所示。

**步骤08** 执行操作后，即可调整字幕的字体样式，设置“字体大小”为 50.0，勾选“填充”复选框，单击“颜色”选项右侧的色块，如图 13-8 所示。

图 13-7 选择“黑体”选项

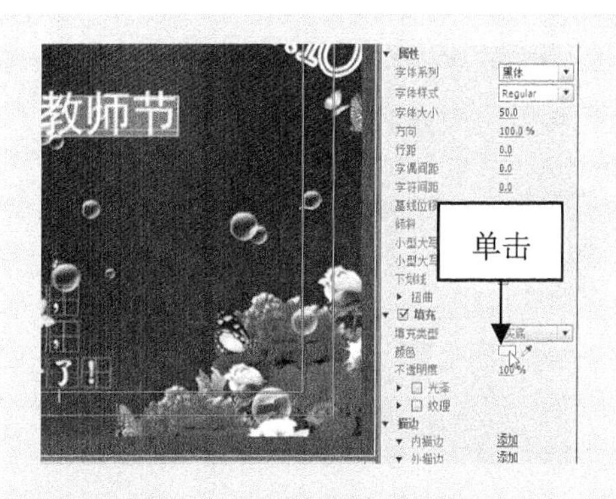


图 13-8 单击相应的色块

**步骤09** 在弹出的“拾色器”对话框中，设置颜色为黄色(RGB 参数值分别为 254、254、0)，如图 13-9 所示。

**步骤10** 单击“确定”按钮应用设置，在工作区中显示字幕效果，如图 13-10 所示。

**步骤11** 单击“字幕编辑”窗口右上角的“关闭”按钮，关闭“字幕编辑”窗口，此时可以在“项目”面板中查看创建的字幕，如图 13-11 所示。

**步骤 12** 在字幕文件上，单击鼠标左键并拖曳，至“时间轴”面板中的 V2 轨道上，如图 13-12 所示。

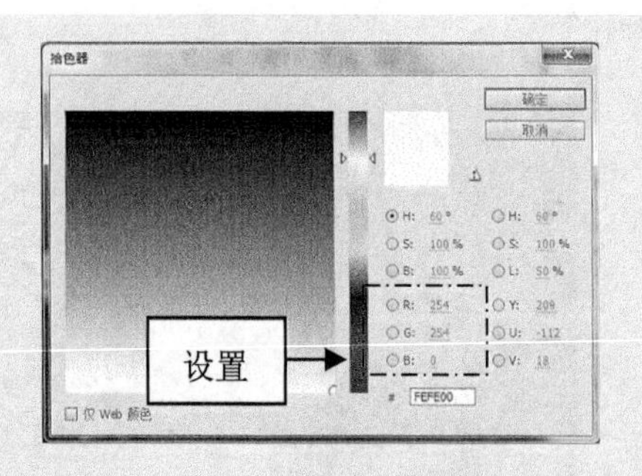


图 13-9　设置颜色参数

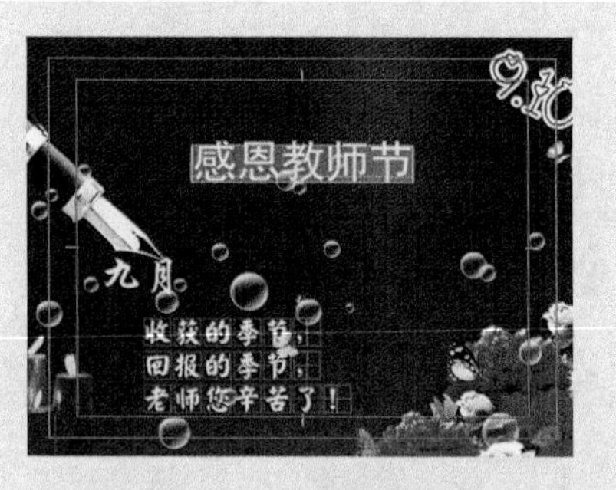


图 13-10　显示字幕效果

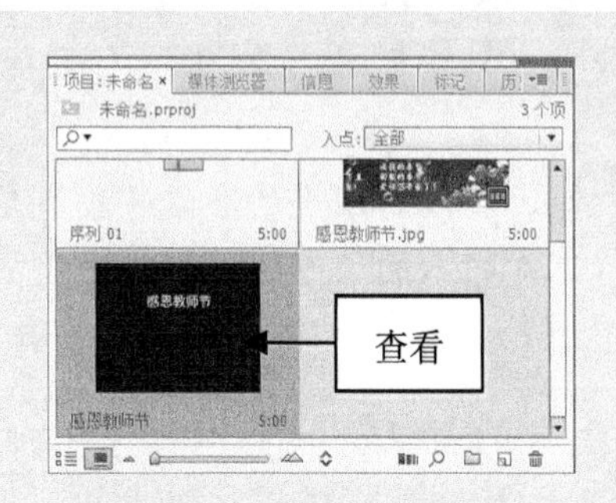


图 13-11　查看创建的字幕

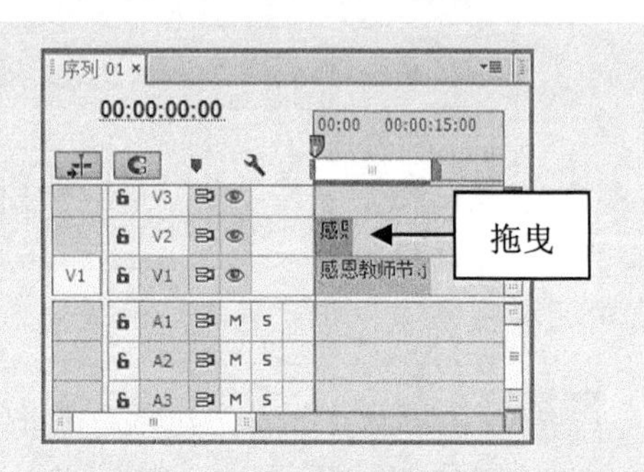


图 13-12　拖曳创建的字幕

**注意：**Premiere Pro CC 软件会以从上至下的顺序渲染视频，如果将字幕文件添加到 V1 轨道，将影片素材文件添加到 V2 及 V2 以上的轨道，将会导致渲染的影片素材挡住字幕文件，导致无法显示字幕。

**步骤 13** 释放鼠标，即可将字幕文件添加到 V2 轨道上，如图 13-13 所示。

**步骤 14** 单击“播放-停止切换”按钮，预览视频效果，如图 13-14 所示。

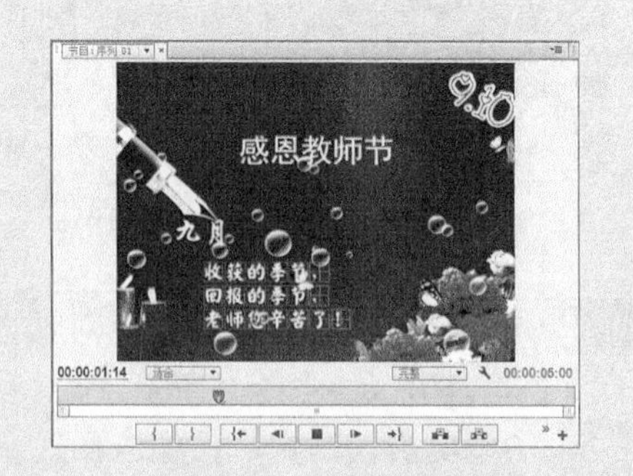


图 13-13　添加字幕文件到 V2 轨道

图 13-14　预览视频效果

## 13.1.2 实战——渐变填充

渐变填充是指从一种颜色逐渐向另一种颜色过渡的填充方式，下面将介绍设置渐变填充的操作方法。

**步骤01** 按 Ctrl＋O 组合键，打开随书附带光盘中的“素材\第 13 章\生活的味道.prproj”文件，如图 13-15 所示。

**步骤02** 打开项目文件后，在“节目监视器”面板中可以查看素材画面，如图 13-16 所示。

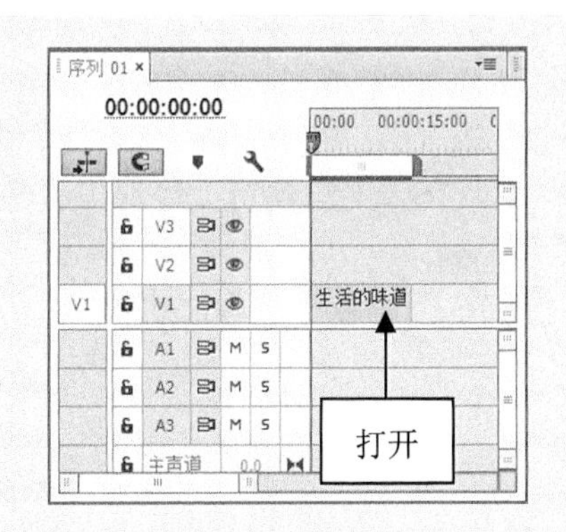


图 13-15　打开项目文件

图 13-16　查看素材画面

**步骤03** 选择“字幕”|“新建字幕”|“默认静态字幕”命令，在弹出的“新建字幕”对话框中设置“名称”为“字幕 01”，如图 13-17 所示。

**步骤04** 单击“确定”按钮，打开“字幕编辑”窗口，选取工具箱中的文字工具，如图 13-18 所示。

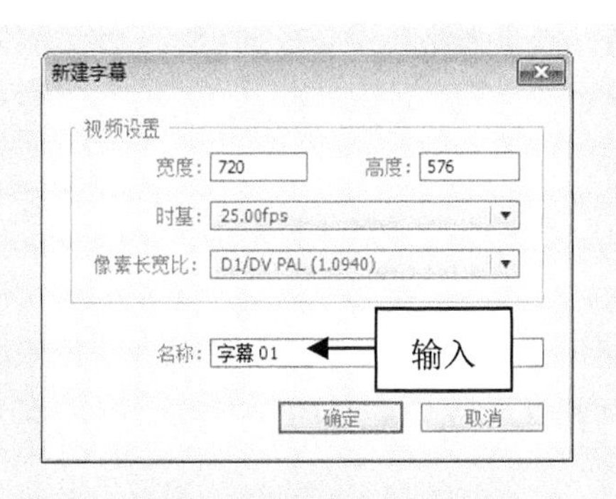


图 13-17　输入字幕名称

图 13-18　选择垂直文字工具

**步骤05** 在工作区中输入文字“生活的味道”，选择输入的文字，如图 13-19 所示。

**步骤06** 展开“变换”选项，设置“X 位置”为 223.5、“Y 位置”为 96.8；展开“属性”选项，设置“字体系列”为“迷你简黄草”、“字体大小”为 80.0，如图 13-20 所示。

图 13-19　选择输入的文字

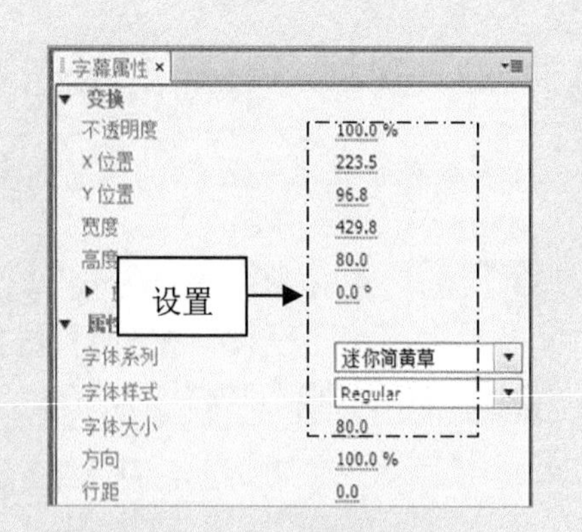


图 13-20　设置相应的选项

**步骤 07**　勾选“填充”复选框，单击“实底”选项右侧的下拉按钮，在弹出的列表框中选择“径向渐变”选项，如图 13-21 所示。

**步骤 08**　显示“径向渐变”选项，使用鼠标左键双击“颜色”选项右侧的第 1 个色标，如图 13-22 所示。

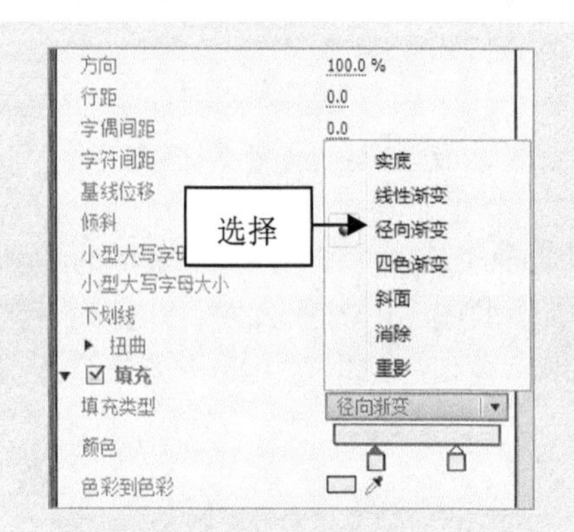


图 13-21　选择“径向渐变”选项

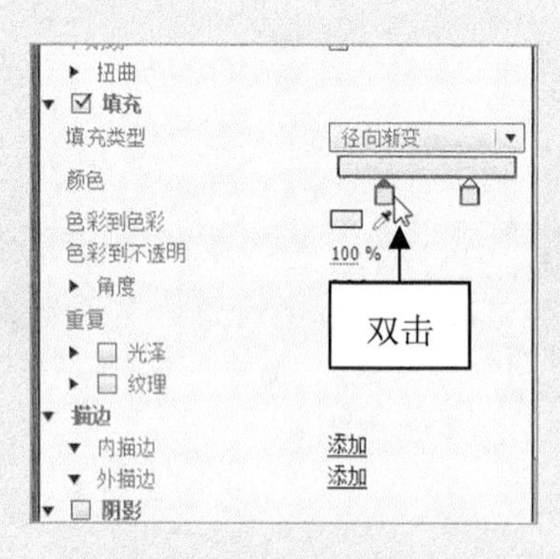


图 13-22　双击第 1 个色标

**步骤 09**　在弹出的“拾色器”对话框中，设置颜色为绿色(RGB 参数值分别为 18、151、0)，如图 13-23 所示。

**步骤 10**　单击“确定”按钮，返回“字幕编辑”窗口，双击“颜色”选项右侧的第 2 个色标，在弹出的“拾色器”对话框中设置颜色为蓝色(RGB 参数值分别为 0、88、162)，如图 13-24 所示。

**步骤 11**　单击“确定”按钮，返回“字幕编辑”窗口，单击“外描边”选项右侧的“添加”链接，如图 13-25 所示。

**步骤 12**　显示“外描边”选项，设置“大小”为 5.0，如图 13-26 所示。

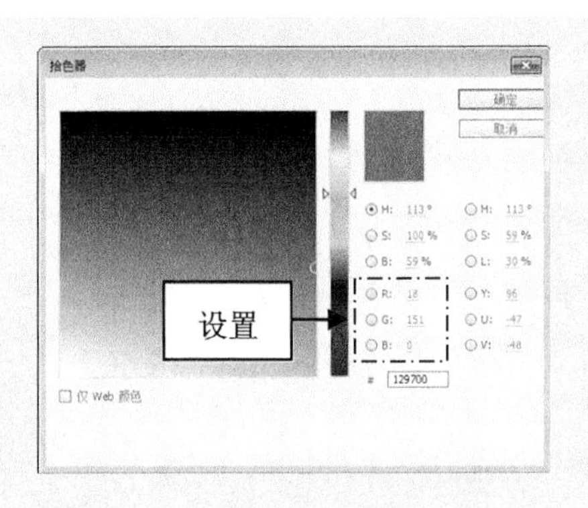


图 13-23　设置第 1 个色标的颜色

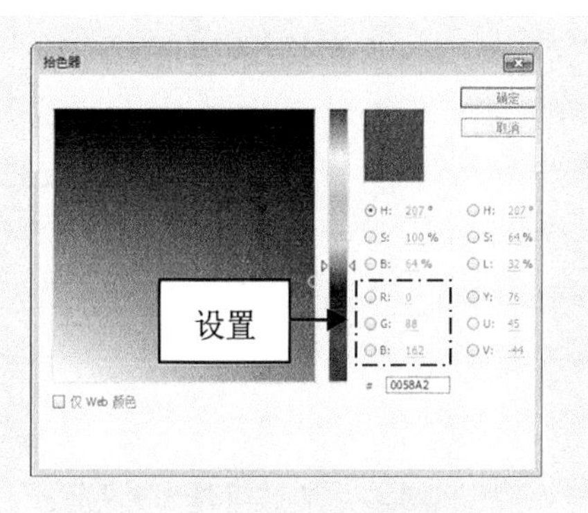


图 13-24　设置第 2 个色标的颜色

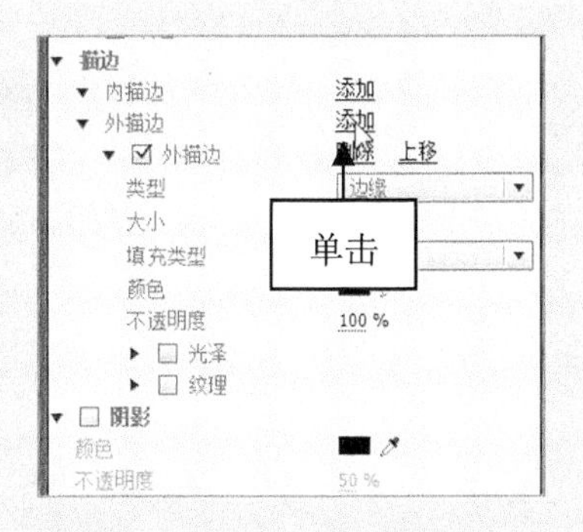


图 13-25　单击“添加”链接

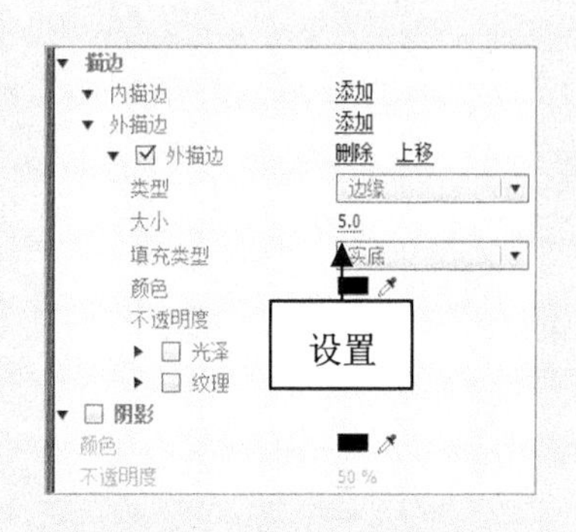


图 13-26　设置“大小”参数

步骤 13　执行上述操作后，在工作区中显示字幕效果，如图 13-27 所示。

步骤 14　单击“字幕编辑”窗口右上角的“关闭”按钮，关闭“字幕编辑”窗口，此时可以在“项目”面板中查看创建的字幕，如图 13-28 所示。

图 13-27　显示字幕效果

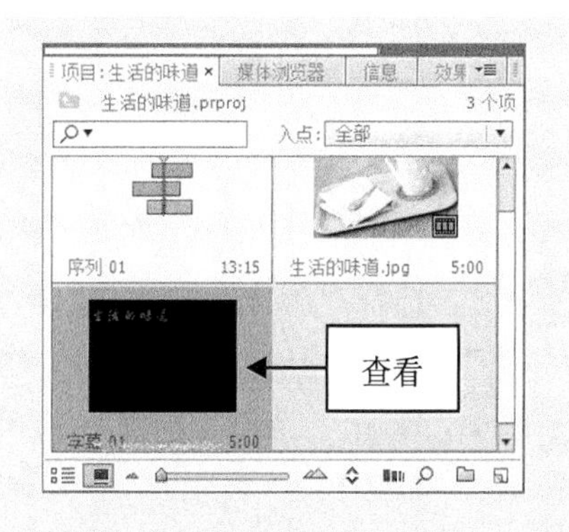


图 13-28　查看创建的字幕

步骤 15　在“项目”面板中选择字幕文件，将其添加到“时间轴”面板中的 V2 轨道上，如图 13-29 所示。

步骤 16　单击“播放-停止切换”按钮，预览视频效果，如图 13-30 所示。

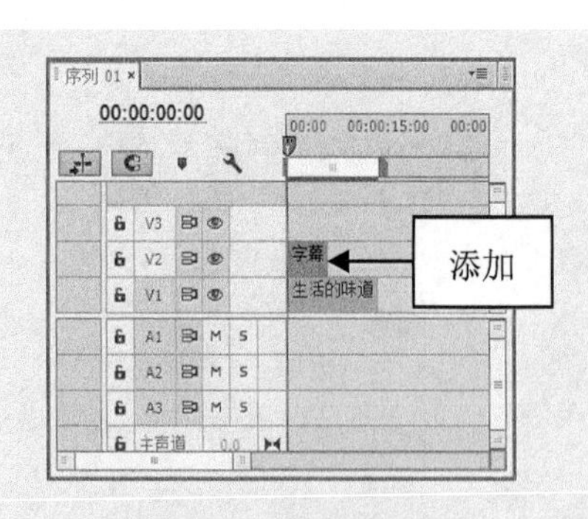


图 13-29　添加字幕文件

图 13-30　预览视频效果

## 13.1.3　实战——斜面填充

斜面填充是一种通过设置阴影色彩的方式，模拟一种中间较亮、边缘较暗的三维浮雕填充效果。

**步骤 01**　按 Ctrl+O 组合键，打开随书附带光盘中的“素材\第 13 章\影视频道.prproj”文件，如图 13-31 所示。

**步骤 02**　打开项目文件后，在“节目监视器”面板中可以查看素材画面，如图 13-32 所示。

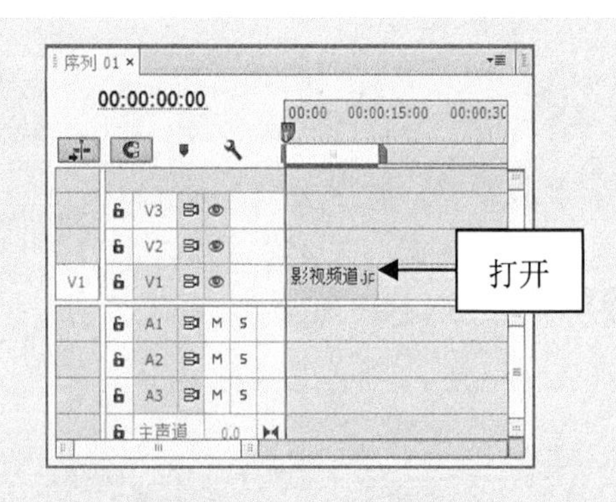


图 13-31　打开项目文件

图 13-32　查看素材画面

**步骤 03**　选择“字幕”|“新建字幕”|“默认静态字幕”命令，在弹出的“新建字幕”对话框中设置“名称”为“影视频道”，如图 13-33 所示。

**步骤 04**　单击“确定”按钮，打开“字幕编辑”窗口，选取工具箱中的文字工具 T，如图 13-34 所示。

**步骤 05**　在工作区中输入文字“影视频道”，选择输入的文字，如图 13-35 所示。

**步骤 06**　展开“属性”选项，单击“字体系列”右侧的下拉按钮，在弹出的列表框中选择“黑体”选项，如图 13-36 所示。

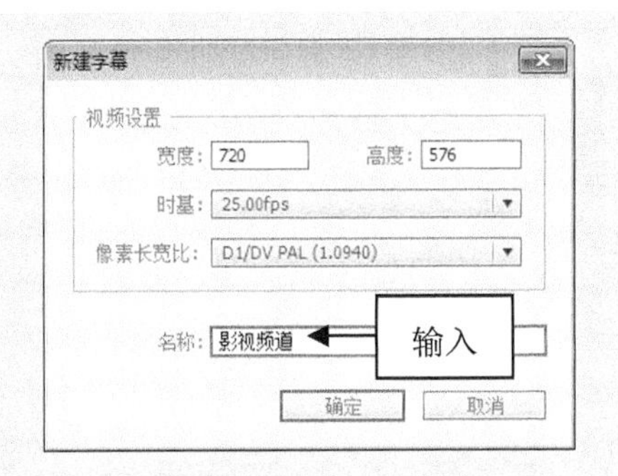


图 13-33 输入字幕名称

图 13-34 选择文字工具

图 13-35 选择输入的文字

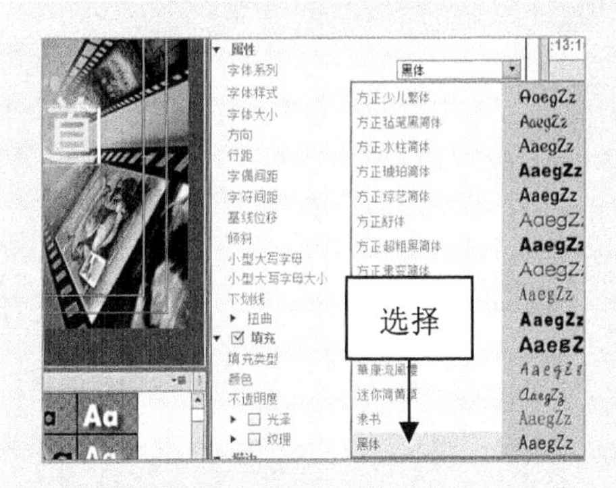


图 13-36 选择“黑体”选项

**步骤07** 在“字幕属性”面板中，展开“变换”选项，设置“X 位置”为 374.9、“Y 位置”为 285.0，如图 13-37 所示。

**步骤08** 勾选“填充”复选框，单击“实底”选项右侧的下拉按钮，在弹出的列表框中选择“斜面”选项，如图 13-38 所示。

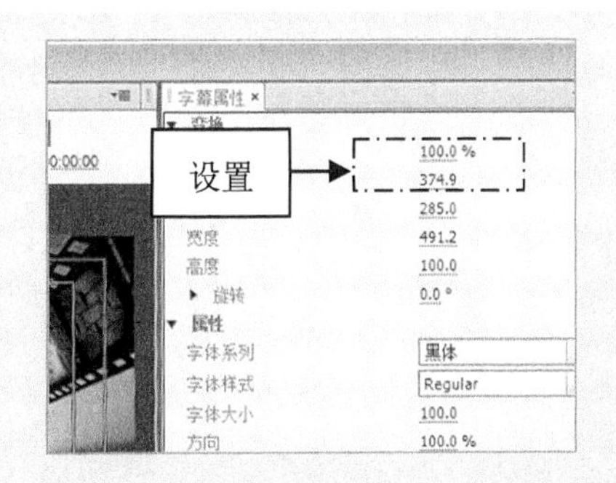


图 13-37 设置相应选项

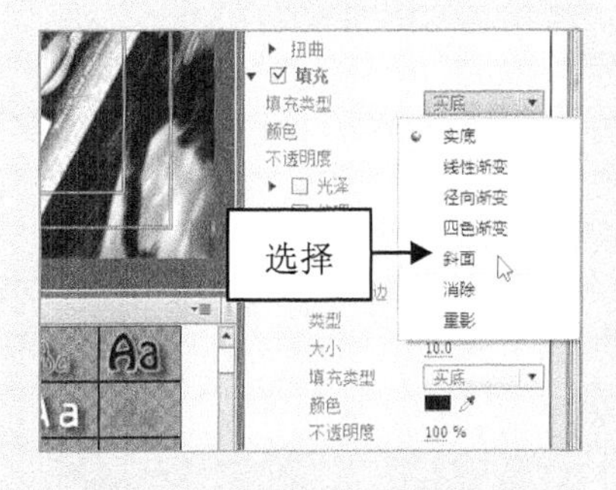


图 13-38 选择“斜面”选项

**步骤09** 显示“斜面”选项，单击“高光颜色”右侧的色块，如图 13-39 所示。

**步骤10** 在弹出的“拾色器”对话框中设置颜色为黄色(RGB 参数值分别为 255、255、0)，如图 13-40 所示，单击“确定”按钮应用设置。

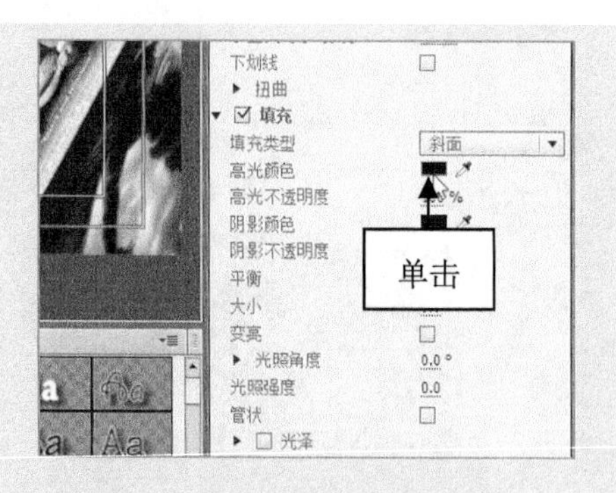


图 13-39　单击相应的色块

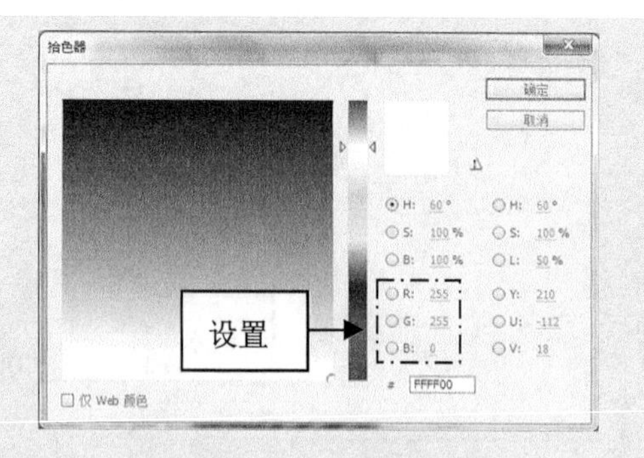


图 13-40　设置颜色

**步骤 11**　用与上述同样的操作方法，设置“阴影颜色”为红色(RGB 参数值分别为 255、0、0)、“平衡”为-27.0、“大小”为 18.0，如图 13-41 所示。

**步骤 12**　执行上述操作后，在工作区中显示字幕效果，如图 13-42 所示。

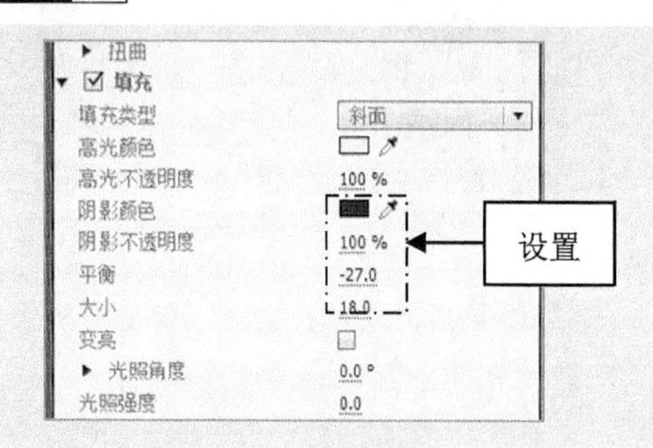


图 13-41　设置“阴影颜色”为红色

图 13-42　显示字幕效果

**步骤 13**　单击“字幕编辑”窗口右上角的“关闭”按钮，关闭“字幕编辑”窗口，在“项目”面板中选择创建的字幕，将其添加到“时间轴”面板中的 V2 轨道上，如图 13-43 所示。

**步骤 14**　单击“播放-停止切换”按钮，预览视频效果，如图 13-44 所示。

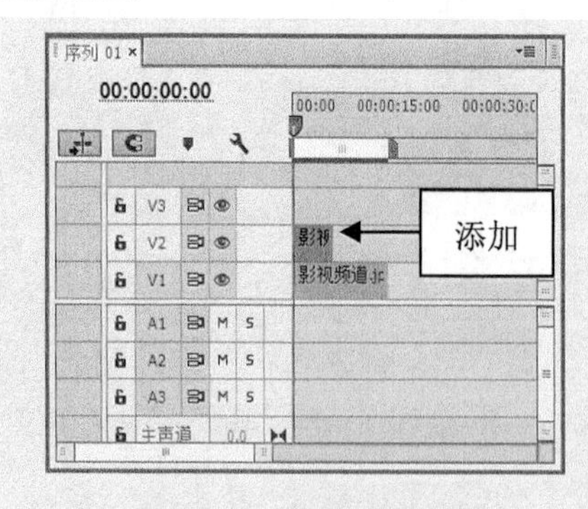


图 13-43　添加字幕文件

图 13-44　预览视频效果

## 13.1.4 实战——消除填充

在 Premiere Pro CC 中，消除填充是用来暂时性地隐藏字幕，包括其字幕的阴影和描边效果。

**步骤 01** 按 Ctrl+O 组合键，打开随书附带光盘中的“素材\第 13 章\钻饰.prproj”文件，如图 13-45 所示。

**步骤 02** 在 V2 轨道上，使用鼠标左键双击字幕文件，如图 13-46 所示。

图 13-45 打开的项目文件

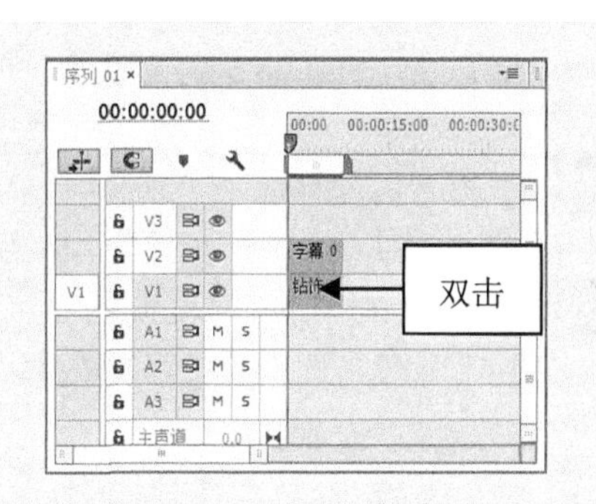


图 13-46 双击字幕文件

**步骤 03** 打开“字幕编辑”窗口，单击“填充类型”右侧的下拉按钮，弹出列表框，选择“消除”选项，如图 13-47 所示。

**步骤 04** 执行操作后，即可设置“消除”填充效果，在“节目监视器”面板中，预览设置“消除”填充后的视频效果，如图 13-48 所示。

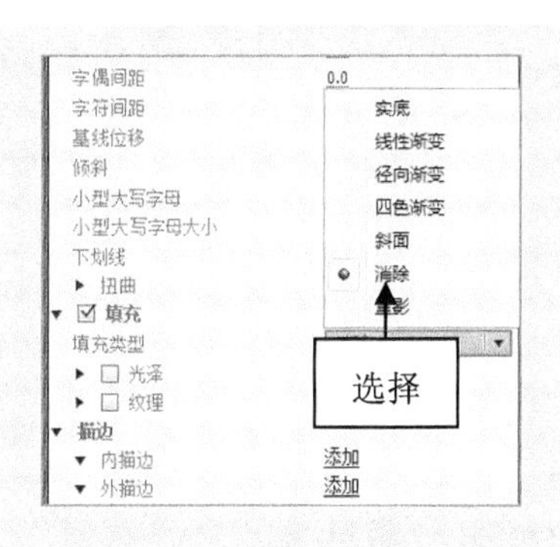


图 13-47 选择“消除”选项

图 13-48 设置消除填充后的效果

## 13.1.5 实战——重影填充

重影与消除拥有类似的功能，两者都可以隐藏字幕的效果，其区别在于重影只能隐藏字幕本身，无法隐藏阴影效果。

**步骤 01** 按 Ctrl+O 组合键，打开随书附带光盘中的“素材\第 13 章\信件.prproj”文件，如图 13-49 所示。

**步骤 02** 在 V2 轨道上，使用鼠标左键双击字幕文件，如图 13-50 所示。

图 13-49　打开的项目文件

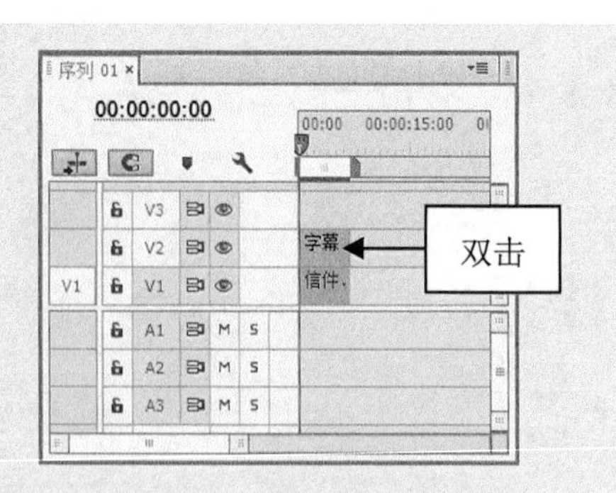


图 13-50　双击字幕文件

**步骤03** 打开“字幕编辑”窗口，单击“填充类型”右侧的下拉按钮，弹出列表框，选择“重影”选项，如图 13-51 所示。

**步骤04** 执行操作后，即可设置“重影”填充效果，在“节目监视器”面板中，预览设置“重影”填充后的视频效果，如图 13-52 所示。

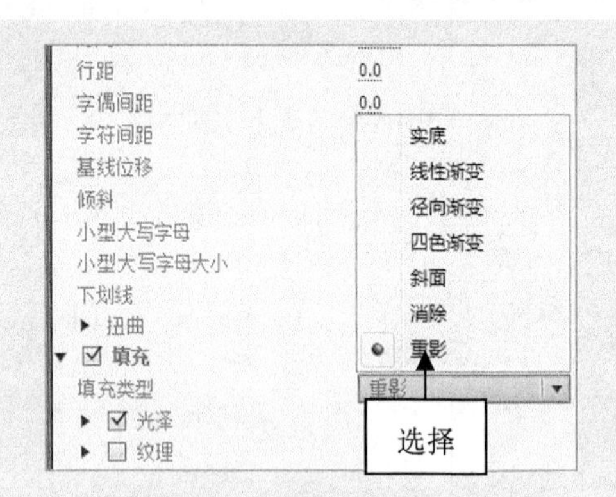


图 13-51　选择“重影”选项

图 13-52　设置重影填充后的效果

## 13.1.6　实战——光泽填充

光泽填充的作用主要是为字幕叠加一层逐渐向两侧淡化的颜色，用来模拟物体表面的光泽感。

**步骤01** 按 Ctrl+O 组合键，打开随书附带光盘中的“素材\第 13 章\命运之夜.prproj”文件，如图 13-53 所示。

**步骤02** 在 V2 轨道上，使用鼠标左键双击字幕文件，如图 13-54 所示。

**步骤03** 打开“字幕编辑”窗口，在“填充”选项区中，勾选“光泽”复选框，设置“颜色”为粉红色(RGB 参数分别为 247、203、196)、“大小”为 100.0，如图 13-55 所示。

**步骤04** 执行操作后，即可设置光泽填充效果，在“节目监视器”面板中，预览设置光泽填充后的视频效果，如图 13-56 所示。

图 13-53　打开的项目文件

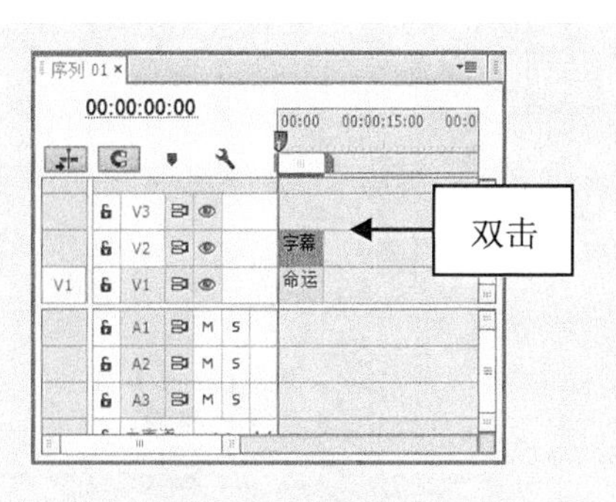


图 13-54　双击字幕文件

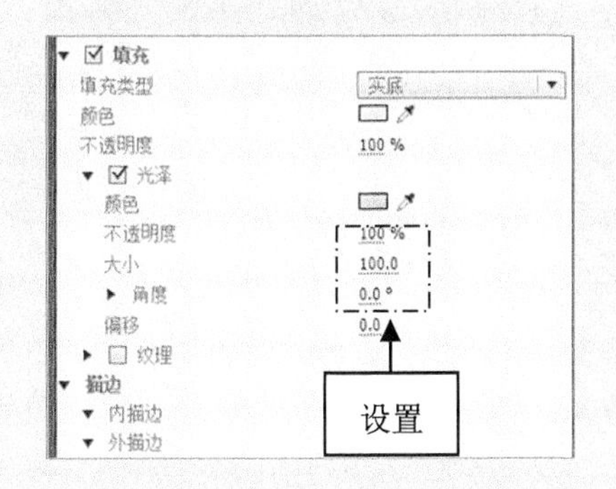


图 13-55　设置参数值

图 13-56　设置光泽填充后的效果

## 13.1.7　实战——纹理填充

纹理填充的作用主要是为字幕设置背景纹理效果，纹理的文件可以是位图，也可以是矢量图。

**步骤01** 以 13.1.6 小节的素材为例，在“项目”面板中，选择字幕文件，双击鼠标左键，如图 13-57 所示。

**步骤02** 打开“字幕编辑”窗口，在“填充”选项区中，勾选“纹理”复选框，单击“纹理”右侧的按钮，如图 13-58 所示。

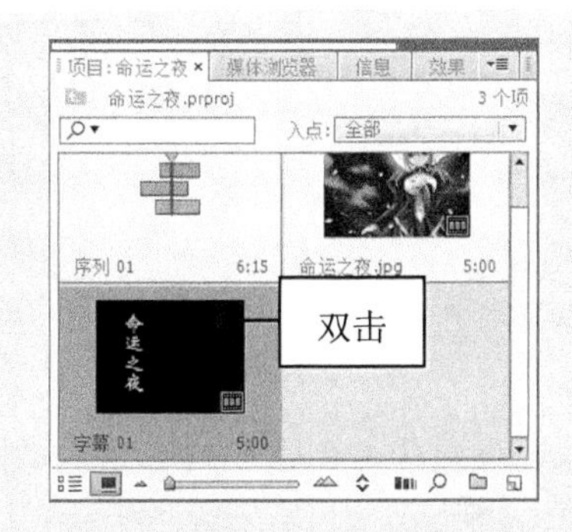


图 13-57　双击字幕文件

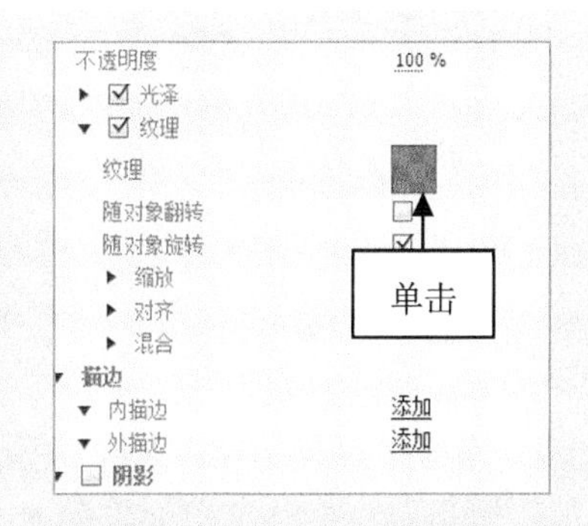


图 13-58　单击“纹理”右侧的按钮

**步骤03** 弹出“选择纹理图像”对话框，选择合适的纹理素材，如图 13-59 所示。

**步骤04** 单击“打开”按钮，即可设置纹理效果，效果如图 13-60 所示。

图 13-59　选择合适的纹理素材

图 13-60　设置纹理填充后的效果

# 13.2　设置字幕描边与阴影效果

字幕的“描边”效果与“阴影”效果主要作用是为了让字幕更加突出、醒目。因此，用户可以有选择性的添加或者删除字幕中的描边或阴影效果。

## 13.2.1　实战——内描边效果

“内描边”效果主要是从字幕边缘向内进行扩展，这种描边效果可能会覆盖字幕的原有填充效果。

**步骤01** 按 Ctrl+O 组合键，打开随书附带光盘中的“素材\第 13 章\美味诱人.prproj”文件，如图 13-61 所示。

**步骤02** 在 V2 轨道上，使用鼠标左键双击字幕文件，如图 13-62 所示。

图 13-61　打开的项目文件

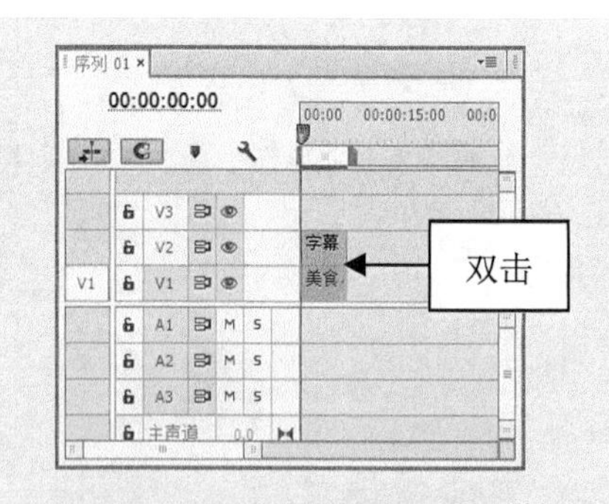


图 13-62　双击字幕文件

**步骤03** 打开“字幕编辑”窗口，在“描边”选项区中，单击“内描边”右侧的“添加”链接，添加一个内描边选项，如图 13-63 所示。

**步骤04** 在“内描边”选项区中，单击“类型”右侧的下拉按钮，弹出列表框，选择

"深度"选项，如图 13-64 所示。

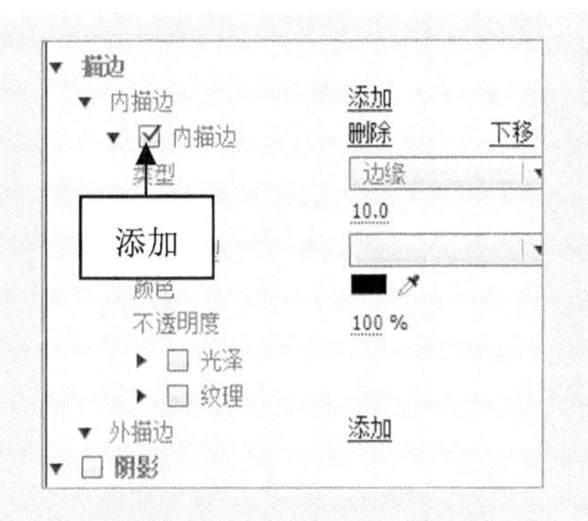


图 13-63 添加内描边选项

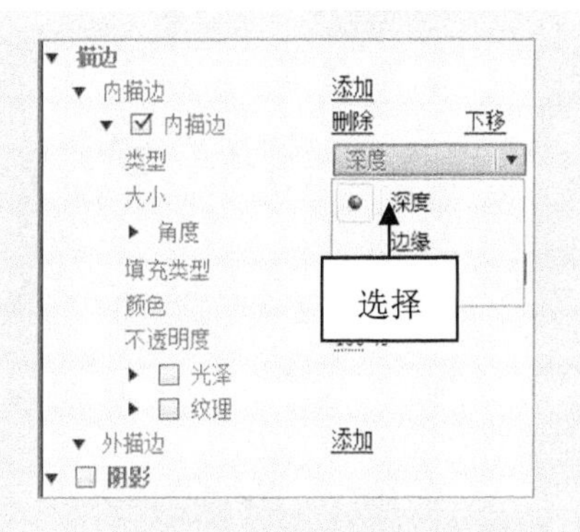


图 13-64 选择"深度"选项

步骤05 单击"颜色"右侧的颜色色块，弹出"拾色器"对话框，设置 RGB 参数分别为 199、1、19，如图 13-65 所示。

步骤06 单击"确定"按钮，返回到字幕编辑窗口，即可设置内描边的描边效果，如图 13-66 所示。

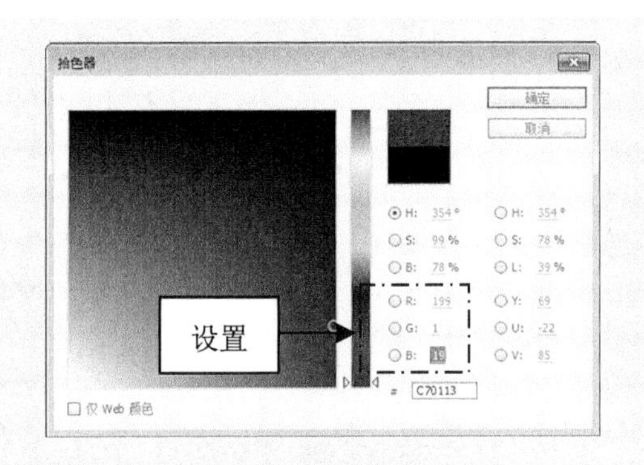


图 13-65 设置参数值

图 13-66 设置内描边后的描边效果

## 13.2.2 实战——外描边效果

"外描边"的描边效果是从字幕的边缘向外扩展，并增加字幕占据画面的范围。

步骤01 按 Ctrl+O 组合键，打开随书附带光盘中的"素材\第 13 章\倾国倾城.prproj"文件，如图 13-67 所示。

步骤02 在 V2 轨道上，使用鼠标左键双击字幕文件，如图 13-68 所示。

步骤03 打开"字幕编辑"窗口，在"描边"选项区中，单击"外描边"右侧"添加"链接，添加一个外描边选项，如图 13-69 所示。

步骤04 在"外描边"选项区中，单击"类型"右侧的下拉按钮，弹出列表框，选择"凹进"选项，如图 13-70 所示。

图 13-67　打开的项目文件

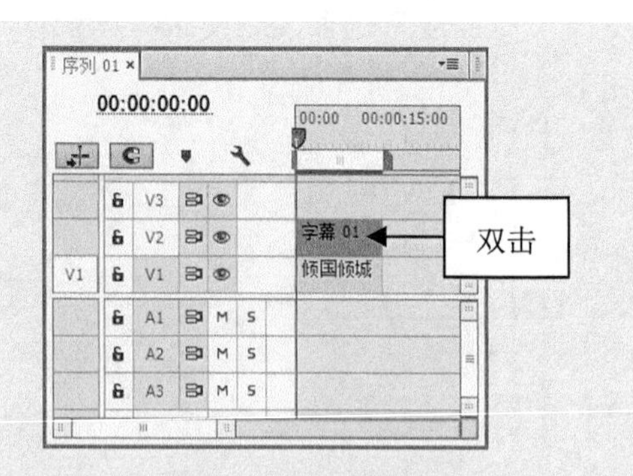


图 13-68　双击字幕文件

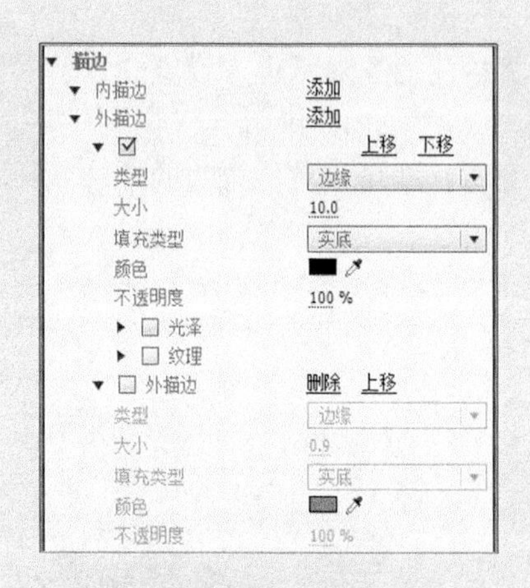


图 13-69　添加外描边选项

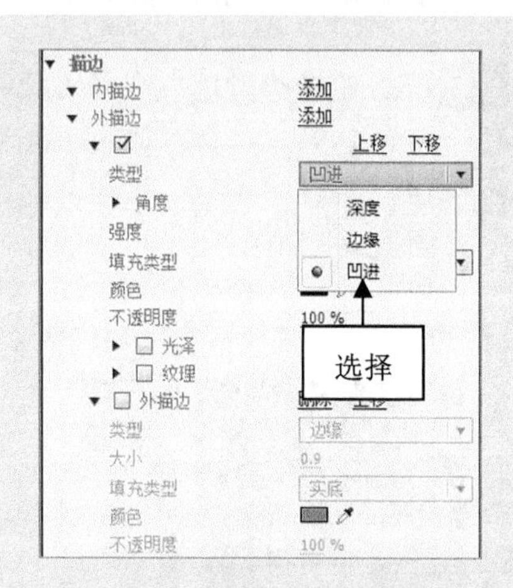


图 13-70　选择“凹进”选项

**步骤 05**　单击“颜色”右侧的颜色色块，弹出“拾色器”对话框，设置 RGB 参数为 90、46、26，如图 13-71 所示。

**步骤 06**　单击“确定”按钮，返回到字幕编辑窗口，即可设置外描边的描边效果，如图 13-72 所示。

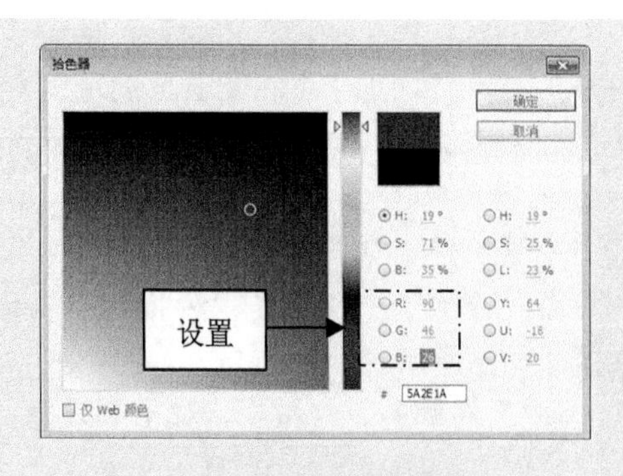


图 13-71　设置参数值

图 13-72　设置外描边后的效果

提示：在“类型”列表框中，“凸出”描边模式是最正统的描边模式，选择“凸出”模式后，可以设置其大小、色彩、透明度以及填充类型等。

## 13.2.3 实战——字幕阴影效果

由于“阴影”是可选效果，用户只有勾选“阴影”复选框的状态下，Premiere Pro CC 才会显示用户添加的字幕阴影效果。在添加字幕阴影效果后，可以对“阴影”选项区中各参数进行设置，以得到更好的阴影效果。

**步骤01** 按 Ctrl+O 组合键，打开随书附带光盘中的“素材\第 13 章\儿童乐园.prproj”文件，如图 13-73 所示。

**步骤02** 打开项目文件后，在“节目监视器”面板中可以查看素材画面，如图 13-74 所示。

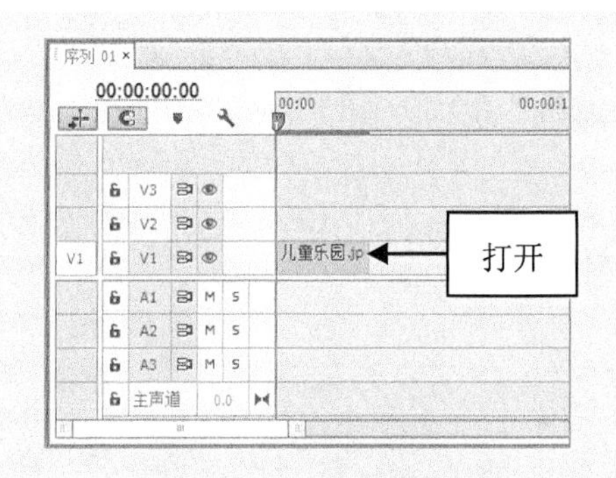


图 13-73 打开项目文件

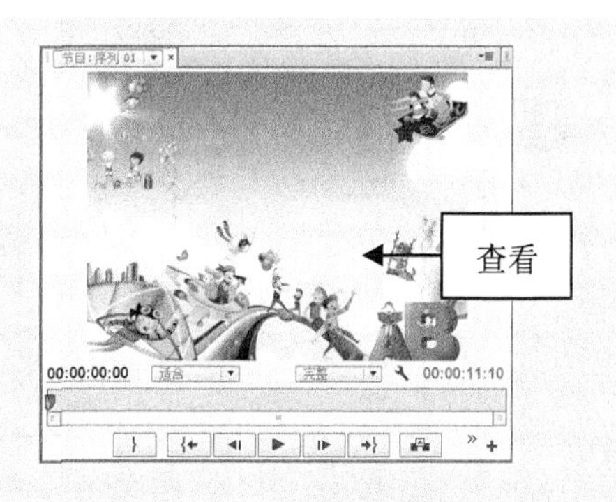


图 13-74 查看素材画面

**步骤03** 选择“文件”|“新建”|“字幕”命令，在弹出的“新建字幕”对话框中输入字幕名称，如图 13-75 所示。

**步骤04** 单击“确定”按钮，打开“字幕编辑”窗口，选取工具箱中的文字工具 T，在工作区中的合适位置输入文字“儿童乐园”，选择输入的文字，如图 13-76 所示。

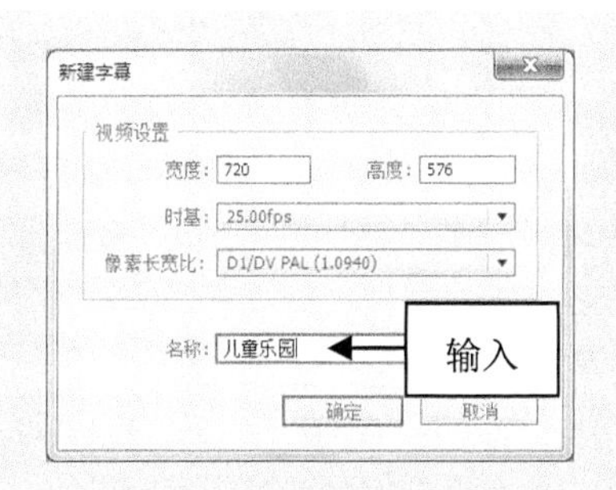


图 13-75 输入字幕名称

图 13-76 选择文字

**步骤 05** 展开“属性”选项，设置“字体系列”为“方正超粗黑简体”、“字体大小”为 70.0；展开“变换”选项，设置“X 位置”为 400.0、“Y 位置”为 190.0，如图 13-77 所示。

**步骤 06** 勾选“填充”复选框，单击“实底”选项右侧的下拉按钮，在弹出的列表框中选择“径向渐变”选项，如图 13-78 所示。

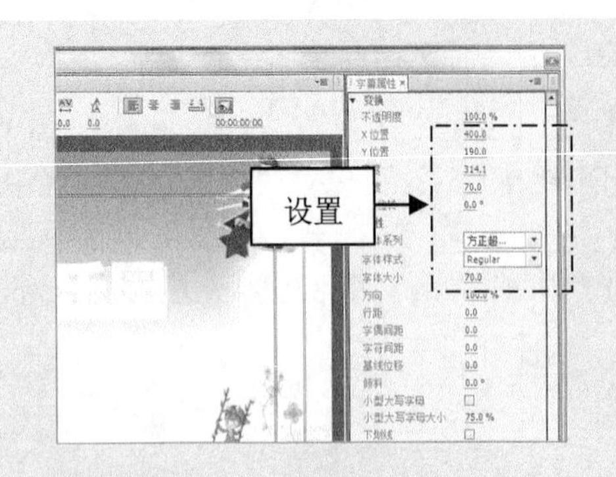


图 13-77　设置相应的选项

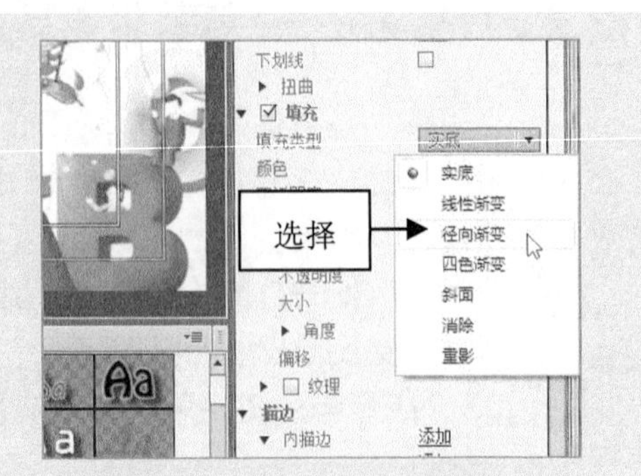


图 13-78　选择“径向渐变”选项

**步骤 07** 显示“径向渐变”选项，双击“颜色”选项右侧的第 1 个色标，如图 13-79 所示。

**步骤 08** 在弹出的“拾色器”对话框中，设置颜色为红色(RGB 参数值分别为 255、0、0)，如图 13-80 所示。

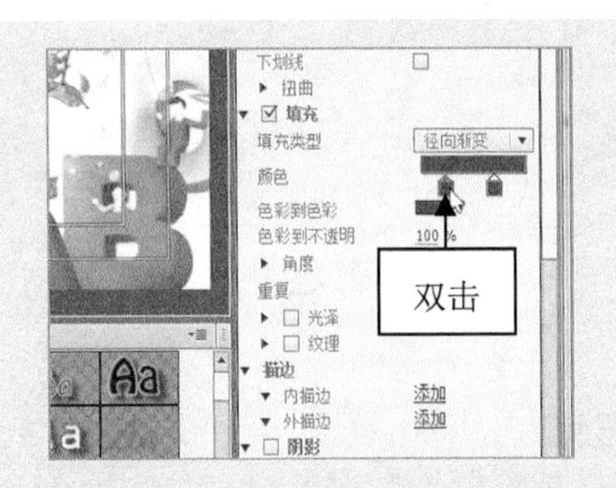


图 13-79　单击第 1 个色标

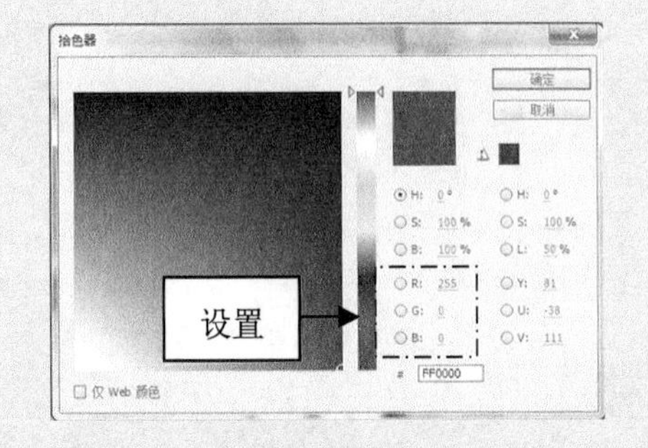


图 13-80　设置第 1 个色标的颜色

**步骤 09** 单击“确定”按钮，返回“字幕编辑”窗口，双击“颜色”选项右侧的第 2 个色标，在弹出的“拾色器”对话框中设置颜色为黄色(RGB 参数值分别为 255、255、0)，如图 13-81 所示。

**步骤 10** 单击“确定”按钮，返回“字幕编辑”窗口，勾选“阴影”复选框，设置“扩展”为 50.0，如图 13-82 所示。

**步骤 11** 执行上述操作后，在工作区中显示字幕效果，如图 13-83 所示。

**步骤 12** 单击“字幕编辑”窗口右上角的“关闭”按钮，关闭“字幕编辑”窗口，此时可以在“项目”面板中查看创建的字幕，如图 13-84 所示。

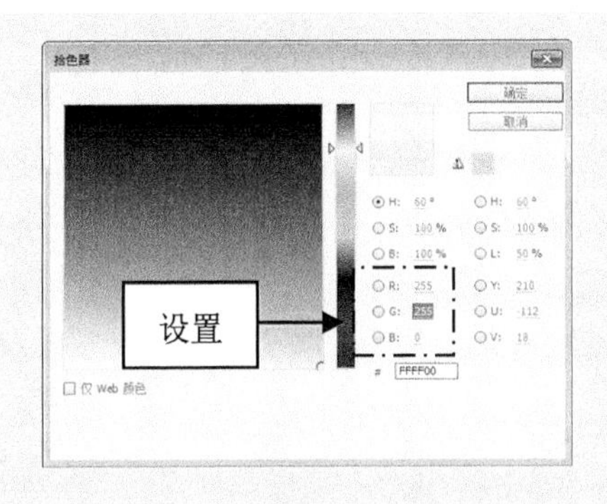


图 13-81 设置第 2 个色标的颜色

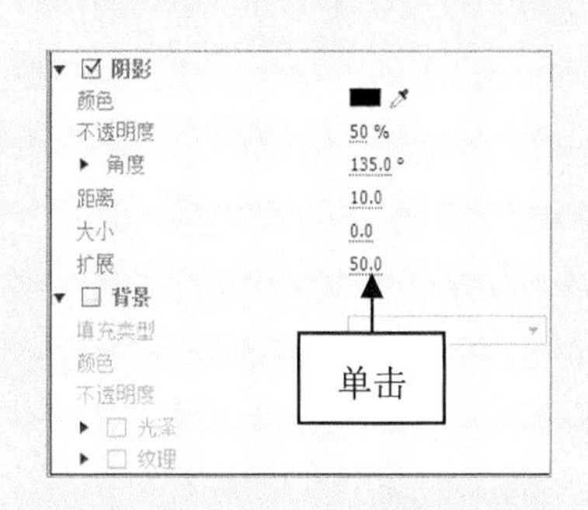


图 13-82 设置“扩展”为 50.0

图 13-83 显示字幕效果

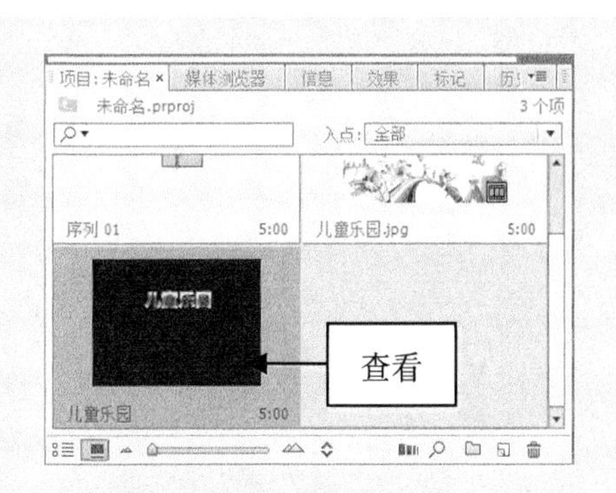


图 13-84 查看创建的字幕

**步骤 13** 在“项目”面板中选择字幕文件，将其添加到“时间轴”面板中的 V2 轨道上，如图 13-85 所示。

**步骤 14** 单击“播放-停止切换”按钮，预览视频效果，如图 13-86 所示。

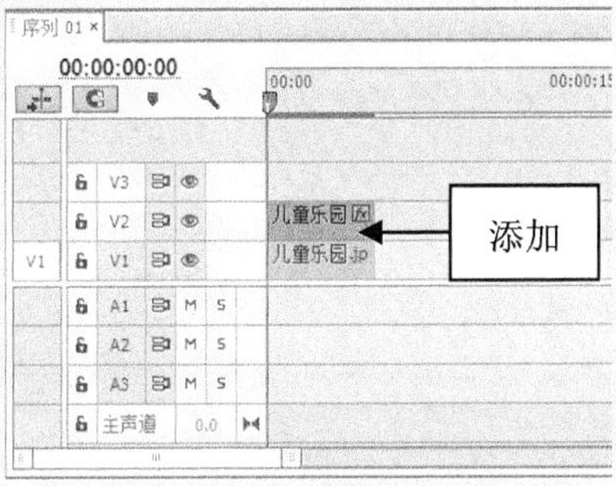

图 13-85 添加字幕文件

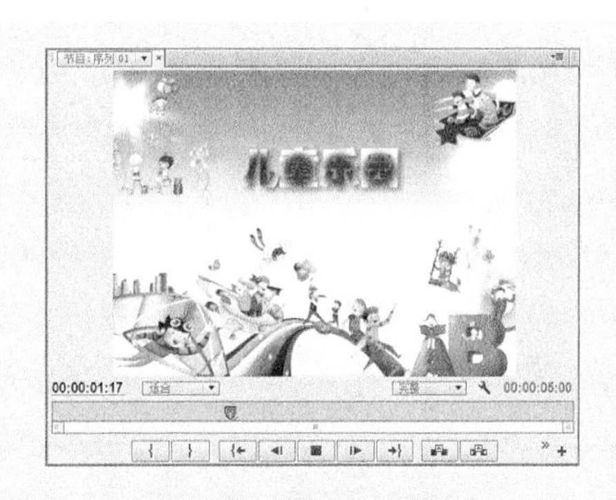


图 13-86 预览视频效果

# 第 14 章

# 字幕特效的创建与制作

在影视节目中，字幕起着解释画面、补充说明等作用。由于字幕本身是静止的，因此在某些时候无法完美地表达画面的主题。本章将运用 Premiere Pro CC 制作各种文字特效，让画面中的文字更加生动。

本章重点：

- 创建字幕路径
- 创建运动字幕
- 应用字幕样式和模板
- 制作字幕的精彩效果

# 14.1 创建字幕路径

字幕特效的种类很多，其中最常见的一种是通过“字幕路径”使字幕按用户创建的路径移动。本节将详细介绍字幕路径的创建方法。

## 14.1.1 实战——直线的绘制

“直线”是所有图形中最简单且最基本的图形，在 Premiere Pro CC 中，用户可以运用绘图工具直接绘制一些简单的图形。具体操作如下。

**步骤 01** 按 Ctrl＋O 组合键，打开随书附带光盘中的“素材\第 14 章\绿色春天.prproj”文件，如图 14-1 所示。

**步骤 02** 在 V2 轨道上，用鼠标左键双击字幕文件，如图 14-2 所示。

图 14-1 打开的项目文件

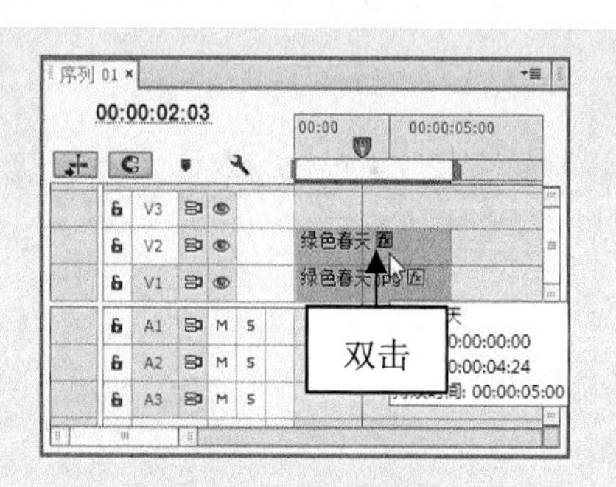


图 14-2 双击字幕文件

**步骤 03** 打开字幕编辑窗口，选取直线工具，如图 14-3 所示。

**步骤 04** 在绘图区的合适位置单击鼠标左键并拖曳，绘制直线，如图 14-4 所示。

图 14-3 选取直线工具

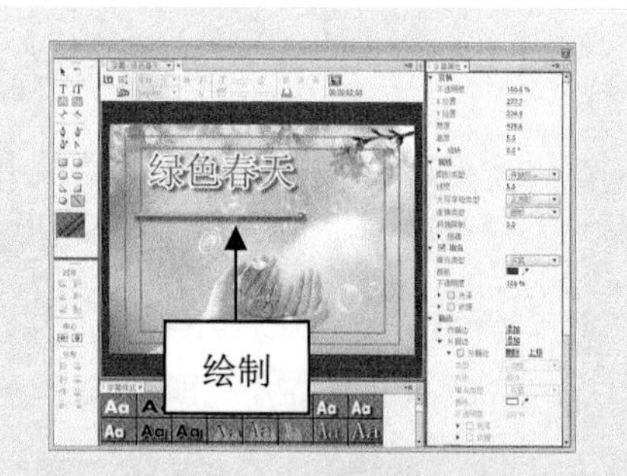


图 14-4 绘制直线

**步骤 05** 选取选择工具，将直线移至合适位置，并设置“线宽”为 3.0，如图 14-5 所示。

**步骤 06** 执行操作后，即可完成直线的绘制，效果如图 14-6 所示。

图 14-5　设置参数值

图 14-6　绘制直线效果

## 14.1.2　实战——直线颜色的调整

绘制直线后，可以在“字幕属性”面板中设置“填充”属性，调整直线的颜色。

**步骤01**　以 14.1.1 小节的效果文件为例，在 V2 轨道上，双击字幕文件，打开字幕编辑窗口，选择直线，单击“颜色”右侧的色块，如图 14-7 所示。

**步骤02**　弹出“拾色器”对话框，设置 RGB 参数为 233、220、13，单击“确定”按钮，即可调整直线的颜色，如图 14-8 所示。

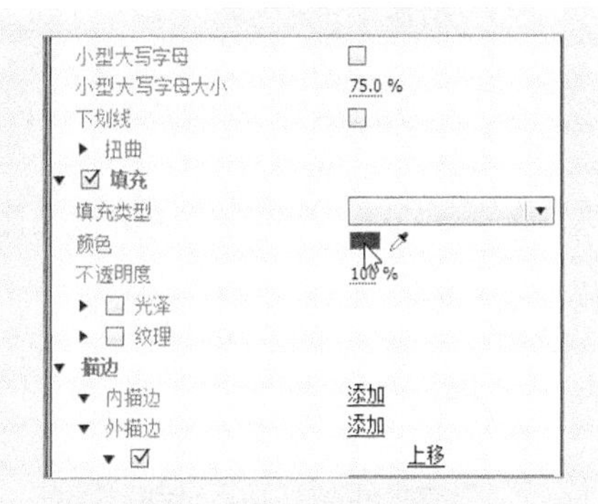


图 14-7　单击颜色块

图 14-8　调整直线颜色后的效果

## 14.1.3　实战——运用钢笔工具转换直线

使用钢笔工具可以直接将直线转换为简单的曲线，具体操作如下。

**步骤01**　按 Ctrl+O 组合键，打开随书附带光盘中的“素材\第 14 章\童话世界.prproj”文件，如图 14-9 所示。

**步骤02**　在 V2 轨道上，使用鼠标左键双击字幕文件，如图 14-10 所示。

**步骤03**　打开字幕编辑窗口，选取钢笔工具，如图 14-11 所示。

图 14-9　打开的项目文件

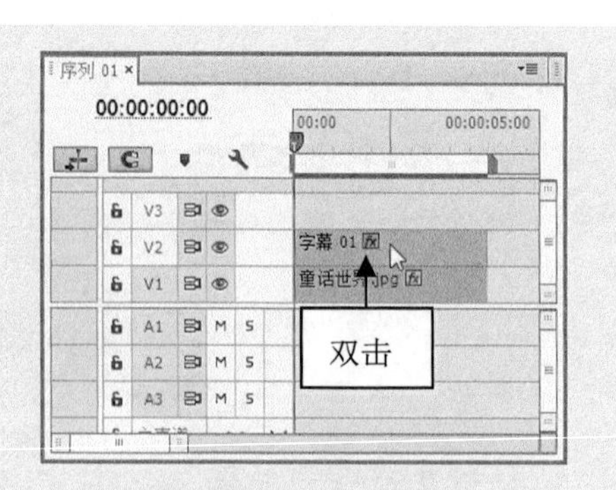


图 14-10　双击字幕文件

**步骤04** 在绘图区合适位置，依次单击鼠标左键，绘制直线，如图 14-12 所示。

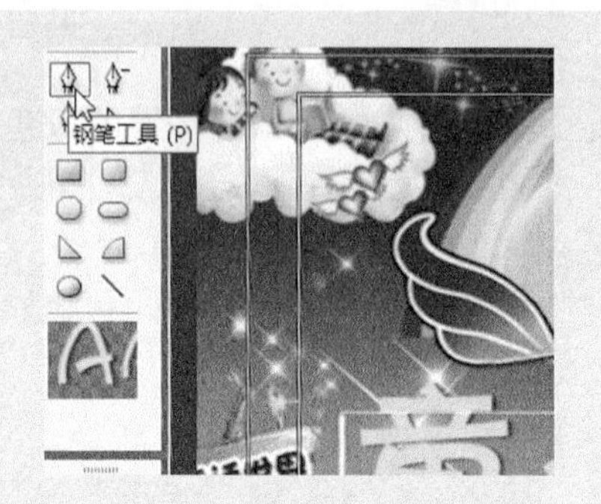


图 14-11　选取钢笔工具

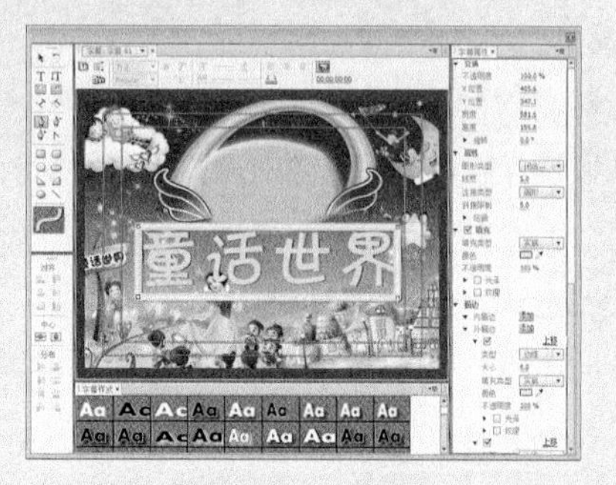


图 14-12　绘制直线

**步骤05** 在“字幕属性”面板中，取消勾选“外描边”复选框与“阴影”复选框，如图 14-13 所示。

**步骤06** 执行操作后，即可使用钢笔工具转换直线，效果如图 14-14 所示。

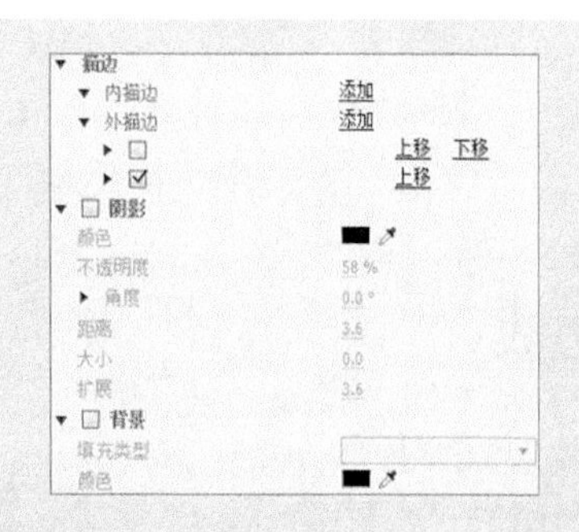


图 14-13　取消勾选“阴影”复选框

图 14-14　使用钢笔工具转换直线

## 14.1.4　转换锚点工具添加节点

当需要转换一条比较复杂的曲线时，要用到转换锚点工具，只要选取转换锚点工具，根据提示进行操作即可。

转换锚点工具可以为直线添加两个或两个以上的节点，用户通过这些节点可以调节出更为复杂的曲线图形，方法是选取转换锚点工具，在需要添加节点的曲线上，单击鼠标左键。如图 14-15 所示为添加节点前后的对比效果。

图 14-15　添加节点前后的对比效果

## 14.1.5　实战——使用椭圆工具创建圆

当用户需要创建圆时，可以使用椭圆工具在绘图区绘制一个正圆对象。

**步骤 01** 按 Ctrl+O 组合键，打开随书附带光盘中的“素材\第 14 章\环形.prproj”文件，如图 14-16 所示，在 V1 轨道上，双击字幕文件。

**步骤 02** 打开字幕编辑窗口，选取椭圆工具，在按住 Shift 键的同时，在绘图区创建圆，如图 14-17 所示。

图 14-16　打开的项目文件

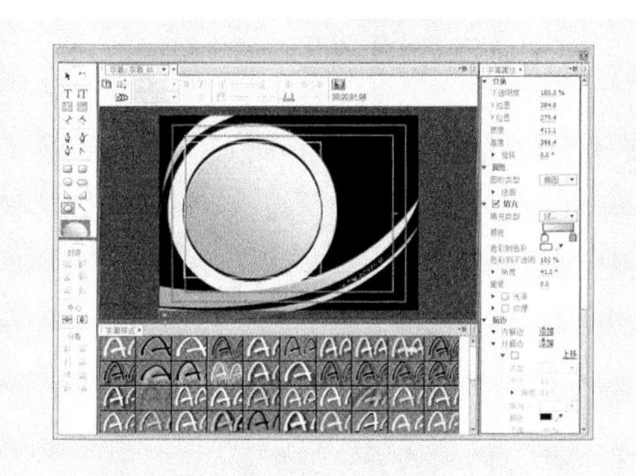

图 14-17　创建圆

**步骤 03** 在“变换”选项区，设置“宽度”和“高度”均为 390.0，如图 14-18 所示。

**步骤 04** 调整圆形的位置，效果如图 14-19 所示。

| 字幕属性 | |
|---|---|
| ▼ 变换 | |
| 不透明度 | 100.0 % |
| X 位置 | 273.4 |
| Y 位置 | 275.2 |
| 宽度 | 390.0 |
| 高度 | 390.0 |
| ▶ 旋转 | 0.0 ° |
| ▼ 属性 | |
| 图形类型 | 椭圆 |
| ▶ 扭曲 | |
| ▼ ☑ 填充 | |

图 14-18　设置参数值

图 14-19　创建圆效果

### 14.1.6 使用弧形工具创建弧形

当用户需要创建一个弧形对象时，可以通过弧形工具完成创建操作。在字幕编辑窗口中，选取弧形工具，在绘图区中，单击鼠标左键并拖曳，即可创建弧形，如图 14-20 所示。

图 14-20 创建弧形效果

## 14.2 创建运动字幕

在 Premiere Pro CC 中，字幕被分为“静态字幕”和“动态字幕”两大类型。通过前面的学习，用户已经可以轻松创建出静态字幕以及静态的复杂图形。本节将介绍如何在 Premiere Pro CC 中创建动态字幕。

### 14.2.1 字幕运动原理

字幕的运动是通过关键帧实现的，为对象指定的关键帧越多，所产生的运动变化就越复杂。在 Premiere Pro CC 中，可以通过关键帧设置不同的时间点来引导目标运动、缩放、旋转等。如图 14-21 所示为字幕运动原理。

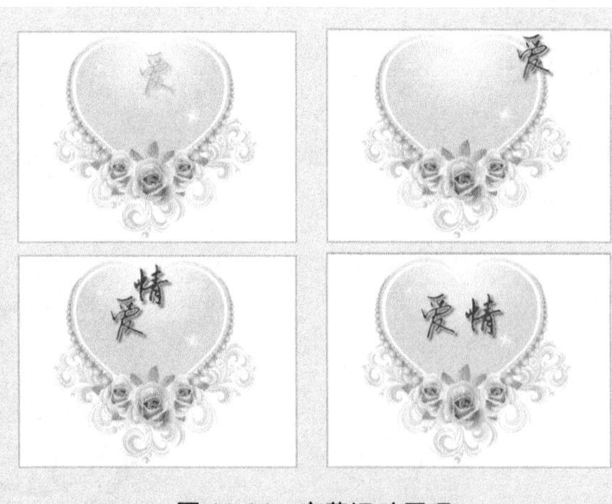


图 14-21 字幕运动原理

## 14.2.2 “运动”面板

Premiere Pro CC 中的“运动”是通过效果控件来设置的，当将素材拖入轨道后，切换到效果控件，可以看到 Premiere Pro CC 的“运动”设置面板。为了使文字能在画面中运动，必须为字幕添加关键帧，如图 14-22 所示。

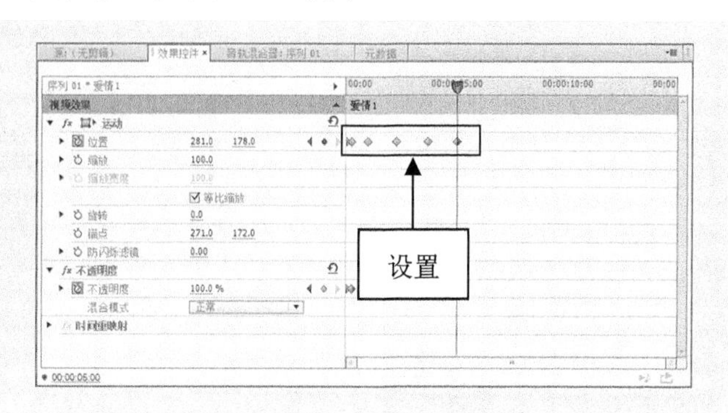


图 14-22 设置关键帧

**提示：**在制作动态字幕时，除了可以添加“运动”特效的关键帧外，还可以添加比例、旋转、透明度等选项的关键帧来丰富动态字幕的效果。

## 14.2.3 实战——游动字幕

“游动字幕”是指字幕在画面中进行水平运动的动态字幕类型，用户可以设置游动的方向和位置。

**步骤01** 按 Ctrl+O 组合键，打开随书附带光盘中的“素材\第 14 章\烟花.prproj”文件，如图 14-23 所示，双击 V2 轨道上的字幕文件。

**步骤02** 打开字幕编辑窗口，单击“滚动/游动选项”按钮，弹出“滚动/游动选项”对话框，选中“向左游动”单选按钮，如图 14-24 所示。

图 14-23 打开的项目文件

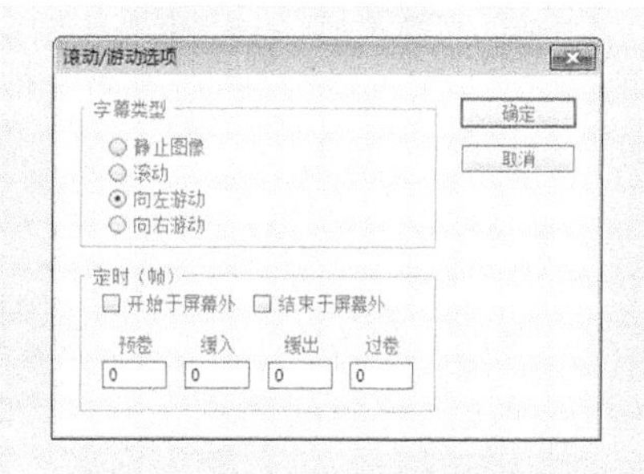


图 14-24 选中“向左游动”单选按钮

**步骤 03** 勾选“开始于屏幕外”复选框，并设置“缓入”为 3、“过卷”为 7，如图 14-25 所示。

**步骤 04** 单击“确定”按钮，返回到字幕编辑窗口，选取选择工具，将文字向右拖曳至合适位置，如图 14-26 所示。

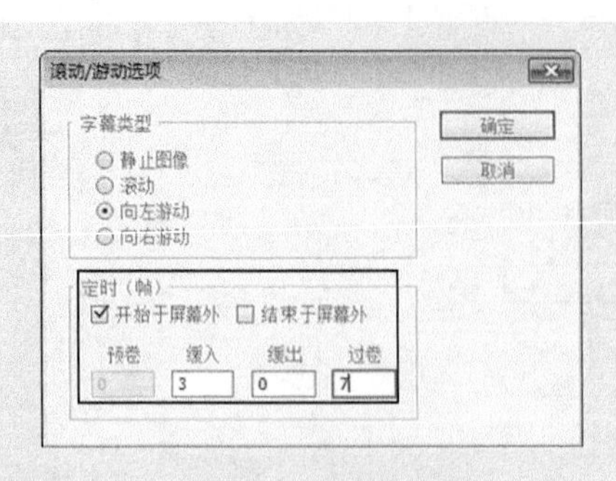


图 14-25　设置参数值

图 14-26　拖曳字幕

**步骤 05** 执行操作后，即可创建游动运动字幕，在“节目监视器”面板中，单击“播放-停止切换”按钮，即可预览字幕游动效果，如图 14-27 所示。

图 14-27　预览字幕游动效果

## 14.2.4　实战——滚动字幕

“滚动字幕”是指字幕从画面的下方逐渐向上运动的动态字幕类型，这种类型的动态字幕在电视节目中经常用到。

**步骤 01** 按 Ctrl＋O 组合键，打开随书附带光盘中的“素材\第 14 章\海底世界.prproj”文件，如图 14-28 所示，双击 V2 轨道上的字幕文件。

**步骤 02** 打开字幕编辑窗口，单击“滚动/游动选项”按钮，弹出相应对话框，选中“滚动”单选按钮，如图 14-29 所示。

**提示：** 在影视制作中，运动的字幕能起到突出主题、画龙点睛的作用，比如在影视广告中都是通过文字说明向观众强化产品的品牌、性能等信息。以前只有在耗资数万的专业编辑系统中才能实现的字幕效果，现在即使在业余条件下，在普通计算机上使用优秀的视频编辑软件 Premiere 也能实现滚动字幕的制作。

图 14-28 打开的项目文件

滚动/游动选项
字幕类型
静止图像
滚动
向左游动
向右游动
确定
取消
定时（帧）
开始于屏幕外 结束于屏幕外
预卷 缓入 缓出 过卷
0 0 0 0

图 14-29 选中“滚动”单选按钮

**步骤 03** 勾选“开始于屏幕外”复选框，并设置“缓入”为 4、“过卷”为 8，如图 14-30 所示。

**步骤 04** 单击“确定”按钮，返回到字幕编辑窗口，选取选择工具，将文字向下拖曳至合适位置，如图 14-31 所示。

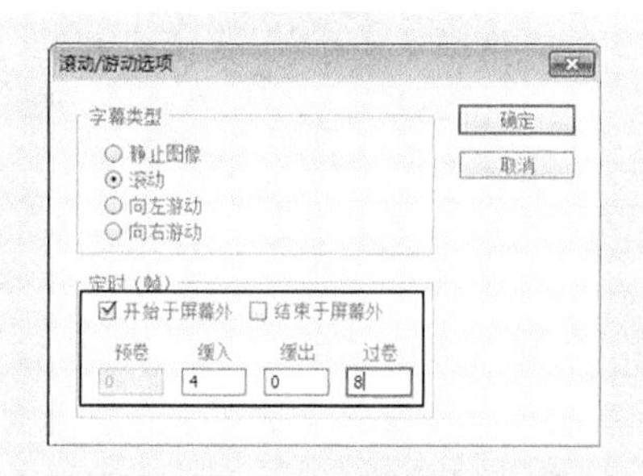


图 14-30 设置参数值

图 14-31 拖曳字幕

**步骤 05** 执行操作后，即可创建滚动运动字幕。在“节目监视器”面板中，单击“播放-停止切换”按钮，即可预览字幕滚动效果，如图 14-32 所示。

图 14-32 预览字幕滚动效果

## 14.3 应用字幕模板和样式

在 Premiere Pro CC 中，用户可以为文字应用多种字幕样式，使字幕变得更加美观；应用字幕模板功能，可以高质、高效地制作专业品质的字幕。本节主要介绍字幕模板和样式的应用方法。

## 14.3.1 实战——字幕模板的创建

在 Premiere Pro CC 中，可以根据需要手动创建字幕模板，还可以对创建的字幕样式进行复制操作。下面介绍创建与复制字幕样式的方法。

**步骤 01** 按 Ctrl＋O 组合键，打开随书附带光盘中的“素材\第 14 章\字幕模板.prproj”文件，用鼠标左键双击 V1 轨道上的字幕，如图 14-33 所示。

**步骤 02** 执行操作后，即可打开字幕编辑窗口，单击窗口上方的“模板”按钮，如图 14-34 所示。

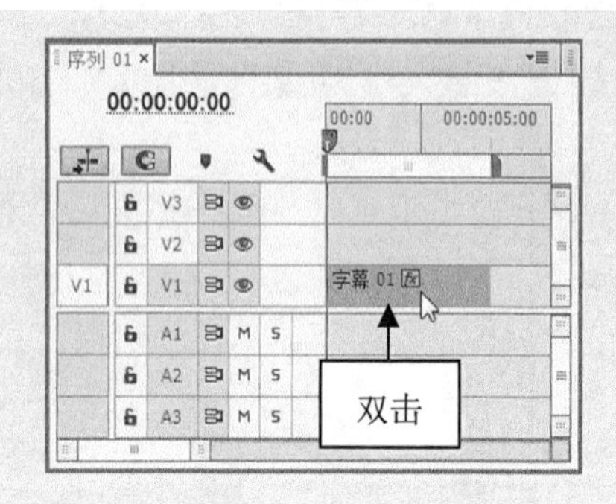


图 14-33　双击字幕文件

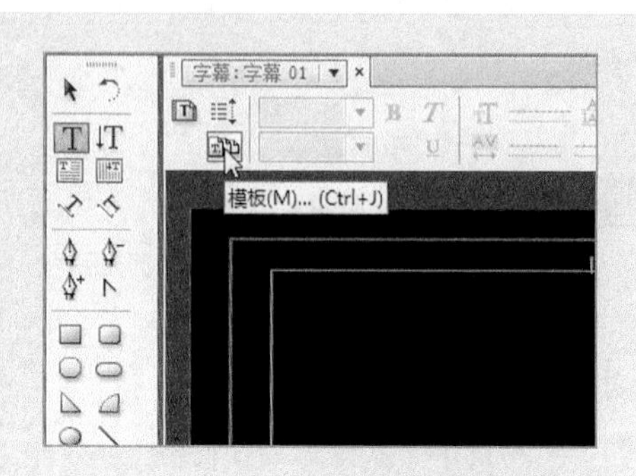


图 14-34　单击“模板”按钮

**步骤 03** 弹出“模板”对话框，单击按钮，在列表中选择“导入当前字幕为模板”命令，如图 14-35 所示。

**步骤 04** 弹出“另存为”对话框，设置名称，单击“确定”按钮，如图 14-36 所示，即可创建字幕模板。

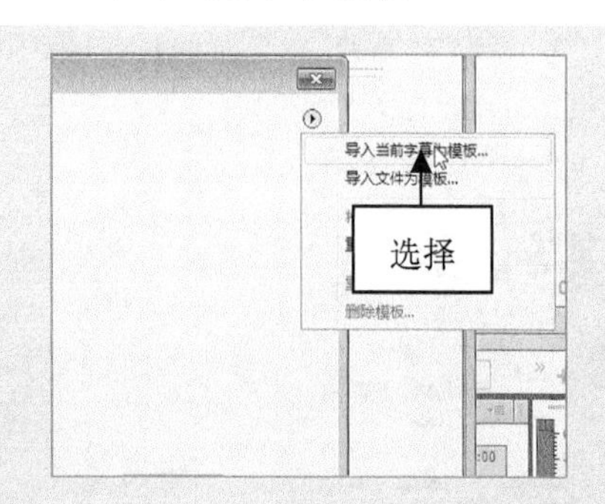


图 14-35　选择“导入当前字幕为模板”命令

图 14-36　单击“确定”按钮

## 14.3.2 字幕模板的应用

在 Premiere Pro CC 中，除了可以直接用字幕模板创建字幕之外，还可以在编辑字幕的过程中应用模板。

单击字幕编辑窗口上方的“模板”按钮，弹出“模板”对话框，选择需要的模板样式，如图 14-37 所示，单击“确定”按钮，即可将选择的模板导入工作区。

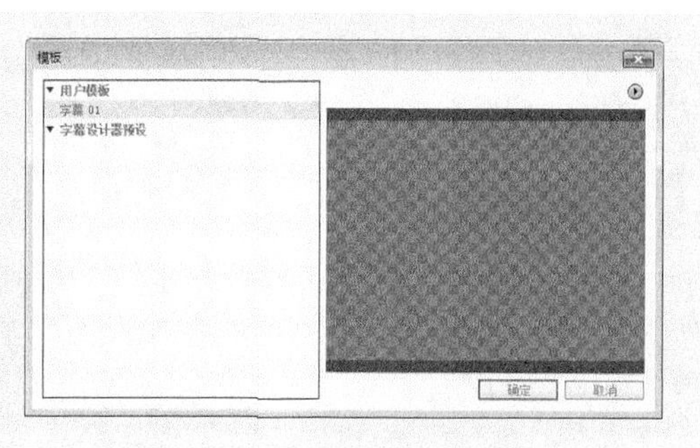

图 14-37 选择需要的模板样式

提示：在“模板”对话框中，包括两大类模板：一类是“用户模板”，用户可以将自己满意的模板保存为一个新模板，也可以创建一个新模板以方便使用；另一类是“字幕设计器预设”模板，其中提供了所有的模板类型，用户可以根据需要进行选择。

## 14.3.3 字幕样式的删除

如果用户对创建好的字幕样式觉得不满意，可以将其删除。

在 Premiere Pro CC 中，删除字幕样式的方法很简单，即在“字幕样式”面板中选择不需要的字幕样式，单击鼠标右键，在弹出的快捷菜单中选择“删除样式”命令，如图 14-38 所示。此时，系统将弹出信息提示框，如图 14-39 所示，单击“确定”按钮，即可删除当前选择的字幕样式。

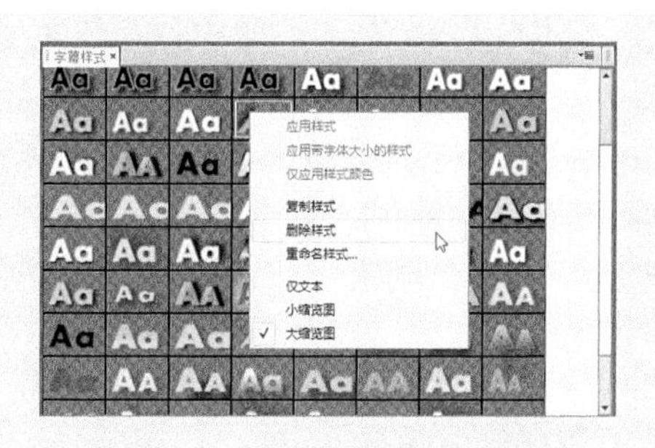

图 14-38 选择“删除样式”命令

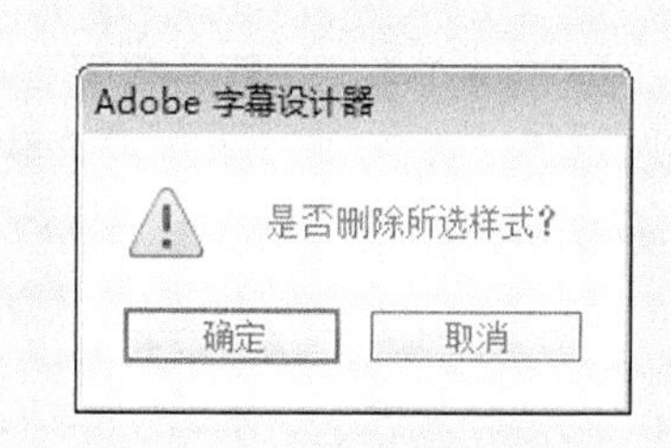


图 14-39 弹出信息提示框

## 14.3.4 实战——字幕样式重命名

用户可以在 Premiere Pro CC 中为创建好的字幕进行重命名操作，下面介绍重命名字幕样式的操作方法。

**步骤 01** 以 14.3.1 小节的素材为例，在 V1 轨道中双击字幕文件，打开字幕编辑窗口，选择合适的字幕样式，如图 14-40 所示。

**步骤 02** 在选择的字幕样式上，单击鼠标右键，在弹出的快捷菜单中选择“重命名样式”命令，如图 14-41 所示。

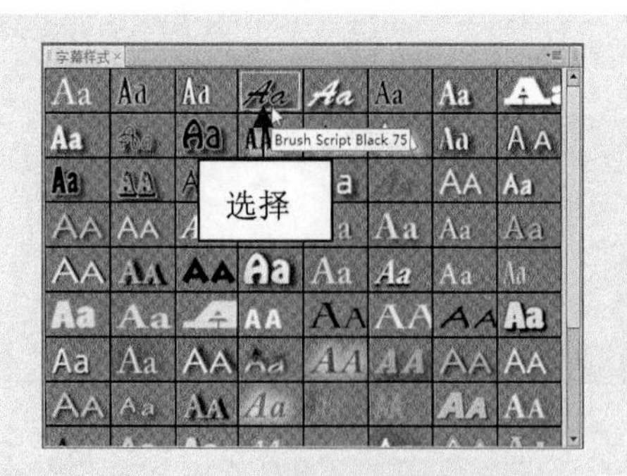


图 14-40 选择合适的字幕样式

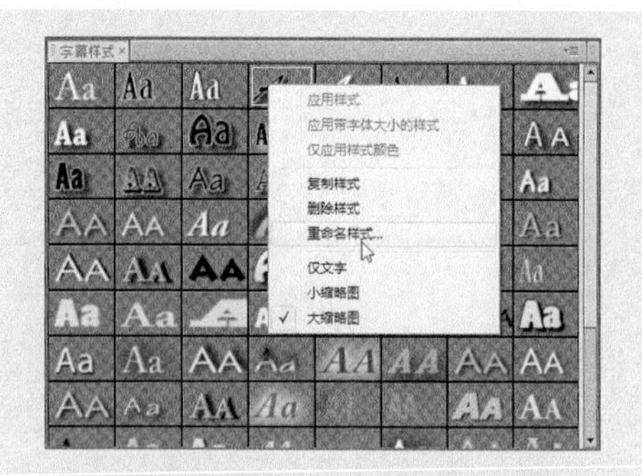


图 14-41 选择“重命名样式”命令

**步骤 03** 弹出“重命名样式”对话框，输入新名称，如图 14-42 所示。

**步骤 04** 单击“确定”按钮，即可重命名字幕样式，如图 14-43 所示。

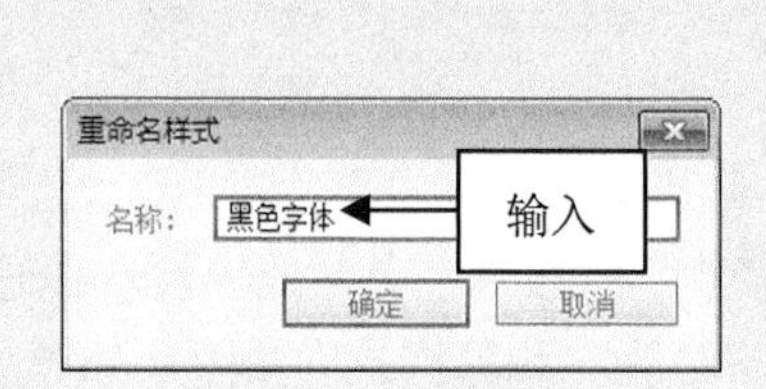


图 14-42 输入新名称

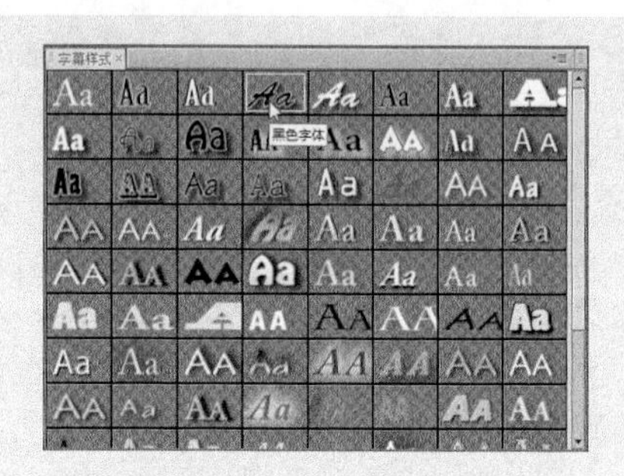


图 14-43 重命名字幕样式

## 14.3.5 字幕样式库的重置

在 Premiere Pro CC 中，重置字幕样式库可以让用户得到最新的样式库。单击“字幕样式”面板右上角的下三角按钮，在弹出的列表中选择“重置样式库”命令，如图 14-44 所示，系统将弹出信息提示框，如图 14-45 所示，单击“确定”按钮，即可重置字幕样式库。

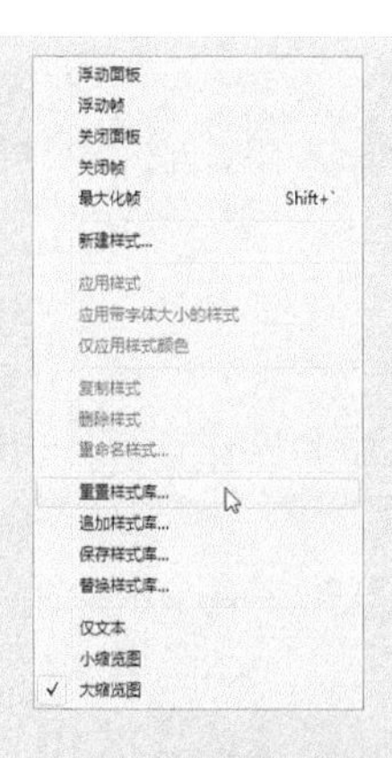


图 14-44 选择“重置样式库”命令

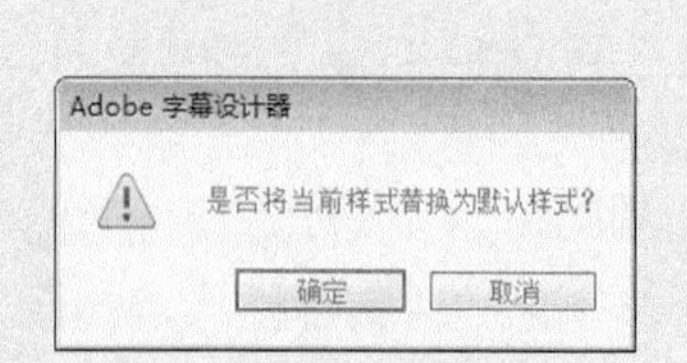


图 14-45 信息提示框

## 14.3.6 字幕样式库的替换

替换样式库操作可以将用户不满意的字幕样式替换掉。单击“字幕样式”面板右上角的下三角按钮，在弹出的列表中选择“替换样式库”命令，如图 14-46 所示。

执行上述操作后，即可弹出“打开样式库”对话框，选择需要替换的字幕样式库，如图 14-47 所示，单击“打开”按钮，即可完成字幕样式库的替换操作。

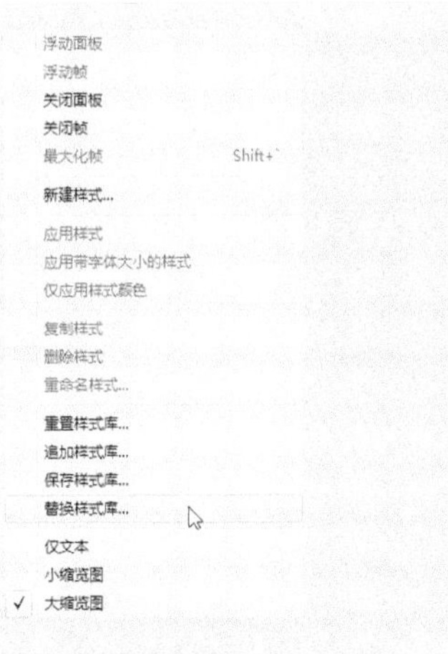


图 14-46 选择“替换样式库”命令

图 14-47 选择字幕样式库

## 14.3.7 字幕样式库的追加

在 Premiere Pro CC 中，追加字幕样式库可以追加需要的字幕样式到“字幕样式”面板中。

单击“字幕样式”面板右上角的下三角按钮，在弹出的列表中选择“追加样式库”命令，如图 14-48 所示，系统将弹出“打开样式库”对话框，选择需要追加的样式，单击“打开”按钮即可，如图 14-49 所示。

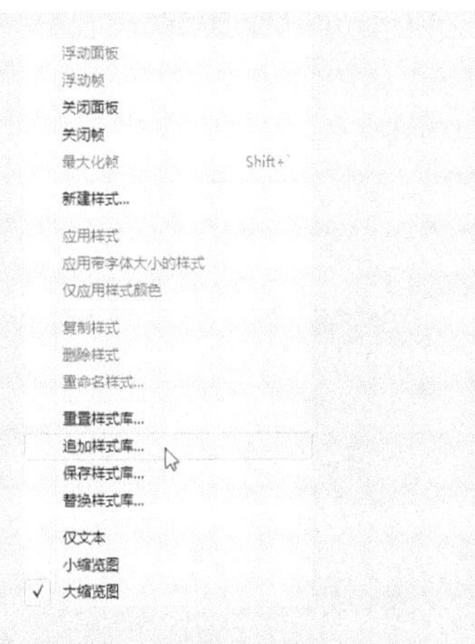


图 14-48 选择“追加样式库”命令

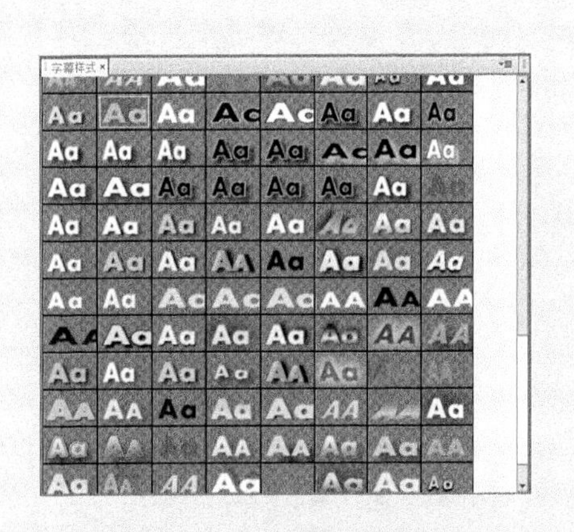


图 14-49 追加的字幕样式

## 14.3.8 字幕样式库的保存

在 Premiere Pro CC 中，保存字幕样式库可以让用户能够再次快速应用同样的字幕样式，提高工作效率。

单击“字幕样式”面板右上角的下三角按钮，在弹出的列表中选择“保存样式库”命令，如图 14-50 所示，弹出“保存样式库”对话框，如图 14-51 所示，输入存储的文件名，单击“保存”按钮，即可保存字幕样式库。

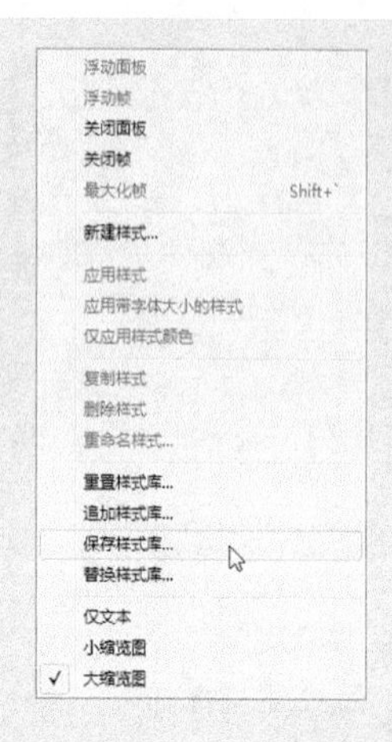


图 14-50 选择“保存样式库”命令

图 14-51 “保存样式库”对话框

## 14.3.9 实战——字幕文件保存为模板

在 Premiere Pro CC 中，用户不仅可以直接应用系统提供的字幕模板，还可以将自定义的字幕样式保存为模板。

**步骤 01** 以 14.3.1 小节的素材为例，用鼠标左键双击 V1 轨道上的字幕文件，打开字幕编辑窗口，单击“模板”按钮，如图 14-52 所示。

**步骤 02** 弹出“模板”对话框，单击黑色三角形按钮，在弹出的列表中选择“导入文件为模板”命令，如图 14-53 所示。

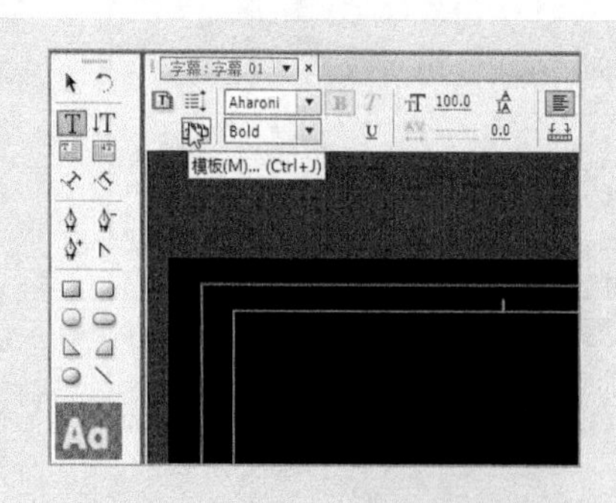


图 14-52 单击“模板”按钮

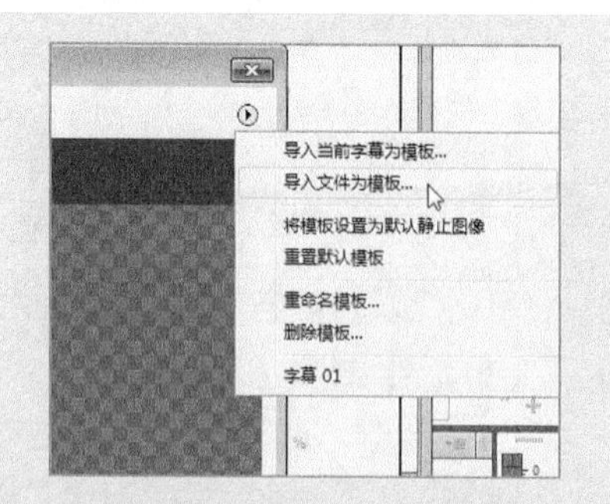


图 14-53 选择“导入文件为模板”命令

**步骤03** 弹出“将字幕导入为模板”对话框，选择需要导入的字幕文件，如图 14-54 所示。

**步骤04** 单击“打开”按钮，弹出“另存为”对话框，输入名称，如图 14-55 所示。

图 14-54 选择需要导入的字幕文件

图 14-55 输入名称

**步骤05** 单击“确定”按钮，即可将字幕文件保存为模板，此时，在“用户模板”中即可查看最新保存的模板，如图 14-56 所示。

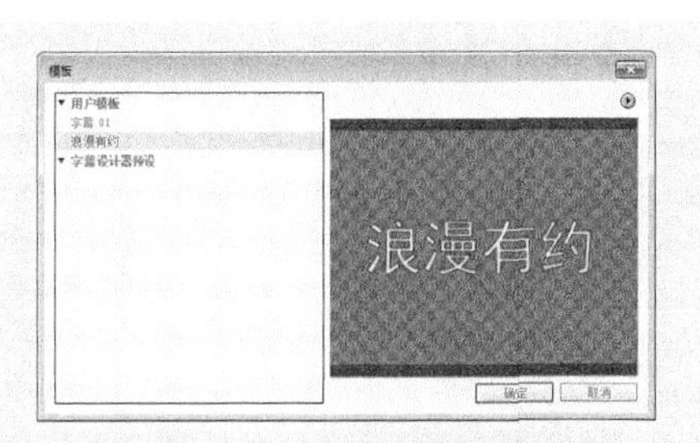


图 14-56 查看新保存的模板

## 14.4 制作字幕的精彩效果

随着动态视频的发展，动态字幕的应用也越来越频繁了，这些精美的字幕特效不仅能够点明影视视频的主题，让影片更加生动，具有感染力，还能够为观众传递一种艺术信息。本节主要介绍精彩字幕特效的制作方法。

### 14.4.1 实战——流动路径字幕效果

在 Premiere Pro CC 中，用户可以使用钢笔工具绘制路径，制作字幕路径特效。具体操作如下

**步骤01** 按 Ctrl+O 组合键，打开随书附带光盘中的“素材\第 14 章\彩虹.prproj”文件，如图 14-57 所示。

**步骤02** 在 V2 轨道上，选择字幕文件，如图 14-58 所示。

图 14-57　打开的项目文件

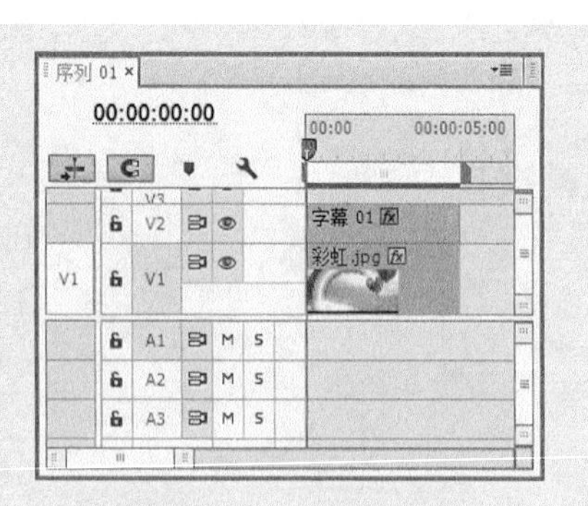


图 14-58　选择字幕文件

**步骤 03** 展开“效果控件”面板，分别为“运动”选项区中的“位置”和“旋转”选项以及“不透明度”选项添加关键帧，如图 14-59 所示。

**步骤 04** 将时间线拖曳至 00:00:00:12 的位置，设置“位置”为 680.0 和 160.0、“旋转”为 20.0°、“不透明度”为 100.0%，添加一组关键帧，如图 14-60 所示。

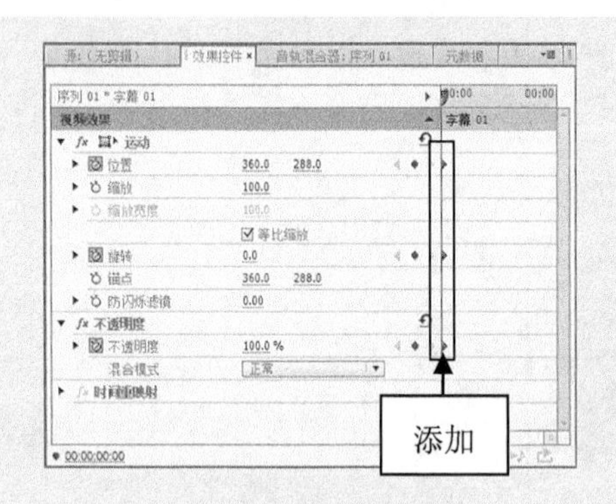


图 14-59　设置关键帧

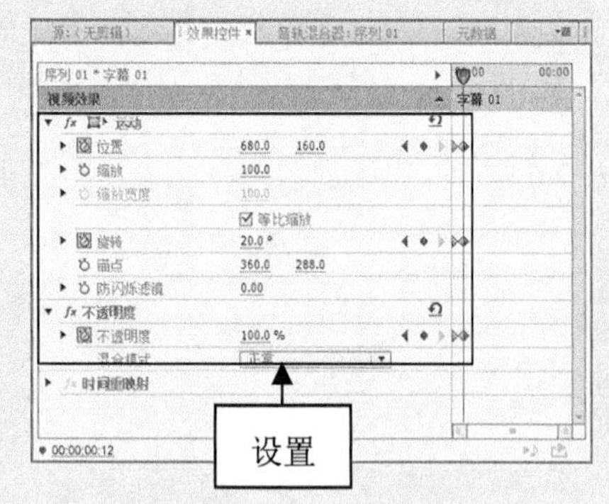


图 14-60　添加一组关键帧

**步骤 05** 制作完成后，单击“节目监视器”面板中的“播放-停止切换”按钮，即可预览字幕路径特效，如图 14-61 所示。

图 14-61　预览字幕路径特效

## 14.4.2　实战——水平翻转字幕效果

字幕的水平翻转效果主要是运用“嵌套”序列将多个视频效果合并在一起，然后通过

"摄像机视图"特效让其整体翻转。

**步骤01** 按 Ctrl＋O 组合键，打开随书附带光盘中的"素材\第 14 章\蜀山情缘.prproj"文件，如图 14-62 所示。

**步骤02** 在 V2 轨道上，选择字幕文件，如图 14-63 所示。

图 14-62 打开的项目文件

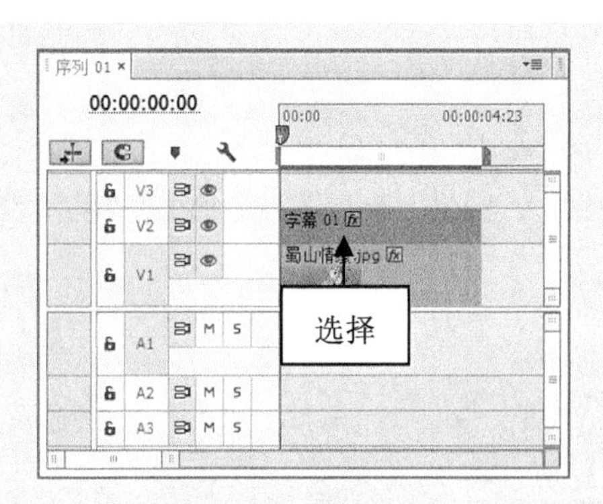


图 14-63 选择字幕文件

**步骤03** 在"效果控件"面板中，展开"运动"选项，将时间线移至 00:00:00:00 的位置，分别单击"缩放"和"旋转"左侧的"切换动画"按钮，并设置"缩放"为 50.0、"旋转"为 0.0°，添加一组关键帧，如图 14-64 所示。

**步骤04** 将时间线移至 00:00:02:00 的位置，设置"缩放"为 70.0、"旋转"为 90.0°；单击"锚点"左侧的"切换动画"按钮，设置"锚点"为 420.0 和 100.0，添加第二组关键帧，如图 14-65 所示。

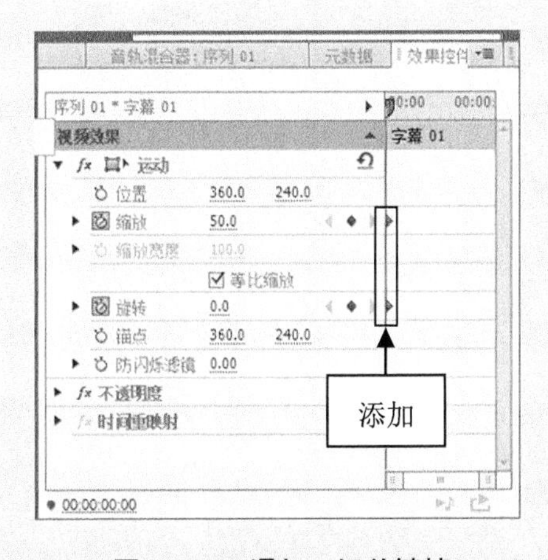


图 14-64 添加一组关键帧

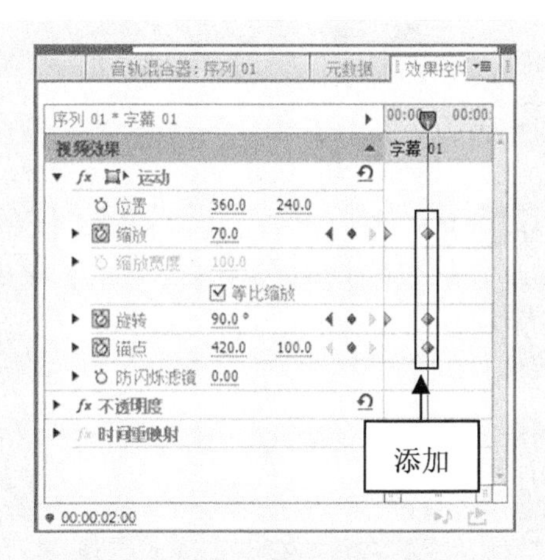


图 14-65 添加第二组关键帧

**步骤05** 制作完成后，单击"节目监视器"面板中的"播放-停止切换"按钮，即可预览字幕的翻转特效，如图 14-66 所示。

图 14-66　预览字幕翻转特效

### 14.4.3　实战——旋转特效字幕效果

“旋转”字幕效果主要是通过设置“运动”特效中的“旋转”选项的参数，让字幕在画面中旋转。

**步骤 01**　按 Ctrl+O 组合键，打开随书附带光盘中的“素材\第 14 章\女人节.prproj”文件，如图 14-67 所示。

**步骤 02**　在 V2 轨道上，选择字幕文件，如图 14-68 所示。

图 14-67　打开的项目文件

图 14-68　选择字幕文件

**步骤 03**　在“效果控件”面板中，单击“旋转”左侧的“切换动画”按钮，并设置“旋转”为 30.0°，添加关键帧，如图 14-69 所示。

**步骤 04**　将时间线移至 00:00:06:15 的位置，设置“旋转”参数为 180.0°，添加关键帧，如图 14-70 所示。

**步骤 05**　制作完成后，单击“节目监视器”面板中的“播放-停止切换”按钮，即可预览字幕旋转特效，如图 14-71 所示。

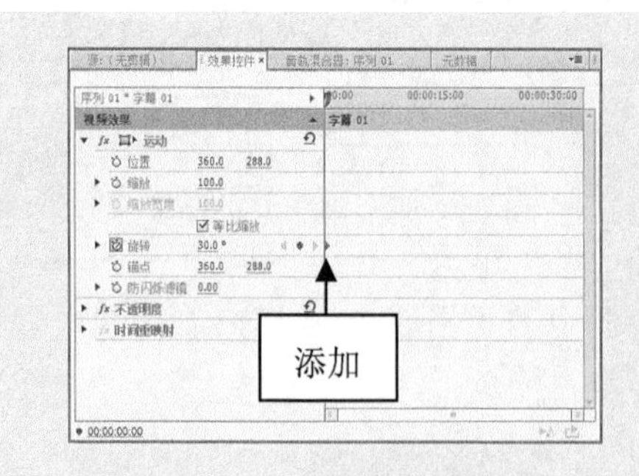


图 14-69　添加关键帧(1)

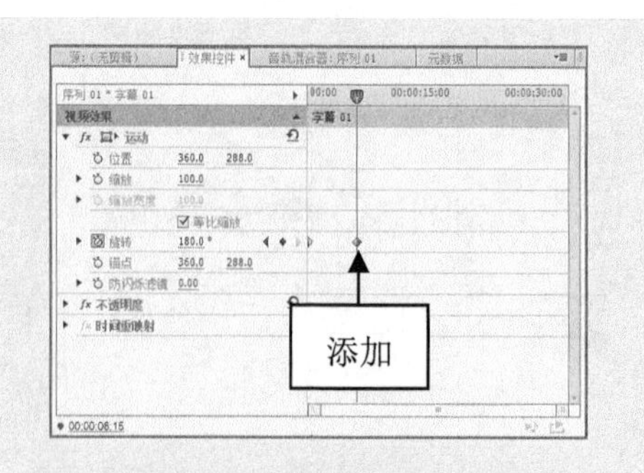


图 14-70　添加关键帧(2)

图 14-71 预览字幕旋转特效

## 14.4.4 实战——拉伸特效字幕效果

“拉伸”字幕效果常常运用于大型的视频广告中，如电影广告、衣服广告、汽车广告等。

**步骤 01** 按 Ctrl＋O 组合键，打开随书附带光盘中的“素材\第 14 章\风驰天下.prproj”文件，如图 14-72 所示，在 V2 轨道上，选择字幕文件。

**步骤 02** 在“效果控件”面板中，单击“缩放”左侧的“切换动画”按钮，添加关键帧，如图 14-73 所示。

图 14-72 打开项目文件

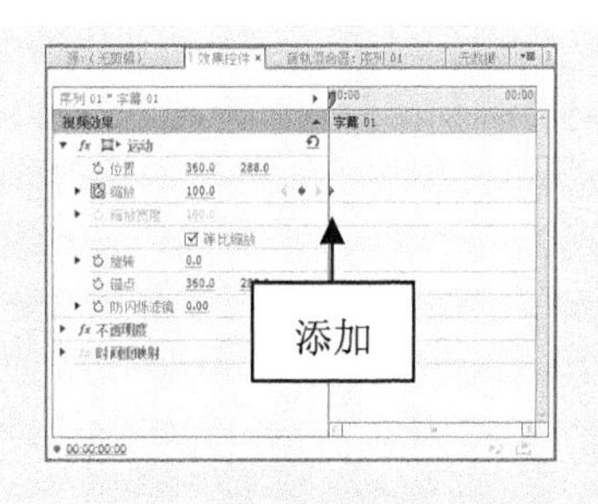


图 14-73 添加关键帧(1)

**步骤 03** 将时间线移至 00:00:07:03 的位置，设置“缩放”参数为 70.0，添加关键帧，如图 14-74 所示。

**步骤 04** 将时间线移至 00:00:24:00 的位置，设置“缩放”参数为 90.0，添加关键帧，如图 14-75 所示。

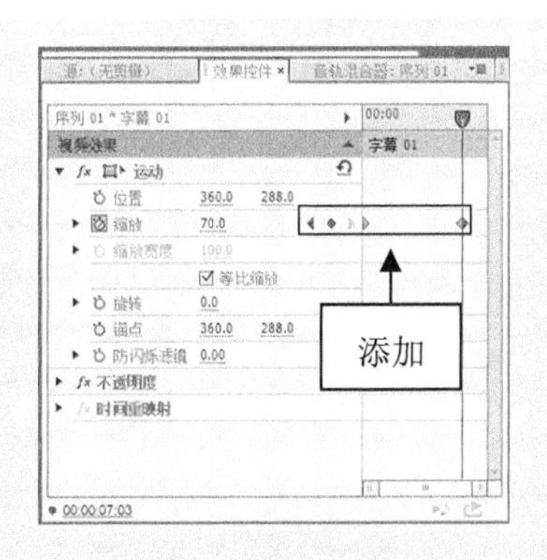


图 14-74 添加关键帧(2)

图 14-75 添加关键帧(3)

**步骤05** 单击“节目监视器”面板中的“播放-停止切换”按钮，即可预览字幕拉伸特效，如图 14-76 所示。

图 14-76 预览字幕拉伸特效

## 14.4.5 实战——扭曲特效字幕效果

“扭曲”特效字幕主要是运用“弯曲”特效让画面产生扭曲、变形，从而让字幕出现扭曲变形的效果。

**步骤01** 按 Ctrl＋O 组合键，打开随书附带光盘中的“素材\第 14 章\光芒四射.prproj”文件，如图 14-77 所示。

**步骤02** 在“效果”面板中，展开“视频效果”|“扭曲”选项，选择“弯曲”选项，如图 14-78 所示。

图 14-77 打开项目文件

图 14-78 选择“弯曲”选项

**步骤03** 按住鼠标左键将“弯曲”效果拖曳至 V2 轨道上，添加“弯曲”特效，如图 14-79 所示。

**步骤04** 在“效果控件”可以面板中，可以查看添加“扭曲”特效的相应参数，如图 14-80 所示。

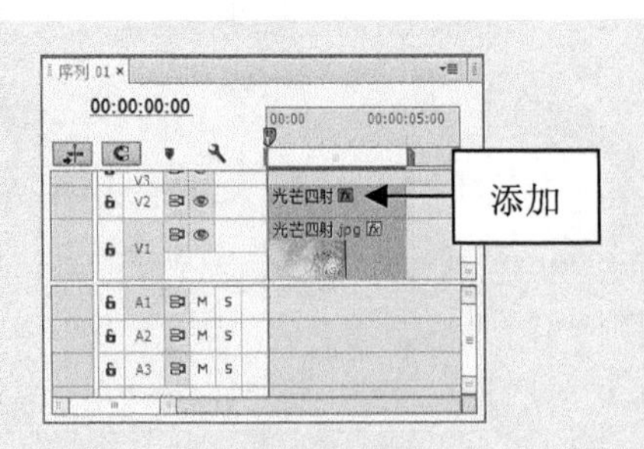


图 14-79 添加扭曲特效

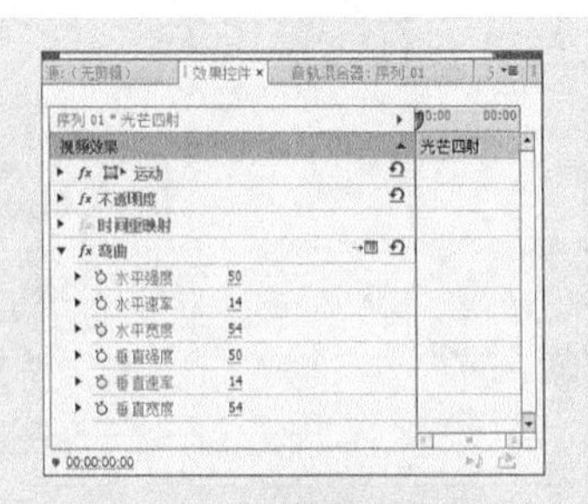

图 14-80 查看参数值

**步骤05** 单击“节目监视器”面板中的“播放-停止切换”按钮，即可预览字幕“扭曲”特效，如图14-81所示。

图 14-81 预览字幕扭曲特效

## 14.4.6 实战——发光特效字幕效果

在Premiere Pro CC中，发光特效字幕主要是运用“镜头光晕”特效让字幕产生发光的效果。

**步骤01** 按Ctrl＋O组合键，打开随书附带光盘中的“素材\第14章\圣诞快乐.prproj”文件，如图14-82所示。

**步骤02** 在“效果”面板中，展开“视频效果”|“生成”选项，选择“镜头光晕”选项，将“镜头光晕”视频效果拖曳至V2轨道上的字幕素材中，如图14-83所示。

图 14-82 打开的项目文件

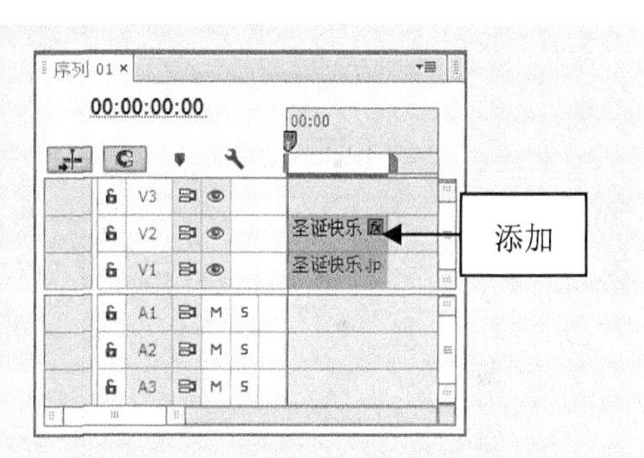


图 14-83 添加“镜头光晕”视频特效

**步骤03** 将时间线拖曳至00:00:01:00的位置，选择字幕文件，在“效果控件”面板中分别单击“光晕中心”、“光晕亮度”和“与原始图像混合”左侧的“切换动画”按钮，添加关键帧，如图14-84所示。

**步骤04** 将时间线拖曳至00:00:04:00的位置，在“效果控件”面板中设置“光晕中心”为100.0和400.0、“光晕亮度”为300%、“与原始图像混合”为30%，添加第二组关键帧，如图14-85所示。

**步骤05** 单击“节目监视器”面板中的“播放-停止切换”按钮，即可预览字幕发光特效，如图14-86所示。

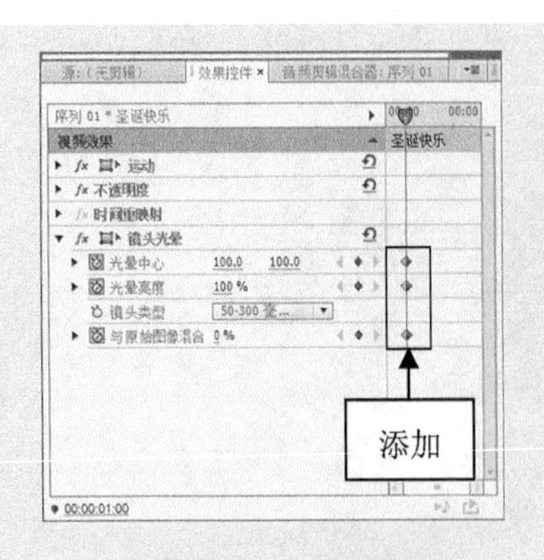


图 14-84　添加关键帧

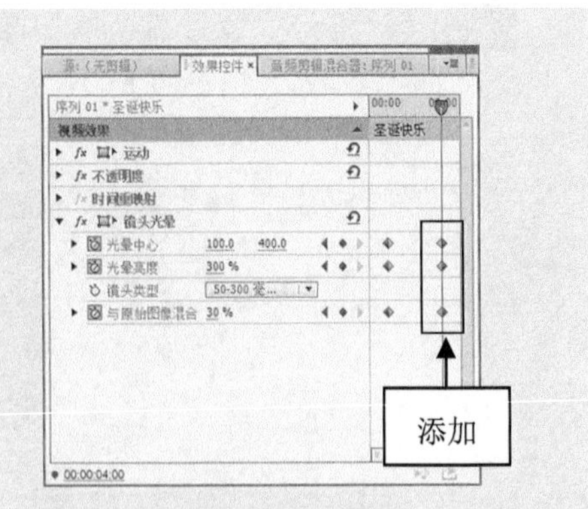


图 14-85　添加关键帧

图 14-86　预览字幕发光特效

**提示：** 在 Premiere Pro CC 中，为字幕文件添加“镜头光晕”视频特效后，在“效果控件”面板中可以设置镜头光晕的类型，单击“镜头类型”右侧的下三角按钮，在弹出的列表中可以根据需要选择“105 毫米定焦”选项即可。

# 第 15 章

# 音频文件的操作基础

一部精彩的影视节目离不开声音。因此，音频的编辑是影视节目编辑中必不可少的一个环节。本章将对音频编辑的核心技巧进行讲解，让用户了解如何编辑音频。

本章重点：

- 熟悉数字音频
- 操作音频的基础知识
- 编辑音频效果

# 15.1 熟悉数字音频

数字音频是一种利用数字化手段对声音进行录制、存放、编辑、压缩或播放的技术，是随着数字信号处理技术、计算机技术、多媒体技术的发展而形成的一种全新的声音处理手段，主要应用领域是音乐后期制作和录音。

## 15.1.1 声音的基础认识

人类听到的所有声音如对话、唱歌、乐器等都可以被称为音频，然而这些声音都需要通过一定的处理。以下内容将从声音的最基本概念开始，逐渐深入了解音频编辑的核心技巧。

### 1. 声音原理

声音是由物体振动产生，正在发声的物体叫声源，声音以声波的形式传播。声音是一种压力波，当演奏乐器、拍打一扇门或者敲击桌面时，它们的振动会引起介质——空气分子有节奏的振动，使周围的空气产生疏密变化，形成疏密相间的纵波，这就产生了声波，这种现象会一直延续到振动消失为止。

### 2. 声音响度

“响度”是用于表达声音的强弱程度的重要指标，其大小取决于声波振幅的大小。响度是人耳判别声音由弱到强的强度等级概念，它不仅取决于声音的强度(如声压级)，还与它的频率及波形有关。响度的单位为“宋”，1 宋的定义为声压级为 40dB，频率为 1000Hz，且来自听者正前方的平面波形的强度。如果另一个声音听起来比 1 宋的声音大 n 倍，即该声音的响度为 n 宋。

### 3. 声音音高

“音高”是用来表示人耳对声音高低的主观感受。通常较大的物体振动所发出的音调会较低，而轻巧的物体则可以发出较高的音调。

音调就是通常大家所说的“音高”，它是声音的一个重要物理特性。音调的高低决定于声音频率的高低，频率越高音调越高，频率越低音调越低。为了得到影视动画中的某些特殊效果，可以将声音频率变高或者变低。

### 4. 声音音色

“音色”主要是由声音波形的谐波频谱和包络决定，也被称为“音品”。音色就好像是绘图中的颜色，发音体和发音环境的不同都会影响声音的质量，声音可分为基音和泛音，音色是由混入基音的泛音所决定的，泛音越高谐波越丰富，音色就越有明亮感和穿透力，不同的谐波具有不同的幅值和相位偏移，由此产生各种音色。

音色的不同取决于不同的泛音，每一种乐器、不同的人以及所有能发声的物体发出的声音，除了一个基音外，还有许多不同频率(振动的速度)的泛音伴随，正是这些泛音决定了其不同的音色，使人能辨别出是不同的乐器甚至不同的人发出的声音。

5. 失真

失真是指声音经录制加工后产生的一种畸变，一般分为非线性失真和线性失真两种。

非线性失真是指声音在录制加工后出现了一种新的频率，与原声产生了差异。

线性失真则没有产生新的频率，但是原有声音的比例发生了变化，要么增加了高频成分的音量，要么减少了低频成分的音量等。

6. 静音和增益

静音和增益也是声音中的一种表现方式，下面将介绍这个表现方式的概念。所谓静音就是无声，在影视作品中没有声音是一种具有积极意义的表现手段。增益是“放大量”的统称，它包括功率的增益、电压的增益和电流的增益。通过调整音响设备的增益量，可以对音频信号电平进行调节，使系统的信号电平处于一种最佳状态。

### 15.1.2 声音类型的认识

通常情况下，人类能够听到20Hz～20000Hz范围之间的声音频率。因此，按照内容、频率范围以及时间的不同，可以将声音分为“自然音”、“纯音”、“复合音”、“协和音”和“噪音”等类型。

1. 自然音

自然音就是指大自然所发出的声音，如刮风、下雨、流水等。之所以称之为“自然音”，是因为其概念与名称相同。自然音结构是不以人的意志为转移的音之宇宙属性，当地球还没有出现人类时，这种现象就已经存在。

2. 纯音

“纯音”是指声音中只存在一种频率的声波，此时，发出的声音便称为“纯音”。

纯音具有单一频率的正弦波，而一般的声音是由几种频率的波组成的。常见的纯音如金属撞击的声音。

3. 复合音

由基音和泛音结合在一起形成的声音，叫作复合音。复合音的产生是根据物体振动时产生，不仅整体在振动，它的部分同时也在振动。因此，平时所听到的声音，都不只是一个声音，而是由许多个声音组合而成的，于是便产生了复合音。用户可以试着在钢琴上弹出一个较低的音，用心聆听，不难发现，除了最响的音之外，还有一些非常弱的声音同时在响，这就是全弦的振动和弦的部分振动所产生的结果。

4. 协和音

协和音也是声音类型的一种，“协和音”同样是由多个音频所构成的组合音频，不同之处是构成组合音频的频率是两个单独的纯音。

5. 噪音

噪音是指音高和音强变化混乱、听起来不和谐的声音，是由发音体不规则的振动产生的。噪声主要来源于交通运输、车辆鸣笛、工业噪音、建筑施工、社会噪音(如音乐厅、高音喇叭、早市和人的大声说话)等。

噪音可以对人的正常听觉起一定的干扰，它通常是由不同频率和不同强度声波的无规律组合所形成的声音，即物体无规律的振动所产生的声音。噪音不仅由声音的物理特性决定，而且还与人们的生理和心理状态有关。

### 15.1.3 数字音频的应用

随着数字音频储存和传输功能的提高，许多模拟音频已经无法与之比拟。因此数字音频技术已经广泛应用于数字录音机、调音台以及数字音频工作站等音频制作中。

1. 数字录音机

“数字录音机”与模拟录音机相比，加强了其剪辑功能和自动编辑功能。数字录音机采用了数字化的方式来记录音频信号，因此实现了很高的动态范围和频率响应。

2. 数字调音台

“数字调音台”是一种同时拥有 A/D 和 D/A 转换器以及 DSP 处理器的音频控制台。

数字调音台作为音频设备的新生力量已经在专业录音领域占据了重要的席位，特别是近一两年来数字调音台开始涉足扩声场所，足见调音台由模拟向数字转移是一种不可忽视的潮流。数字调音台主要有以下 8 个功能。

- 操作过程可存储性。
- 信号的数字化处理。
- 数字调音台的信噪比和动态范围高。
- 20bit 的 44.1kHz 取样频率，可以保证 20Hz～20000Hz 范围内的频响不均匀度小于±1dB，总谐波失真小于 0.015%。
- 每个通道都可以方便设置高质量的数字压缩限制器和降噪扩展器。
- 数字通道的位移寄存器，可以给出足够的信号延迟时间，以便对各声部的节奏同步做出调整。
- 立体声的两个通道的联动调整十分方便。
- 数字使调音台没有故障诊断功能。

3. 数字音频工作站

数字音频工作站是计算机控制的以硬磁盘为主要记录的媒体，具有很强的功能，性能优异和良好的人机界面设备。

数字音频工作站是一种可以根据需要对轨道进行扩充，从而能够方便地进行音频、视频同步编辑的设备。

数字音频工作站可用于节目录制、编辑、播出时，与传统的模拟方式相比，具有节省人力、物力、提高节目质量、节目资源共享、操作简单、编辑方便、播出及时安全等优点，因此音频工作站的建立可以认为是声音节目制作由模拟走向数字的必由之路。

## 15.2 操作音频的基础知识

音频素材是指可以持续一段时间并含有各种音响效果的声音。用户在编辑音频前，首先需要了解音频编辑的一些基本操作，如运用“项目”面板添加音频、运用菜单命令添加音频以及分割音频文件等。

### 15.2.1 实战——运用“项目”面板添加音频

运用“项目”面板添加音频文件的方法与添加视频素材以及图片素材的方法基本相同。

**步骤01** 按Ctrl＋O组合键，打开随书附带光盘中的“素材\第15章\钻戒广告.prproj”文件，如图15-1所示。

**步骤02** 在“项目”面板上，选择音频文件，如图15-2所示。

图15-1 打开的项目文件

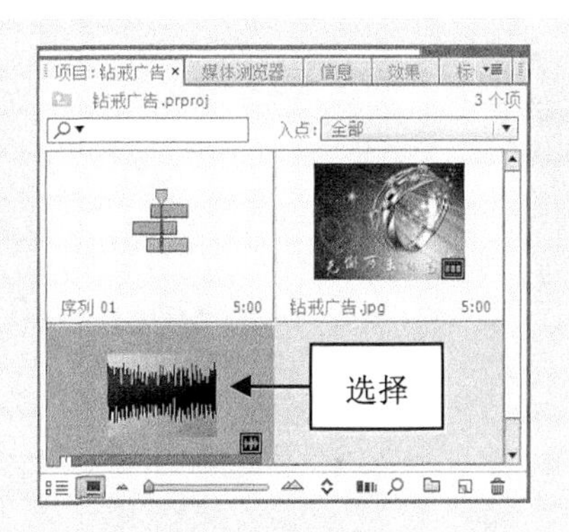


图15-2 选择音频文件

**步骤03** 单击鼠标右键，在弹出的快捷菜单中，选择“插入”命令，如图15-3所示。

**步骤04** 执行操作后，即可运用“项目”面板添加音频，如图15-4所示。

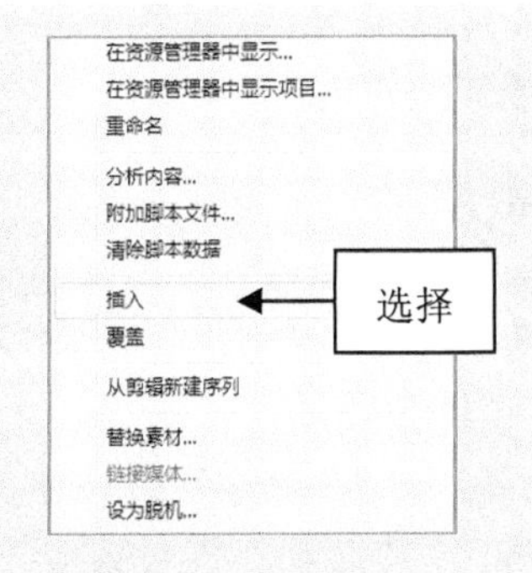


图15-3 选择“插入”命令

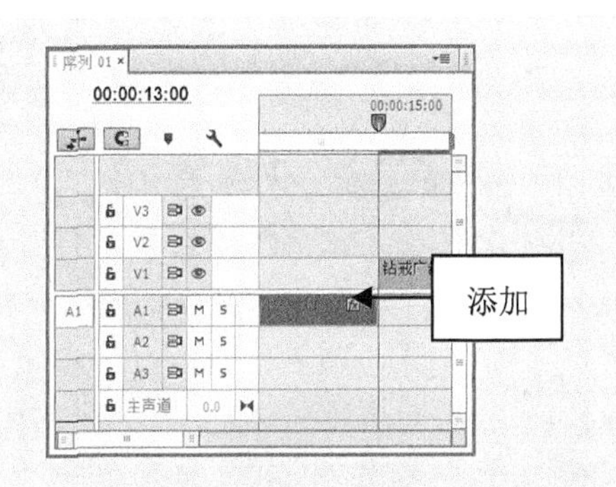


图15-4 添加音频效果

## 15.2.2 实战——运用菜单命令添加音频

用户在运用菜单命令添加音频素材之前，首先需要激活音频轨道。

**步骤 01** 按 Ctrl+O 组合键，打开随书附带光盘中的“素材\第 15 章\糕点.prproj”文件，如图 15-5 所示。

**步骤 02** 选择“文件”|“导入”命令，如图 15-6 所示。

图 15-5 打开的项目文件

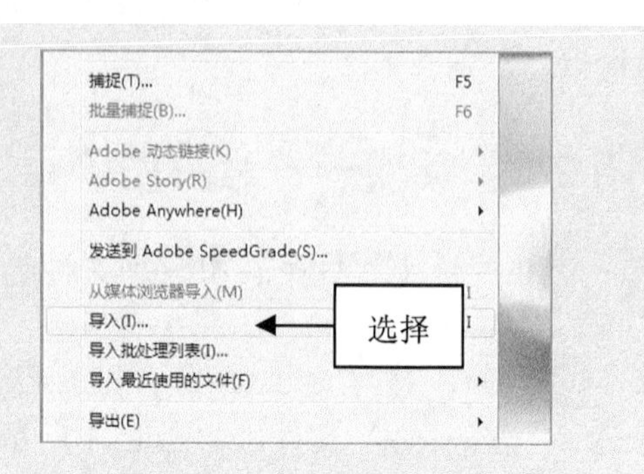


图 15-6 选择“导入”命令

**步骤 03** 弹出“导入”对话框，选择合适的音频文件，如图 15-7 所示。

**步骤 04** 单击“打开”按钮，将音频文件拖曳至“时间轴”面板中，如图 15-8 所示。

图 15-7 选择合适的音频文件

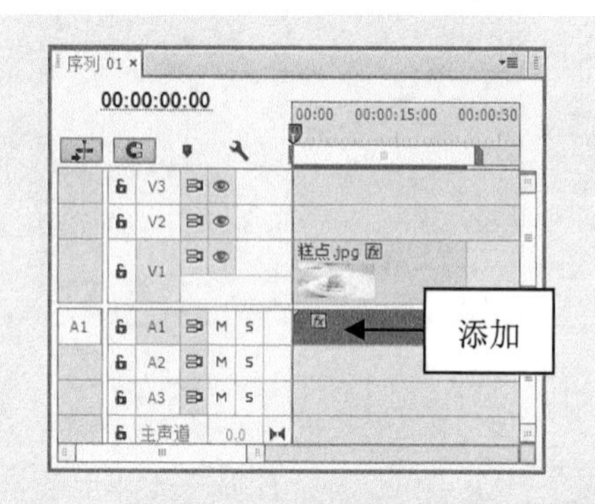


图 15-8 添加音频效果

## 15.2.3 实战——运用“项目”面板删除音频

用户若想删除多余的音频文件，可以在“项目”面板中进行音频删除操作。

**步骤 01** 按 Ctrl+O 组合键，打开随书附带光盘中的“素材\第 15 章\音乐 3.prproj”文件，如图 15-9 所示。

**步骤 02** 在“项目”面板上，选择音频文件，如图 15-10 所示。

**步骤 03** 单击鼠标右键，在弹出的快捷菜单中，选择“清除”命令，如图 15-11 所示。

**步骤 04** 弹出信息提示框，单击“是”按钮，如图 15-12 所示，即可删除音频。

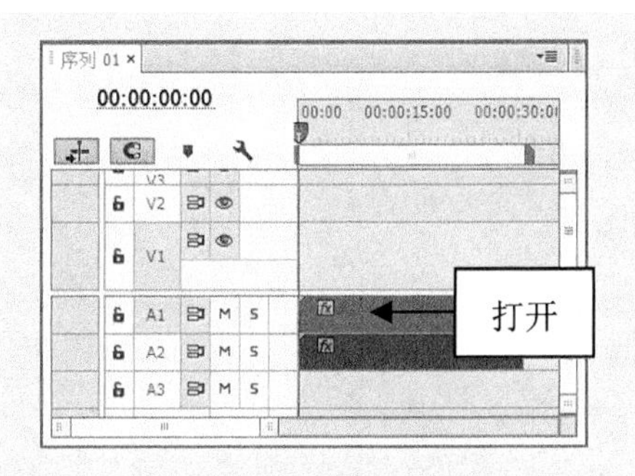


图 15-9 打开项目文件

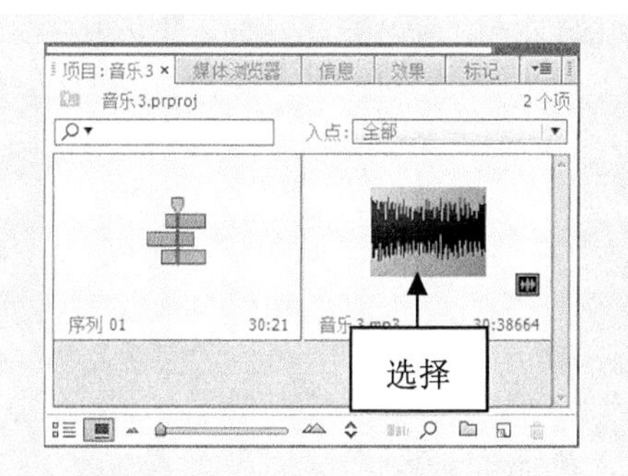


图 15-10 选择音频文件

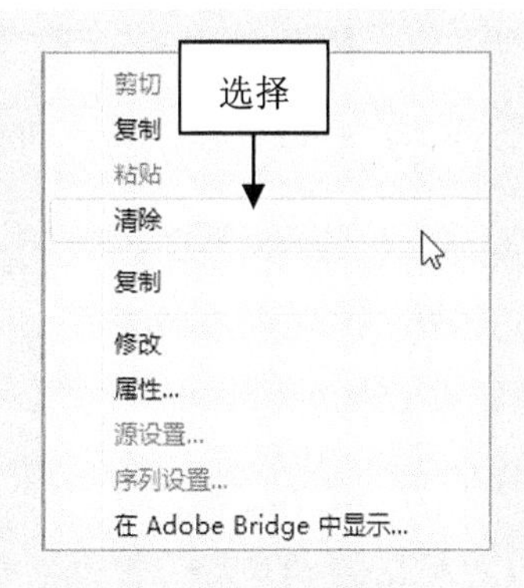


图 15-11 选择“清除”命令

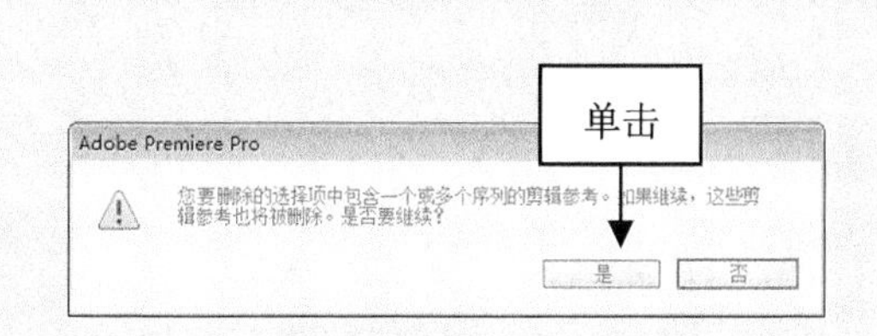


图 15-12 单击“是”按钮

## 15.2.4 实战——运用“时间轴”面板删除音频

在“时间轴”面板中，用户可以根据需要将多余轨道上的音频文件删除。

**步骤 01** 按 Ctrl+O 组合键，打开随书附带光盘中的“素材\第 15 章\音乐 4.prproj”文件，如图 15-13 所示。

**步骤 02** 在“时间轴”面板中，选择 A2 轨道上的素材，如图 15-14 所示。

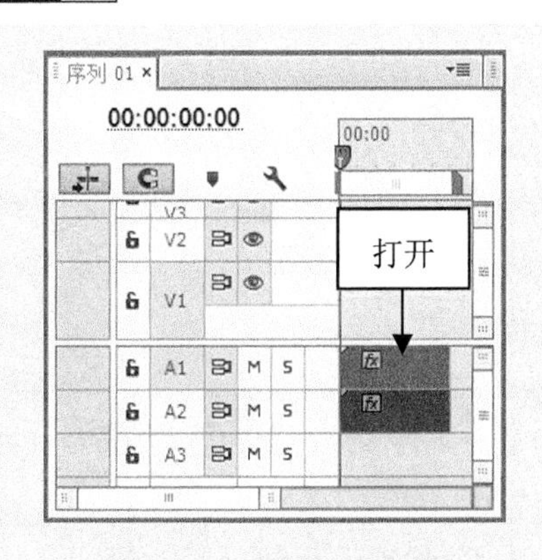


图 15-13 打开项目文件

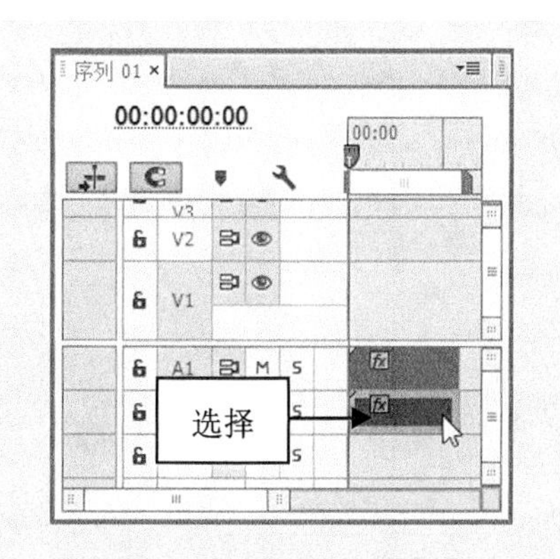


图 15-14 选择音频素材

**步骤03** 按 Delete 键，即可删除音频文件，如图 15-15 所示。

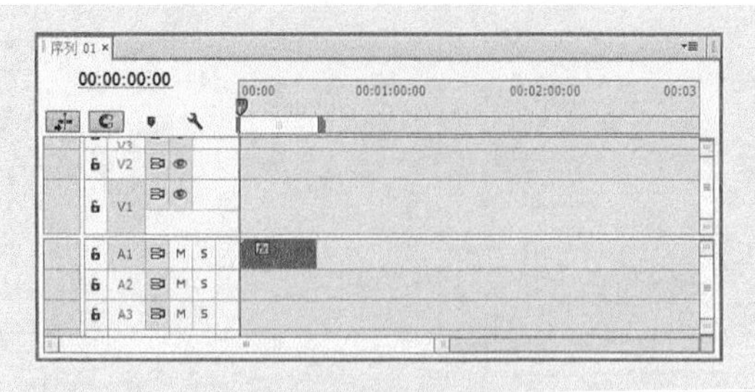

图 15-15　删除音频文件

## 15.2.5　实战——音频文件的分割

分割音频文件是运用剃刀工具将音频素材分割成两段或多段音频素材，这样可以让用户更好地将音频与其他素材相结合。

**步骤01** 按 Ctrl+O 组合键，打开随书附带光盘中的“素材\第 15 章\音乐 5.prproj”文件，如图 15-16 所示。

**步骤02** 在“时间轴”面板中，选取剃刀工具，如图 15-17 所示。

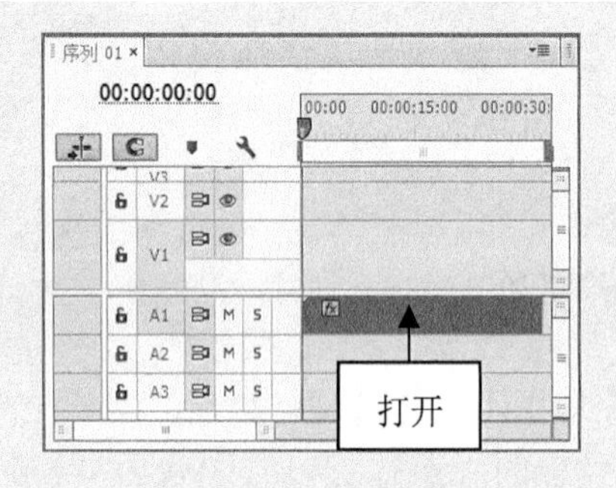


图 15-16　打开项目文件

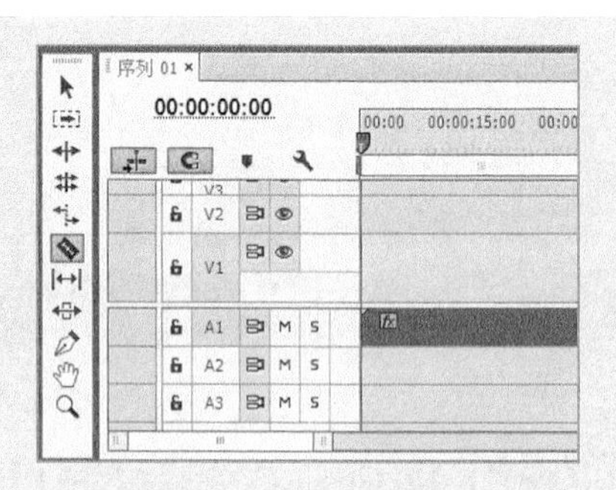

图 15-17　选取剃刀工具

**步骤03** 在音频文件上的合适位置，单击鼠标左键，即可分割音频文件，如图 15-18 所示。

**步骤04** 依次单击鼠标左键，分割其他位置，如图 15-19 所示。

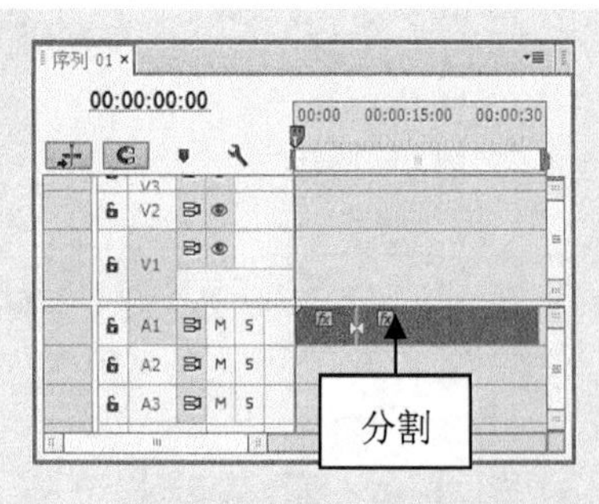


图 15-18　分割音频文件

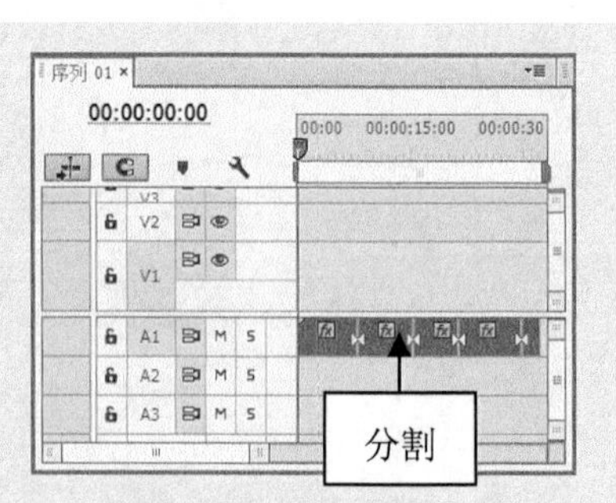


图 15-19　分割其他位置

## 15.2.6 运用菜单命令添加音频轨道

用户在添加音频轨道时，可以选择运用“序列”菜单中的“添加轨道”命令的方法。运用菜单命令添加音频轨道的具体方法是：选择“序列”|“添加轨道”命令，如图15-20所示。在弹出的“添加轨道”对话框中，设置“视频轨通”的添加参数为0、“音频轨通”的添加参数为1，如图15-21所示。单击“确定”按钮，即可完成音频轨道的添加。

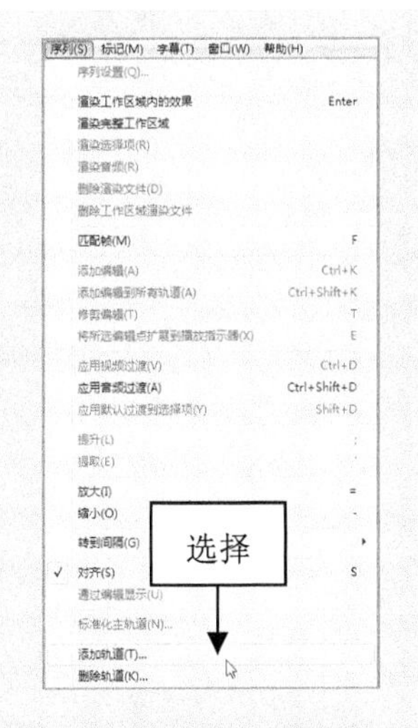


图15-20 选择“添加轨道”命令

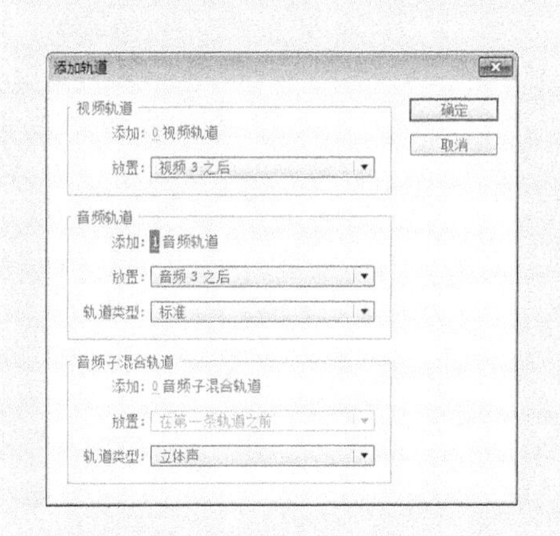

图15-21 “添加轨道”对话框

## 15.2.7 运用“时间轴”面板添加音频轨道

在默认情况下将自动创建3个音频轨道和一个主音轨，当用户添加的音频素材过多时，可以选择性的添加1个或多个音频轨道。

运用“时间轴”面板添加音频轨道的具体方法是：拖曳鼠标至“时间轴”面板中的A1轨道，单击鼠标右键，在弹出的快捷菜单中选择“添加轨道”命令，如图15-22所示。弹出“添加轨道”对话框，用户可以选择需要添加的音频数量，并单击“确定”按钮，此时用户可以在时间轴面板中查看到添加的音频轨道，如图15-23所示。

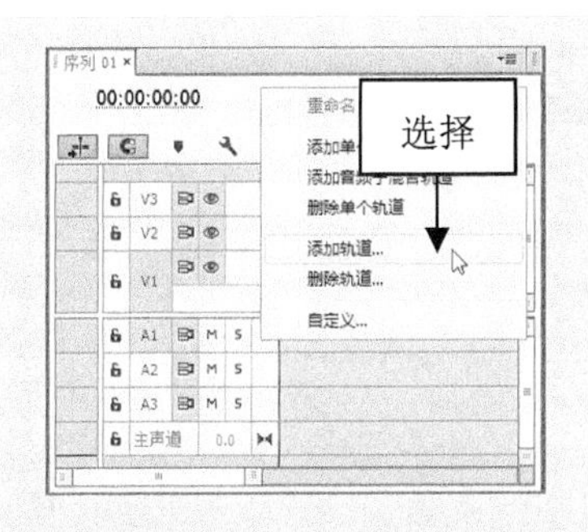


图15-22 选择“添加轨道”命令

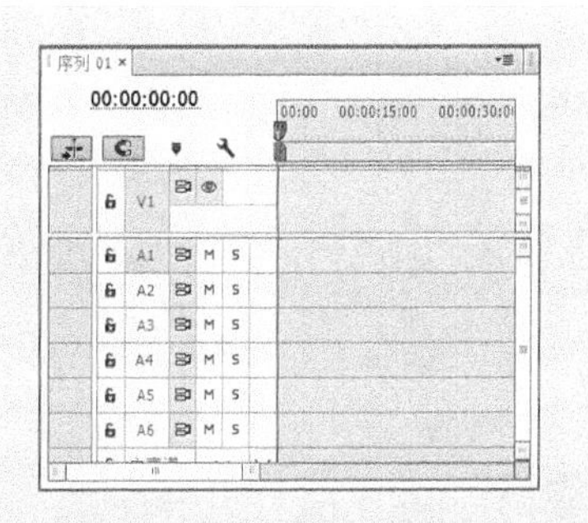

图15-23 添加音频轨道后的效果

## 15.2.8 实战——音频轨道的删除

当用户添加的音频轨道过多时，可以删除部分音频轨道。下面将介绍如何删除音频轨道。

步骤01 按 Ctrl+N 组合键，新建一个项目文件，选择“序列”|“删除轨道”命令，如图 15-24 所示。

步骤02 弹出“删除轨道”对话框，勾选“删除音频轨道”复选框，并设置删除“音频 1”轨道，如图 15-25 所示。

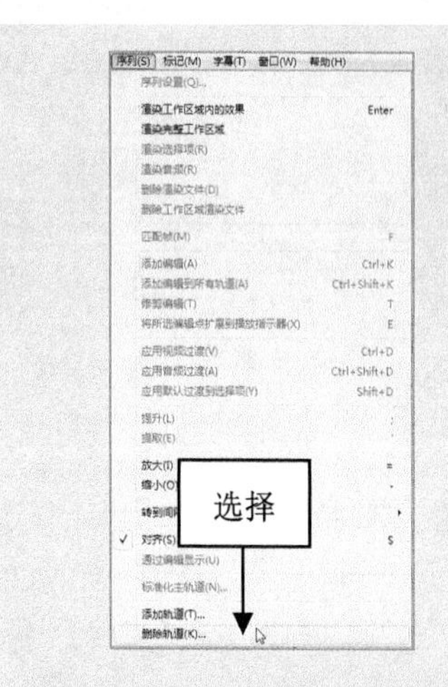


图 15-24 选择“删除轨道”命令

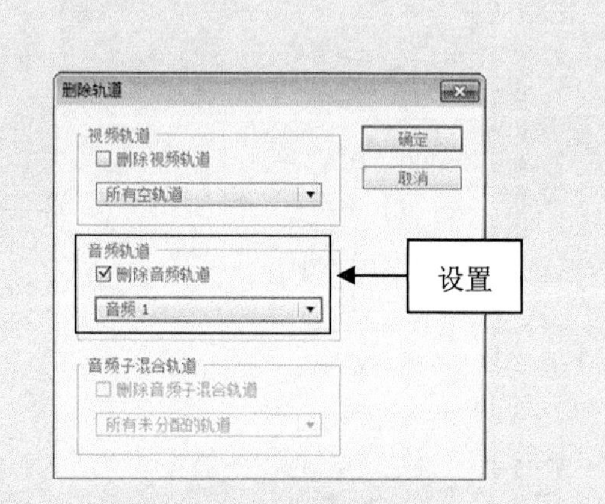


图 15-25 设置需要删除的轨道

步骤03 单击“确定”按钮，即可删除音频轨道，如图 15-26 所示。

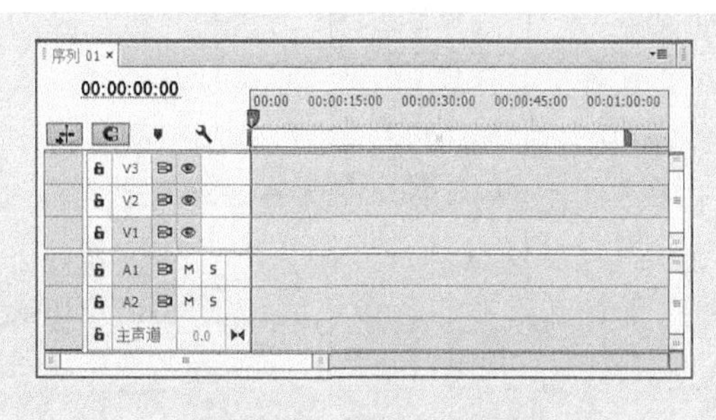


图 15-26 删除音频轨道

## 15.2.9 实战——音频轨道重命名

为了更好地管理音频轨道，用户可以为新添加的音频轨道设置名称。接下来将介绍如何重命名音频轨道。

步骤01 按 Ctrl+O 组合键，打开随书附带光盘中的“素材\第 15 章\音乐 6.prproj”文件，如图 15-27 所示。

步骤02 在“时间轴”面板中，使用鼠标左键双击 A1 轨道，如图 15-28 所示。

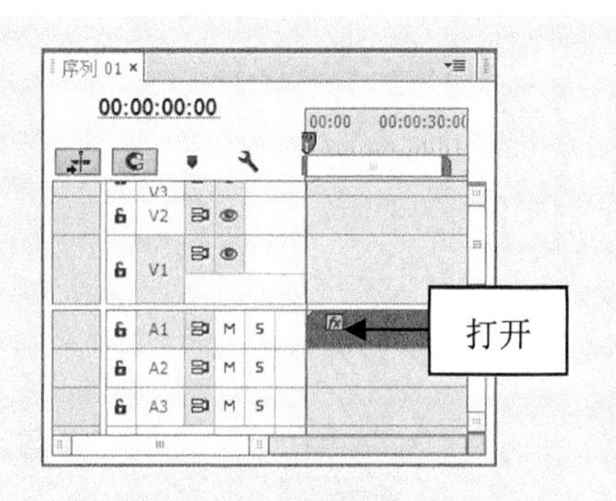


图 15-27 打开项目文件

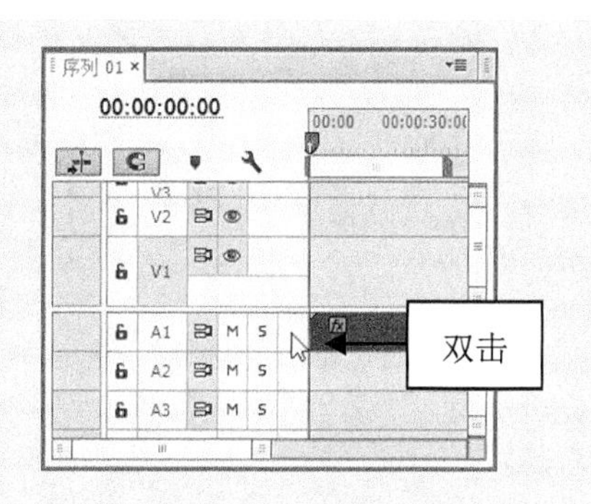


图 15-28 双击 A1 轨道

步骤03 单击鼠标右键，在弹出的快捷菜单中，选择“重命名”命令，如图 15-29 所示。

步骤04 输入名称后按 Enter 键，即可完成轨道的重命名操作，如图 15-30 所示。

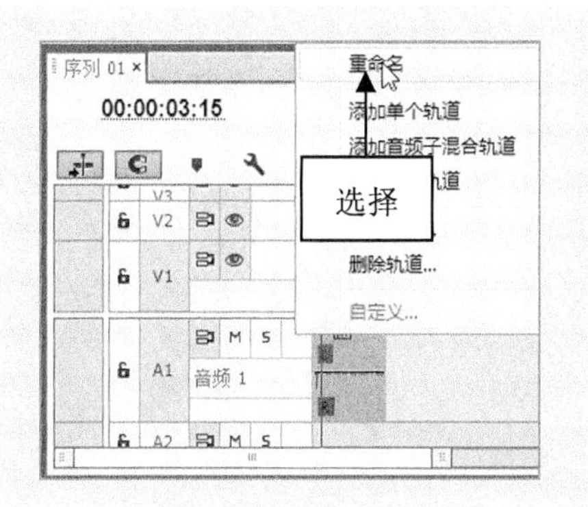


图 15-29 选择“重命名”命令

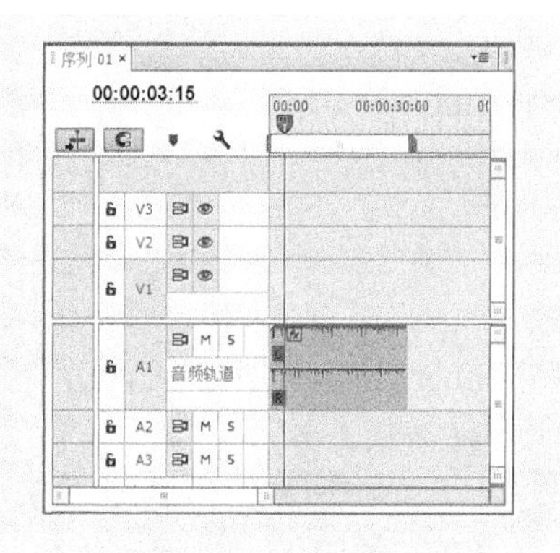


图 15-30 重命名轨道

## 15.2.10 音频持续时间的调整

音频素材的持续时间是指音频的播放长度，当用户设置音频素材的出入点后，即可改变音频素材的持续时间。运用鼠标拖曳音频素材来延长或缩短音频的持续时间，这是最简单且方便的操作方法。然而，这种方法很可能会影响到音频素材的完整性。因此，用户可以选择运用“速度/持续时间”命令来实现。

**注意：** 当用户在调整素材长度时，向左拖曳鼠标则可以缩短持续时间，向右拖曳鼠标则可以增长持续时间。如果该音频处于最长持续时间状态，则无法继续增加其长度。

用户可以在“时间轴”面板中选择需要调整的音频文件，单击鼠标右键，在弹出的快捷菜单中选择“速度/持续时间”命令，如图 15-31 所示。在弹出的“剪辑速度/持续时间”

对话框中，设置持续时间选项的参数值即可，如图 15-32 所示。

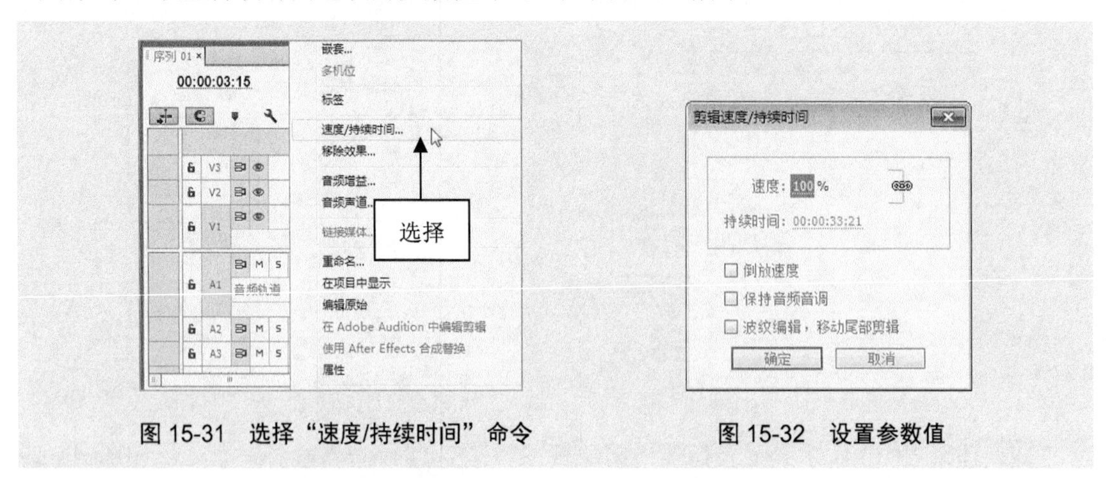


图 15-31 选择“速度/持续时间”命令　　图 15-32 设置参数值

# 15.3 编辑音频效果

在 Premiere Pro CC 中，用户可以对音频素材进行适当的处理，让音频达到更好的视听效果。本节将详细介绍编辑音频效果的操作方法。

## 15.3.1 实战——音频过渡的添加

在 Premiere Pro CC 中系统为用户预设了“恒定功率”、“恒定增益”和“指数淡化”3 种音频过渡效果。

**步骤 01** 按 Ctrl+O 组合键，打开随书附带光盘中的“素材\第 15 章\音乐 7.prproj”文件，如图 15-33 所示。

**步骤 02** 在“效果”面板中，依次展开“音频过渡”|“交叉淡化”|“指数淡化”选项，如图 15-34 所示。

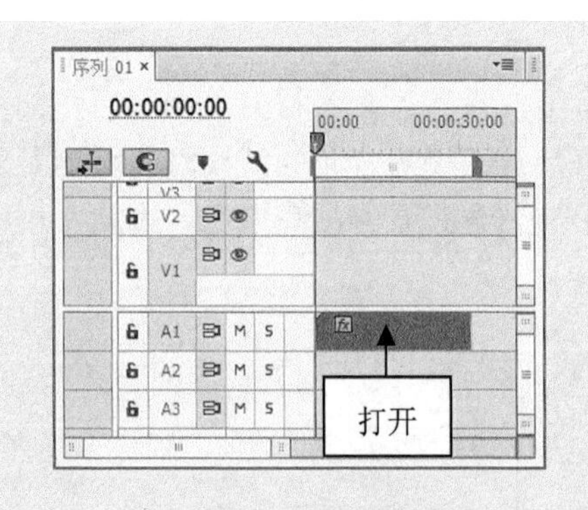


图 15-33 打开项目文件

图 15-34 选择“指数淡化”选项

**步骤 03** 单击鼠标左键并拖曳至 A1 轨道上，如图 15-35 所示，即可添加音频过渡。

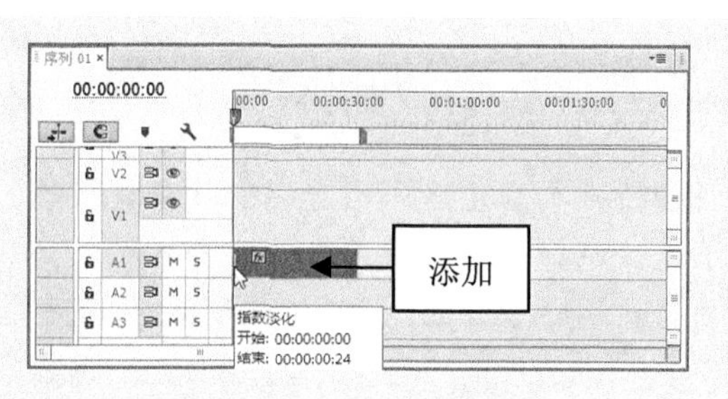


图 15-35 添加音频过渡

## 15.3.2 实战——音频特效的添加

由于 Premiere Pro CC 是一款视频编辑软件，因此在音频特效的编辑方面并不是表现得那么突出，但系统仍然提供了大量的音频特效。

**步骤 01** 按 Ctrl+O 组合键，打开随书附带光盘中的“素材\第 15 章\音乐 8.prproj”文件，如图 15-36 所示。

**步骤 02** 在“效果”面板中展开“音频效果”选项，选择“带通”选项，如图 15-37 所示。

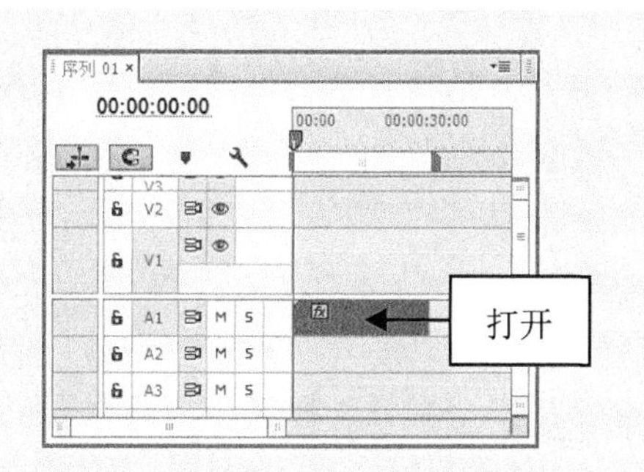


图 15-36 打开项目文件

图 15-37 选择“带通”选项

**步骤 03** 单击鼠标左键，将其拖曳至 A1 轨道上，添加特效，如图 15-38 所示。

**步骤 04** 在“效果控件”面板中，查看各参数，如图 15-39 所示。

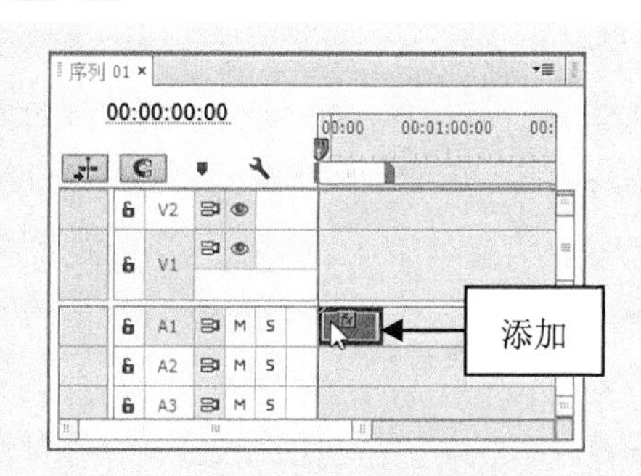


图 15-38 添加特效

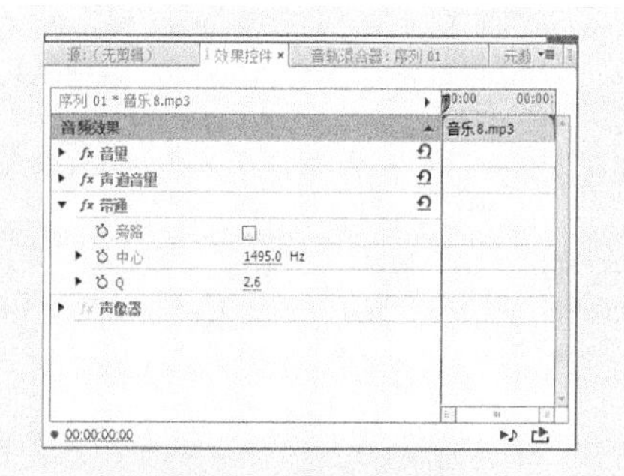


图 15-39 查看各参数

## 15.3.3　运用“效果控件”面板删除特效

如果用户对添加的音频特效不满意，可以选择删除音频特效。运用“效果控件”面板删除音频特效的具体方法是：选择“效果控件”面板中的音频特效，单击鼠标右键，在弹出的快捷菜单中，选择“清除”命令，如图 15-40 所示。即可删除音频特效，如图 15-41 所示。

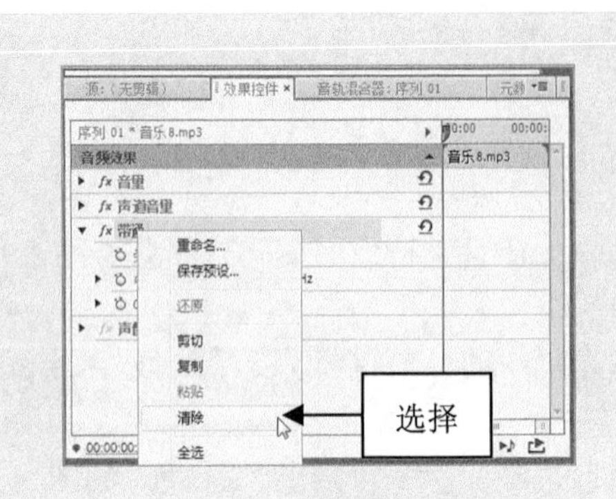


图 15-40　选择“清除”命令

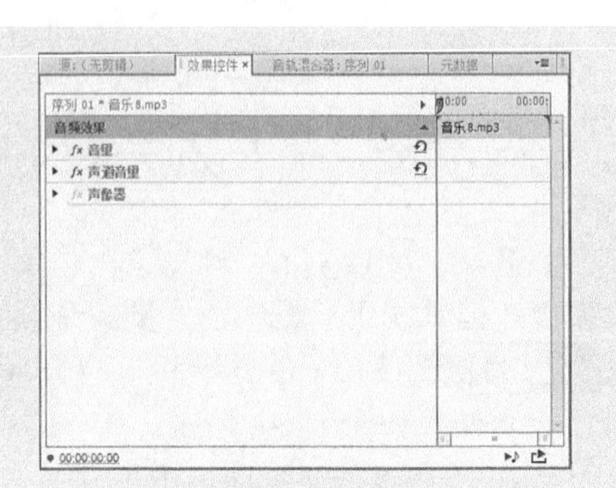

图 15-41　删除音频特效

**技巧：**除了运用上述方法删除特效外，还可以在选择特效的情况下，按 Delete 键删除特效。

## 15.3.4　实战——音频增益的设置

在运用 Premiere Pro CC 调整音频时，往往会使用多个音频素材文件。因此，用户需要通过调整增益效果来控制音频的最终效果。

**步骤 01**　按 Ctrl+O 组合键，打开随书附带光盘中的“素材\第 15 章\音乐 9.prproj”文件，如图 15-42 所示。

**步骤 02**　在“时间轴”面板中，选择 A1 轨道上的素材，如图 15-43 所示。

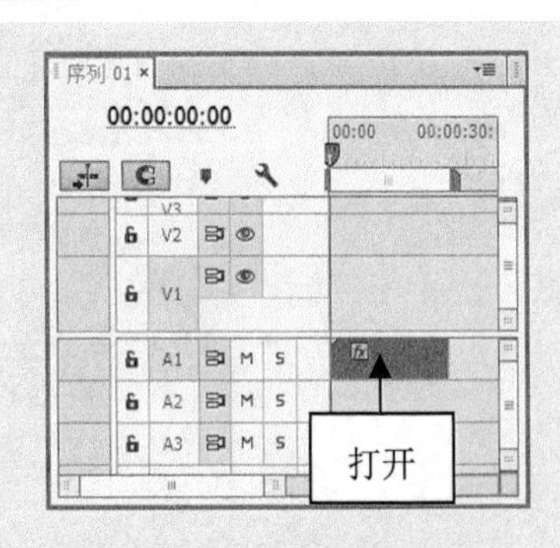


图 15-42　打开项目文件

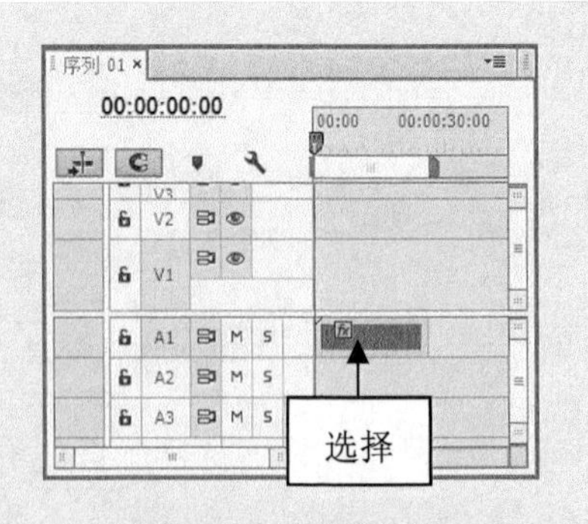


图 15-43　选择音乐素材

**步骤03** 选择“剪辑”|“音频选项”|“音频增益”命令，如图15-44所示。

**步骤04** 弹出“音频增益”对话框，选中“将增益设置为”单选按钮，并设置其参数为12dB，如图15-45所示。

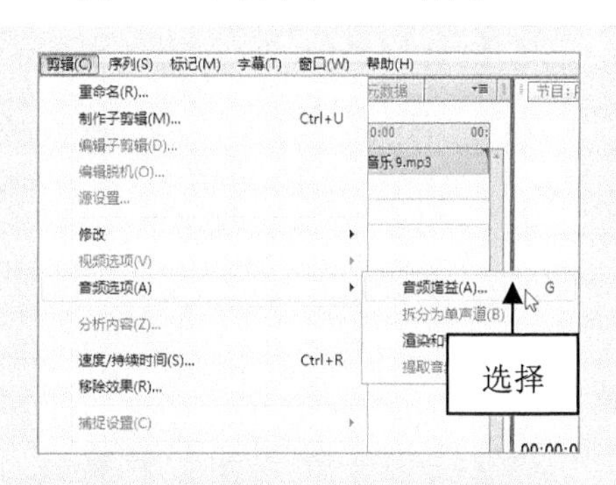


图 15-44 选择“音频增益”命令

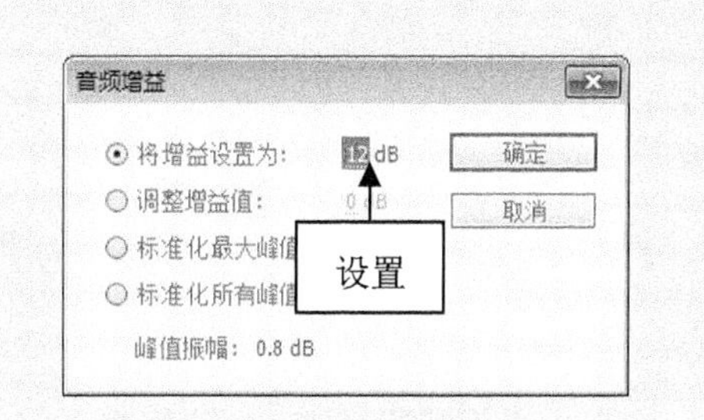


图 15-45 设置参数值

**步骤05** 单击“确定”按钮，即可设置音频的增益。

## 15.3.5 音频淡化的设置

淡化效果可以让音频随着播放的背景音乐逐渐减弱，直到完全消失。淡化效果需要通过两个以上的关键帧来实现。

选择“时间轴”面板中的音频素材，在“效果控件”面板中，展开“音量”特效，选择“级别”选项，添加一个关键帧，如图15-46所示。拖曳“当前时间指示器”至合适位置，并将“级别”选项的参数设置为-300.0dB，创建另一个关键帧，即可完成对音频素材的淡化设置，如图15-47所示。

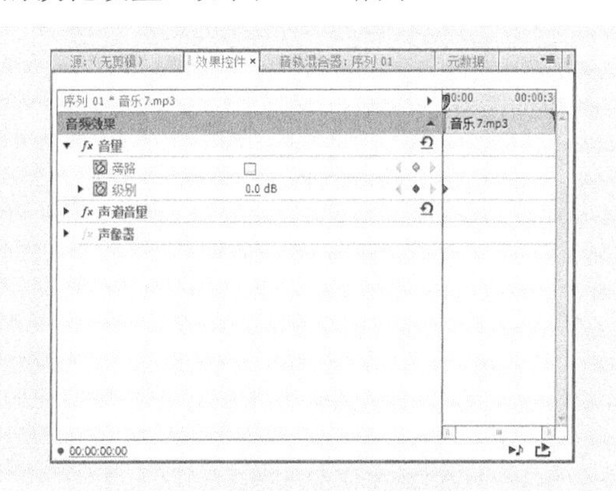


图 15-46 添加关键帧

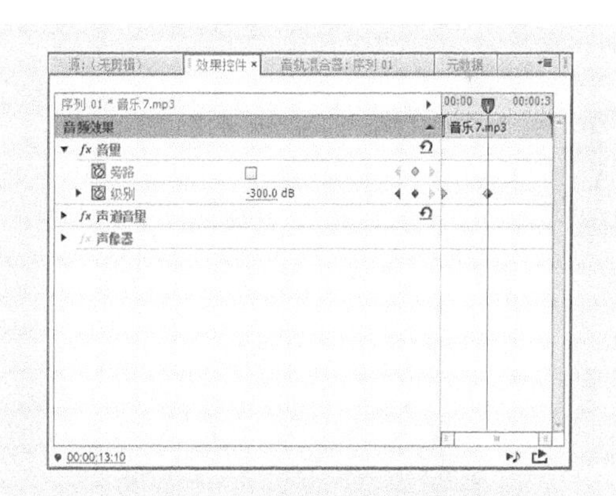


图 15-47 完成音频淡化的设置

# 第 16 章

# 音频特效的处理与制作

在掌握了音频文件的基本操作后，就可以对音频效果进行处理和制作。本章将详细介绍处理 EQ 均衡器、处理高低音转换、导入视频素材、运用音轨混合器处理音频等内容，让读者通过本章的学习，可以掌握处理与制作音频效果的操作方法。

**本章重点：**

- 了解音轨混合器
- 处理音频效果
- 制作立体声音频效果

# 16.1 了解音轨混合器

“音轨混合器”是 Premiere Pro CC 为制作高质量音频效果准备的多功能音频处理平台。接下来将介绍音轨混合器的一些基本功能，并运用这些功能来调整音频素材。

## 16.1.1 “音轨混合器”面板

“音轨混合器”是由许多音频轨道控制器和播放控制器组成的。在 Premiere Pro CC 界面中，选择“窗口”|“音轨混合器”命令，展开“音轨混合器”面板，如图 16-1 所示。

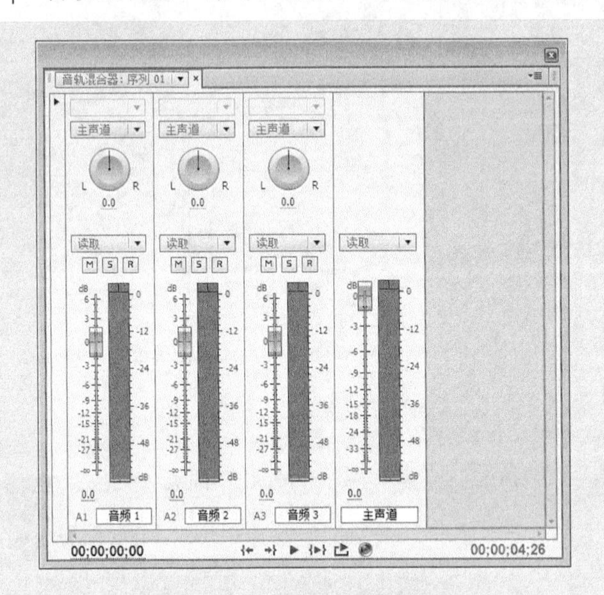


图 16-1 “音轨混合器”面板

**注意：**在默认情况下，“音轨混合器”面板中只会显示当前“时间线”面板中激活的音频轨道。如果用户需要在“音轨混合器”面板中显示其他轨道，则必须将序列中的轨道激活。

## 16.1.2 “音轨混合器”的基本功能

“音轨混合器”面板中的基本功能主要用来对音频文件进行修改与编辑操作。

下面将介绍“音轨混合器”面板中的各主要基本功能。

- “自动模式”列表框：主要是用来调节音频素材和音频轨道，如图 16-2 所示。当调节对象是音频素材时，调节效果只会对当前素材有效，如果当调节对象是音频轨道，则音频特效将应用于整个音频轨道。
- “轨道控制”按钮组：该类型的按钮包括“静音轨道”按钮、“独奏轨”按钮、

“激活录制轨”按钮等，如图 16-3 所示。这些按钮的主要作用是让音频或素材在预览时，其指定的轨道完全以静音或独奏的方式进行播放。

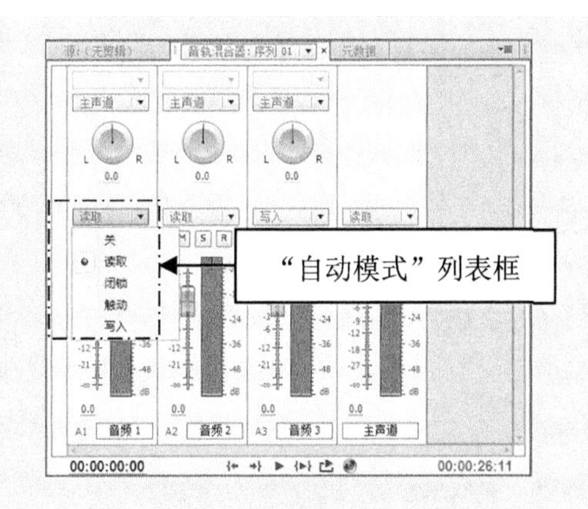


图 16-2 “自动模式”列表框

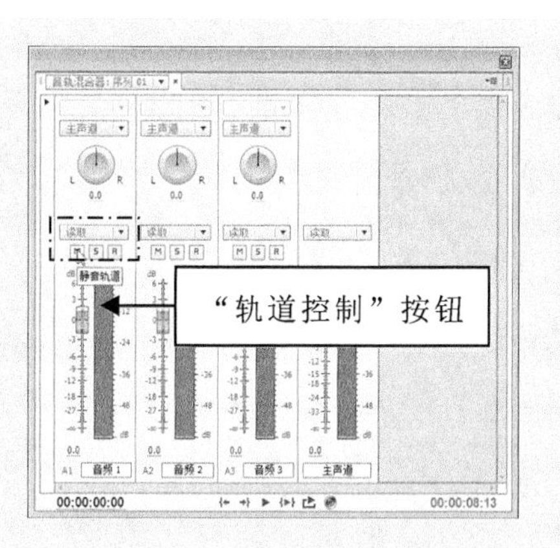


图 16-3 “轨道控制”按钮组

- “声道调节”滑轮：可以用来调节只有左、右两个声道的音频素材，当用户向左拖动滑轮时，左声道音量将提升；反之，用户向右拖动滑轮时，右声道将提升，如图 16-4 所示。
- “音量控制器”按钮：分别控制着音频素材播放的音量，如图 16-5 所示，以及素材播放的状态。

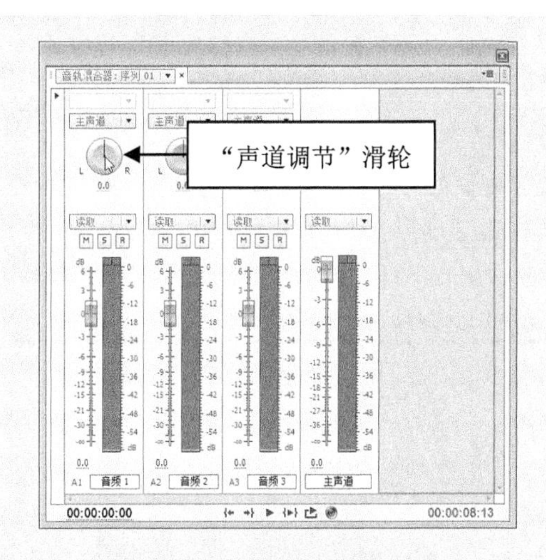


图 16-4 “声道调节”滑轮

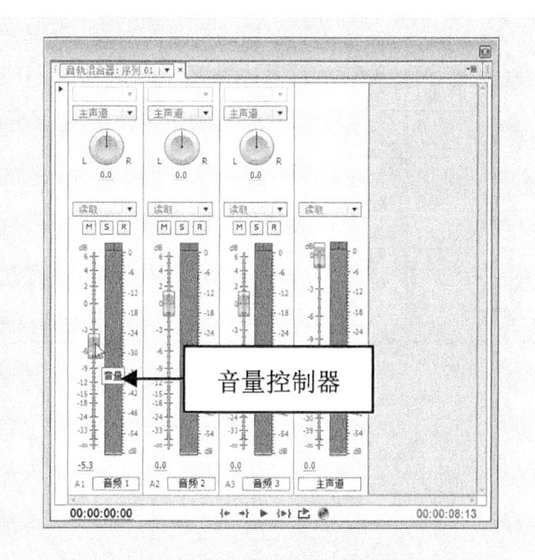


图 16-5 音量控制器

## 16.1.3 “音轨混合器”面板菜单

通过对“音轨混合器”面板的介绍，用户应该对“音轨混合器”面板的组成有了一定了解。接下来将介绍“音轨混合器”的面板菜单。

在“音轨混合器”面板中，单击面板右上角的三角形按钮将弹出面板菜单，如

图 16-6 所示。菜单中各选项含义见表 16-1。

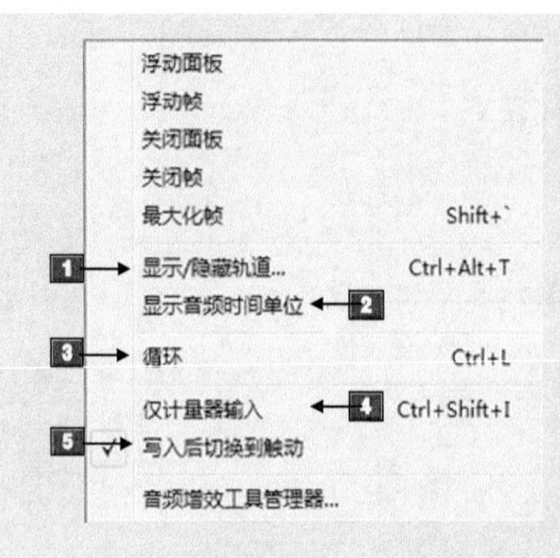


图 16-6 “音轨混合器”面板菜单

表 16-1 “音轨混合器”面板菜单中各选项的含义

| 标号 | 名称 | 含义 |
|---|---|---|
| 1 | 显示/隐藏轨道 | 该选项可以对“音轨混合器”面板中的轨道进行隐藏或者显示设置。选择该选项，或按 Ctrl+Alt+T 组合键，弹出“显示/隐藏轨道”对话框，如图 16-7 所示，在左侧列表框中，处于选中状态的轨道属于显示状态，未被选中的轨道则处于隐藏状态 |
| 2 | 显示音频时间单位 | 选择该选项，可以在“时间线”窗口的时间标尺上显示音频单位，如图 16-8 所示 |
| 3 | 循环 | 选择该选项，则系统会循环播放音乐 |
| 4 | 仅计量器输入 | 如果在 VU 表上显示硬件输入电平，而不是轨道电平，则选择该选项来监控音频，以确定是否所有的轨道都被录制 |
| 5 | 写入后切换到触动 | 选择该选项，则回放结束后，或一个回放循环完成后，所有的轨道设置将记录模式转换到接触模式 |

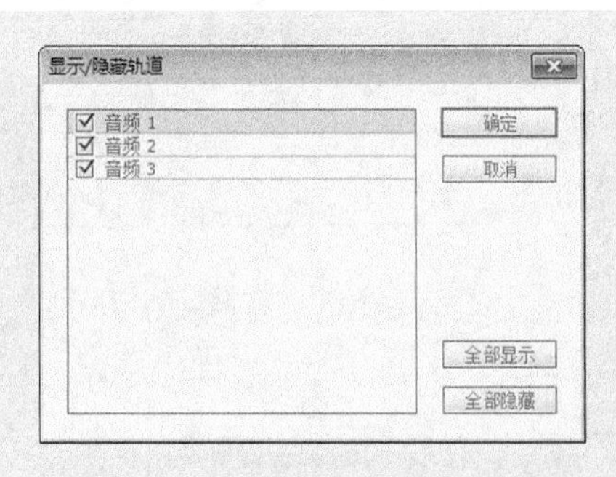


图 16-7 “显示/隐藏轨道”对话框

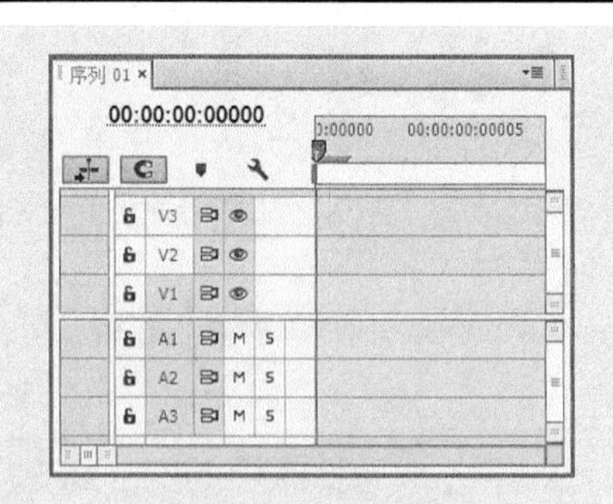


图 16-8 显示音频单位

# 16.2 处理音频效果

在 Premiere Pro CC 中，用户可以对音频素材进行适当的处理，通过对音频的高低音的调节，可以让素材达到更好的视听效果。

## 16.2.1 实战——EQ 均衡器

EQ 特效是用于平衡对音频素材中的声音频率、波段和多重波段均衡等内容。

**步骤 01** 按 Ctrl+O 组合键，打开随书附带光盘中的“素材\第 16 章\音乐 1.prproj”文件，如图 16-9 所示。

**步骤 02** 在“效果”面板上，选择 EQ 选项，如图 16-10 所示。

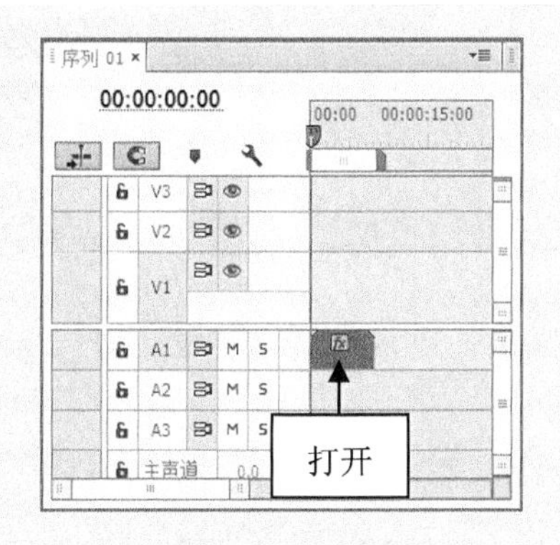


图 16-9　打开项目文件

图 16-10　选择 EQ 选项

**步骤 03** 单击鼠标左键，将其拖曳至 A1 轨道上，添加音频特效，如图 16-11 所示。

**步骤 04** 在“效果控件”面板中，单击“编辑”按钮，如图 16-12 所示。

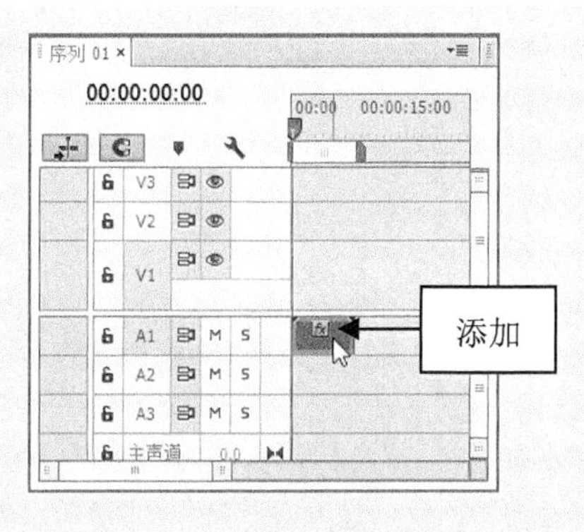


图 16-11　添加音频特效

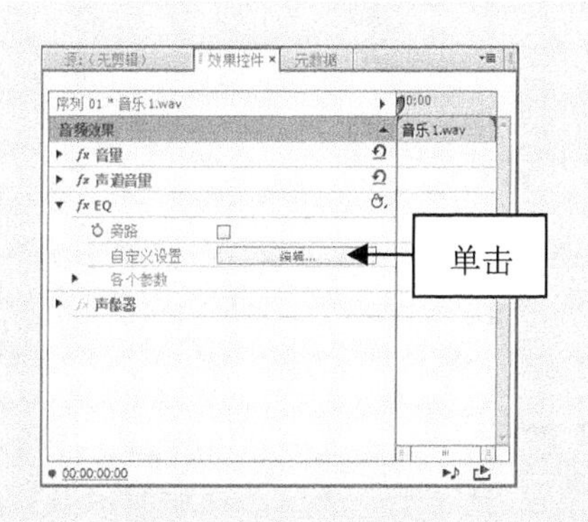


图 16-12　设置各参数

**步骤 05** 弹出“剪辑效果编辑器”对话框，勾选 Low 复选框，调整控制点，如图 16-13 所示，即可处理 EQ 均衡器。

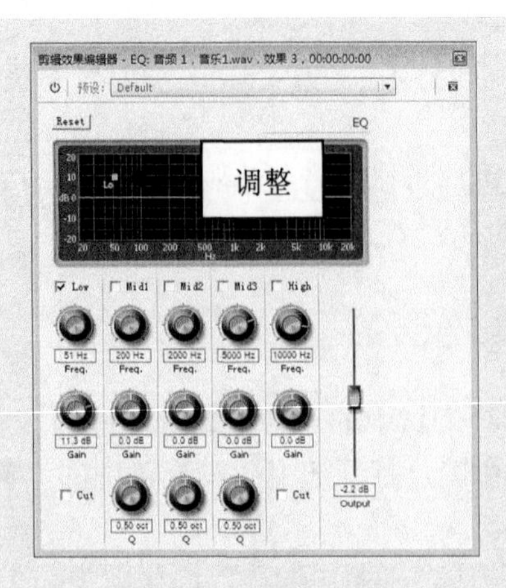


图 16-13　调整控制点

## 16.2.2　实战——高低音转换

在 Premiere Pro CC 中，高低音之间的转换是运用 Dynamics 特效对组合的或独立的音频进行的调整。

**步骤 01**　按 Ctrl+O 组合键，打开随书附带光盘中的“素材\第 16 章\音乐 2.prproj”文件，如图 16-14 所示。

**步骤 02**　在“效果”面板上，选择 Dynamics 选项，如图 16-15 所示。

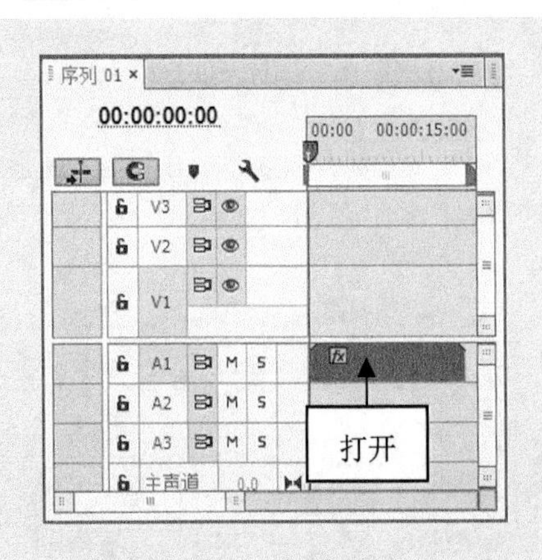


图 16-14　打开项目文件

图 16-15　选择 Dynamics 选项

**步骤 03**　单击鼠标左键，将其拖曳至 A1 轨道上，添加音频特效，如图 16-16 所示。

**步骤 04**　在“效果控件”面板中，单击“自定义设置”选项右边的“编辑”按钮，如图 16-17 所示。

**步骤 05**　弹出“剪辑效果编辑器”对话框，如图 16-18 所示。

**步骤 06**　单击“预设”选项右侧的下三角形按钮，在弹出的列表框中选择 hard compression 选项，如图 16-19 所示。

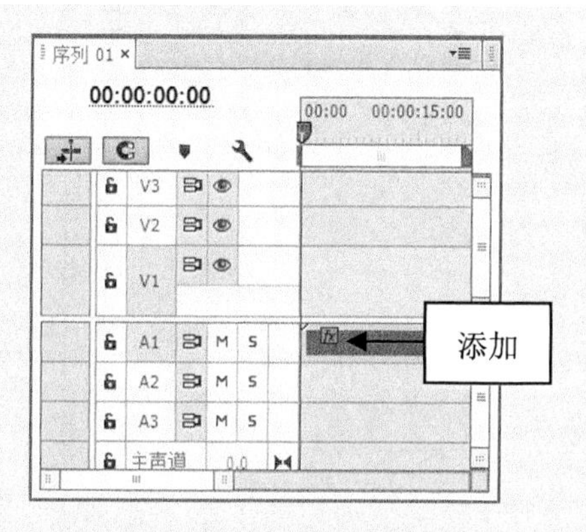


图 16-16 添加音频特效

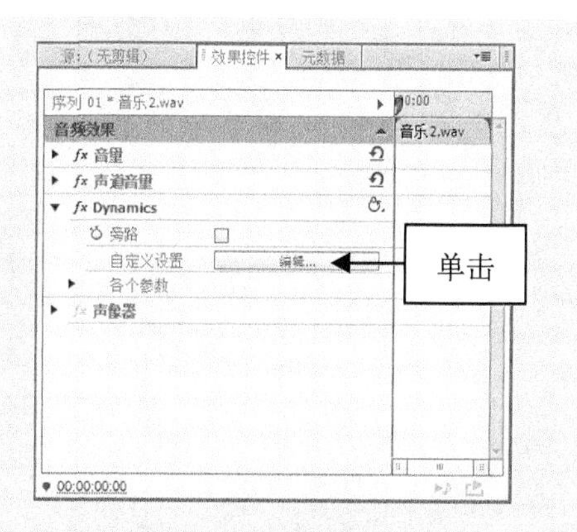


图 16-17 单击“编辑”按钮

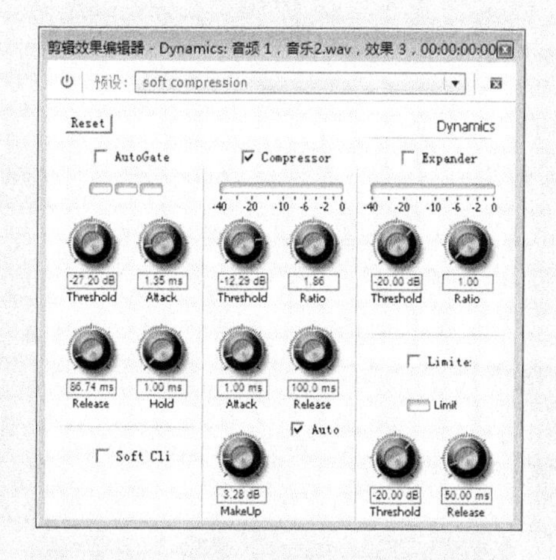

图 16-18 “剪辑效果编辑器”对话框

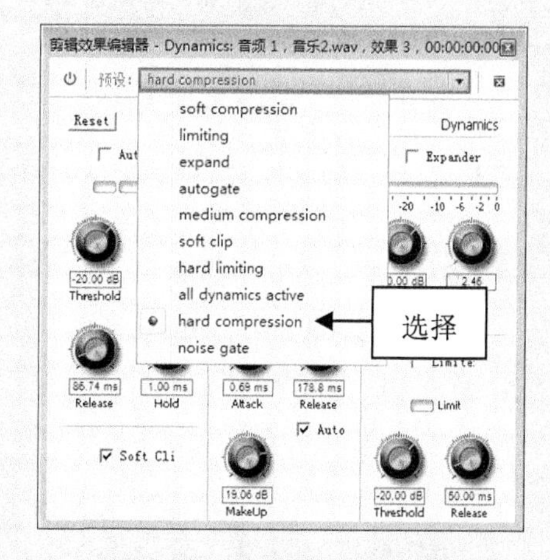


图 16-19 选择合适的选项

**步骤07** 展开“各个参数”选项，单击每一个参数前面的“切换动画”按钮，添加关键帧，如图 16-20 所示。

**步骤08** 将时间线移至 00:00:08:00 位置，单击 Dynamics 选项右侧的“预设”按钮，在弹出的列表框中选择 Soft clip 选项，此时系统将自动插入一组关键帧，如图 16-21 所示，设置完成后，将时间线移至开始位置，单击“播放-停止切换”按钮，用户可以听出原本开始的柔弱部分变得具有一定的力度，而原来具有力度的后半部分，也因为设置了 Soft Clip 效果而变得柔和了。

**注意：**尽管可以压缩音频素材的声音到一个更小的动态播放范围，但是对于扩展而言，如果超过了音频素材所能提供的范围，就不能再进一步扩展了，除非降低原始素材的动态范围。

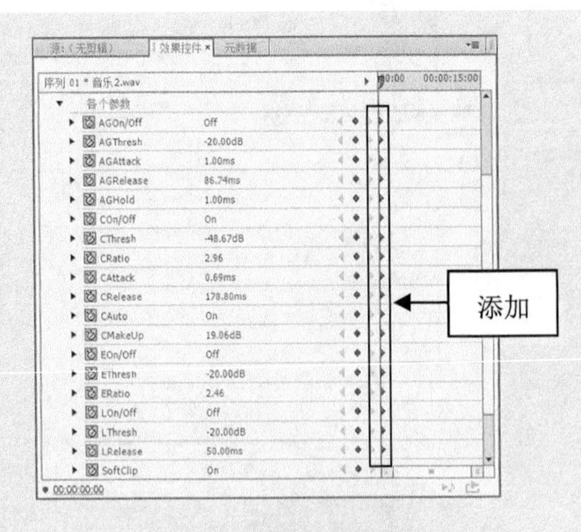


图 16-20　添加关键帧(1)

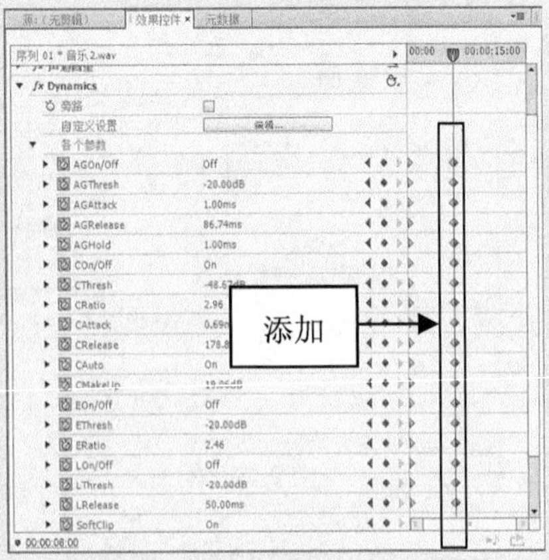

图 16-21　添加关键帧(2)

## 16.2.3　实战——声音的波段

在 Premiere Pro CC 中，可以运用“多频段压缩器(旧版)”特效设置声音波段，该特效可以对音频的高、中、低 3 个波段进行压缩控制，让音频的效果更加理想。

**步骤 01**　按 Ctrl+O 组合键，打开随书附带光盘中的“素材\第 16 章\音乐 3.prproj”文件，如图 16-22 所示。

**步骤 02**　在“效果”面板上，选择“多频段压缩器(旧版)”选项，如图 16-23 所示。

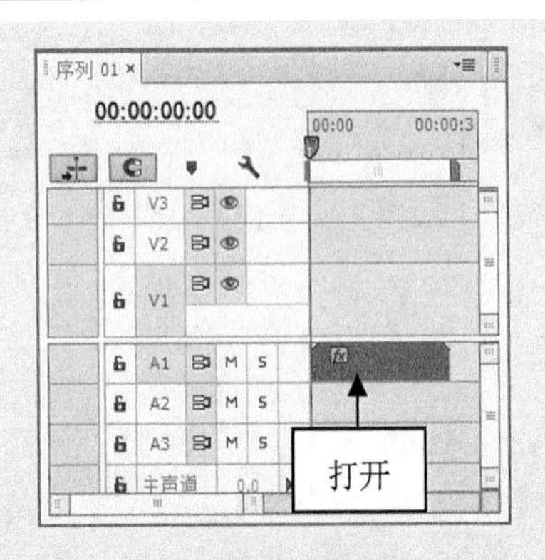


图 16-22　打开项目文件

图 16-23　选择“多频段压缩器(旧版)”选项

**步骤 03**　为音乐素材添加音频特效，在“效果控件”面板中，展开“各个参数”选项，单击每一个参数前面的“切换动画”按钮，添加关键帧，如图 16-24 所示。

**步骤 04**　单击“自定义设置”右边的“编辑”按钮，弹出“剪辑效果编辑器”对话框，调整波形窗口中右侧波段的位置，使之变高一个波段，如图 16-25 所示。

**步骤 05**　将时间线移至 00:00:04:00 的位置，在“自定义设置”选项下的波形窗口中，进行实时性的拖动，如图 16-26 所示。

**步骤 06**　此时，系统可在编辑线所在的位置自动为素材添加关键帧，如图 16-27 所示，播放音乐，即可听到修改后的音频效果。

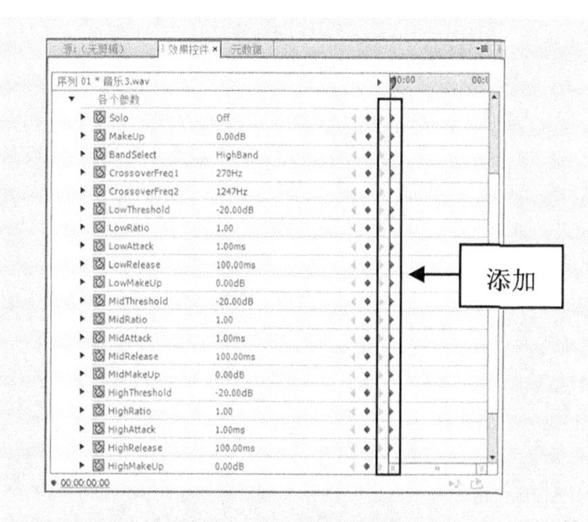


图 16-24 添加关键帧

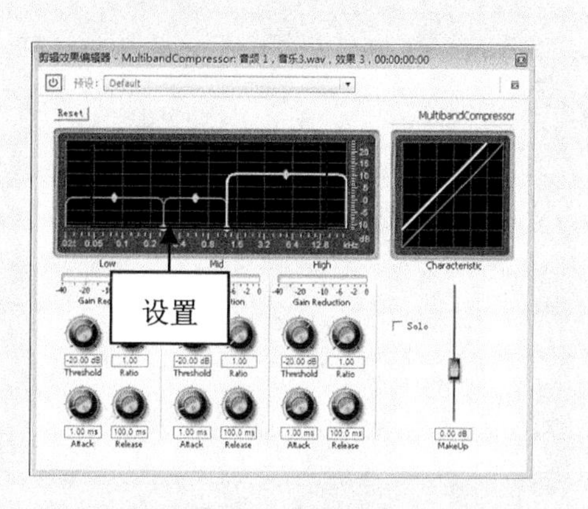


图 16-25 设置波段(1)

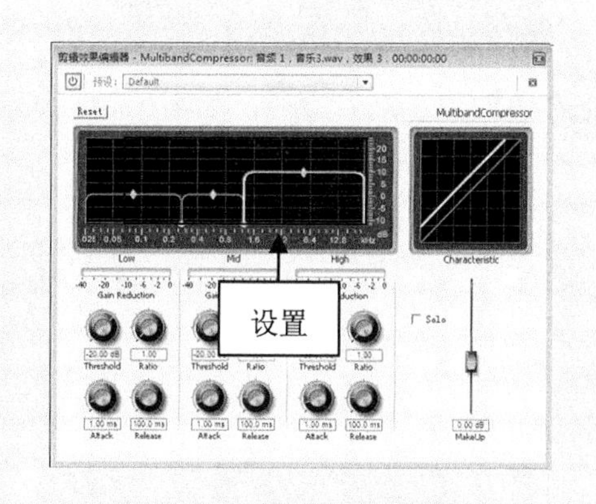


图 16-26 设置波段(2)

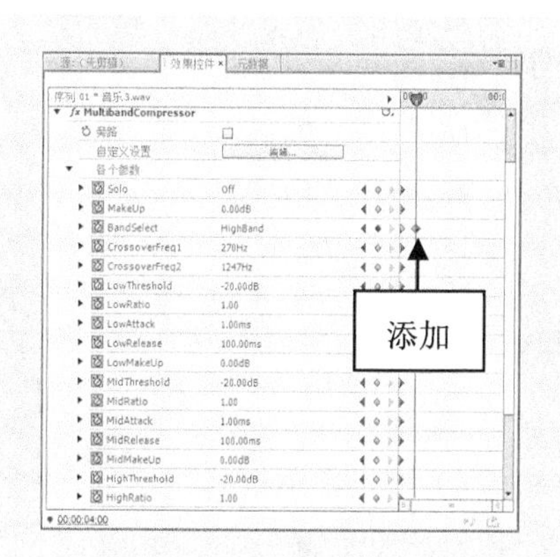


图 16-27 添加关键帧

# 16.3 制作立体声音频效果

Premiere Pro CC 拥有强大的立体声音频处理能力，在使用的素材为立体声道时，Premiere Pro CC 可以在两个声道间实现立体声音频特效的效果。本节主要介绍立体声音频效果的制作方法。

## 16.3.1 实战——视频素材的导入

在制作立体声音频效果之前，用户首先需要导入一段音频或有声音的视频素材，并将其拖曳至“时间线”面板中。

**步骤 01** 新建一个项目文件，选择“文件”|“导入”命令，弹出“导入”对话框，导入随书附带光盘中的“素材\第 16 章\篮球比赛.MP4”文件，如图 16-28 所示。

**步骤02** 选择导入的视频素材，将其拖曳至“时间线”面板中的 V1 视频轨道上，即可添加视频素材，如图 16-29 所示。

图 16-28　导入视频素材

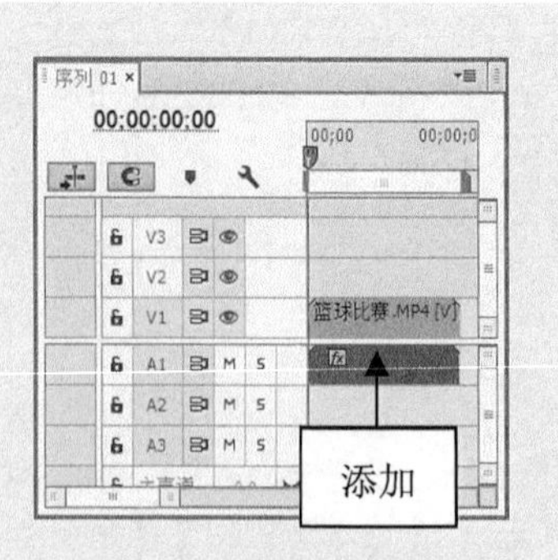


图 16-29　添加视频素材

## 16.3.2 实战——视频与音频的分离

在导入一段视频文件后，接下来需要对视频素材文件的音频与视频进行分离。

**步骤01** 以 16.3.1 小节的效果为例，选择视频文件，如图 16-30 所示。

**步骤02** 单击鼠标右键，弹出快捷菜单，选择“取消链接”命令，如图 16-31 所示。

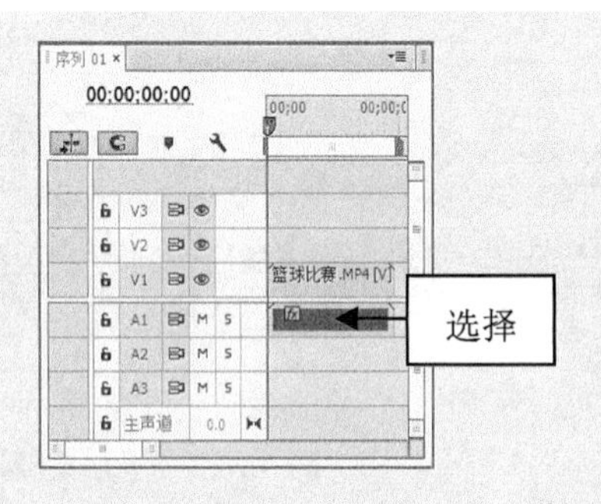


图 16-30　选择视频文件

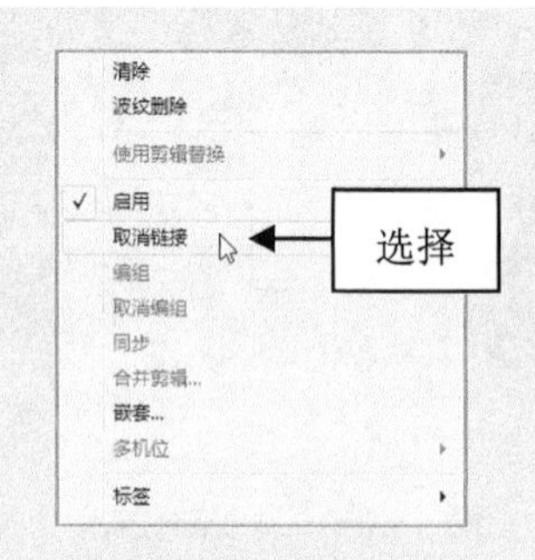


图 16-31　选择“取消链接”命令

**步骤03** 执行操作后，即可解除音频和视频之间的链接，如图 16-32 所示。

**步骤04** 设置完成后，将时间线移至素材的开始位置，在“节目监视器”面板中，单击“播放-停止切换”按钮，预览效果，如图 16-33 所示。

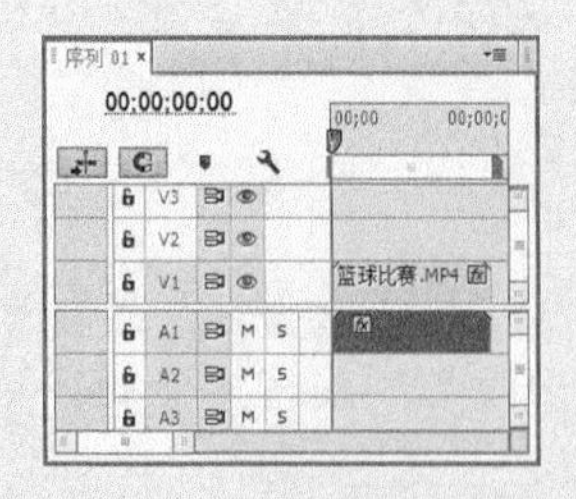


图 16-32　解除音频和视频之间链接

图 16-33　预览效果

### 16.3.3 实战——音频特效的添加

在 Premiere Pro CC 中，分割音频素材后，接下来可以为分割的音频素材添加音频特效。

**步骤 01** 以 16.3.2 小节的效果为例，在“效果”面板中展开“音频效果”选项，选择“多功能延迟”选项，如图 16-34 所示。

**步骤 02** 单击鼠标左键，并将其拖曳至 A1 轨道中的音频素材上，拖曳时间线至 00:00:02:00 位置，如图 16-35 所示。

图 16-34 选择“多功能延迟”选项

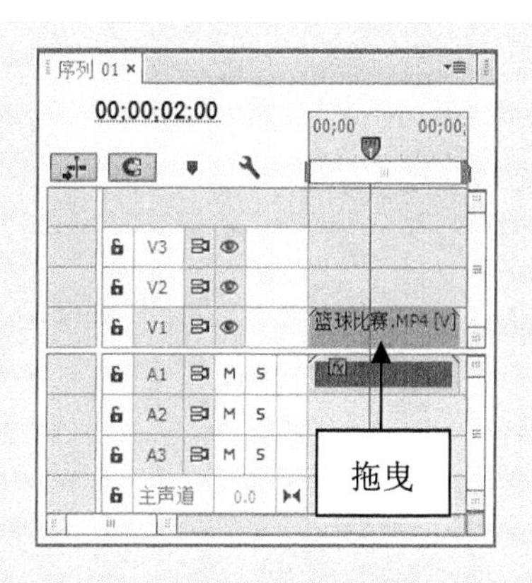


图 16-35 拖曳时间线

**步骤 03** 在“效果控件”面板中展开“多功能延迟”选项，勾选“旁路”复选框，并设置“延迟 1”为 1.000 秒，如图 16-36 所示。

**步骤 04** 拖曳时间线至 00:00:10:02 位置，单击“旁路”和“延迟 1”左侧的“切换动画”按钮，添加关键帧，如图 16-37 所示。

图 16-36 设置参数值

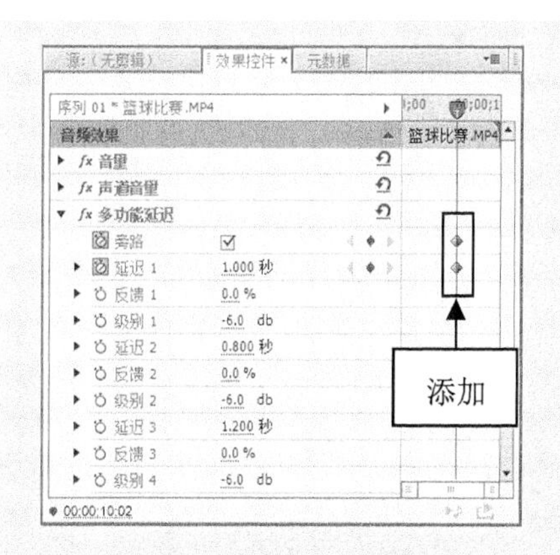


图 16-37 添加关键帧

**步骤 05** 取消勾选“旁路”复选框，并将时间线拖曳至 00:00:13:00 位置，如图 16-38 所示。

**步骤06** 执行操作后，勾选“旁路”复选框，添加第 2 个关键帧，如图 16-39 所示，即可添加音频特效。

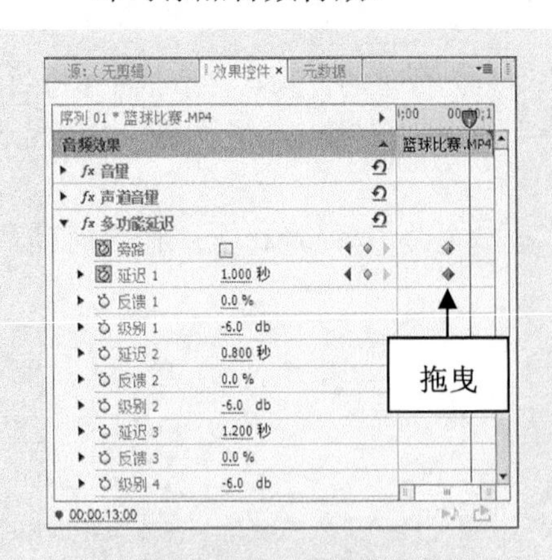


图 16-38 拖曳时间线

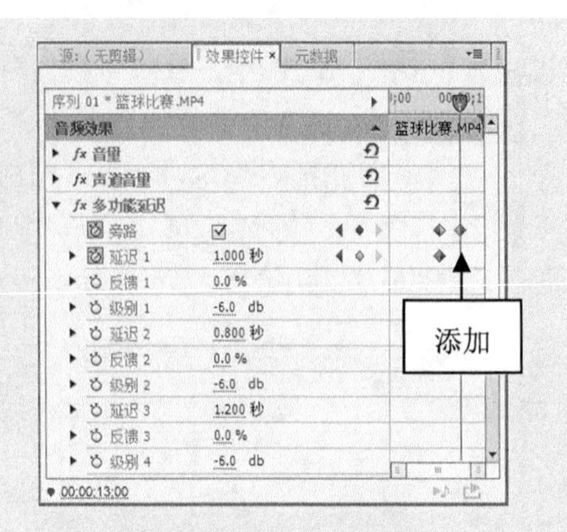


图 16-39 添加关键帧

## 16.3.4 实战——音轨混合器的设置

在 Premiere Pro CC 中，音频特效添加完成后，接下来需要使用音轨混合器来控制添加的音频特效。

**步骤01** 以 16.3.3 小节的效果为例，展开“音轨混合器：序列 01”面板，设置 A1 选项的参数为 3.1、“左/右平衡”为 10.0，如图 16-40 所示。

**步骤02** 执行操作后，单击“音轨混合器：序列 01”面板底部的“播放-停止切换”按钮，即可播放音频，如图 16-41 所示。

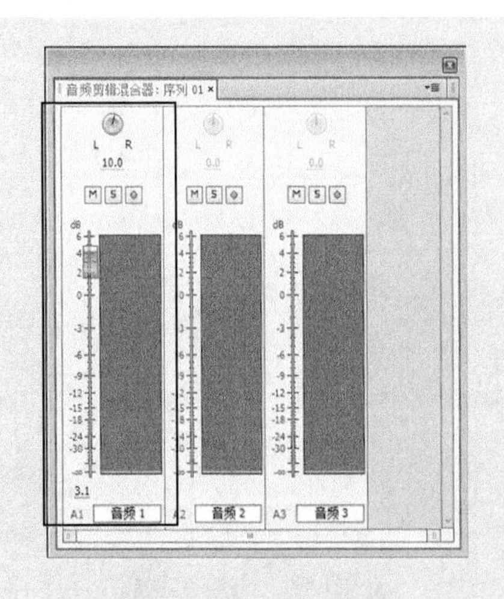


图 16-40 设置参数值

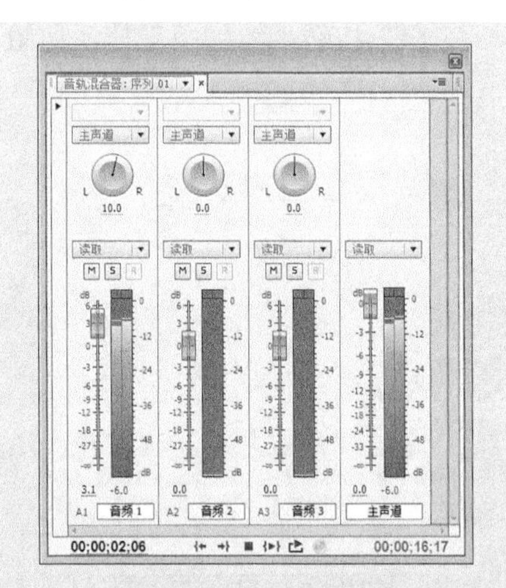


图 16-41 播放音频

步骤03 在“节目监视器”面板中，单击“播放-停止切换”按钮，预览效果，如图16-42所示。

图16-42 预览效果

# 第 17 章

# 音频特效的制作技法

在 Premiere Pro CC 中，为影片添加优美动听的音乐，可以使制作的影片更上一个台阶。因此，音频的编辑是完成影视节目必不可少的一个重要环节。本章主要介绍背景音乐特效的制作方法和技巧。

本章重点：

- 制作常用音频特效
- 制作其他音频特效

# 17.1　制作常用音频特效

在 Premiere Pro CC 中，音频在影片中是一个不可或缺的元素，用户可以根据需要制作常用的音频效果。本节主要介绍常用音频效果的制作方法。

## 17.1.1　实战——音量特效

用户在导入一段音频素材后，对应的“效果控件”面板中将会显示“音量”选项，用户可以根据需要制作音量特效。

**步骤 01**　按 Ctrl＋O 组合键，打开随书附带光盘中的“素材\第 17 章\美食.prproj”文件，如图 17-1 所示。

**步骤 02**　在“项目”面板中选择“美食.jpg”素材文件，将其添加到“时间轴”面板中的 V1 轨道上，在“节目监视器”面板中可以查看素材画面，如图 17-2 所示。

图 17-1　打开项目文件

图 17-2　查看素材画面

**步骤 03**　选择 V1 轨道上的素材文件，切换至“效果控件”面板，设置“缩放”为 20.0，如图 17-3 所示。

**步骤 04**　在“项目”面板中选择“美食.mp3”素材文件，将其添加到“时间轴”面板中的 A1 轨道上，如图 17-4 所示。

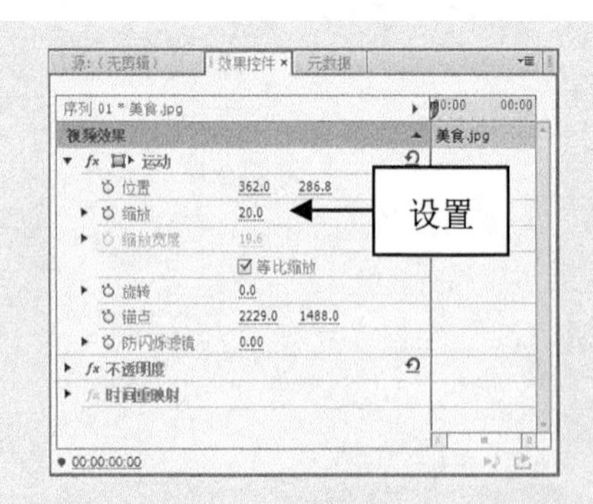


图 17-3　设置“缩放”为 20.0

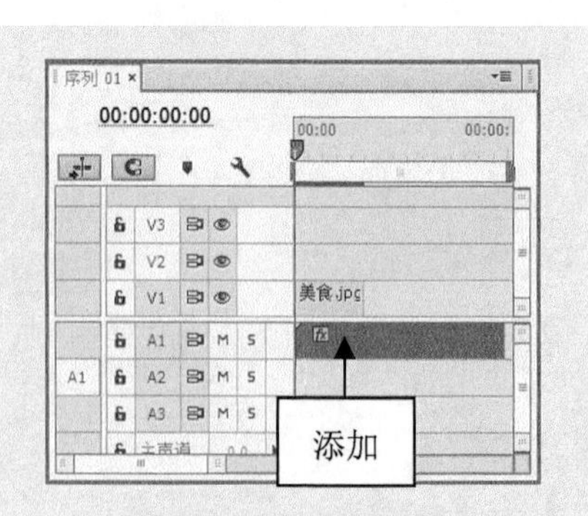


图 17-4　添加素材文件

**步骤05** 将鼠标移至“美食.jpg”素材文件的结尾处，单击鼠标左键并向右拖曳，调整素材文件的持续时间，与音频素材的持续时间一致为止，如图17-5所示。

**步骤06** 选择A1轨道上的素材文件，拖曳时间指示器至00:00:13:00的位置，切换至“效果控件”面板，展开“音量”选项，单击“级别”选项右侧的“添加/移除关键帧”按钮，如图17-6所示。

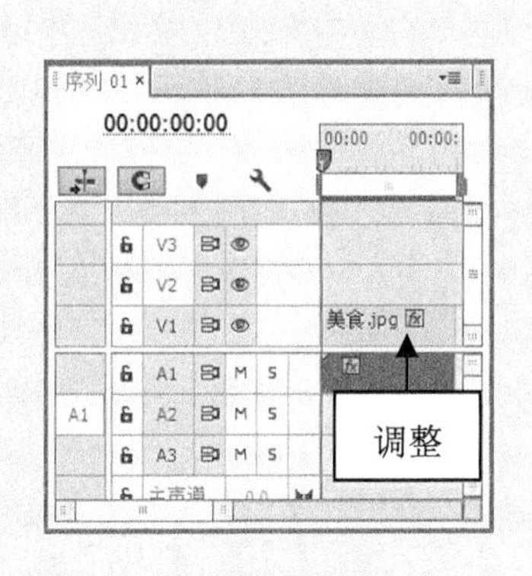


图17-5 调整素材持续时间

图17-6 单击“切换动画”按钮

**步骤07** 拖曳时间指示器至00:00:14:23的位置，设置“级别”为-20.0dB，如图17-7所示。

**步骤08** 将鼠标移至A1轨道名称上，向上滚动鼠标滚轮，展开轨道并显示音量调整效果，如图17-8所示，单击“播放-停止切换”按钮，试听音量特效。

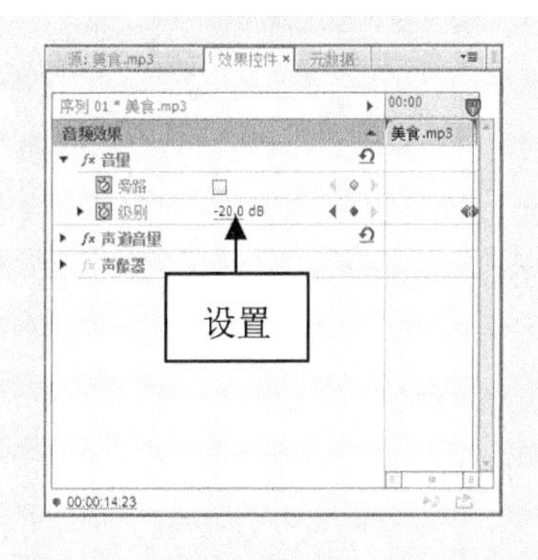


图17-7 设置“级别”为-20.0dB

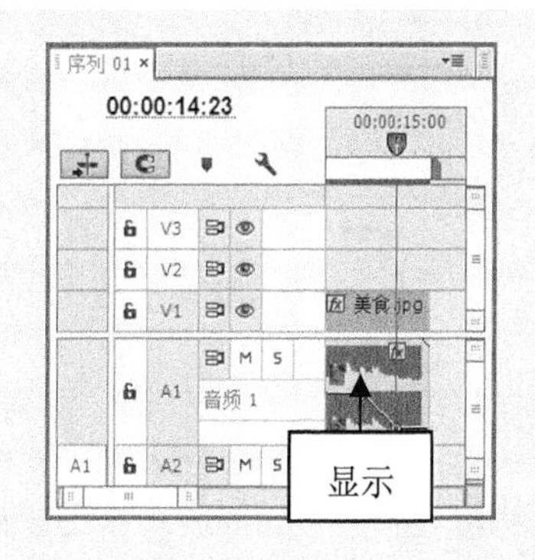


图17-8 展开轨道并显示音量调整效果

## 17.1.2 实战——降噪特效

可以通过DeNoiser(降噪)特效来降低音频素材中的机器噪音、环境噪音和外音等不应有的杂音。

**步骤01** 按Ctrl+O组合键，打开随书附带光盘中的“素材\第17章\汽车广告.prproj”文件，如图17-9所示。

**步骤02** 在“项目”面板中选择“汽车广告.jpg”素材文件，并将其添加到“时间轴”面板中的V1轨道上，如图17-10所示。

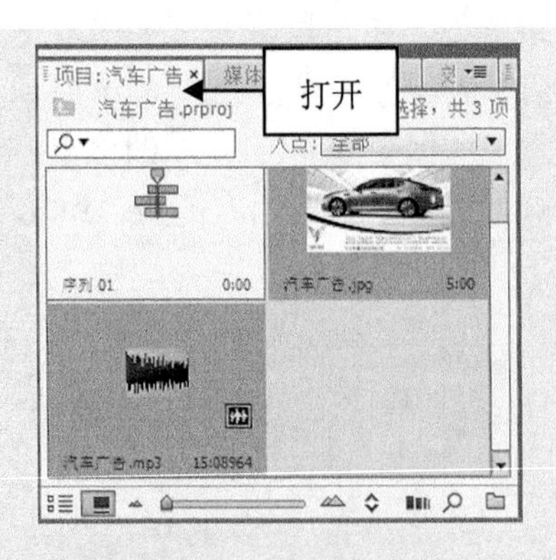


图 17-9　打开项目文件

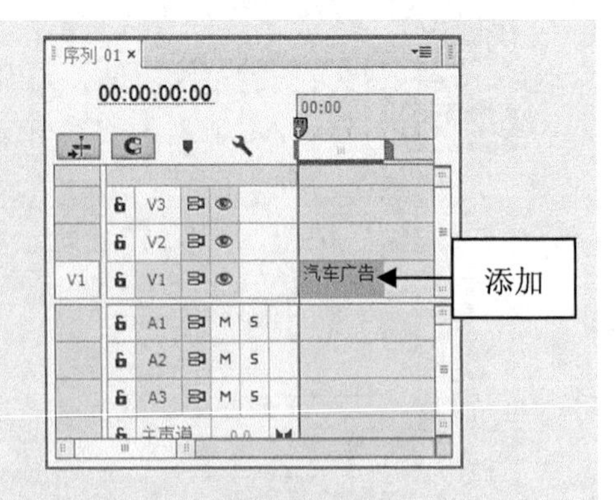


图 17-10　添加素材文件

**步骤 03**　选择 V1 轨道上的素材文件，切换至“效果控件”面板，设置“缩放”为 110.0，如图 17-11 所示。

**步骤 04**　设置视频缩放效果后，在“节目监视器”面板中可以查看素材画面，如图 17-12 所示。

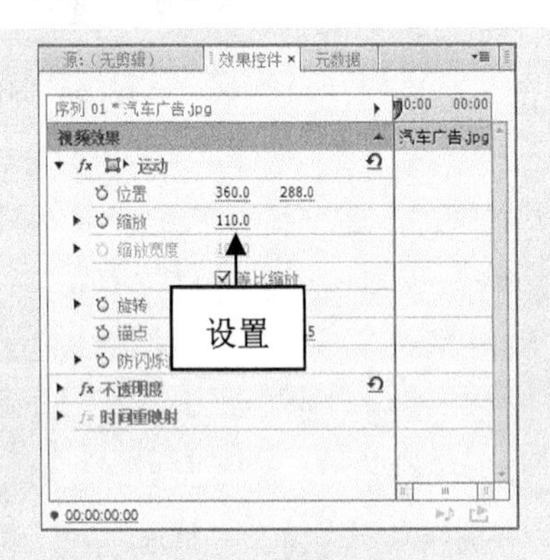


图 17-11　设置“缩放”为 110.0

图 17-12　查看素材画面

**步骤 05**　将“汽车广告.mp3”素材文件添加到“时间轴”面板中的 A1 轨道上，在“工具”面板中选取剃刀工具，如图 17-13 所示。

**步骤 06**　拖曳时间指示器至 00:00:05:00 的位置，将鼠标移至 A1 轨道上时间指示器的位置，单击鼠标左键，如图 17-14 所示。

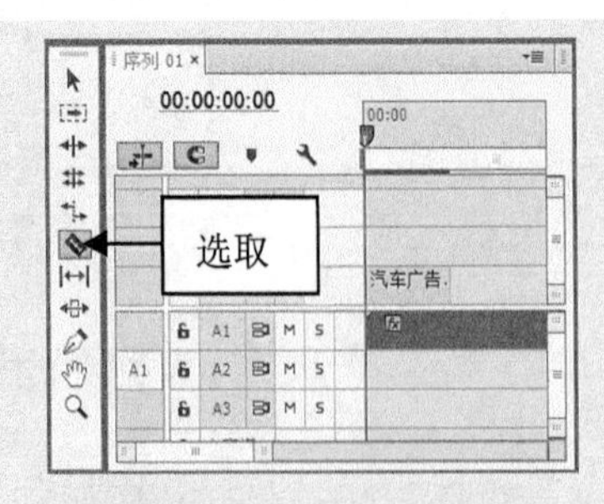


图 17-13　选择剃刀工具

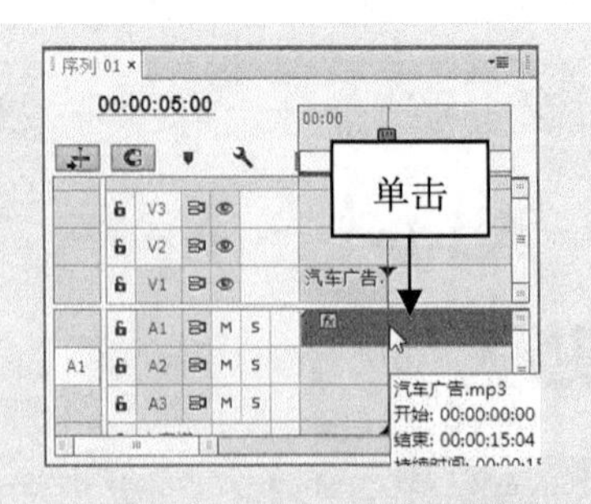


图 17-14　单击鼠标左键

**步骤07** 执行操作后，即可分割相应的素材文件，如图 17-15 所示。

**步骤08** 在“工具”面板中选取选择工具，选择 A1 轨道上的第 2 段音频素材文件，按 Delete 键删除素材文件，如图 17-16 所示。

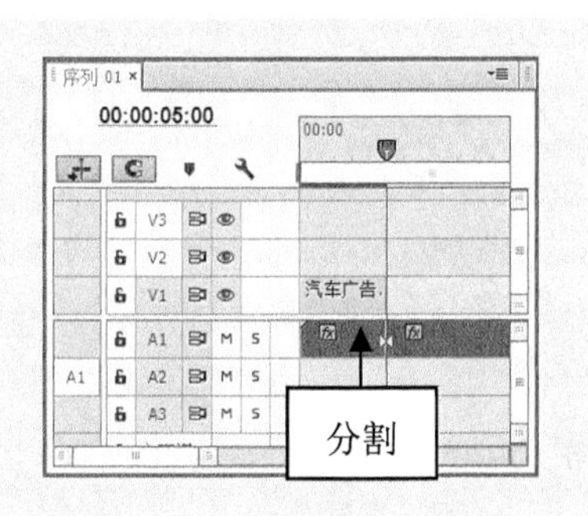


图 17-15 分割素材文件

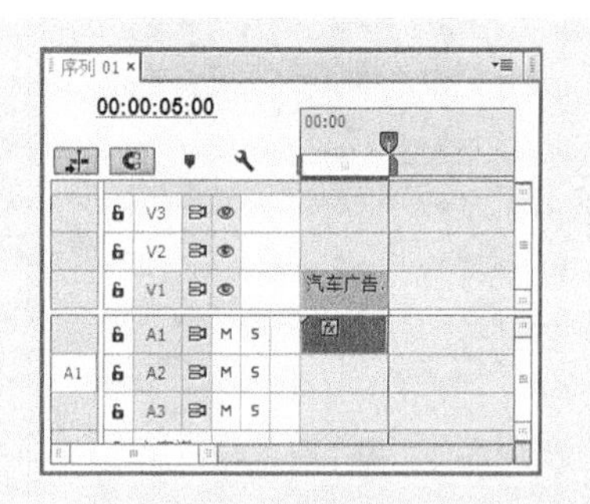

图 17-16 删除素材文件

**步骤09** 选择 A1 轨道上的素材文件，在“效果”面板中展开“音频效果”选项，使用鼠标左键双击 DeNoiser 选项，如图 17-17 所示，即可为选择的素材添加 DeNoiser 音频效果。

**步骤10** 在“效果控件”面板中展开 DeNoiser 选项，单击“自定义设置”选项右侧的“编辑”按钮，如图 17-18 所示。

图 17-17 双击 DeNoiser 选项

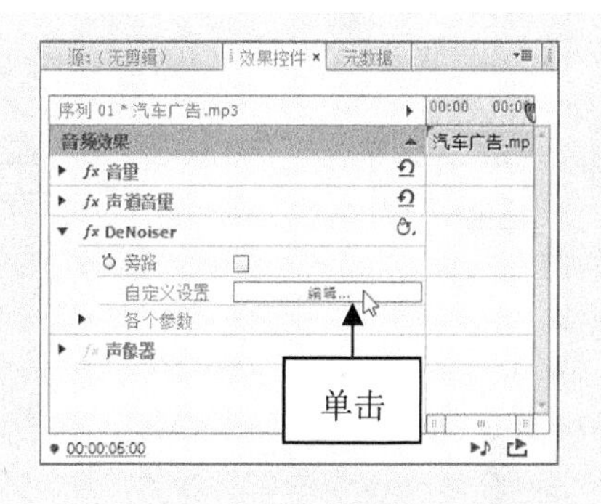


图 17-18 单击“编辑”按钮

**步骤11** 在弹出的“剪辑效果编辑器”对话框中勾选 Freeze 复选框，在 Reduction 旋转按钮上单击鼠标左键并拖曳，设置 Reduction 为-20.0dB，运用同样的操作方法，设置 Offset 为 10.0dB，如图 17-19 所示，单击“关闭”按钮，关闭对话框，单击“播放-停止切换”按钮，试听降噪效果。

用户也可以在“效果控件”面板中展开“各个参数”选项，在 Reduction 与 Offset 选项的右侧输入数字，设置降噪参数，如图 17-20 所示。

**注意：** 用户在使用摄像机拍摄的素材时，常常会出现一些电流的声音，此时便可以添加 DeNoiser(降噪)或者 Notch(消频)特效来消除这些噪音。

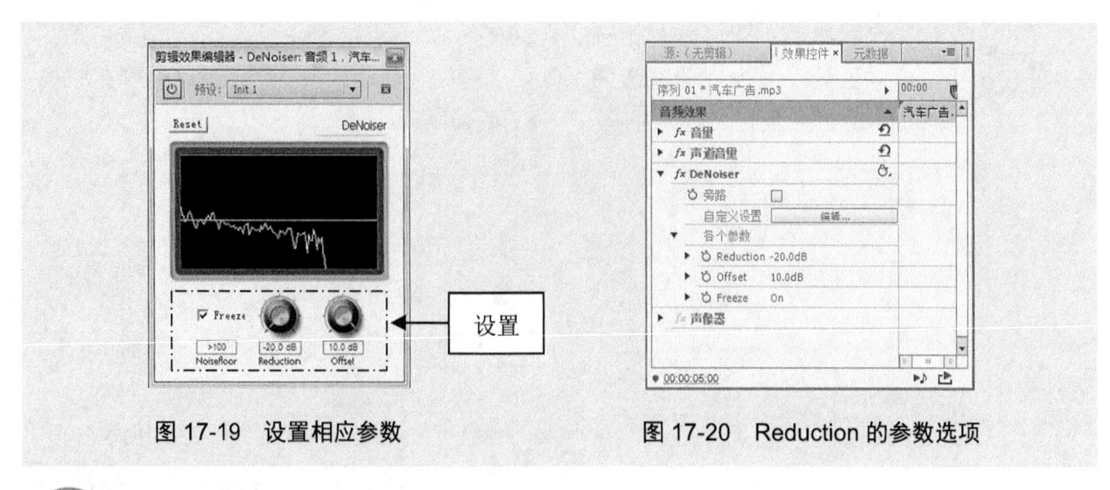


图 17-19　设置相应参数

图 17-20　Reduction 的参数选项

## 17.1.3　实战——平衡特效

在 Premiere Pro CC 中，通过音质均衡器可以对素材的频率进行音量的提升或衰减，下面将介绍制作平衡特效的操作方法。

步骤 01　按 Ctrl＋O 组合键，打开随书附带光盘中的“素材\第 17 章\冰沙.prproj”文件，如图 17-21 所示。

步骤 02　在“项目”面板中选择“冰沙.jpg”素材文件，并将其添加到“时间轴”面板中的 V1 轨道上，如图 17-22 所示。

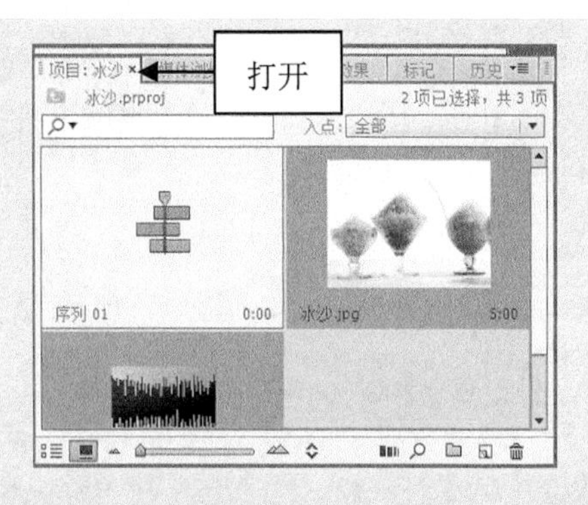


图 17-21　打开项目文件

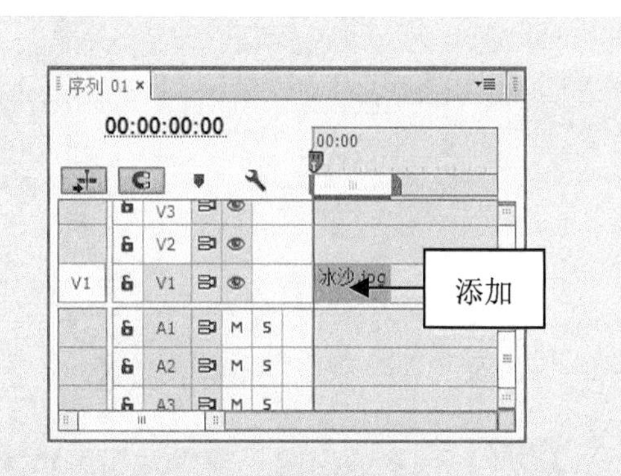


图 17-22　添加素材文件

步骤 03　选择 V1 轨道上的素材文件，切换至“效果控件”面板，设置“缩放”为 50.0，在“节目监视器”面板中可以查看素材画面，如图 17-23 所示。

步骤 04　将“冰沙.mp3”素材添加到“时间轴”面板中的 A1 轨道上，如图 17-24 所示。

步骤 05　拖曳时间指示器至 00:00:05:00 的位置，使用剃刀工具分割 A1 轨道上的素材文件，如图 17-25 所示。

步骤 06　在“工具”面板中选取选择工具，选择 A1 轨道上第 2 段音频素材文件，按 Delete 键删除素材文件，如图 17-26 所示。

图 17-23　查看素材画面

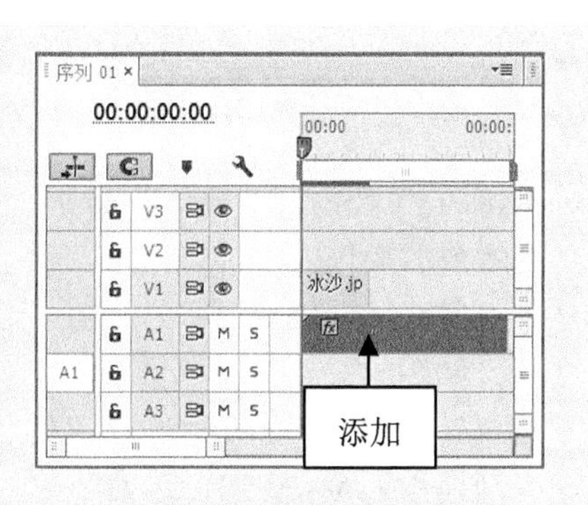


图 17-24　添加素材文件

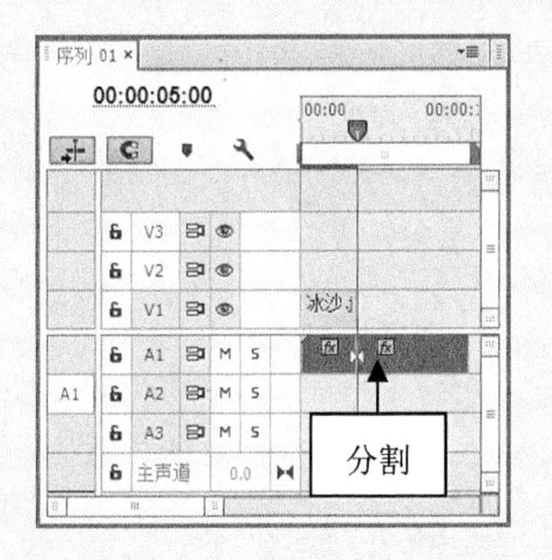


图 17-25　分割素材文件

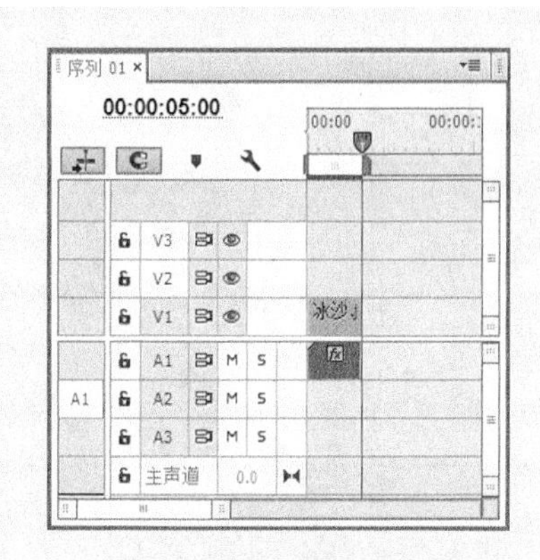


图 17-26　删除素材文件

**步骤07** 选择 A1 轨道上的素材文件，在“效果”面板中展开“音频效果”选项，使用鼠标左键双击“平衡”选项，如图 17-27 所示，即可为选择的素材添加“平衡”音频效果。

**步骤08** 在“效果控件”面板中展开“平衡”选项，勾选“旁路”复选框，设置“平衡”为 50.0，如图 17-28 所示，单击“播放-停止切换”按钮，试听平衡特效。

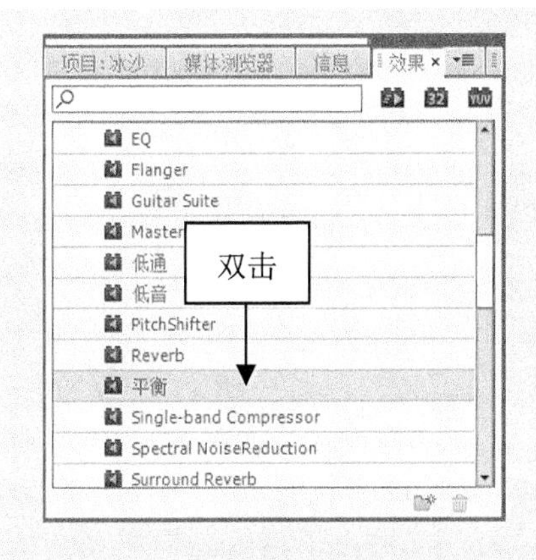


图 17-27　双击“平衡”选项

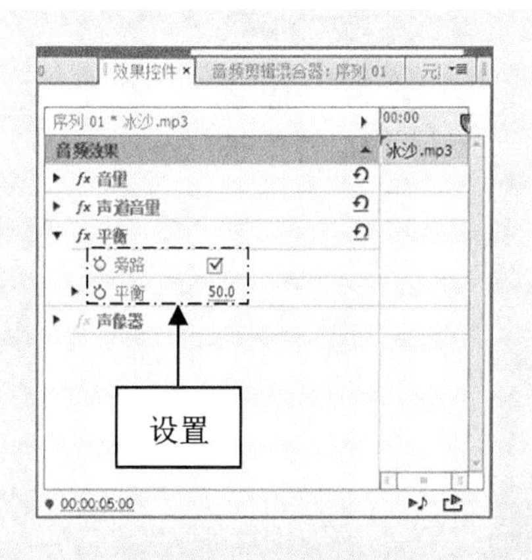


图 17-28　设置相应选项

### 17.1.4 实战——延迟特效

在 Premiere Pro CC 中，“延迟”音频效果是室内声音特效中常用的一种效果，下面将介绍制作延迟特效的操作方法。

**步骤 01** 按 Ctrl+O 组合键，打开随书附带光盘中的“素材\第 17 章\肉松蛋糕.prproj”文件，如图 17-29 所示。

**步骤 02** 在“项目”面板中选择“肉松蛋糕.jpg”素材文件，并将其添加到“时间轴”面板中的 V1 轨道上，如图 17-30 所示。

图 17-29 打开项目文件

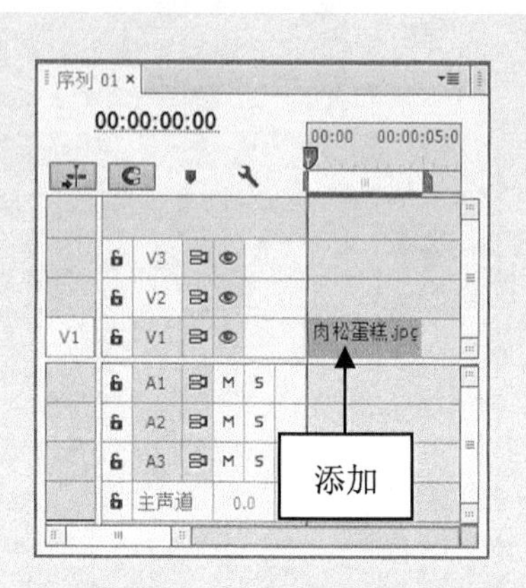


图 17-30 添加素材文件

**步骤 03** 选择 V1 轨道上的素材文件，切换至“效果控件”面板，设置“缩放”为 60.0，在“节目监视器”面板中可以查看素材画面，如图 17-31 所示。

**步骤 04** 将“肉松蛋糕.mp3”素材添加到“时间轴”面板中的 A1 轨道上，如图 17-32 所示。

图 17-31 查看素材画面

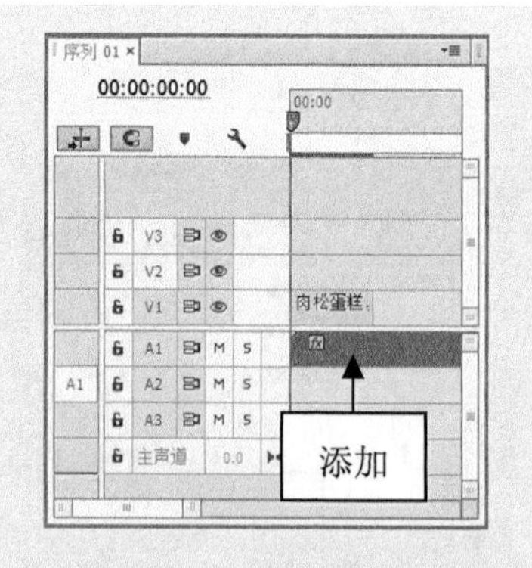


图 17-32 添加素材文件

**步骤 05** 拖曳时间指示器至 00:00:30:00 的位置，如图 17-33 所示。

**步骤 06** 使用剃刀工具分割 A1 轨道上的素材文件，如图 17-34 所示。

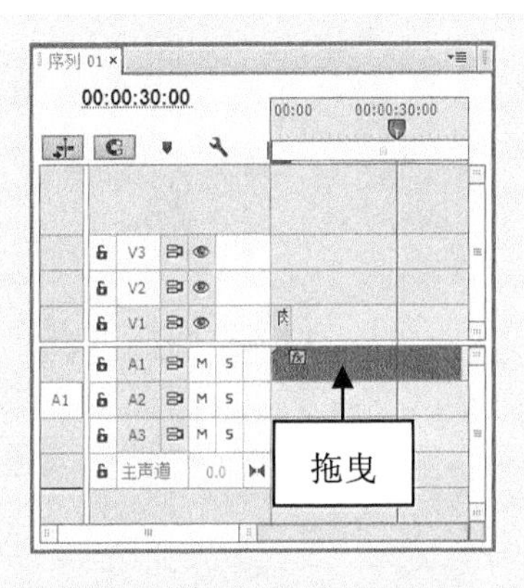


图 17-33 拖曳时间指示器

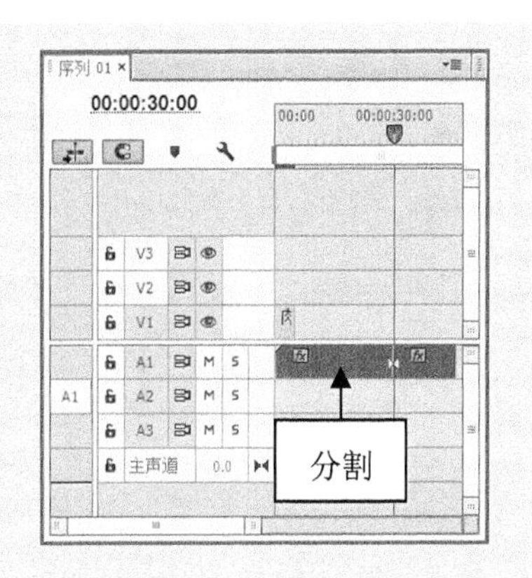


图 17-34 分割素材文件

**步骤07** 在“工具”面板中选取选择工具，选择 A1 轨道上第 2 段音频素材文件，按 Delete 键删除素材文件，如图 17-35 所示。

**步骤08** 将鼠标移至“肉松蛋糕.jpg”素材文件的结尾处，单击鼠标左键并拖曳，调整素材文件的持续时间，与音频素材的持续时间一致为止，如图 17-36 所示。

**步骤09** 选择 A1 轨道上的素材文件，在“效果”面板中展开“音频效果”选项，双击“延迟”选项，如图 17-37 所示，即可为选择的素材添加“延迟”音频效果。

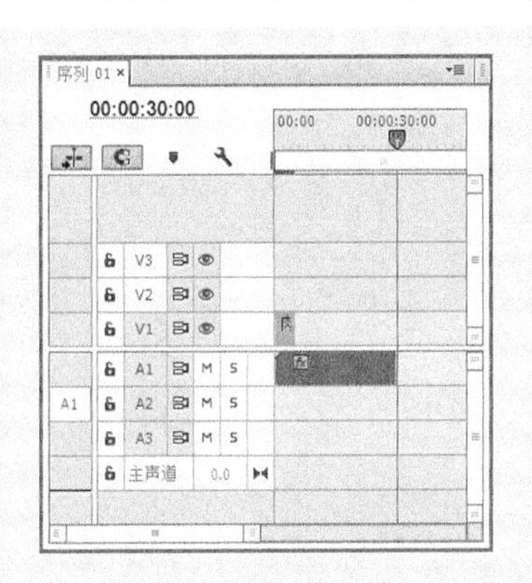


图 17-35 删除素材文件

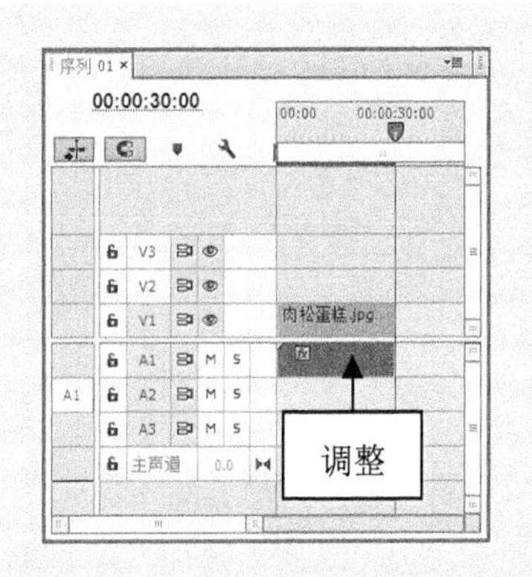


图 17-36 调整素材文件的持续时间

**步骤10** 拖曳时间指示器至开始位置，在“效果控件”面板中展开“延迟”选项，单击“旁路”选项左侧的“切换动画”按钮，并勾选“旁路”复选框，如图 17-38 所示。

**提示：** 声音是以一定的速度进行传播的，当遇到障碍物后就会反射回来，与原声之间形成差异。在前期录音或后期制作中，用户可以利用延时器来模拟不同的延时时间的反射声，从而造成一种空间感。运用“延迟”特效可以为音频素材添加一个回声效果，回声的长度可根据需要进行设置。

图 17-37　双击"延迟"选项

图 17-38　勾选"旁路"复选框

**步骤 11**　拖曳时间指示器至 00:00:06:00 的位置，取消勾选"旁路"复选框，如图 17-39 所示。

**步骤 12**　拖曳时间指示器至 00:00:15:00 的位置，再次勾选"旁路"复选框，如图 17-40 所示。单击"播放-停止切换"按钮，试听延迟特效。

图 17-39　取消勾选"旁路"复选框

图 17-40　勾选"旁路"复选框

## 17.1.5　实战——混响特效

在 Premiere Pro CC 中，"混响"特效可以模拟房间内部的声波传播方式，是一种室内回声效果，能够体现出宽阔回声的真实效果。

**步骤 01**　按 Ctrl+O 组合键，打开随书附带光盘中的"素材\第 17 章\抱枕.prproj"文件，如图 17-41 所示。

**步骤 02**　在"项目"面板中选择"抱枕.jpg"素材文件，并将其添加到"时间轴"面板中的 V1 轨道上，如图 17-42 所示。

**步骤 03**　选择 V1 轨道上的素材文件，切换至"效果控件"面板，设置"缩放"为 80.0，在"节目监视器"面板中可以查看素材画面，如图 17-43 所示。

步骤04 将“抱枕.mp3”素材添加到“时间轴”面板中的 A1 轨道上，如图 17-44 所示。

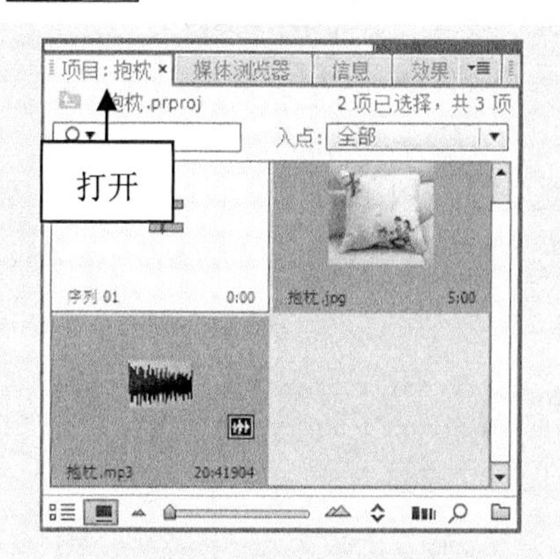


图 17-41 打开项目文件

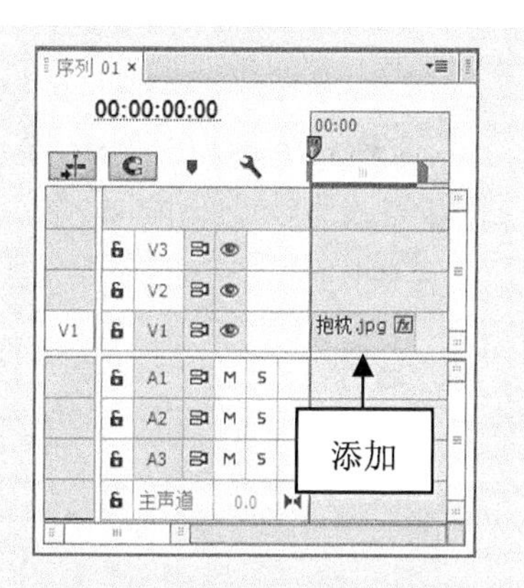


图 17-42 添加素材文件

图 17-43 查看素材画面

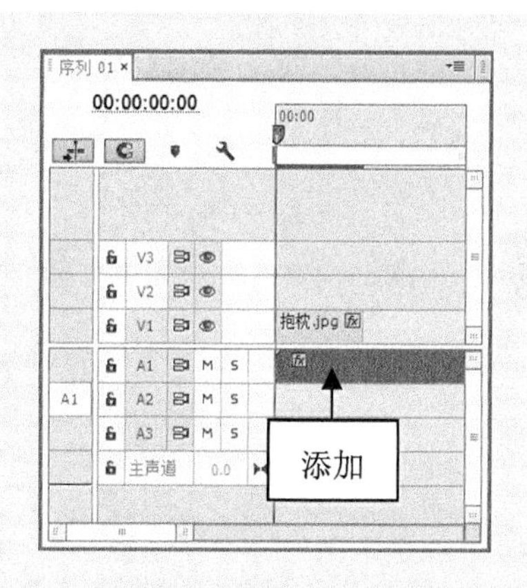


图 17-44 添加素材文件

步骤05 拖曳时间指示器至 00:00:15:00 的位置，如图 17-45 所示。

步骤06 使用剃刀工具分割 A1 轨道上的素材文件，运用选择工具选择 A1 轨道上第 2 段音频素材文件，按 Delete 键删除素材文件，如图 17-46 所示。

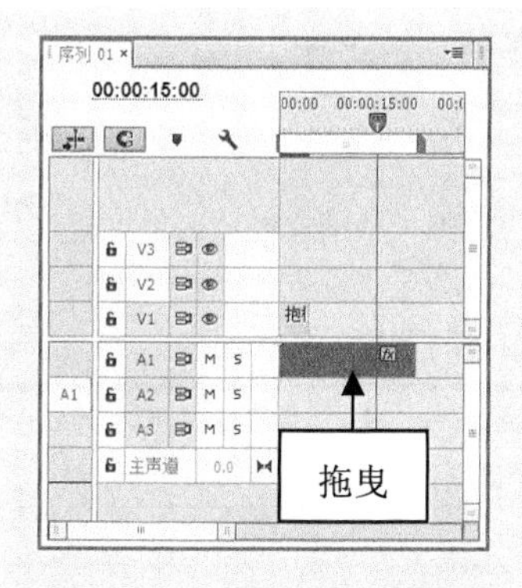


图 17-45 拖曳时间指示器

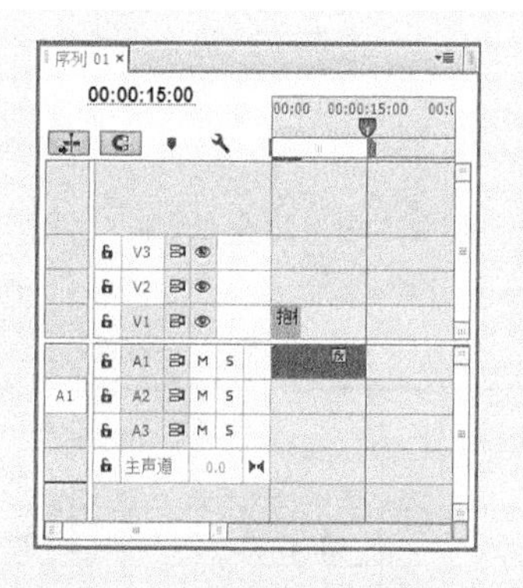


图 17-46 删除素材文件

步骤07 将鼠标移至“抱枕.jpg”素材文件的结尾处，单击鼠标左键并拖曳，调整素材文件的持续时间，与音频素材的持续时间一致为止，如图 17-47 所示。

步骤08 选择 A1 轨道上的素材文件，在“效果”面板中展开“音频效果”选项，双击 Reverb 选项，如图 17-48 所示，即可为选择的素材添加 Reverb 音频效果。

步骤09 拖曳时间指示器至 00:00:06:00 的位置，在“效果控件”面板中展开 Reverb 选项，单击“旁路”选项左侧的“切换动画”按钮，并勾选“旁路”复选框，如图 17-49 所示。

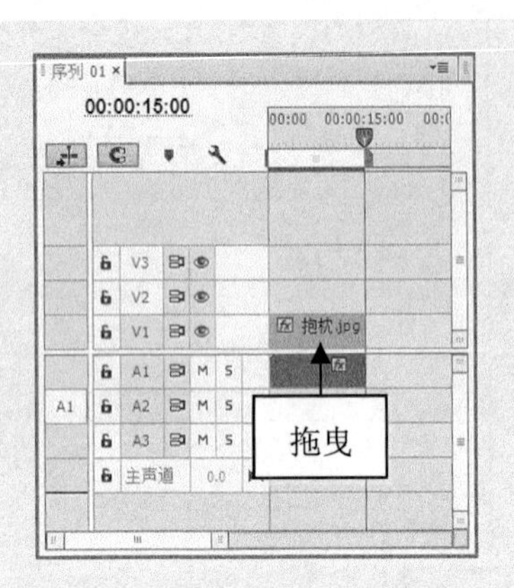


图 17-47　调整素材文件的持续时间

图 17-48　双击 Reverb 选项

步骤10 拖曳时间指示器至 00:00:12:00 的位置，取消勾选“旁路”复选框，如图 17-50 所示。单击“播放-停止切换”按钮，试听混响特效。各个参数含义见表 17-1。

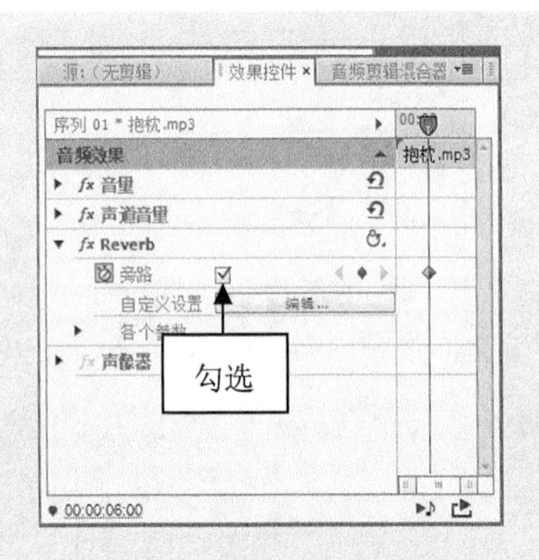


图 17-49　勾选“旁路”复选框

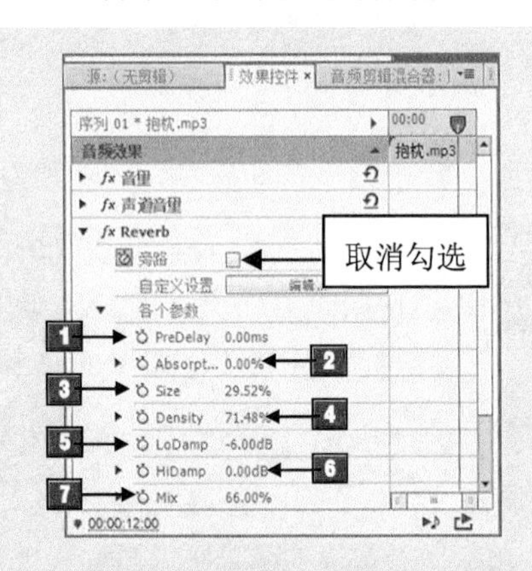


图 17-50　取消勾选“旁路”复选框

表 17-1　“效果控件”中各个参数的含义

| 标　号 | 名　称 | 含　义 |
|---|---|---|
| 1 | PreDelay | 指定信号与回响之间的时间 |
| 2 | Absorption | 指定声音被吸收的百分比 |
| 3 | Size | 指定空间大小的百分比 |
| 4 | Density | 指定回响拖尾的密度 |

续表

| 标 号 | 名 称 | 含 义 |
|---|---|---|
| 5 | LoDamp | 指定低频的衰减，低频衰减可以防止环境声音造成的回响 |
| 6 | HiDamp | 指定高频的衰减，高频衰减可以使回响声音更加柔和 |
| 7 | Mix | 控制回响的力度 |

## 17.1.6 实战——消频特效

在 Premiere Pro CC 中，“消频”特效主要是用来过滤特定频率范围之外的一切频率。下面介绍制作消频特效的操作方法。

**步骤 01** 按 Ctrl+O 组合键，打开随书附带光盘中的“素材\第 17 章\音乐 1.prproj”文件，如图 17-51 所示。

**步骤 02** 在“效果”面板中展开“音频效果”选项，在其中选择“消频”选项，如图 17-52 所示。

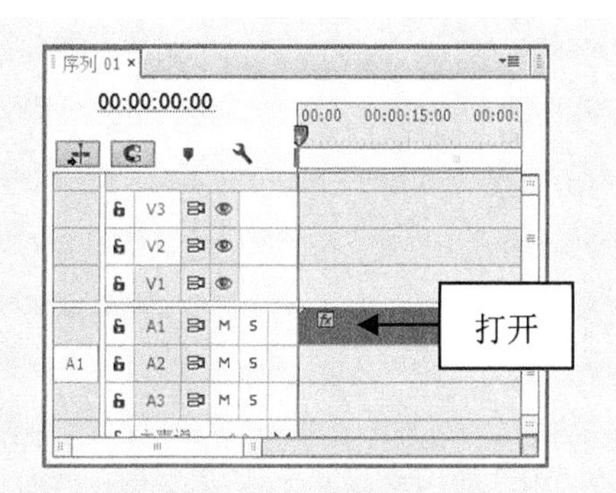


图 17-51 打开项目文件

图 17-52 选择“消频”选项

**步骤 03** 单击鼠标左键，并将其拖曳至 A1 轨道的音频素材上，释放鼠标左键，即可添加音频效果，如图 17-53 所示。

**步骤 04** 在“效果控件”面板展开“消频”选项，勾选“旁路”复选框，设置“中心”为 200.0Hz，如图 17-54 所示，执行上述操作后，即可完成“消频”特效的制作。

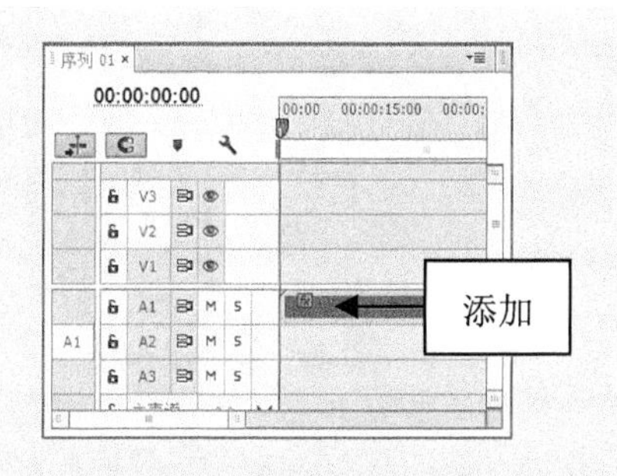


图 17-53 添加音频效果

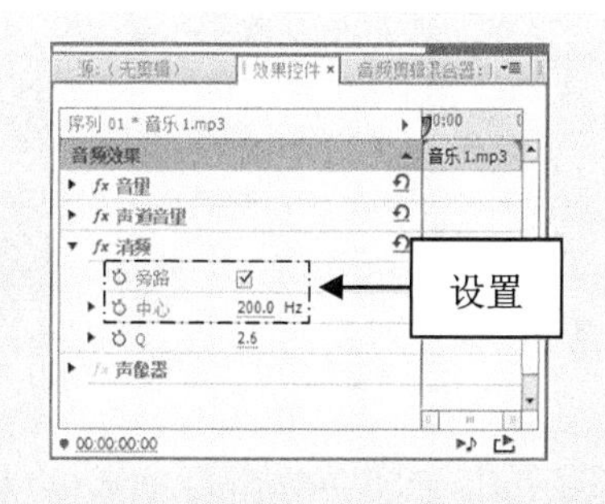


图 17-54 设置相应参数

# 17.2　制作其他音频特效

在了解了一些常用的音频效果后，接下来将学习如何制作一些并不常用的音频效果，如 Chorus(合成)特效、DeCrackler(降爆声)特效、低通特效以及高音特效等。

## 17.2.1　实战——合成特效

对于仅包含单一乐器或语音的音频信号来说，运用“合成”特效可以取得较好的效果。

**步骤 01**　按 Ctrl＋O 组合键，打开随书附带光盘中的“素材\第 17 章\音乐 2.prproj”文件，如图 17-55 所示。

**步骤 02**　在“效果”面板中，选择 Chorus 选项，如图 17-56 所示。

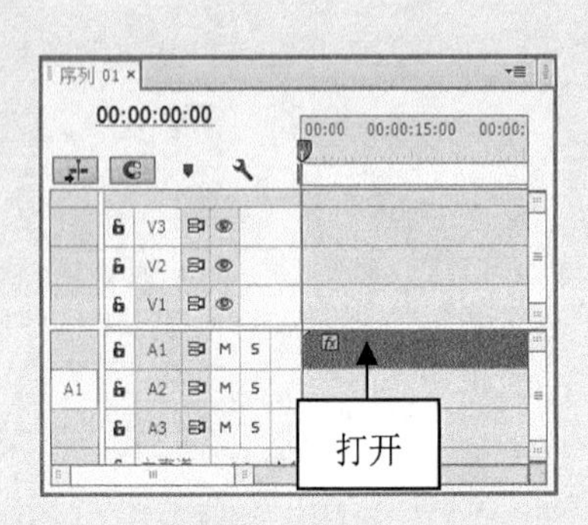


图 17-55　打开项目文件

图 17-56　选择 Chorus 选项

**步骤 03**　单击鼠标左键，并将其拖曳至 A1 轨道的音频素材上，释放鼠标左键，即可添加合成特效，如图 17-57 所示。

**步骤 04**　在“效果控件”面板中展开 Chorus 选项，单击“自定义设置”选项右侧的“编辑”按钮，如图 17-58 所示。

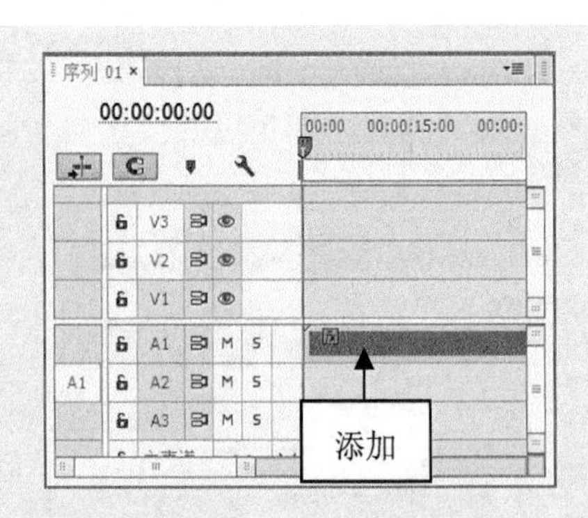


图 17-57　添加合成特效

图 17-58　单击“编辑”按钮

**步骤 05**　弹出“剪辑效果编辑器”对话框，设置 Rate 为 7.60、Depth 为 22.5%、

Delay 为 12.0ms，如图 17-59 所示，关闭对话框，单击“播放-停止切换”按钮，试听效果。

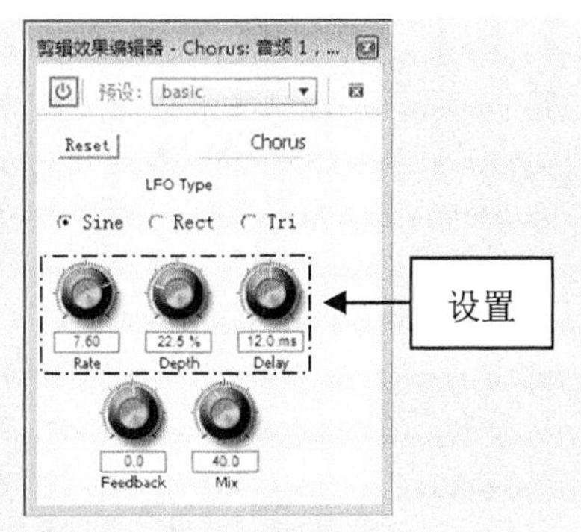


图 17-59　设置相应参数

## 17.2.2　实战——反转特效

在 Premiere Pro CC 中，“反转”特效可以模拟房间内部的声音情况，能表现出宽阔、真实的效果。

步骤01　按 Ctrl＋O 组合键，打开随书附带光盘中的“素材\第 17 章\棉花糖.prproj”文件，如图 17-60 所示。

步骤02　在“项目”面板中选择“棉花糖.jpg”素材文件，并将其添加到“时间轴”面板中的 V1 轨道上，如图 17-61 所示。

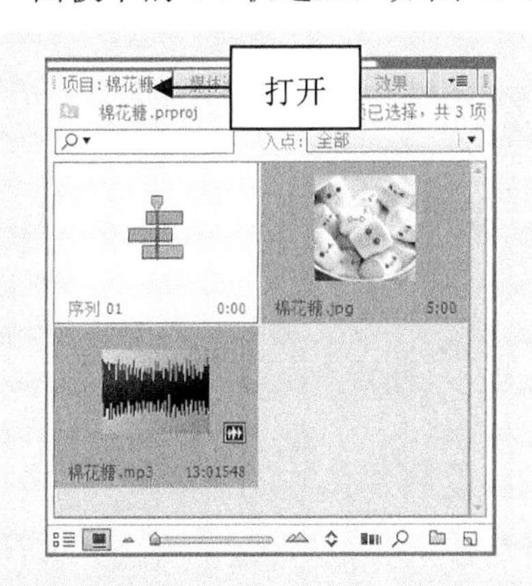


图 17-60　打开项目文件

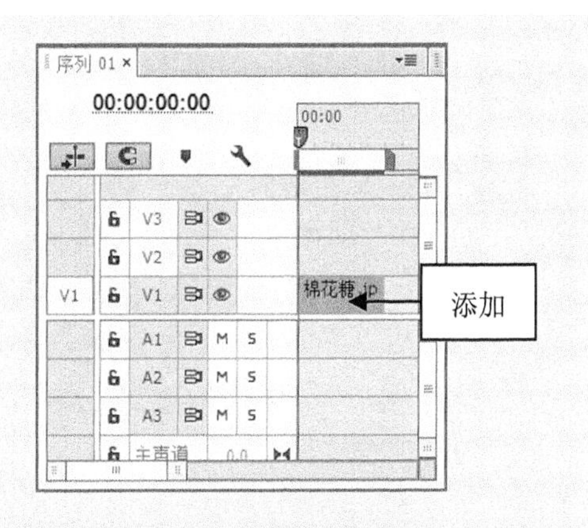


图 17-61　添加素材文件

步骤03　选择 V1 轨道上的素材文件，切换至“效果控件”面板，设置“缩放”为 125.0，在“节目监视器”面板中可以查看素材画面，如图 17-62 所示。

步骤04　将“棉花糖.mp3”素材添加到“时间轴”面板中的 A1 轨道上，如图 17-63 所示。

步骤05　拖曳时间指示器至 00:00:05:00 的位置，使用剃刀工具分割 A1 轨道上的素材文件，如图 17-64 所示。

图 17-62　查看素材画面

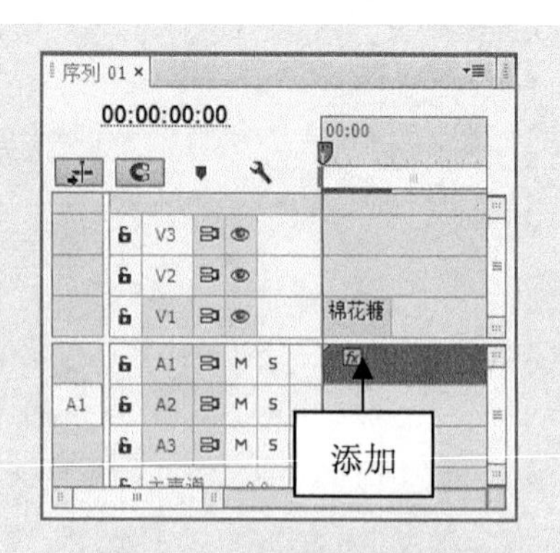


图 17-63　添加素材文件

**步骤 06**　在工具箱中选取选择工具，选择 A1 轨道上第 2 段音频素材文件，按 Delete 键删除素材文件，选择 A1 轨道上第 1 段音频素材文件，如图 17-65 所示。

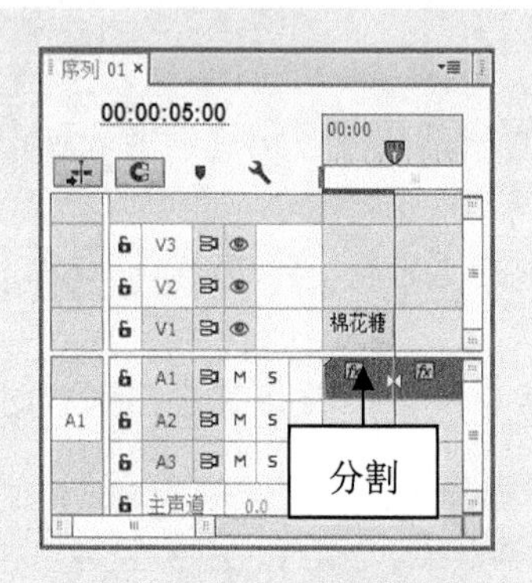


图 17-64　分割素材文件

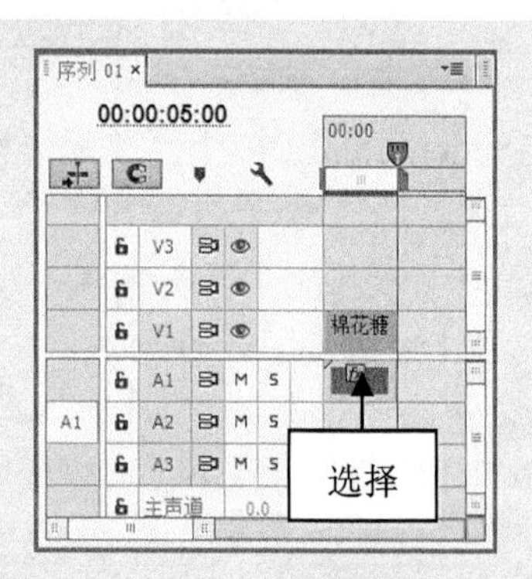


图 17-65　选择素材文件

**步骤 07**　在“效果”面板中展开“音频效果”选项，双击“反转”选项，如图 17-66 所示，即可为选择的素材添加“反转”音频效果。

**步骤 08**　在“效果控件”面板中，展开“反转”选项，勾选“旁路”复选框，如图 17-67 所示。单击“播放-停止切换”按钮，试听反转特效。

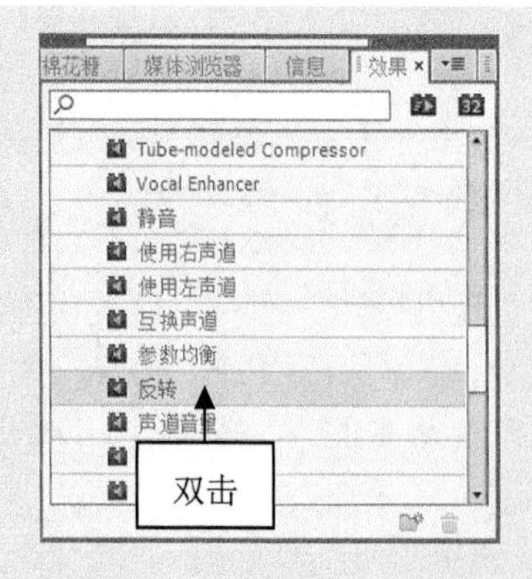


图 17-66　双击“反转”选项

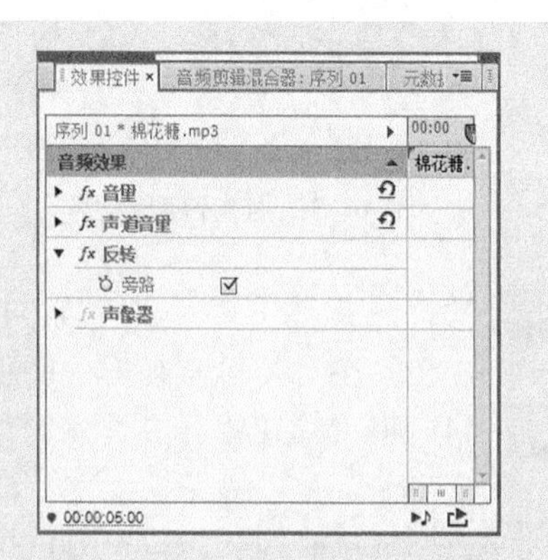


图 17-67　勾选“旁路”复选框

## 17.2.3 实战——低通特效

在 Premiere Pro CC 中，“低通”特效主要用于去除音频素材中的高频部分。

**步骤01** 按 Ctrl+O 组合键，打开随书附带光盘中的“素材\第 17 章\美酒.prproj”文件，如图 17-68 所示。

**步骤02** 在“项目”面板中选择“美酒.jpg”素材文件，并将其添加到“时间轴”面板中的 V1 轨道上，如图 17-69 所示。

图 17-68 打开项目文件

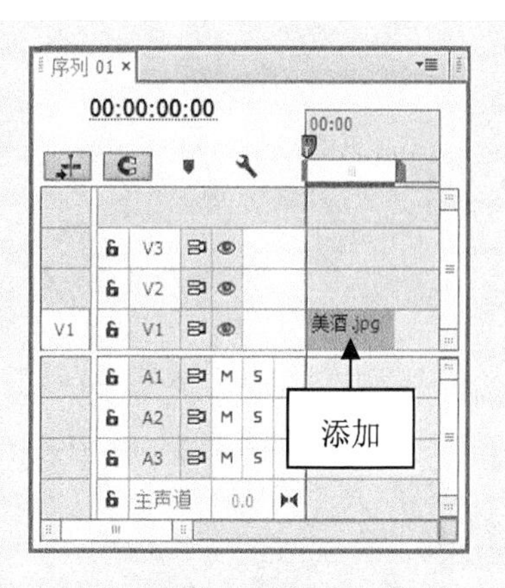


图 17-69 添加素材文件

**步骤03** 选择 V1 轨道上的素材文件，切换至“效果控件”面板，设置“缩放”为 150.0，在“节目监视器”面板中可以查看素材画面，如图 17-70 所示。

**步骤04** 将“美酒.mp3”素材添加到“时间轴”面板中的 A1 轨道上，如图 17-71 所示。

图 17-70 查看素材画面

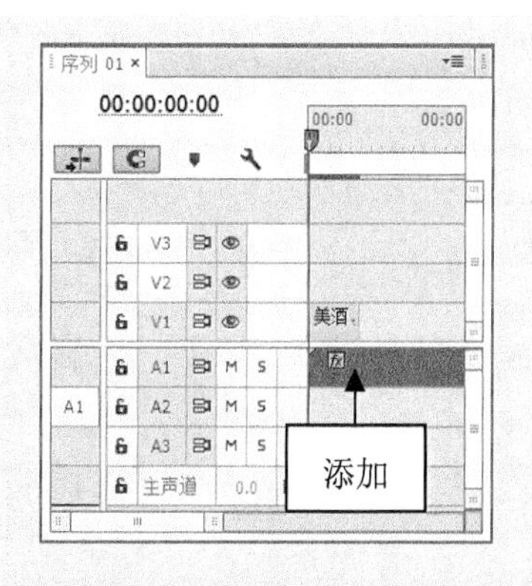


图 17-71 添加素材文件

**步骤05** 拖曳时间指示器至 00:00:05:00 的位置，使用剃刀工具分割 A1 轨道上的素材文件，运用选择工具选择 A1 轨道上第 2 段音频素材文件并删除，如图 17-72 所示。

步骤06 选择 A1 轨道上的素材文件，在“效果”面板中展开“音频效果”选项，双击“低通”选项，如图 17-73 所示，即可为选择的素材添加“低通”音频效果。

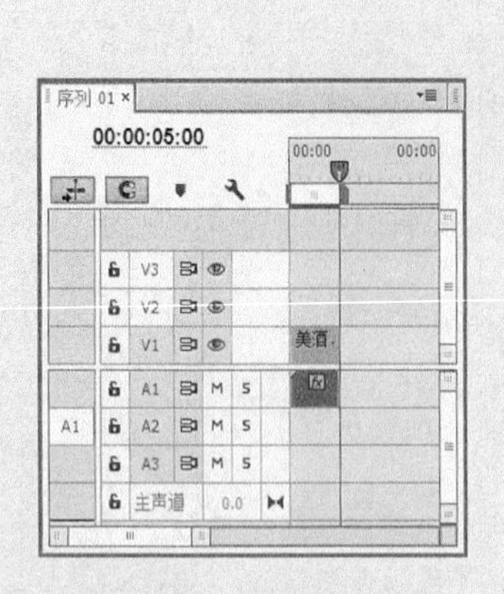

图 17-72 删除素材文件

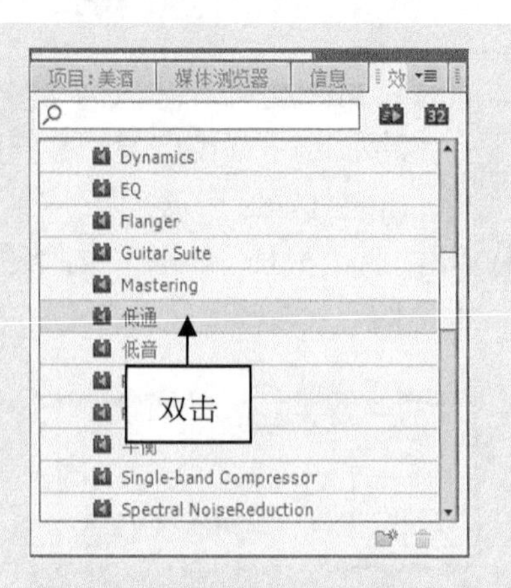


图 17-73 双击“低通”选项

步骤07 拖曳时间指示器至开始位置，在“效果控件”面板中展开“低通”选项，单击“屏蔽度”选项左侧的“切换动画”按钮，如图 17-74 所示，添加一个关键帧。

步骤08 将时间指示器拖曳至 00:00:03:00 的位置，设置“屏蔽度”为 300.0Hz，如图 17-75 所示。单击“播放-停止切换”按钮，试听低通特效。

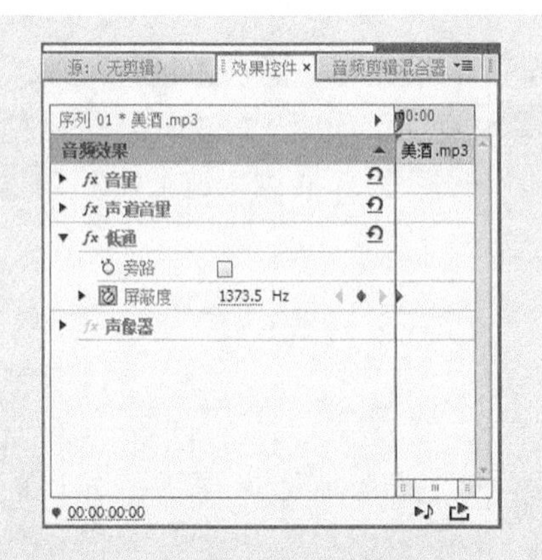

图 17-74 单击“切换动画”按钮

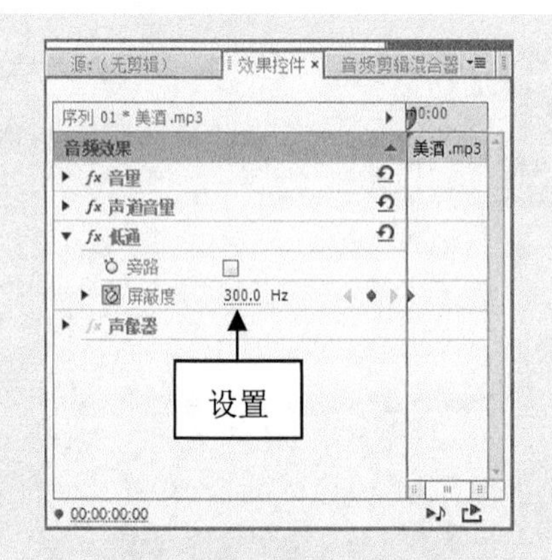


图 17-75 设置“屏蔽度”为 300.0Hz

## 17.2.4 实战——高通特效

在 Premiere Pro CC 中，“高通”特效主要是用于去除音频素材中的低频部分。

步骤01 按 Ctrl+O 组合键，打开随书附带光盘中的“素材\第 17 章\音乐 3.prproj”文件，如图 17-76 所示。

步骤02 在“效果”面板中，选择“高通”选项，如图 17-77 所示。

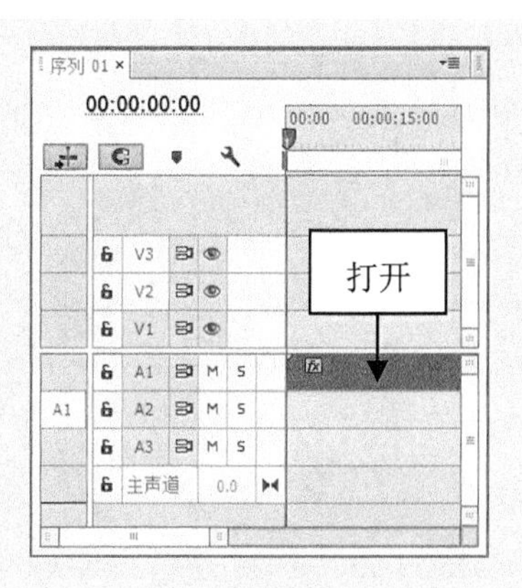


图 17-76 打开项目文件

图 17-77 选择“高通”选项

**步骤03** 单击鼠标左键，并将其拖曳至 A1 轨道的音频素材上，释放鼠标左键，即可添加“高通”特效，如图 17-78 所示。

**步骤04** 在“效果控件”面板中展开“高通”选项，设置“屏蔽度”为 3500.0Hz，如图 17-79 所示，执行操作后，即可制作“高通”特效。

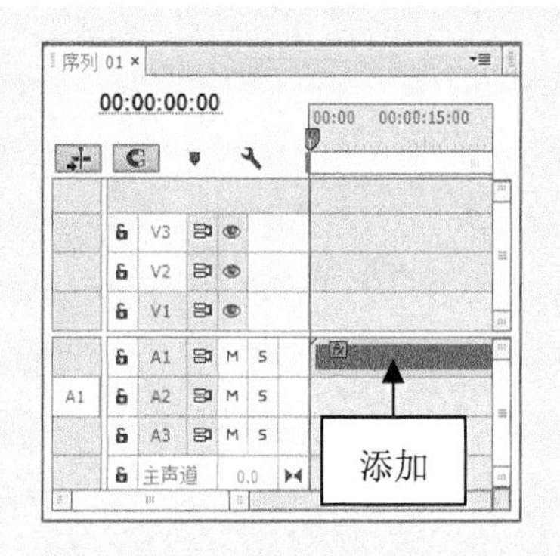


图 17-78 添加“高通”特效

图 17-79 设置参数值

## 17.2.5 实战——高音特效

在 Premiere Pro CC 中，“高音”特效用于对素材音频中的高音部分进行处理，可以增加也可以衰减重音部分，同时又不影响素材的其他音频部分。

**步骤01** 按 Ctrl+O 组合键，打开随书附带光盘中的“素材\第 17 章\音乐 4.prproj”文件，如图 17-80 所示。

**步骤02** 在“效果”面板中，选择“高音”选项，如图 17-81 所示。

**步骤03** 单击鼠标左键，并将其拖曳至 A1 轨道的音频素材上，释放鼠标左键，即可添加“高音”特效，如图 17-82 所示。

**步骤04** 在“效果控件”面板中展开“高音”选项，设置“提升”为 20.0dB，如图 17-83 所示。执行操作后，即可制作高音特效。

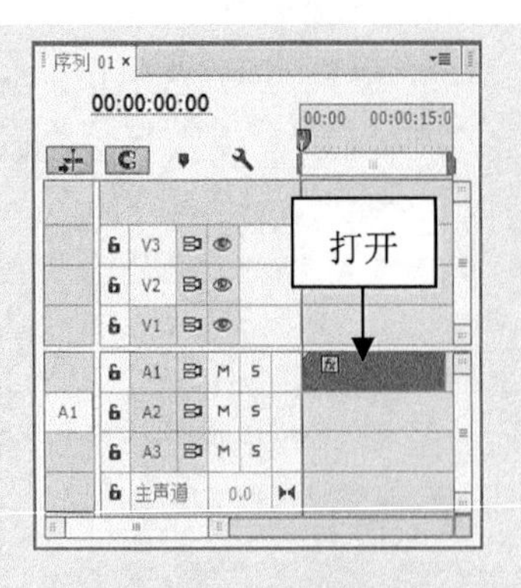


图 17-80　打开项目文件

图 17-81　选择“高音”选项

图 17-82　添加“高音”特效

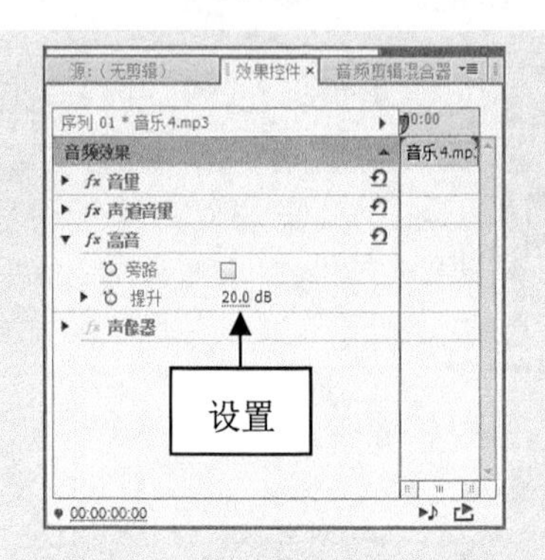


图 17-83　设置参数值

## 17.2.6　实战——低音特效

在 Premiere Pro CC 中，“低音”特效主要是用于增加或减少低音频率。

**步骤 01**　按 Ctrl+O 组合键，打开随书附带光盘中的“素材\第 17 章\音乐 5.prproj”文件，如图 17-84 所示。

**步骤 02**　在“效果”面板中，选择“低音”选项，如图 17-85 所示。

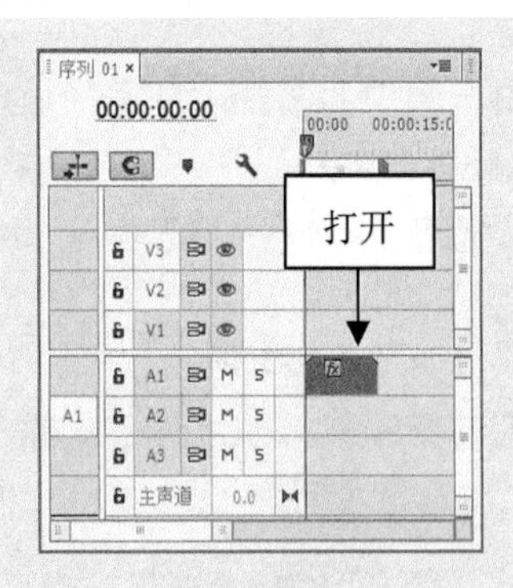


图 17-84　打开项目文件

图 17-85　选择“低音”选项

**步骤03** 单击鼠标左键，并将其拖曳至 A1 轨道的音频素材上，释放鼠标左键，即可添加“低音”特效，如图 17-86 所示。

**步骤04** 在“效果控件”面板中展开“低音”选项，设置“提升”为-10.0dB，如图 17-87 所示。执行操作后，即可制作低音特效。

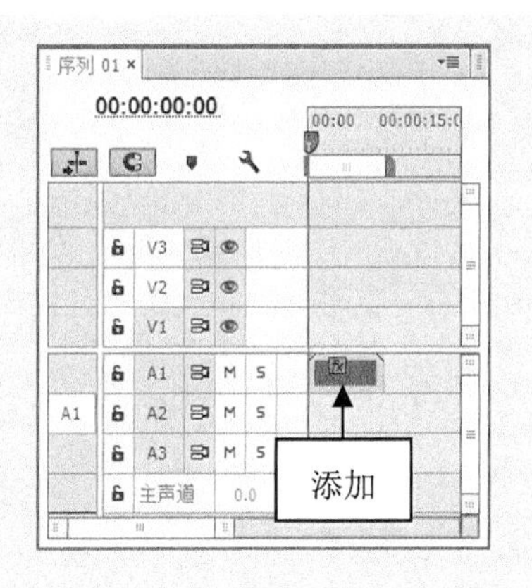


图 17-86　添加“低音”特效

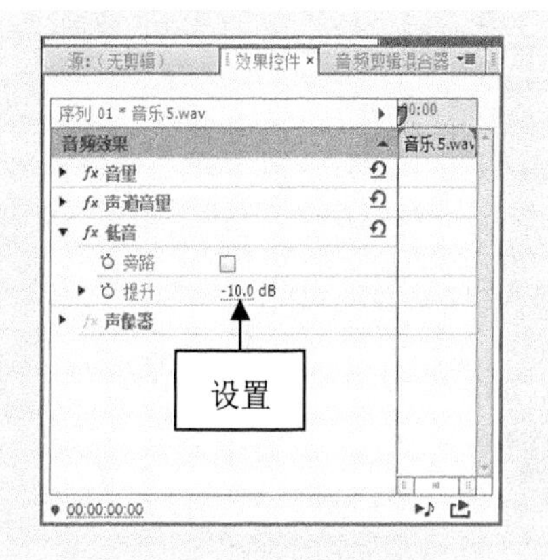


图 17-87　设置参数值

## 17.2.7　实战——降爆声特效

在 Premiere Pro CC 中，DeCrackler(降爆声)特效可以消除音频中无声部分的背景噪声。

**步骤01** 按 Ctrl+O 组合键，打开随书附带光盘中的“素材\第 17 章\音乐 6.prproj”文件，如图 17-88 所示。

**步骤02** 在“效果”面板中，选择 DeCrackler 选项，如图 17-89 所示。

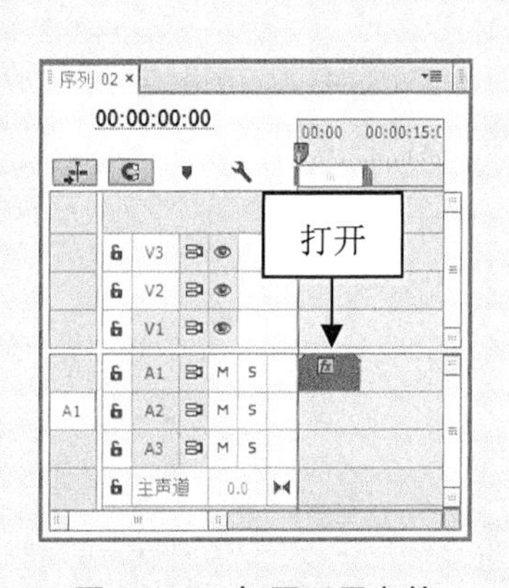


图 17-88　打开项目文件

图 17-89　选择 DeCrackler 选项

**步骤03** 单击鼠标左键，并将其拖曳至 A1 轨道的音频素材上，释放鼠标左键，即可添加降爆声特效，如图 17-90 所示。

**步骤04** 在“效果控件”面板中，单击“自定义设置”选项右侧的“编辑”按钮，如图 17-91 所示。

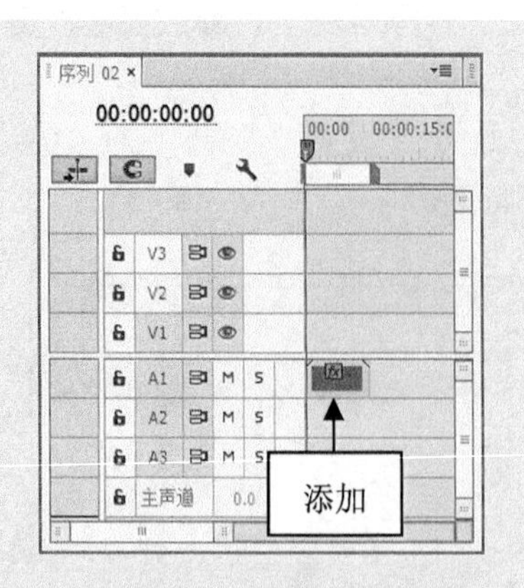


图 17-90　添加降爆声特效

图 17-91　单击“编辑”按钮

**步骤 05**　弹出“剪辑效果编辑器”对话框，设置 Threshold 为 15%、Reduction 为 28%，如图 17-92 所示。执行操作后，即可制作降爆声特效。

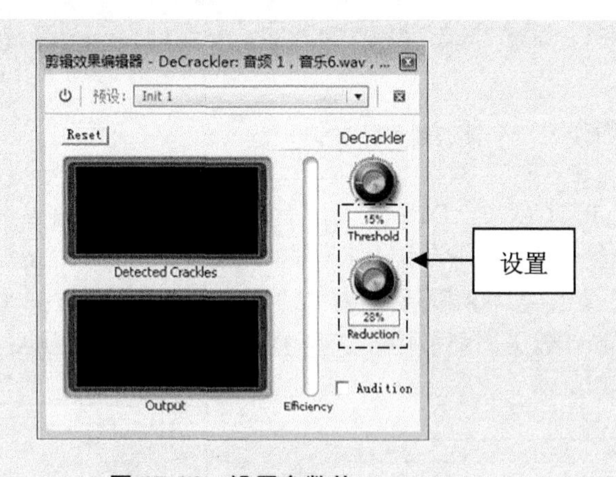


图 17-92　设置参数值

## 17.2.8　实战——滴答声特效

在 Premiere Pro CC 中，滴答声(DeClicker)特效可以消除音频素材中的滴答声。

**步骤 01**　按 Ctrl+O 组合键，打开随书附带光盘中的“素材\第 17 章\音乐 7.prproj”文件，如图 17-93 所示。

**步骤 02**　在“效果”面板中，选择 DeClicker 选项，如图 17-94 所示。

**步骤 03**　单击鼠标左键，并将其拖曳至 A1 轨道的音频素材上，释放鼠标左键，即可添加滴答声特效，如图 17-95 所示。

**步骤 04**　在“效果控件”面板中，单击“自定义设置”选项右侧的“编辑”按钮，如图 17-96 所示。

**步骤 05**　弹出“剪辑效果编辑器”对话框，选中 Classj 单选按钮，如图 17-97 所示。执行操作后，即可制作滴答声特效。

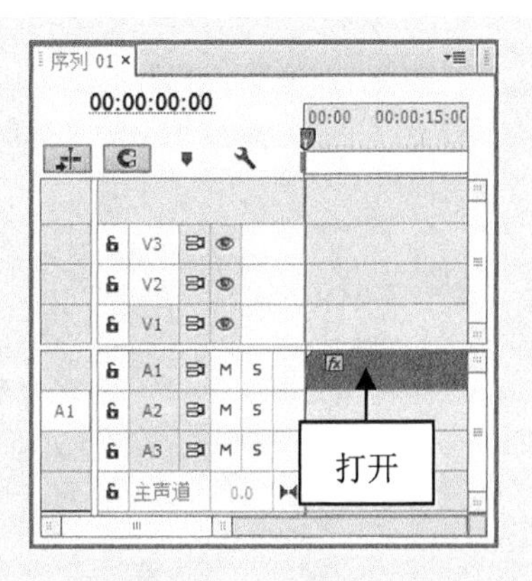


图 17-93 打开项目文件

图 17-94 选择 DeClicker 选项

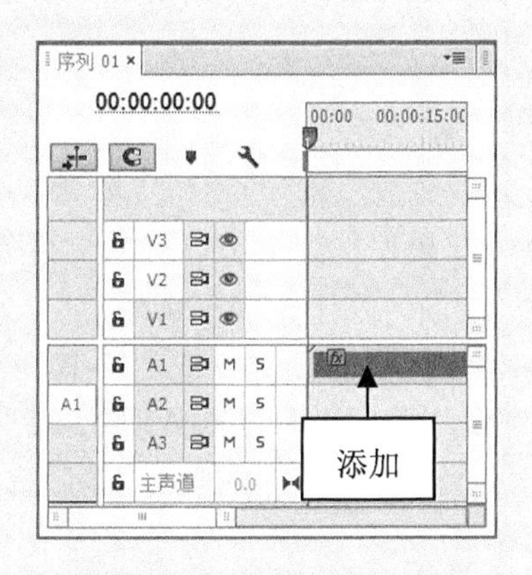


图 17-95 添加滴答声特效

图 17-96 单击“编辑”按钮

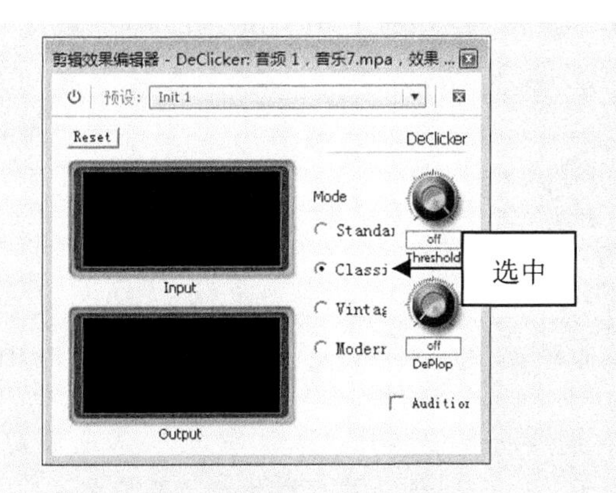


图 17-97 选中 Classj 单选按钮

## 17.2.9 实战——互换声道特效

在 Premiere Pro CC 中，“互换声道”音频效果的主要功能是将声道的相位进行反转。

**步骤01** 按 Ctrl+O 组合键，打开随书附带光盘中的“素材\第 17 章\宝石.prproj”文件，如图 17-98 所示。

**步骤02** 在“项目”面板中选择“宝石.jpg”素材文件，并将其添加到“时间轴”面板中的 V1 轨道上，如图 17-99 所示。

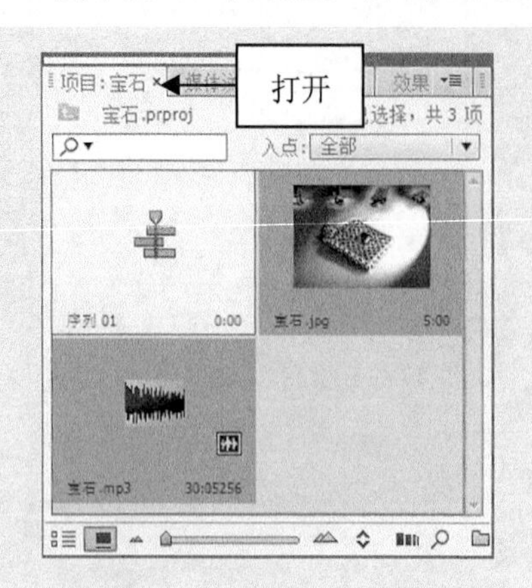


图 17-98 打开项目文件

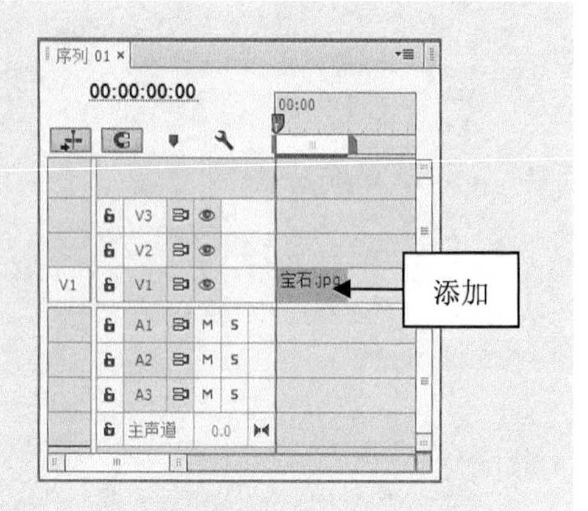


图 17-99 添加素材文件

**步骤03** 选择 V1 轨道上的素材文件，切换至“效果控件”面板，设置“缩放”为 65.0，在“节目监视器”面板中可以查看素材画面，如图 17-100 所示。

**步骤04** 将“宝石.mp3”素材添加到“时间轴”面板的 A1 轨道上，如图 17-101 所示。

**步骤05** 拖曳时间指示器至 00:00:05:00 的位置，使用剃刀工具分割 A1 轨道上的素材文件，运用选择工具选择 A1 轨道上第 2 段音频素材文件并删除，然后选择 A1 轨道上的第 1 段音频素材文件，如图 17-102 所示。

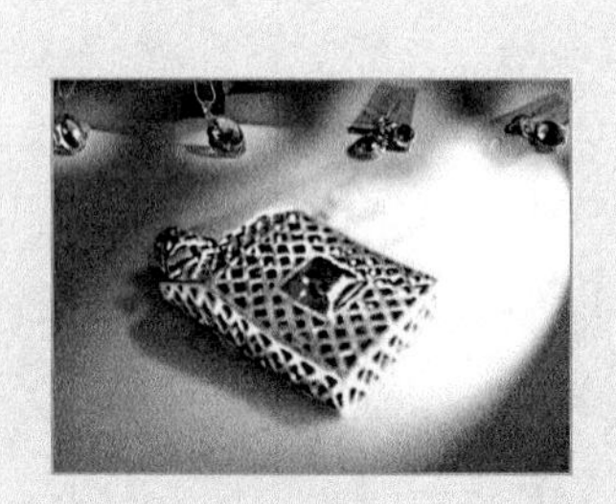

图 17-100 查看素材画面

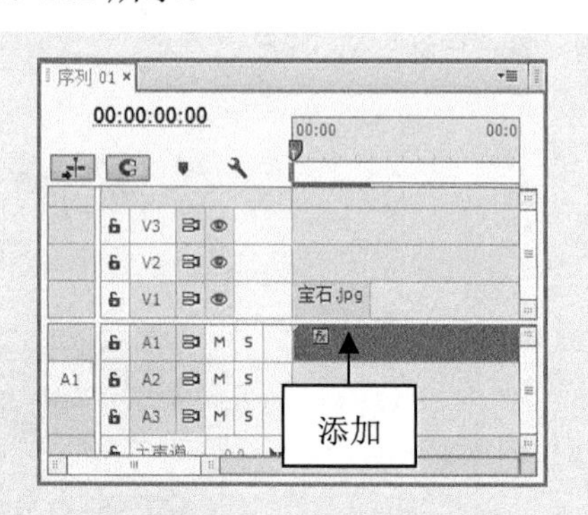


图 17-101 添加素材文件

**步骤06** 在“效果”面板中展开“音频效果”选项，双击“互换声道”选项，如图 17-103 所示，即可为选择的素材添加“互换声道”音频效果。

**步骤07** 拖曳时间指示器至开始位置，在“效果控件”面板中展开“互换声道”选项，单击“旁路”选项左侧的“切换动画”按钮，添加第 1 个关键帧，如图 17-104 所示。

**步骤08** 再拖曳时间指示器至 00:00:03:00 的位置，勾选“旁路”复选框，添加第 2

个关键帧，如图 17-105 所示。单击“播放-停止切换”按钮，试听“互换声道”特效。

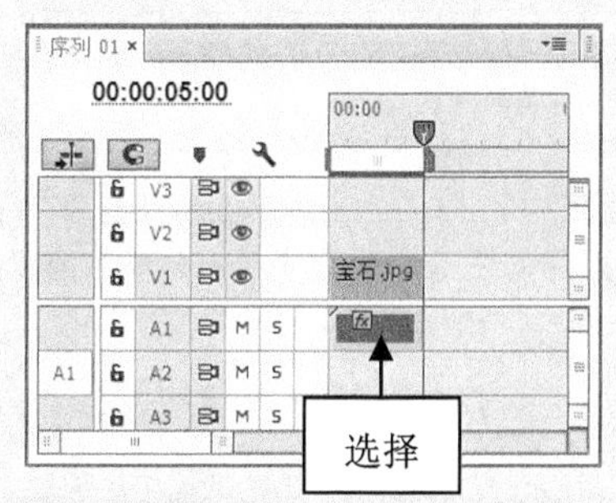


图 17-102　选择素材文件

图 17-103　双击“互换声道”选项

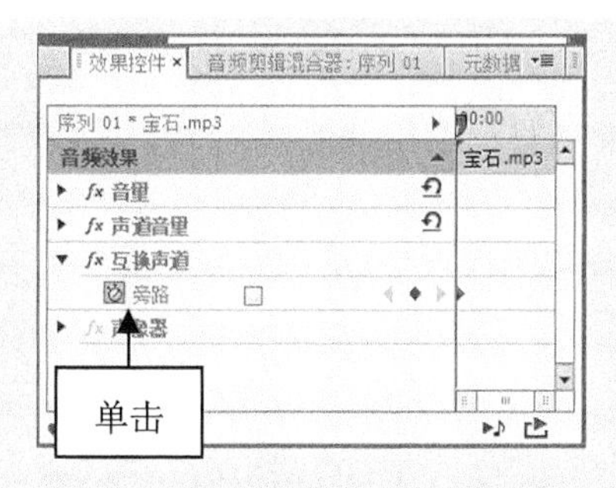


图 17-104　添加第 1 个关键帧

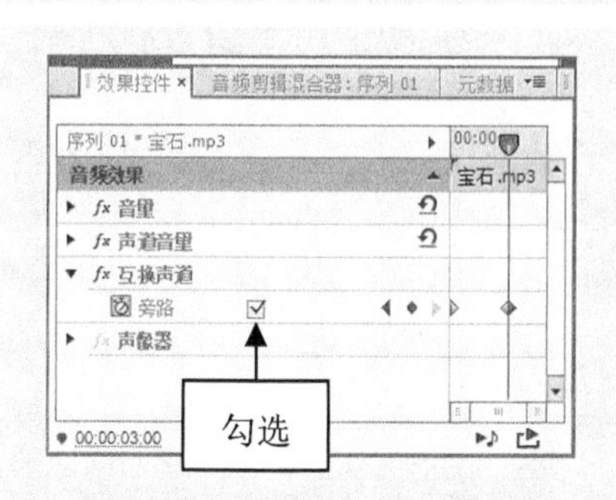


图 17-105　添加第 2 个关键帧

## 17.2.10　多段压缩特效

“多段压缩”(Multiband Compressor)特效是 Premiere Pro CC 新引进的标准音频插件之一。

“多段压缩”特效可以对高、中、低 3 个波段进行压缩控制，为该特效展开的各选项。如果用户觉得用前面的动态范围的压缩调整还不够理想的话，可以尝试使用“多段压缩”特效的方法来获得较为理想的效果。图 17-106 所示为“效果控件”面板中的“自定义设置”选项区。表 17-2 所示为各选项的含义。

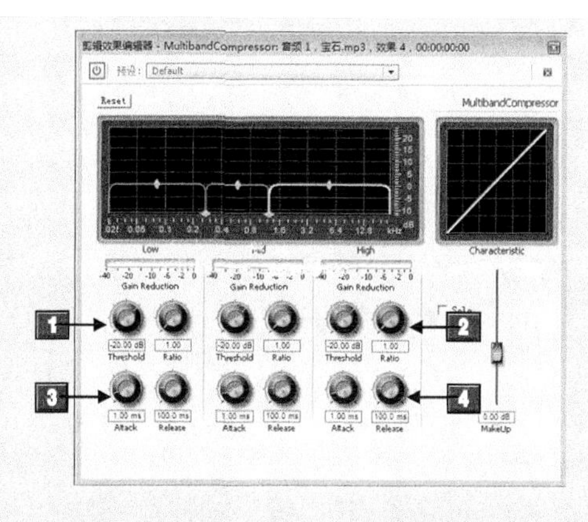


图 17-106　“自定义设置”选项区

表 17-2　“多段压缩”特效中各选项的含义

| 标　号 | 名　称 | 含　义 |
| --- | --- | --- |
| 1 | Threshold(1～3) | 设置一个值，当导入的素材信号超过这个值的时候开始调用压缩，范围为-60～0dB |
| 2 | Ratio(1～3) | 设置一个压缩比率，最高为 8∶1 |
| 3 | Attack(1～3) | 设定一个时间，即导入素材的信号超过 Threshold 参数值以后到压缩开始进行的时间 |
| 4 | Release(1～3) | 指定一个时间，当信号电平低于 Threshold 参数值以后到压缩重新取样的响应时间 |

## 17.2.11　实战——参数均衡特效

在 Premiere Pro CC 中，“参数均衡”音频效果主要用于精确地调整一个音频文件的音调，增强或衰减接近中心频率处的声音。

**步骤 01**　按 Ctrl+O 组合键，打开随书附带光盘中的“素材\第 17 章\电脑广告.prproj”文件，如图 17-107 所示。

**步骤 02**　在“项目”面板中选择“电脑广告.jpg”素材文件，并将其添加到“时间轴”面板中的 V1 轨道上，如图 17-108 所示。

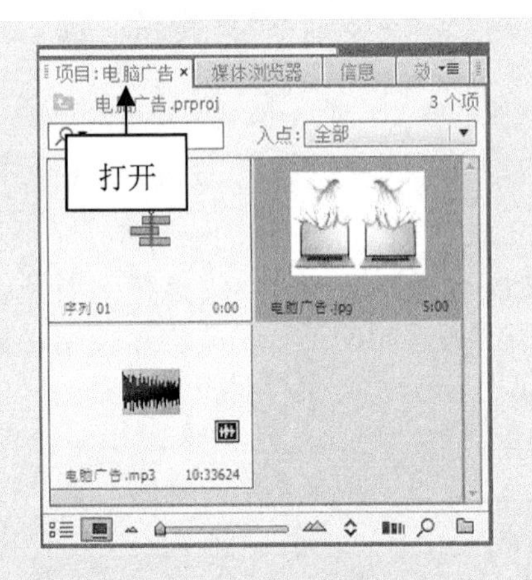


图 17-107　打开项目文件

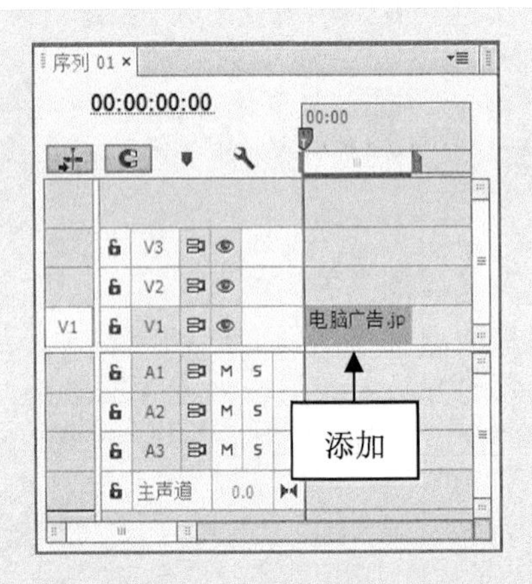


图 17-108　添加素材文件

**步骤 03**　选择 V1 轨道上的素材文件，切换至“效果控件”面板，设置“缩放”为 60.0，在“节目监视器”面板中可以查看素材画面，如图 17-109 所示。

**步骤 04**　将“电脑广告.mp3”素材添加到“时间轴”面板的 A1 轨道上，如图 17-110 所示。

**步骤 05**　拖曳时间指示器至 00:00:05:00 的位置，使用剃刀工具分割 A1 轨道上的素材文件，如图 17-111 所示。

**步骤 06**　在“工具”面板中选取选择工具，选择 A1 轨道上第 2 段音频素材文件，按 Delete 键删除素材文件，如图 17-112 所示。

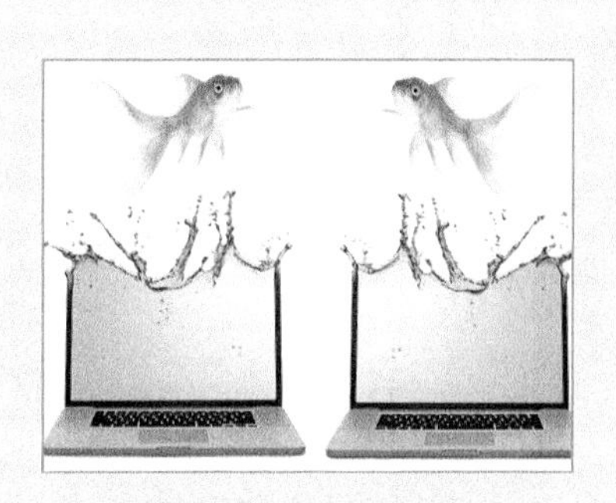

图 17-109 查看素材画面

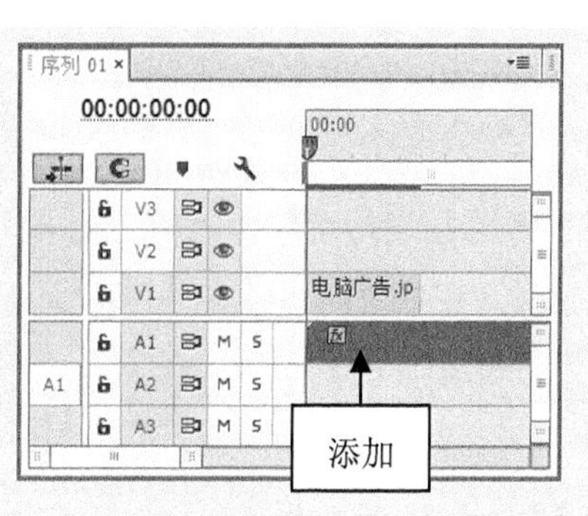


图 17-110 添加素材文件

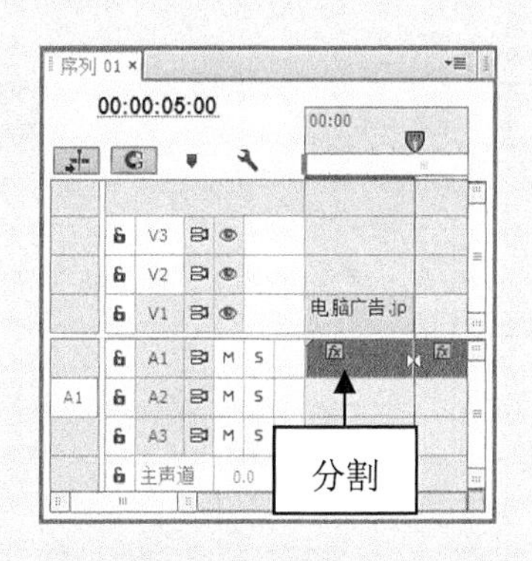


图 17-111 分割素材文件

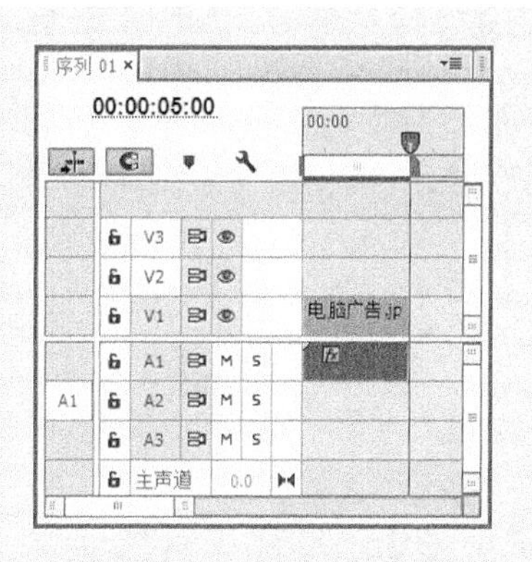


图 17-112 删除素材文件

**步骤07** 选择 A1 轨道上的素材文件，在“效果”面板中展开“音频效果”选项，双击“参数均衡”选项，如图 17-113 所示，即可为选择的素材添加“参数均衡”音频效果。

**步骤08** 在“效果控件”面板中展开“参数均衡”选项，设置“中心”为 12000.0Hz、Q 为 10.1、“提升”为 2.0dB，如图 17-114 所示。单击“播放-停止切换”按钮，试听参数均衡特效。

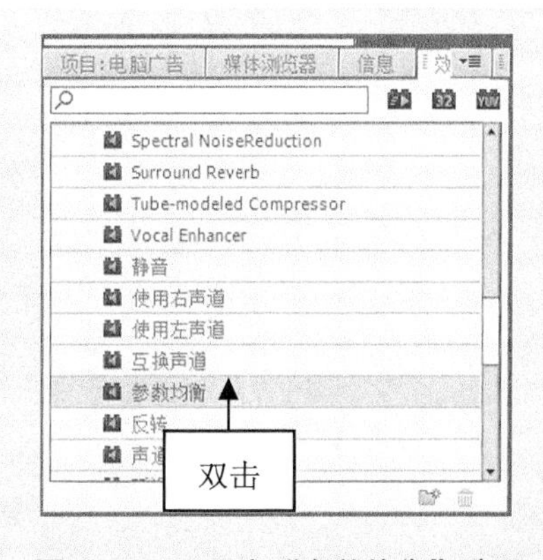


图 17-113 双击“参数均衡”选项

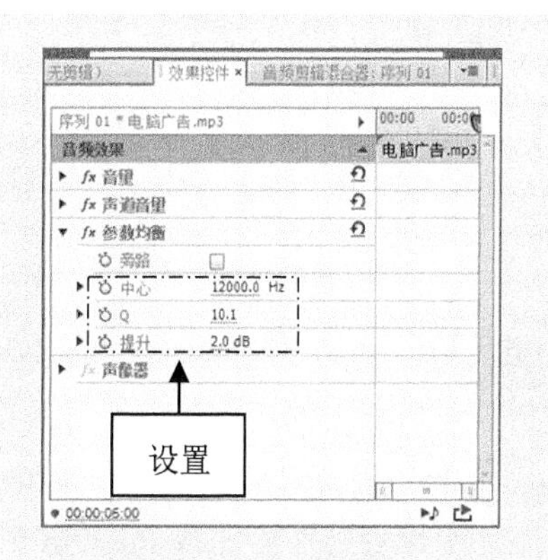


图 17-114 设置相应选项

### 17.2.12 实战——PitchShifter 特效

在 Premiere Pro CC 中，PitchShifter 特效主要是用来调整引入信号的音高。

PitchShifter 特效又称音高转换器，该特效可以加深或减少原始音频素材的音高，可以用来调整输入信号的定调。

**步骤 01** 按 Ctrl+O 组合键，打开随书附带光盘中的“素材\第 17 章\音乐 8.prproj”文件，如图 17-115 所示。

**步骤 02** 在“效果”面板中，选择 PitchShifter 选项，如图 17-116 所示。

**步骤 03** 单击鼠标左键，并将其拖曳至 A1 轨道的音频素材上，释放鼠标左键，即可添加合成特效，如图 17-117 所示。

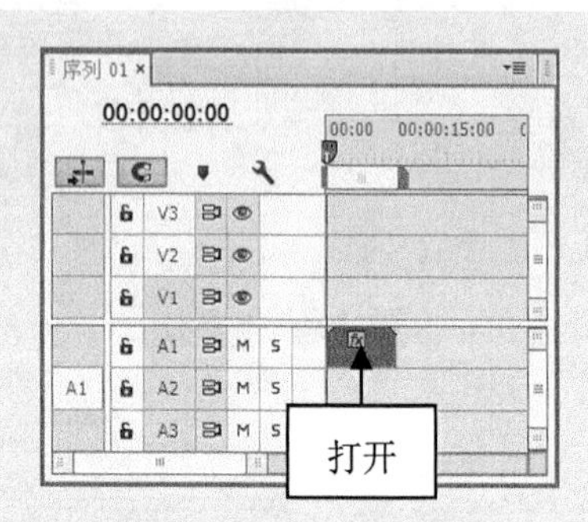


图 17-115 打开项目文件

图 17-116 选择 PitchShifter 选项

**步骤 04** 在“效果控件”面板中展开 PitchShifter|“各个参数”选项，并单击各选项左侧的“切换动画”按钮，如图 17-118 所示。

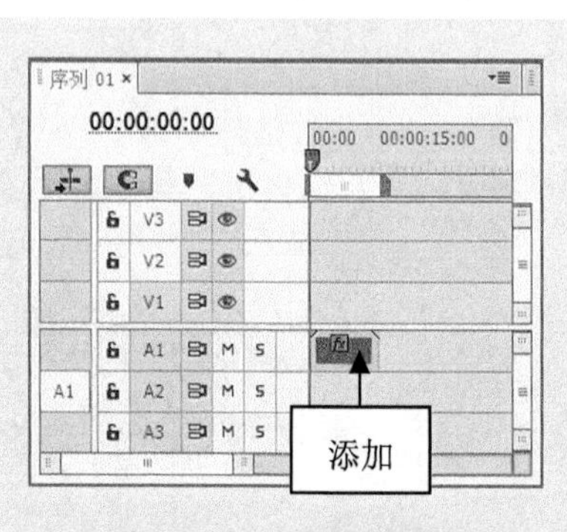


图 17-117 添加音频特效

图 17-118 单击“切换动画”按钮

**步骤 05** 拖曳“当前时间指示器”至 00:00:27:00 的位置，单击“预设”按钮，在弹出的列表框中选择 A quint up 选项，如图 17-119 所示。

**步骤 06** 设置完成后，系统将自动为素材添加关键帧，如图 17-120 所示，执行上述操作后，即可完成 PitchShifter 特效的制作。

图 17-119　选择 A quint up 选项

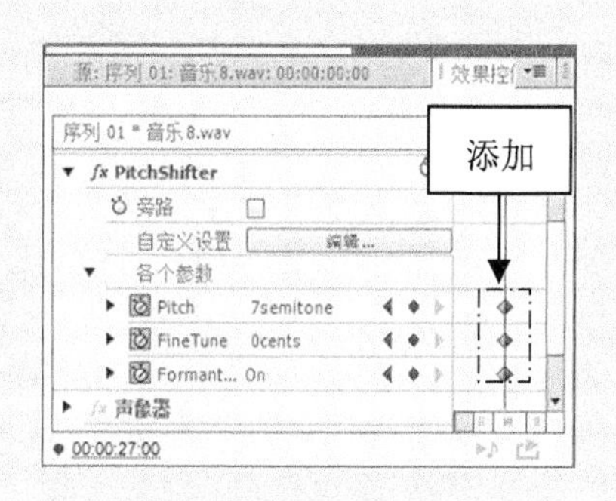


图 17-120　添加关键帧

## 17.2.13　光谱减少噪声特效

在 Premiere Pro CC 中，Spectral NoiseReduction(光谱减少噪声)特效用于用光谱方式对噪音进行处理。

制作光谱减少噪声特效的具体方法是：在“效果”面板中，依次选择“音频效果”| Spectral NoiseReduction 选项，单击鼠标左键并将其拖曳至 A1 轨道的音频素材上，释放鼠标左键，在“效果控件”面板中，设置各关键帧，即可制作光谱减少噪声特效。在“效果控件”面板中用户还可以使用“自定义设置”选项区中的图标来调整各属性，如图 17-121 所示。

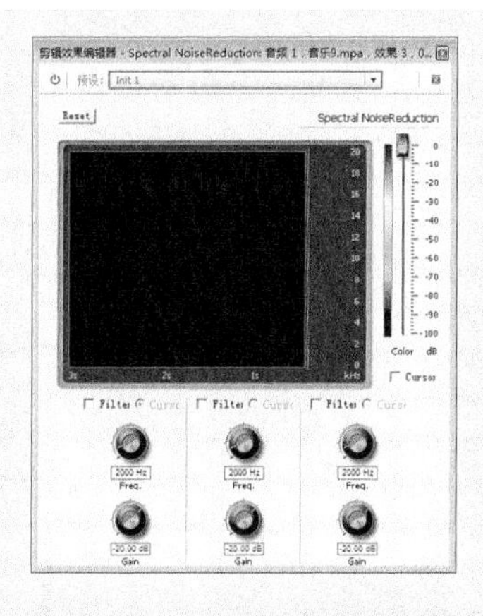


图 17-121　自定义设置选项区

# 第 18 章

# 视频特效的叠加与合成

在 Premiere Pro CC 中，可以通过叠加与合成的方法，为影片制作丰富、漂亮的交互式效果。本章将通过介绍多种叠加与合成的方法，并通过举例的方式，帮助读者掌握视频特效的制作方法。

本章重点：

- 认识 Alpha 通道与遮罩
- 运用常用透明叠加方式
- 运用其他叠加方式

# 18.1 认识 Alpha 通道与遮罩

Alpha 通道是图像额外的灰度图层，利用 Alpha 通道可以将视频轨道中图像、文字等素材与其他视频轨道中的素材进行组合。本节主要介绍 Premiere Pro CC 中的 Alpha 通道与遮罩特效。

## 18.1.1 Alpha 通道概述

通道就如同摄影胶片一样，主要作用是记录图像内容和颜色信息，然而随着图像的颜色模式改变，通道的数量也会随着改变。

在 Premiere Pro CC 中，颜色模式主要以 RGB 模式为主，Alpha 通道可以把所需要的图像分离出来，让画面达到最佳的透明效果。为了更好地理解通道，接下来将通过同样由 Adobe 公司开发的 Photoshop 来进行更深的了解。

在启动 Photoshop 后，打开一幅 RGB 模式的图像。接下来，用户可以选择“窗口”|“通道”命令，展开 RGB 颜色模式下的“通道”面板，此时“通道”面板中除了 RGB 混合通道外，还分别有“红”、“绿”、“蓝”3 个专色通道，如图 18-1 所示。

当用户打开一幅颜色模式为 CMYK 的素材图像时，在“通道”面板中的专色通道将变为青色、洋红、黄色以及黑色，如图 18-2 所示。

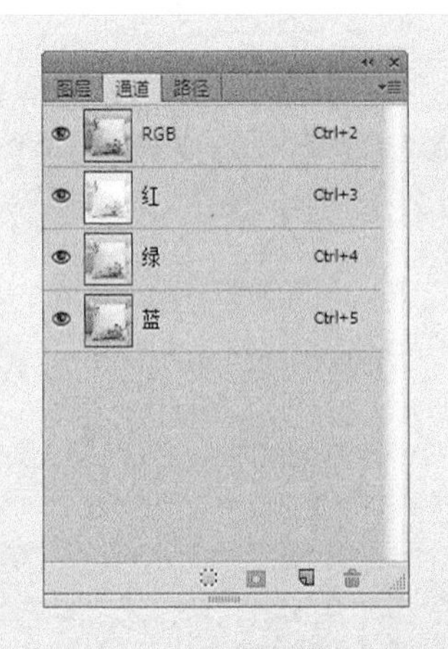


图 18-1 RGB 素材图像的通道

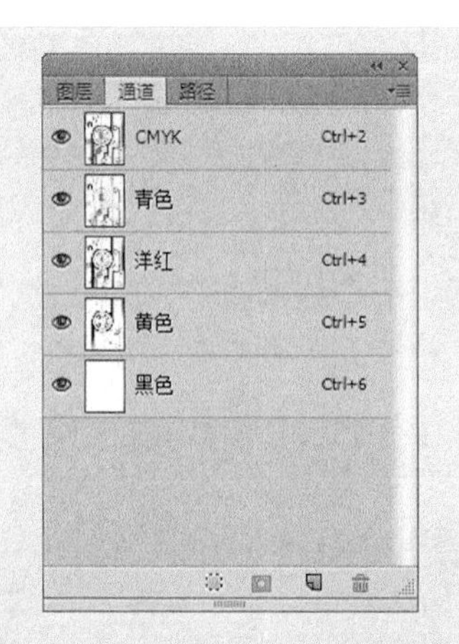


图 18-2 CMYK 素材图像的通道

## 18.1.2 实战——运用 Alpha 通道进行视频叠加

在 Premiere Pro CC 中，一般情况下，利用通道进行视频叠加的方法很简单，用户可以根据需要运用 Alpha 通道进行视频叠加。Alpha 通道信息都是静止的图像信息，因此需要运用 Photoshop 这一类图像编辑软件来生成带有通道信息的图像文件。

在创建完带有通道信息的图像文件后，接下来只需要将带有 Alpha 通道信息的文件拖入到 Premiere Pro CC 的“时间线”面板的视频轨道上即可，视频轨道中编号较低的内容将自动透过 Alpha 通道显示出来。

**步骤01** 按 Ctrl+O 组合键，打开随书附带光盘中的“素材\第 18 章\童话.prproj”文件，如图 18-3 所示。

图 18-3 打开的项目文件

**步骤02** 在“项目”面板中将素材分别添加至 V1 和 V2 轨道上，拖动控制条调整视图，选择 V2 轨道上的素材，在“效果控件”面板中展开“运动”选项，设置“缩放”为 60.0，如图 18-4 所示。

**步骤03** 在“效果”面板中展开“视频效果”|“键控”选项，选择“Alpha 调整”选项，如图 18-5 所示，单击鼠标左键，并将其拖曳至 V2 轨道的素材上，即可添加 Alpha 调整视频效果。

图 18-4 设置缩放值

图 18-5 选择“Alpha 调整”选项

**步骤04** 将时间线移至素材的开始位置，在“效果控件”面板中展开“Alpha 调整”选项，单击“不透明度”、“反转 Alpha”和“仅蒙版”3 个选项左侧的“切换动画”按钮，如图 18-6 所示。

**步骤05** 然后将“当前时间指示器”拖曳至 00:00:02:10 的位置，设置“不透明度”为 50.0%，并勾选“仅蒙版”复选框，添加关键帧，如图 18-7 所示。

**步骤06** 设置完成后，将时间线移至素材的开始位置，在“节目监视器”面板中单击“播放-停止切换”按钮，即可预览视频叠加后的效果，如图 18-8 所示。

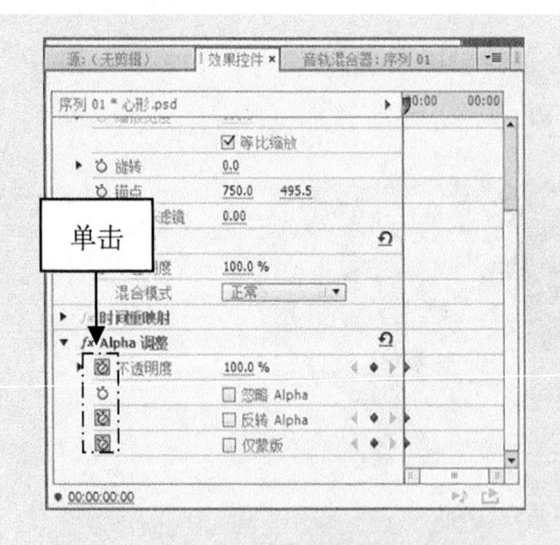


图 18-6　单击“切换动画”按钮

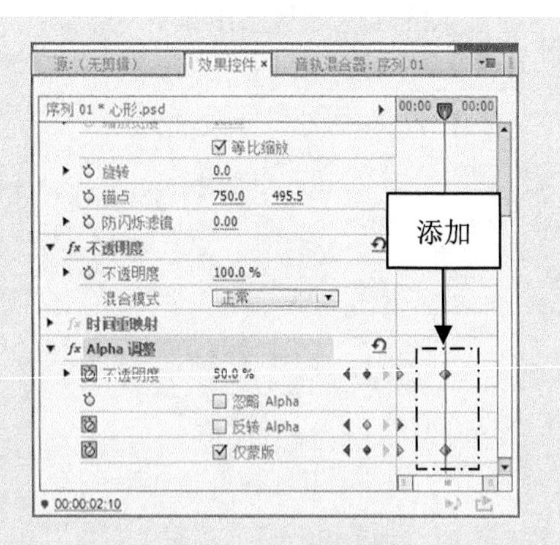


图 18-7　添加关键帧

图 18-8　预览视频叠加后的效果

## 18.1.3　遮罩的基础知识

遮罩能够根据自身灰阶的不同，有选择地隐藏素材画面中的内容。在 Premiere Pro CC 中，遮罩的作用主要是用来隐藏顶层素材画面中的部分内容，并显示下一层画面的内容。

1. 无用信号遮罩

无用信号遮罩主要是针对视频图像的特定键进行处理，“无用信号遮罩”是运用多个遮罩点，并在素材画面中连成一个固定的区域，用来隐藏画面中的部分图像。系统提供了 4 点、8 点以及 16 点无信号遮罩特效。

2. 色度键

“色度键”特效用于将图像上的某种颜色及其相似范围的颜色设定为透明，从而可以看见底层的图像。“色度键”特效的作用是利用颜色来制作遮罩效果，这种特效多运用画面中有大量近似色的素材中。“色度键”特效也常常用于其他文件的 Alpha 通道或填充，如果输入的素材是包含背景的 Alpha，可能需要去除图像中的光晕，而光晕通常和背景及图像有很大的差异。

3. 亮度键

“亮度键”特效用于将叠加图像的灰度值设置为透明。“亮度键”是用来去除素材画面中较暗的部分图像，所以该特效常运用于画面明暗差异化特别明显的素材中。

4. 非红色键

“非红色键”特效与“蓝屏键”特效的效果类似，其区别在于蓝屏键去除的是画面中蓝色图像，而非红色键不仅可以去除蓝色背景，还可以去除绿色背景。

5. 图像遮罩键

“图像遮罩键”特效可以用一幅静态的图像作蒙版。在 Premiere Pro CC 中，“图像遮罩键”特效是将素材作为划定遮罩的范围，或者为图像导入一张带有 Alpha 通道的图像素材来指定遮罩的范围。

6. 差异遮罩键

“差异遮罩键”特效可以将两个图像相同区域进行叠加。“差异遮罩键”特效是作用于对比两个相似的图像剪辑，并去除图像剪辑在画面中的相似部分，最终只留下有差异的图像内容。

7. 颜色键

“颜色键”特效用于设置需要透明的颜色来设置透明效果。“颜色键”特效主要运用于大量相似色的素材画面中，其作用是隐藏素材画面中指定的色彩范围。

## 18.2 运用常用透明叠加方式

在 Premiere Pro CC 中可以通过对素材透明度的设置，制作出各种透明混合叠加的效果。透明度叠加是将一个素材的部分显示在另一个素材画面上，利用半透明的画面来呈现下一张画面。本节主要介绍运用常用透明叠加的基本操作方法。

### 18.2.1 实战——透明度叠加

在 Premiere Pro CC 中，用户可以直接在“效果控件”面板中降低或提高素材的透明度，这样可以让两个轨道的素材同时显示在画面中。

**步骤01** 按 Ctrl+O 组合键，打开随书附带光盘中的“素材\第 18 章\光线.prproj”文件，如图 18-9 所示。

**步骤02** 在 V2 轨道上，选择视频素材，如图 18-10 所示。

**步骤03** 在“效果控件”面板中，展开“不透明度”选项，单击“不透明度”选项左侧的“切换动画”按钮，添加关键帧，如图 18-11 所示。

**步骤04** 将时间线移至 00:00:04:00 的位置，设置“不透明度”为 50.0%，添加关键帧，如图 18-12 所示。

图 18-9　打开项目文件

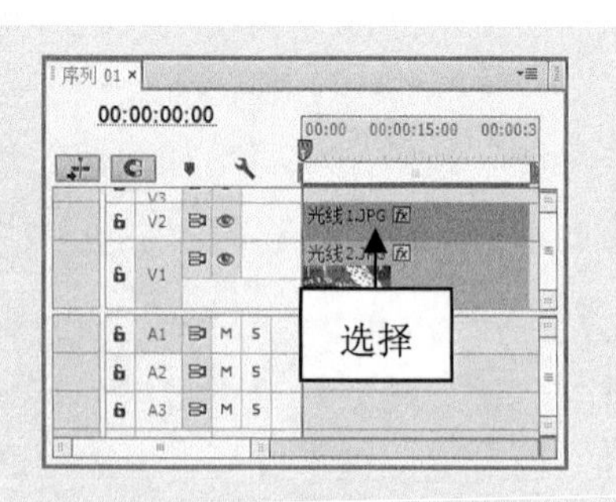


图 18-10　选择视频素材

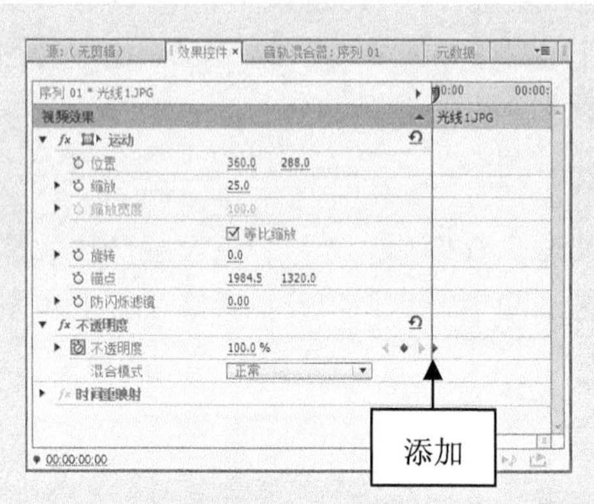


图 18-11　添加关键帧(1)

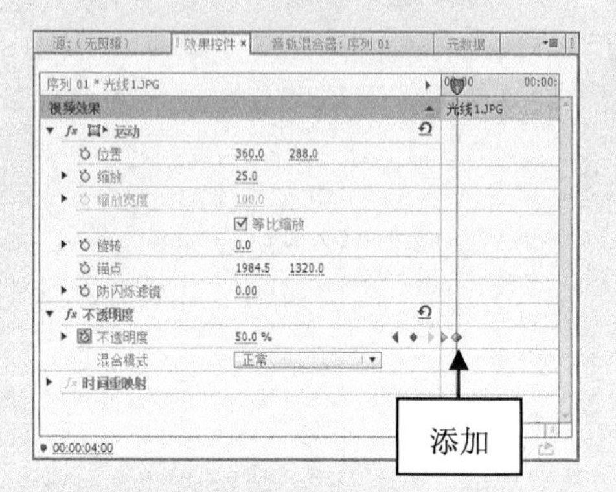


图 18-12　添加关键帧(2)

**步骤 05**　用与上述同样的方法，分别在 00:00:06:00、00:00:08:00 和 00:00:10:00 位置，为素材添加关键帧，并分别设置“不透明度”为 25.0%、40.0%和 80.0%，设置完成后，将时间线移至素材的开始位置，在“节目监视器”面板中，单击“播放-停止切换”按钮，预览透明化的叠加效果，如图 18-13 所示。

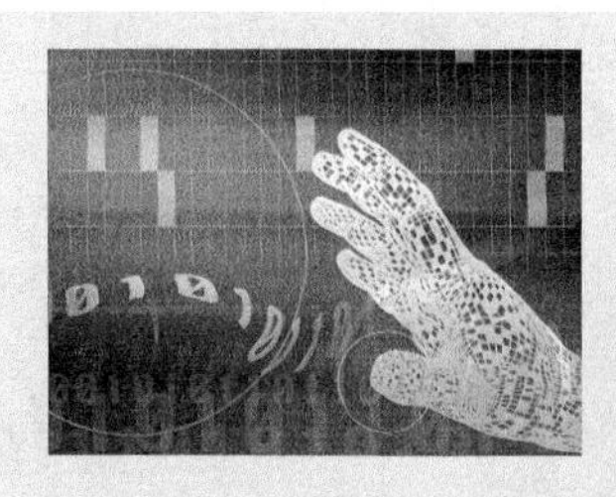

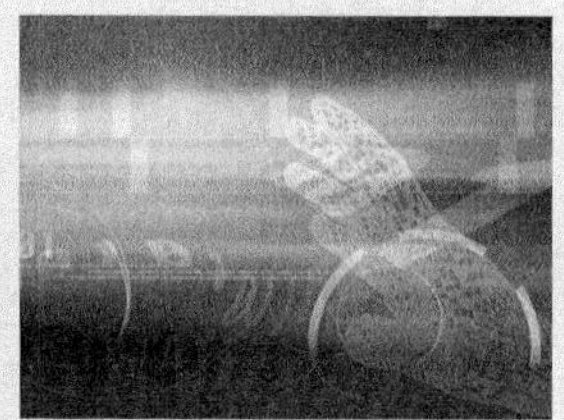

图 18-13　预览透明化的叠加效果

### 18.2.2　实战——蓝屏键透明叠加

在 Premiere Pro CC 中，“蓝屏键”特效可以去除画面中的所有蓝色部分，这样可以为画面添加更加特殊的叠加效果，这种特效常运用在影视抠图中。

**步骤 01**　按 Ctrl+O 组合键，打开随书附带光盘中的“素材\第 18 章\光圈.prproj”文件，如图 18-14 所示。

**步骤02** 在“效果”面板中，选择“蓝屏键”选项，如图 18-15 所示。

图 18-14 打开项目文件

图 18-15 选择“蓝屏键”选项

**步骤03** 单击鼠标左键，并将其拖曳至 V2 的素材图像上，添加视频效果，如图 18-16 所示。

**步骤04** 展开“效果控件”面板，展开“蓝屏键”选项，设置“阈值”为 50.0%，如图 18-17 所示。

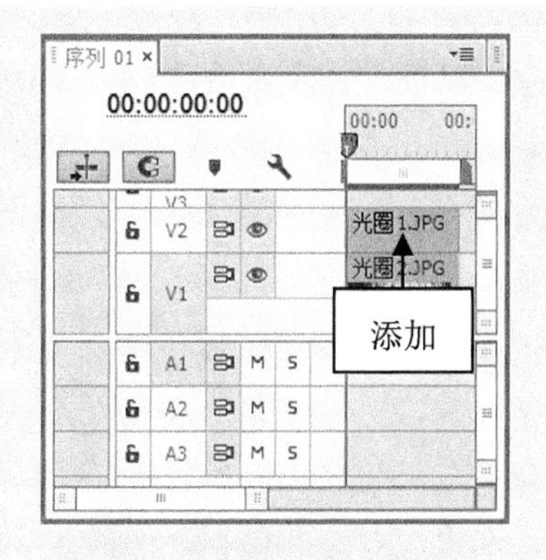


图 18-16 添加视频效果

图 18-17 设置参数值

**步骤05** 设置完成后，将时间线移至素材的开始位置，在“节目监视器”面板中，单击“播放-停止切换”按钮，预览蓝屏键叠加效果，如图 18-18 所示。

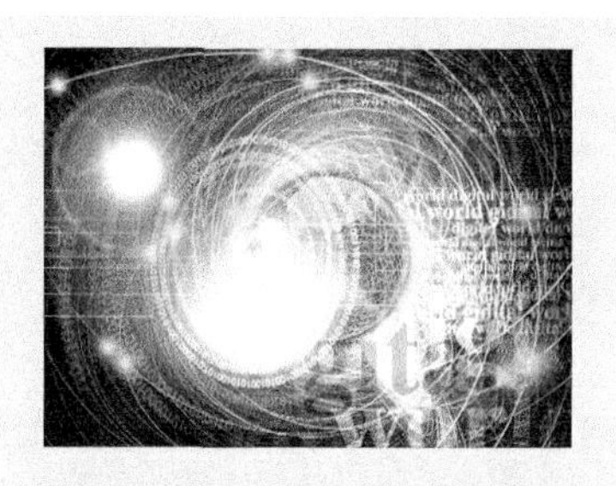

图 18-18 预览蓝屏键叠加效果

## 18.2.3 实战——非红色键叠加素材

“非红色键”特效可以将图像上的背景变成透明色，下面将介绍运用非红色键叠加素材的操作方法。

**步骤 01** 按 Ctrl+O 组合键，打开随书附带光盘中的“素材\第 18 章\字母.prproj”文件，如图 18-19 所示。

**步骤 02** 在“效果”面板中，选择“非红色键”选项，如图 18-20 所示。

图 18-19 打开项目文件

图 18-20 选择“非红色键”选项

**步骤 03** 单击鼠标左键，并将其拖曳至 V2 的视频素材上，如图 18-21 所示。

**步骤 04** 在“效果控件”面板中，设置“阈值”为 0.0%、“屏蔽度”为 1.5%，即可运用非红色键叠加素材，效果如图 18-22 所示。

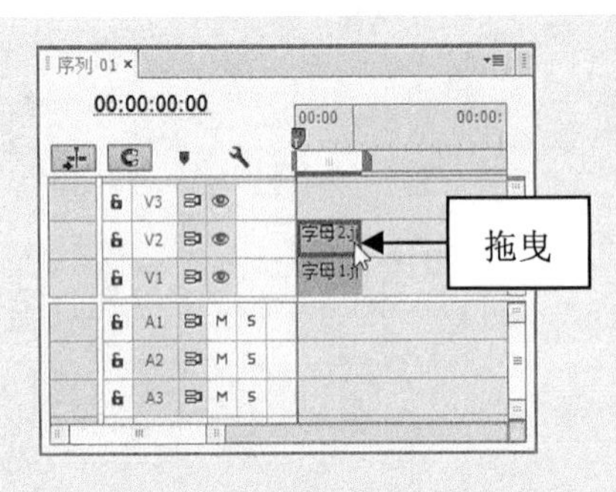


图 18-21 拖曳至视频素材上

图 18-22 运用非红色键叠加素材效果

## 18.2.4 实战——颜色键透明叠加

在 Premiere Pro CC 中，用户可以运用“颜色键”特效制作出一些比较特别的效果叠加。下面介绍如何使用颜色键来制作特殊效果。

**步骤 01** 按 Ctrl+O 组合键，打开随书附带光盘中的“素材\第 18 章\水果.prproj”文件，如图 18-23 所示。

**步骤 02** 在“效果”面板中，选择“颜色键”选项，如图 18-24 所示。

图 18-23 打开的项目文件

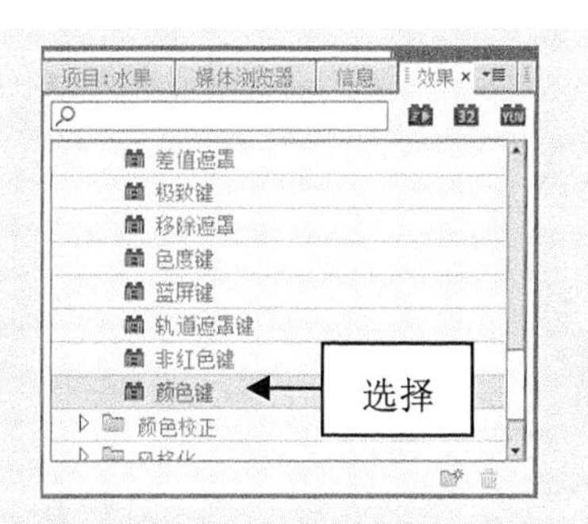


图 18-24 选择"颜色键"选项

**步骤03** 单击鼠标左键，并将其拖曳至 V2 的素材图像上，添加视频效果，如图 18-25 所示。

**步骤04** 在"效果控件"面板中，设置"主要颜色"为绿色(RGB 参数值为 45、144、66)、"颜色容差"为 50，如图 18-26 所示。图中标示各选项含义见表 18-1。

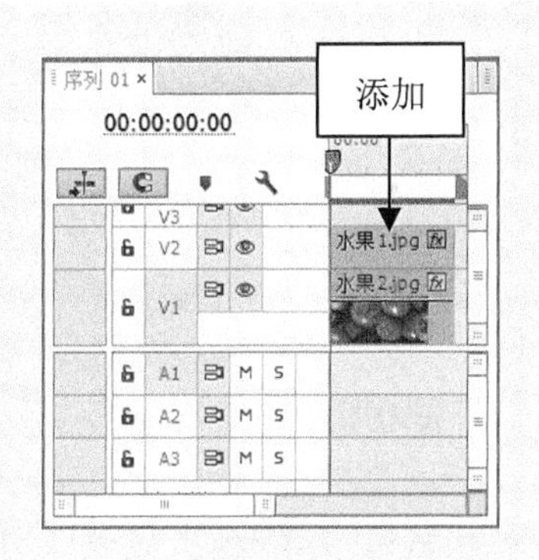


图 18-25 添加视频效果

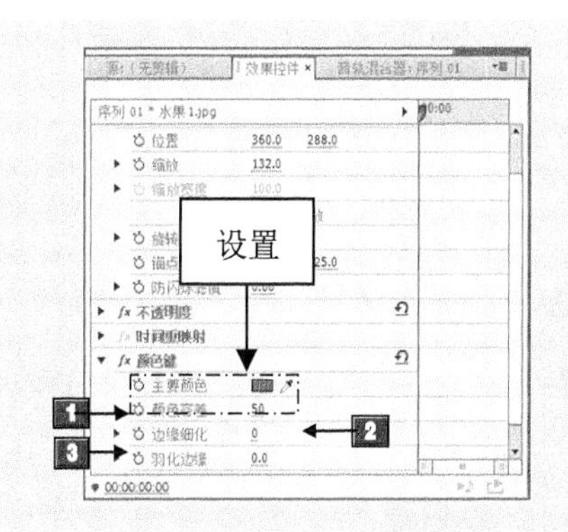


图 18-26 设置参数值

表 18-1 "效果控件"特效中各选项的含义

| 标　号 | 名　称 | 含　义 |
| --- | --- | --- |
| 1 | 颜色容差 | "颜色容差"选项主要是用于扩展所选颜色的范围 |
| 2 | 边缘细化 | "边缘细化"选项能够在选定色彩的基础上，扩大或缩小"主要颜色"的范围 |
| 3 | 羽化边缘 | "羽化边缘"选项可以在图像边缘产生平滑过度，其参数越大，羽化的效果越明显 |

**步骤05** 执行上述操作后，即可运用颜色键叠加素材，效果如图 18-27 所示。

图 18-27 运用颜色键叠加素材效果

### 18.2.5 实战——亮度键透明叠加

在 Premiere Pro CC 中，亮度键是用来抠出图层中指定明亮度或亮度的所有区域。下面将介绍添加“亮度键”特效，去除背景中的黑色区域。

**步骤 01** 以 18.2.4 小节中的效果为例，在“效果”面板中，依次展开“键控”|“亮度键”选项，如图 18-28 所示。

**步骤 02** 单击鼠标左键，并将其拖曳至 V2 的素材图像上，添加视频效果，如图 18-29 所示。

图 18-28 选择“亮度键”选项

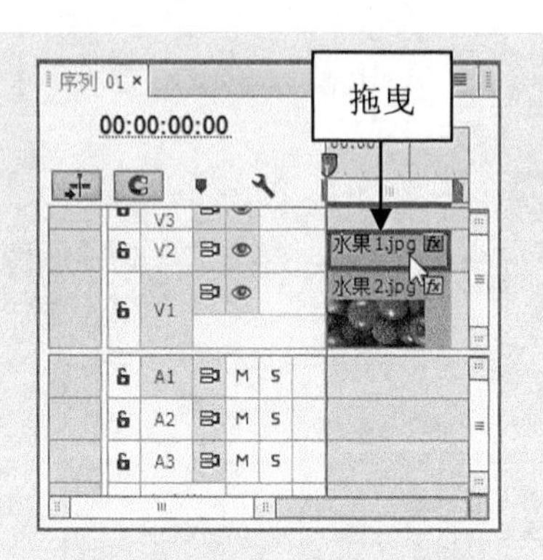


图 18-29 拖曳视频效果

**步骤 03** 在“效果控件”面板中，设置“阈值”、“屏蔽度”均为 100.0%，如图 18-30 所示。

**步骤 04** 执行上述操作后，即可运用“亮度键”叠加素材，效果如图 18-31 所示。

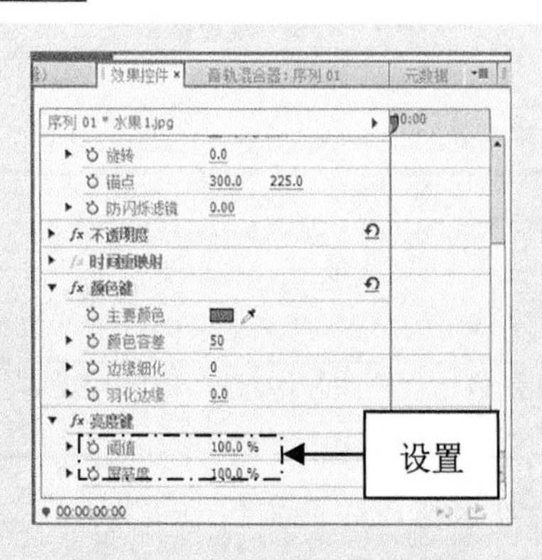


图 18-30 设置相应的参数

图 18-31 预览视频效果

## 18.3 运用其他叠加方式

在 Premiere Pro CC 中，除了上一节介绍的叠加方式外，还有“字幕”叠加方式、“淡入淡出”叠加方式以及“RGB 差值键”叠加方式等，这些叠加方式都是相当实用的。本节主要介绍运用这些叠加方式的基本操作方法。

## 18.3.1 实战——字幕叠加

在 Premiere Pro CC 中，华丽的字幕效果往往会让整个影视素材显得更加耀眼。下面介绍运用字幕叠加的操作方法。

**步骤01** 按 Ctrl+O 组合键，打开随书附带光盘中的“素材\第 18 章\花纹.prproj”文件，如图 18-32 所示。

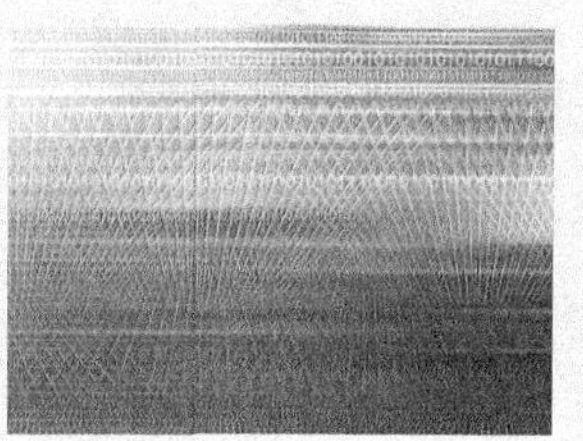

图 18-32 打开的项目文件

**技巧：**字幕在创建的时候，Premiere Pro CC 中会自动加上 Alpha 通道，所以也能带来透明叠加的效果。在需要进行视频叠加时，利用字幕创建工具制作出文字或者图形的可叠加视频内容，然后在利用“时间线”面板进行编辑即可。

**步骤02** 在“效果控件”面板中，设置 V1 轨道素材的“缩放”为 135.0，如图 18-33 所示。

**步骤03** 按 Ctrl+T 组合键，弹出“新建字幕”对话框，单击“确定”按钮，打开“字幕编辑”窗口，在窗口中输入文字并设置字幕属性，如图 18-34 所示。

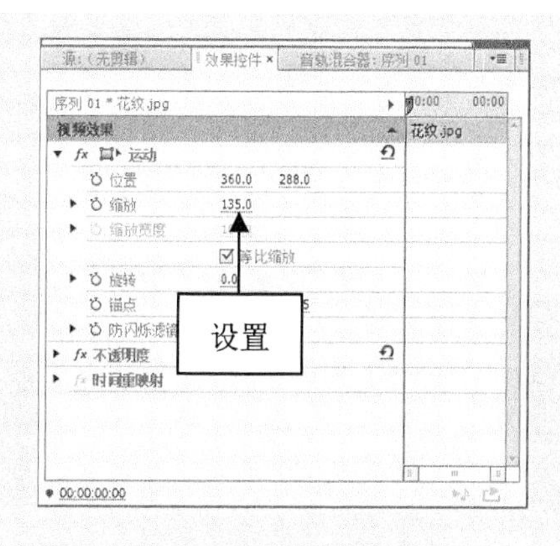


图 18-33 设置相应选项

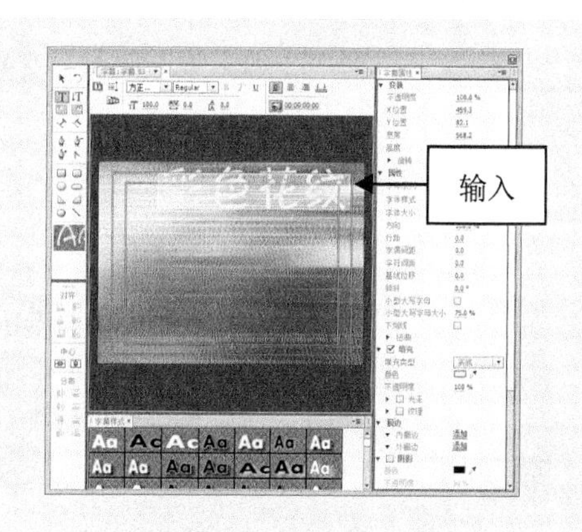


图 18-34 输入文字

**步骤04** 关闭“字幕编辑”窗口，在“项目”面板中拖曳“字幕 01”至 V3 轨道中，如图 18-35 所示。

**步骤 05** 选择 V2 轨道中的素材，在“效果”面板中展开“视频效果”|“键控”选项，选择“轨道遮罩键”选项，如图 18-36 所示。

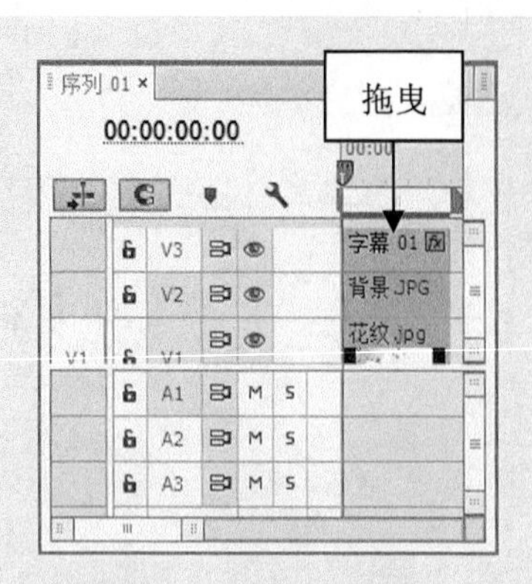


图 18-35　拖曳字幕素材

图 18-36　选择“轨道遮罩键”选项

**步骤 06** 单击鼠标左键并将其拖曳至 V2 轨道的素材上，在“效果控件”面板中展开“轨道遮罩键”选项，设置“遮罩”为“视频 3”，如图 18-37 所示。

**步骤 07** 在面板中展开“运动”选项，设置“缩放”为 65.0，执行上述操作后，即可完成叠加字幕的制作，效果如图 18-38 所示。

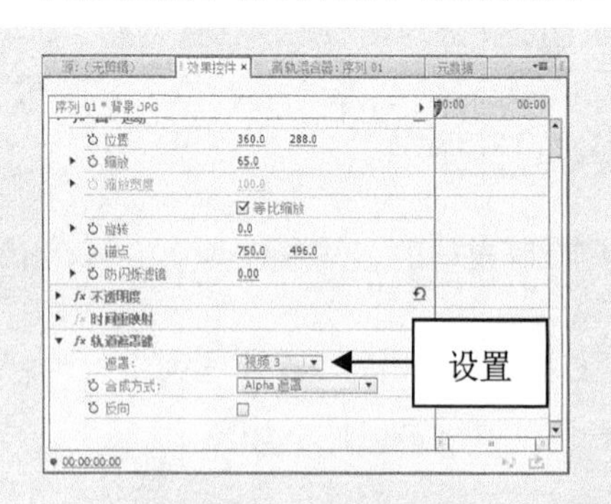


图 18-37　设置相应参数

图 18-38　字幕叠加效果

## 18.3.2　实战——RGB 差值键

在 Premiere Pro CC 中，“RGB 差值键”特效主要用于将视频素材中的一种颜色差值做透明处理。下面介绍运用 RGB 差值键的操作方法。

**步骤 01** 按 Ctrl+O 组合键，打开随书附带光盘中的“素材\第 18 章\女孩.prproj”文件，如图 18-39 所示。

**步骤 02** 在“效果”面板中展开“视频效果”|“键控”选项，选择“RGB 差值键”选项，如图 18-40 所示。

**步骤 03** 单击鼠标左键并将其拖曳至 V2 轨道的素材上，添加视频效果，如图 18-41 所示。

图 18-39　打开的项目文件

图 18-40　选择“RGB 差值键”选项

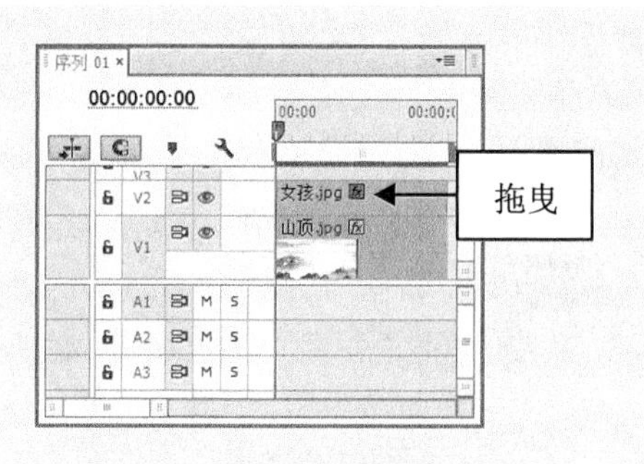


图 18-41　拖曳视频效果

**步骤 04**　在“效果控件”面板中展开“RGB 差值键”选项，设置“颜色”为粉色(RGB 参数值为 253、223、223)、“相似性”为 10.0%，如图 18-42 所示。

**步骤 05**　执行上述操作后，即可运用“RGB 差值键”制作叠加效果，在“节目监视器”面板中可以预览其效果，如图 18-43 所示。

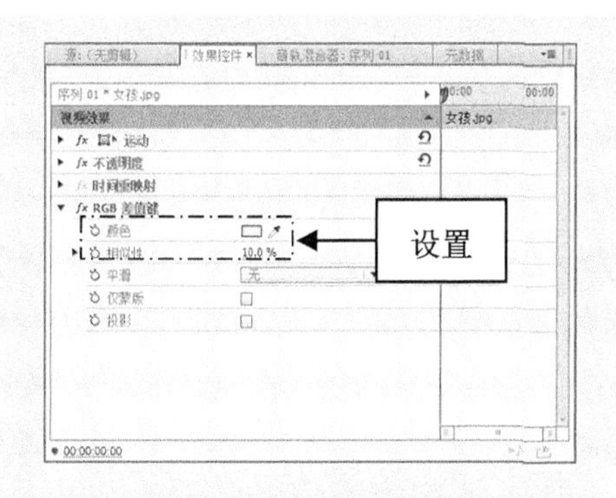


图 18-42　设置相应参数

图 18-43　预览 RGB 差值键叠加效果

### 18.3.3　实战——淡入淡出叠加

在 Premiere Pro CC 中，“淡入淡出叠加”效果通过对两个或两个以上的素材文件添加“不透明度”特效，并为素材添加关键帧实现素材之间的叠加转换。下面介绍运用淡入淡出叠加的操作方法。

**步骤01** 按 Ctrl＋O 组合键，打开随书附带光盘中的“素材\第 18 章\卡通.prproj”文件，如图 18-44 所示。

图 18-44　打开的项目文件

**步骤02** 在“效果控件”面板中，分别设置 V1 和 V2 轨道中的素材“缩放”为 72.0、160.0，如图 18-45 所示。

**步骤03** 选择 V2 轨道中的素材，在“效果控件”面板中展开“不透明度”选项，设置“不透明度”为 0.0%，添加关键帧，如图 18-46 所示。

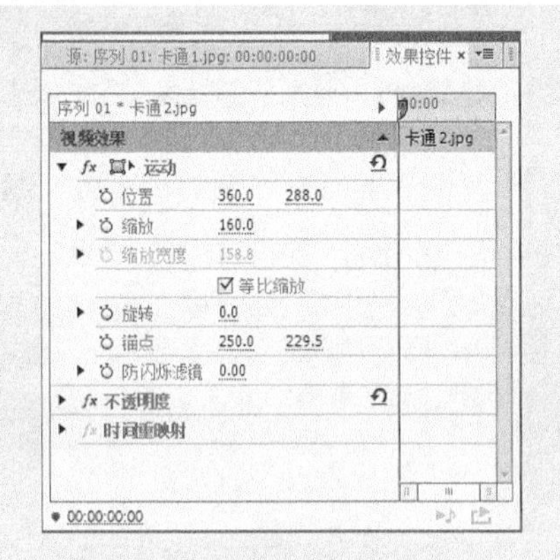


图 18-45　设置素材“缩放”

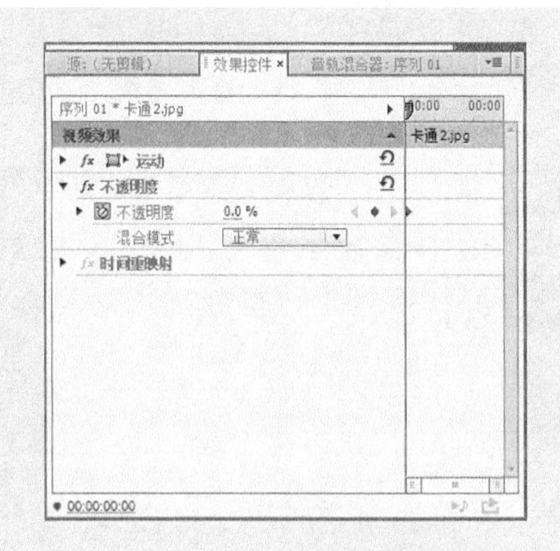


图 18-46　添加关键帧(1)

**提示：**在 Premiere Pro CC 中，淡出就是一段视频剪辑结束时由亮变暗的过程，淡入是指一段视频剪辑开始时由暗变亮的过程。淡入淡出叠加效果会增加影视内容本身的一些主观气氛，而不像无技巧剪接那么生硬。另外，Premiere Pro CC 中的淡入淡出在影视转场特效中也被称为溶入溶出，或者渐隐与渐显。

**步骤04** 将“当前时间指示器”拖曳至 00:00:02:04 的位置，设置“不透明度”为 100.0%，添加第 2 个关键帧，如图 18-47 所示。

**步骤05** 将“当前时间指示器”拖曳至 00:00:04:05 的位置，设置“不透明度”为 0.0%，添加第 3 个关键帧，如图 18-48 所示。

**步骤06** 执行上述操作后，将时间线移至素材的开始位置，在“节目监视器”面板中单击“播放-停止切换”按钮，即可预览淡入淡出叠加效果，如图 18-49 所示。

图 18-47 添加关键帧(2)

图 18-48 添加关键帧(3)

图 18-49 预览淡入淡出叠加效果

## 18.3.4 实战——4 点无用信号遮罩

在 Premiere Pro CC 中，“4 点无用信号遮罩”特效可以在视频画面中设定 4 个遮罩点，并利用这些遮罩点连成的区域来隐藏部分图像。

**步骤 01** 按 Ctrl＋O 组合键，打开随书附带光盘中的“素材\第 18 章\夏日清晨.prproj”文件，如图 18-50 所示。

图 18-50 打开的项目文件

**步骤 02** 在“效果控件”面板中，设置素材的“缩放”为 80.0，如图 18-51 所示。

**步骤 03** 在“效果控件”面板中展开“视频效果”|“键控”选项，选择“4 点无用信号遮罩”选项，如图 18-52 所示。

**步骤 04** 单击鼠标左键并将其拖曳至 V2 轨道的素材上，在“效果控件”面板中单击“4 点无用信号遮罩”选项中的所有“切换动画”按钮，创建关键帧，如图 18-53 所示。

**步骤 05** 将“当前时间指示器”拖曳至 00:00:02:00 的位置，设置“上左”为(200.0、0.0)、“上右”为(650.0、0.0)、“下右”为(900.0、727.0)、“下左”为(0.0、727.0)，添加第 2 组关键帧，如图 18-54 所示。

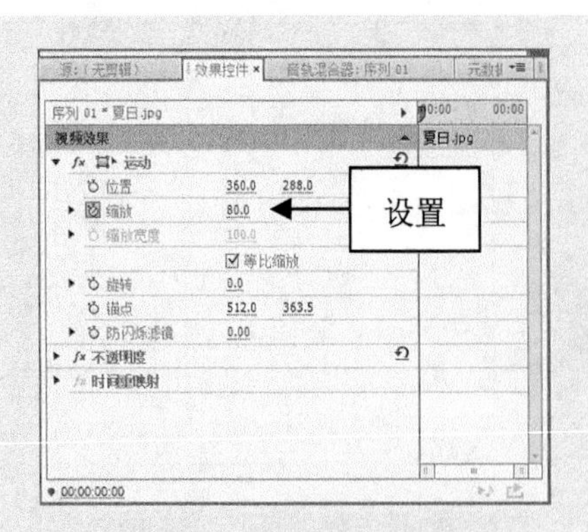


图 18-51　设置素材“缩放”

图 18-52　选择相应选项

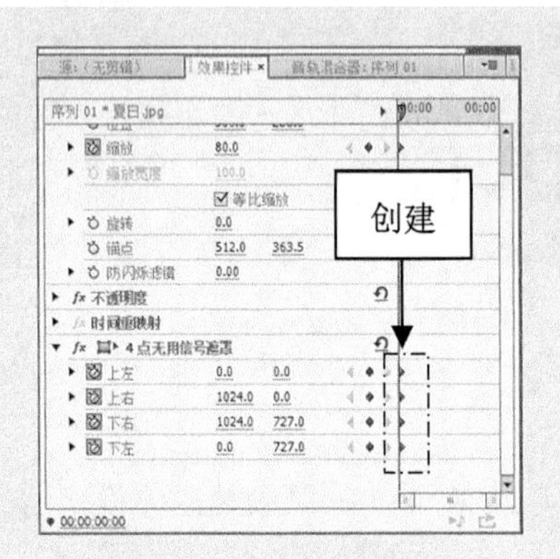


图 18-53　创建关键帧

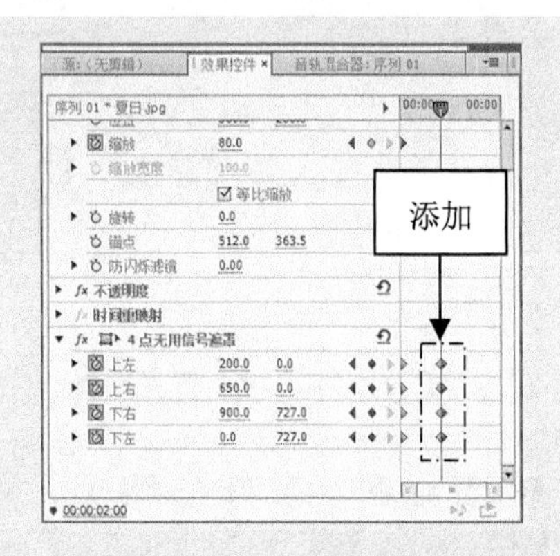


图 18-54　添加关键帧(1)

**步骤06** 将“当前时间指示器”拖曳至 00:00:03:10 的位置，设置“上左”为(733.0、0.0)、“上右”为(650.0、400.0)、“下右”为(963.0、700.0)、“下左”为(0.0、500.0)，添加第 3 组关键帧，如图 18-55 所示。

**步骤07** 将“当前时间指示器”拖曳至 00:00:04:12 的位置，设置“上左”为(500.0、0.0)、上右为(0.0、200.0)、“下右”为(500.0、750.0)、“下左”为(0.0、450.0)，添加第 4 组关键帧，效果如图 18-56 所示。

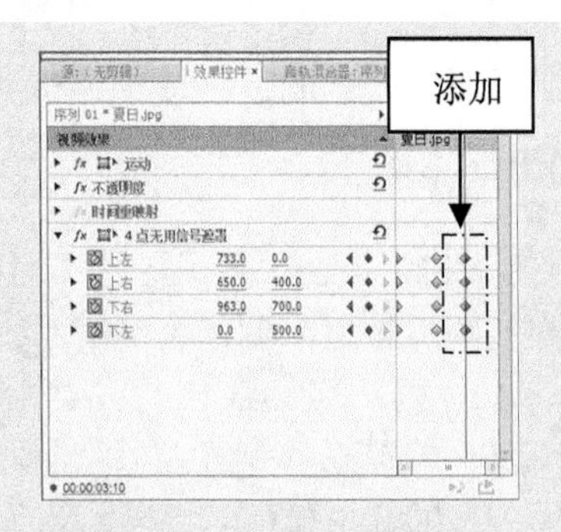


图 18-55　添加关键帧(2)

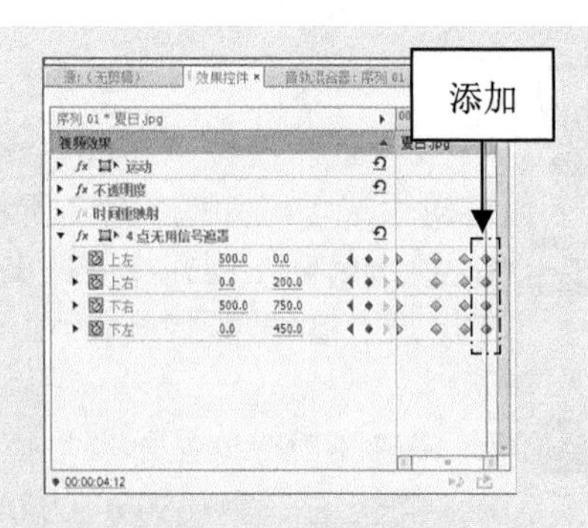


图 18-56　添加关键帧(3)

**步骤08** 执行上述操作后，将时间线移至素材的开始位置，在“节目监视器”面板中单击“播放-停止切换”按钮，即可预览“4 点无用信号遮罩”效果，如图 18-57 所示。

图 18-57 预览“4 点无用信号遮罩”视频效果

## 18.3.5 实战——8 点无用信号遮罩

在 Premiere Pro CC 中，“8 点无用信号遮罩”与“4 点无用信号遮罩”的作用一样，该效果包含了 4 点无用信号遮罩特效的所有遮罩点，并增加了 4 个调节点。下面介绍运用“8 点无用信号遮罩”的操作方法。

**步骤01** 按 Ctrl+O 组合键，打开随书附带光盘中的“素材\第 18 章\欢庆.prproj”文件，如图 18-58 所示。

图 18-58 打开的项目文件

**注意：**在 Premiere Pro CC 中，使用“8 点无用信号遮罩”视频效果后，将在“节目监视器”面板中显示带有控制柄的蒙版，通过移动控制柄可以调整蒙版的形状。

**技巧：**制作 8 点无用信号遮罩效果时，在“效果控件”面板中展开“8 点无用信号遮罩”选项，用户可以根据需要在面板中添加相应关键帧，并且可以移动关键帧的位置，制作不同的 8 点无用信号遮罩效果。

**步骤02** 在“效果”面板中展开“视频效果”|“键控”选项，选择“8 点无用信号遮罩”选项，如图 18-59 所示。

**步骤03** 单击鼠标左键并将其拖曳至 V2 轨道的素材上，在“效果控件”面板中，单击“8 点无用信号遮罩”选项中的“上左顶点”、“右上顶点”、“下右顶点”、“左下顶点”选项的“切换动画”按钮，创建关键帧，如图 18-60 所示。

图 18-59　选择相应选项

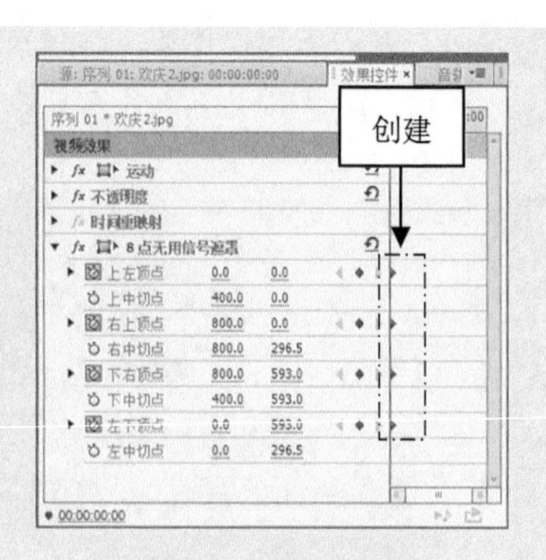


图 18-60　创建关键帧

**步骤 04**　然后将“当前时间指示器”拖曳至 00:00:01:00 的位置，设置“上左顶点”为(200.0、0.0)、“右上顶点”为(600.0、0.0)、“下右顶点”为(600.0、593.0)、“左下顶点”为(200.0、593.0)，此时系统会自动添加第 2 组关键帧，如图 18-61 所示。

**步骤 05**　然后用与上述相同的方法，分别将“当前时间指示器”拖曳至 00:00:02:00、00:00:03:00 和 00:00:04:00 的位置，并分别设置“上左顶点”为(400.0、600.0 和 1000.0)、“右上顶点”为(400.0、200.0 和-200.0)、“下右顶点”为(400.0、600.0 和-200.0)、“左下顶点”为(400.0、200.0 和 1000.0)，右侧参数均不变，设置完成后，即可添加关键帧，如图 18-62 所示。

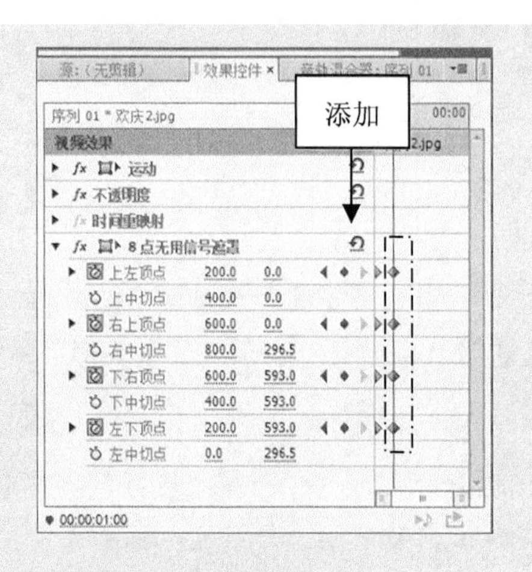


图 18-61　添加关键帧(1)

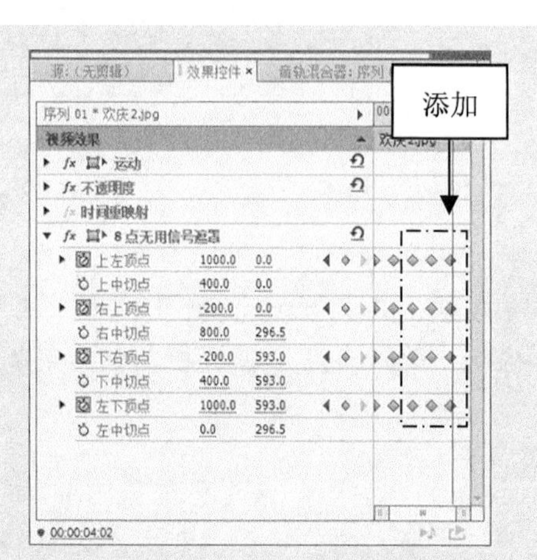


图 18-62　添加关键帧(2)

**步骤 06**　执行上述操作后，将时间线移至素材的开始位置，在“节目监视器”面板中单击“播放-停止切换”按钮，即可预览“8 点无用信号遮罩”效果，如图 18-63 所示。

图 18-63 预览“8 点无用信号遮罩”视频效果

## 18.3.6 实战——16 点无用信号遮罩

在 Premiere Pro CC 中，“16 点无用信号遮罩”包含了“8 点无用信号遮罩”的所有遮罩点，并在“8 点无用信号遮罩”的基础上增加了 8 个遮罩点。下面介绍运用“16 点无用信号遮罩”的方法。

**步骤 01** 按 Ctrl+O 组合键，打开随书附带光盘中的“素材\第 18 章\少女.prproj”文件，如图 18-64 所示。

图 18-64 打开的项目文件

**步骤 02** 在“效果”面板中展开“视频效果”|“键控”选项，选择“16 点无用信号遮罩”选项，如图 18-65 所示。

**步骤 03** 单击鼠标左键并将其拖曳至 V2 轨道的素材上，如图 18-66 所示。

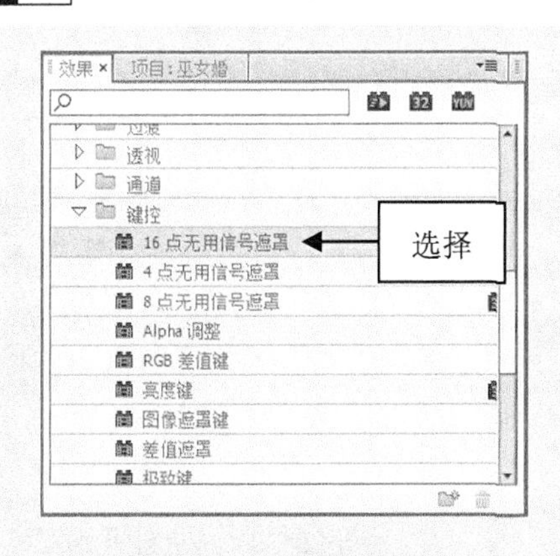


图 18-65 选择相应选项

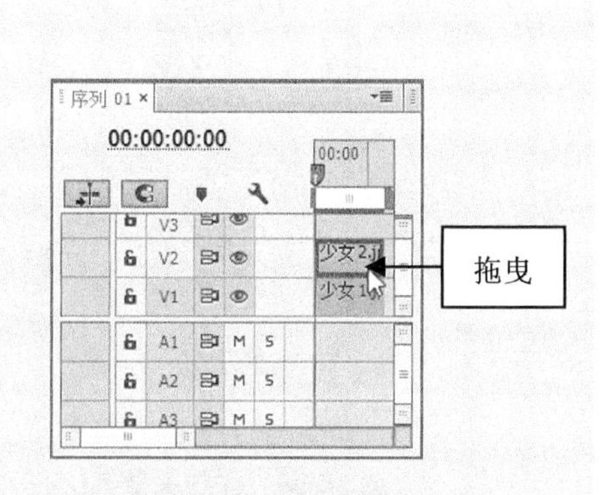


图 18-66 拖曳视频效果

**步骤04** 在“效果控件”面板中单击“16 点无用信号遮罩”选项中的所有“切换动画”按钮，创建关键帧，如图 18-67 所示。

**步骤05** 然后将“当前时间指示器”拖曳至 00:00:01:20 的位置，设置“上左顶点”为(185.0、160.0)、“上中切点”为(336.0、140.0)、“右上顶点”为(480.0、180.0)、“右中切点”为(518.0、312.0)、“下右顶点”为(498.0、454.0)、“下中切点”为(350.0、440.0)、“左下顶点”为(178.0、440.0)、“左中切点”为(180.0、300.0)，添加第 2 组关键帧，如图 18-68 所示。

图 18-67　创建关键帧

图 18-68　添加关键帧(1)

**步骤06** 然后将“当前时间指示器”拖曳至 00:00:03:20 的位置，设置“上左顶点”为(330.0、300.0)、“上中切点”为(400.0、260.0)、“右上顶点”为(330.0、260.0)、“右中切点”为(380.0、300.0)、“下右顶点”为(380.0、250.0)、“下中切点”为(350.0、330.0)、“左下顶点”为(320.0、300.0)、“左中切点”为(320.0、250.0)，添加第 3 组关键帧，如图 18-69 所示。

**步骤07** 在“时间线”面板中将“当前时间指示器”拖曳至素材的开始位置，如图 18-70 所示。

图 18-69　添加关键帧(2)

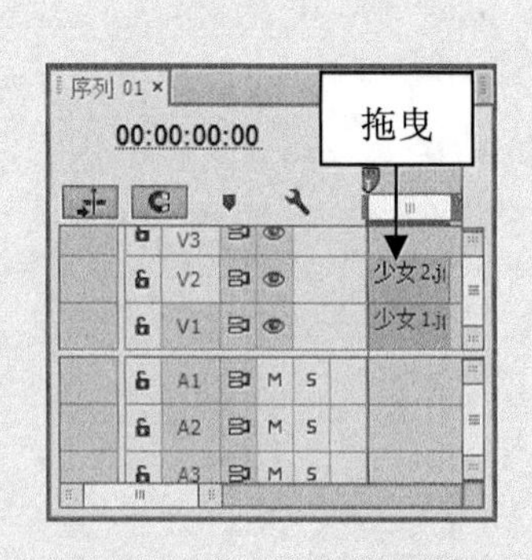


图 18-70　拖曳至开始位置

步骤08 执行上述操作后，在“节目监视器”面板中单击“播放-停止切换”按钮，即可预览“16点无用信号遮罩”效果，如图18-71所示。

图18-71 预览“16点无用信号遮罩”视频效果

# 第19章

## 制作影视节目的动态特效

动态效果是指在原有的视频画面中合成或创建移动、变形和缩放等运动效果。在制作影视视频的过程中，适当地添加一些动态效果可以让画面活动起来，显得更加逼真、生动。本章主要介绍如何通过关键帧来创建影视动态效果，让画面效果更为精彩。

本章重点：

- 设置运动关键帧
- 制作运动效果
- 制作画中画效果

# 19.1　设置运动关键帧

在 Premiere Pro CC 中，关键帧可以帮助用户控制视频或音频特效的变化，并形成一个变化的过渡效果。

## 19.1.1　通过时间线添加

用户在“时间轴”面板中可以针对应用与素材的任意特效添加关键帧，也可以指定添加关键帧的可见性。在“时间轴”面板中为某个轨道上的素材文件添加关键帧之前，首先需要展开相应的轨道，将鼠标移至在 V1 轨道的“切换轨道输出”按钮右侧的空白处，如图 19-1 所示。双击鼠标左键即可展开 V1 轨道，如图 19-2 所示。用户也可以向上滚动鼠标滚轮展开轨道，继续向上滚动滚轮，显示关键帧控制按钮；向下滚动鼠标滚轮，最小化轨道。

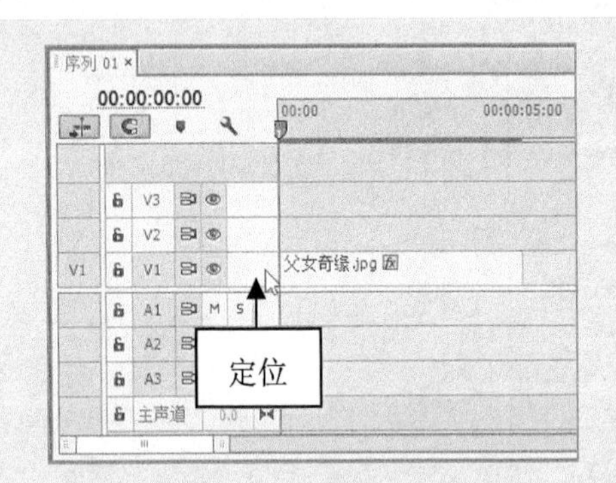


图 19-1　将鼠标移至空白处

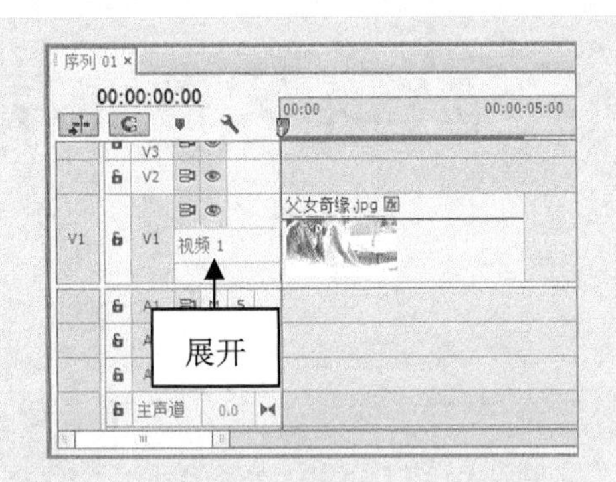


图 19-2　展开 V1 轨道

选择“时间轴”面板中的对应素材，单击素材名称右侧的“不透明度：不透明度”按钮，在弹出的列表框中选择“运动”|“缩放”命令，如图 19-3 所示。

将鼠标移至连接线的合适位置，按住 Ctrl 键，当鼠标指针呈白色带＋号的形状时，单击鼠标左键，即可添加关键帧，如图 19-4 所示。

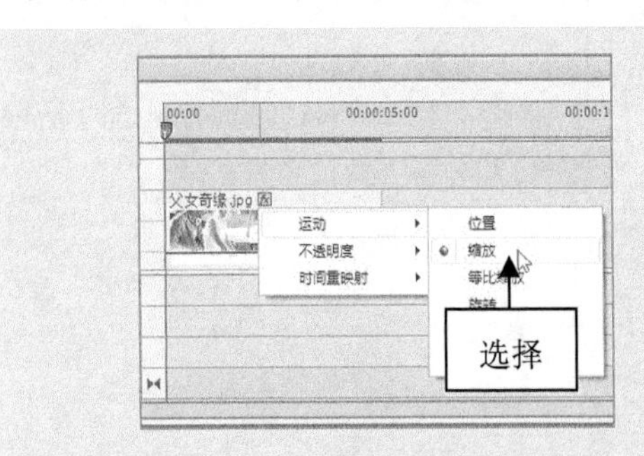


图 19-3　选择“缩放”命令

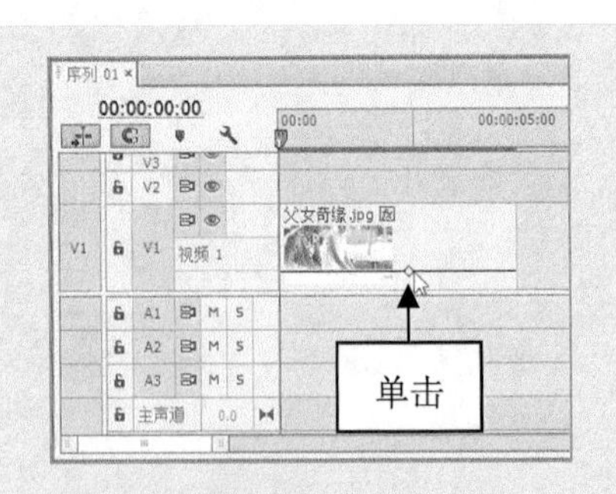


图 19-4　添加关键帧

## 19.1.2 通过效果控件添加

在“效果控件”面板中除了可以添加各种视频和音频特效外，还可以通过设置选项参数的方法创建关键帧。

选择“时间轴”面板中的素材，并展开“效果控件”面板，单击“旋转”选项左侧的“切换动画”按钮，如图19-5所示。拖曳时间指示器至合适位置，并设置“旋转”选项的参数，即可添加对应选项的关键帧，如图19-6所示。

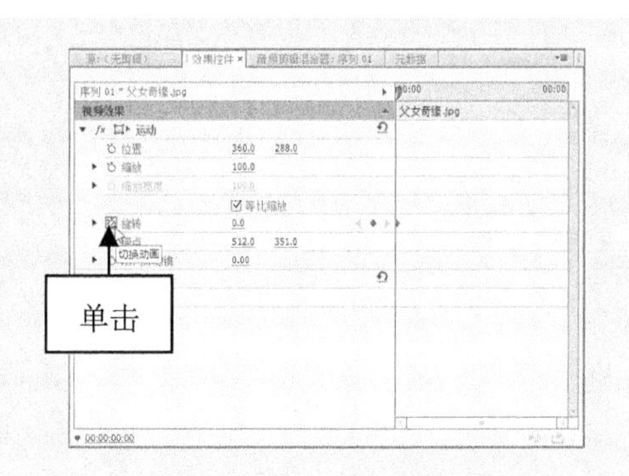


图19-5 单击“切换动画”按钮

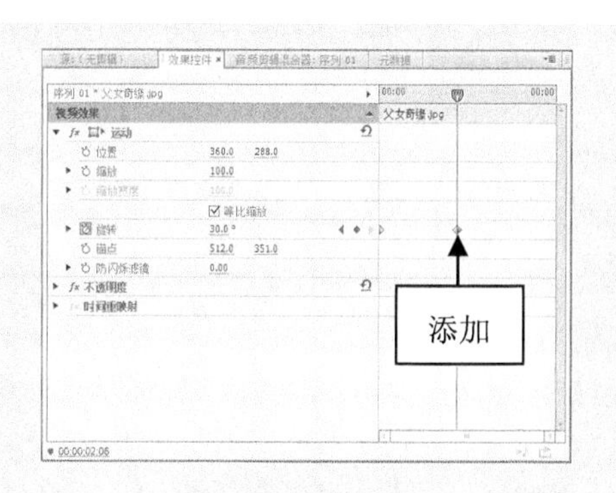


图19-6 添加关键帧

**提示：**在“时间轴”面板中也可以指定展开轨道后关键帧的可见性。单击“时间轴显示设置”按钮，在弹出的列表框中选择“显示视频关键帧”命令，如图19-7所示。取消该选项前的对勾符号，即可在时间轴中隐藏关键帧，如图19-8所示。

图19-7 选择“显示视频关键帧”命令

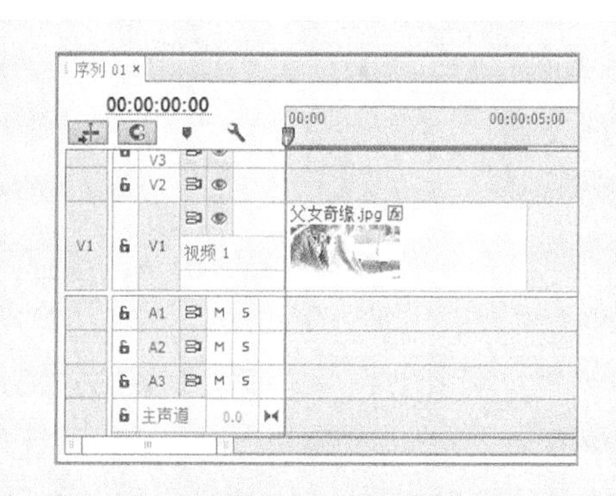


图19-8 隐藏关键帧

## 19.1.3 关键帧的调节

用户在添加完关键帧后，可以适当调节关键帧的位置和属性，这样可以使运动效果更加流畅。

在Premiere Pro CC中，调节关键帧同样可以通过“时间线”面板和“效果控件”面板两种方法来完成。

在“效果控件”面板中，用户只需要选择需要调节的关键帧，如图 19-9 所示，然后单击鼠标左键将其拖曳至合适位置，即可完成关键帧的调节，如图 19-10 所示。

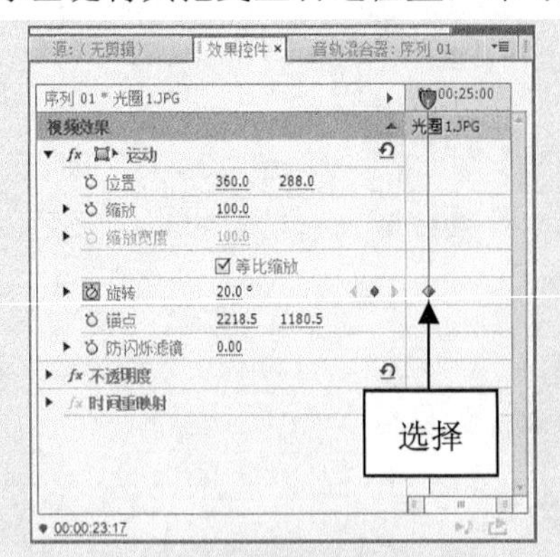


图 19-9 选择需要调节的关键帧

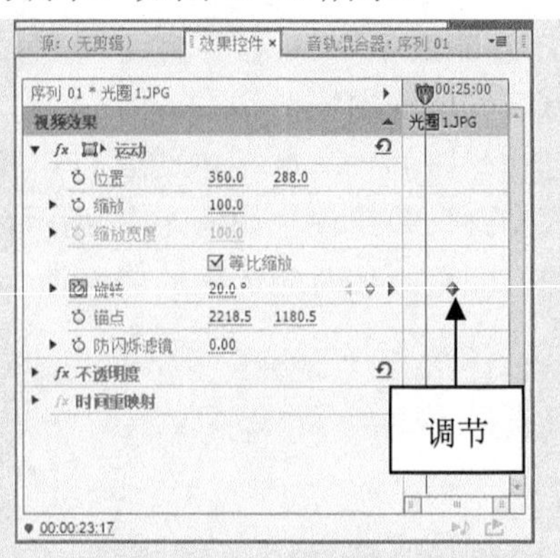


图 19-10 调节关键帧

在“时间线”面板中调节关键帧时，不仅可以调整其位置，同时可以调节其参数的变化。当用户向上拖曳关键帧时，对应的参数将增加，如图 19-11 所示；反之，当用户向下拖曳关键帧时，对应的参数将减少，如图 19-12 所示。

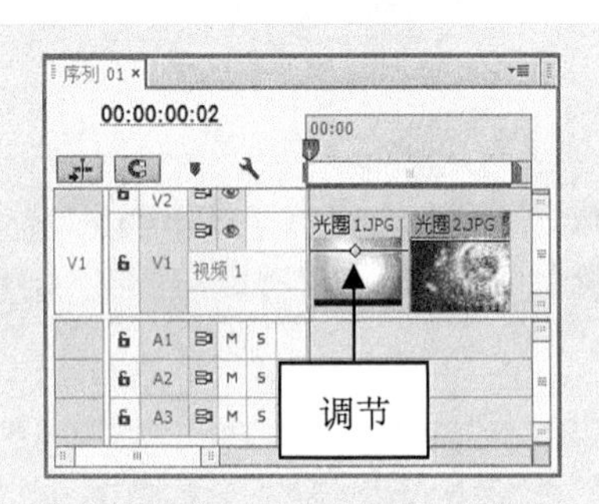


图 19-11 向上调节关键帧

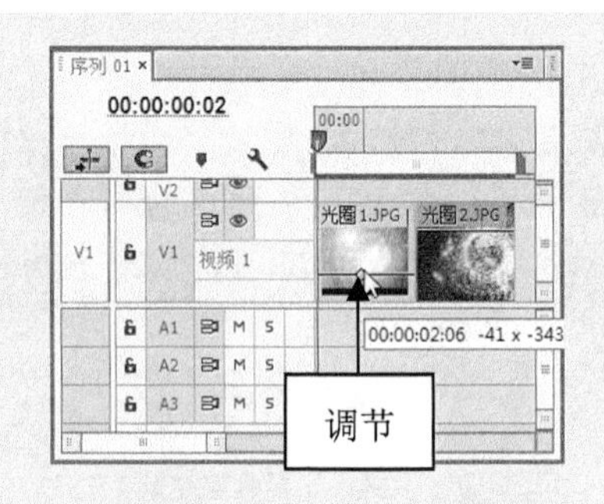


图 19-12 向下调节关键帧

## 19.1.4 关键帧的复制和粘贴

当用户需要创建多个相同参数的关键帧时，可以使用复制与粘贴关键帧的方法快速添加关键帧。

在 Premiere Pro CC 中，用户首先需要复制关键帧。选择需要复制的关键帧后，单击鼠标右键，在弹出的快捷菜单中，选择“复制”命令，如图 19-13 所示。

接下来，拖曳“当前时间指示器”至合适位置，在“效果控件”面板内单击鼠标右键，在弹出的快捷菜单中，选择“粘贴”命令，如图 19-14 所示，执行操作后，即可复制一个相同的关键帧。

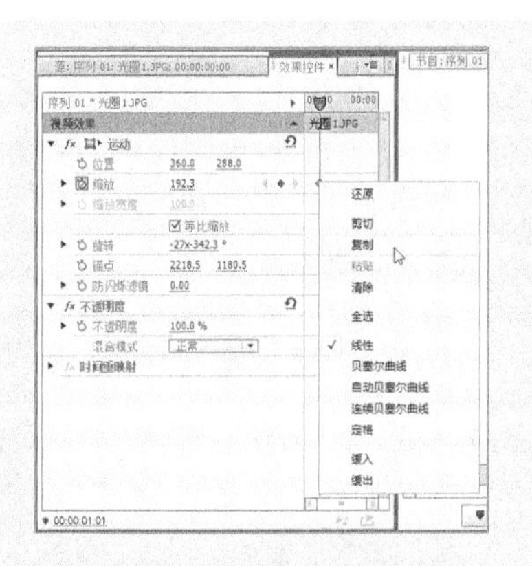

图 19-13　选择“复制”命令

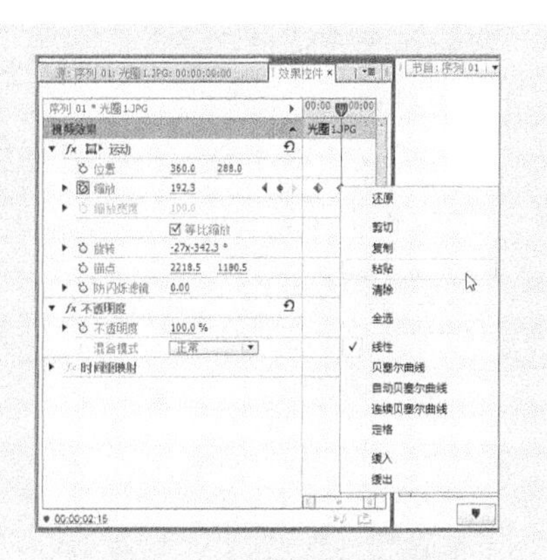

图 19-14　选择“粘贴”命令

技巧：在 Premiere Pro CC 中，用户还可以通过以下两种方法复制和粘贴关键帧。

- 选择“编辑”|“复制”命令或者按 Ctrl + C 组合键，复制关键帧。
- 选择“编辑”|“粘贴”命令或者按 Ctrl + V 组合键，粘贴关键帧。

## 19.1.5　关键帧的切换

在 Premiere Pro CC 中，用户可以在已添加的关键帧之间进行快速切换。

在“效果控件”面板中选择已添加关键帧的素材后，单击“转到下一关键帧”按钮，即可快速切换至第二关键帧，如图 19-15 所示。当用户单击“转到上一关键帧”按钮时，即可切换至第一关键帧，如图 19-16 所示。

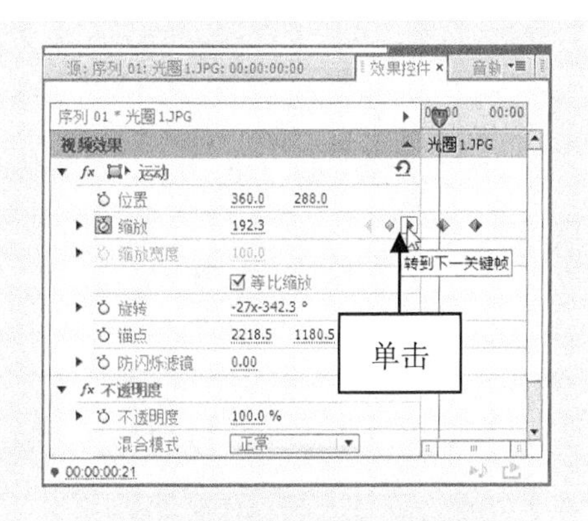



图 19-15　转到下一关键帧

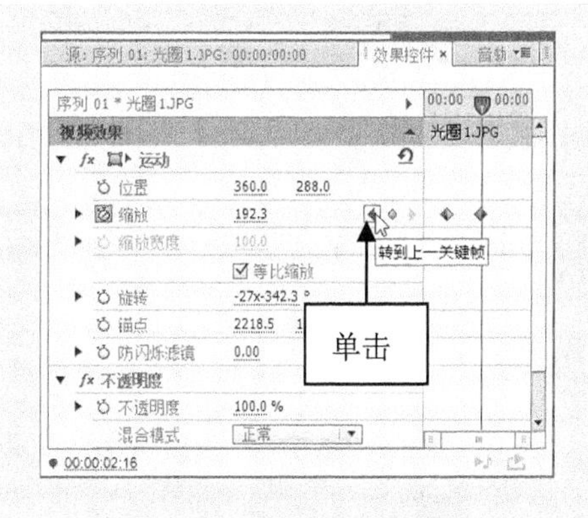



图 19-16　转到上一关键帧

## 19.1.6　关键帧的删除

在 Premiere Pro CC 中，当用户对添加的关键帧不满意时，可以将其删除，并重新添加新的关键帧。

用户在删除关键帧时，可以在“时间轴”面板选中要删除的关键帧，单击鼠标右键，在弹出的快捷菜单中选择“删除”命令，即可删除关键帧，如图 19-17 所示。当用户需要创建多个相同参数的关键帧时，便可使用复制与粘贴关键帧的方法快速添加关键帧。

如果用户需要删除素材中的所有关键帧，除了运用上述方法外，还可以直接单击“效果控件”面板中对应选项左侧的“切换动画”按钮，此时，系统将弹出信息提示框，如图 19-18 所示。单击“确定”按钮，即可删除素材中的所有关键帧。

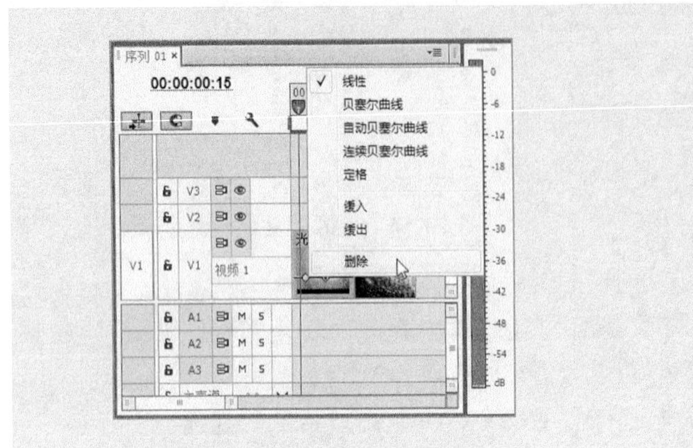


图 19-17　选择“删除”命令

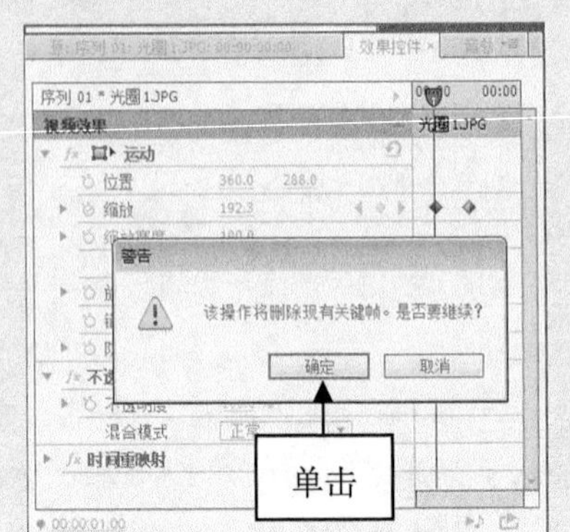


图 19-18　信息提示框

## 19.2　制作运动效果

通过对关键帧的学习，用户已经了解运动效果的基本原理。本节从制作运动效果的一些基本操作开始学习，使用户逐渐掌握各种运动特效的制作方法。

### 19.2.1　实战——飞行运动效果

在制作运动特效的过程中，用户可以通过设置“位置”选项的参数得到一段镜头飞过的画面效果。

**步骤 01**　按 Ctrl+O 组合键，打开随书附带光盘中的“素材\第 19 章\童年.prproj”文件，如图 19-19 所示。

**步骤 02**　选择 V2 轨道上的素材文件，在“效果控件”面板中单击“位置”选项左侧的“切换动画”按钮，设置“位置”为(650.0、120.0)、“缩放”为 75.0，添加第 1 个关键帧，如图 19-20 所示。

**步骤 03**　拖曳时间指示器至 00:00:02:00 的位置，在“效果控件”面板中设置“位置”为(155.0、370.0)，添加第 2 个关键帧，如图 19-21 所示。

**步骤 04**　拖曳时间指示器至 00:00:04:00 的位置，在“效果控件”面板中设置“位置”为(600.0、770.0)，添加第 3 个关键帧，如图 19-22 所示。

图 19-19 打开的项目文件

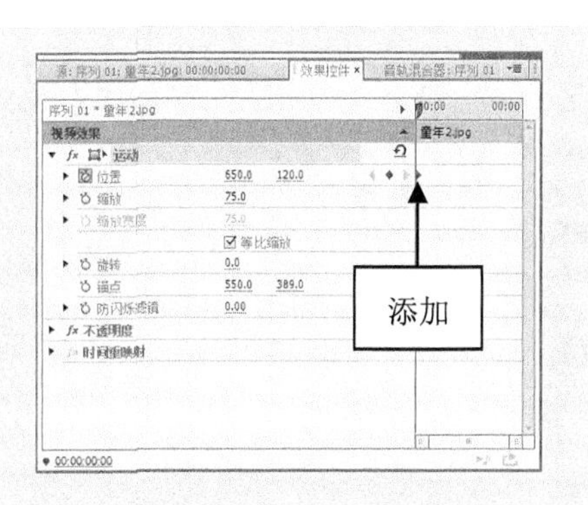


图 19-20 添加第 1 个关键帧

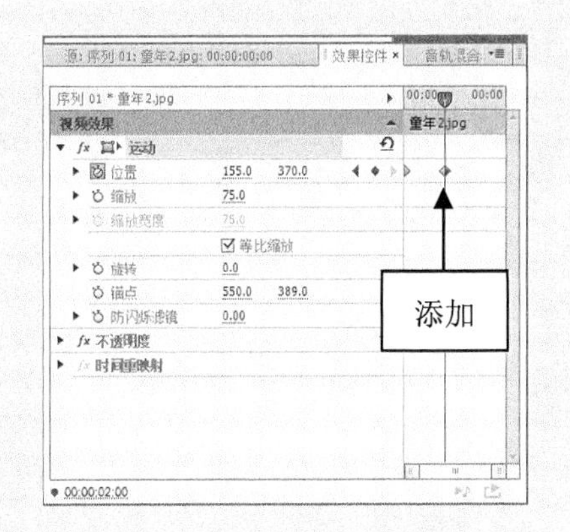


图 19-21 添加第 2 个关键帧

图 19-22 添加第 3 个关键帧

**步骤 05** 执行操作后，即可制作飞行运动效果，将时间线移至素材的开始位置，在“节目监视器”面板中，单击“播放-停止切换”按钮，即可预览飞行运动效果，如图 19-23 所示。

图 19-23 预览飞行运动视频效果

**提示**：在 Premiere Pro CC 中经常会看到在一些镜头画面的上面飞过其他的镜头，同时两个镜头的视频内容照常进行，这就是设置运动方向的效果。在 Premiere Pro CC 中，视频的运动方向设置可以在“效果控件”面板的“运动”特效中得到实现，而“运动”特效是视频素材自带的特效，不需要在“效果”面板中选择特效即可进行应用。

## 19.2.2 实战——缩放运动效果

缩放运动效果是指对象以从小到大或从大到小的形式展现在观众的眼前。

**步骤01** 按 Ctrl+O 组合键，打开随书附带光盘中的“素材\第 19 章\男孩.prproj”文件，如图 19-24 所示。

**步骤02** 选择 V1 轨道上的素材文件，在“效果控件”面板中设置“缩放”为 99.0，如图 19-25 所示。

图 19-24　打开的项目文件

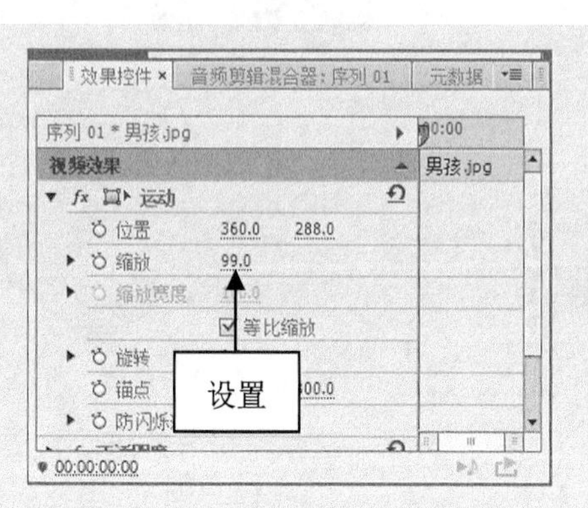


图 19-25　设置“缩放”为 99.0

**步骤03** 设置视频缩放效果后，在“节目监视器”面板中可以查看素材画面，如图 19-26 所示。

**步骤04** 选择 V2 轨道上的素材，在“效果控件”面板中，单击“位置”、“缩放”以及“不透明度”选项左侧的“切换动画”按钮，设置“位置”为(360.0、288.0)、“缩放”为 0.0、“不透明度”为 0.0%，添加第 1 组关键帧，如图 19-27 所示。

图 19-26　查看素材画面

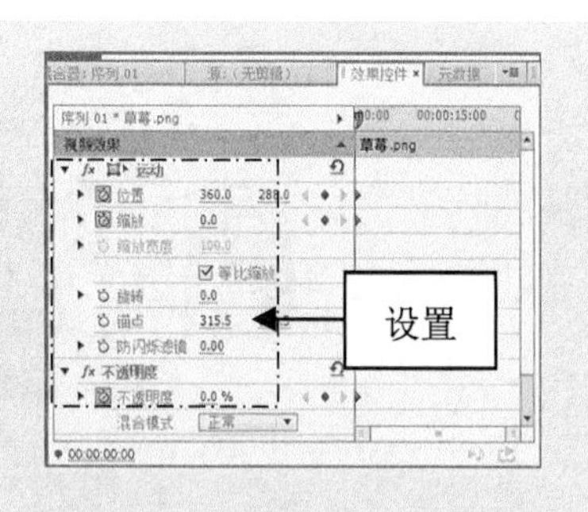


图 19-27　添加第 1 组关键帧

**步骤05** 拖曳时间指示器至 00:00:01:20 的位置，设置“缩放”为 80.0、“不透明度”为 100.0%，添加第 2 组关键帧，如图 19-28 所示。

**步骤06** 单击“位置”选项右侧的“添加/移除关键帧”按钮，如图 19-29 所示，即可添加关键帧。

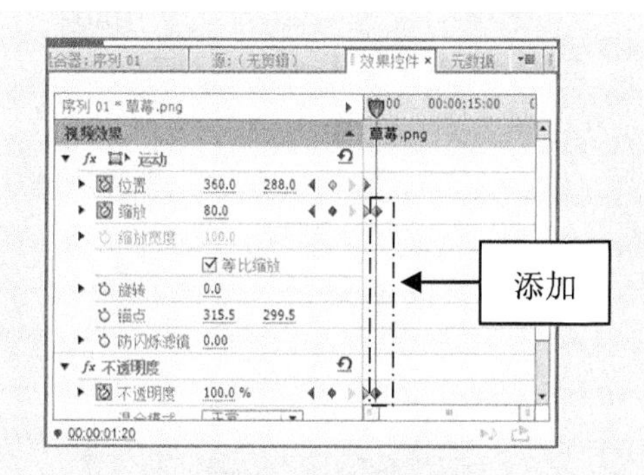


图 19-28 添加第 2 组关键帧

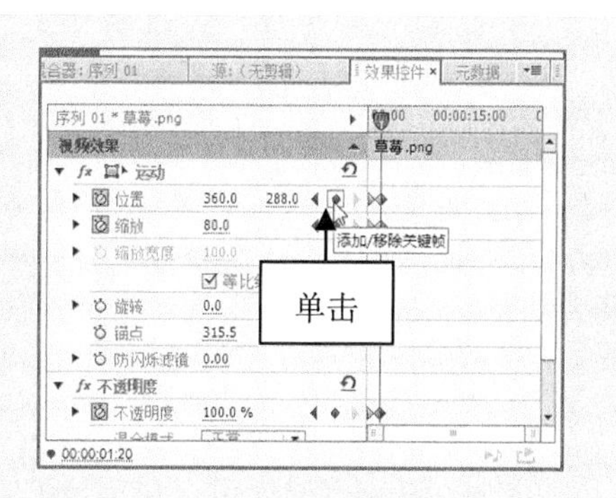


图 19-29 单击“添加/移除关键帧”按钮

**步骤07** 拖曳时间指示器至 00:00:04:10 的位置，选择“运动”选项，如图 19-30 所示。

**步骤08** 执行操作后，在“节目监视器”面板中显示运动控件，如图 19-31 所示。

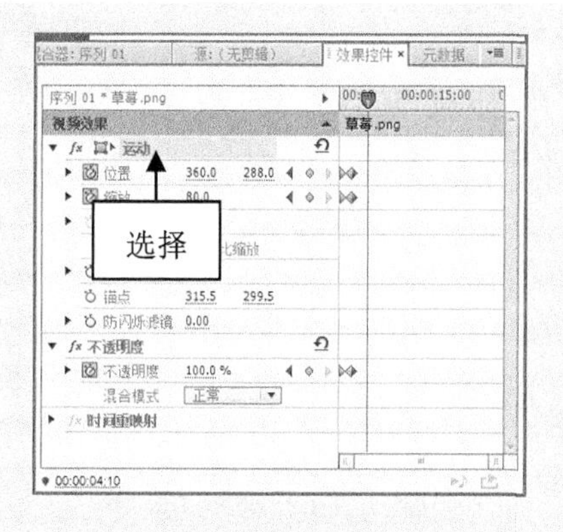


图 19-30 选择“运动”选项

图 19-31 显示运动控件

**步骤09** 在“节目监视器”面板中，单击运动控件的中心并拖曳，调整素材位置，拖曳素材四周的控制点，调整素材大小，如图 19-32 所示。

**步骤10** 切换至“效果”面板，展开“视频效果”|“透视”选项，使用鼠标左键双击“投影”选项，如图 19-33 所示，即可为选择的素材添加投影效果。

图 19-32 调整素材

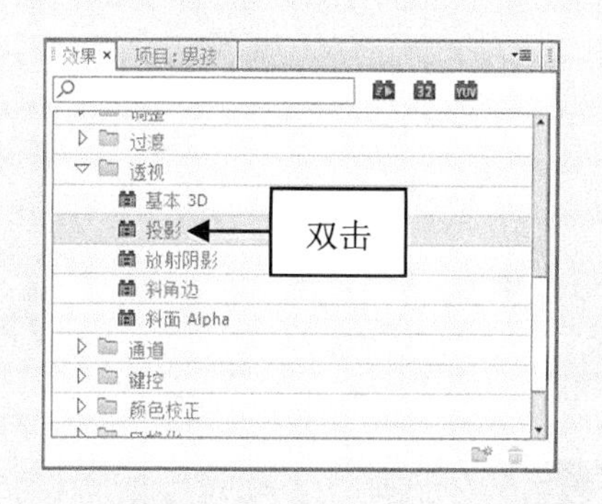


图 19-33 双击“投影”选项

**步骤11** 在“效果控件”面板中展开“投影”选项，设置“距离”为 10.0、“柔和度”为 15.0，如图 19-34 所示。

**步骤12** 单击“播放-停止切换”按钮，预览视频效果，如图 19-35 所示。

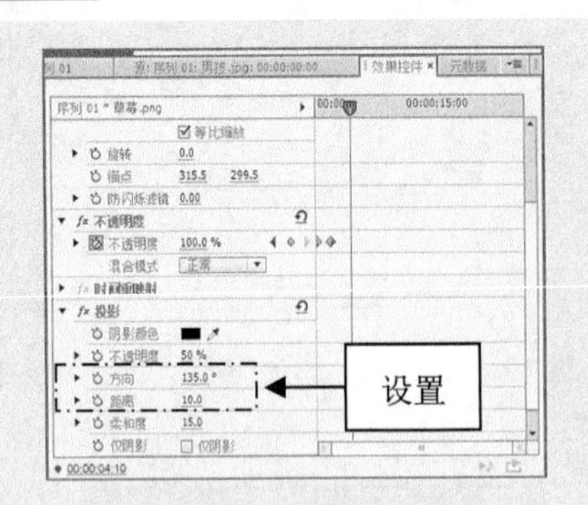


图 19-34　设置相应选项

图 19-35　预览视频效果

**提示：**在 Premiere Pro CC 中，缩放运动效果在影视节目中运用得比较频繁，该效果不仅操作简单，而且制作的画面对比感较强，表现力丰富。在工作界面中，为影片素材制作缩放运动效果后，如果对效果不满意，可以展开“特效控制台”面板，在其中设置相应“缩放”参数，即可改变缩放运动效果。

### 19.2.3 实战——旋转降落效果

在 Premiere Pro CC 中，旋转运动效果可以将素材围绕指定的轴进行旋转。

**步骤01** 按 Ctrl+O 组合键，打开随书附带光盘中的“素材\第 19 章\小猪.prproj”文件，如图 19-36 所示。

**步骤02** 在“项目”面板中选择素材文件，分别添加到“时间轴”面板中的 V1 与 V2 轨道上，如图 19-37 所示。

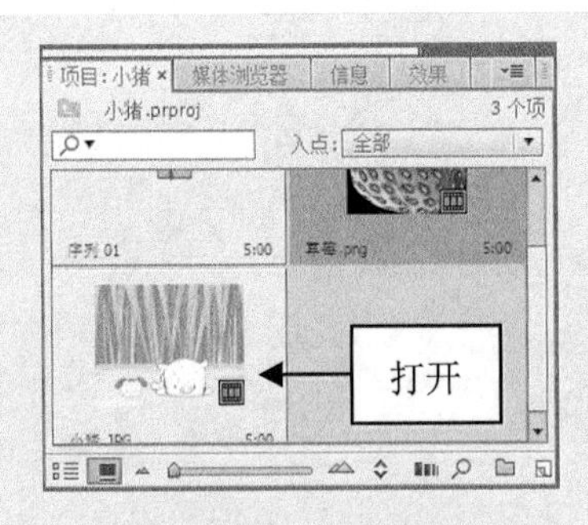


图 19-36　打开项目文件

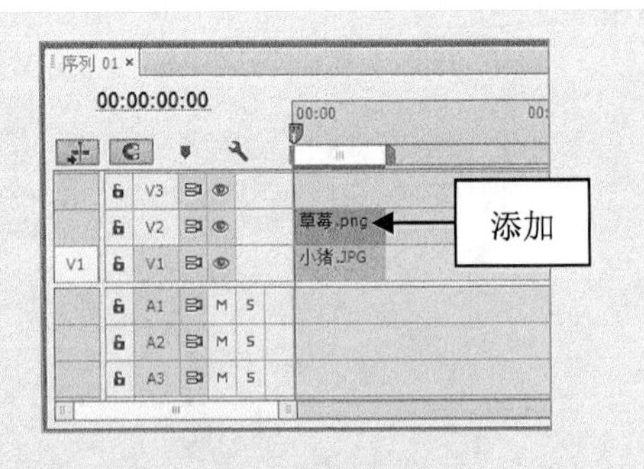


图 19-37　添加素材文件

**步骤03** 选择 V2 轨道上的素材文件，切换至“效果控件”面板，设置“位置”为(360.0、-30.0)、“缩放”为 9.5；单击“位置”与“旋转”选项左侧的“切换动画”按钮，添加关键帧，如图 19-38 所示。

**步骤04** 拖曳时间指示器至 00:00:00:13 的位置，在“效果控件”面板中设置“位置”为(360.0、50.0)、“旋转”为-180.0°，添加关键帧，如图 19-39 所示。

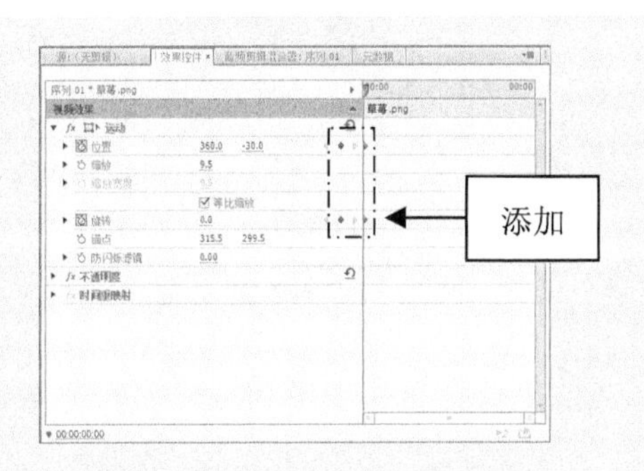


图 19-38 添加第 1 组关键帧

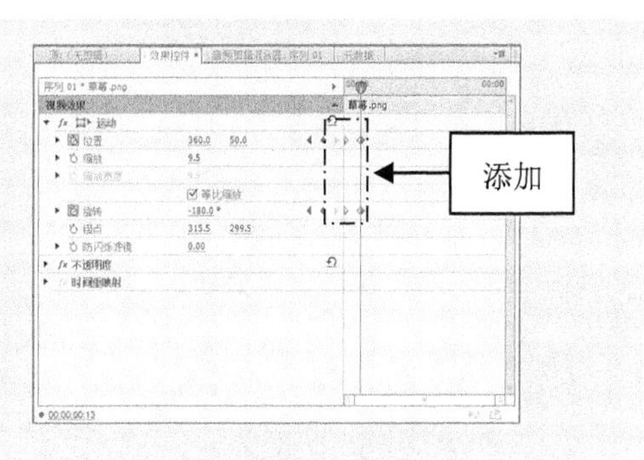


图 19-39 添加第 2 组关键帧

**步骤05** 拖曳时间指示器至 00:00:03:00 的位置，在“效果控件”面板中设置“位置”为(467.0、357.0)、“旋转”为 2.0°，添加关键帧，如图 19-40 所示。

**步骤06** 单击“播放-停止切换”按钮，预览视频效果，如图 19-41 所示。

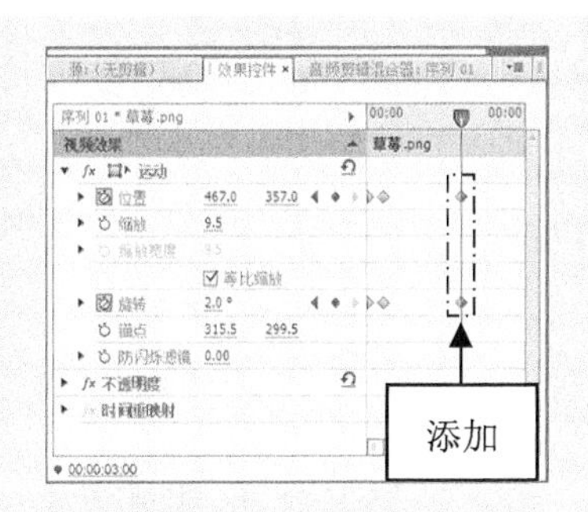


图 19-40 添加第 3 组关键帧

图 19-41 预览视频效果

提示：在“效果控件”面板中，“旋转”选项是指以对象的轴心为基准，对对象进行旋转，用户可对对象进行任意角度的旋转。

## 19.2.4 实战——镜头推拉效果

在视频节目中，制作镜头的推拉可以增加画面的视觉效果。下面介绍如何制作镜头的推拉效果。

**步骤01** 按 Ctrl＋O 组合键，打开随书附带光盘中的“素材\第 19 章\父亲节快乐.prproj”文件，如图 19-42 所示。

**步骤02** 在“项目”面板中选择“父亲节快乐 1.jpg”素材文件，并将其添加到“时间轴”面板中的 V1 轨道上，如图 19-43 所示。

图 19-42　打开项目文件

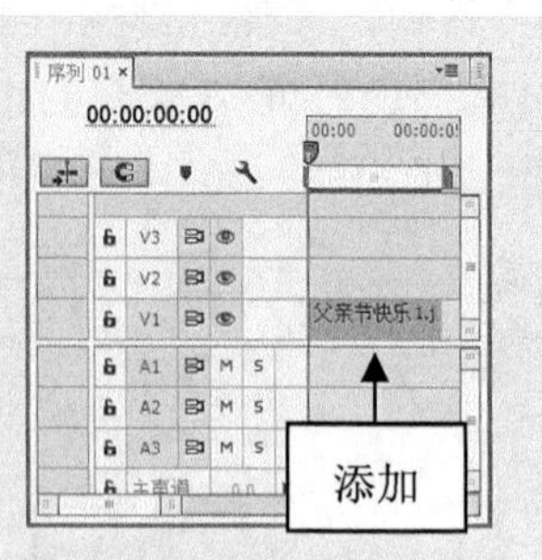


图 19-43　添加素材文件

**步骤 03** 选择 V1 轨道上的素材文件，在“效果控件”面板中设置“缩放”为 34.0，如图 19-44 所示。

**步骤 04** 将“父亲节快乐 2.png”素材文件添加到“时间轴”面板中的 V2 轨道上，如图 19-45 所示。

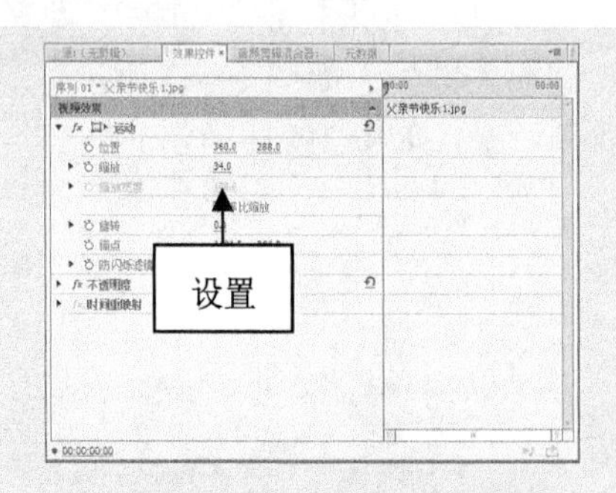


图 19-44　设置“缩放”为 34.0

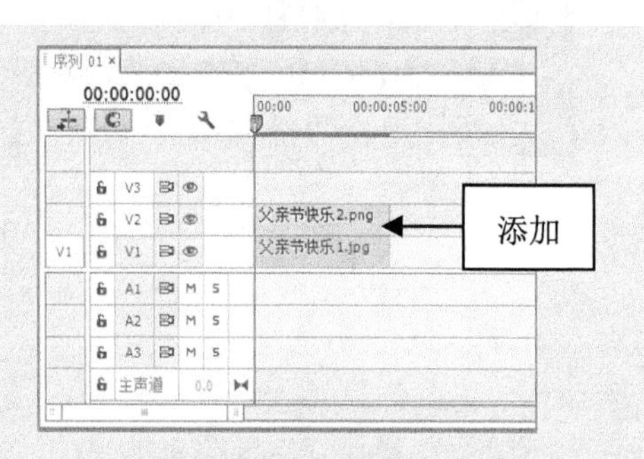


图 19-45　添加素材文件

**步骤 05** 选择 V2 轨道上的素材，在“效果控件”面板中单击“位置”与“缩放”选项左侧的“切换动画”按钮，设置“位置”为(110.0、90.0)、“缩放”为 10.0，添加关键帧，如图 19-46 所示。

**步骤 06** 拖曳时间指示器至 00:00:02:00 的位置，设置“位置”为(600.0、90.0)、“缩放”为 10.0，添加关键帧，如图 19-47 所示。

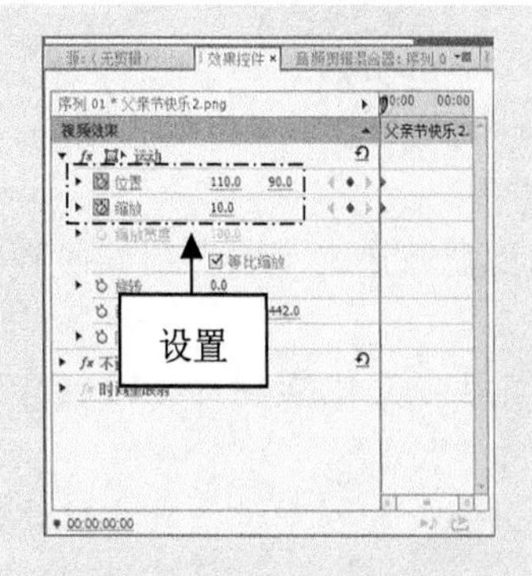


图 19-46　添加第 1 组关键帧

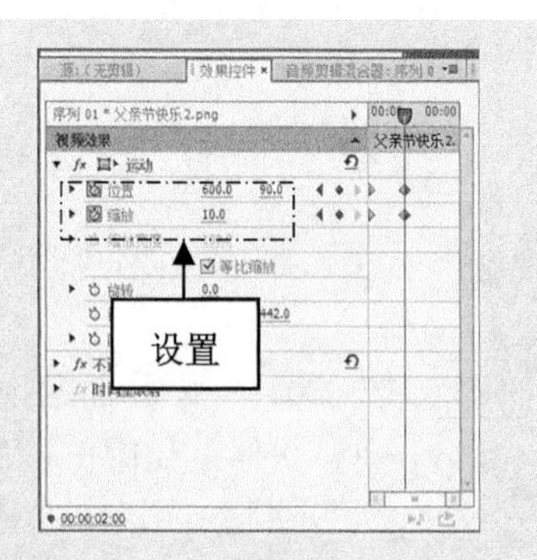


图 19-47　添加第 2 组关键帧

**步骤07** 拖曳时间指示器至 00:00:03:10 的位置，设置“位置”为(350.0、160.0)、“缩放”为 22.0，添加关键帧，如图 19-48 所示。

**步骤08** 单击“播放-停止切换”按钮，预览视频效果，如图 19-49 所示。

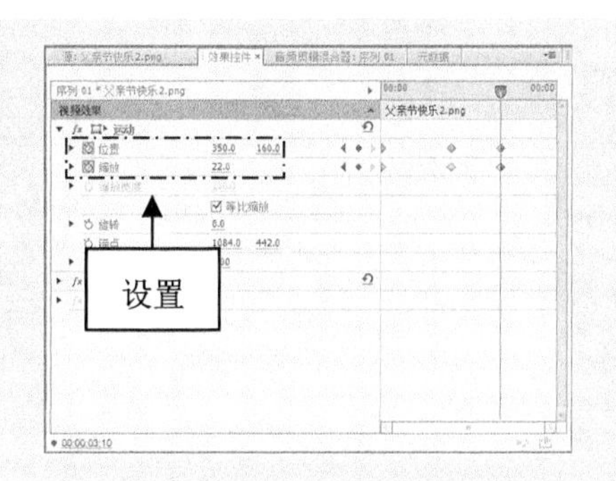


图 19-48 添加第 3 组关键帧

图 19-49 预览视频效果

## 19.2.5 实战——字幕漂浮效果

字幕漂浮效果主要是通过调整字幕的位置来制作运动效果，然后通过为字幕添加透明度来制作漂浮的效果。

**步骤01** 按 Ctrl＋O 组合键，打开随书附带光盘中的“素材\第 19 章\咖啡物语.prproj”文件，如图 19-50 所示。

**步骤02** 在“项目”面板中选择“咖啡物语.jpg”素材文件，并将其添加到“时间轴”面板中的 V1 轨道上，如图 19-51 所示。

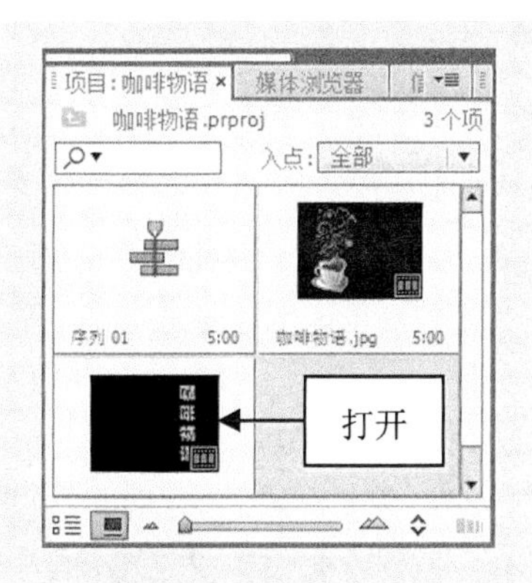


图 19-50 打开项目文件

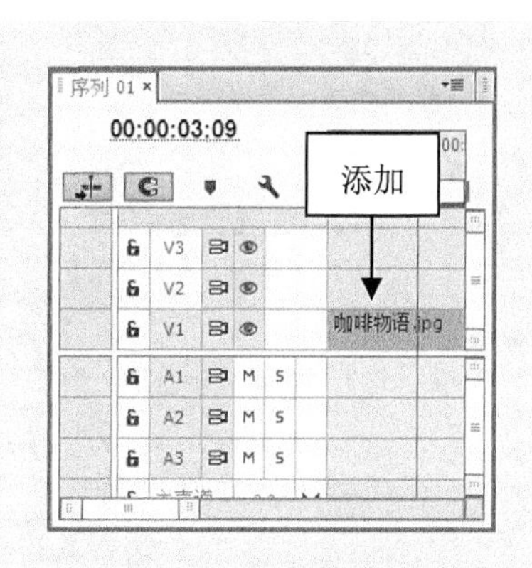


图 19-51 添加素材文件

**步骤03** 选择 V1 轨道上的素材文件，在“效果控件”面板中设置“缩放”为 77.0，如图 19-52 所示。

**步骤04** 将“咖啡物语”字幕文件添加到“时间轴”面板中的 V2 轨道上，如图 19-53 所示。

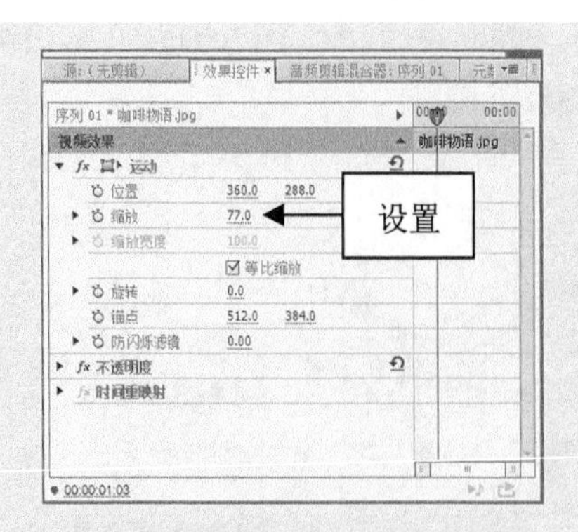


图 19-52　设置“缩放”为 77.0

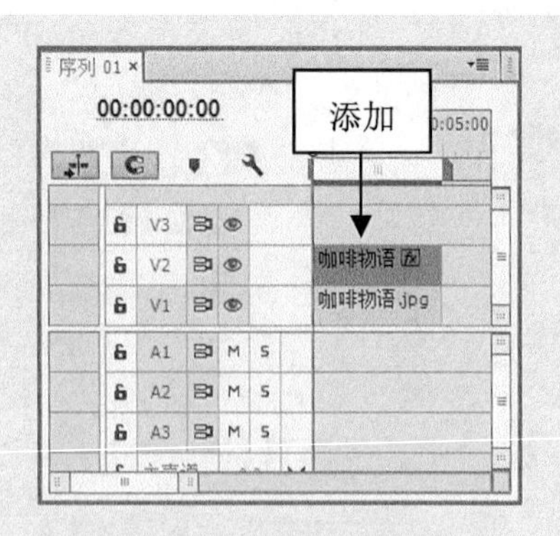


图 19-53　添加字幕文件

提示：在 Premiere Pro CC 中，字幕漂浮效果是指为文字添加波浪特效后，通过设置相关的参数，可以模拟水波流动效果。

步骤 05　在“时间轴”面板中添加素材后，在“节目监视器”面板中可以查看素材画面，如图 19-54 所示。

步骤 06　选择 V2 轨道上的素材，切换至“效果”面板，展开“视频效果”|“扭曲”选项，双击“波形变形”选项，如图 19-55 所示，即可为选择的素材添加波形变形效果。

图 19-54　查看素材画面

图 19-55　双击“波形变形”选项

步骤 07　在“效果控件”面板中，单击“位置”与“不透明度”选项左侧的“切换动画”按钮，设置“位置”为(150.0、250.0)、“不透明度”为 20.0%，添加关键帧，如图 19-56 所示。

步骤 08　拖曳时间指示器至 00:00:02:00 的位置，设置“位置”为(300.0、300.0)、“不透明度”为 60.0%，添加关键帧，如图 19-57 所示。

步骤 09　拖曳时间指示器至 00:00:03:24 的位置，设置“位置”为(450.0、250.0)、“不透明度”为 100.0%，添加关键帧，如图 19-58 所示。

步骤 10　单击“播放-停止切换”按钮，预览视频效果，如图 19-59 所示。

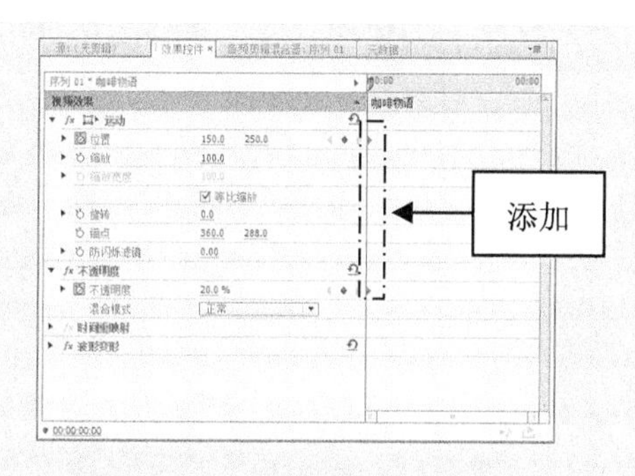


图 19-56 添加第 1 组关键帧

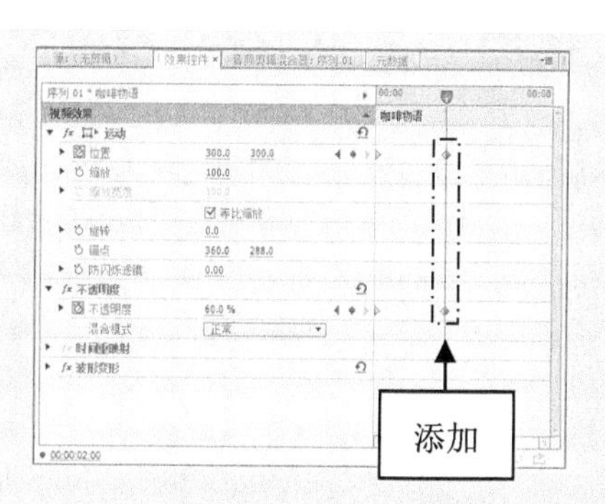


图 19-57 添加第 2 组关键帧

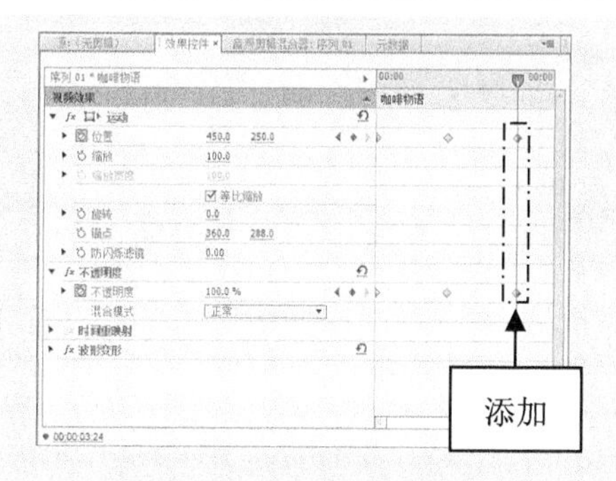


图 19-58 添加第 3 组关键帧

图 19-59 预览视频效果

## 19.2.6 实战——字幕逐字输出效果

在 Premiere Pro CC 中，用户可以通过“裁剪”特效制作字幕逐字输出效果。下面介绍制作字幕逐字输出效果的操作方法

**步骤 01** 按 Ctrl＋O 组合键，打开随书附带光盘中的“素材\第 19 章\圣诞雪人.prproj”文件，如图 19-60 所示。

**步骤 02** 在“项目”面板中选择“圣诞雪人.jpg”素材文件，并将其添加到“时间轴”面板中的 V1 轨道上，如图 19-61 所示。

图 19-60 打开项目文件

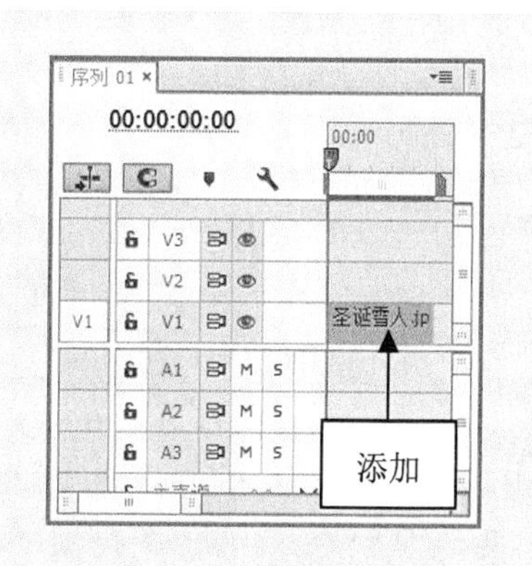


图 19-61 添加素材文件

步骤 03 选择 V1 轨道上的素材文件，在“效果控件”面板中设置“缩放”为 80.0，如图 19-62 所示。

步骤 04 将“圣诞雪人”字幕文件添加到“时间轴”面板中的 V2 轨道上，按住 Shift 键的同时，选择两个素材文件，单击鼠标右键，在弹出的快捷菜单中选择“速度/持续时间”命令，如图 19-63 所示。

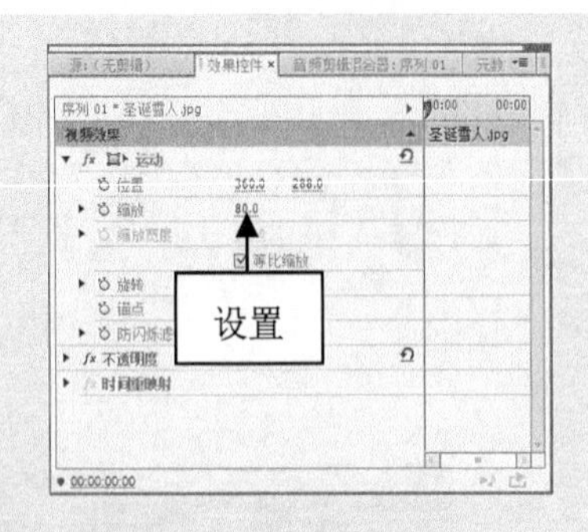


图 19-62 设置“缩放”为 80.0

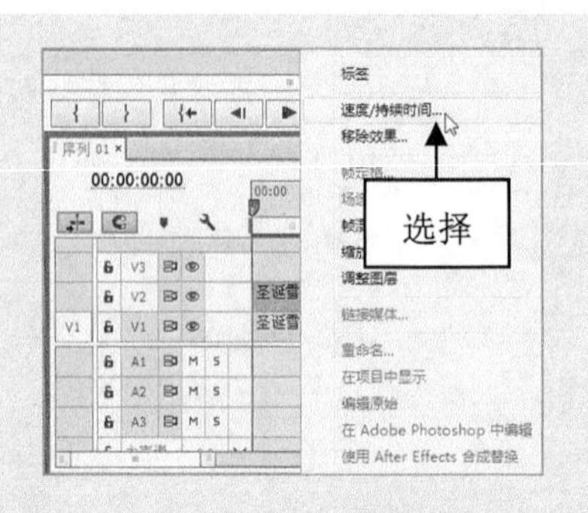


图 19-63 选择“速度/持续时间”命令

步骤 05 在弹出的“剪辑速度/持续时间”对话框中设置“持续时间”为 00:00:10:00，如图 19-64 所示。

步骤 06 单击“确定”按钮，设置持续时间，在“时间轴”面板中选择 V2 轨道上的字幕文件，如图 19-65 所示。

图 19-64 设置“持续时间”参数

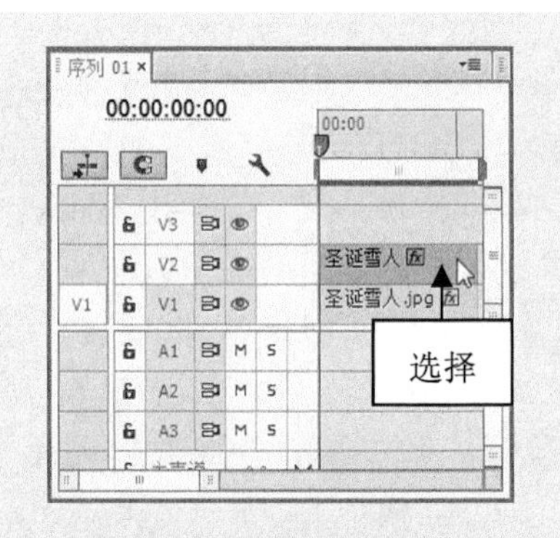


图 19-65 选择字幕文件

步骤 07 切换至“效果”面板，展开“视频效果”|“变换”选项，使用鼠标左键双击“裁剪”选项，如图 19-66 所示，即可为选择的素材添加裁剪效果。

步骤 08 在“效果控件”面板中展开“裁剪”选项，拖曳时间指示器至 00:00:00:12 的位置，单击“右侧”与“底对齐”选项左侧的“切换动画”按钮，设置“右侧”为 100.0%、“底对齐”为 81.0%，添加关键帧，如图 19-67 所示。

步骤 09 执行上述操作后，在“节目监视器”可以查看素材画面，如图 19-68 所示。

步骤 10 拖曳时间指示器至 00:00:00:13 的位置，设置“右侧”为 83.5%、“底对齐”为 81.0%，添加关键帧，如图 19-69 所示。

图 19-66 双击“裁剪”选项

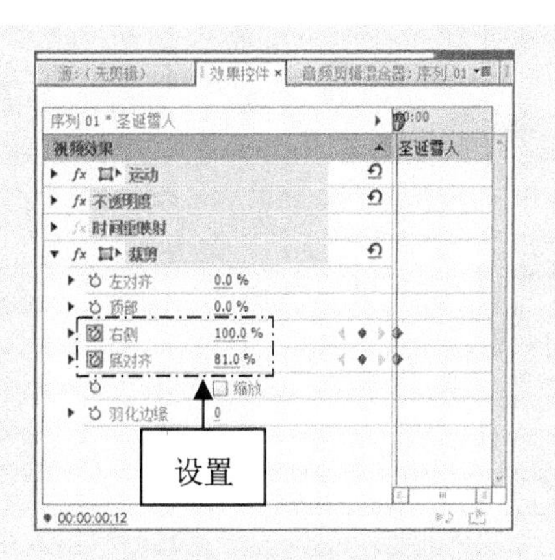


图 19-67 添加第 1 组关键帧

图 19-68 查看素材画面

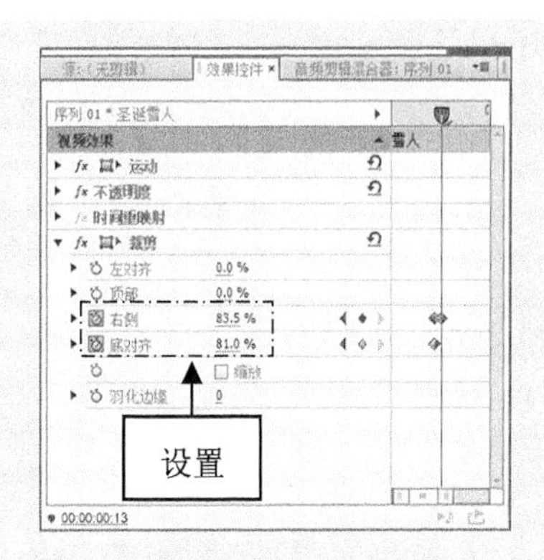


图 19-69 添加第 2 组关键帧

**步骤 11** 拖曳时间指示器至 00:00:01:00 的位置，设置“右侧”为 78.5%，添加关键帧，如图 19-70 所示。

**步骤 12** 拖曳时间指示器至 00:00:01:13 的位置，设置“右侧”为 71.5%、“底对齐”为 81.0%，添加关键帧，如图 19-71 所示。

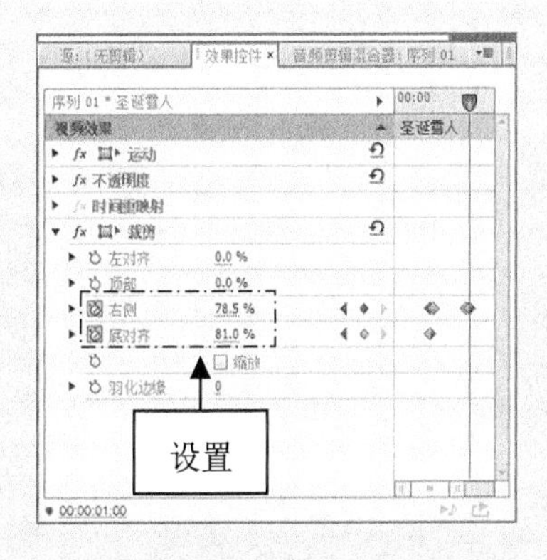


图 19-70 添加第 3 组关键帧

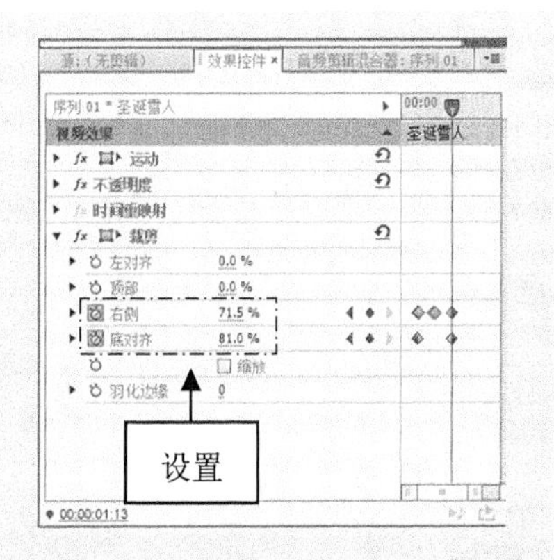


图 19-71 添加第 4 组关键帧

**步骤 13** 拖曳时间指示器至 00:00:02:00 的位置，设置“右侧”为 71.5%、“底对齐”为 0.0%，添加关键帧，如图 19-72 所示。

**步骤 14** 用与上述同样的操作方法，在时间轴上的其他位置添加相应的关键帧，并设置关键帧的参数，如图 19-73 所示。

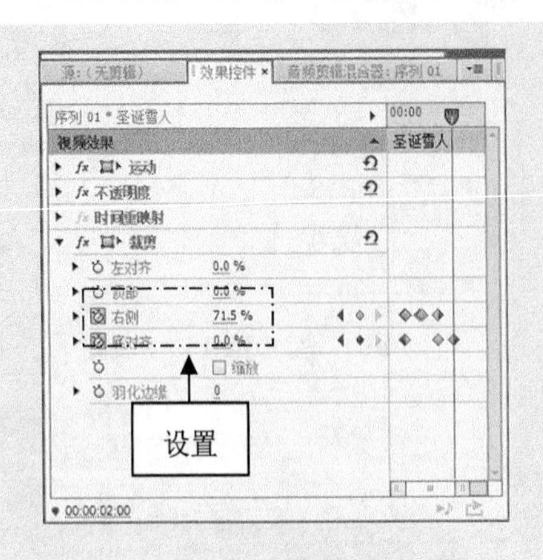


图 19-72 添加第 5 组关键帧

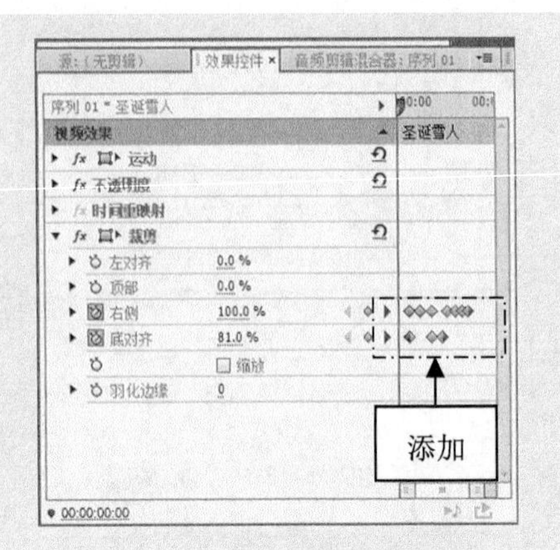


图 19-73 添加其他关键帧

**步骤 15** 单击“播放-停止切换”按钮，预览视频效果，如图 19-74 所示。

图 19-74 预览视频效果

## 19.2.7 实战——字幕立体旋转效果

在 Premiere Pro CC 中，用户可以通过“基本 3D”特效制作字幕立体旋转效果。下面介绍制作字幕立体旋转效果的操作方法。

**步骤 01** 按 Ctrl＋O 组合键，打开随书附带光盘中的“素材\第 19 章\梦想家园.prproj”文件，如图 19-75 所示。

**步骤 02** 在“项目”面板中选择“梦想家园.jpg”素材文件，并将其添加到“时间轴”面板中的 V1 轨道上，如图 19-76 所示。

**步骤 03** 选择 V1 轨道上的素材文件，在“效果控件”面板中设置“缩放”为 65.0，如图 19-77 所示。

**步骤 04** 将“梦想家园”字幕文件添加到“时间轴”面板中的 V2 轨道上，如图 19-78 所示。

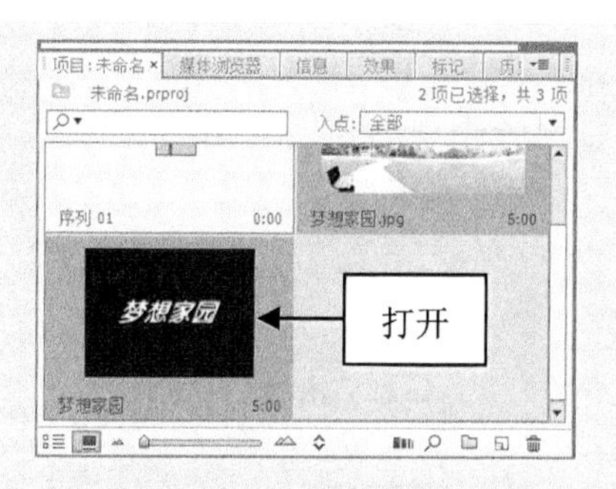


图 19-75　打开项目文件

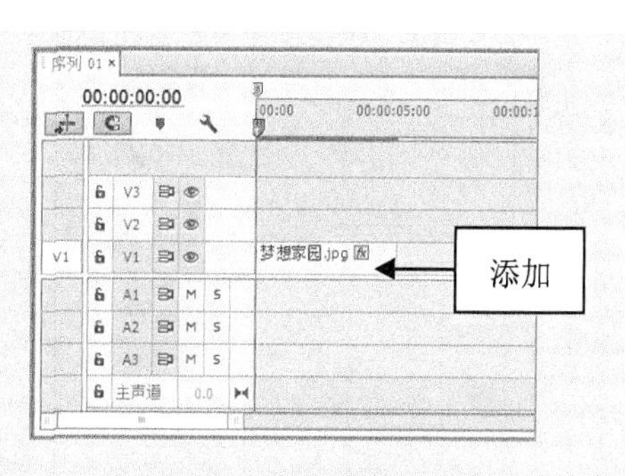


图 19-76　添加素材文件

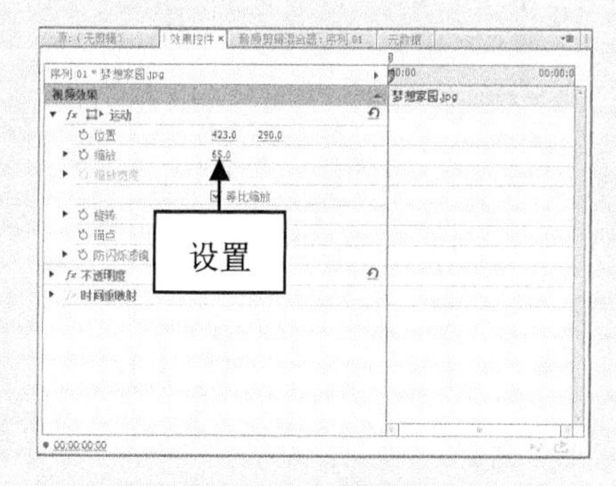


图 19-77　设置“缩放”为 65.0

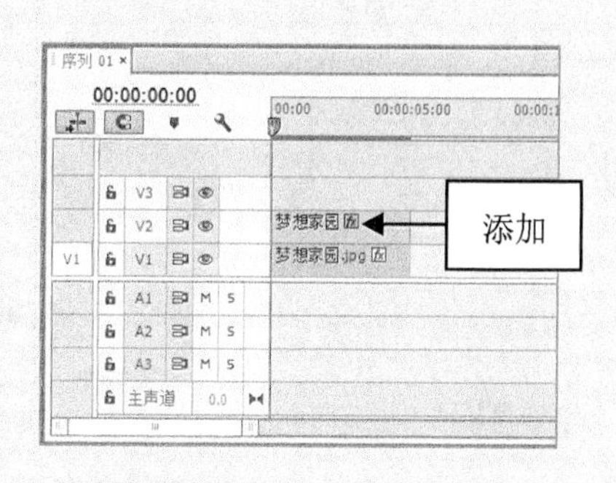


图 19-78　添加字幕文件

**步骤 05**　选择 V2 轨道上的素材，在“效果控件”面板中设置“位置”为(360.0、210.0)，如图 19-79 所示。

**步骤 06**　切换至“效果”面板，展开“视频效果”|“透视”选项，使用鼠标左键双击“基本 3D”选项，如图 19-80 所示，即可为选择的素材添加“基本 3D”效果。

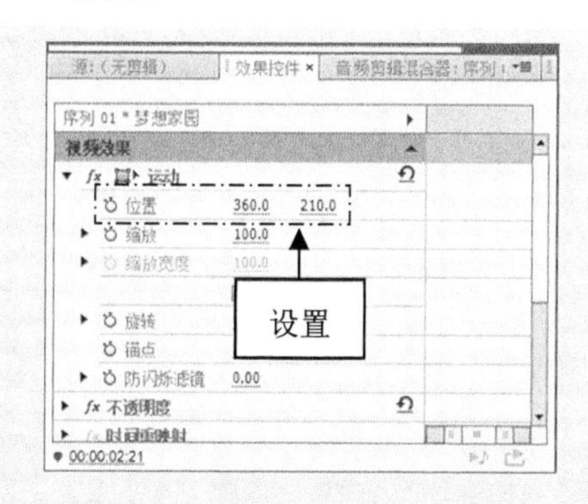


图 19-79　设置“位置”参数

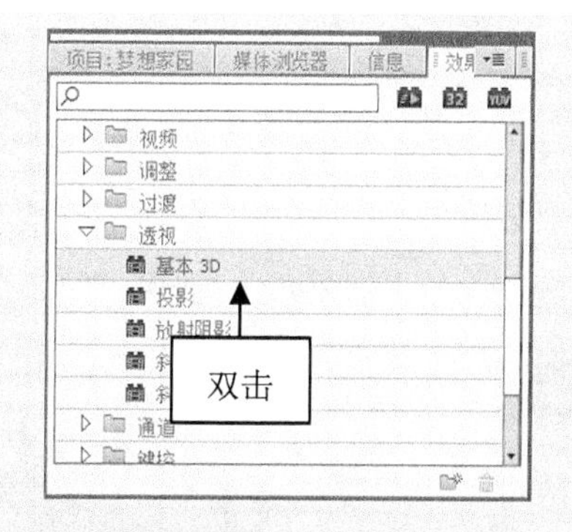


图 19-80　双击“基本 3D”选项

**步骤 07**　拖曳时间指示器到时间轴的开始位置，在“效果控件”面板中展开“基本 3D”选项，单击“旋转”、“倾斜”以及“与图像的距离”选项左侧的“切换动画”按钮，设置“旋转”为 0.0°、“倾斜”为 0.0°、“与图像的距离”为

300.0，添加关键帧，如图 19-81 所示。

**步骤 08** 拖曳时间指示器至 00:00:01:00 的位置，设置“旋转”为 1x0.0°、“倾斜”为 0.0°、“与图像的距离”为 200.0，添加关键帧，如图 19-82 所示。

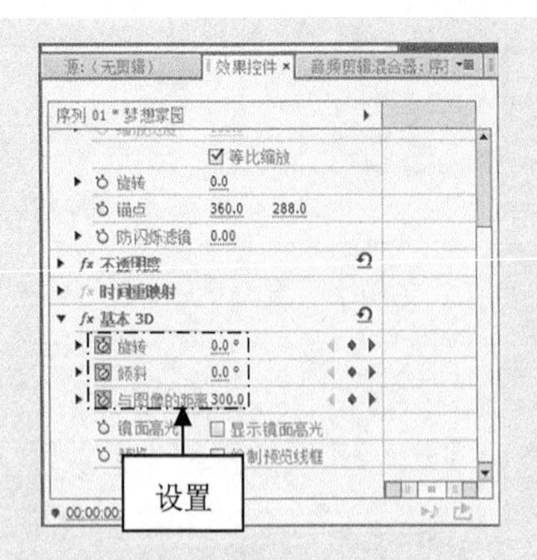


图 19-81 添加第 1 组关键帧

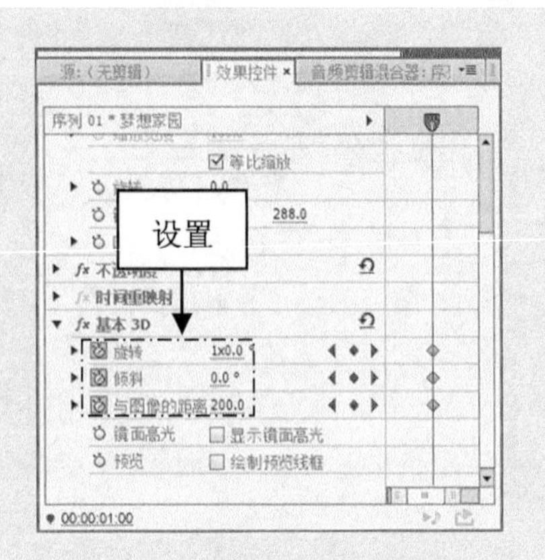


图 19-82 添加第 2 组关键帧

**步骤 09** 拖曳时间指示器至 00:00:02:00 的位置，设置“旋转”为 1x0.0°、“倾斜”为 1x0.0°、“与图像的距离”为 100.0，添加关键帧，如图 19-83 所示。

**步骤 10** 拖曳时间指示器至 00:00:03:00 的位置，设置“旋转”为 2x0.0°、“倾斜”为 2x0.0°、“与图像的距离”为 0.0，添加关键帧，如图 19-84 所示。

图 19-83 添加第 3 组关键帧

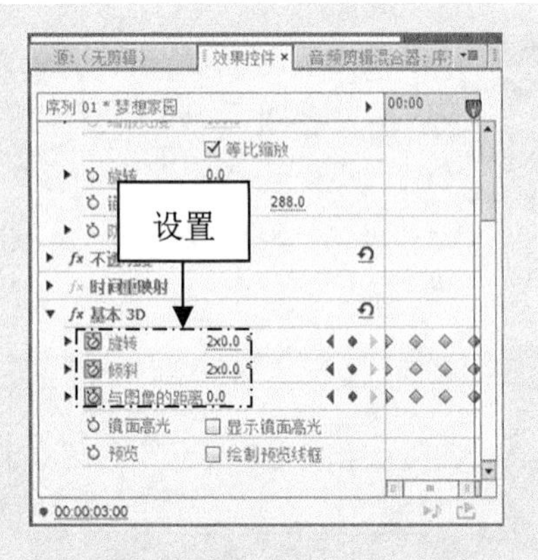


图 19-84 添加第 4 组关键帧

**步骤 11** 单击“播放-停止切换”按钮，预览视频效果，如图 19-85 所示。

图 19-85 预览视频效果

# 19.3　制作画中画效果

画中画效果是在影视节目中常用的技巧之一，是利用数字技术，在同一屏幕上显示两个画面。本节将详细介绍画中画的相关基础知识以及制作方法，以供读者掌握。

## 19.3.1　画中画的基础认识

画中画效果是指在正常观看的主画面上，同时插入一个或多个经过压缩的子画面，以便在欣赏主画面的同时，观看其他影视效果。通过数字化处理，生成景物远近不同、具有强烈视觉冲击力的全景图像，给人一种身在画中的全新视觉享受。

画中画效果不仅可以同步显示多个不同的画面，还可以显示两个或多个内容相同画面效果，让画面产生万花筒的特殊效果。

1. 画中画在天气预报中的应用

随着计算机的普及，画中画效果逐渐成为天气预报节目中的常用播放技巧。

在天气预报节目中，几乎大部分都是运用了画中画效果来进行播放的。工作人员通过后期的制作，将两个画面合成至一个背景中，得到最终的效果。

2. 画中画在新闻播报中的应用

画中画效果在新闻播报节目中的应用也十分广泛。在新闻联播中，常常会看到节目主持人的右上角多出来一个新的画面，这些画面通常是为了配合主持人报道新闻。

3. 画中画在影视广告宣传中的应用

影视广告是非常有效而且覆盖面较广的广告传播方法之一。

在随着数码科技的发展，这种画中画效果被许多广告产业搬上了银幕，加入了画中画效果的宣传动画，常常可以表现出更加鲜明的宣传效果。

4. 画中画在显示器中的应用

如今网络电视的不断普及，以及大屏显示器的出现，画中画技术在显示器中的应用也并非人们想象中的那么“鸡肋”。在市场上，华硕 VE276Q 和三星 P2370HN 为代表的带有画中画功能显示器的出现，受到了用户的一致认可，同时也进一步增强了显示器的娱乐性。

## 19.3.2　实战——画中画效果的导入

画中画是以高科技为载体，将普通的平面图像转化为层次分明、全景多变的精彩画面。在 Premiere Pro CC 中，制作画中画运动效果之前，首先需要导入影片素材。

**步骤 01** 按 Ctrl＋O 组合键，打开随书附带光盘中的“素材\第 19 章\动感文字.prproj”文件，如图 19-86 所示。

图 19-86　打开的项目文件

**步骤 02** 在“时间轴”面板上，将导入的素材分别添加至 V1 和 V2 轨道上，拖动控制条调整视图，如图 19-87 所示。

**步骤 03** 将时间线移至 00:00:06:00 的位置，将 V2 轨道的素材向右拖曳至 6 秒处，如图 19-88 所示。

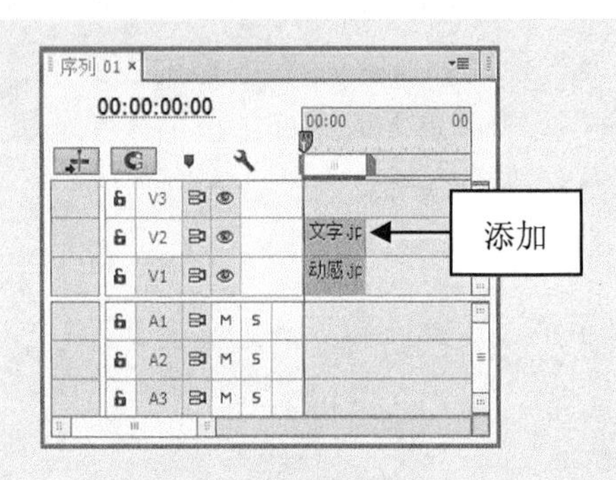


图 19-87　添加素材图像

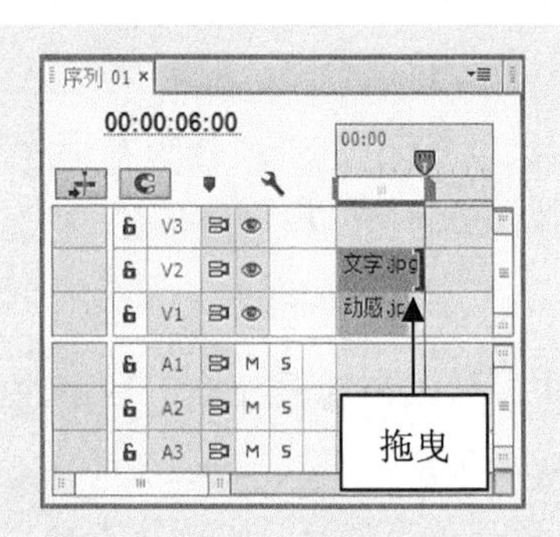


图 19-88　拖曳鼠标

## 19.3.3 实战——画中画效果的制作

在添加完素材后，用户可以继续对画中画素材设置运动效果。接下来将介绍如何设置画中画的特效属性。

**步骤 01** 以 19.3.2 小节的效果为例，将时间线移至素材的开始位置，选择 V1 轨道上的素材，在“效果控件”面板中，单击“位置”和“缩放”左侧的“切换动画”按钮，添加一组关键帧，如图 19-89 所示。

**步骤 02** 选择 V2 轨道上的素材，设置“缩放”为 20.0，在“节目监视器”面板中，将选择的素材拖曳至面板左上角，单击“位置”和“缩放”左侧前的“切换动画”按钮，添加关键帧，如图 19-90 所示。

**步骤 03** 将时间线移至 00:00:00:18 的位置，选择 V2 轨道中的素材，在“节目监视器”面板中沿水平方向向右拖曳素材，系统会自动添加一个关键帧，如图 19-91 所示。

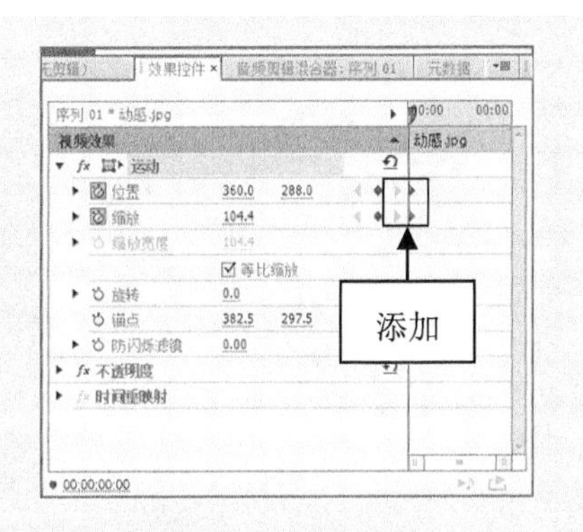


图 19-89 添加关键帧(1)

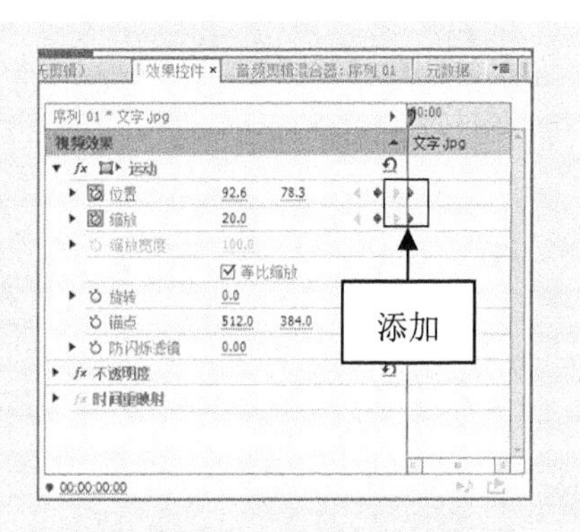


图 19-90 添加关键帧(2)

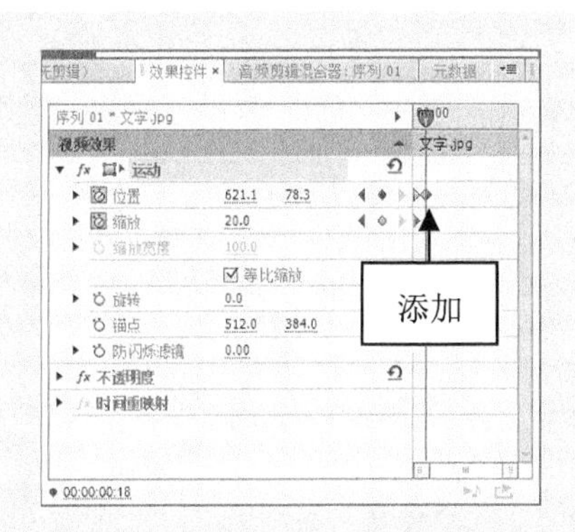

图 19-91 添加关键帧(3)

**步骤04** 将时间线移至 00:00:01:00 的位置，选择 V2 轨道中的素材，在“节目监视器”面板中垂直向下方向拖曳素材，系统会自动添加一个关键帧，如图 19-92 所示。

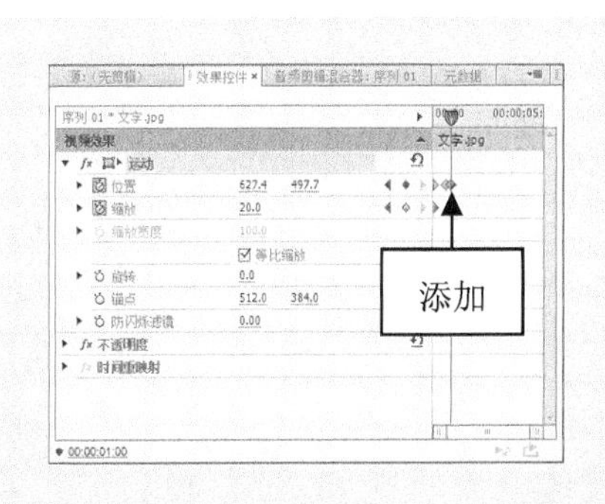

图 19-92 添加关键帧(4)

**步骤05** 将“动感”素材图像添加至 V3 轨道 00:00:01:04 的位置中，选择 V3 轨道上的素材，将时间线移至 00:00:01:05 的位置，在“效果控件”面板中，展开“运动”选项，设置“缩放”为 40.0，在“节目监视器”窗口中向右上角拖曳素材，系统会自动添加一组关键帧，如图 19-93 所示。

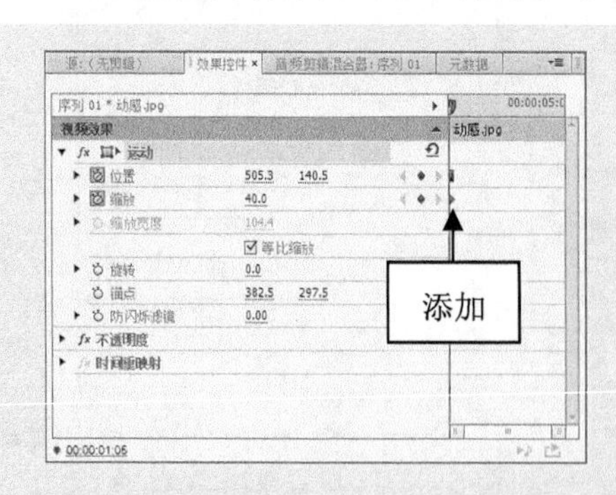

图 19-93　添加关键帧(5)

**步骤 06**　执行操作后，即可制作画中画效果，在“节目监视器”面板中，单击“播放-停止切换”按钮，即可预览画中画效果，如图 19-94 所示。

图 19-94　预览画中画效果

# 第 20 章

## 视频文件的设置与导出

在 Premiere Pro CC 中，当用户完成一段影视内容的编辑，并且对编辑的效果感到满意时，用户可以将其输出成各种不同格式的文件。本章主要介绍如何设置影片输出的参数，并输出成各种不同格式的文件。

本章重点：

- 设置视频参数
- 设置影片导出参数
- 导出影视文件

# 20.1 设置视频参数

在导出视频文件时，用户需要对视频的格式、预设、输出名称和位置以及其他选项进行设置。本节将介绍“导出设置”对话框以及导出视频所需要设置的参数。

## 20.1.1 实战——视频预览区域

视频预览区域主要用来预览视频效果，下面将介绍设置视频预览区域的操作方法。

**步骤01** 按 Ctrl+O 组合键，打开随书附带光盘中的“素材\第 20 章\英雄.prproj”文件，如图 20-1 所示。

**步骤02** 在 Premiere Pro CC 的工作界面中，选择“文件”|“导出”|“媒体”命令，如图 20-2 所示。

图 20-1 打开的项目文件

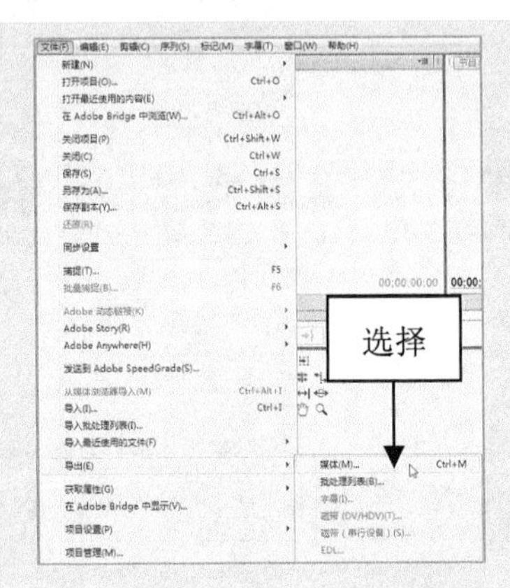


图 20-2 选择“媒体”命令

**步骤03** 即可弹出“导出设置”对话框，拖曳窗口底部的“当前时间指示器”查看导出的影视效果，如图 20-3 所示。

**步骤04** 单击对话框左上角的“裁剪输出视频”按钮，视频预览区域中的画面将显示 4 个调节点，拖曳其中的某个点，即可裁剪输出视频的范围，如图 20-4 所示。

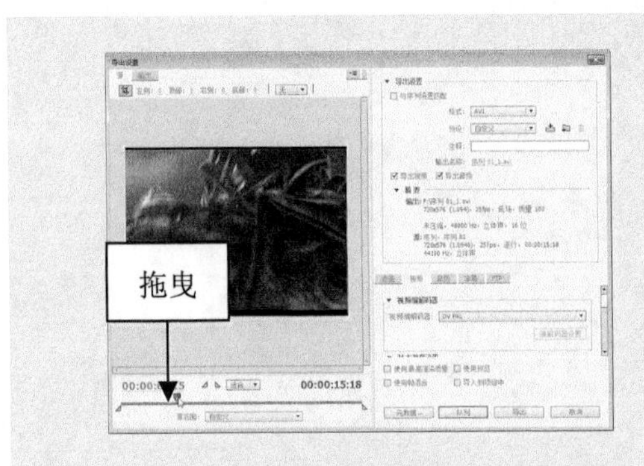


图 20-3 查看影视效果

图 20-4 裁剪视频范围

## 20.1.2 实战——参数设置区域

“参数设置区域”选项区中的各参数决定着影片的最终效果，用户可以在这里设置视频参数。

**步骤01** 以 20.1.1 小节的素材为例，单击“格式”选项右侧的下三角按钮，在弹出的列表框中选择 MPEG4 作为当前导出的视频格式，如图 20-5 所示。

**步骤02** 根据导出视频格式的不同，设置“预设”选项。单击“预设”选项右侧的下三角按钮，在弹出的列表框中选择 3GPP 352×288 H.263 选项，如图 20-6 所示。

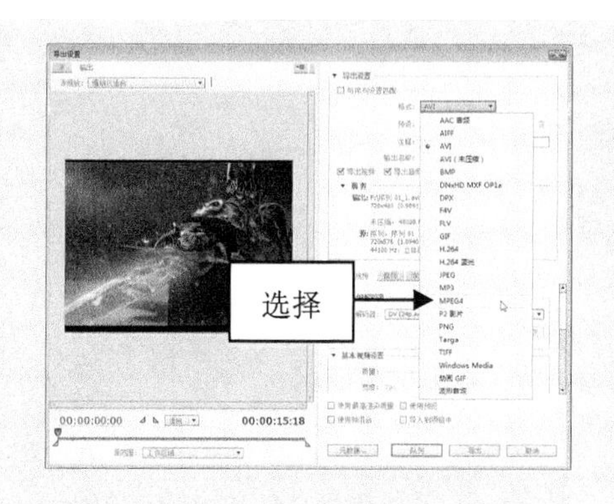


图 20-5 设置导出格式

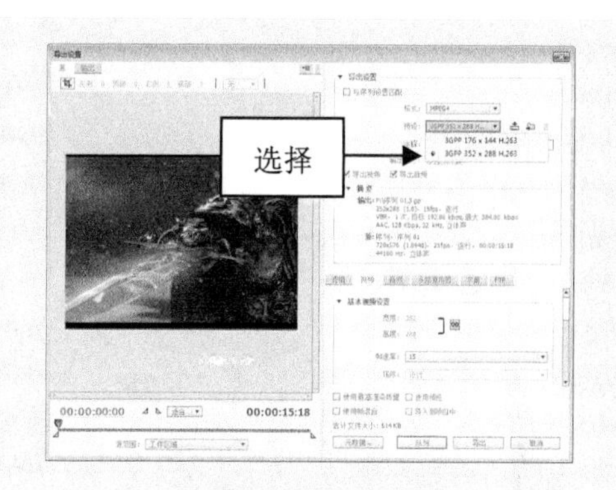


图 20-6 选择相应选项

**步骤03** 单击“输出名称”右侧的超链接，如图 20-7 所示。

**步骤04** 弹出“另存为”对话框，设置文件名和储存位置，如图 20-8 所示，单击“保存”按钮，即可完成视频参数的设置。

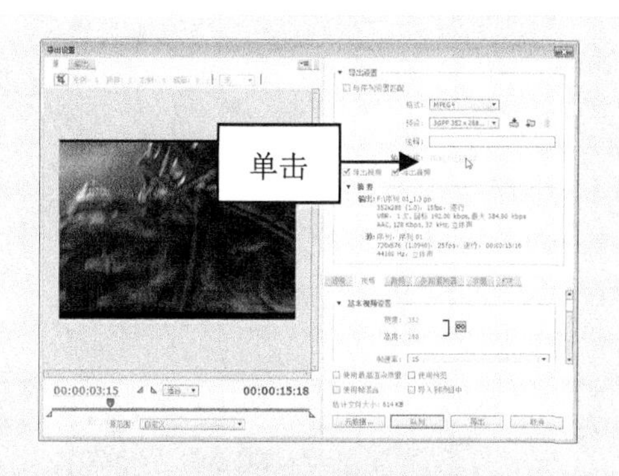


图 20-7 单击超链接

图 20-8 设置文件名和储存位置

# 20.2 设置影片导出参数

当用户完成 Premiere Pro CC 中的各项编辑操作后，即可将项目导出为各种格式类型的音频文件。本节将详细介绍影片导出参数的设置方法。

## 20.2.1 音频参数

通过 Premiere Pro CC，可以将素材输出为音频，接下来将介绍导出 MP3 格式的音频文件需要进行哪些设置。

首先，需要在“导出设置”对话框中设置“格式”为 MP3，并设置“预设”为“MP3 256kb/s 高质量”，如图 20-9 所示。接下来，用户只需要设置导出音频的文件名和保存位置，单击“输出名称”右侧的相应超链接，弹出“另存为”对话框，设置文件名和储存位置，如图 20-10 所示。单击“保存”按钮，即可完成音频参数的设置。

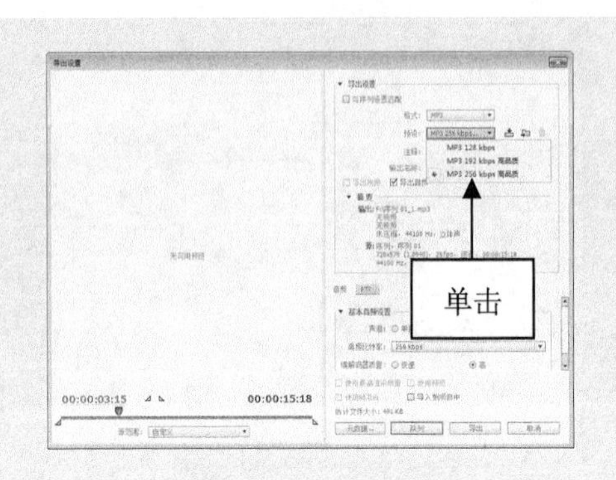


图 20-9　单击超链接

图 20-10　设置文件名和储存位置

## 20.2.2 滤镜参数

在 Premiere Pro CC 中，用户还可以为需要导出的视频添加“高斯模糊”滤镜效果，让画面效果产生朦胧的模糊效果。

设置滤镜参数的具体方法是：首先，用户需要设置导出视频的“格式”为 AVI。接下来，切换至“滤镜”选项卡，勾选“高斯模糊”复选框，设置“模糊度”为 11、“模糊尺寸”为“水平和垂直”，如图 20-11 所示。

设置完成后，用户可以在“视频预览区域”中单击“导出”标签，切换至“输出”选项卡，查看输出视频的模糊效果，如图 20-12 所示。

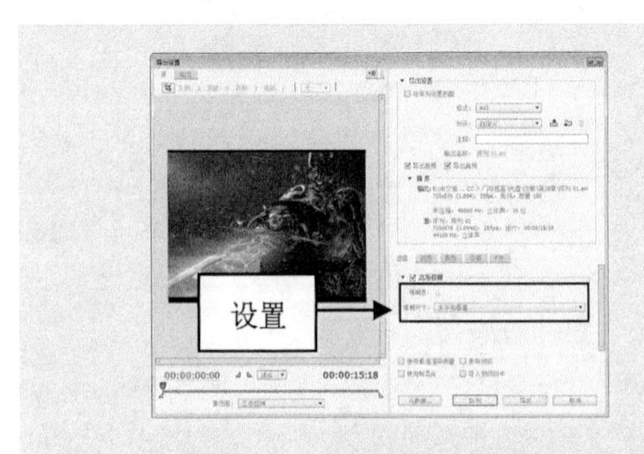


图 20-11　设置“滤镜”参数

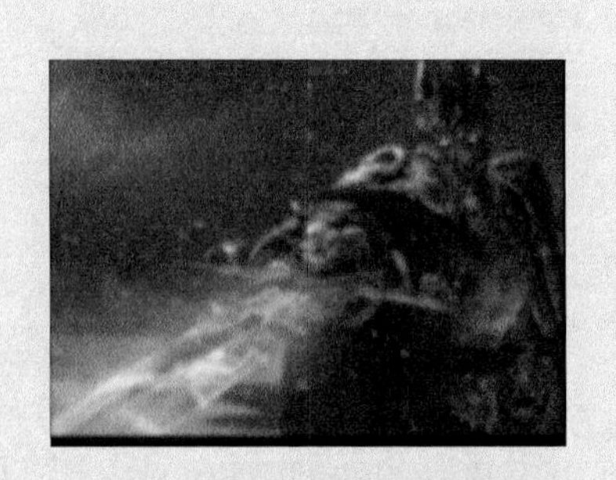

图 20-12　查看模糊效果

# 20.3 导出影视文件

随着视频文件格式的增加，Premiere Pro CC 会根据所选文件的不同，调整不同的视频输出选项，以便用户更为快捷地调整视频文件的设置。本节主要介绍影视的导出方法。

## 20.3.1 实战——导出编码文件

编码文件就是现在常见的 AVI 格式文件，这种文件格式的文件兼容性好、调用方便、图像质量好。

**步骤 01** 按 Ctrl＋O 组合键，打开随书附带光盘中的“素材\第 20 章\星空轨迹.prproj”文件，如图 20-13 所示。

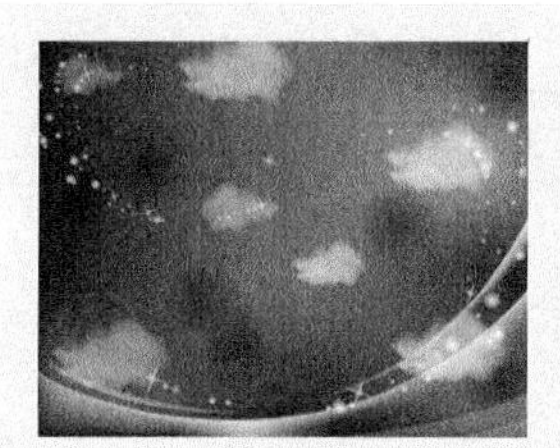
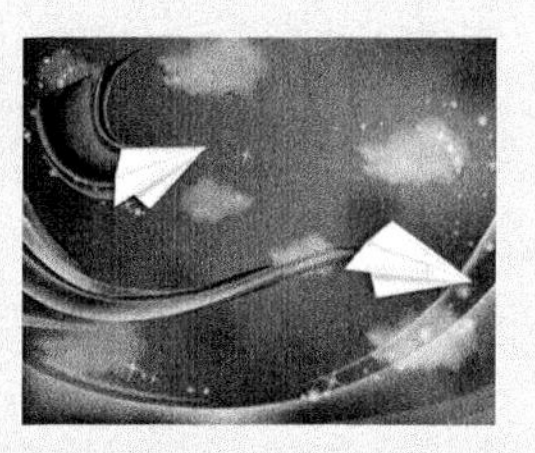

图 20-13 打开的项目文件

**步骤 02** 选择“文件”|“导出”|“媒体”命令，如图 20-14 所示。

**步骤 03** 执行上述操作后，弹出“导出设置”对话框，如图 20-15 所示。

图 20-14 选择“媒体”命令

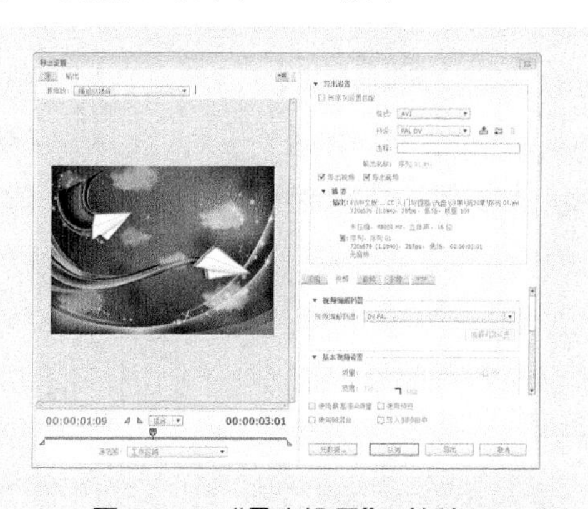


图 20-15 “导出设置”对话框

**步骤 04** 在“导出设置”选项区中设置“格式”为 AVI、“预设”为“NTSC DV 宽银幕”，如图 20-16 所示。

**步骤 05** 单击“输出名称”右侧的超链接，弹出“另存为”对话框，在其中设置保存位置和文件名，如图 20-17 所示。

**步骤 06** 设置完成后，单击“保存”按钮，然后单击对话框右下角的“导出”按钮，如图 20-18 所示。

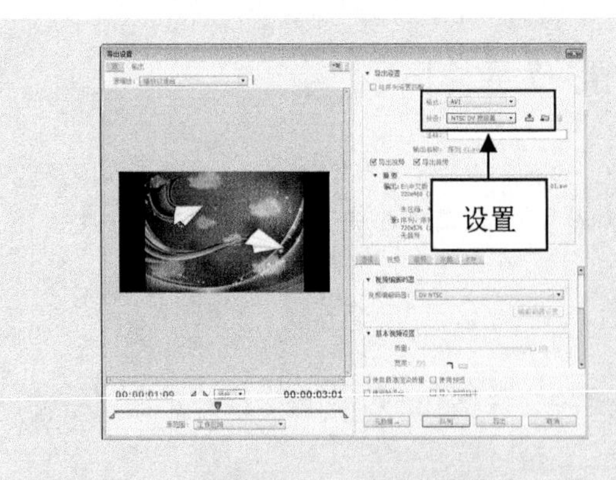


图 20-16　设置参数值

图 20-17　设置保存位置和文件名

**步骤 07** 执行上述操作后，弹出“编码 序列 01”对话框，开始导出编码文件，并显示导出进度，如图 20-19 所示。导出完成后，即可完成编码文件的导出。

图 20-18　单击“导出”按钮

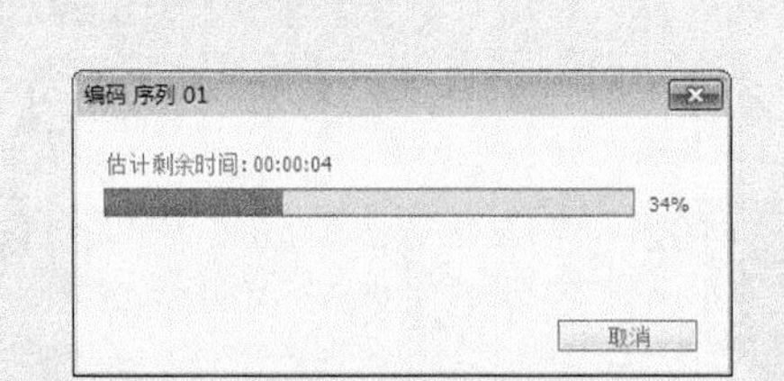


图 20-19　显示导出进度

## 20.3.2　实战——导出 EDL 文件

在 Premiere Pro CC 中，用户不仅可以将视频导出为编码文件，还可以根据需要将其导出为 EDL 视频文件。

**步骤 01** 按 Ctrl+O 组合键，打开随书附带光盘中的“素材\第 20 章\光芒.prproj”文件，如图 20-20 所示。

**步骤 02** 选择“文件”|“导出”|EDL 命令，如图 20-21 所示。

**步骤 03** 弹出“EDL 导出设置”对话框，单击“确定”按钮，如图 20-22 所示。

**步骤 04** 弹出“将序列另存为 EDL”对话框，设置文件名和保存路径，如图 20-23 所示。

**提示：** 在 Premiere Pro CC 中，EDL 是一种广泛应用于视频编辑领域的编辑交换文件，其作用是记录用户对素材的各种编辑操作。这样，用户便可以在所有支持 EDL 文件的编辑软件内共享编辑项目，或通过替换素材来实现影视节目的快速编辑与输出。

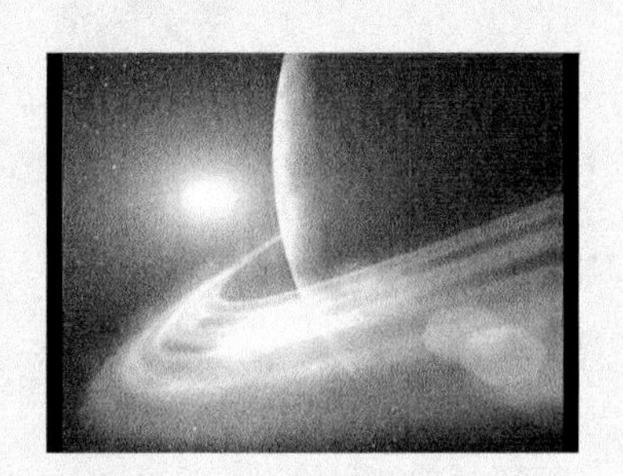

图 20-20 打开的项目文件

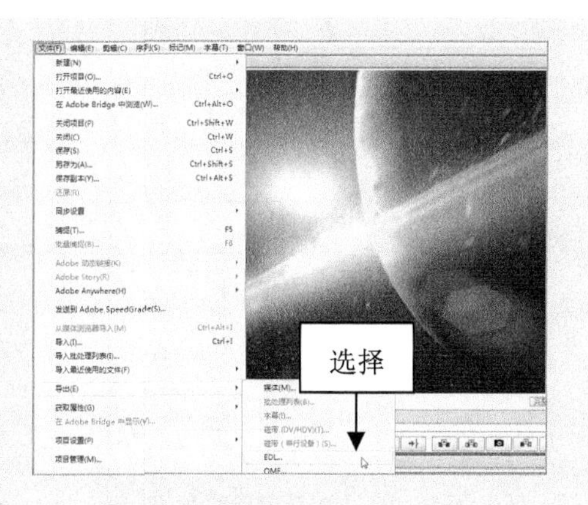


图 20-21 单击 EDL 命令

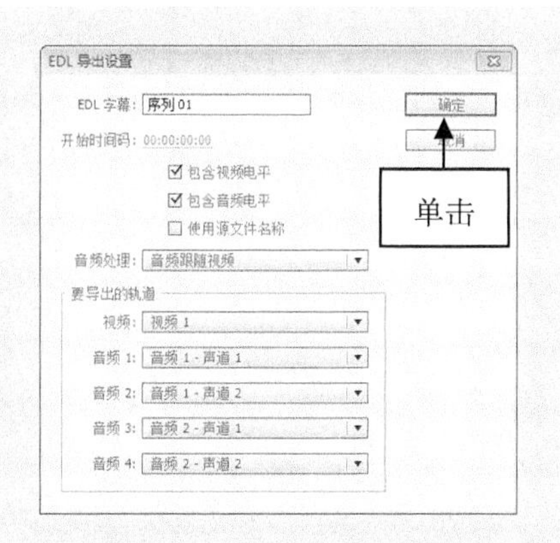


图 20-22 单击“确定”按钮

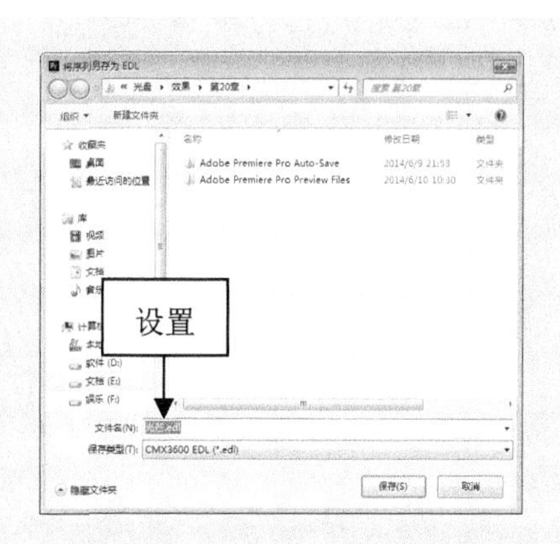


图 20-23 设置文件名和保存路径

**步骤 05** 单击“保存”按钮，即可导出 EDL 文件。

**注意：** EDL 文件在存储时只保留两轨的初步信息，因此在用到两轨道以上的视频时，两轨道以上的视频信息便会丢失。

## 20.3.3 实战——导出 OMF 文件

在 Premiere Pro CC 中，OMF 是由 Avid 推出的一种音频封装格式，能够被多种专业的音频封装格式。

**步骤 01** 按 Ctrl+O 组合键，打开随书附带光盘中的“素材\第 20 章\音乐 1.prproj”文件，如图 20-24 所示。

**步骤 02** 选择“文件”|“导出”| OMF 命令，如图 20-25 所示。

**步骤 03** 弹出“OMF 导出设置”对话框，单击“确定”按钮，如图 20-26 所示。

**步骤 04** 弹出“将序列另存为 OMF”对话框，设置文件名和路径，如图 20-27 所示。

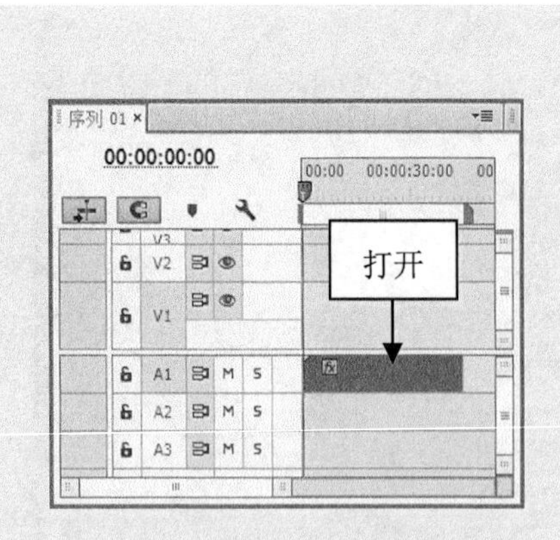


图 20-24　打开项目文件

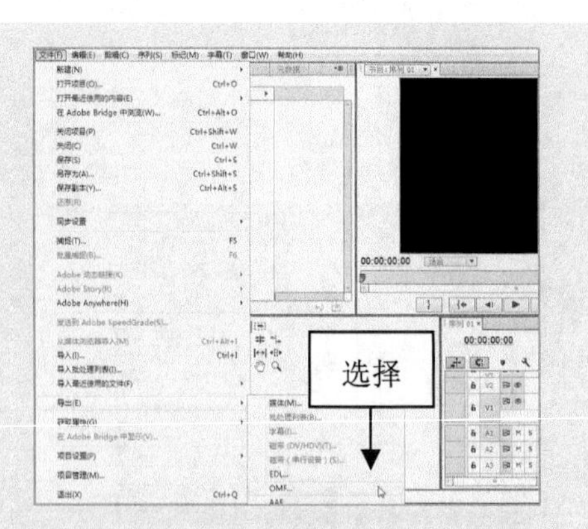


图 20-25　选择 OMF 命令

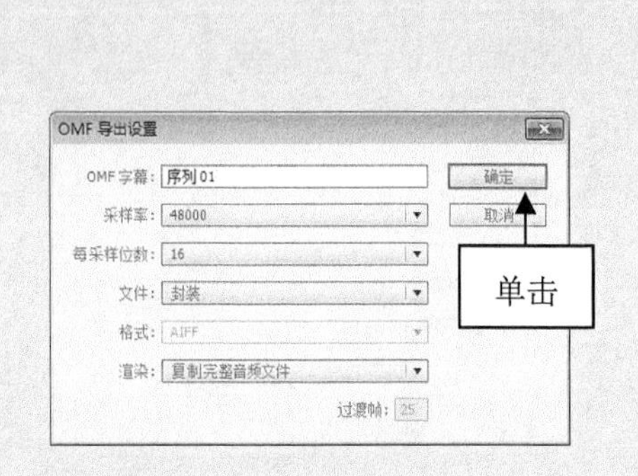


图 20-26　单击“确定”按钮

图 20-27　设置文件名和保存路径

**步骤 05**　单击“保存”按钮，弹出“将媒体文件导出到 OMF 文件夹”对话框，显示输出进度，如图 20-28 所示。

**步骤 06**　输出完成后，弹出“OMF 导出信息”对话框，显示 OMF 的输出信息，如图 20-29 所示，单击“确定”按钮即可。

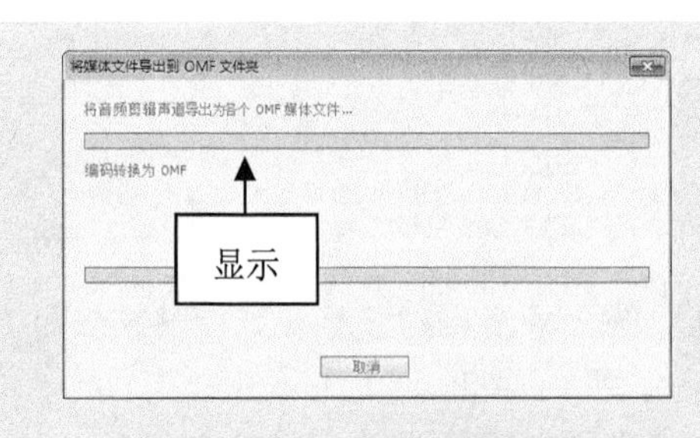


图 20-28　显示输出进度

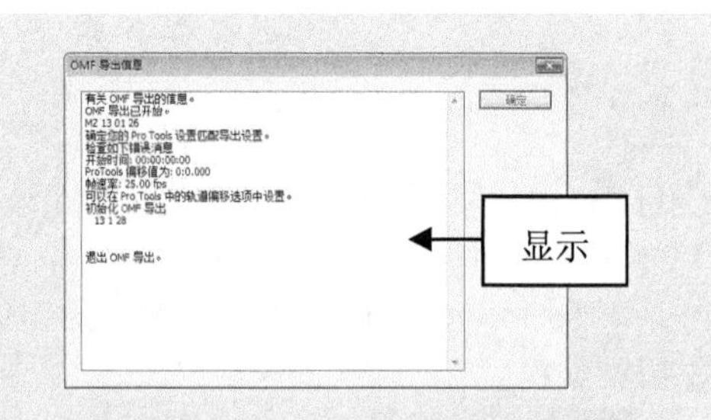


图 20-29　显示 OMF 导出信息

## 20.3.4　实战——导出 MP3 音频文件

MP3 格式的音频文件凭借高采样率的音质，占用空间少的特性，成为目前最为流行的一种音乐文件。

**步骤01** 按 Ctrl+O 组合键，打开随书附带光盘中的“素材\第 20 章\音乐 2.prproj”文件，如图 20-30 所示，选择“文件”|“导出”|“媒体”命令，弹出“导出设置”对话框。

**步骤02** 单击“格式”选项右侧的下三角按钮，在弹出的列表框中选择 MP3 选项，如图 20-31 所示。

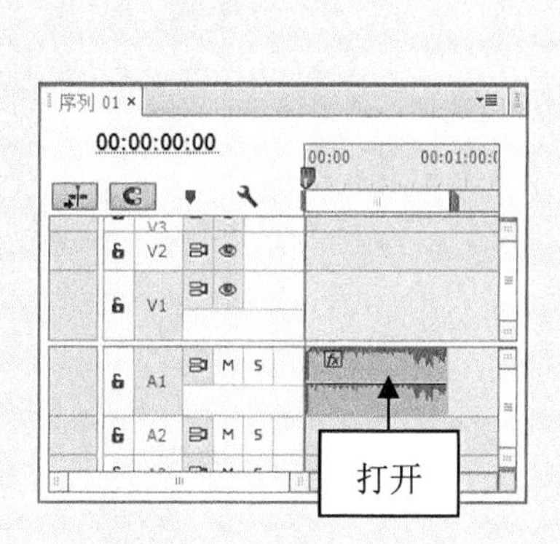


图 20-30　打开项目文件

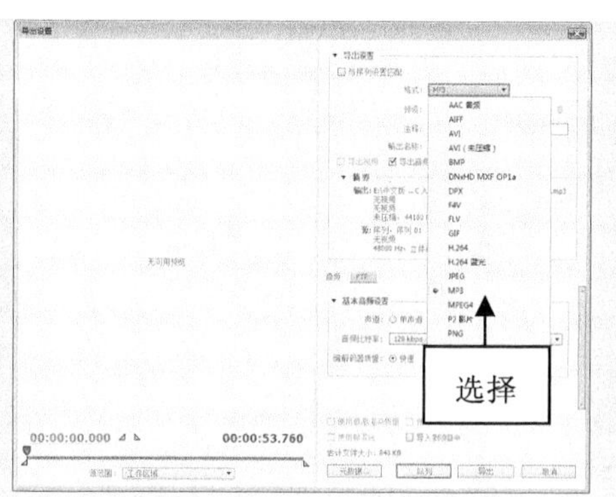


图 20-31　选择 MP3 选项

**步骤03** 单击“输出名称”右侧的超链接，弹出“另存为”对话框，设置保存位置和文件名，单击“保存”按钮，如图 20-32 所示。

**步骤04** 返回相应对话框，单击“导出”按钮，弹出“渲染所需音频文件”对话框，显示导出进度，如图 20-33 所示。

图 20-32　单击“保存”按钮

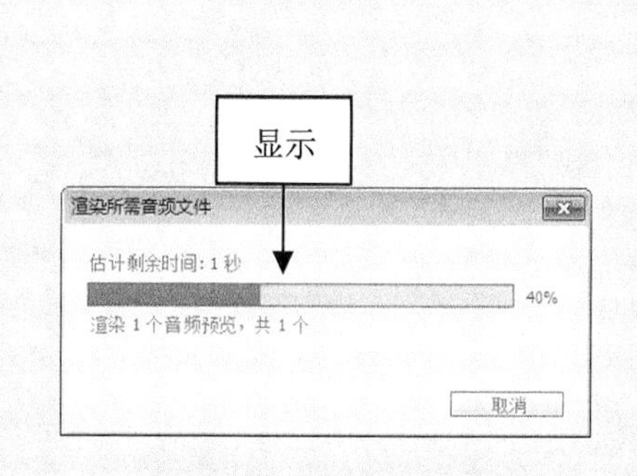


图 20-33　显示导出进度

**步骤05** 导出完成后，即可完成 MP3 音频文件的导出。

## 20.3.5　实战——导出 WAV 音频文件

在 Premiere Pro CC 中，用户不仅可以将音频文件转换成 MP3 格式，还可以将其转换为 WAV 格式。

**步骤01** 按 Ctrl+O 组合键，打开随书附带光盘中的“素材\第 20 章\音乐 3.prproj”文件，如图 20-34 所示，选择“文件”|“导出”|“媒体”命令，弹出“导出设置”对话框。

**步骤02** 单击“格式”选项右侧的下三角按钮，在弹出的列表框中选择“波形音频”选项，如图 20-35 所示。

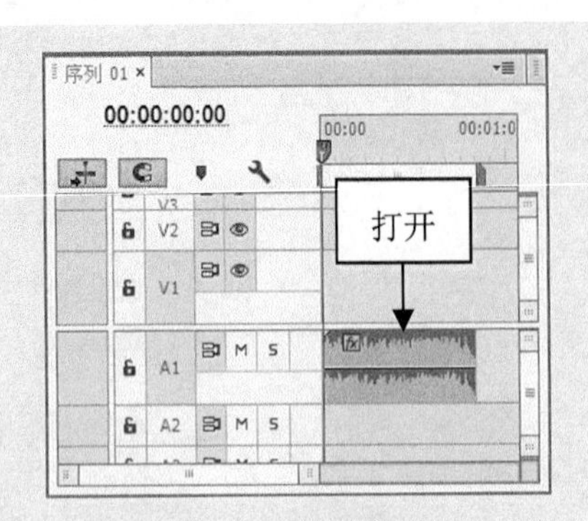


图 20-34 打开项目文件

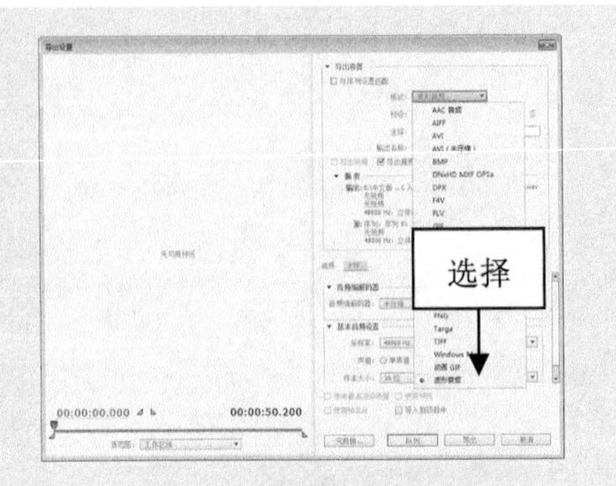


图 20-35 选择合适的选项

**步骤03** 单击“输出名称”右侧的超链接，弹出“另存为”对话框，设置保存位置和文件名，单击“保存”按钮，如图 20-36 所示。

**步骤04** 返回相应对话框，单击“导出”按钮，弹出“渲染所需音频文件”对话框，显示导出进度，如图 20-37 所示。

图 20-36 单击“保存”按钮

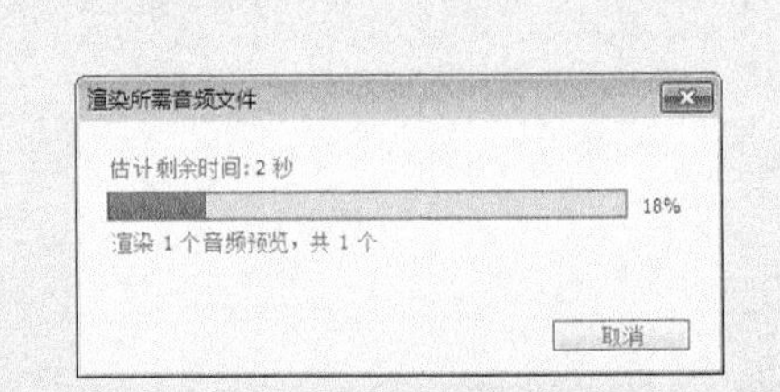


图 20-37 显示导出进度

**步骤05** 导出完成后，即可完成 WAV 音频文件的导出。

## 20.3.6 实战——视频文件格式的转换

随着视频文件格式的多样化，许多文件格式无法在指定的播放器中打开，此时用户可以根据需要对视频文件格式进行转换。

**步骤01** 按 Ctrl+O 组合键，打开随书附带光盘中的“素材\第 20 章\旋转.prproj”文件，如图 20-38 所示，选择“文件”|“导出”|“媒体”命令，弹出“导出设置”对话框。

**步骤02** 单击“格式”选项右侧的下三角按钮，在弹出的列表框中选择 Windows Media 选项，如图 20-39 所示。

图 20-38 打开项目文件

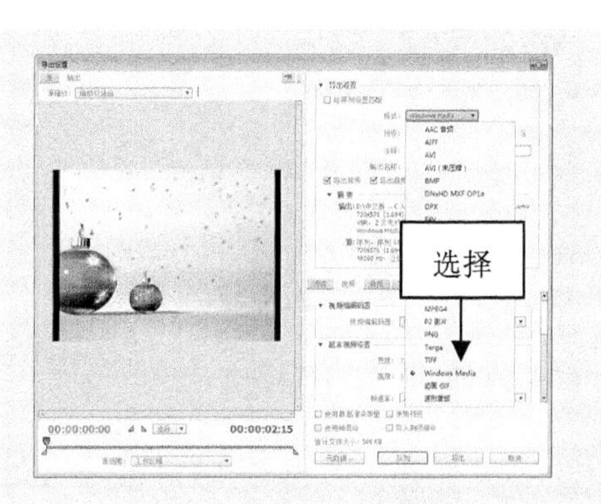


图 20-39 选择合适的选项

**步骤03** 取消勾选“导出音频”复选框，并单击“输出名称”右侧的超链接，如图 20-40 所示。

**步骤04** 弹出“另存为”对话框，设置保存位置和文件名，单击“保存”按钮，如图 20-41 所示。设置完成后，单击“导出”按钮，弹出“编码 序列 01”对话框，并显示导出进度，导出完成后，即可完成视频文件格式的转换。

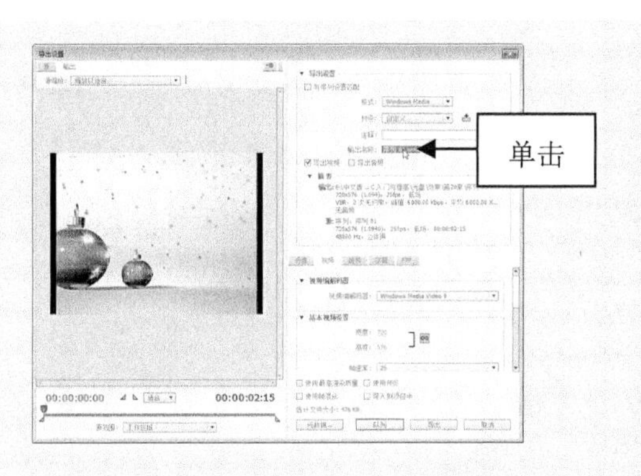


图 20-40 单击“输出名称”超链接

图 20-41 单击“保存”按钮

## 20.3.7 实战——导出 FLV 流媒体文件

随着网络的普及，用户可以将制作的视频导出为 FLV 流媒体文件，然后再将其上传到网络中。

**步骤01** 按 Ctrl+O 组合键，打开随书附带光盘中的“素材\第 20 章\彩虹.prproj”文件，如图 20-42 所示，选择“文件”|“导出”|“媒体”命令，弹出“导出设置”对话框。

**步骤02** 单击“格式”右侧的下三角按钮，在弹出的列表框中，选择 FLV 选项，如图 20-43 所示。

图 20-42　打开项目文件

图 20-43　选择 FLV 选项

**步骤 03**　单击“输出名称”右侧的超链接，弹出“另存为”对话框，设置保存位置和文件名，如图 20-44 所示。

**步骤 04**　单击“保存”按钮，设置完成后，单击“导出”按钮，弹出“编码 序列 01”对话框，并显示导出进度，如图 20-45 所示。

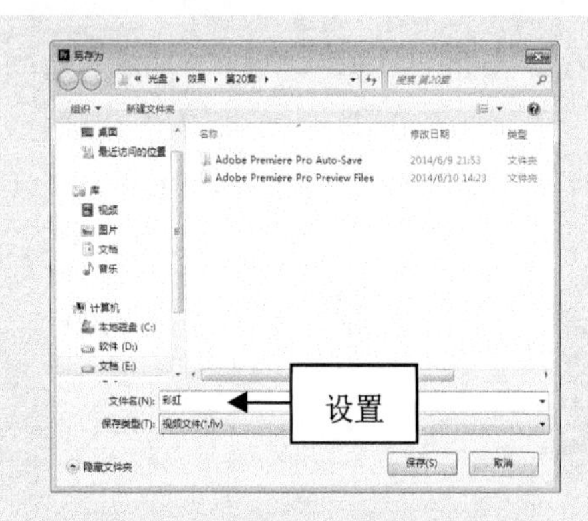


图 20-44　设置文件名和保存路径

图 20-45　显示导出进度

**步骤 05**　导出完成后，即可完成 FLV 流媒体文件的导出。

# 第 21 章

## 《暗黑征途》特效的制作

网络游戏是一种越来越流行的计算机娱乐活动，人们能够足不出户与世界各地的玩家一起在美丽的网络世界中探险。本章将运用 Premiere Pro CC 软件制作游戏宣传预告——《暗黑征途》，希望读者熟练掌握游戏宣传预告视频的制作方法。

本章重点：

- 效果欣赏与技术提炼
- 制作视频的过程
- 视频后期编辑与输出

# 21.1　效果欣赏与技术提炼

在制作游戏宣传预告片之前，首先带领读者预览《暗黑征途》宣传预告片视频的画面效果，并掌握项目技术提炼等内容，这样可以帮助读者更好地宣传预告片的制作方法。

## 21.1.1　效果欣赏

本节介绍制作游戏宣传预告片——《暗黑征途》，效果如图 21-1 所示。

图 21-1　游戏宣传预告片效果

## 21.1.2　技术提炼

首先在 Premiere Pro CC 工作界面中新建项目并创建序列，导入需要的素材，然后将素材分别添加至相应的视频轨道中，使用相应的素材制作预告背景效果，使用“嵌套”命令嵌套序列，在视频中的适当位置添加相应的素材，最后添加背景音乐，输出视频，即可完成游戏宣传预告片的制作。

# 21.2　制作视频的过程

游戏宣传预告片的制作过程主要包括导入宣传预告片的素材、制作视频背景画面、制作标题字幕动态效果等内容。

## 21.2.1 实战——游戏预告背景的制作

制作游戏宣传预告的第一步，就是制作出能够吸引观众、符合主题的背景效果。本实例首先通过颜色平衡调整背景色调；然后添加游戏画面素材，通过“8 点无用信号遮罩”视频效果制作画面覆叠效果。下面介绍制作游戏预告背景的操作方法。

**步骤01** 在 Premiere Pro CC 工作界面中，新建一个项目文件并创建序列，导入随书附带光盘中第 21 章/绚丽魔法、游戏预告、游戏背景、变形金刚、梦幻世界、内容背景、史前魔兽、未来机甲、星光效果、宣传内容 3、宣传内容 4、预告背景素材文件，如图 21-2 所示。

**步骤02** 在“项目”面板中选择“游戏背景.mp4”素材文件，将其添加到“时间轴”面板中的 V1 轨道上，如图 21-3 所示。

图 21-2 导入素材文件

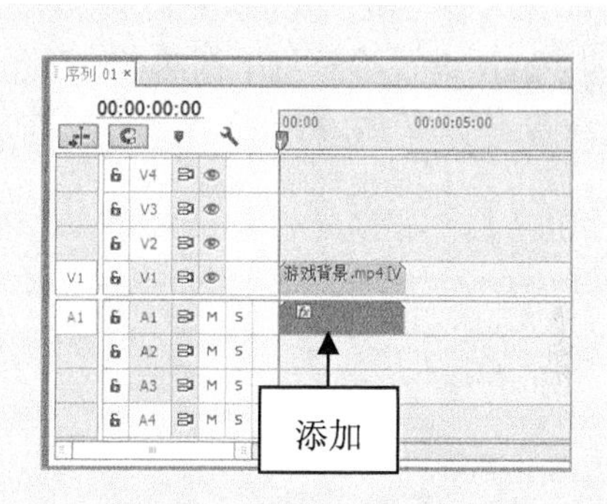


图 21-3 添加素材文件

**步骤03** 选择 V1 轨道上的素材文件，单击鼠标右键，在弹出的快捷菜单中选择“速度/持续时间”命令，如图 21-4 所示。

**步骤04** 在弹出的“剪辑速度/持续时间”对话框中，设置“持续时间”为 00:00:06:00，如图 21-5 所示。

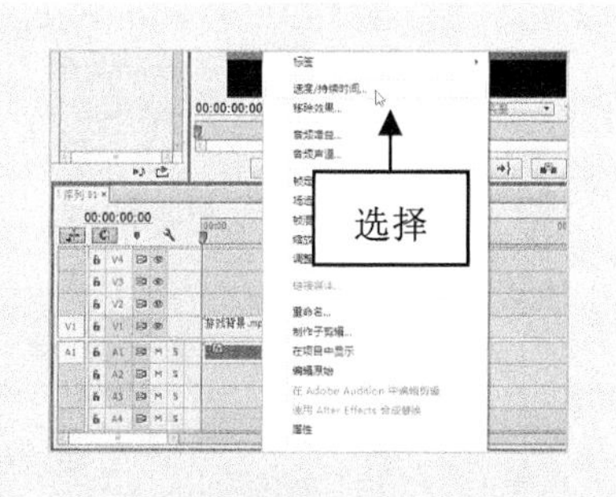


图 21-4 选择“速度/持续时间”命令

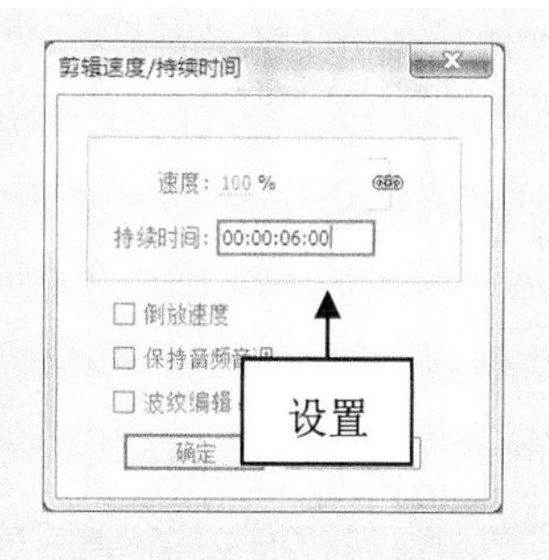


图 21-5 设置“持续时间”

**步骤05** 单击“确定”按钮，应用持续时间设置，单击“播放-停止切换”按钮，在“节目监视器”面板中预览素材效果，如图 21-6 所示。

**步骤06** 选择 V1 轨道上的素材文件，切换至“效果”面板，展开“视频效果”|“图像控制”选项，使用鼠标左键双击“颜色平衡(RGB)”选项，如图 21-7 所示，为

选择的素材添加颜色平衡效果。

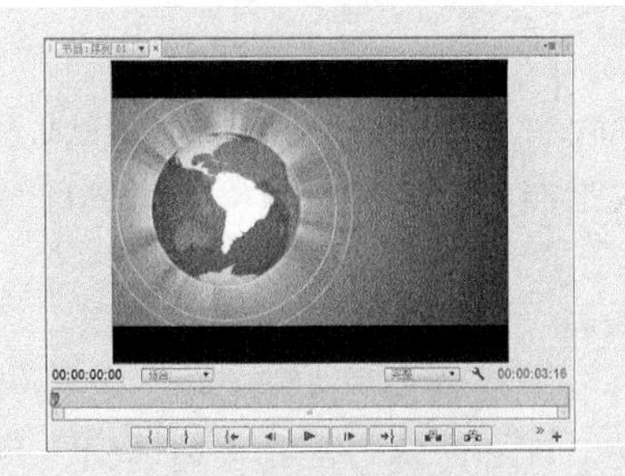

图 21-6　预览素材效果

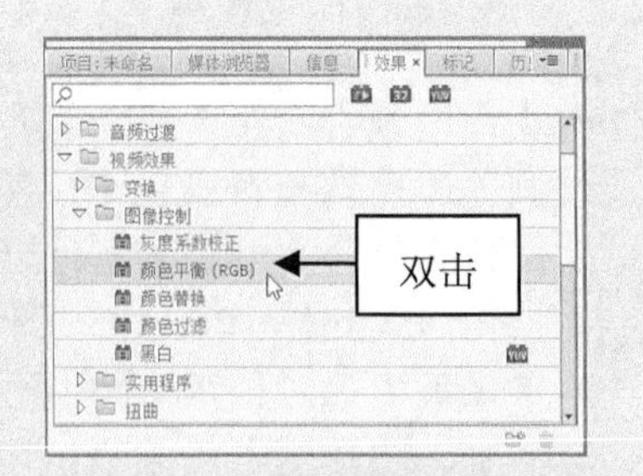


图 21-7　双击“颜色平衡(RGB)”选项

**步骤 07**　切换至“效果控件”面板，展开“颜色平衡(RGB)”选项，设置“红色”为 200、“绿色”为 106、“蓝色”为 20，如图 21-8 所示。

**步骤 08**　设置“颜色平衡(RGB)”效果后，单击“播放-停止切换”按钮，预览视频效果，如图 21-9 所示。

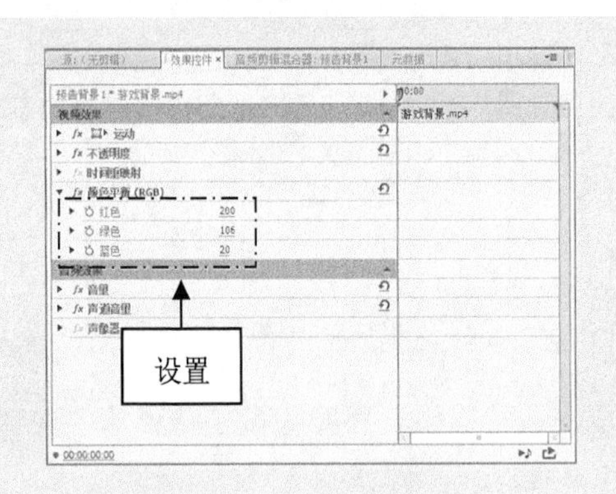


图 21-8　设置相应选项

图 21-9　预览视频效果

**步骤 09**　在“项目”面板中选择“变形金刚.jpg”素材文件，将其添加到“时间轴”面板中的 V2 轨道上，如图 21-10 所示。

**步骤 10**　在“变形金刚.jpg”素材文件的结束位置单击鼠标左键并拖曳，调整素材文件的持续时间，与 V1 轨道上的素材持续时间一致，如图 21-11 所示。

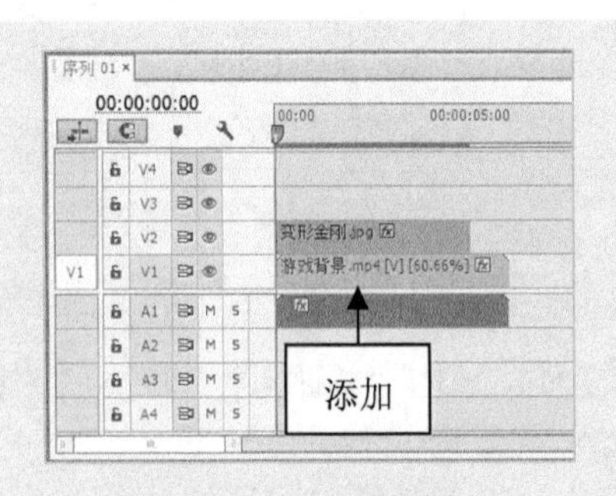


图 21-10　添加素材文件

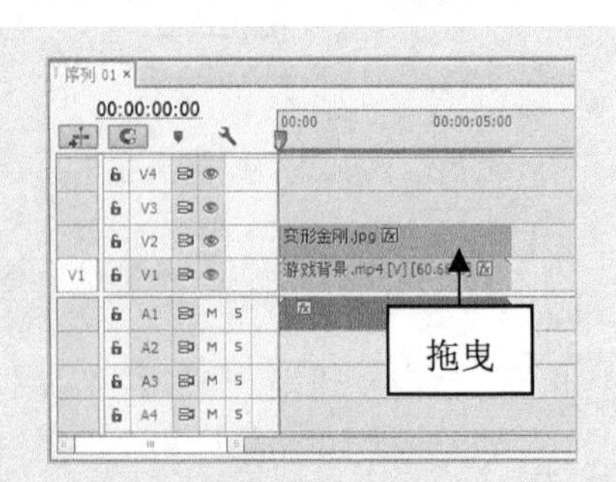


图 21-11　调整素材持续时间

**步骤 11** 在“时间轴”面板中，选择 V2 轨道上的“变形金刚.jpg”素材文件，切换至“效果控件”面板，展开“运动”选项，设置“位置”为 551.8、288.0，“缩放”为 92.5，如图 21-12 所示。

**步骤 12** 在“效果”面板中展开“视频效果”|“键控”选项，使用鼠标左键双击“8 点无用信号遮罩”选项，如图 21-13 所示，为选择的素材添加相应的遮罩效果。

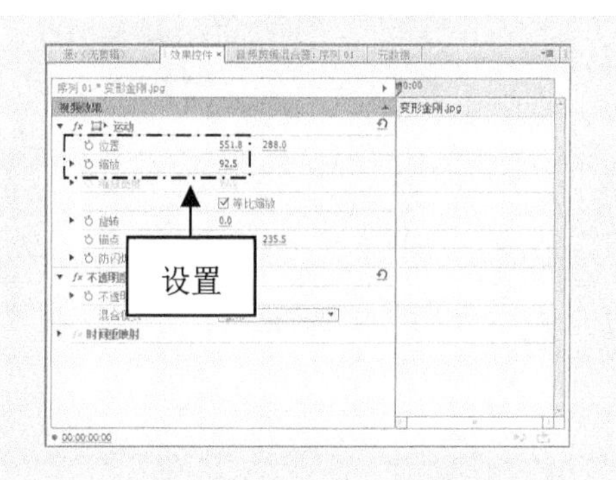


图 21-12 设置相应选项

图 21-13 双击“8 点无用信号遮罩”选项

**步骤 13** 在“效果控件”面板中选择“8 点无用信号遮罩”选项，如图 21-14 所示。

**步骤 14** 在“节目监视器”面板中显示“8 点无用信号遮罩”效果的 8 个控制点，拖曳相应的控制点调整遮罩效果，如图 21-15 所示。

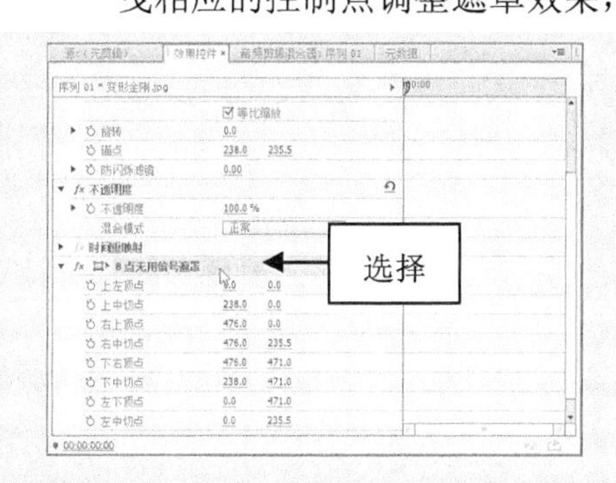


图 21-14 选择“8 点无用信号遮罩”选项

图 21-15 调整遮罩效果

**步骤 15** 在“效果控件”面板中，展开“不透明度”选项，设置“不透明度”为 54.0%，单击“混合模式”选项右侧的下拉按钮，在弹出的列表框中选择“柔光”选项，如图 21-16 所示。

**步骤 16** 设置“不透明度”效果之后，单击“播放-停止切换”按钮，预览视频效果，如图 21-17 所示。

**步骤 17** 按住 Shift 键的同时，选择“变形金刚.jpg”与“游戏背景.mp4”素材文件，单击鼠标右键，在弹出的快捷菜单中选择“嵌套”命令，如图 21-18 所示。

**步骤 18** 执行操作后，弹出“嵌套序列名称”对话框，在“名称”右侧的文本框中输入嵌套序列名称为“预告背景 1”，如图 21-19 所示。

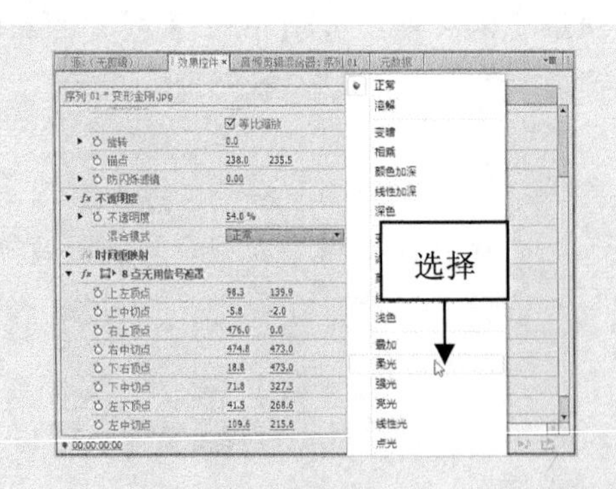


图 21-16 选择“柔光”选项

图 21-17 预览视频效果

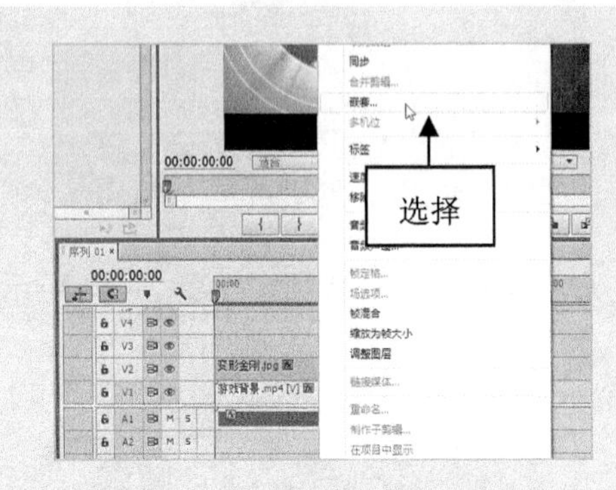


图 21-18 选择“嵌套”命令

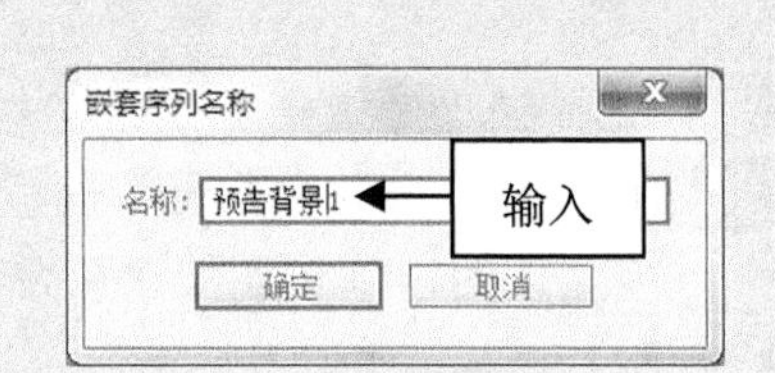


图 21-19 输入嵌套序列名称

**步骤19** 单击“确定”按钮，嵌套序列，如图 21-20 所示。

**步骤20** 按 Ctrl＋T 组合键，即可弹出“新建字幕”对话框，输入字幕名称为 2015，如图 21-21 所示。

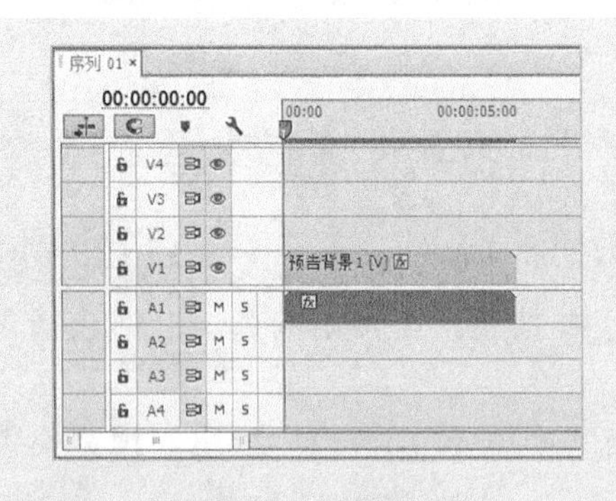


图 21-20 嵌套序列

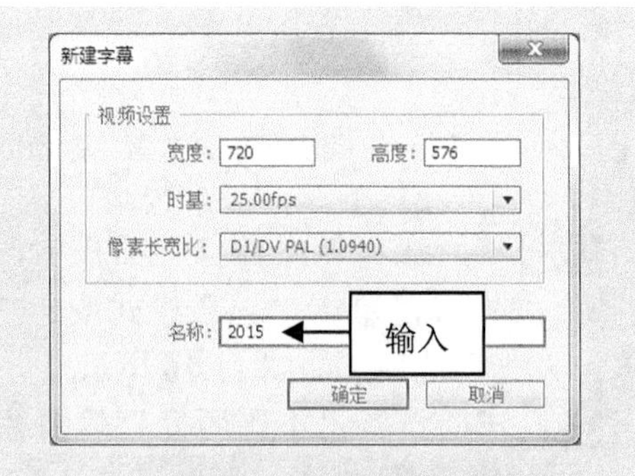


图 21-21 输入字幕名称

**步骤21** 单击“确定”按钮，打开“字幕编辑”窗口，在工作区的合适位置输入文字 2015，选择输入的文字，设置“字体系列”为 Times New Roman、“字体大小”为 60.0、“倾斜”为 15.0°、“X 位置”为 210.0、“Y 位置”为 260.0，设置字体样式为 Regular，如图 21-22 所示。

**步骤22** 设置“填充类型”为“实底”、“颜色”为黄色(RGB 参数值分别为 255、255、0)；单击“外描边”选项右侧的“添加”超链接，如图 21-23 所示。

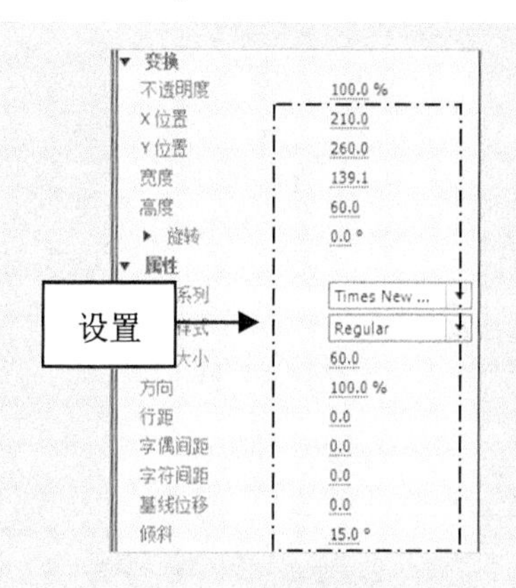


图 21-22 设置文字样式

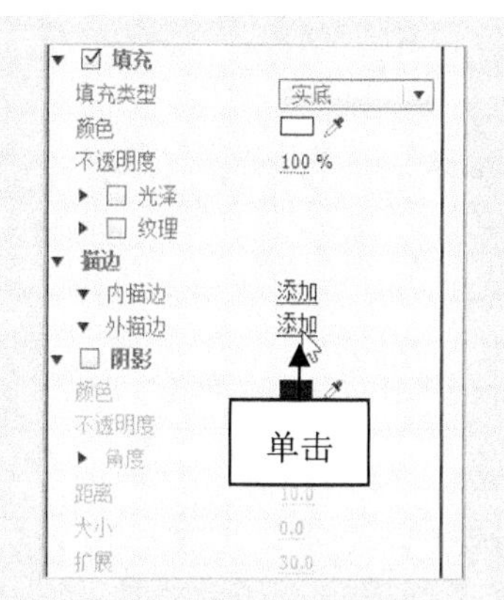


图 21-23 单击“添加”超链接

**步骤23** 添加“外描边”效果，保持默认设置；勾选“阴影”复选框，添加“阴影”效果，如图 21-24 所示。

**步骤24** 执行上述操作后，在工作区中显示字幕效果，如图 21-25 所示。

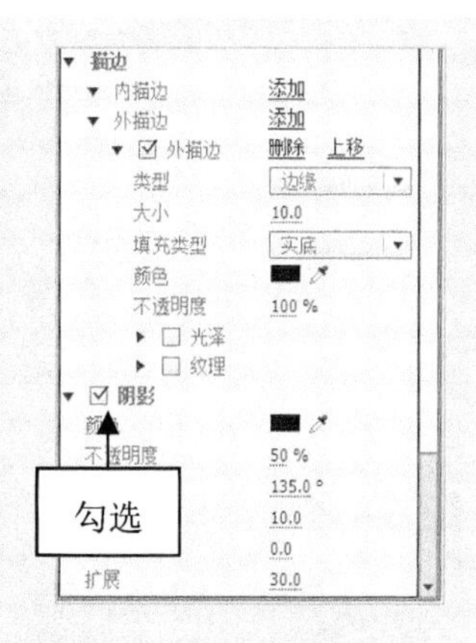


图 21-24 添加“阴影”效果

图 21-25 显示字幕效果

**步骤25** 关闭“字幕编辑”窗口，将创建的字幕文件添加到“时间轴”面板中的 V2 轨道上，如图 21-26 所示。

**步骤26** 在 2015 字幕素材的结束位置单击鼠标左键并拖曳，调整字幕文件的持续时间，与 V1 轨道上的素材持续时间一致，如图 21-27 所示。

**步骤27** 在“效果”面板中展开“视频过渡”|“3D 运动”选项，选择“旋转”选项，如图 21-28 所示。

**步骤28** 将选择的视频过渡添加到“时间轴”面板中的 2015 素材文件的开始位置，选择添加的视频过渡，如图 21-29 所示。

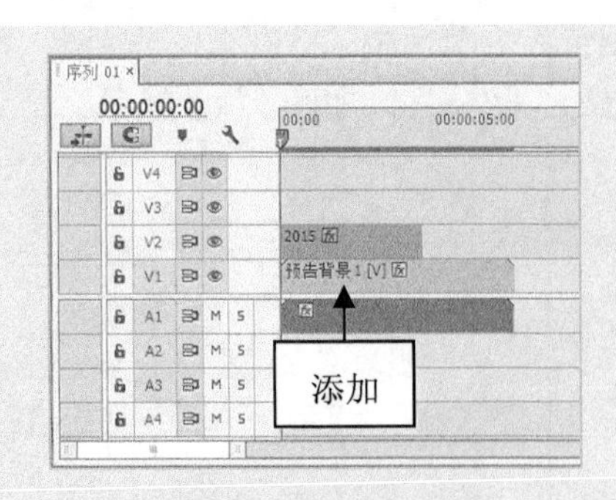


图 21-26　添加字幕文件

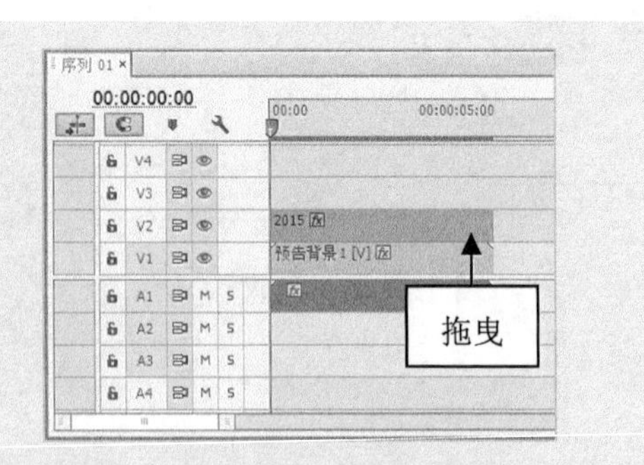


图 21-27　调整字幕持续时间

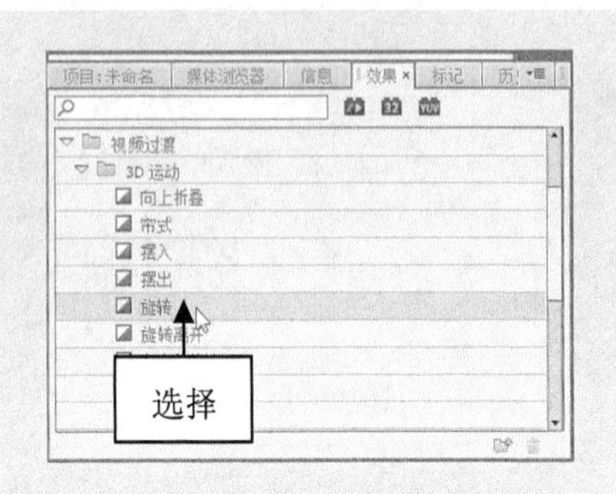


图 21-28　选择“旋转”选项参数

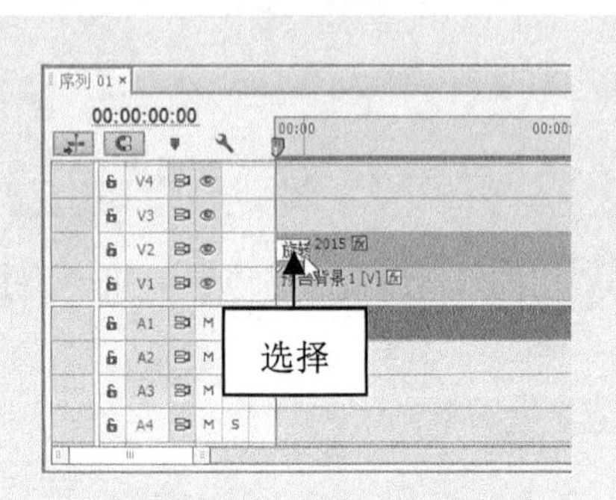


图 21-29　选择添加的视频过渡

**步骤 29**　在“效果控件”面板中，设置“持续时间”为 00:00:00:15，如图 21-30 所示。

**步骤 30**　单击“播放-停止切换”按钮，预览视频效果，如图 21-31 所示。

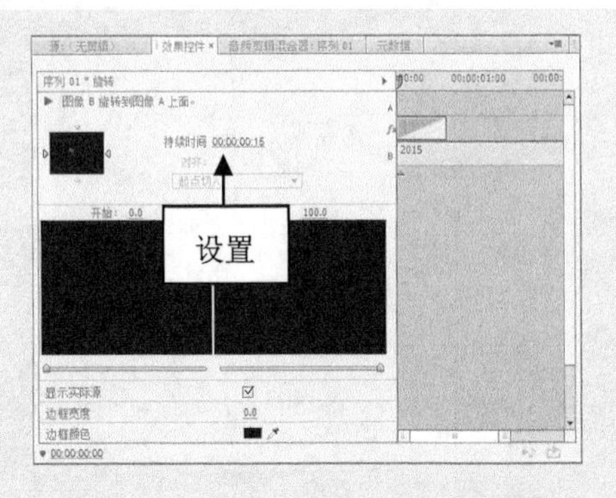


图 21-30　设置“持续时间”选项参数

图 21-31　预览视频效果

## 21.2.2　实战——主体字幕动画的制作

在制作游戏背景效果后，接下来就可以创建主体字幕动画。本实例首先通过“基于当前字幕新建字幕”命令制作与原字幕相同的新字幕，然后制作字幕发光特效。下面介绍制作主体字幕动画效果的操作方法。

**步骤01** 按 Ctrl+I 组合键，导入“游戏宣传.prtl”字幕文件，拖曳至 V5 轨道上；按 Ctrl+T 组合键，弹出“新建字幕”对话框，输入字幕名称“游戏名称”，如图 21-32 所示。

**步骤02** 单击“确定”按钮，打开“字幕编辑”窗口，在工作区的合适位置输入文字“暗黑征途”，选择输入的文字，设置“字体系列”为“方正水柱简体”、“字体大小”为 70.0、“X 位置”为 470.0、“Y 位置”为 243.0，设置文字样式为 Regular，如图 21-33 所示。

图 21-32　输入字幕名称

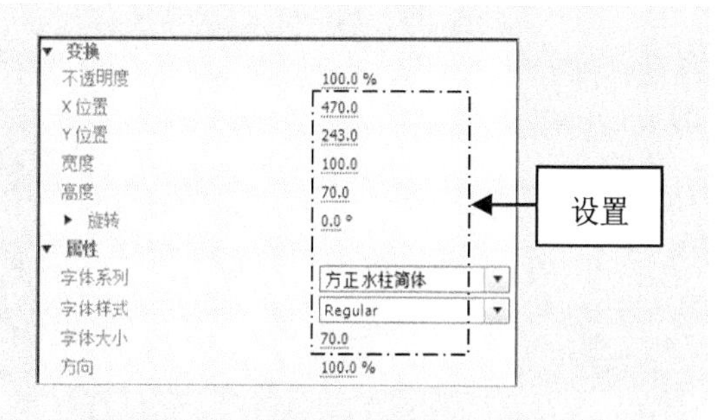


图 21-33　设置文字样式

**步骤03** 设置“填充类型”为“实底”、“颜色”为黄色(RGB 参数值分别为 255、255、0)；单击“外描边”选项右侧的“添加”超链接，如图 21-34 所示。

**步骤04** 添加“外描边”效果，保持默认设置；勾选“阴影”复选框，添加“阴影”效果，如图 21-35 所示。

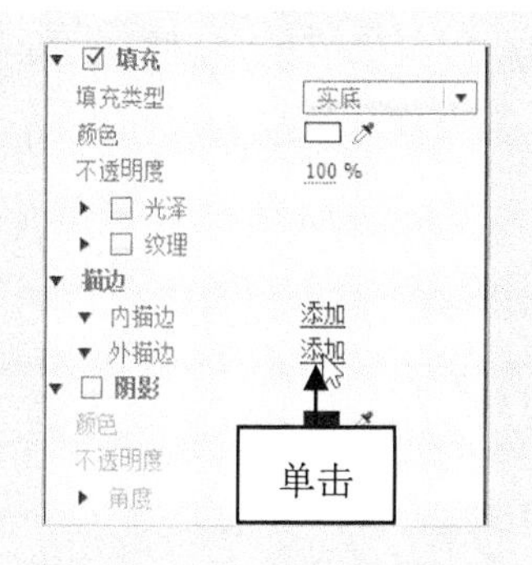


图 21-34　单击“添加”超链接

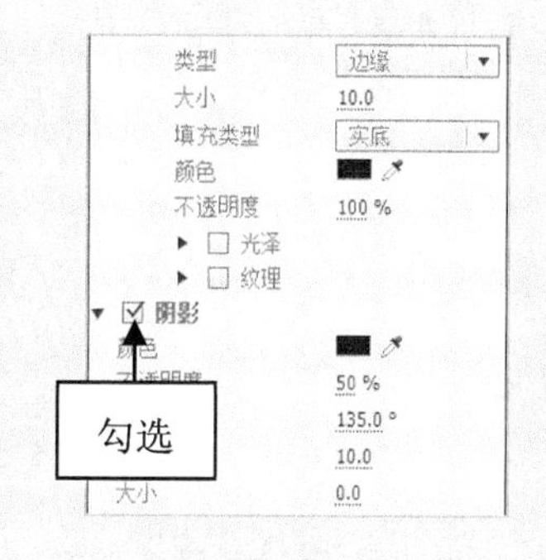


图 21-35　添加“阴影”效果

**步骤05** 执行上述操作后，在工作区中显示字幕效果，如图 21-36 所示。

**步骤06** 将鼠标移到“字幕编辑”窗口左上角，单击“基于当前字幕新建字幕”按钮，如图 21-37 所示。

**步骤07** 弹出“新建字幕”对话框，输入字幕名称为“游戏名称-效果”，如图 21-38 所示。

**步骤08** 单击“确定”按钮，基于当前字幕新建字幕，在工作区中显示字幕效果与原字幕的效果相同，如图 21-39 所示。

图 21-36　显示字幕效果

图 21-37　单击“基于当前字幕新建字幕”按钮

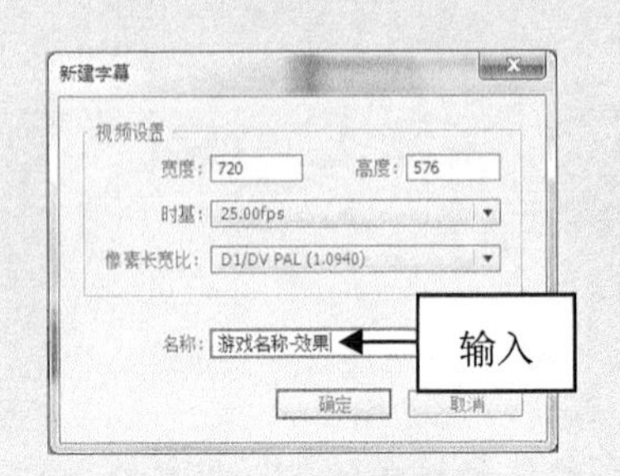


图 21-38　输入字幕名称

图 21-39　基于当前字幕新建字幕

**步骤 09**　关闭“字幕编辑”窗口，拖曳时间指示器至 00:00:00:15 的位置，将创建的“游戏名称”字幕文件添加到 V3 轨道上的时间指示器位置，调整“游戏名称”字幕文件的持续时间，与 V1 轨道上的素材持续时间一致，如图 21-40 所示。

**步骤 10**　在“效果”面板中展开“视频过渡”|“滑动”选项，选择“推”选项，如图 21-41 所示。

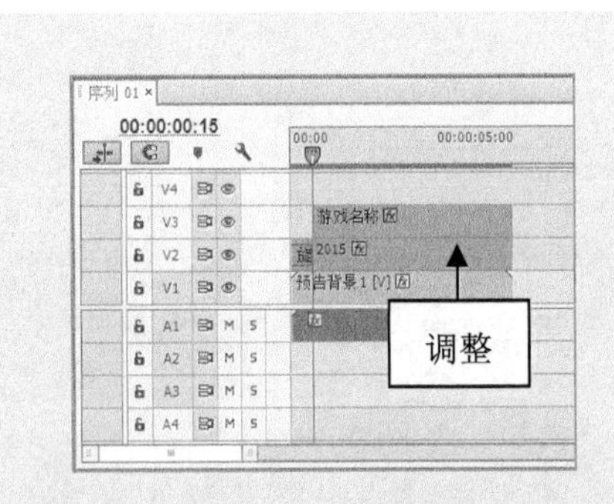


图 21-40　添加素材并调整持续时间

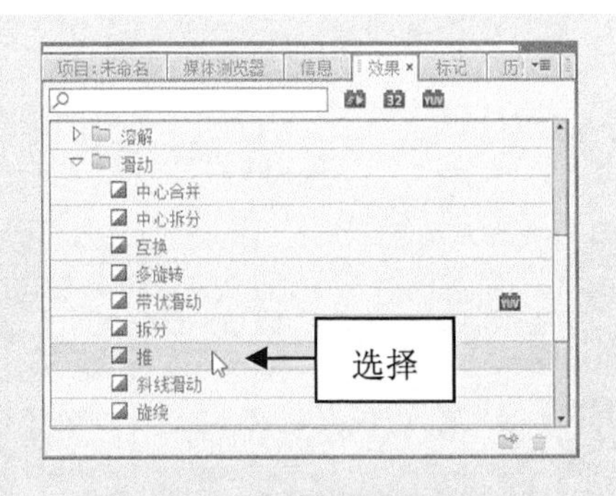


图 21-41　选择“推”选项

**步骤 11**　将选择的视频过渡添加到“游戏名称”字幕文件的开始位置，如图 21-42 所示。

**步骤 12**　选择添加的视频过渡，在“效果控件”面板中单击“自东向西”按钮，如图 21-43 所示。

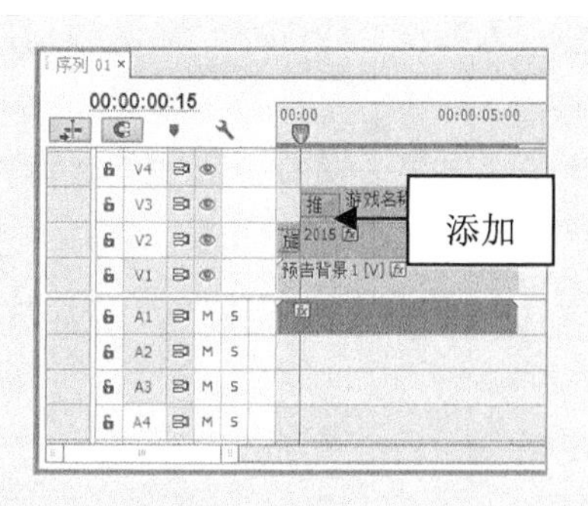


图 21-42 添加视频过渡

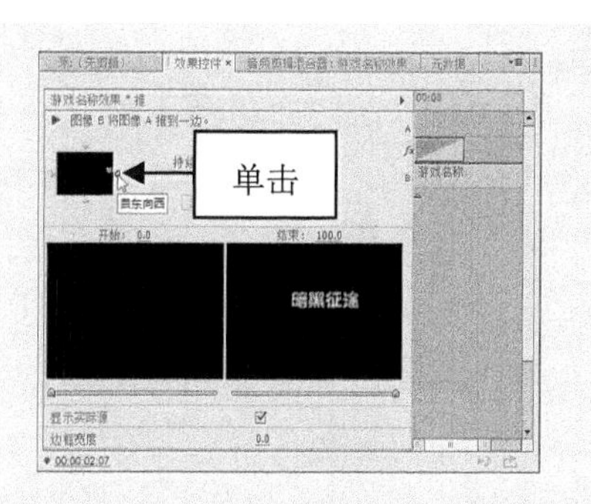


图 21-43 单击“自东向西”按钮

步骤 13 设置视频过渡后，单击“播放-停止切换”按钮，即可预览视频效果，如图 21-44 所示。

步骤 14 拖曳时间指示器至 00:00:01:15 的位置，将创建的“游戏名称-效果”字幕文件添加到 V4 轨道上的时间指示器位置，调整“游戏名称-效果”字幕文件的持续时间，与 V1 轨道上的素材持续时间一致，如图 21-45 所示。

图 21-44 预览视频效果

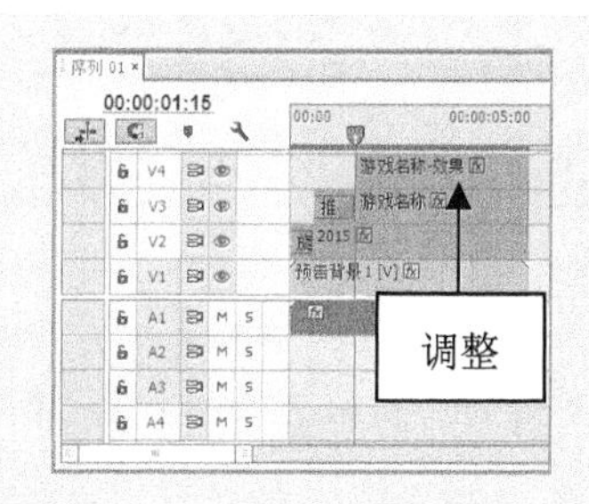


图 21-45 添加素材并调整持续时间

步骤 15 选择“时间轴”面板中的“游戏名称-效果”字幕文件，在“效果”面板中展开“视频效果”|“风格化”选项，双击“Alpha 发光”选项，如图 21-46 所示，即可为选择的素材添加 Alpha 发光效果。

步骤 16 在“效果控件”面板中展开“Alpha 发光”选项，设置“发光”为 25、“亮度”为 255，单击“起始颜色”选项右侧的色块，如图 21-47 所示。

图 21-46 双击“Alpha 发光”选项

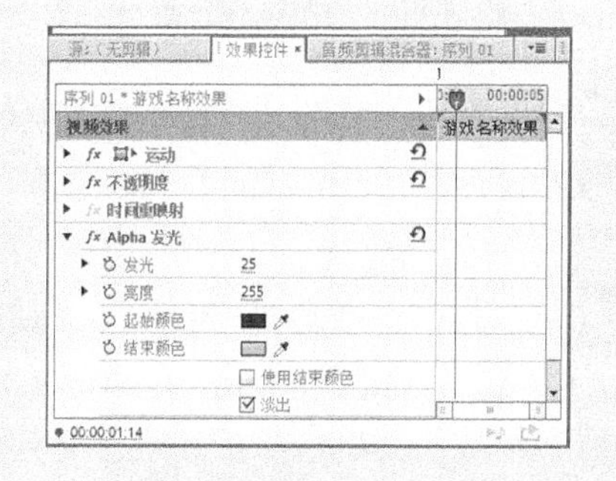

图 21-47 单击相应的色块

步骤17 在弹出的“拾色器”对话框中，设置颜色为红色(RGB 参数值分别为 255、0、0)，如图 21-48 所示。

步骤18 单击“确定”按钮，应用颜色设置；在“效果”面板中双击“裁剪”选项，添加裁剪视频效果；在“效果控件”面板中展开“裁剪”选项，单击“左对齐”与“右侧”选项左侧的“切换动画”按钮，设置“羽化边缘”为 20，选择“裁剪”选项，如图 21-49 所示。

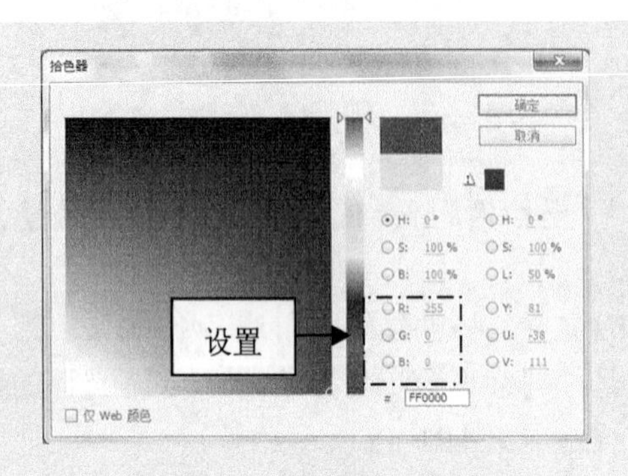


图 21-48　设置颜色为红色

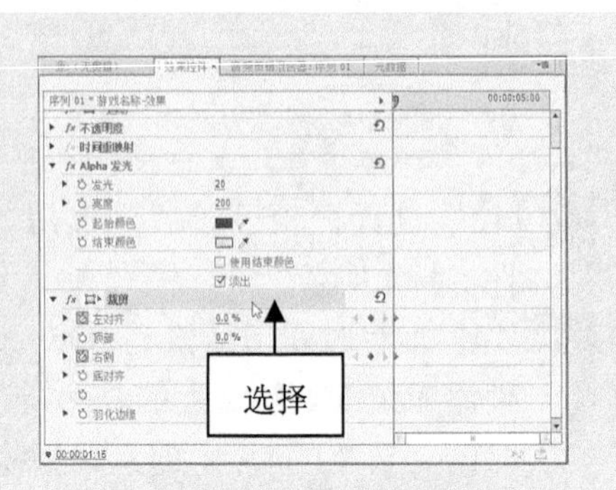


图 21-49　选择“裁剪”选项

步骤19 在“节目监视器”面板中显示裁剪控制框，拖曳相应的控制点，调整裁剪范围，如图 21-50 所示。

步骤20 拖曳时间指示器至 00:00:05:00 的位置，在裁剪控制框的内部单击鼠标左键并拖曳，调整裁剪位置，如图 21-51 所示。

图 21-50　调整裁剪范围

图 21-51　调整裁剪位置

步骤21 单击“播放-停止切换”按钮，预览视频效果，如图 21-52 所示。

步骤22 按住 Shift 键的同时，选择“游戏名称”与“游戏名称-效果”素材文件，单击鼠标右键，在弹出的快捷菜单中选择“嵌套”命令，如图 21-53 所示。

步骤23 弹出“嵌套序列名称”对话框，在“名称”右侧的文本框中输入嵌套序列名称为“游戏名称效果”，如图 21-54 所示。

步骤24 单击“确定”按钮嵌套序列，如图 21-55 所示。

图 21-52　预览视频效果

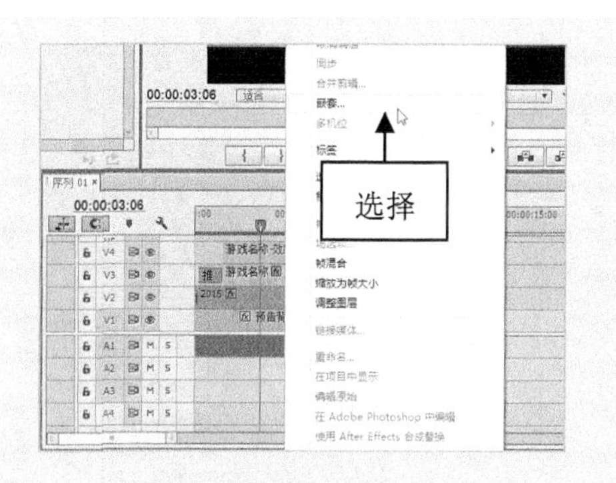


图 21-53　选择“嵌套”命令

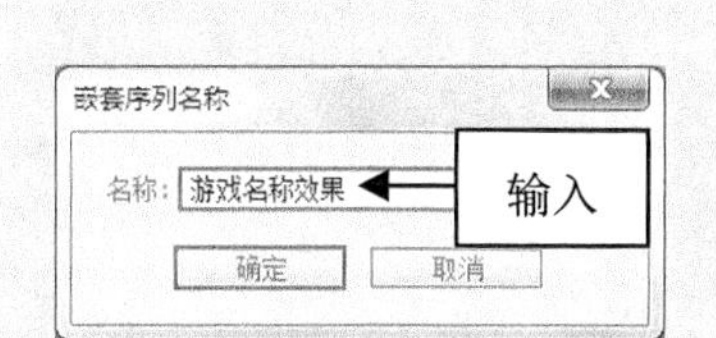


图 21-54　输入嵌套序列名称

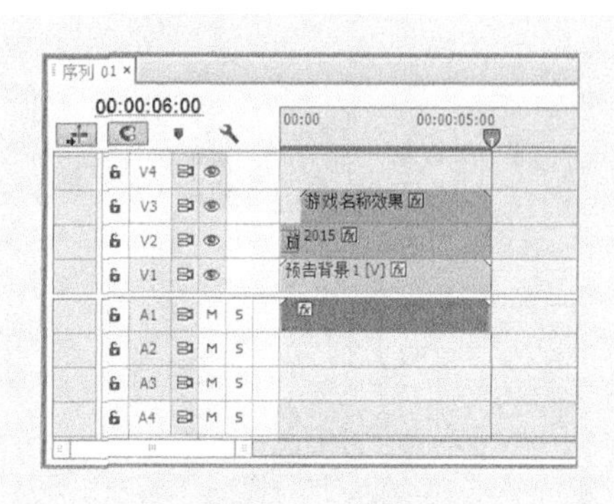


图 21-55　嵌套序列

## 21.2.3　实战——游戏宣传内容的制作

在制作游戏宣传效果后，接下来就可以制作游戏宣传内容，向用户宣传本游戏最吸引人的内容。下面介绍制作游戏宣传内容的操作方法。

**步骤 01** 在“项目”面板中，选择“内容背景”素材，将其添加到 V1 轨道“预告背景 1”的后面，选择“星光”、“直线”素材，将其分别添加到 V5 和 V4 轨道上，并嵌套序列。按 Ctrl+T 组合键，弹出“新建字幕”对话框，输入字幕名称为“宣传内容 1”，如图 21-56 所示。

**步骤 02** 单击“确定”按钮，打开“字幕编辑”窗口，选取垂直文字工具，在工作区的合适位置输入相应文字，选择输入的文字，设置“字体系列”为“黑体”、“字体大小”为 30.0、“字偶间距”为 8.0、“X 位置”为 55.0、“Y 位置”为 288.0，设置文字样式，如图 21-57 所示。

**步骤 03** 设置“填充类型”为“实底”、“颜色”为黄色(RGB 参数值分别为 255、255、0)，设置填充效果，如图 21-58 所示。

**步骤 04** 执行上述操作后，在工作区中显示字幕效果，如图 21-59 所示。

图 21-56　输入字幕名称

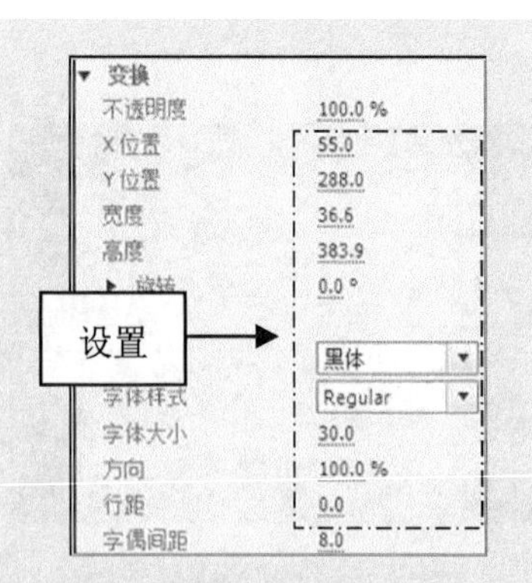


图 21-57　设置文字样式

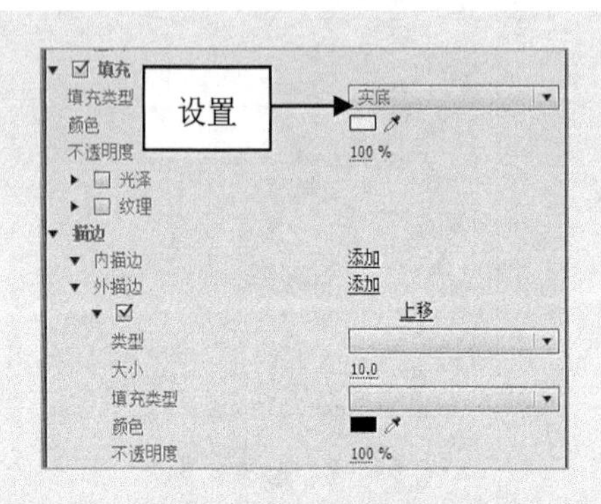


图 21-58　设置填充效果

图 21-59　显示字幕效果

**步骤 05**　单击"基于当前字幕新建字幕"按钮，在弹出的"新建字幕"对话框中输入字幕名称为"宣传内容 2"，如图 21-60 所示。

**步骤 06**　单击"确定"按钮，基于当前字幕新建字幕，删除原来的文字，输入相应的文字，选择输入的文字，设置"字体系列"为"黑体"、"字体大小"为 30.0、"字偶间距"为 8.0、"X 位置"为 735.0、"Y 位置"为 288.0，设置文字样式，如图 21-61 所示。

图 21-60　输入字幕名称

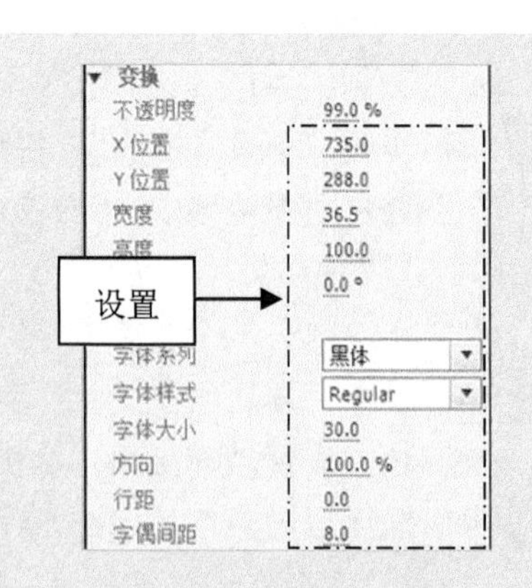


图 21-61　设置相应选项

**步骤07** 执行上述操作后，在工作区中显示字幕效果，如图 21-62 所示。

**步骤08** 关闭“字幕编辑”窗口后，将“宣传内容 1”字幕文件添加到 V2 轨道上的 2015 素材文件后面，调整素材文件的持续时间，与 V1 轨道上的素材持续时间一致，如图 21-63 所示。

图 21-62 显示字幕效果

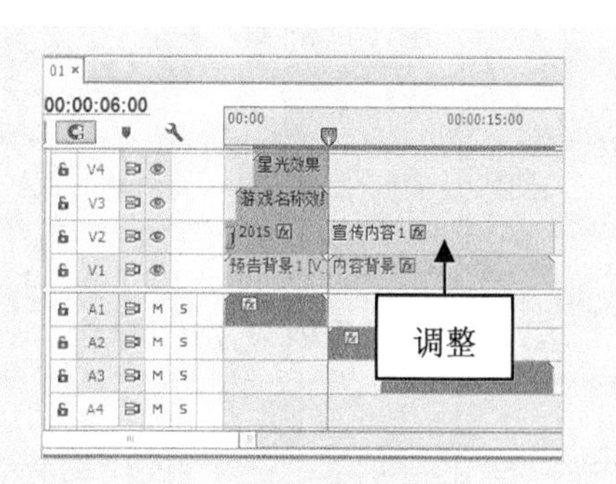


图 21-63 调整素材的持续时间

**步骤09** 将“未来机甲.jpg”素材文件添加到 V3 轨道上的“游戏名称效果”嵌套序列后面，调整素材文件的持续时间，与 V1 轨道上的素材持续时间一致，如图 21-64 所示。

**步骤10** 选择添加的素材文件，在“效果控件”面板展开“运动”选项，设置“位置”为(200.0、175.0)、“缩放”为 25.0，如图 21-65 所示。

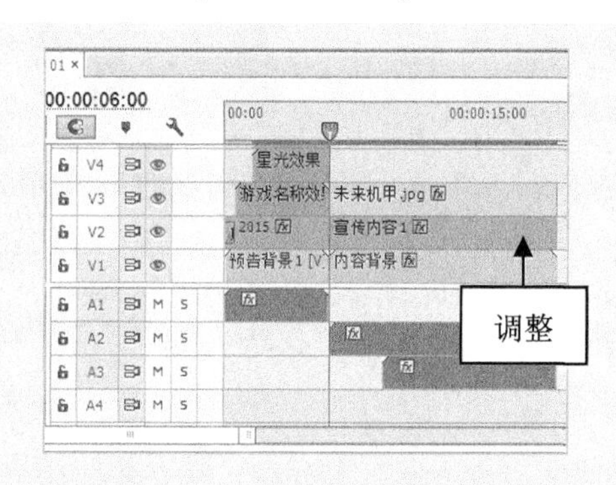


图 21-64 调整素材的持续时间

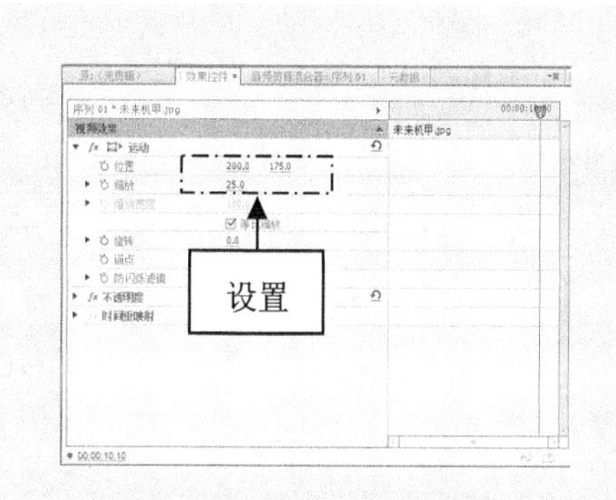


图 21-65 设置相应选项

**步骤11** 将“史前魔兽.jpg”素材文件添加到 V4 轨道上的“星光效果”嵌套序列后面，调整素材文件的持续时间，与 V1 轨道上的素材持续时间一致，如图 21-66 所示。

**步骤12** 选择添加的素材文件，在“效果控件”面板中展开“运动”选项，设置“位置”为 200.0、400.0，“缩放”为 25.0，如图 21-67 所示。

**步骤13** 在“时间轴”面板中选择添加的 3 个素材文件，单击鼠标右键，在弹出的快捷菜单中选择“嵌套”命令，如图 21-68 所示。

**步骤14** 弹出“嵌套序列名称”对话框，在“名称”右侧的文本框中输入嵌套序列名称“预告内容 1”，如图 21-69 所示，单击“确定”按钮嵌套序列。

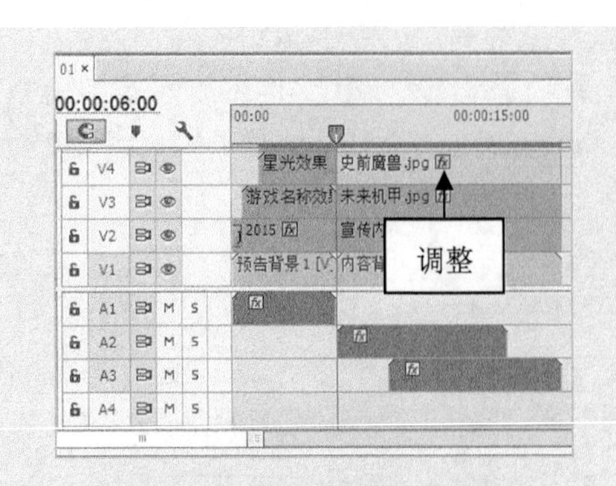


图 21-66　调整素材的持续时间

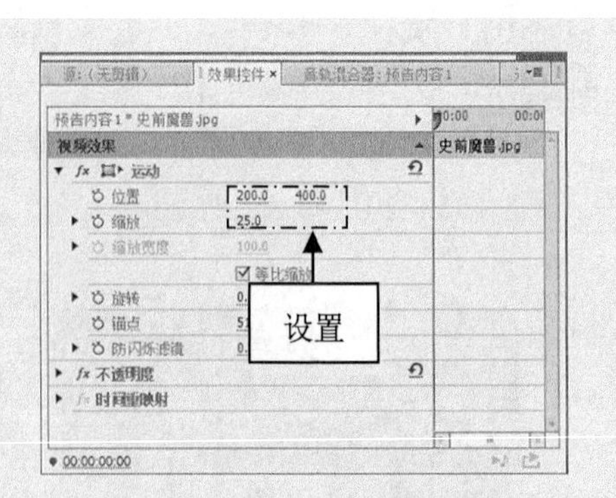


图 21-67　设置相应选项

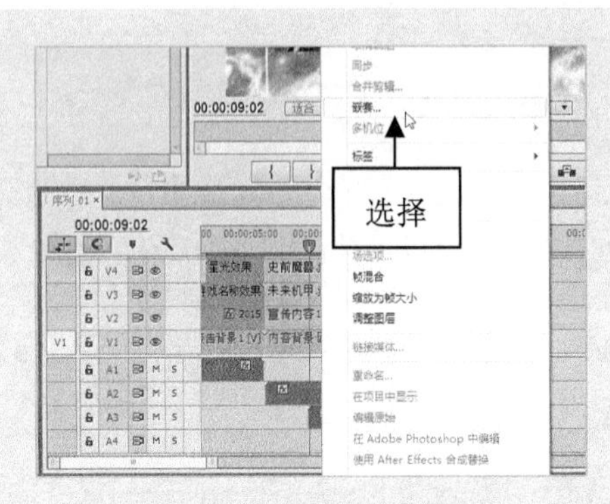


图 21-68　选择"嵌套"命令

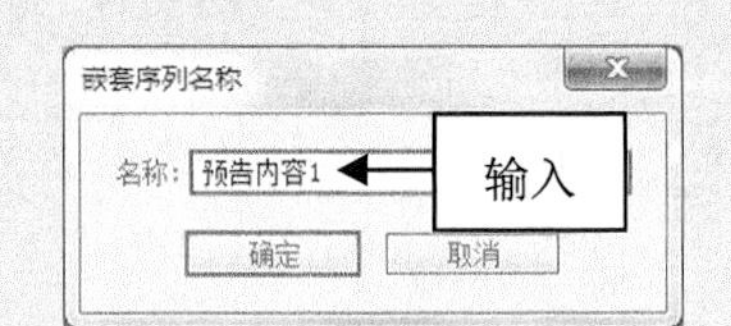


图 21-69　输入嵌套序列名称

**步骤 15**　在"时间轴"面板中选择"预告内容 1"嵌套序列，拖曳时间指示器至00:00:06:00 的位置，如图 21-70 所示。

**步骤 16**　在"效果控件"面板中展开"运动"选项，单击"位置"选项左侧的"切换动画"按钮，设置"位置"为(360.0、760.0)，添加第 1 个关键帧，如图 21-71 所示。

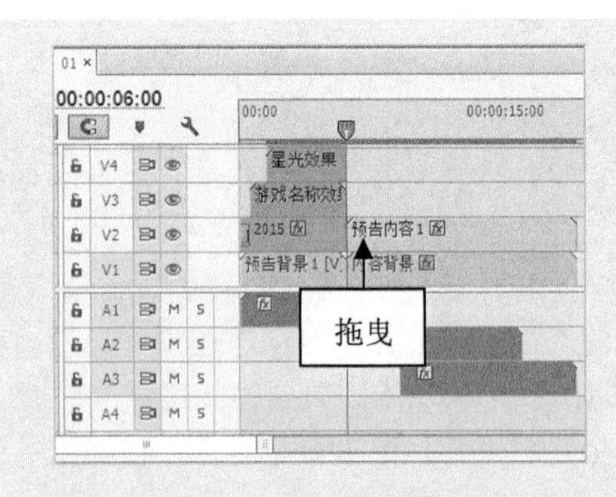


图 21-70　拖曳时间指示器

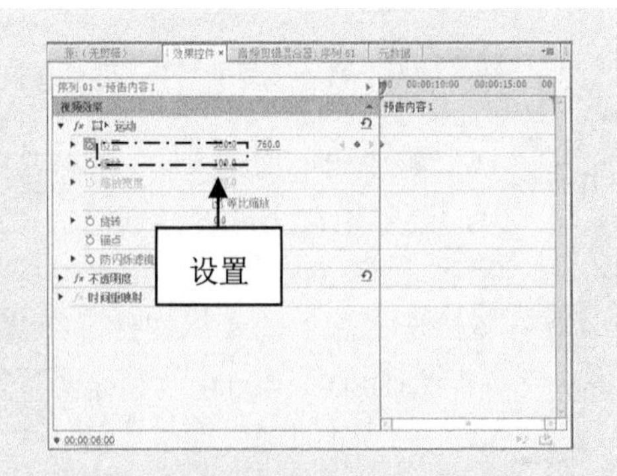


图 21-71　添加第 1 个关键帧

**步骤17** 拖曳时间指示器至00:00:09:00的位置，设置“位置”为360.0、288.0，添加第2个关键帧，如图21-72所示。

**步骤18** 将“宣传内容 2”字幕文件添加到 V3 轨道上的时间指示器位置，调整素材文件的持续时间，与V1轨道上的素材持续时间一致，如图21-73所示。

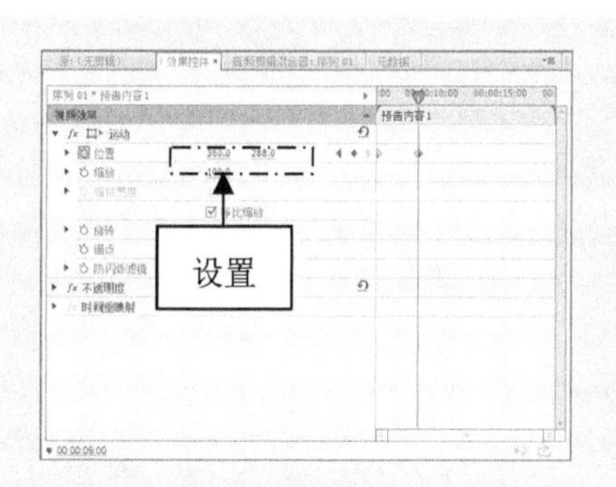


图21-72 添加第2个关键帧

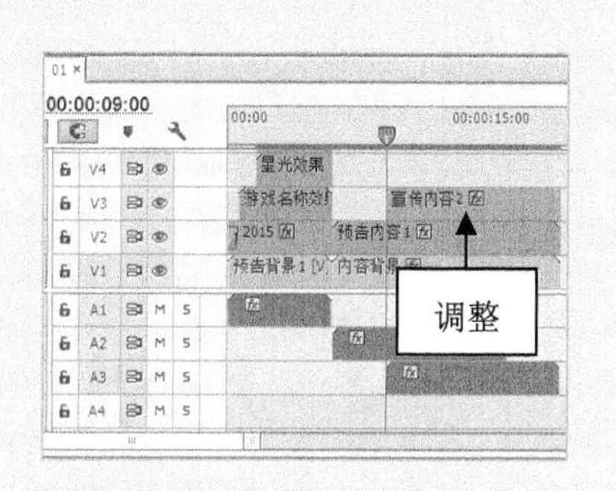


图21-73 调整素材的持续时间

**步骤19** 将“梦幻世界.jpg”素材文件添加到 V4 轨道上的时间指示器位置，调整素材文件的持续时间，与V1轨道上的素材持续时间一致，如图21-74所示。

**步骤20** 选择添加的素材文件，在“效果控件”面板中展开“运动”选项，设置“位置”为520.0、175.0，“缩放”为22.0，如图21-75所示。

图21-74 调整素材的持续时间

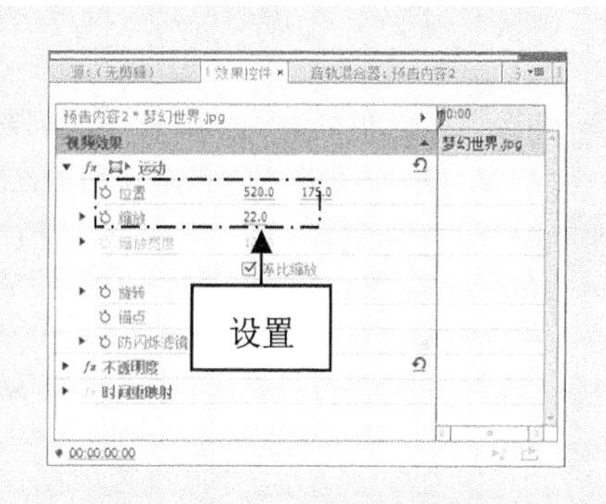


图21-75 设置相应选项

**步骤21** 将“绚丽魔法.jpg”素材文件添加到 V5 轨道上的时间指示器位置，调整素材文件的持续时间，与V1轨道上的素材持续时间一致，如图21-76所示。

**步骤22** 选择添加的素材文件，在“效果控件”面板中展开“运动”选项，设置“位置”为520.0、400.0，“缩放”为32.0，如图21-77所示。

**步骤23** 在“时间轴”面板中选择添加的3个素材文件，单击鼠标右键，在弹出的快捷菜单中选择“嵌套”命令，如图21-78所示。

**步骤24** 弹出“嵌套序列名称”对话框，在“名称”右侧的文本框中输入嵌套序列名称为“预告内容 2”，如图21-79所示，单击“确定”按钮嵌套序列。

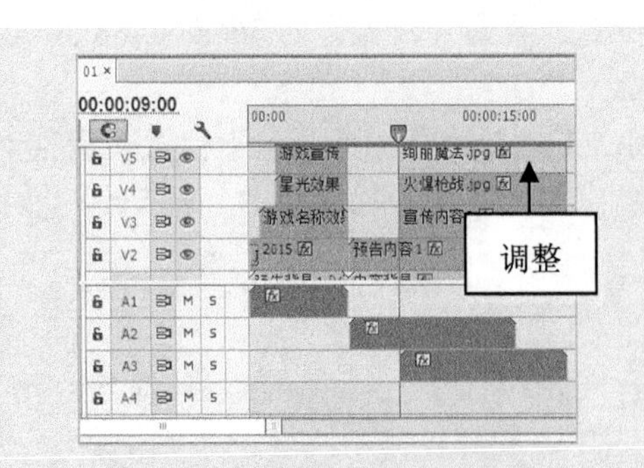


图 21-76　调整素材的持续时间

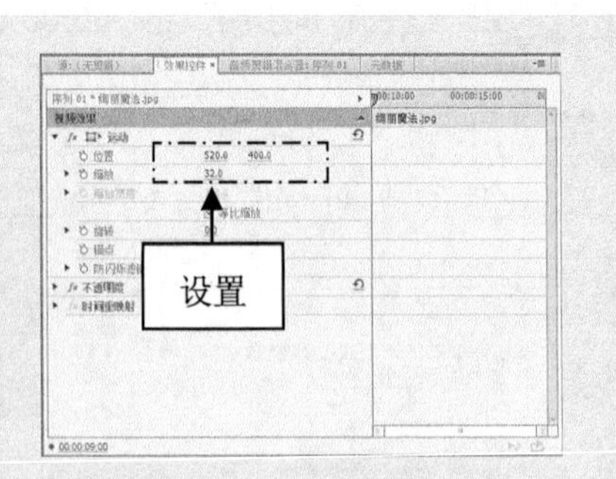


图 21-77　设置相应选项

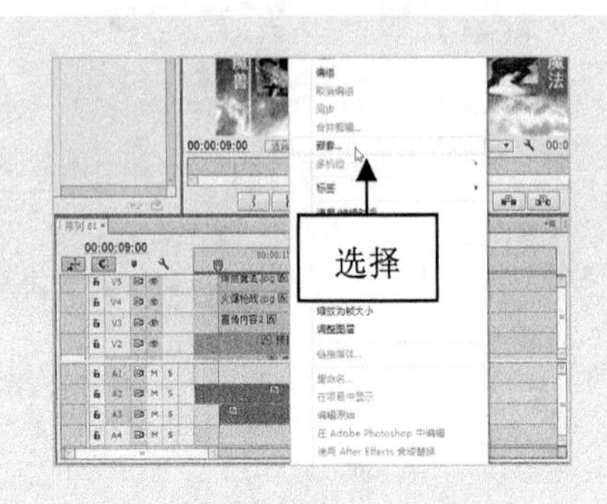


图 21-78　选择“嵌套”命令

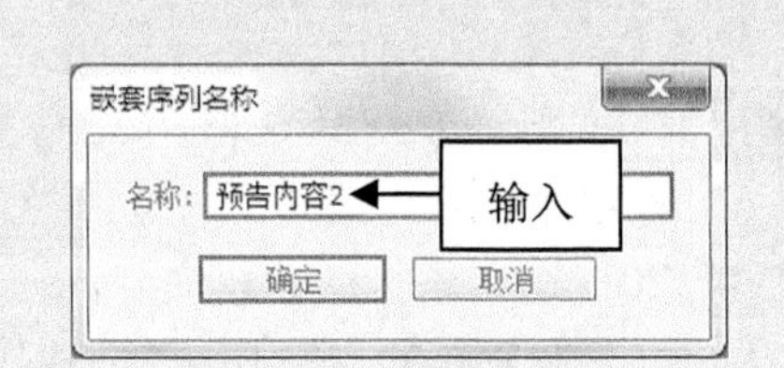


图 21-79　输入嵌套序列名称

**步骤 25**　在“时间轴”面板中选择“预告内容 2”嵌套素材，拖曳时间指示器至 00:00:09:00 的位置，如图 21-80 所示。

**步骤 26**　在“效果控件”面板中展开“运动”选项，单击“位置”选项左侧的“切换动画”按钮，设置“位置”为 360.0、-200.0，添加第 1 个关键帧，如图 21-81 所示。

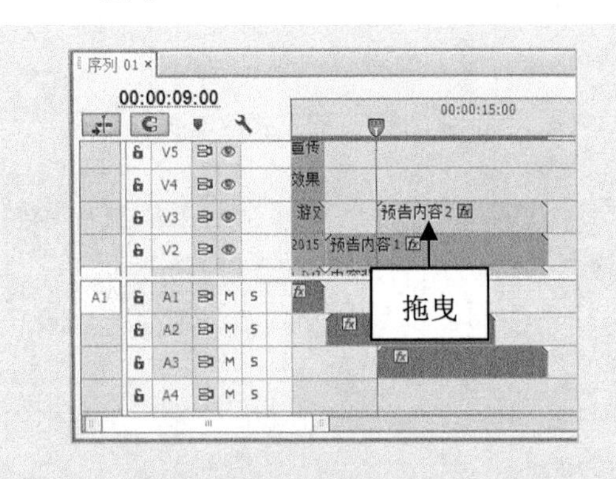


图 21-80　拖曳时间指示器

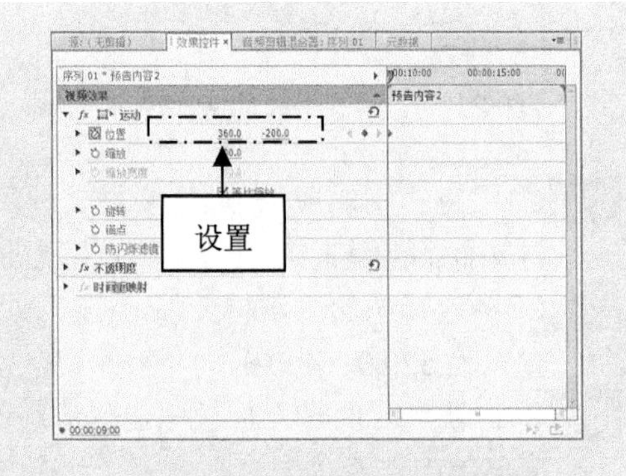


图 21-81　添加第 1 个关键帧

**步骤 27**　拖曳时间指示器至 00:00:12:00 的位置，设置“位置”为 360.0、288.0，添加第 2 个关键帧，如图 21-82 所示。

**步骤28** 在“项目”面板中，选择“宣传内容 3”字幕文件，将其添加到 V4 轨道上，选择“宣传内容 4”字幕文件，将其添加到 V5 轨道上，即可完成视频制作，单击“播放-停止切换”按钮，预览视频效果，如图 21-83 所示。

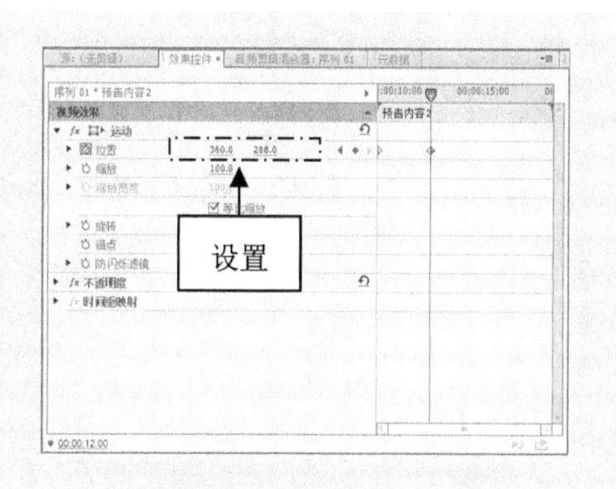


图 21-82　添加第 2 个关键帧

图 21-83　预览视频效果

## 21.3　视频后期编辑与输出

宣传预告片头的背景画面与主体字幕动画制作完成后，接下来介绍视频后期的背景音乐编辑与视频的输出操作。

### 21.3.1　实战——游戏宣传音乐的制作

在制作游戏宣传内容后，接下来就可以创建制作游戏宣传音乐。下面介绍制作游戏宣传音乐的操作方法。

**步骤01** 在“时间轴”面板中，清除音频轨道上的所有素材文件，再将“游戏预告.mp3”素材文件添加到 A1 轨道上，如图 21-84 所示。

**步骤02** 拖曳时间指示器至 00:00:15:00 的位置，选取剃刀工具，将鼠标移至 A1 轨道上的时间指示器位置，单击鼠标左键分割相应的素材文件，如图 21-85 所示。

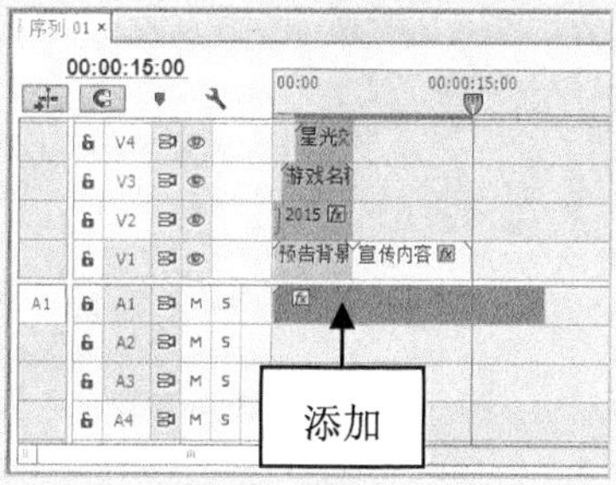

图 21-84　添加音频文件

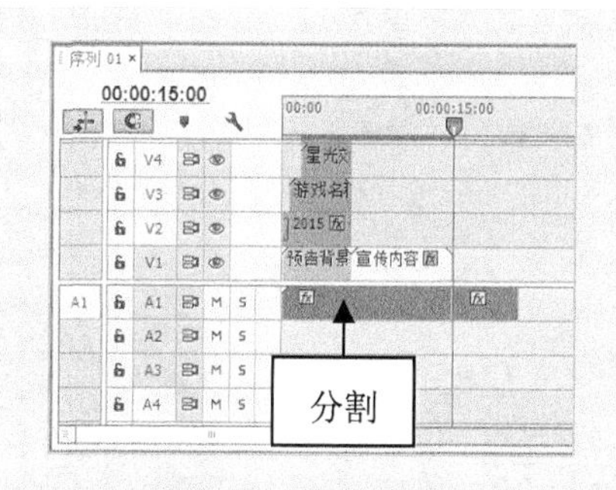


图 21-85　分割素材文件

**步骤03** 使用选择工具选择不需要的素材，按 Delete 键即可删除选择的素材，如图 21-86 所示。

**步骤04** 单击“播放-停止切换”按钮，试听音乐并预览视频效果，如图 21-87 所示。

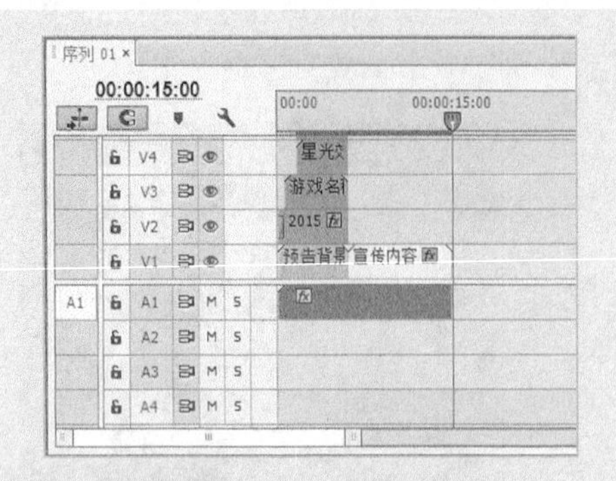


图 21-86　删除选择的素材

图 21-87　预览视频效果

## 21.3.2　实战——游戏宣传预告的导出

制作游戏宣传预告的画面、文字以及音乐效果之后，用户便可以将编辑完成的影片导出成视频文件了。下面向读者介绍导出游戏宣传预告——《暗黑征途》视频文件的操作方法。

**步骤01** 切换至“节目监视器”面板，按 Ctrl+M 组合键，弹出“导出设置”对话框，单击“格式”选项右侧的下拉按钮，在弹出的列表框中选择 AVI 选项，如图 21-88 所示。

**步骤02** 单击“预设”选项右侧的下拉按钮，在弹出的列表框中选择 PAL DV 选项，如图 21-89 所示。

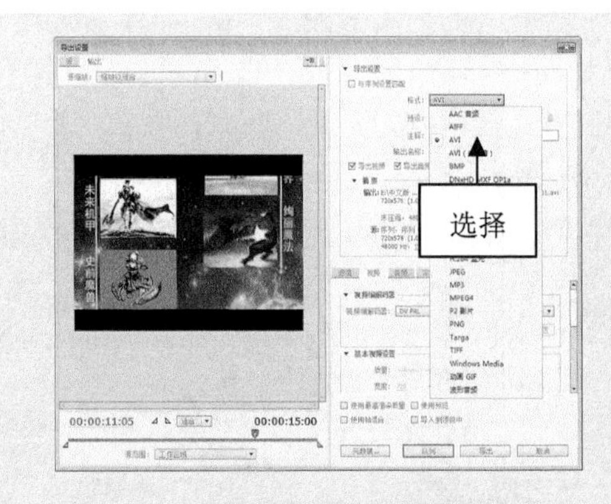


图 21-88　选择 AVI 选项

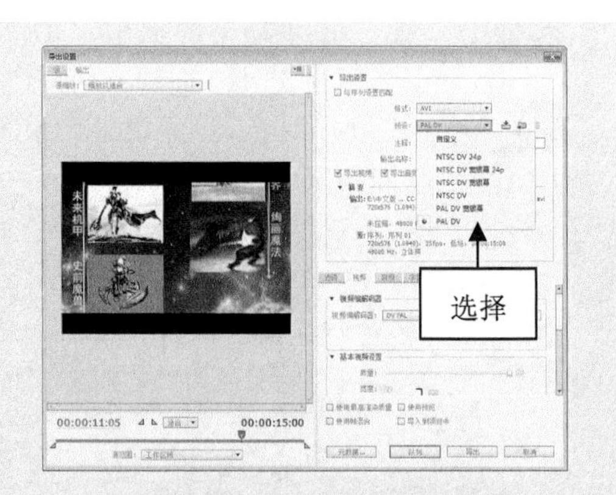


图 21-89　选择相应选项

**步骤03** 单击“输出名称”右侧的“序列 01.avi”超链接，弹出“另存为”对话框，在其中设置保存位置和文件名，如图 21-90 所示。

步骤04 单击“保存”按钮，返回“导出设置”界面，单击对话框右下角的“导出”按钮，弹出“渲染所需音频文件”对话框，开始导出编码文件，并显示导出进度，如图21-91所示，稍后即可导出游戏宣传预告。

图21-90 设置保存位置和文件名

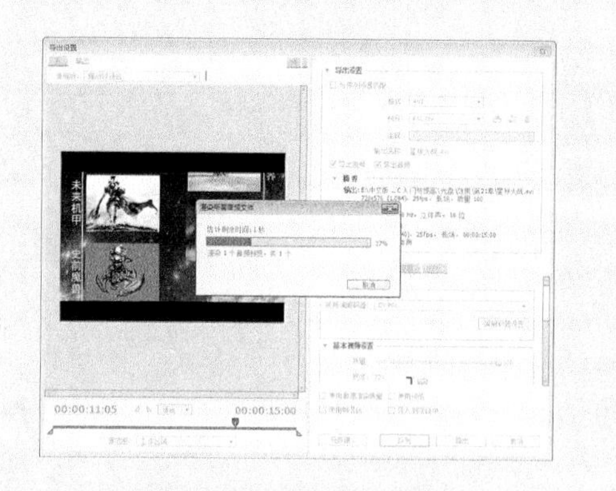

图21-91 显示导出进度

# 第22章

## 《汽车广告》特效的制作

汽车是现代人们重要的出行工具，优秀的汽车广告不仅能向广大消费者宣传其产品用途与质量，更能体现企业追求完美的精神信条。本章将运用Premiere Pro CC软件制作商业汽车广告，希望读者熟练掌握商业汽车广告的制作方法。

本章重点：

- 效果欣赏与技术提炼
- 制作视频的过程
- 视频后期编辑与输出

# 22.1 效果欣赏与技术提炼

在制作商业汽车广告之前，首先带领读者预览一下商业汽车广告视频的画面效果，这样可以帮助读者更好地学习商业汽车广告的制作方法。

## 22.1.1 效果欣赏

本实例介绍制作商业汽车广告，效果如图 22-1 所示。

图 22-1 商业汽车广告效果

## 22.1.2 技术提炼

首先在 Premiere Pro CC 工作界面中新建项目并创建序列，导入需要的素材，然后将素材分别添加至相应的视频轨道中，选择相应的素材文件，创建嵌套序列并制作动态效果；在视频中的适当位置制作美观的标题字幕特效，通过关键帧制作文字动态特效；在画面中的适当位置添加汽车商标与联系地址等信息；最后添加背景音乐，输出视频，完成商业汽车广告的制作。

# 22.2 制作视频的过程

商业汽车广告的制作过程主要包括导入汽车广告的素材、制作视频背景画面、制作广告文字效果等内容。

## 22.2.1 实战——汽车广告背景的制作

制作商业汽车广告的第一步，就是制作吸引人的汽车画面背景效果。下面介绍制作汽车广告背景的操作方法。

**步骤 01** 在 Premiere Pro CC 工作界面中，新建一个项目文件并创建序列，导入随书附带光盘中的 7 个素材文件，如图 22-2 所示。

**步骤 02** 在“项目”面板中选择“红色跑车.jpg”素材文件，将其添加到“时间轴”面板中的 V1 轨道上，如图 22-3 所示。

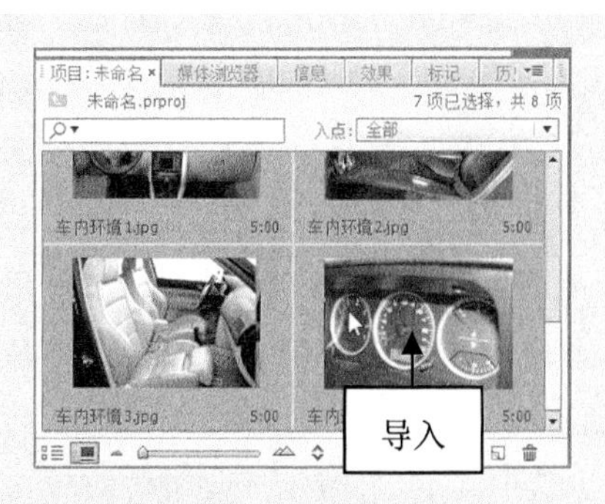


图 22-2 导入素材文件

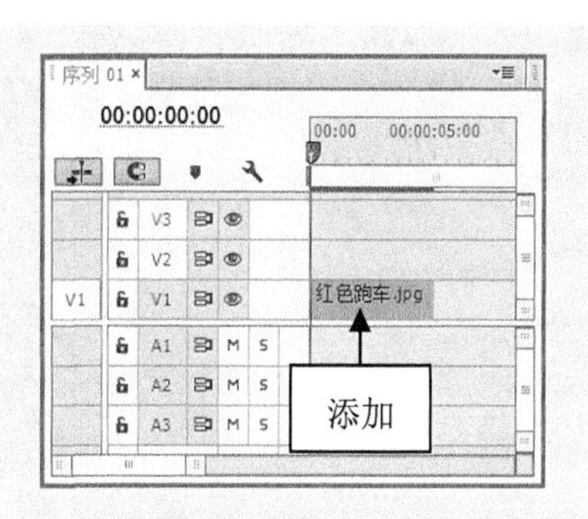


图 22-3 添加素材文件

**步骤03** 选择添加的素材文件，单击鼠标右键，在弹出的快捷菜单中选择“速度/持续时间”命令，如图 22-4 所示。

**步骤04** 在弹出的“剪辑速度/持续时间”对话框中，设置“持续时间”为 00:00:10:00，如图 22-5 所示，单击“确定”按钮，设置素材持续时间。

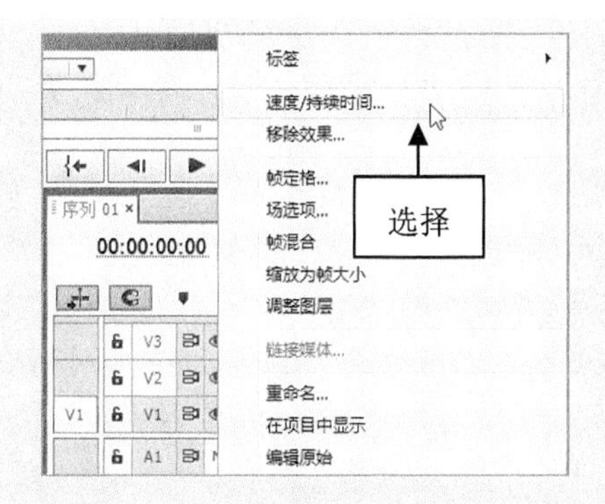


图 22-4 选择“速度/持续时间”命令

图 22-5 设置“持续时间”

**步骤05** 在“效果控件”面板中展开“运动”选项，设置“缩放”为 80.0，如图 22-6 所示。

**步骤06** 在“项目”面板中选择“车内环境 1.jpg”素材文件，将其添加到“时间轴”面板中的 V2 轨道上，调整素材文件的持续时间，与 V1 轨道上的素材持续时间一致，如图 22-7 所示。

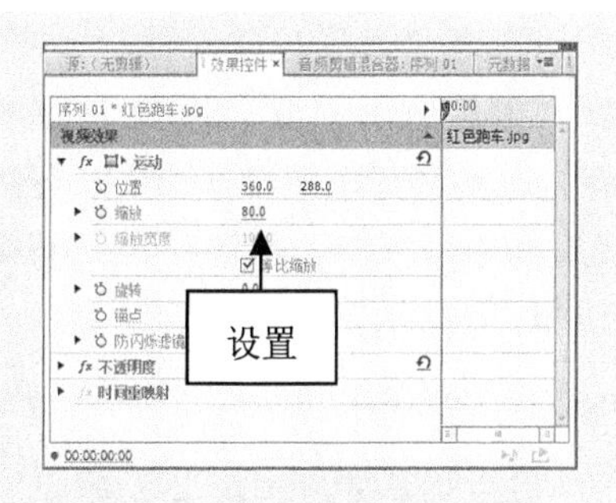


图 22-6 设置“缩放”为 80.0

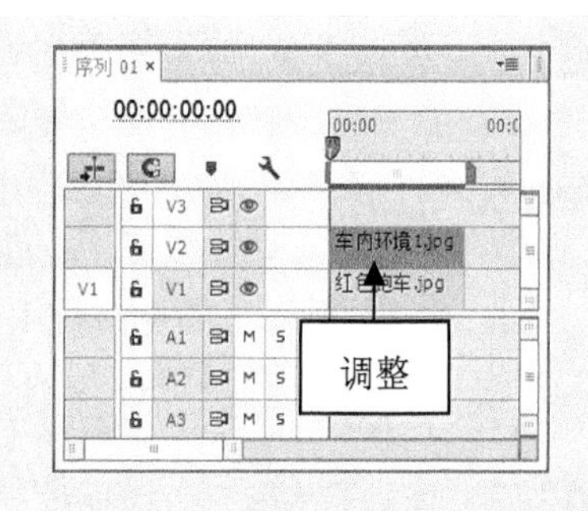


图 22-7 调整素材的持续时间

步骤07 选择“车内环境 1.jpg”素材文件，切换至“效果控件”面板，展开“运动”选项，设置“位置”为 50.0、539.0，“缩放”为 15.0，如图 22-8 所示。

步骤08 在“项目”面板中选择“车内环境 2.jpg”素材文件，将其添加到“时间轴”面板中的 V3 轨道上，调整素材文件的持续时间，与 V1 轨道上的素材持续时间一致，如图 22-9 所示。

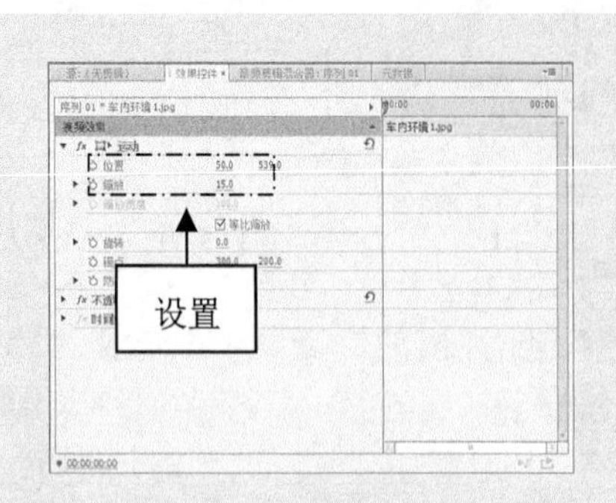


图 22-8 设置相应选项

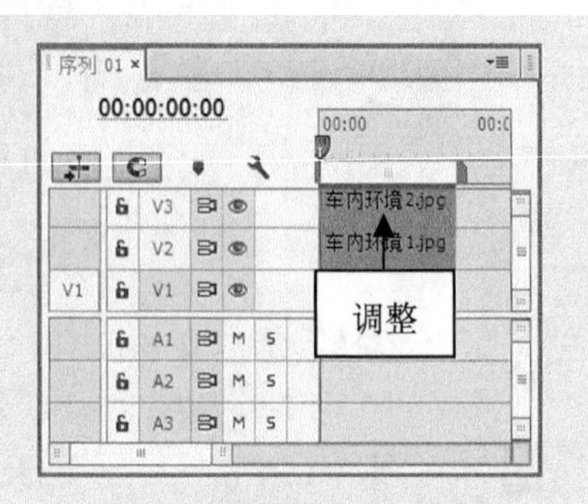


图 22-9 调整素材的持续时间

步骤09 选择“车内环境 2.jpg”素材文件，切换至“效果控件”面板，展开“运动”选项，设置“位置”为 140.0、539.0，“缩放”为 15.0，如图 22-10 所示。

步骤10 在“项目”面板中选择“车内环境 3.jpg”素材文件，将其拖曳到 V3 轨道上方的空白处，释放鼠标，创建 V4 轨道并添加素材文件，调整素材文件的持续时间，与 V1 轨道上的素材持续时间一致，如图 22-11 所示。

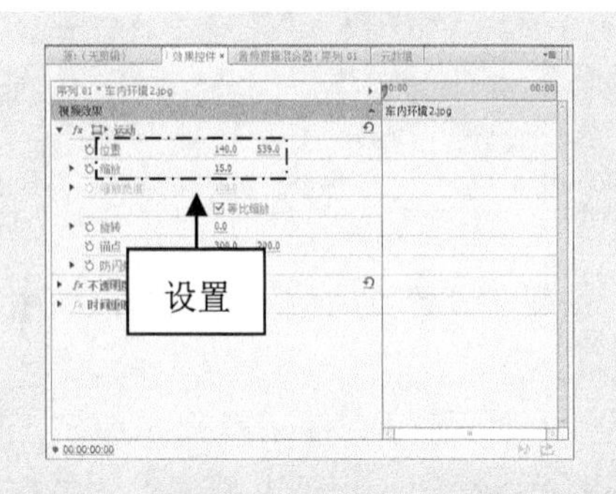


图 22-10 设置相应选项

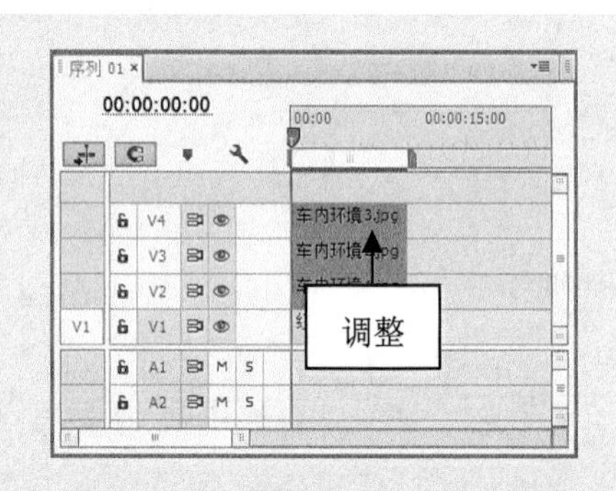


图 22-11 调整素材的持续时间

步骤11 选择“车内环境 3.jpg”素材文件，切换至“效果控件”面板，展开“运动”选项，设置“位置”为 230.0、539.0，“缩放”为 15.0，如图 22-12 所示。

步骤12 在“项目”面板中选择“车内环境 4.jpg”素材文件，将其拖曳到 V4 轨道上方的空白处，释放鼠标，创建 V5 轨道并添加素材文件，调整素材文件的持续时间，至 V1 轨道上的素材持续时间一致，如图 22-13 所示。

步骤13 选择“车内环境 4.jpg”素材文件，切换至“效果控件”面板，展开“运动”选项，设置“位置”为 320.0、539.0，“缩放”为 15.0，如图 22-14 所示。

步骤14 选择添加的 4 个素材文件，单击鼠标右键，在弹出的快捷菜单中选择“嵌套”合计，如图22-15所示。

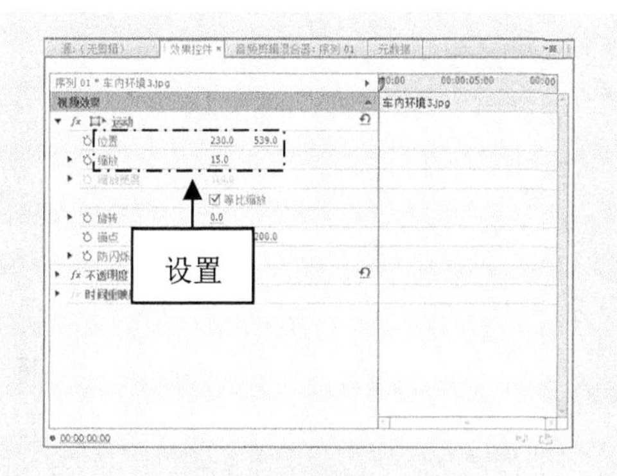


图22-12 设置相应选项

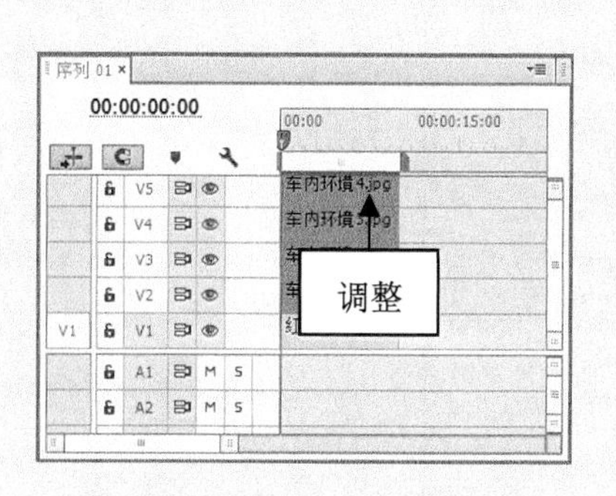


图22-13 调整素材的持续时间

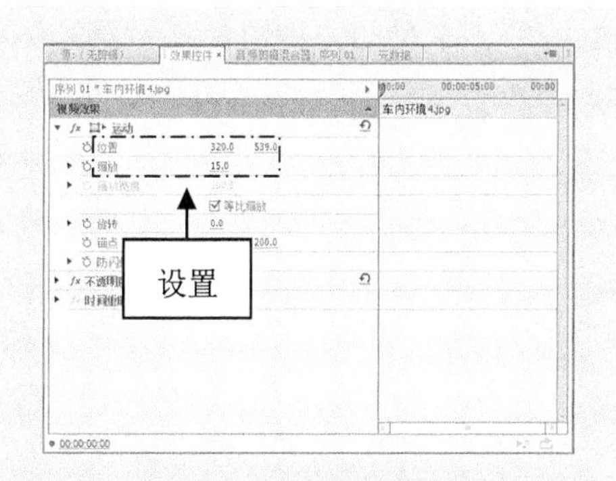


图22-14 设置相应选项

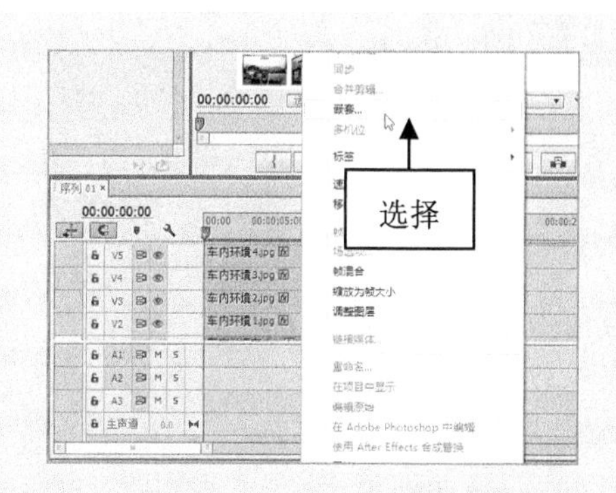


图22-15 选择“嵌套”命令

**步骤15** 弹出“嵌套序列名称”对话框，在“名称”右侧的文本框中输入嵌套序列名称为“车内环境”，如图22-16所示。

**步骤16** 单击“确定”按钮，嵌套序列，在“时间轴”面板中选择“车内环境”嵌套序列，如图22-17所示。

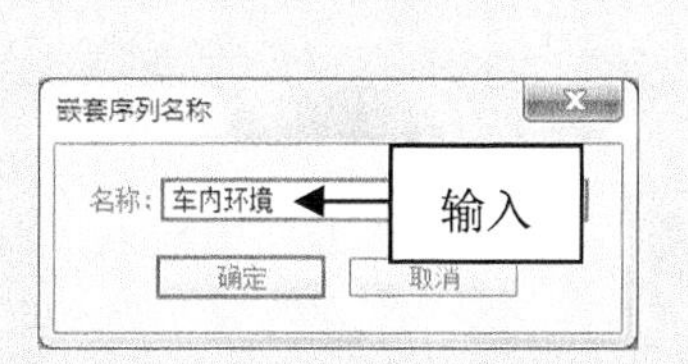


图22-16 输入嵌套序列名称

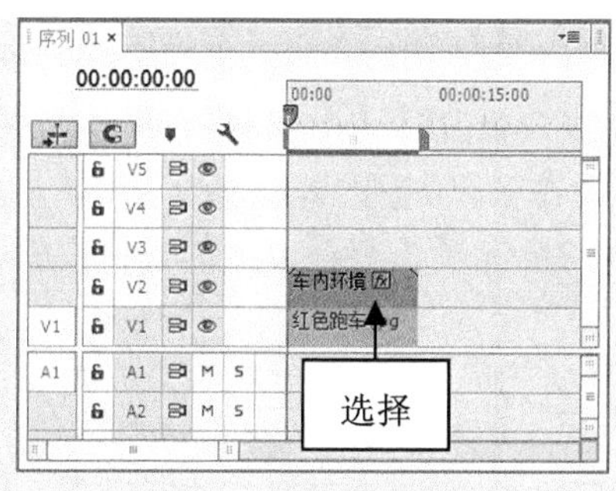


图22-17 选择嵌套序列

**步骤17** 在“效果控件”面板中展开“运动”选项，单击“位置”选项左侧的“切换动画”按钮，设置“位置”为-1.0、288.0，添加第1个关键帧，如图22-18所示。

**步骤 18** 拖曳时间指示器至 00:00:02:00 的位置，设置“位置”为 360.0、288.0，添加第 2 个关键帧，如图 22-19 所示。

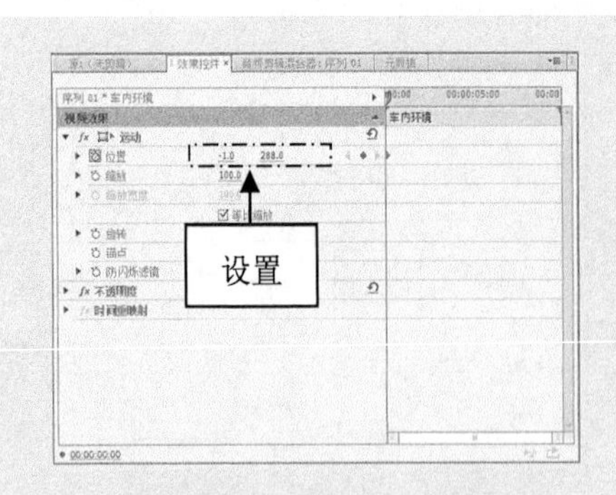


图 22-18　添加第 1 个关键帧

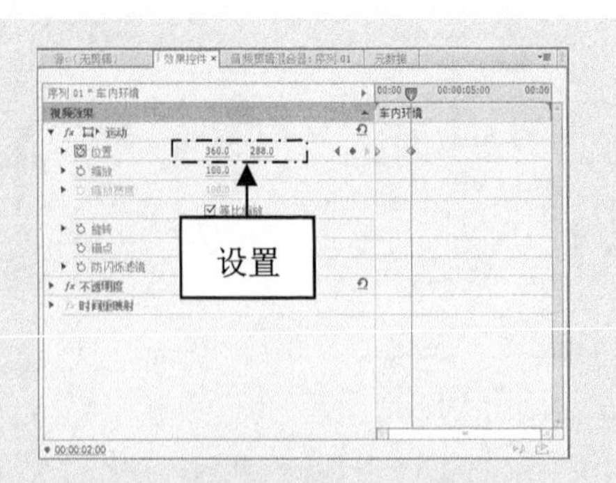


图 22-19　添加第 2 个关键帧

**步骤 19** 选择“标志.png”素材文件，将其拖曳到 V3 轨道上的时间指示器的位置，调整素材文件的持续时间，与 V1 轨道上的素材持续时间一致，如图 22-20 所示。

**步骤 20** 选择添加的素材文件，切换至“效果控件”面板，展开“运动”选项，单击“缩放”选项左侧的“切换动画”按钮，设置“位置”为 475.0、520.0，“缩放”为 0.0，添加第 1 个关键帧，如图 22-21 所示。

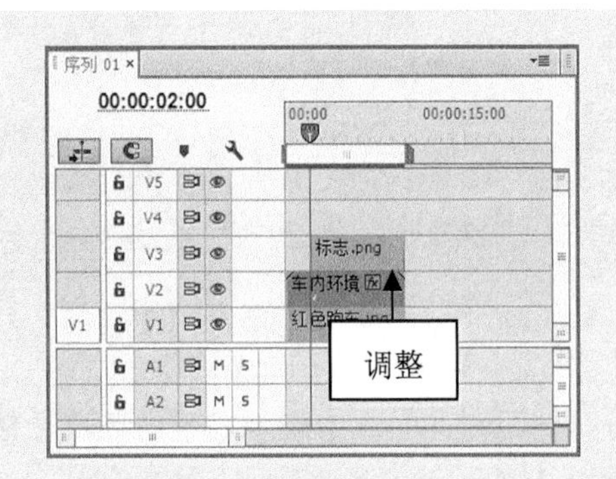


图 22-20　调整素材的持续时间

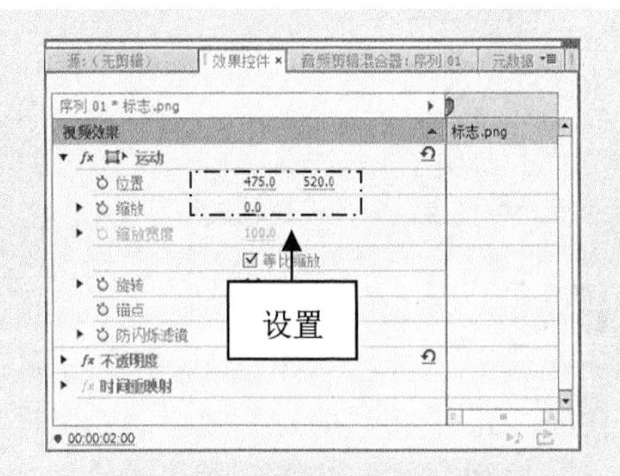


图 22-21　添加第 1 个关键帧

**步骤 21** 拖曳时间指示器至 00:00:03:00 的位置，设置“缩放”为 94.0，添加第 2 个关键帧，如图 22-22 所示。

**步骤 22** 选择 3 个轨道上的素材文件，单击鼠标右键，在弹出的快捷菜单中选择“嵌套”命令，如图 22-23 所示。

**步骤 23** 弹出“嵌套序列名称”对话框，在“名称”右侧的文本框中输入嵌套序列名称为“广告背景”，如图 22-24 所示。

**步骤 24** 单击“确定”按钮，嵌套序列，单击“播放-停止切换”按钮，预览视频效果，如图 22-25 所示。

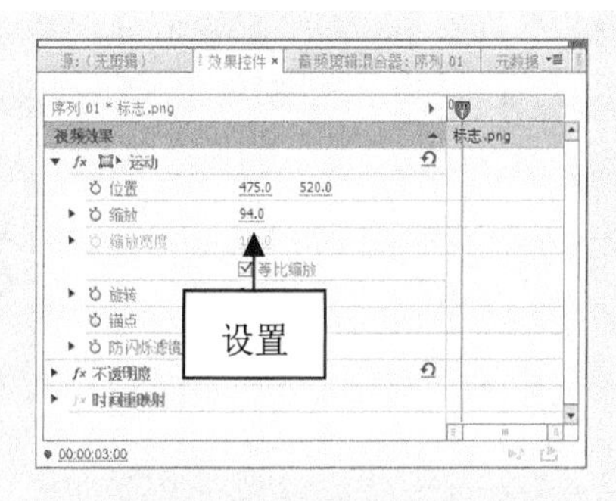


图 22-22　添加第 2 个关键帧

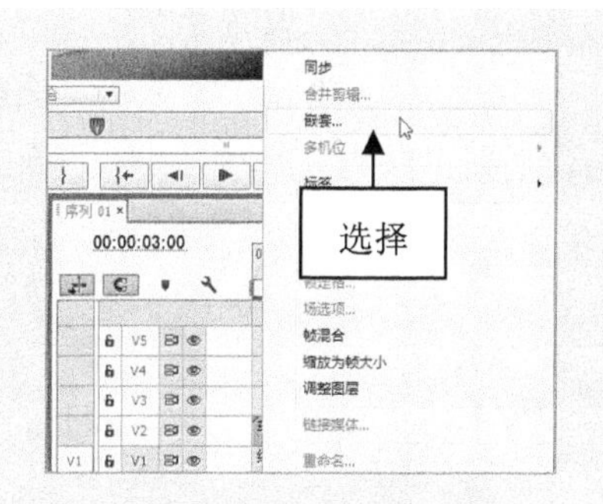


图 22-23　选择“嵌套”命令

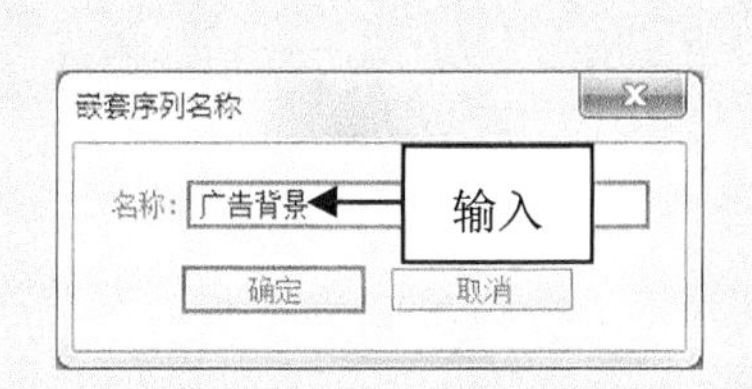


图 22-24　输入嵌套序列名称

图 22-25　预览视频效果

## 22.2.2　实战——广告文字效果的制作

在制作汽车广告背景以后，接下来就可以制作动态广告文字效果。下面介绍制作广告文字效果的操作方法。

**步骤 01**　按 Ctrl+T 组合键，弹出“新建字幕”对话框，在“名称”选项右侧的文本框中输入字幕名称为“广告词 1”，如图 22-26 所示。

**步骤 02**　单击“确定”按钮，打开“字幕编辑”窗口，在工作区的合适位置输入文字“时尚高雅”，选择输入的文字，设置“字体大小”为 43.0、“X 位置”为 500.0、“Y 位置”为 100.0，设置文字样式，如图 22-27 所示。

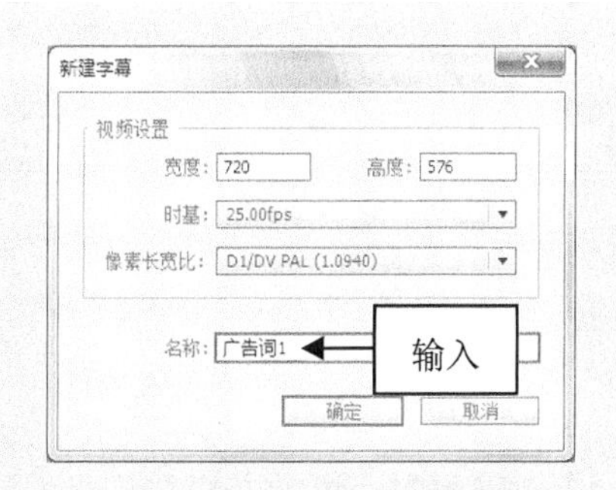


图 22-26　输入字幕名称

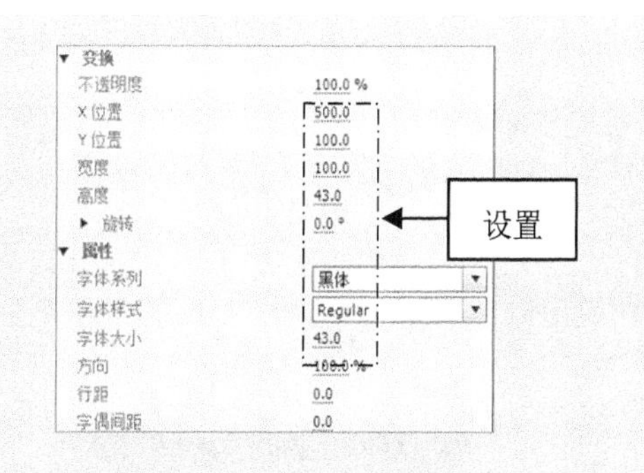


图 22-27　设置文字样式

**步骤03** 设置“填充类型”为“实底”、“颜色”为黄色(RGB 参数值分别为 255、255、0)；单击“外描边”选项右侧的“添加”超链接，如图 22-28 所示。

**步骤04** 添加“外描边”效果，设置“颜色”为白色；勾选“阴影”复选框，添加“阴影”效果，如图 22-29 所示。

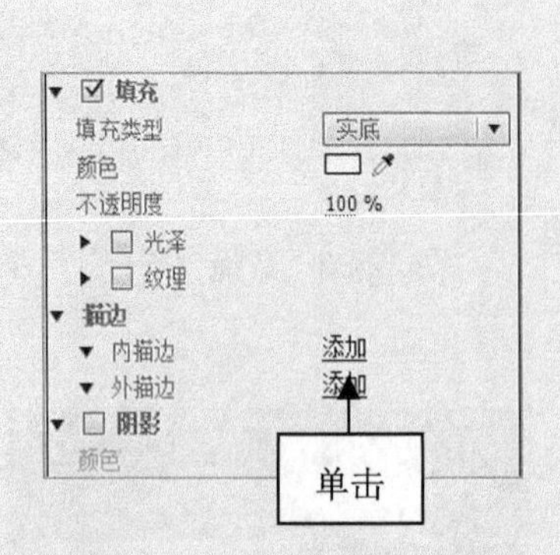


图 22-28　单击“添加”超链接

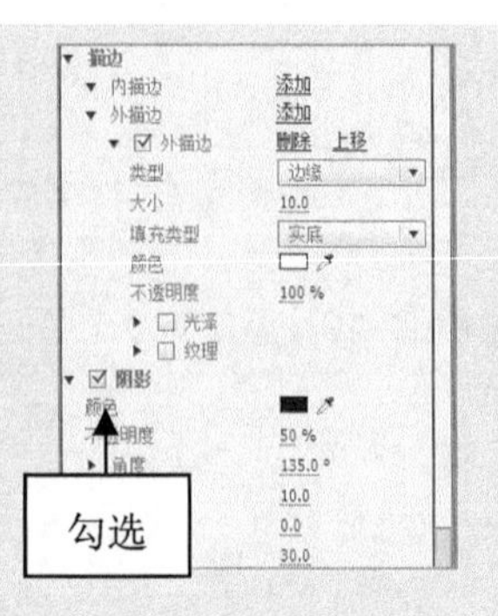


图 22-29　添加“阴影”效果

**步骤05** 执行上述操作后，在工作区中显示字幕效果，如图 22-30 所示。

**步骤06** 单击“基于当前字幕新建字幕”按钮，弹出“新建字幕”对话框，输入字幕名称为“广告词 2”，如图 22-31 所示。

图 22-30　显示字幕效果

图 22-31　输入字幕名称

**步骤07** 单击“确定”按钮，基于当前字幕新建字幕，删除原来的文字，输入相应的文字“内蕴不凡”，如图 22-32 所示。

**步骤08** 单击“基于当前字幕新建字幕”按钮，弹出“新建字幕”对话框，输入字幕名称为“广告词 3”，如图 22-33 所示。

图 22-32　输入相应的文字

图 22-33　输入字幕名称

**步骤 09** 单击“确定”按钮，基于当前字幕新建字幕，删除原来的文字，输入文字“驰骋天下”，选择输入的文字，设置“X 位置”为 600.0、“Y 位置”为 160.0，如图 22-34 所示。

**步骤 10** 执行上述操作后，在工作区中显示字幕效果，如图 22-35 所示。

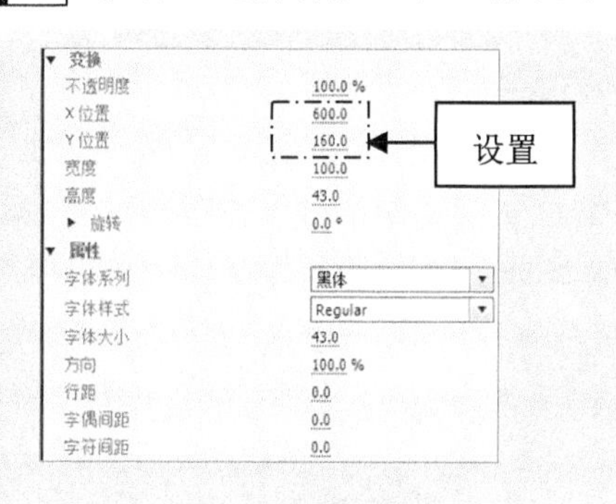


图 22-34　设置相应选项

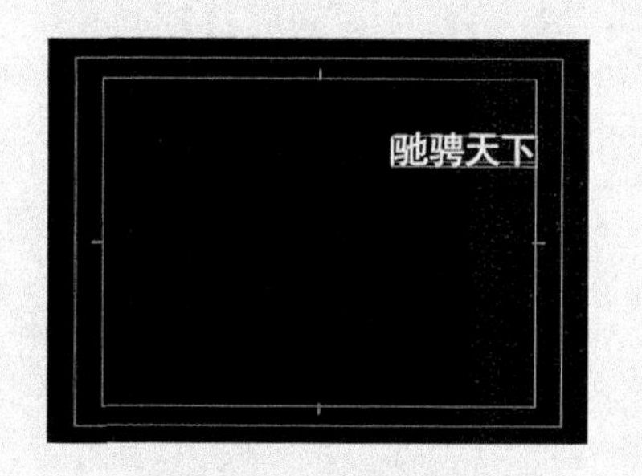


图 22-35　显示字幕效果

**步骤 11** 单击“基于当前字幕新建字幕”按钮，弹出“新建字幕”对话框，输入字幕名称为“广告词 4”，如图 22-36 所示。

**步骤 12** 单击“确定”按钮，基于当前字幕新建字幕，删除原来的文字，输入相应的文字“超越未来”，如图 22-37 所示。

图 22-36　输入字幕名称

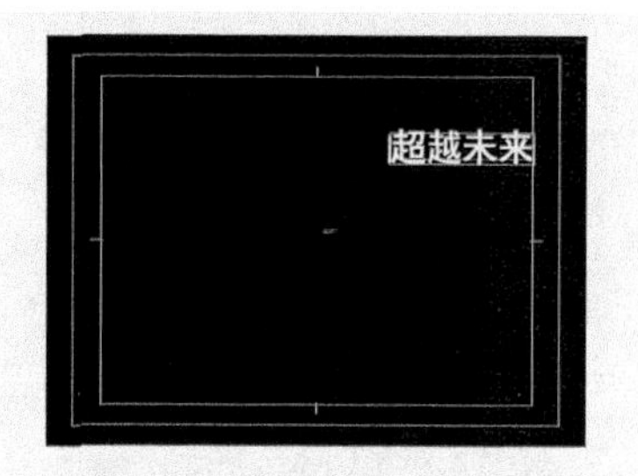


图 22-37　输入相应的文字

**步骤 13** 关闭“字幕编辑”窗口，在“时间轴”面板中，拖曳时间指示器至 00:00:03:00 的位置，如图 22-38 所示。

**步骤 14** 将“广告词 1”字幕文件添加到 V2 轨道上的时间指示器位置，如图 22-39 所示。

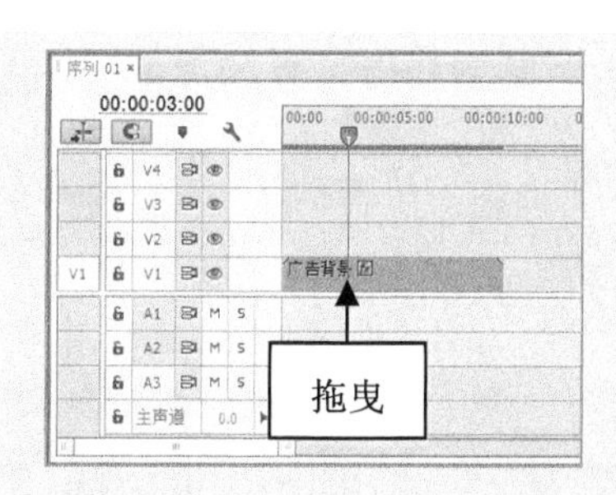


图 22-38　拖曳时间指示器

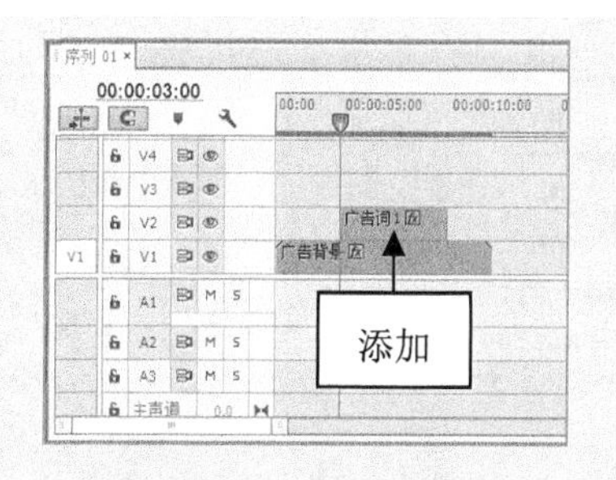


图 22-39　添加字幕文件

**步骤 15** 选择添加的字幕文件，在“效果控件”面板中展开“运动”选项，单击“缩放”与“不透明度”选项左侧的“切换动画”按钮，设置“缩放”为 0.0、“不透明度”为 0.0%，添加第 1 组关键帧，如图 22-40 所示。

**步骤 16** 拖曳时间指示器至 00:00:04:00 的位置，设置“缩放”为 100.0、“不透明度”为 100.0%，添加第 2 组关键帧，如图 22-41 所示。

**步骤 17** 选择“运动”选项，单击鼠标右键，在弹出的快捷菜单中选择“复制”命令，如图 22-42 所示。

**步骤 18** 拖曳时间指示器至 00:00:03:00 的位置，将“广告词 3”字幕文件添加到 V3 轨道上的时间指示器位置，如图 22-43 所示。

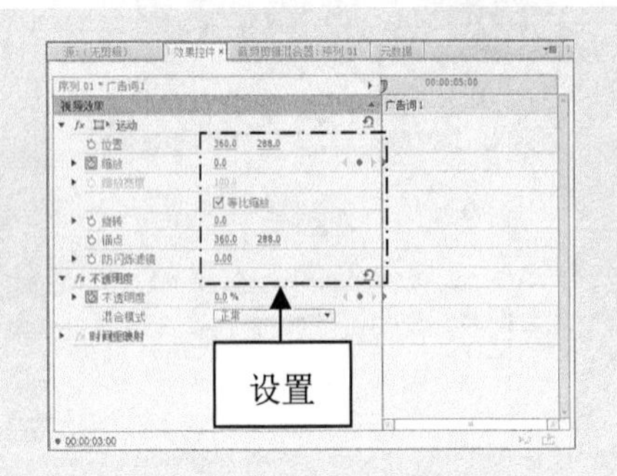


图 22-40 添加第 1 组关键帧

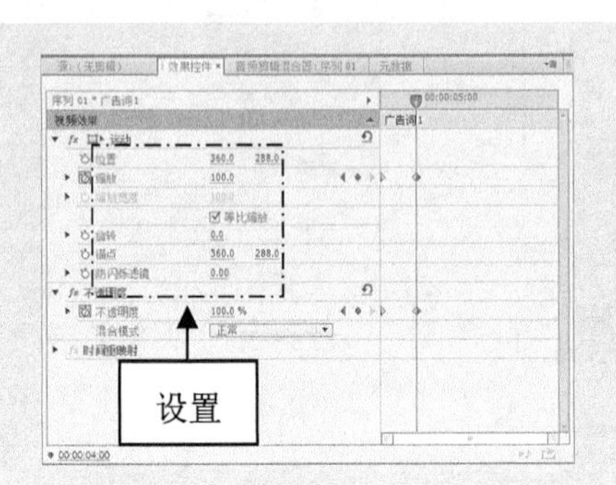


图 22-41 添加第 2 组关键帧

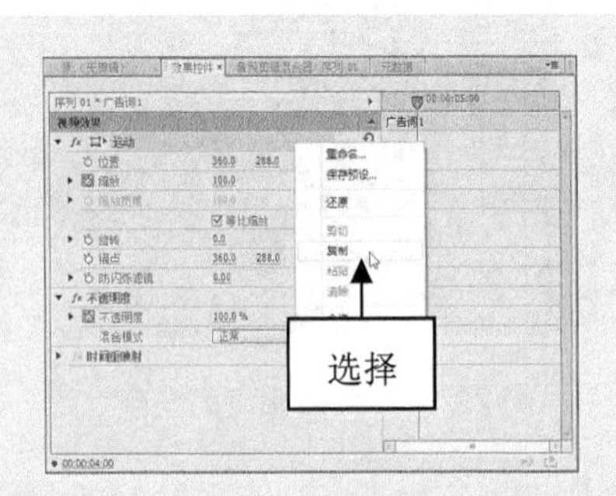


图 22-42 选择“复制”命令

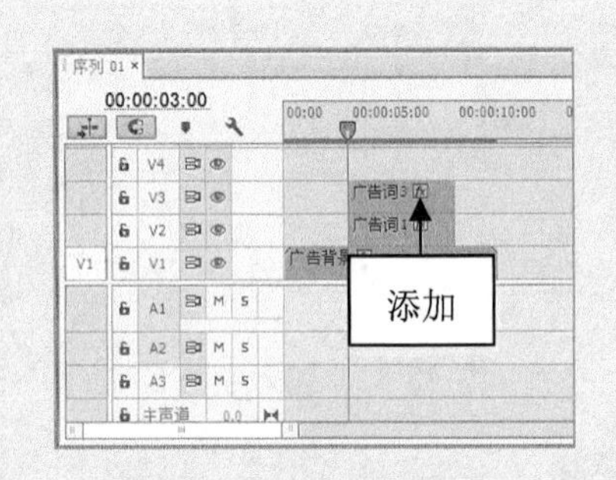


图 22-43 添加字幕文件

**步骤 19** 选择添加的字幕文件，在“效果控件”面板中单击鼠标右键，在弹出的快捷菜单中选择“粘贴”命令，如图 22-44 所示。

**步骤 20** 执行操作后，将“运动”视频效果粘贴到选择的字幕文件上，如图 22-45 所示。

**步骤 21** 拖曳时间指示器至 00:00:05:00 的位置，调整“广告词 1”字幕文件的持续时间至时间指示器的位置结束，如图 22-46 所示。

**步骤 22** 将“叠加溶解”视频过渡添加到“广告词 1”字幕文件的结束位置，如图 22-47 所示。

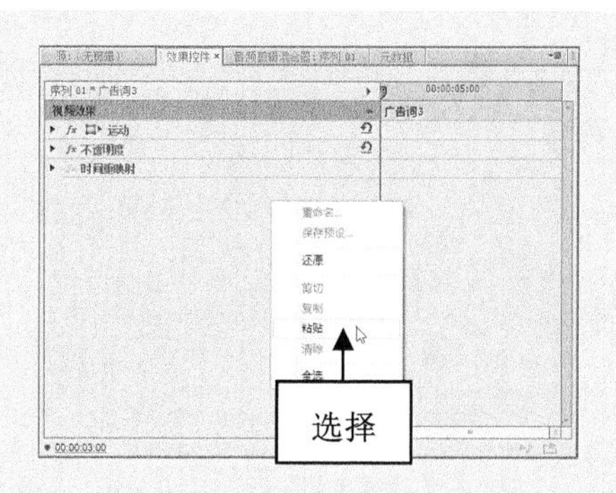


图 22-44　选择“粘贴”命令

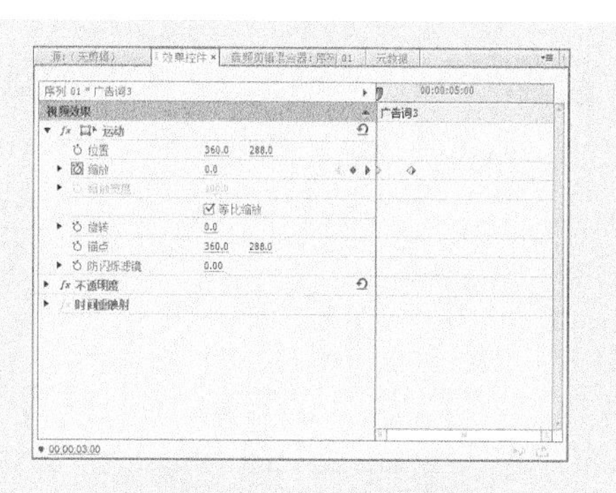

图 22-45　粘贴视频效果

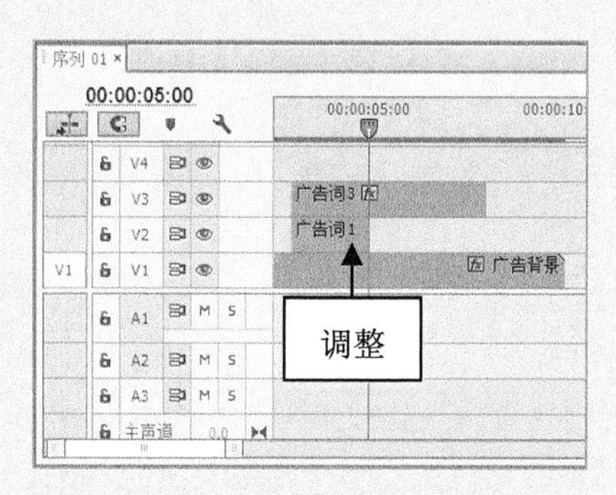


图 22-46　设置持续时间

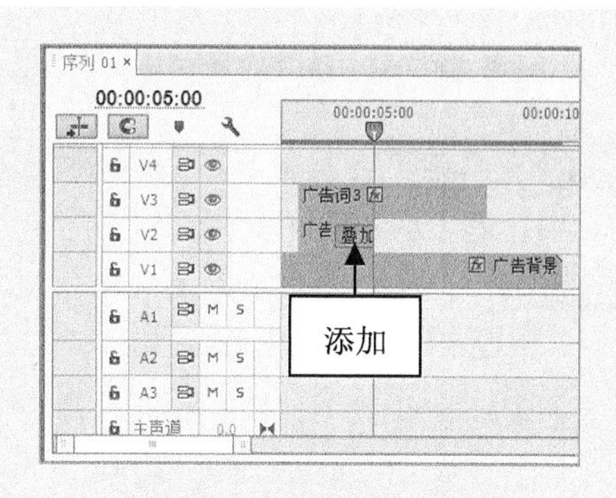


图 22-47　添加视频过渡

**步骤23**　拖曳时间指示器至 00:00:04:00 的位置，将“广告词 2”字幕文件添加到 V4 轨道上的时间指示器位置，调整素材文件的持续时间，与 V1 轨道上的素材持续时间一致，如图 22-48 所示。

**步骤24**　选择添加的字幕文件，在“效果控件”面板中展开“运动”选项，单击“位置”选项左侧的“切换动画”按钮，设置“位置”为 720.0、288.0，添加第 1 个关键帧，如图 22-49 所示。

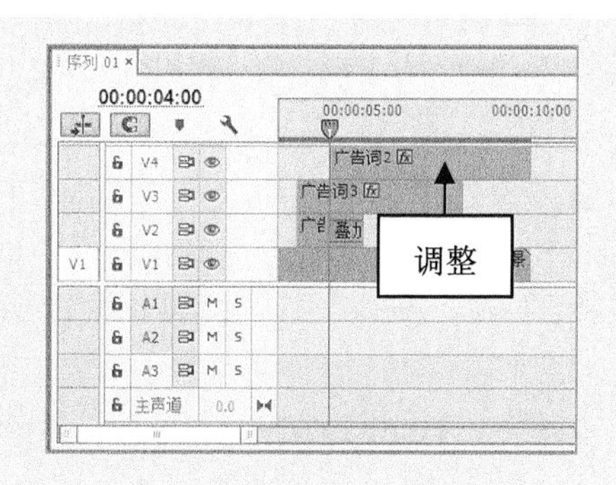


图 22-48　调整素材的持续时间

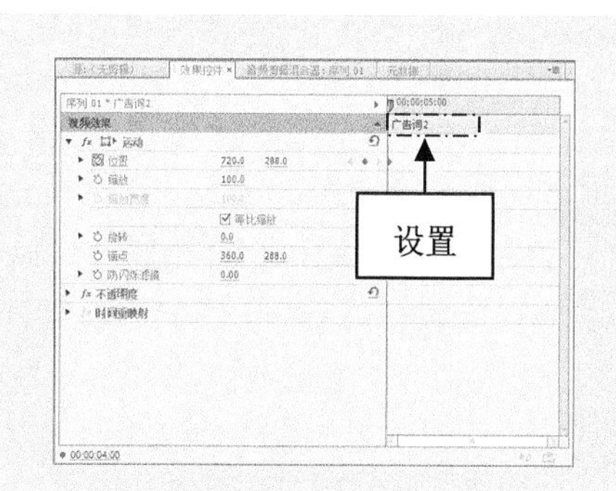


图 22-49　添加第 1 个关键帧

**步骤25**　拖曳时间指示器至 00:00:05:00 的位置，设置“位置”为 360.0、288.0，添加第 2 个关键帧，如图 22-50 所示。

**步骤 26** 拖曳时间指示器至 00:00:06:00 的位置，调整“广告词 3”字幕文件的持续时间至时间指示器的位置结束，如图 22-51 所示。

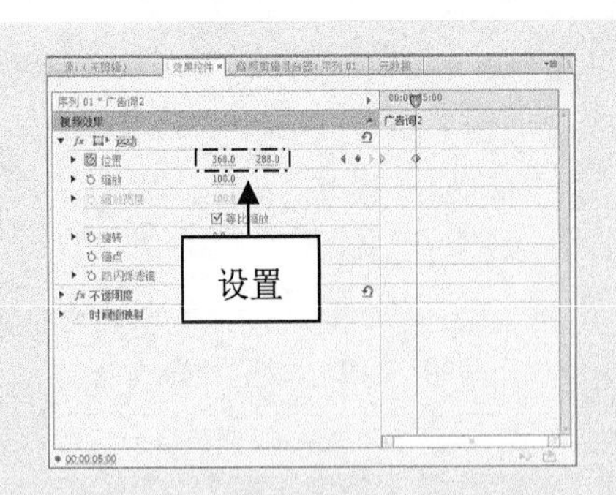


图 22-50 添加第 2 个关键帧

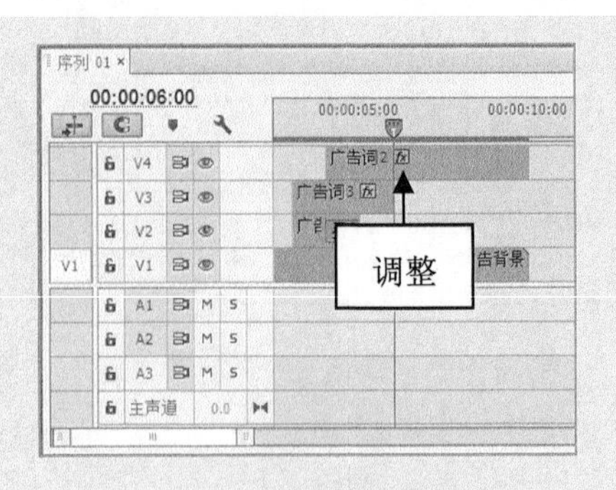


图 22-51 调整素材的持续时间

**步骤 27** 将“叠加溶解”视频过渡添加到“广告词 3”字幕文件的结束位置，如图 22-52 所示。

**步骤 28** 拖曳时间指示器至 00:00:05:00 的位置，将“广告词 4”字幕文件添加到 V5 轨道上的时间指示器位置，如图 22-53 所示。

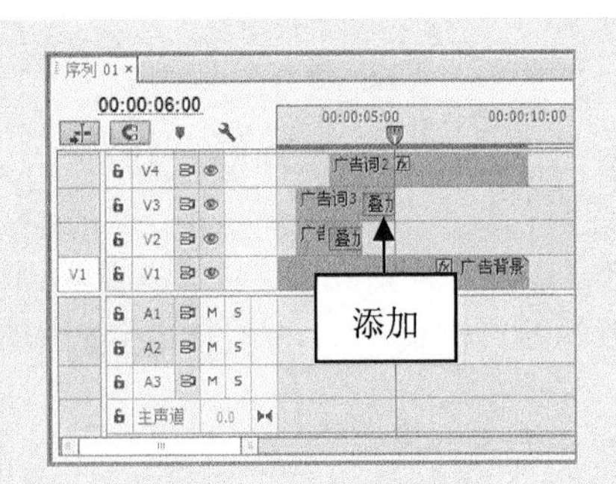


图 22-52 添加视频过渡

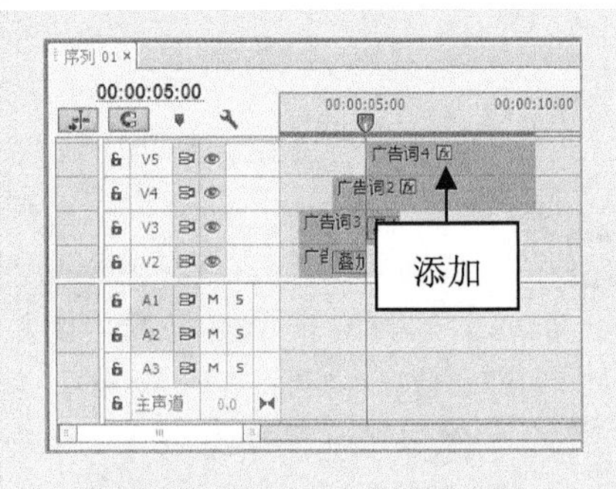


图 22-53 添加字幕文件

**步骤 29** 选择添加的字幕文件，在“效果控件”面板中展开“运动”选项，单击“位置”选项左侧的“切换动画”按钮，设置“位置”为 620.0、288.0，添加第 1 个关键帧，如图 22-54 所示。

**步骤 30** 拖曳时间指示器至 00:00:06:00 的位置，设置“位置”为 360.0、288.0，添加第 2 个关键帧，如图 22-55 所示。

**步骤 31** 选择添加的 4 个字幕文件，单击鼠标右键，在弹出的快捷菜单中选择“嵌套”命令，如图 22-56 所示。

**步骤 32** 弹出“嵌套序列名称”对话框，在“名称”右侧的文本框中输入嵌套序列名称“广告词”，如图 22-57 所示，单击“确定”按钮，嵌套序列。

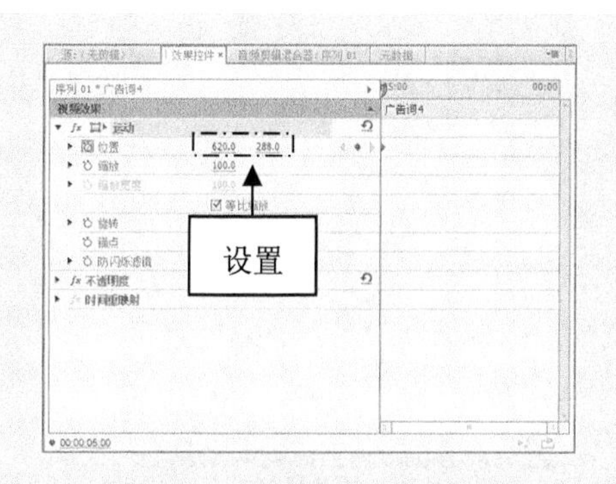


图 22-54 添加第 1 个关键帧

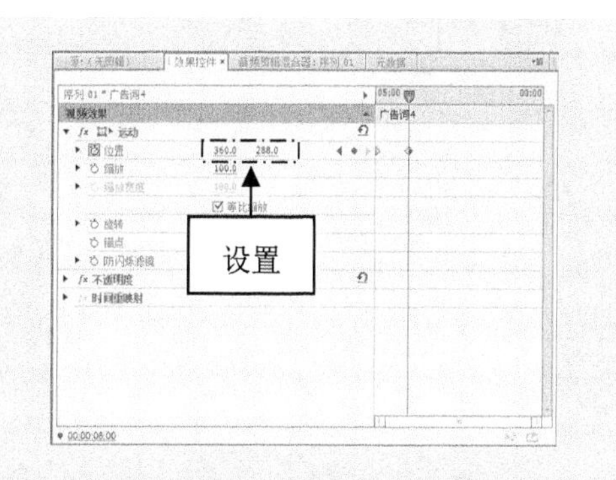


图 22-55 添加第 2 个关键帧

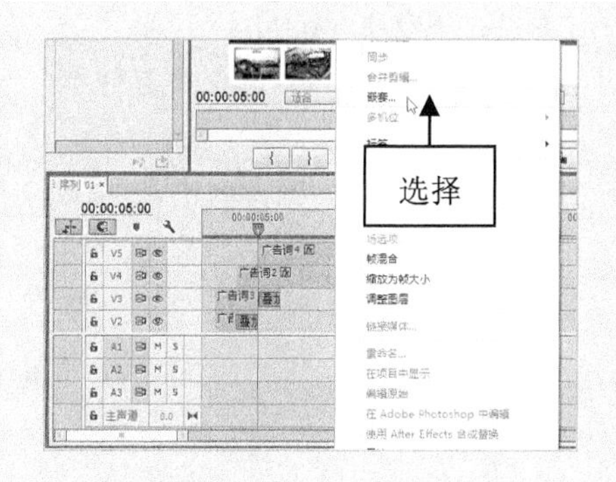


图 22-56 选择“嵌套”命令

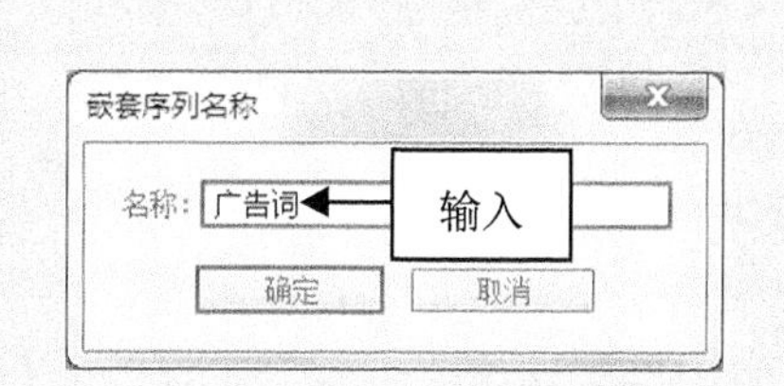


图 22-57 输入嵌套序列名称

步骤33 按 Ctrl＋T 组合键，弹出“新建字幕”对话框，输入字幕名称为“联系地址”，如图 22-58 所示。

步骤34 单击“确定”按钮，打开“字幕编辑”窗口，在工作区的合适位置输入相应文字，选择输入的文字，设置“字体系列”为“黑体”，“字体大小”为 10.0，“行距”为 4.0，“X 位置”为 675.0，“Y 位置”为 540.0，设置文字样式，如图 22-59 所示。

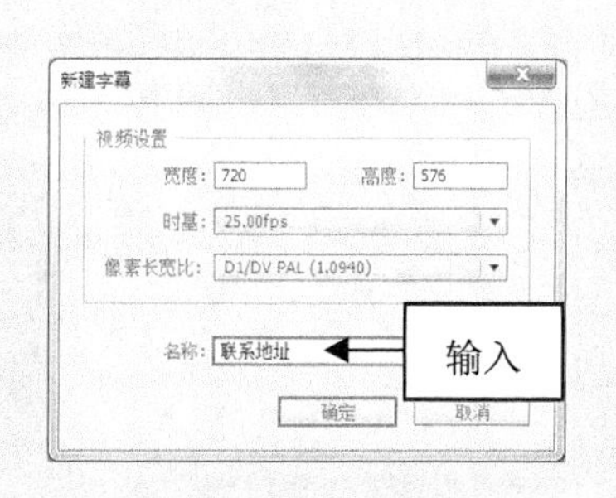


图 22-58 输入字幕名称

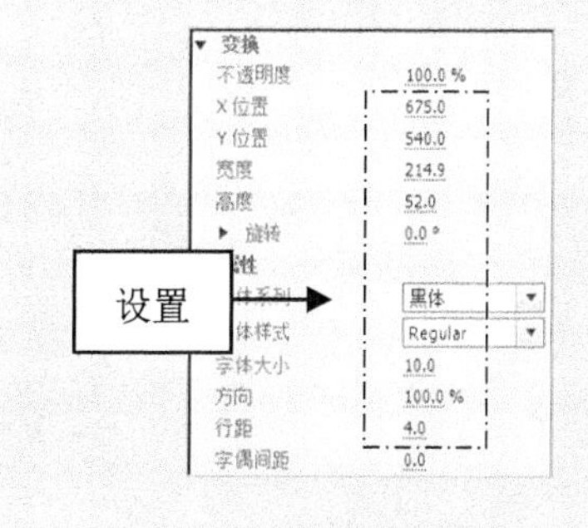


图 22-59 设置文字样式

步骤35 勾选“填充”复选框，设置“填充类型”为“实底”、“颜色”为白色，设置填充样式，如图 22-60 所示。

**步骤36** 执行上述操作后，在工作区中显示字幕效果，如图 22-61 所示。

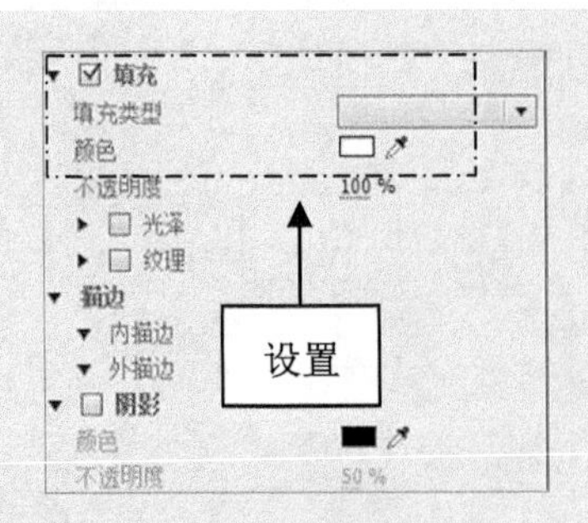


图 22-60 设置填充样式，

图 22-61 显示字幕效果

**步骤37** 关闭“字幕编辑”窗口，拖曳时间指示器至 00:00:06:00 的位置，将“联系地址”字幕文件添加到 V3 轨道上的时间指示器位置，调整素材文件的持续时间，与 V1 轨道上的素材持续时间一致，如图 22-62 所示。

**步骤38** 选择添加的字幕文件，添加“裁剪”视频效果，在“效果控件”面板中展开“裁剪”选项，单击“底对齐”选项左侧的“切换动画”按钮，设置“底对齐”为 12.7%，添加第 1 个关键帧，如图 22-63 所示。

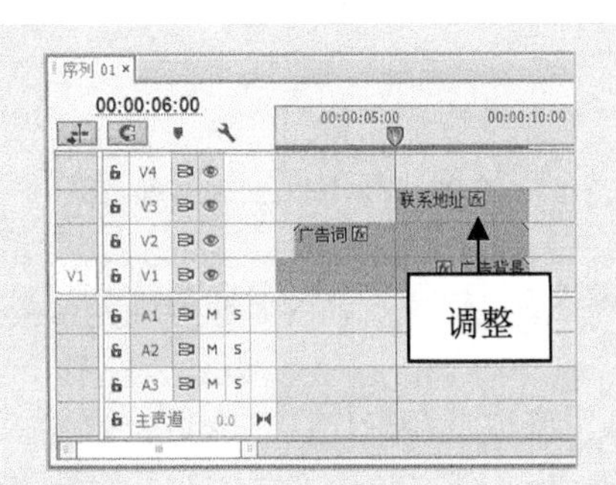


图 22-62 调整素材的持续时间

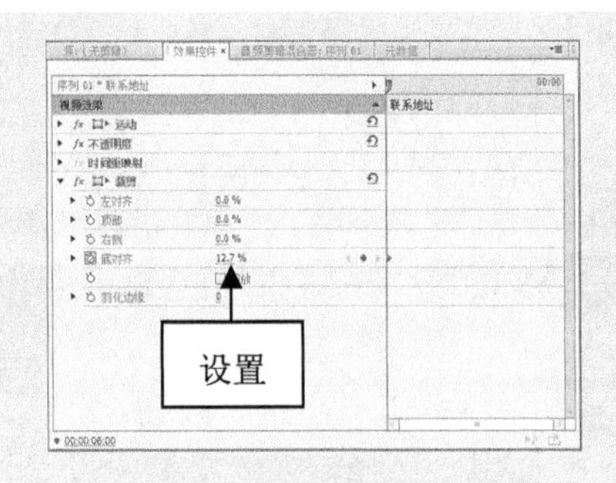


图 22-63 添加第 1 个关键帧

**步骤39** 拖曳时间指示器至 00:00:08:00 的位置，设置“底对齐”为 0.0%，添加第 2 个关键帧，如图 22-64 所示。

**步骤40** 单击“播放-停止切换”按钮，预览视频效果，如图 22-65 所示。

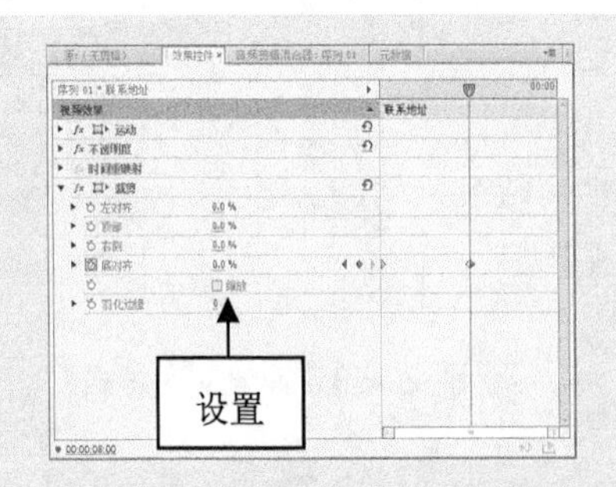


图 22-64 添加第 2 个关键帧

图 22-65 预览视频效果

## 22.3 视频后期编辑与输出

广告片头的背景画面与主体字幕动画制作完成后，接下来介绍视频后期的背景音乐编辑与视频的输出操作。

### 22.3.1 实战——广告音乐效果的制作

在制作广告文字效果后，接下来就可以创建制作广告音乐。

**步骤01** 将“背景音乐.wav”素材添加到“时间轴”面板中的A1轨道上，如图22-66所示。

**步骤02** 拖曳时间指示器至00:00:10:00的位置，选取剃刀工具，将鼠标移至A1轨道上的时间指示器位置，单击鼠标左键分割相应的素材文件，如图22-67所示。

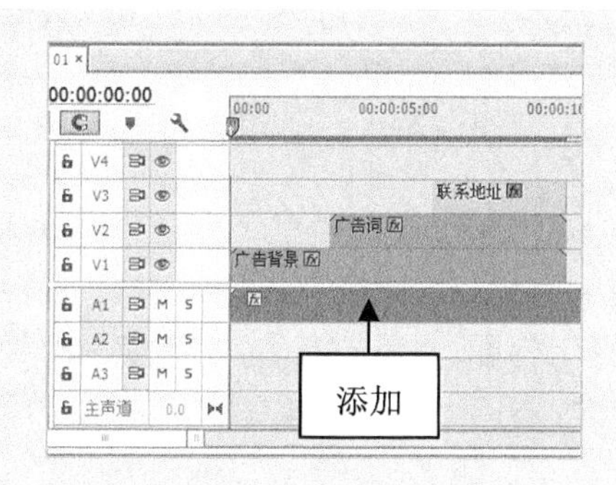


图22-66 添加音频文件

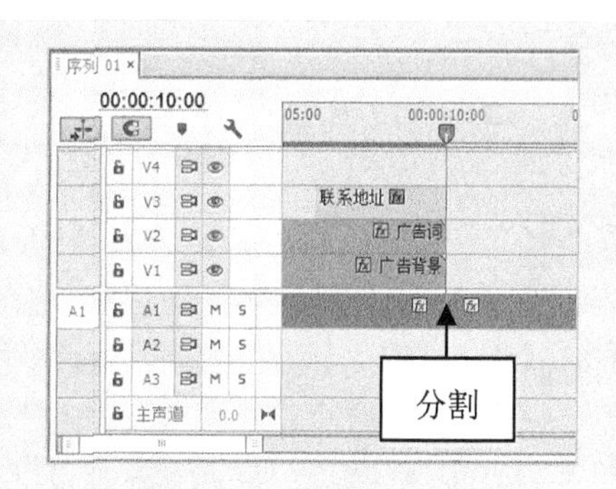


图22-67 分割素材文件

**步骤03** 使用选择工具选择不需要的素材，按Delete键删除选择的素材文件，如图22-68所示。

**步骤04** 单击“播放-停止切换”按钮，试听音乐并预览视频效果，如图22-69所示。

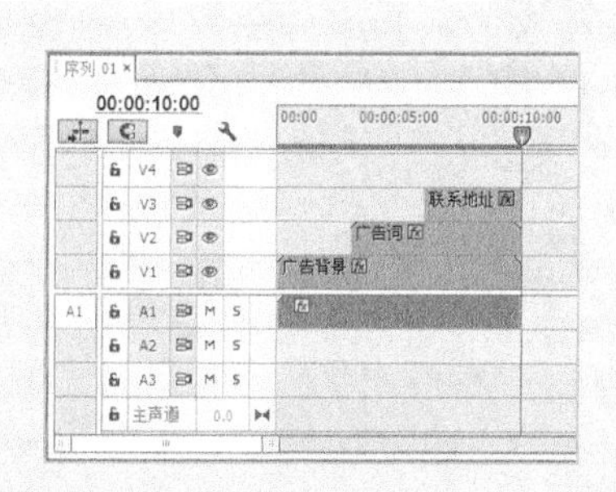


图22-68 删除素材文件

图22-69 预览视频效果

### 22.3.2 实战——商业汽车广告的导出

制作完商业汽车广告的画面、文字与音频效果后，便可以将编辑完成的影片导出成视频文件了。下面介绍导出商业汽车广告视频文件的操作方法。

**步骤 01** 切换至“节目监视器”面板，按 Ctrl＋M 组合键，弹出“导出视频”对话框，单击“格式”选项右侧的下拉按钮，在弹出的列表框中选择 AVI 选项，如图 22-70 所示。

**步骤 02** 单击“预设”选项右侧的下拉按钮，在弹出的列表框中选择 PAL DV 选项，如图 22-71 所示。

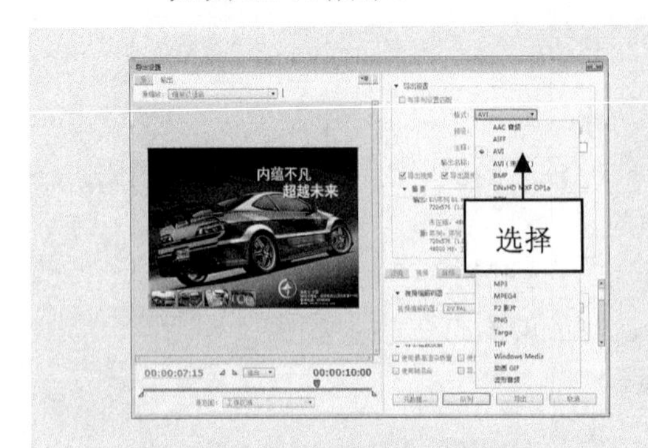


图 22-70 选择 AVI 选项

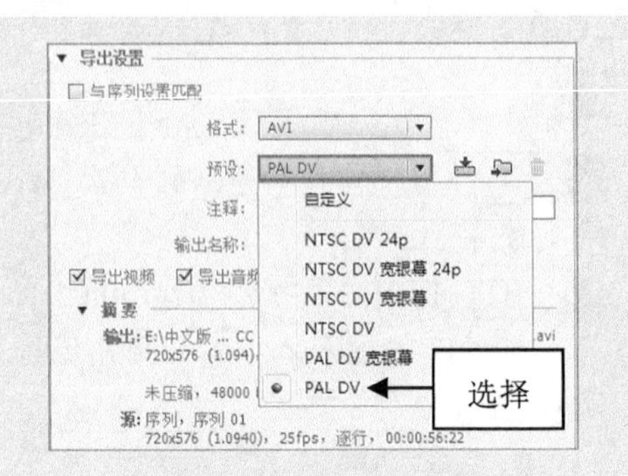


图 22-71 选择相应选项

**步骤 03** 单击“输出名称”右侧的“序列 01.avi”超链接，弹出“另存为”对话框，在其中设置视频文件的保存位置和文件名，如图 22-72 所示。

**步骤 04** 单击“保存”按钮，返回“导出设置”界面，单击对话框右下角的“导出”按钮，弹出“渲染所需音频文件”对话框，开始导出编码文件，并显示导出进度，如图 22-73 所示，稍后即可导出商业汽车广告。

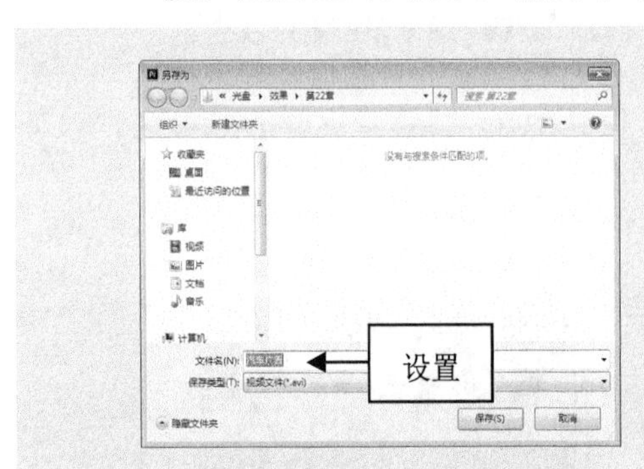


图 22-72 设置保存位置和文件名

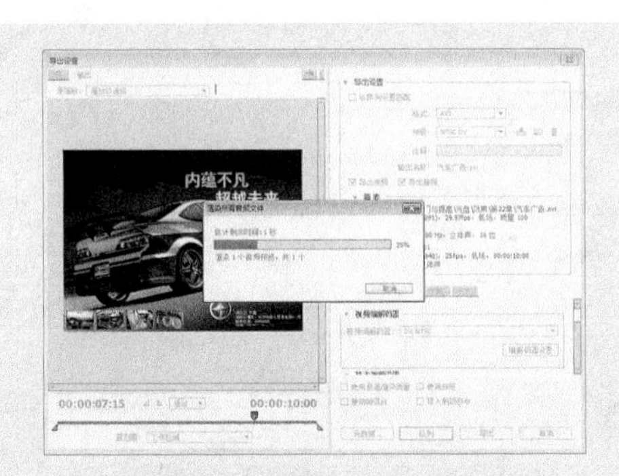


图 22-73 显示导出进度

# 第23章

## 《开心童年》相册特效的制作

童年的回忆对每个人来说都是非常有纪念意义的，也是一生难忘的记忆。本章将运用 Premiere Pro CC 软件制作儿童生活相册——《开心童年》，希望读者熟练掌握儿童生活相册的制作方法。

本章重点：

- 效果欣赏与技术提炼
- 制作视频的过程
- 视频后期编辑与输出

# 23.1 效果欣赏与技术提炼

在制作儿童生活相册之前，首先带领读者预览儿童生活相册视频的画面效果，并掌握项目技术提炼等内容，这样可以帮助读者更好地学习生活相册的制作方法。

## 23.1.1 效果欣赏

本实例介绍制作儿童生活相册——《开心童年》，效果如图 23-1 所示。

图 23-1 儿童生活相册效果

## 23.1.2 技术提炼

首先在 Premiere Pro CC 工作界面中新建项目并创建序列，导入需要的素材。然后将素材分别添加至相应的视频轨道中，使用相应的素材制作相册片头效果，制作美观的字幕并创建关键帧，通过锚点调整字幕运动路径，添加相片素材至相应的视频轨道中，添加合适的视频过渡并制作相片运动效果，制作出精美的动感相册效果。最后，制作相册片尾，添加背景音乐，输出视频，完成儿童生活相册的制作。

# 23.2 制作视频的过程

儿童生活相册的制作过程主要包括导入儿童生活相册的素材、制作相册片头效果、制作相册主体效果等内容。

## 23.2.1 实战——相册片头效果的制作

制作儿童生活相册的第一步，就是制作能够突出相册主题、形象绚丽的相册片头效果。下面介绍制作相册片头效果的操作方法。

**步骤 01** 在 Premiere Pro CC 工作界面中，新建一个项目文件并创建序列，导入随书附带光盘中的 9 个素材文件，如图 23-2 所示。

**步骤 02** 在“项目”面板中选择“相册片头.wmv”素材文件，将其添加到“时间轴”面板中的 V1 轨道上，如图 23-3 所示。

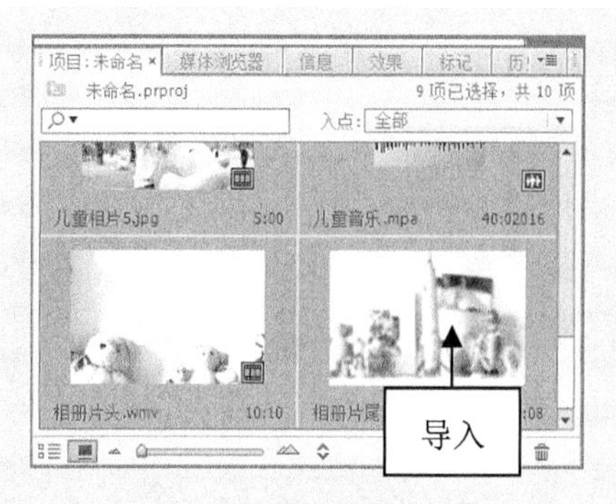


图 23-2 导入素材文件

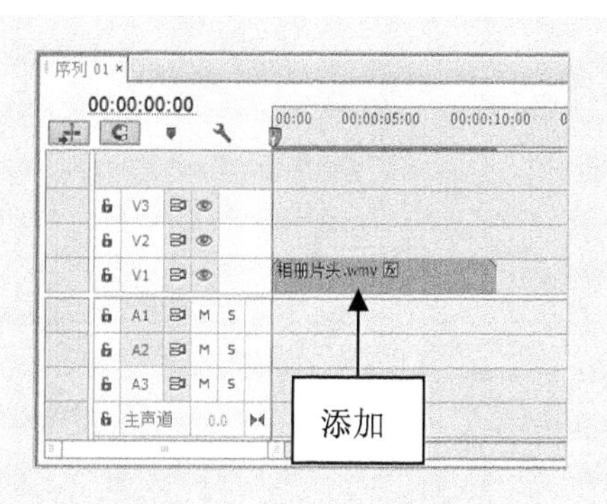


图 23-3 添加素材文件

**步骤03** 选择 V1 轨道上的素材文件，切换至“效果控件”面板，展开“运动”选项，设置“缩放”为 120.0，如图 23-4 所示。

**步骤04** 按 Ctrl+T 组合键，弹出“新建字幕”对话框，输入字幕名称为“开心童年1”，如图 23-5 所示。

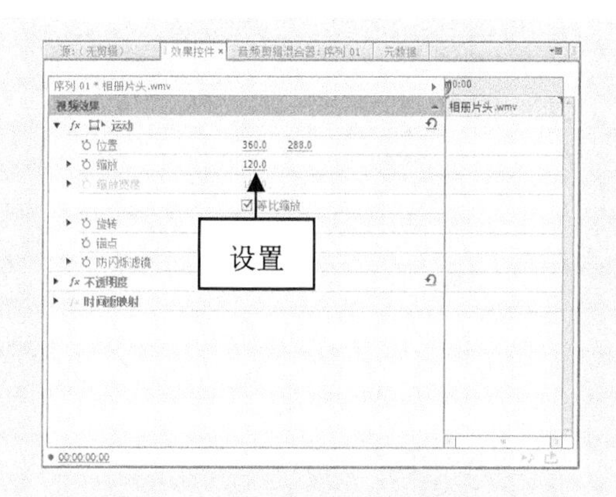


图 23-4 设置“缩放”为 120.0

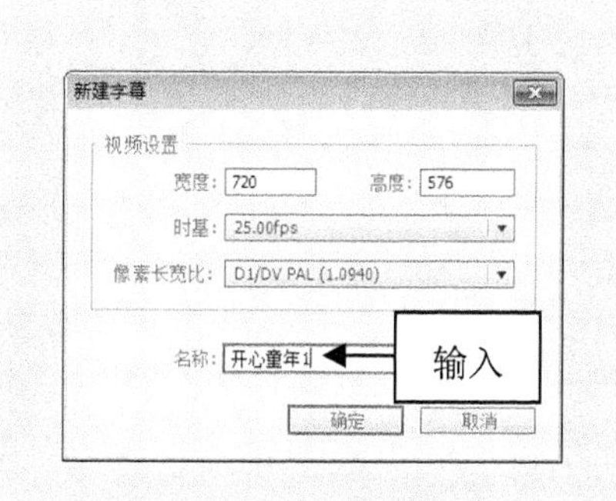


图 23-5 输入字幕名称

**步骤05** 单击“确定”按钮，打开“字幕编辑”窗口，在工作区的合适位置输入文字“开心”，选择输入的文字，设置“字体系列”为“方正卡通简体”，“字体大小”为 70.0，“X 位置”为 270.0，“Y 位置”为 230.0，设置文字样式，如图 23-6 所示。

**步骤06** 选择文字“开”，设置“填充类型”为“实底”、“颜色”为红色(RGB 参数值分别为 255、0、0)，单击“外描边”选项右侧的“添加”超链接，添加“外描边”效果，如图 23-7 所示。

**步骤07** 选择文字“心”，设置“填充类型”为“实底”、“颜色”为黄色(RGB 参数值分别为 255、255、0)，单击“外描边”选项右侧的“添加”超链接，添加“外描边”效果，如图 23-8 所示。

**步骤08** 执行上述操作后，在工作区中显示字幕效果，如图 23-9 所示。

图 23-6　设置文字样式

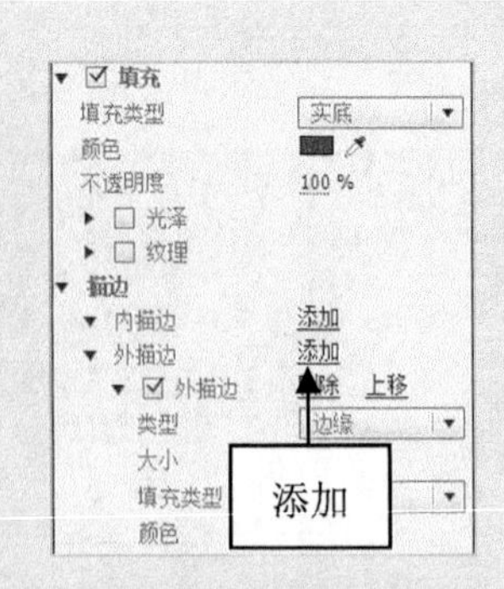


图 23-7　添加外描边效果(1)

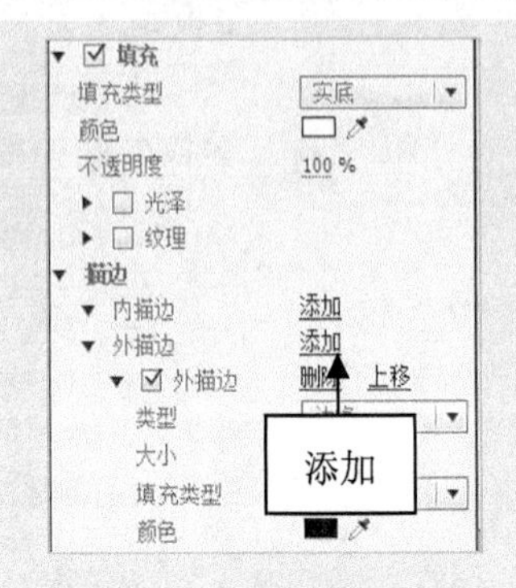


图 23-8　添加外描边效果(2)

图 23-9　显示字幕效果

**步骤 09**　单击“基于当前字幕新建字幕”按钮，弹出“新建字幕”对话框，输入字幕名称为“开心童年 2”，如图 23-10 所示。

**步骤 10**　单击“确定”按钮，基于当前字幕新建字幕，删除原来的文字，输入文字“童年”，选择输入的文字，设置“X 位置”为 450.0，如图 23-11 所示。

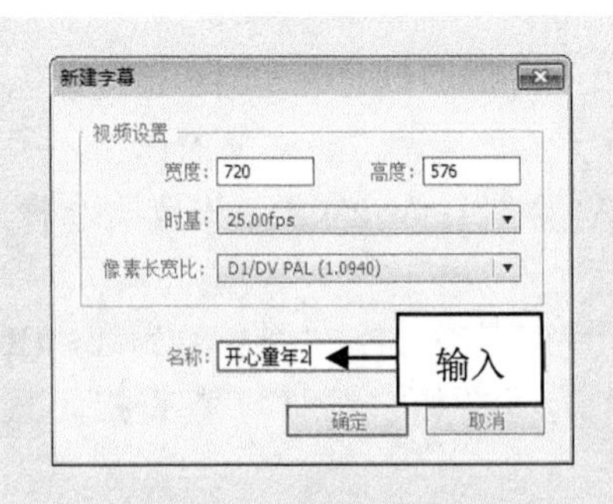


图 23-10　输入字幕名称

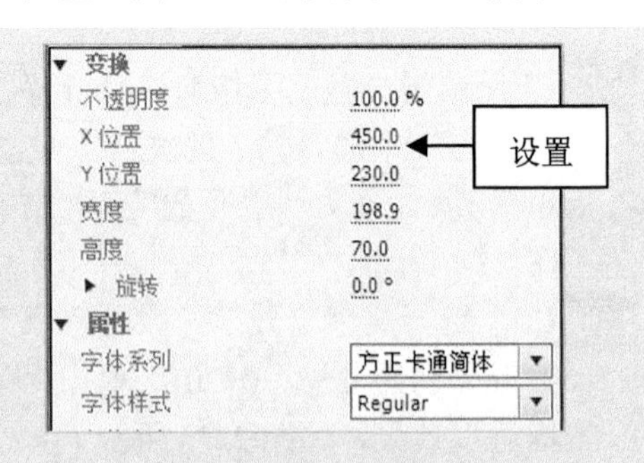


图 23-11　设置“X 位置”参数

**步骤 11**　选择文字“童”，设置“填充类型”为“实底”，“颜色”为绿色(RGB 参数值分别为 0、255、0)，选择文字“年”，设置“填充类型”为“实底”，“颜色”为紫色(RGB 参数值分别为 255、0、255)，在工作区中显示字幕效果，如图 23-12 所示。

**步骤12** 关闭“字幕编辑”窗口，将“开心童年 1”字幕文件添加到 V2 轨道上，调整素材文件的持续时间，与 V1 轨道上的素材持续时间一致，如图 23-13 所示。

图 23-12 显示字幕效果

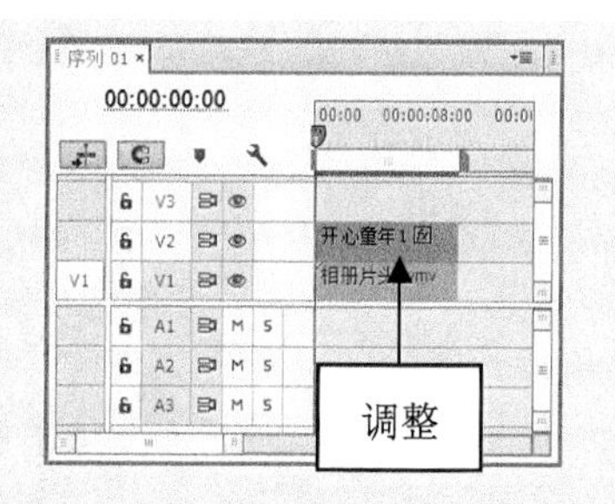


图 23-13 调整素材的持续时间

**步骤13** 选择添加的字幕文件，在“效果控件”面板中展开“运动”选项，单击“位置”选项左侧的“切换动画”按钮，设置“位置”为(0.0、288.0)，添加第 1 个关键帧，如图 23-14 所示。

**步骤14** 拖曳时间指示器至 00:00:01:00 的位置，设置“位置”为(160.0、288.0)，添加第 2 个关键帧，如图 23-15 所示。

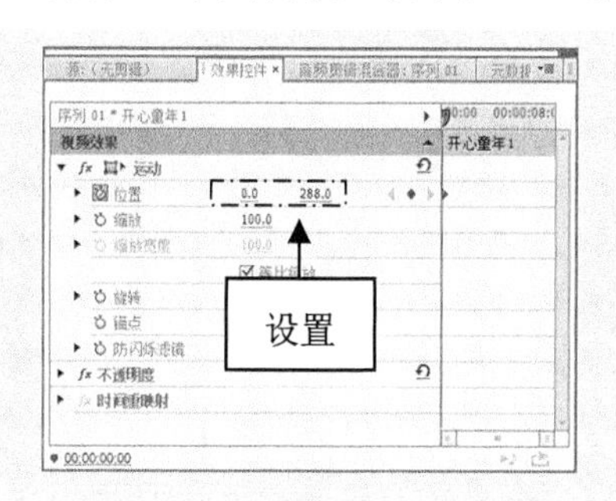


图 23-14 添加第 1 个关键帧

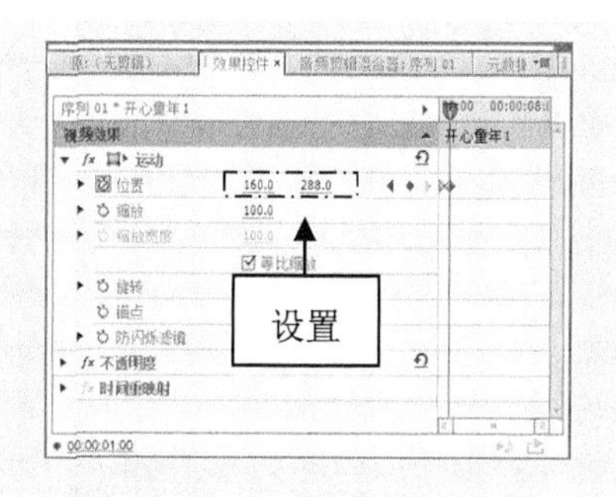


图 23-15 添加第 2 个关键帧

**步骤15** 拖曳时间指示器至 00:00:02:00 的位置，设置“位置”为(280.0、288.0)，添加第 3 个关键帧，如图 23-16 所示。

**步骤16** 拖曳时间指示器至 00:00:03:00 的位置，设置“位置”为(360.0、288.0)，添加第 4 个关键帧，选择“运动”选项，如图 23-17 所示。

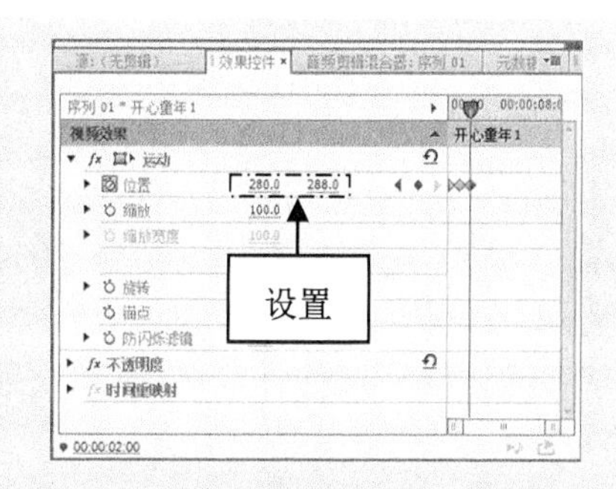


图 23-16 添加第 3 个关键帧

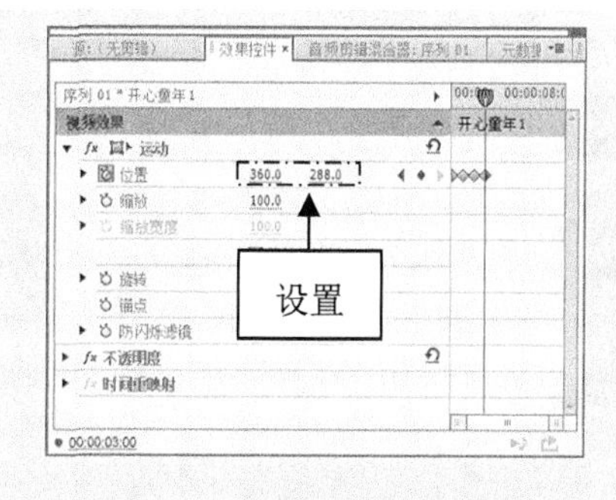


图 23-17 添加第 4 个关键帧

**步骤 17** 在“节目监视器”面板中显示素材的运动路径，如图 23-18 所示。

**步骤 18** 按住 Ctrl 键的同时，拖曳路径上的锚点，调整路径形状，如图 23-19 所示。

图 23-18　显示运动路径

图 23-19　调整路径形状

**步骤 19** 将“开心童年 2”字幕文件添加到 V3 轨道上，调整素材文件的持续时间，与 V1 轨道上的素材持续时间一致，如图 23-20 所示。

**步骤 20** 选择添加的字幕文件，拖曳时间指示器至 00:00:00:00 的位置，在“效果控件”面板中展开“运动”选项，单击“位置”选项左侧的“切换动画”按钮，设置“位置”为 750.0、288.0，添加第 1 个关键帧，如图 23-21 所示。

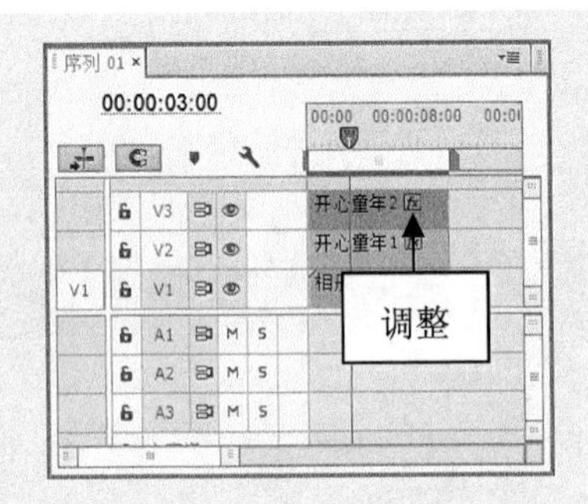


图 23-20　调整素材的持续时间

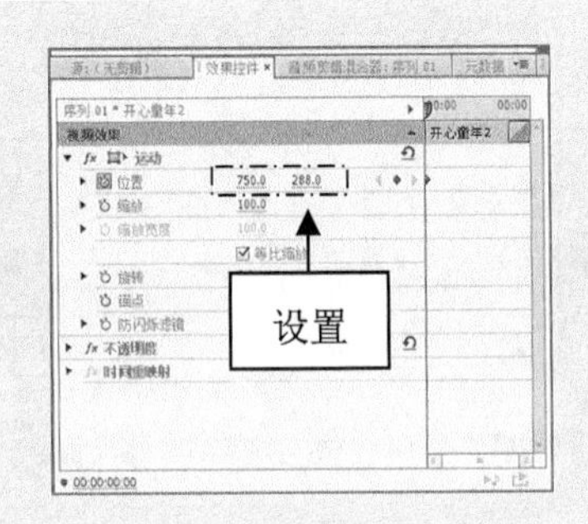


图 23-21　添加第 1 个关键帧

**步骤 21** 拖曳时间指示器至 00:00:01:00 的位置，设置“位置”为 580.0、288.0，拖曳时间指示器至 00:00:02:00 的位置，设置“位置”为 440.0、288.0，拖曳时间指示器至 00:00:03:00 的位置，设置“位置”为 361.6、288.0。添加多个关键帧，如图 23-22 所示。

**步骤 22** 选择“运动”选项，在“节目监视器”面板中显示素材的运动路径，拖曳路径上的锚点，调整路径形状，如图 23-23 所示。

**步骤 23** 拖曳时间指示器至 00:00:05:00 的位置，调整 3 个轨道上素材文件的持续时间至时间指示器的位置结束，如图 23-24 所示。

**步骤 24** 单击“播放-停止切换”按钮，在“节目监视器”面板中预览视频效果，如图 23-25 所示。

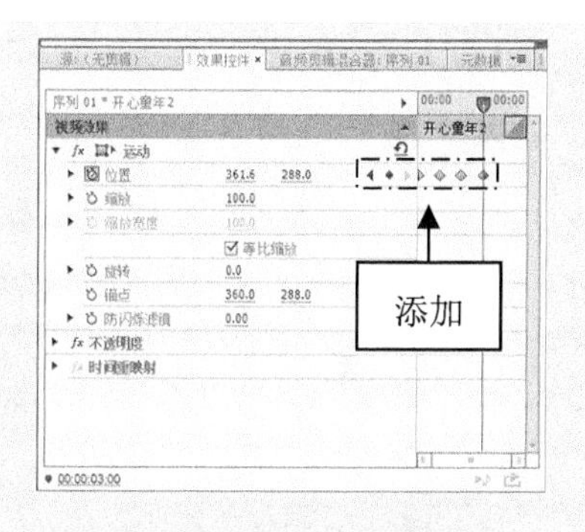


图 23-22 添加多个关键帧

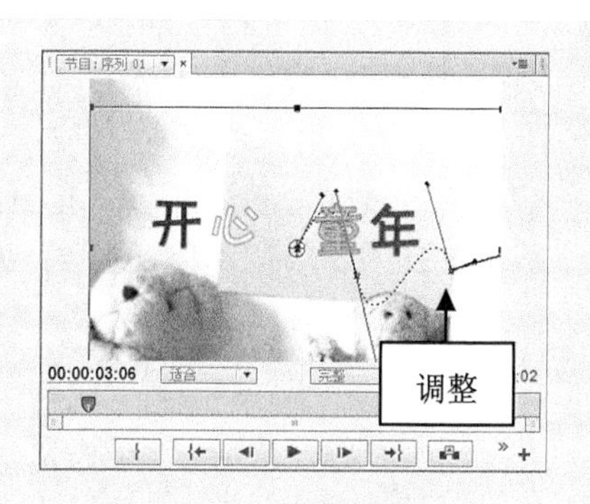


图 23-23 调整路径形状

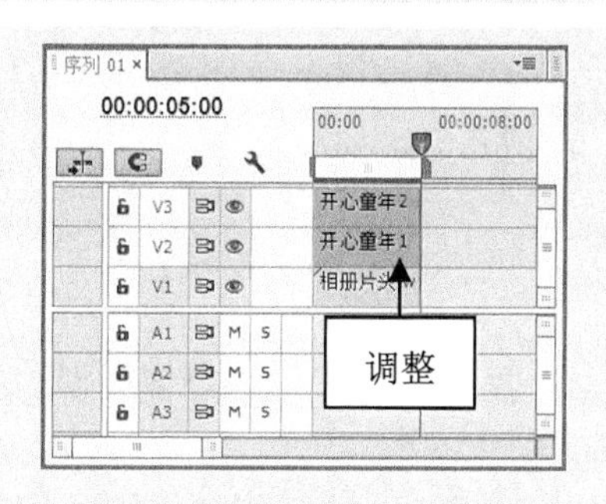


图 23-24 调整素材的持续时间

图 23-25 预览视频效果

## 23.2.2 实战——相册主体效果的制作

在制作相册片头后，接下来就可以制作儿童生活相册的主体效果。本实例首先在儿童相片之间添加各种视频过渡，然后为相片添加旋转、缩放与位移等特效。下面介绍制作相册主体效果的操作方法。

**步骤01** 在“项目”面板中选择 5 张儿童相片素材文件，将其添加到 V1 轨道上的“相册片头.wmv”素材文件后面，如图 23-26 所示。

**步骤02** 将“儿童相框.png”素材文件添加到 V2 轨道上的“开心童年 1”字幕文件后面，调整素材文件的持续时间，与 V1 轨道上的素材持续时间一致，如图 23-27 所示。

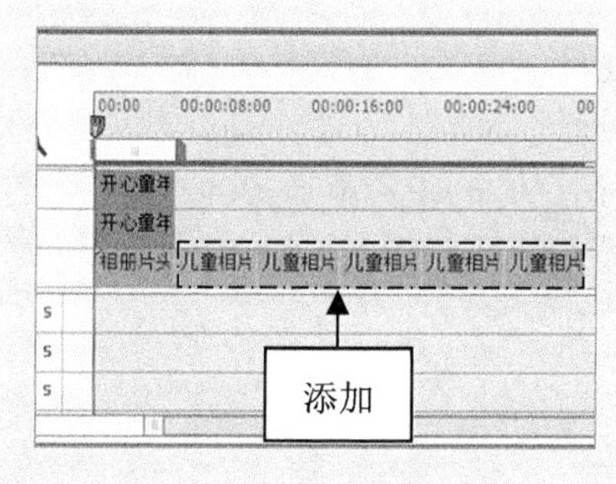


图 23-26 添加素材文件

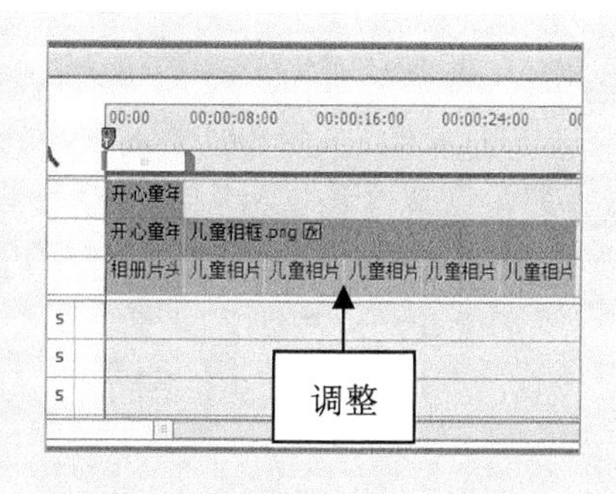


图 23-27 调整素材的持续时间

**步骤03** 选择“儿童相框.png”素材文件，在“效果控件”面板中展开“运动”选项，设置“缩放”为 120.0，如图 23-28 所示。

**步骤04** 在“效果”面板中，依次展开“视频过渡”|“溶解”选项，将“交叉溶解”视频过渡分别添加到“相册片头.wmv”、“开心童年 1”、“开心童年 2”素材文件的结束位置，如图 23-29 所示。

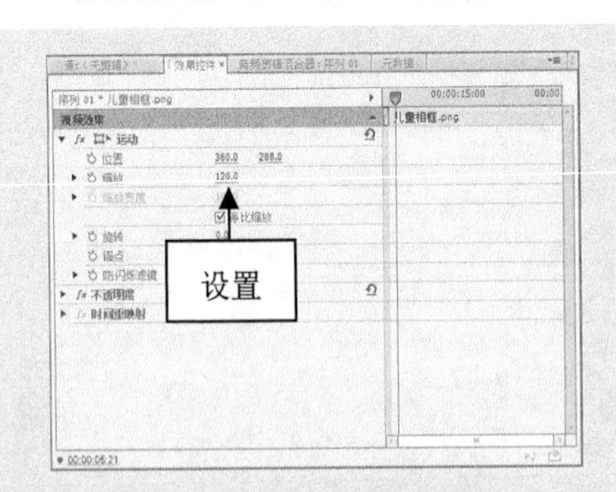


图 23-28　设置“缩放”为 120.0

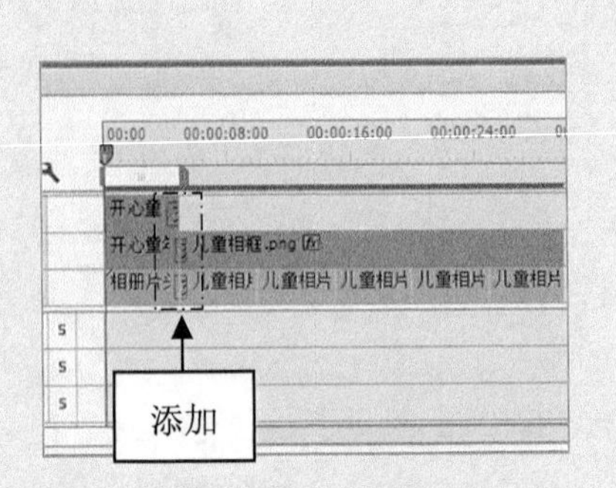


图 23-29　添加视频过渡

**步骤05** 分别将“伸展”、“旋转离开”、“筋斗过渡”与“星形划像”视频过渡添加到 V1 轨道上的 5 张相片素材之间，如图 23-30 所示。

**步骤06** 选择“儿童相片 1.jpg”素材文件，拖曳时间指示器至 00:00:05:00 的位置，在“效果控件”面板中展开“运动”选项，单击“缩放”与“旋转”选项左侧的“切换动画”按钮，添加第 1 组关键帧，如图 23-31 所示。

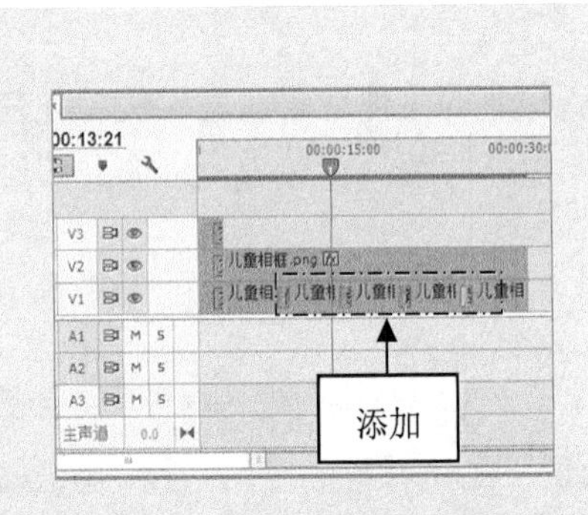


图 23-30　添加视频过渡

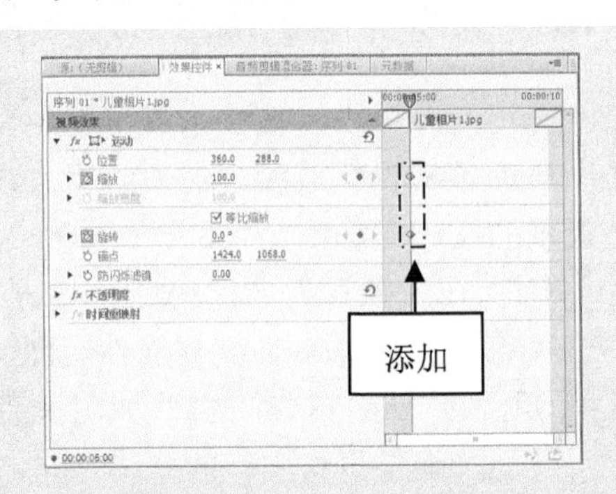


图 23-31　添加第 1 组关键帧(1)

**步骤07** 拖曳时间指示器至 00:00:09:00 的位置，设置“缩放”为 27.0，“旋转”为 342.0°，添加第 2 组关键帧，如图 23-32 所示。

**步骤08** 选择“儿童相片 2.jpg”素材文件，拖曳时间指示器至 00:00:10:14 的位置，在“效果控件”面板中展开“运动”选项，单击“位置”与“缩放”选项左侧的“切换动画”按钮，设置“位置”为 360.0、288.0，“缩放”为 33.0，添加第 1 组关键帧，如图 23-33 所示。

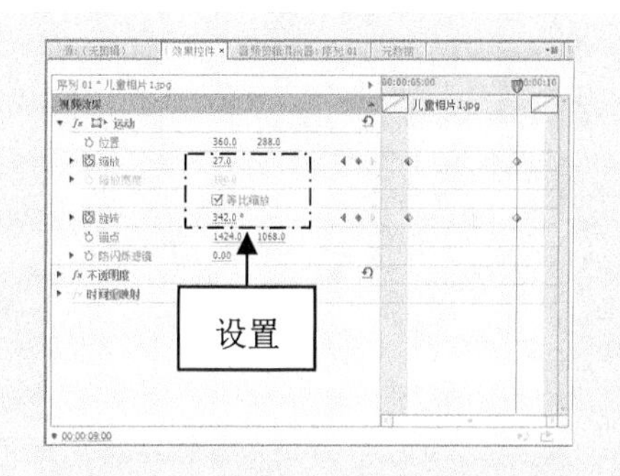


图 23-32 添加第 2 组关键帧(1)

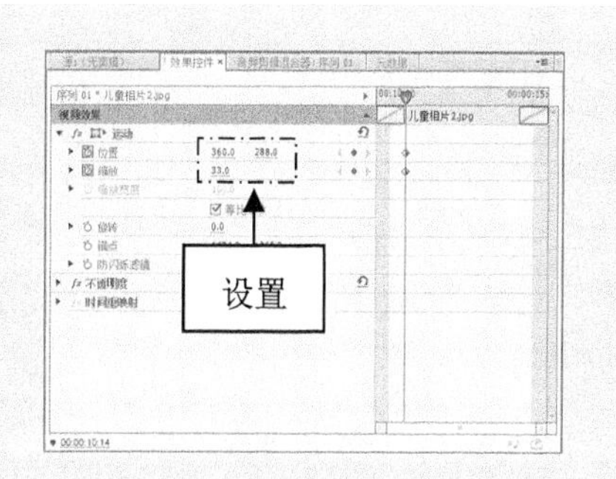


图 23-33 添加第 1 组关键帧(2)

**步骤 09** 拖曳时间指示器至 00:00:14:00 的位置，设置“位置”为 396.0、146.0，“缩放”为 86.0，添加第 2 组关键帧，如图 23-34 所示。

**步骤 10** 选择“儿童相片 3.jpg”素材文件，拖曳时间指示器至 00:00:15:14 的位置，在“效果控件”面板中展开“运动”选项，单击“位置”选项左侧的“切换动画”按钮，设置“位置”为 328.0、454.0，“缩放”为 50.0，添加第 1 个关键帧，如图 23-35 所示。

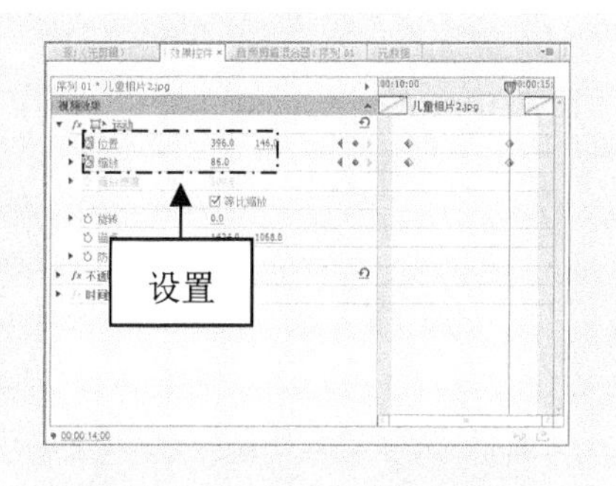


图 23-34 添加第 2 组关键帧(2)

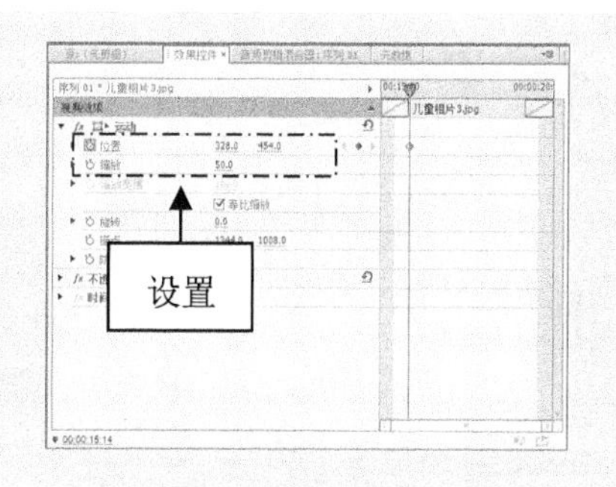


图 23-35 添加第 1 个关键帧(3)

**步骤 11** 拖曳时间指示器至 00:00:19:00 的位置，设置“位置”为 482.0、402.0，添加第 2 个关键帧，如图 23-36 所示。

**步骤 12** 选择“儿童相片 4.jpg”素材文件，拖曳时间指示器至 00:00:20:14 的位置，单击“位置”、“缩放”与“旋转”选项左侧的“切换动画”按钮，设置“位置”为 360.0、288.0，“缩放”为 35.0，“旋转”为-17.0°，添加第 1 组关键帧，如图 23-37 所示。

**步骤 13** 拖曳时间指示器至 00:00:24:00 的位置，设置“位置”为 504.0、416.0，“缩放”为 58.0，“旋转”为 0.0°，添加第 2 组关键帧，如图 23-38 所示。

**步骤 14** 选择“儿童相片 5.jpg”素材文件，拖曳时间指示器至 00:00:25:14 的位置，单击“位置”与“缩放”选项左侧的“切换动画”按钮，设置“位置”为 529.0、405.0，“缩放”为 69.0，添加第 1 组关键帧，如图 23-39 所示。

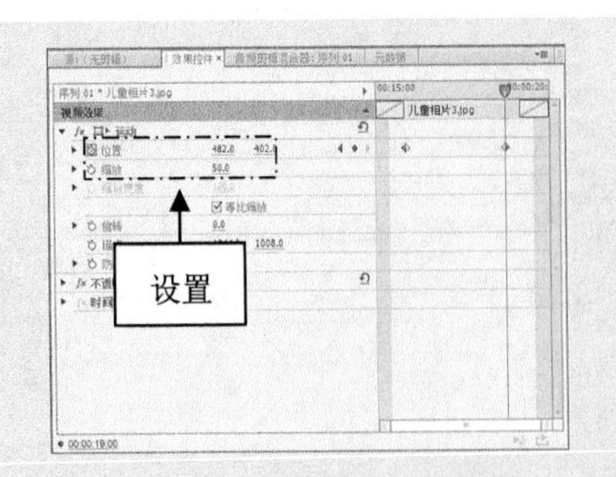


图 23-36　添加第 2 个关键帧(3)

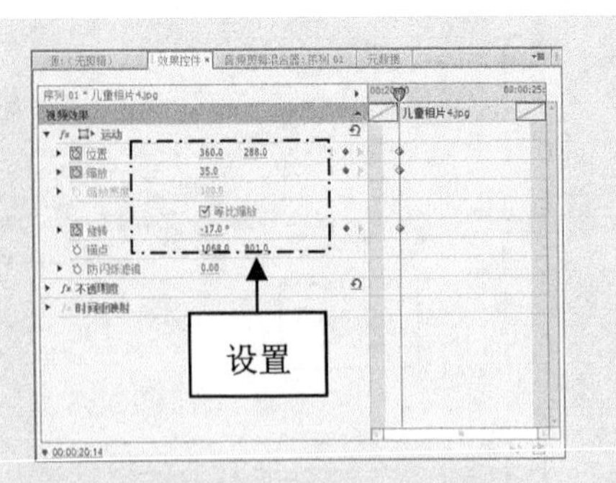


图 23-37　添加第 1 组关键帧(4)

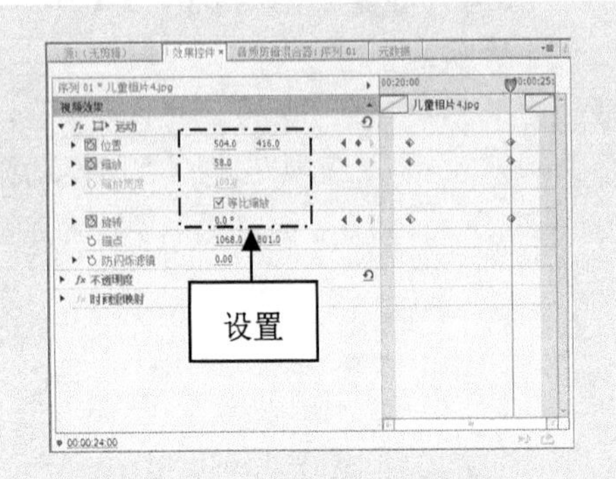


图 23-38　添加第 2 组关键帧(4)

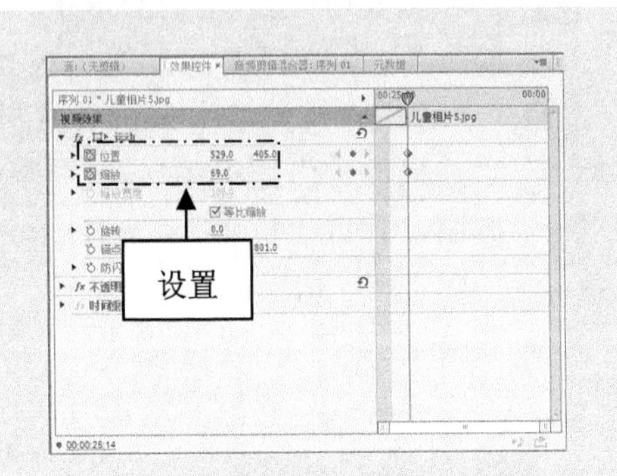


图 23-39　添加第 1 组关键帧(5)

**步骤 15**　拖曳时间指示器至 00:00:29:00 的位置，设置“位置”为 379.0、290.0，“缩放”为 36.0，添加第 2 组关键帧，如图 23-40 所示。

**步骤 16**　单击“播放-停止切换”按钮，在“节目监视器”面板中预览视频效果，如图 23-41 所示。

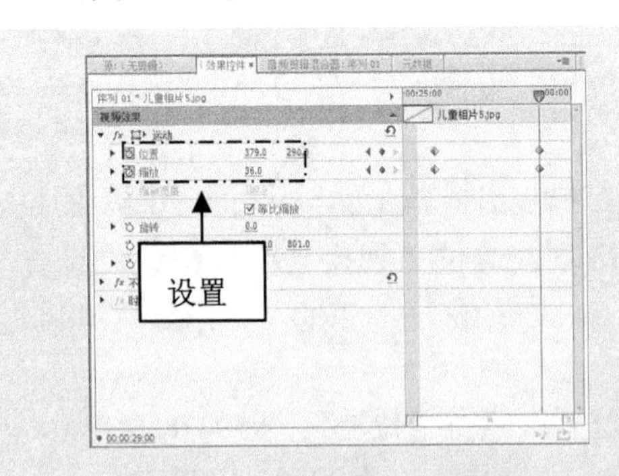


图 23-40　添加第 2 组关键帧(5)

图 23-41　预览视频效果

## 23.2.3　实战——相册片尾效果的制作

在制作相册主体效果后，接下来就可以制作与相册片头对应的相册片尾效果。添加与片头视频同类型的片尾视频素材，并制作与片头文字相呼应的动态字幕效果。下面介绍制作相册片尾效果的操作方法。

**步骤01** 将“相册片尾.wmv”素材文件添加到 V1 轨道上的“儿童相片 5.jpg”素材文件后面，如图 23-42 所示。

**步骤02** 选择添加的素材文件，切换至“效果控件”面板，展开“运动”选项，设置“缩放”为 120.0，如图 23-43 所示。

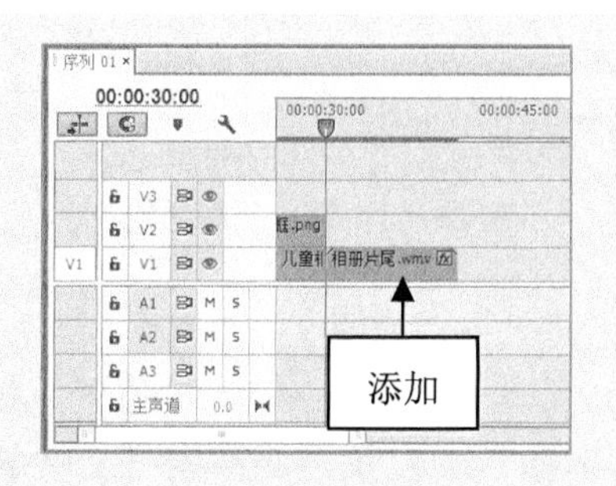


图 23-42 添加素材文件

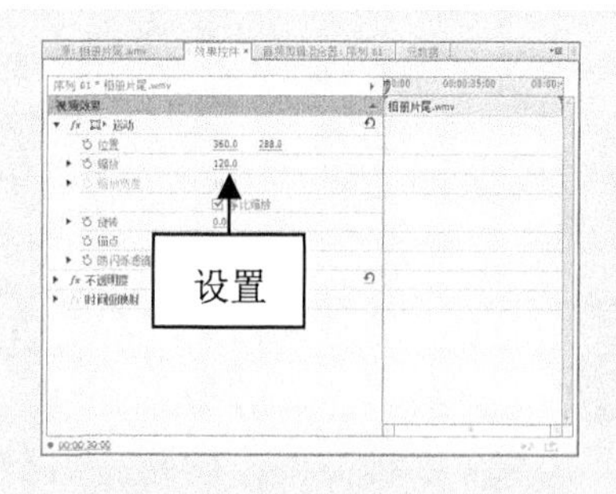


图 23-43 设置“缩放”为 120.0

**步骤03** 按 Ctrl+T 组合键，弹出“新建字幕”对话框，输入字幕名称为“健康成长”，如图 23-44 所示。

**步骤04** 单击“确定”按钮，打开“字幕编辑”窗口，在工作区的合适位置输入相应文字，选择输入的文字，设置“旋转”为 345.0°，“字体系列”为“方正卡通简体”，“字体大小”为 75.0，“X 位置”为 290.0，“Y 位置”为 200.0，设置文字样式，如图 23-45 所示。

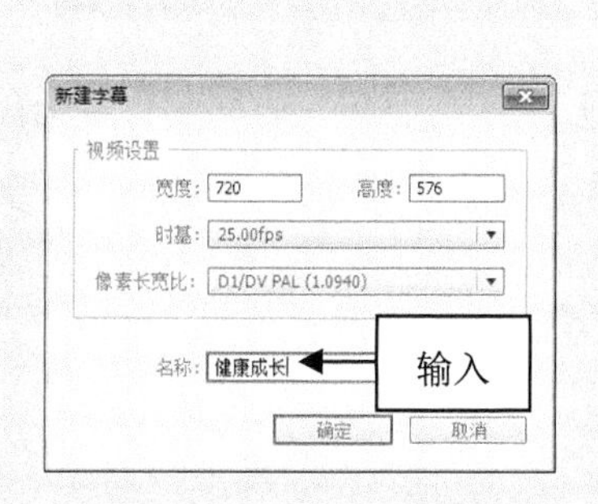


图 23-44 输入字幕名称

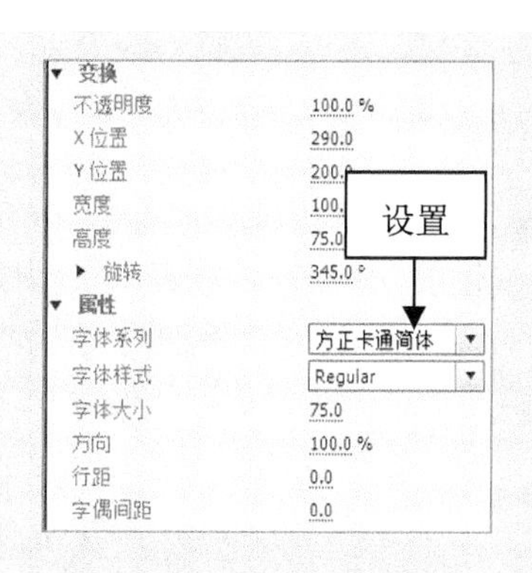


图 23-45 设置文字样式

**步骤05** 设置“填充类型”为“实底”、“颜色”为黄色(RGB 参数值分别为 255、255、0)，单击“外描边”选项右侧的“添加”超链接，如图 23-46 所示。

**步骤06** 添加“外描边”效果，设置“大小”为 25.0，“颜色”为红色(RGB 参数值分别为 255、0、0)；勾选“阴影”复选框，设置“距离”为 10.0，“大小”为 20.0，“扩展”为 30.0，设置阴影样式，如图 23-47 所示。

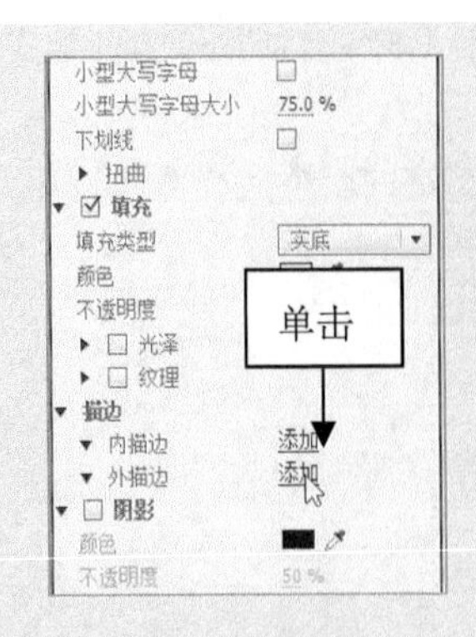


图 23-46　单击"添加"按钮

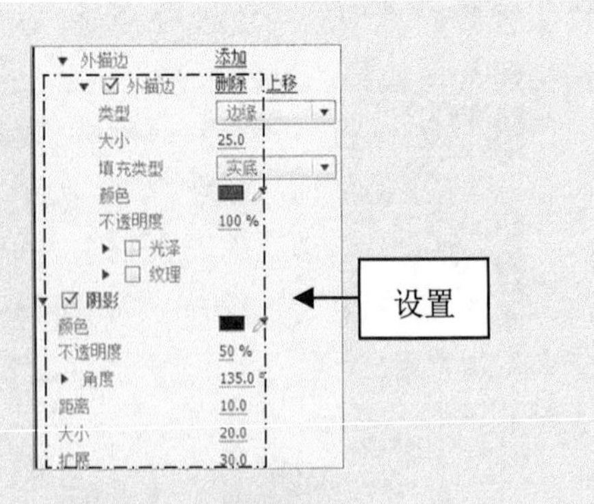


图 23-47　设置阴影样式

**步骤 07** 执行上述操作后，在工作区中显示字幕效果，如图 23-48 所示。

**步骤 08** 关闭"字幕编辑"窗口，拖曳时间指示器至 00:00:34:10 的位置，将"健康成长"字幕文件添加到 V2 轨道上的时间指示器位置，调整素材文件的持续时间，与 V1 轨道上的素材持续时间一致，如图 23-49 所示。

图 23-48　显示字幕效果

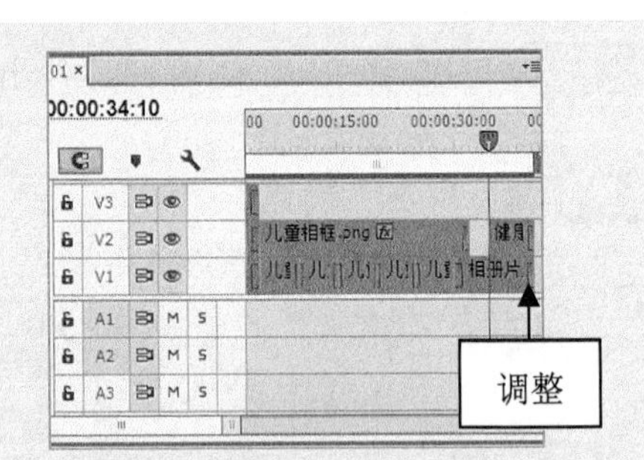


图 23-49　调整素材的持续时间

**步骤 09** 选择添加的字幕文件，在"效果控件"面板中展开"运动"与"不透明度"选项，单击"缩放"与"不透明度"选项左侧的"切换动画"按钮，设置"缩放"为 0.0，"不透明度"为 0.0%，添加第 1 组关键帧，如图 23-50 所示。

**步骤 10** 拖曳时间指示器至 00:00:38:00 的位置，设置"缩放"为 100.0，"不透明度"为 100.0%，添加第 2 组关键帧，如图 23-51 所示。

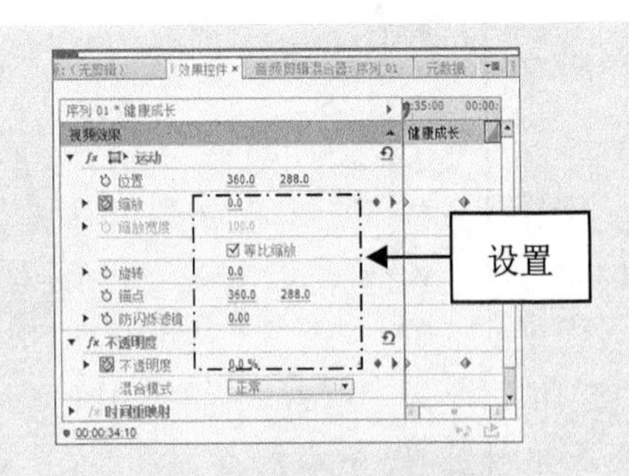


图 23-50　添加第 1 组关键帧

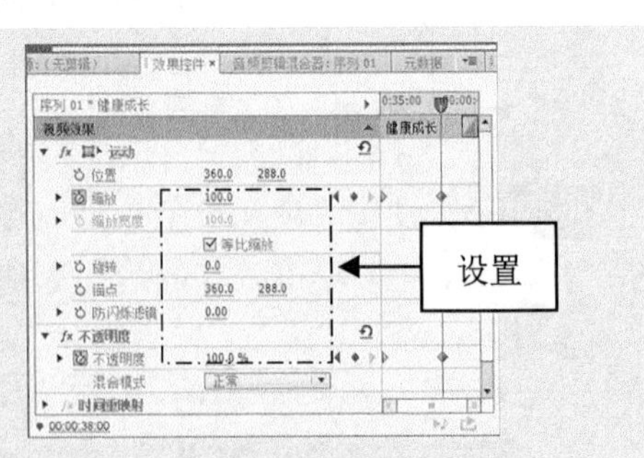


图 23-51　添加第 2 组关键帧

步骤11 在“时间轴”面板中拖曳时间指示器至00:00:32:00的位置，如图23-52所示。

步骤12 在“时间轴”面板中调整“儿童相框.png”素材文件的持续时间至时间指示器的位置结束，如图23-53所示。

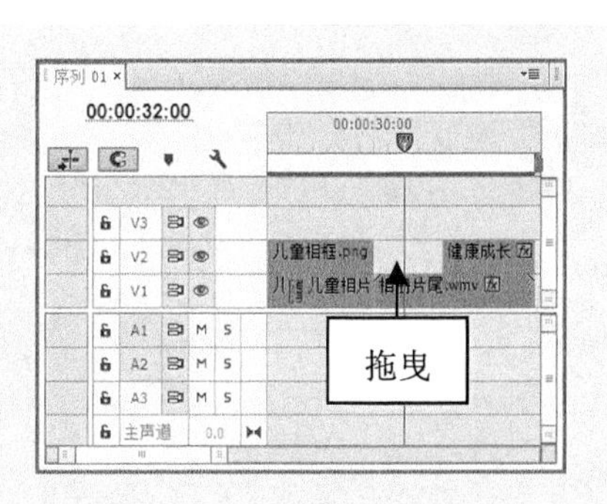


图23-52 拖曳时间指示器

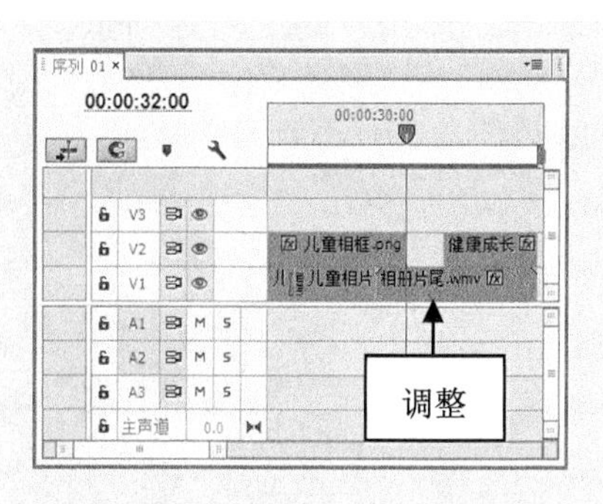


图23-53 调整素材的持续时间

步骤13 在“效果”面板中选择“交叉溶解”视频过渡，分别将其添加到“儿童相框.png”与“健康成长”素材文件的结束位置，以及“相册片尾.wmv”素材文件的开始与结束位置，如图23-54所示。

步骤14 单击“播放-停止切换”按钮，在“节目监视器”面板中预览视频效果，如图23-55所示。

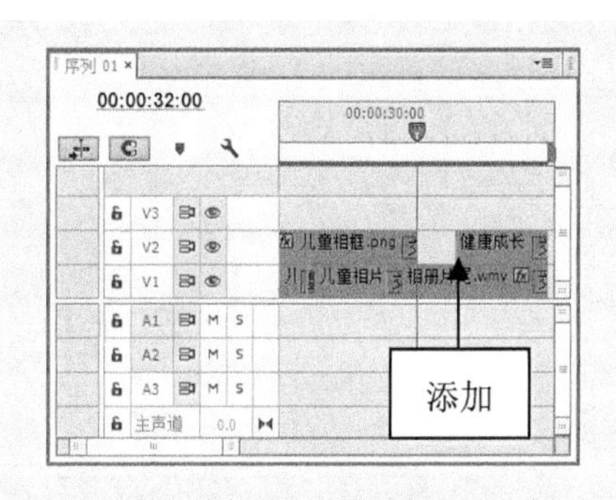


图23-54 添加视频过渡

图23-55 预览视频效果

## 23.3 视频后期编辑与输出

相册片头的背景画面与主体字幕动画制作完成后，接下来介绍视频后期的背景音乐编辑与视频的输出操作。

### 23.3.1 实战——相册音乐效果的制作

在制作相册片尾效果后，就可以制作相册音乐效果。添加适合儿童相册主题的音乐素材，并且在音乐素材的开始与结束位置添加音频过渡。下面介绍制作相册音乐效果的操作方法。

**步骤01** 将“儿童音乐.mpa”素材添加到“时间轴”面板中的A1轨道上，如图23-56所示。

**步骤02** 在“效果”面板中展开“音频过渡”|“交叉淡化”选项，选择“指数淡化”选项，如图23-57所示。

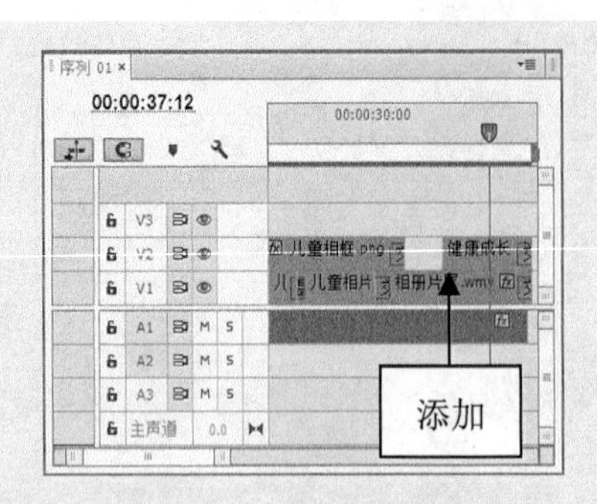


图23-56 添加音频文件

图23-57 选择“指数淡化”选项

**步骤03** 将选择的音频过渡添加到“儿童音乐.mpa”的开始位置，如图23-58所示。

**步骤04** 将选择的音频过渡添加到“儿童音乐.mpa”的结束位置，调整“健康成长”与“相册片尾.wmv”素材文件的持续时间，与A1轨道上的素材持续时间一致，如图23-59所示。

图23-58 添加音频过渡

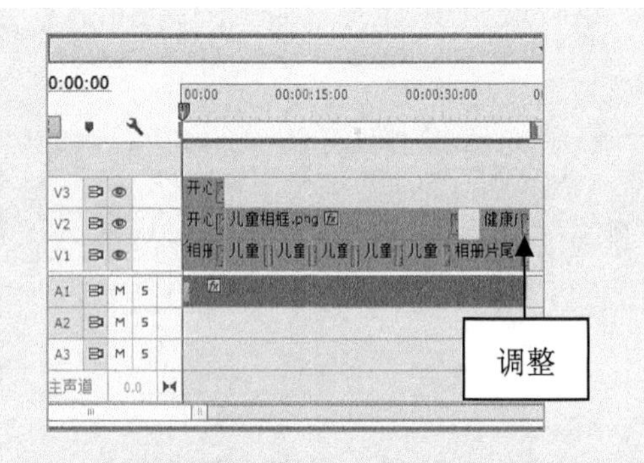


图23-59 调整素材的持续时间

**步骤05** 单击“播放-停止切换”按钮，试听音乐并预览视频效果。

## 23.3.2 实战——儿童生活相册的导出

制作相册片头、主体、片尾效果后，便可以将编辑完成的影片导出成视频文件了。下面介绍导出儿童生活相册——《开心童年》视频文件的操作方法。

**步骤01** 切换至“节目监视器”面板，按Ctrl+M组合键，弹出“导出视频”对话框，单击“格式”选项右侧的下拉按钮，在弹出的列表框中选择AVI选项，如图23-60所示。

**步骤02** 单击“预设”选项右侧的下拉按钮，在弹出的列表框中选择PAL DV选项，如图 23-61 所示。

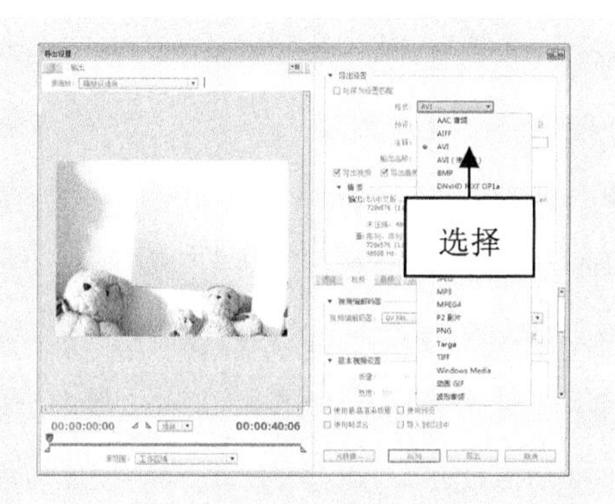


图 23-60　选择 AVI 选项

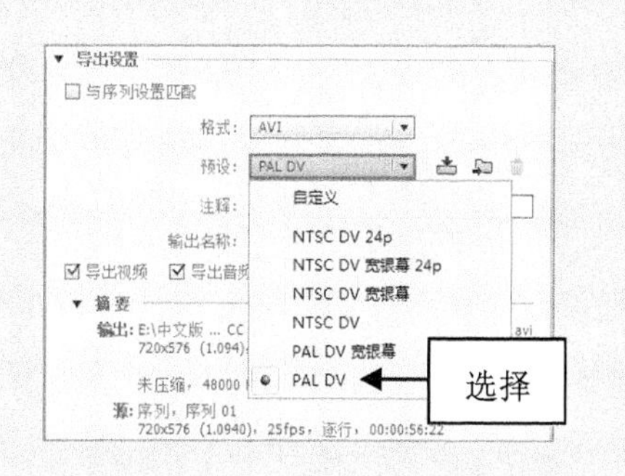


图 23-61　选择相应选项

**步骤 03** 单击“输出名称”右侧的“序列 01.avi”超链接，弹出“另存为”对话框，在其中设置视频文件的保存位置和文件名，如图 23-62 所示。

**步骤 04** 单击“保存”按钮，返回“导出设置”界面，单击对话框右下角的“导出”按钮，弹出“编码 序列 01”对话框，开始导出编码文件，并显示导出进度，如图 23-63 所示，稍后即可导出儿童生活相册。

图 23-62　设置保存位置和文件名

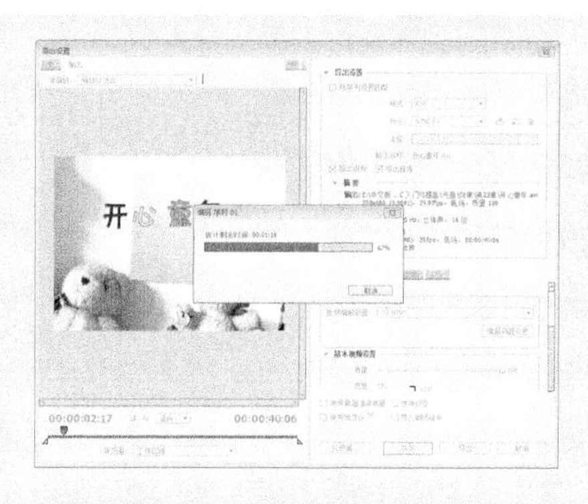

图 23-63　显示导出进度

# 第 24 章

# 《百年好合》婚纱特效的制作

伴随着数码相机的普及和婚纱摄影的盛行，制作婚纱相册逐渐成为一种潮流，通过 Premiere Pro CC 可以轻松为照片添加特效，制作相册片头，添加转场效果等。本章主要介绍如何运用 Premiere Pro CC 制作婚纱相册的方法。

本章重点：

- 效果欣赏与技术提炼
- 制作视频的过程
- 视频后期编辑与输出

# 24.1　效果欣赏与技术提炼

在制作婚纱纪念相册之前，首先带领读者预览婚纱纪念相册视频的画面效果，并了解项目技术提炼等内容，这样可以帮助读者更好地学习纪念相册的制作方法。

## 24.1.1　效果欣赏

在制作百年好合案例之前，首先预览案例效果，如图 24-1 所示。

图 24-1　百年好合案例效果

## 24.1.2　技术提炼

在 Premiere Pro CC 工作界面中新建项目并创建序列，导入需要的素材。然后将素材分别添加至相应的视频轨道上，使用相应的素材制作相册片头效果，添加相片素材至相应的视频轨道上，添加合适的视频过渡并制作相片运动效果，制作精美的动感相册效果。最后，制作相册片尾，添加背景音乐，输出视频，完成婚纱纪念相册的制作。

# 24.2　制作视频的过程

婚纱纪念相册的制作过程主要包括导入婚纱纪念相册的素材，制作婚紗相册片头效果，制作婚纱相册动态效果等内容。

## 24.2.1　实战——婚纱相册片头效果的制作

随着数码科技的不断发展和数码相机进一步的普及，人们逐渐开始为婚纱相册制作绚丽的片头，让原本单调的婚纱效果变得更加丰富。下面介绍制作婚纱相册片头效果的操作方法。

**步骤 01**　在 Premiere Pro CC 工作界面中，新建一个项目文件，选择“文件”|“导入”命令，导入随书附带光盘中的 12 个素材文件，如图 24-2 所示。

**步骤 02**　在“项目”面板中选择“片头.wmv”素材文件，单击鼠标左键，将其拖曳至 V1 轨道中，将“爱的魔力.png”素材文件拖曳至 V2 轨道中，如图 24-3 所示。

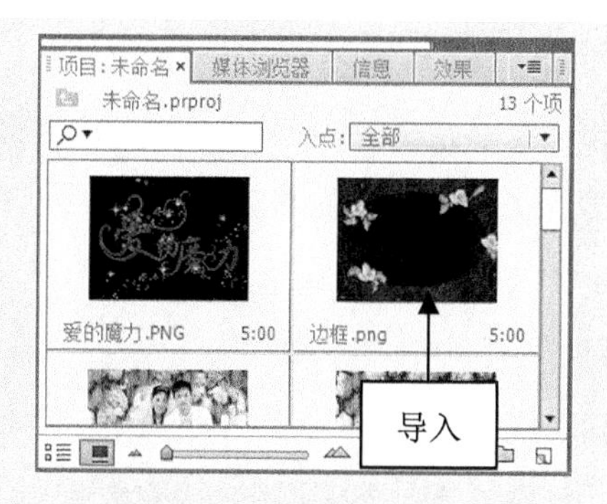


图 24-2 导入视频素材

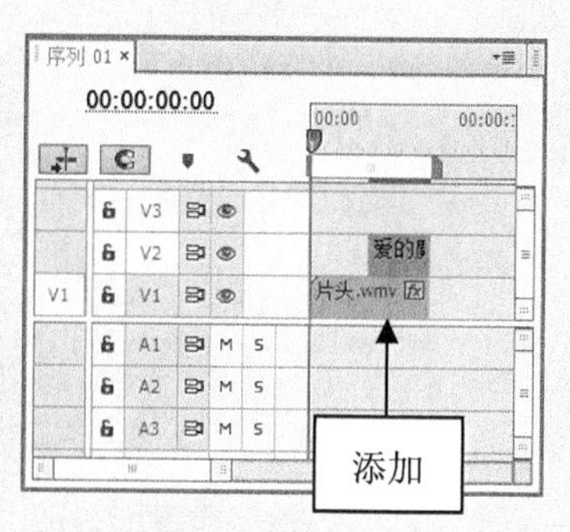


图 24-3 添加素材文件

**步骤 03** 选择 V2 轨道中的素材，展开“效果控件”面板，设置“缩放”为 50.0，如图 24-4 所示。

**步骤 04** 拖曳时间线至 00:00:06:12 的位置，设置“位置”为 300.0、750.0，添加关键帧，如图 25-5 所示。

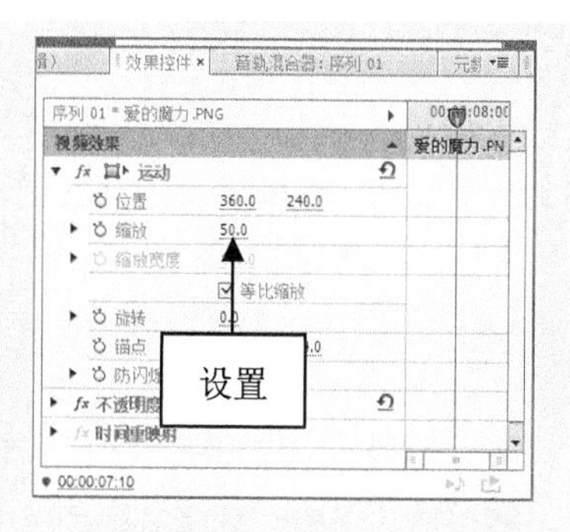


图 24-4 设置缩放值

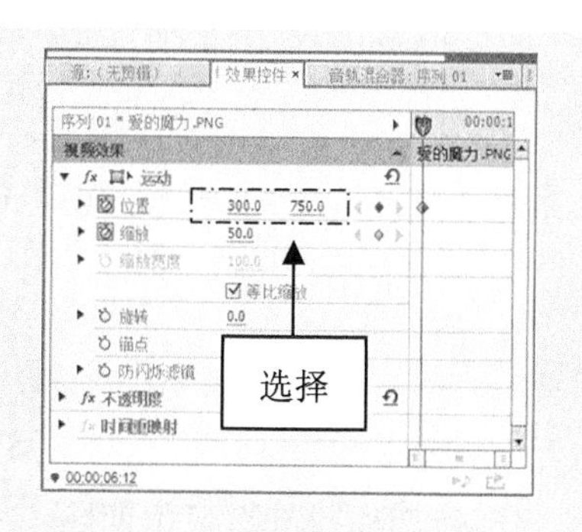


图 24-5 添加关键帧(1)

**步骤 05** 拖曳时间线至 00:00:07:11 位置，设置“缩放”为 50.0；拖曳时间线至 00:00:09:11 的位置，设置“位置”为 330.0、288.0，“缩放”为 80.0，添加关键帧，如图 24-6 所示。

**步骤 06** 在“效果”面板中展开“视频过渡”|“溶解”选项，选择“交叉溶解”选项，如图 24-7 所示。

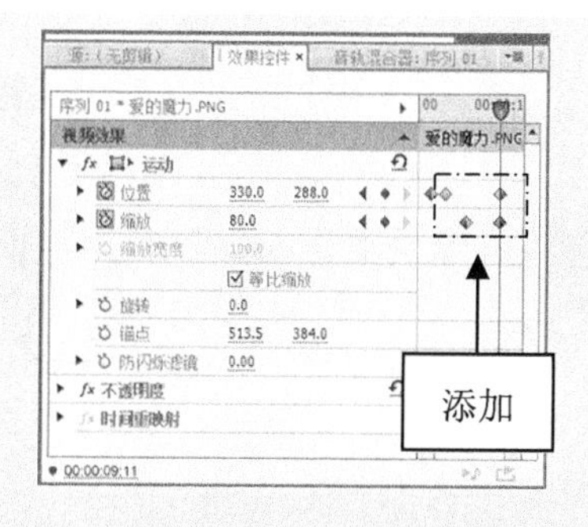


图 24-6 添加关键帧(2)

图 24-7 选择“交叉溶解”选项

**步骤07** 单击鼠标左键，并将其拖曳至 V1 轨道上的视频素材的结束点位置，添加视频特效，如图 24-8 所示。

**步骤08** 执行上述操作后，即可制作婚纱相册片头效果，在“节目监视器”面板中单击“播放-停止切换”按钮，预览婚纱相册片头效果，如图 24-9 所示。

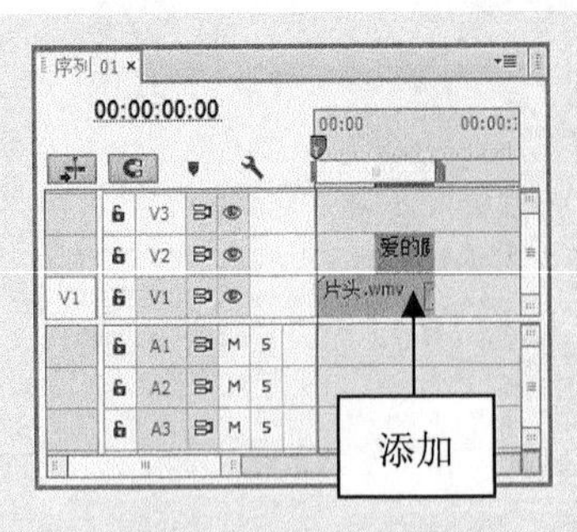


图 24-8　添加视频特效

图 24-9　预览片头效果

## 24.2.2　实战——婚纱相册动态效果的制作

在 Premiere Pro CC 中，婚纱相册是以照片预览为主的视频动画，因此用户需要准备大量的照片素材，并为照片添加相应的动态效果。下面介绍制作婚纱相册动态效果的操作方法。

**步骤01** 切换至“项目”面板，单击面板左下角的“列表视图”按钮，切换至列表视图，按住 Shift 键，先后单击“婚纱照 1.jpg”素材文件与“婚纱照 6.jpg”素材文件，选择 6 张相片素材，如图 24-10 所示。

**步骤02** 选择“项目”面板中的婚纱照片素材，单击鼠标左键，并将其拖曳至 V1 轨道中，添加照片素材，如图 24-11 所示。

图 24-10　选择图像素材

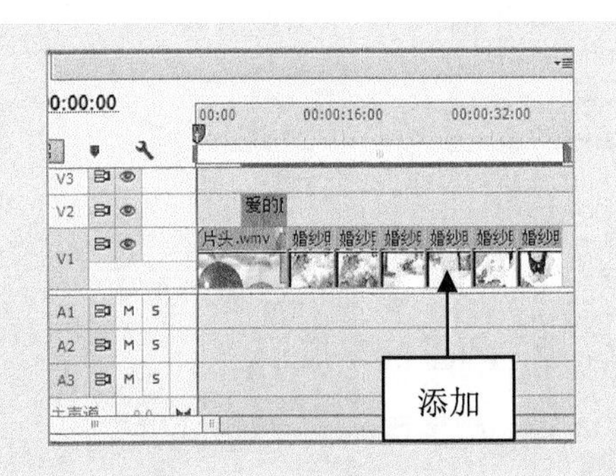


图 24-11　添加照片素材

**步骤03** 选择 V1 轨道中的“婚纱照 1”素材，展开“效果控件”面板，设置“缩放”为 135.0，如图 24-12 所示。

**步骤04** 在“效果”面板中展开“视频效果”|“生成”选项，选择“镜头光晕”选项，如图 24-13 所示。

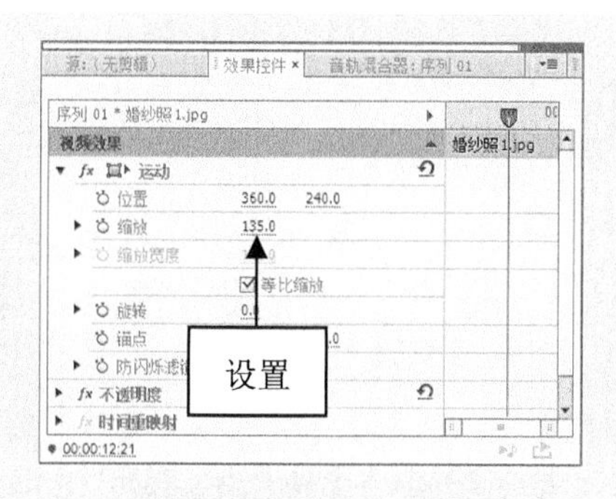


图 24-12 设置缩放值

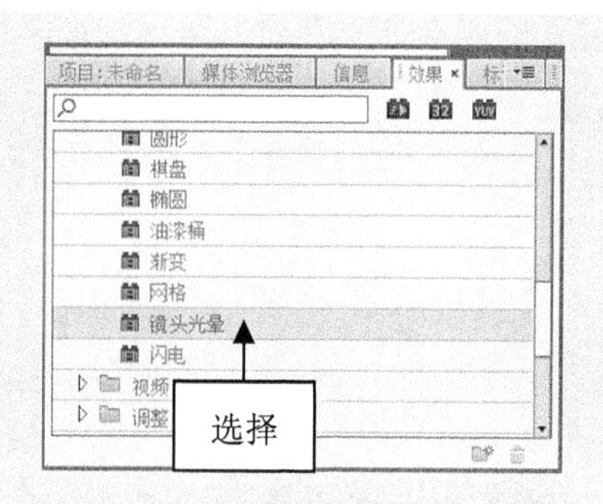


图 24-13 选择“镜头光晕”选项

**步骤 05** 拖曳“镜头光晕”特效至 V1 轨道的“婚纱照 1”素材上，展开“效果控件”面板，如图 24-14 所示。

**步骤 06** 设置当前时间为 00:00:11:05，单击“镜头光晕”特效中所有选项左侧的“切换动画”按钮，设置“光晕亮度”为 0%，“光晕中心”为 254.5、192.2，如图 24-15 所示。

图 24-14 展开“效果控件”面板

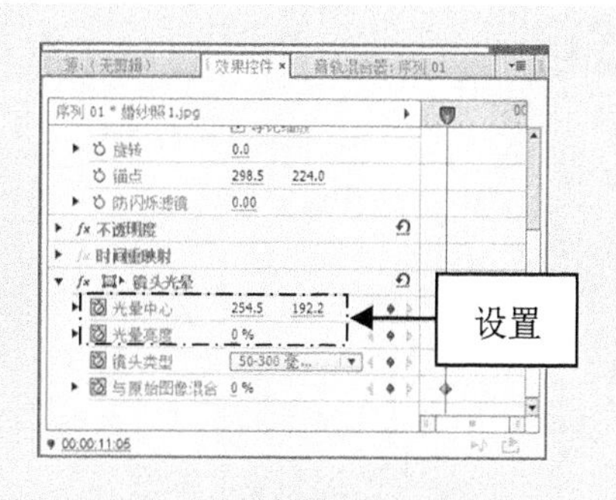


图 24-15 设置相应参数

**步骤 07** 设置当前时间为 00:00:12:13，设置“光晕中心”为 681.2、398.0，“光晕亮度”为 100%，如图 24-16 所示。

**步骤 08** 设置当前时间为 00:00:13:02，设置“光晕亮度”为 0%，“光晕中心”为 771.0、437.4，如图 24-17 所示。

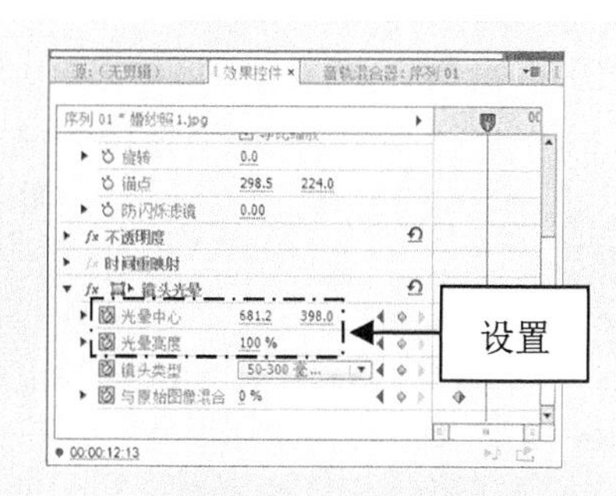


图 24-16 设置相应参数(1)

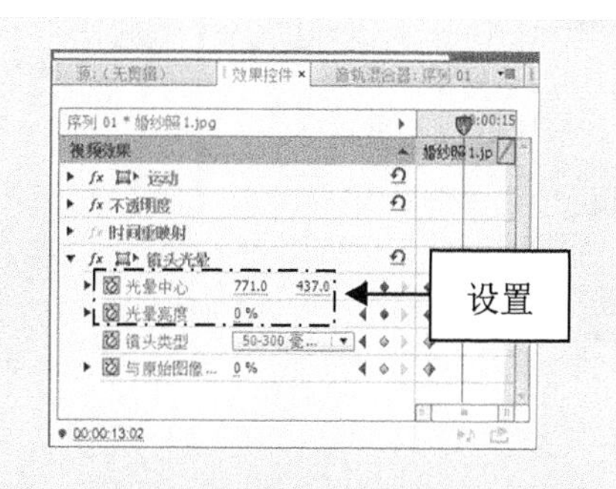


图 24-17 设置相应参数(2)

步骤09 设置完成后，即可添加“镜头光晕”效果，如图 24-18 所示。

步骤10 设置当前时间为 00:00:10:10，在“项目”面板中选择“文字.png”素材，单击鼠标左键，将其拖曳至 V2 轨道的时间线位置，如图 24-19 所示。

图 24-18 添加“镜头光晕”效果

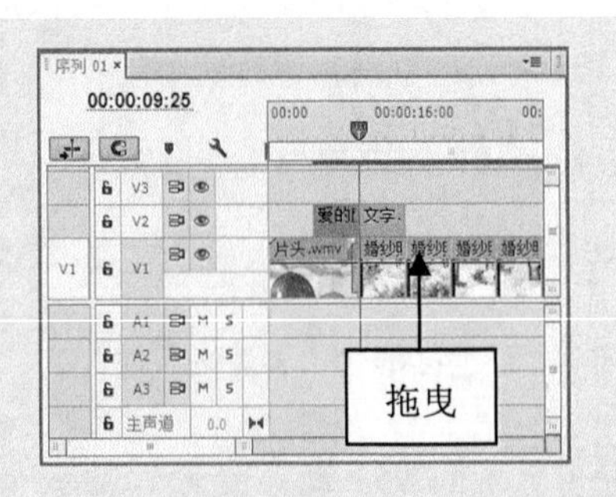


图 24-19 拖曳至 V2 轨道

步骤11 选择添加的文字素材，设置当前时间为 00:00:12:05，展开“效果控件”面板，设置“位置”为 150.0、470.0，“缩放”为 30.0，“不透明度”为 0.0%，如图 24-20 所示。

步骤12 设置当前时间为 00:00:14:00，在其中设置“位置”为 245.0、410.0，“缩放”为 60.0，“不透明度”为 100.0%，如图 24-21 所示。

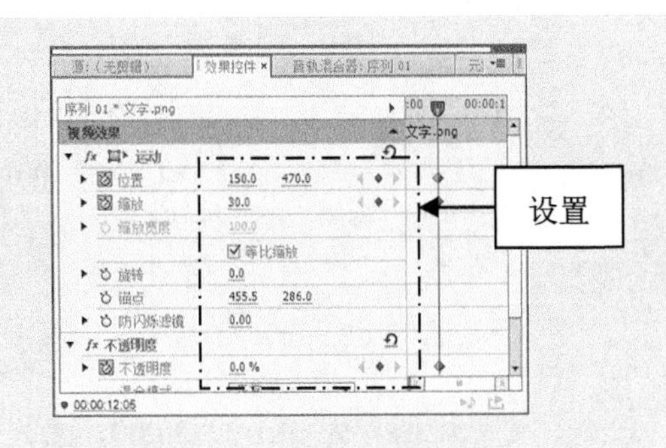


图 24-20 设置相应参数(1)

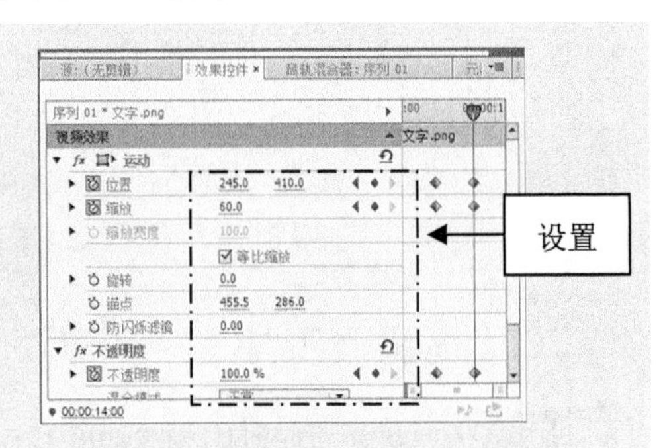


图 24-21 设置相应参数(2)

步骤13 设置完成后，完成文字效果的制作，如图 24-22 所示。

步骤14 在 V1 轨道中选择“婚纱照 2”素材，设置当前时间为 00:00:16:12，展开“效果控件”面板，单击相应“切换动画”按钮，设置“缩放”为 135.0，如图 24-23 所示。

步骤15 设置当前时间为 00:00:19:12，在其中设置“缩放”为 160.0，如图 24-24 所示。

步骤16 选择“婚纱照 3”素材，设置当前时间为 00:00:21:05，展开“效果控件”面板，单击“位置”左侧“切换动画”按钮，设置“位置”为 290.0、288.0，“缩放”为 135.0，如图 24-25 所示。

图 24-22　制作文字效果

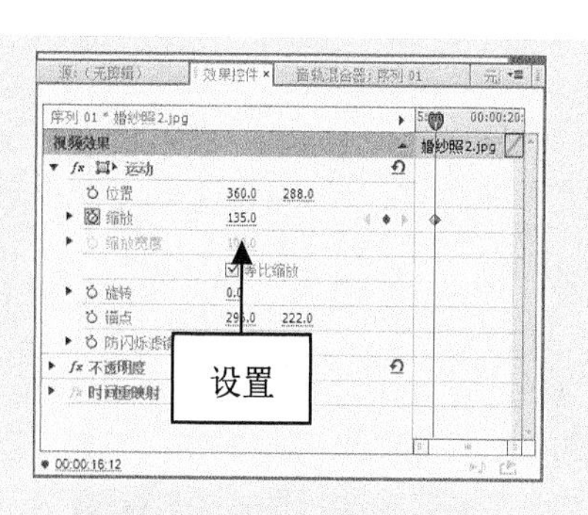


图 24-23　设置缩放值(1)

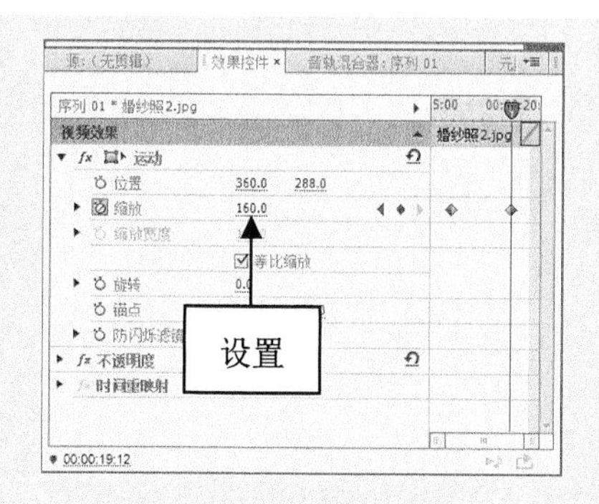


图 24-24　设置缩放值(2)

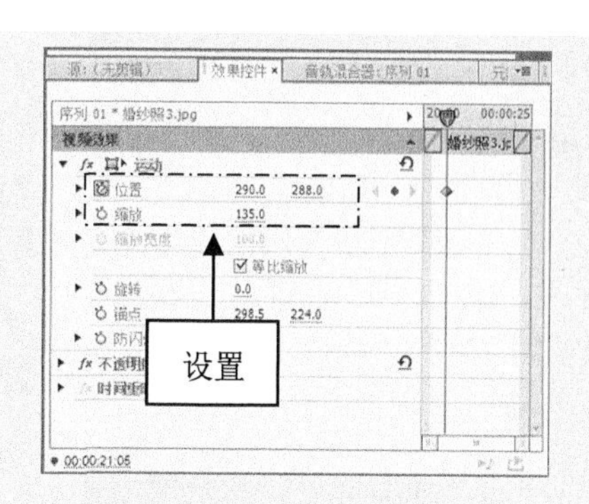


图 24-25　设置相应参数

**步骤 17**　设置当前时间为 00:00:24:16，在其中设置“位置”为 360.0、288.0，如图 24-26 所示。

**步骤 18**　用与上述相同的方法，为其他图像素材设置位置和缩放值，如图 24-27 所示，制作动态效果。

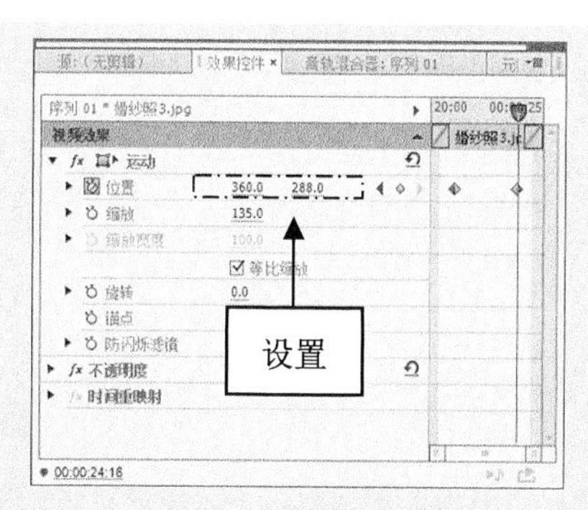


图 24-26　设置位置值

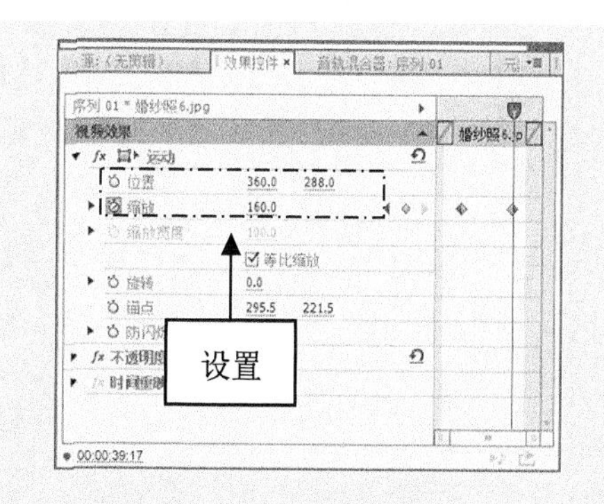


图 24-27　设置相应参数

**步骤 19**　执行上述操作后，完成图像动态效果的制作，在“节目监视器”面板中单击“播放-停止切换”按钮，预览动态效果，如图 24-28 所示。

**步骤 20**　在“效果”面板中展开“视频过渡”|“伸缩”选项，选择“伸展”选项，如图 24-29 所示。

图 24-28 预览动态效果

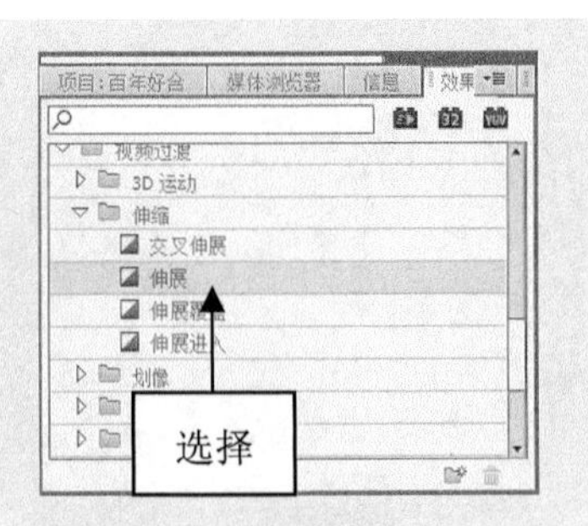


图 24-29 选择"伸展"选项

**步骤21** 拖曳"伸展"特效至 V1 轨道中"婚纱照 1"素材与"婚纱照 2"素材之间，添加"伸展"特效，如图 24-30 所示。

**步骤22** 在"节目监视器"面板中单击"播放-停止切换"按钮，预览伸展特效，如图 24-31 所示。

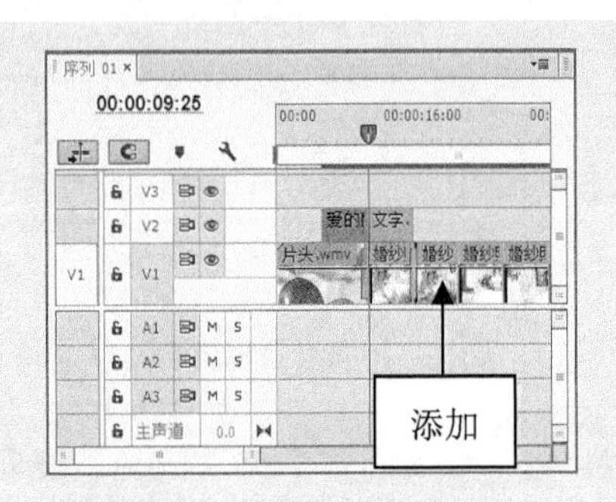


图 24-30 添加"伸展"特效

图 24-31 预览伸展特效

**步骤23** 用与上述相同的方法，在其他图像素材之间添加视频过渡特效，如图 24-32 所示，制作转场效果。

**步骤24** 在"项目"面板中将"边框.png"素材拖曳至 V2 轨道的相应位置，并调整素材的时间长度，如图 24-33 所示。

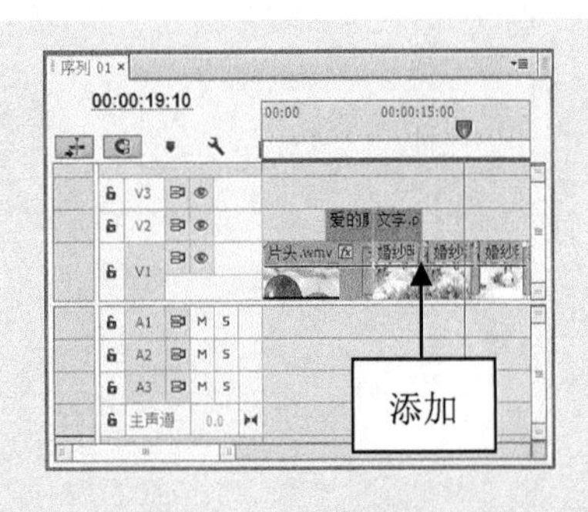


图 24-32 添加视频过渡特效

图 24-33 调整时间长度

**步骤25** 选择添加的边框素材，展开"效果控件"面板，在其中设置"缩放"为 80.0，如图 24-34 所示。

**步骤26** 在“效果”面板中选择“交叉溶解”特效，单击鼠标左键并将其拖曳至 V2 轨道中的两个素材之间，添加“交叉溶解”特效，如图 24-35 所示。

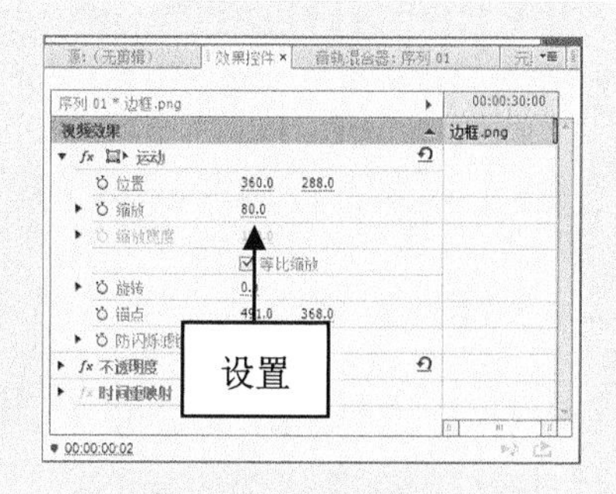


图 24-34 设置缩放值

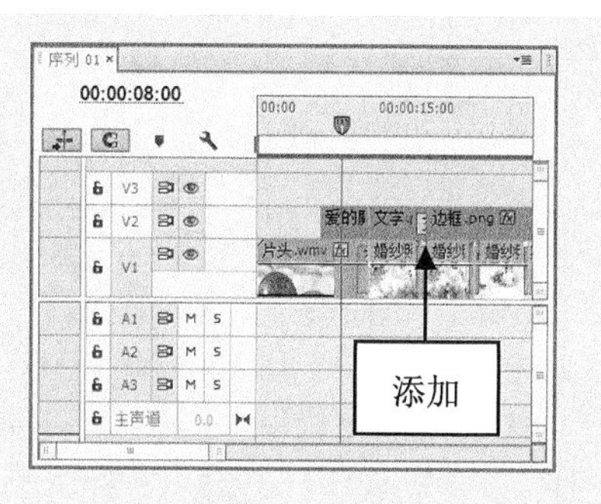


图 24-35 添加“交叉溶解”特效

**步骤27** 执行上述操作后，完成婚纱相册动态效果的制作，在“节目监视器”面板中单击“播放-停止切换”按钮，预览婚纱相册动态效果，如图 24-36 所示。

图 24-36 预览婚纱相册动态效果

## 24.2.3 实战——婚纱相册片尾效果的制作

在 Premiere Pro CC 中，当相册的基本编辑接近尾声时，便可以开始制作相册视频的片尾和音频了。下面介绍添加片尾和音频效果的操作方法。

**步骤01** 将“片尾.mp4”素材文件添加至 V1 轨道上的“婚纱照 6.jpg”素材后面，如图 24-37 所示。

**步骤02** 按 Ctrl＋T 组合键，弹出“新建字幕”对话框，输入字幕名称为“百年好合”，如图 24-38 所示。

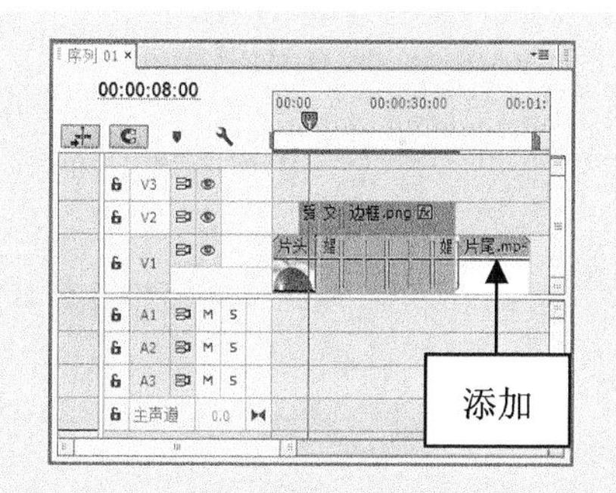


图 24-37 添加素材文件

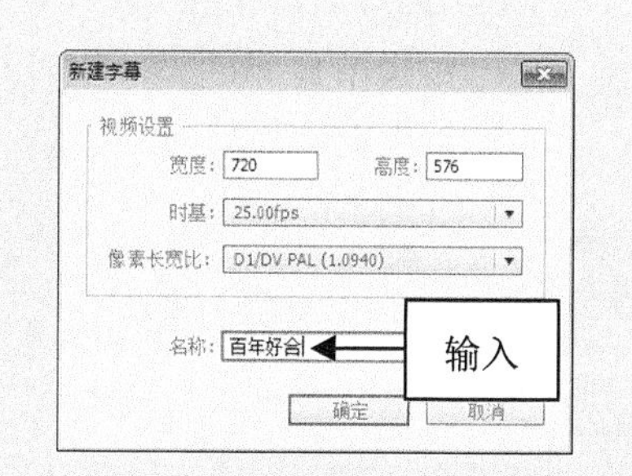


图 24-38 输入字幕名称

步骤03 打开“字幕编辑”窗口，在其中输入文字“百年好合”，在字幕属性窗口中设置“字体系列”为“华文新魏”，如图 24-39 所示。

步骤04 关闭“字幕编辑”窗口，在“项目”面板中将创建的字幕拖曳至 V2 轨道的相应位置，添加字幕，如图 24-40 所示。

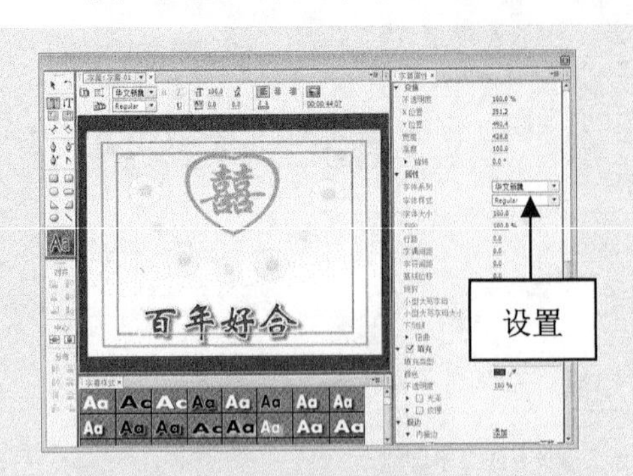


图 24-39　设置字体

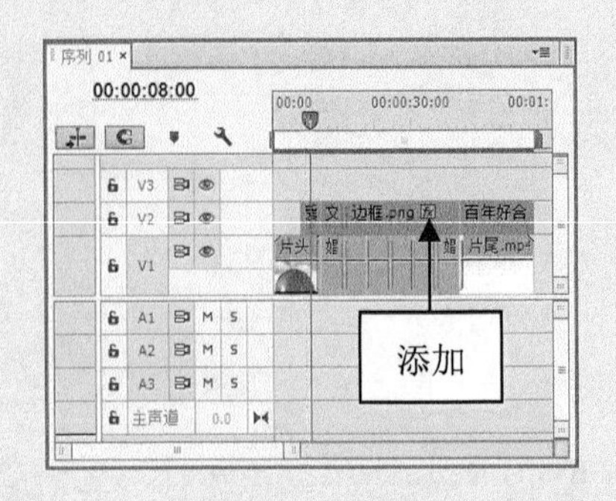


图 24-40　添加字幕

步骤05 在“时间线”面板中调整字幕的时间长度，并为其添加“交叉溶解”特效，如图 24-41 所示。

步骤06 选择字幕文件，设置当前时间为 00:00:42:10，展开“效果控件”面板，设置“位置”为-300.0、288.0，“不透明度”为 0.0%，如图 24-42 所示。

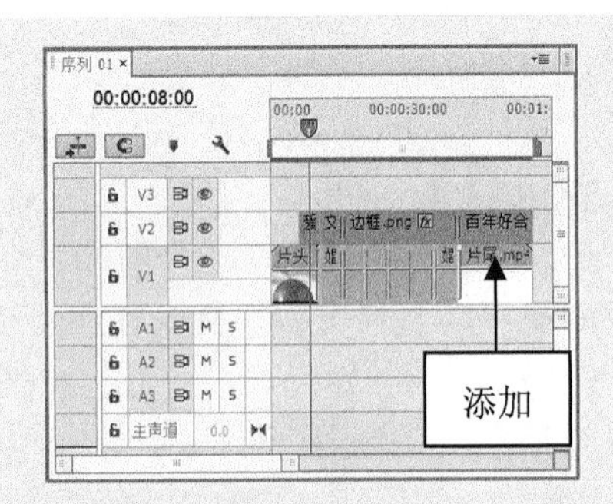


图 24-41　添加“交叉溶解”特效

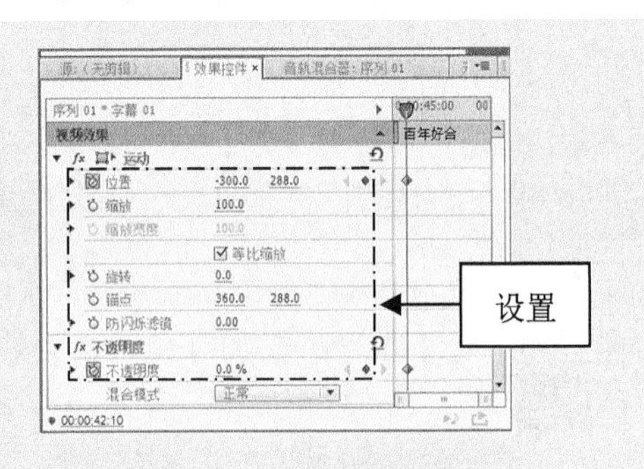


图 24-42　设置相应参数(1)

步骤07 设置当前时间为 00:00:46:15，在其中设置“位置”为 360.0、288.0，“不透明度”为 100.0%，如图 24-43 所示。

步骤08 设置当前时间为 00:00:51:15，在其中设置“位置”为 360.0、288.0，单击“不透明度”右侧的“添加/移除关键帧”按钮，添加一组关键帧，如图 24-44 所示。

步骤09 设置当前时间为 00:00:56:00，在其中设置“位置”为 1000.0、288.0，“不透明度”为 0.0%，如图 24-45 所示。

步骤10 单击“播放-停止切换”按钮，在“节目监视器”面板中预览视频效果，如图 24-46 所示。

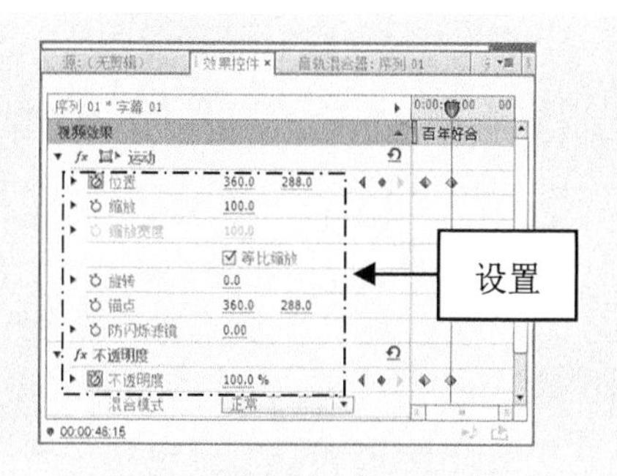


图 24-43 设置相应参数(2)

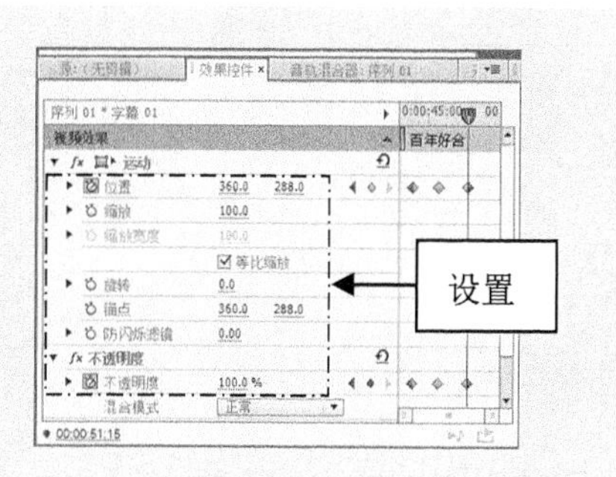


图 24-44 添加关键帧

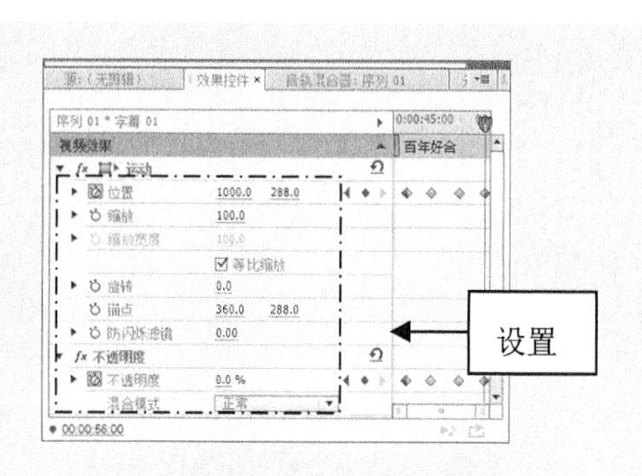


图 24-45 设置相应参数(3)

图 24-46 预览视频效果

# 24.3 视频后期编辑与输出

相册片头的背景画面与主体字幕动画制作完成后，接下来介绍视频后期的背景音乐编辑与视频的输出操作。

## 24.3.1 实战——相册音乐效果的制作

在制作相册片尾效果后，就可以创建制作相册音乐效果。添加适合婚纱纪念相册主题的音乐素材，并且在音乐素材的开始与结束位置添加音频过渡。下面介绍制作相册音乐效果的操作方法。

**步骤01** 在“项目”面板中选择音乐素材，单击鼠标左键，并将其拖曳至 A1 轨道中，调整音乐的时间长度，如图 24-47 所示。

**步骤02** 在“效果”面板中展开“音频过渡”|“交叉淡化”选项，选择“指数淡化”选项，如图 24-48 所示。

**步骤03** 单击鼠标左键，并将其拖曳至音乐素材的起始点与结束点，添加音频过渡特效，如图 24-49 所示。

**步骤04** 执行上述操作后，在“节目监视器”面板中单击“播放-停止切换”按钮，预览片尾音频特效，如图 24-50 所示。

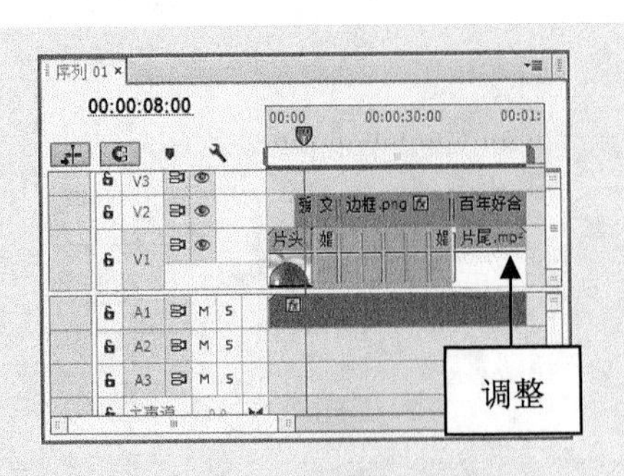


图 24-47　调整时间长度

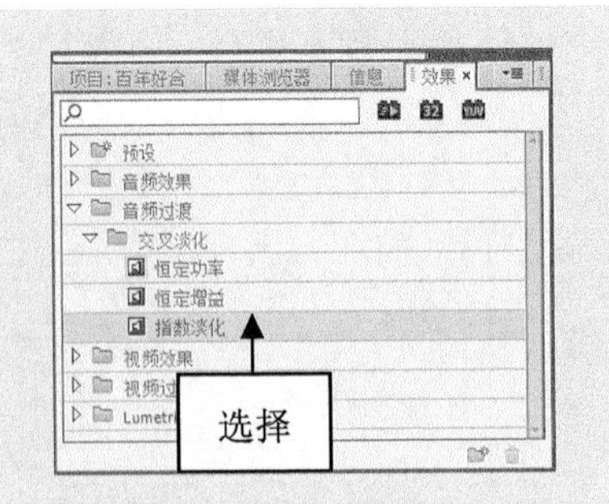


图 24-48　选择“指数淡化”选项

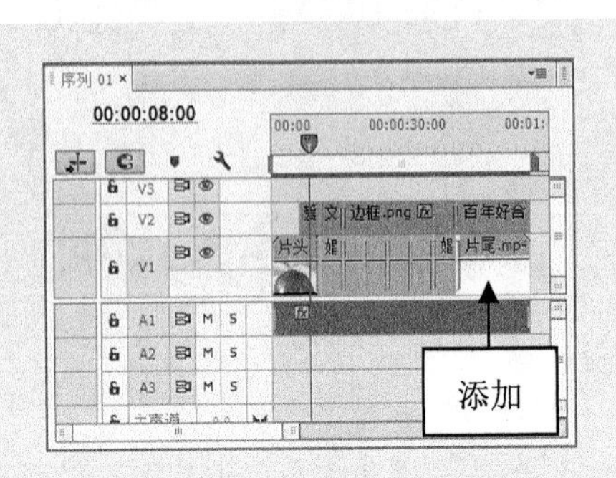


图 24-49　添加音频过渡特效

图 24-50　预览片尾音频特效

## 24.3.2　实战——婚纱纪念相册的导出

制作相册片头、主体、片尾效果后，便可以将编辑完成的影片导出成视频文件。下面介绍导出婚纱纪念相册——《百年好合》视频文件的操作方法。

**步骤 01**　切换至“节目监视器”面板，按 Ctrl+M 组合键，弹出“导出设置”对话框，单击“格式”选项右侧的下拉按钮，在弹出的列表框中选择 AVI 选项，如图 24-51 所示。

**步骤 02**　单击“预设”选项右侧的下拉按钮，在弹出的列表框中选择 PAL DV 选项，如图 24-52 所示。

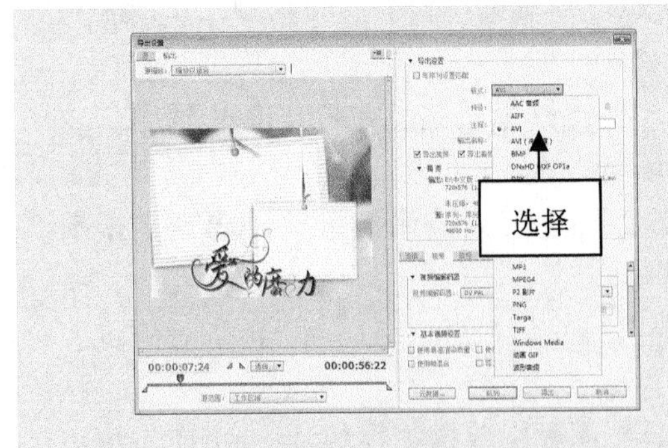


图 24-51　选择 AVI 选项

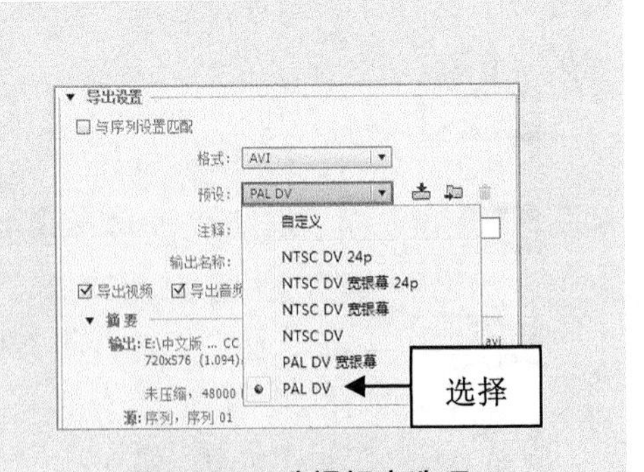


图 24-52　选择相应选项

**步骤03** 单击“输出名称”右侧的“序列 01.avi”超链接，弹出“另存为”对话框，在其中设置视频文件的保存位置和文件名，如图 24-53 所示。

**步骤04** 单击“保存”按钮，返回“导出设置”界面，单击对话框右下角的“导出”按钮，弹出“渲染所需音频文件”对话框，开始导出编码文件，并显示导出进度，如图 24-54 所示，稍后即可导出婚纱纪念视频。

图 24-53 设置保存位置和文件名

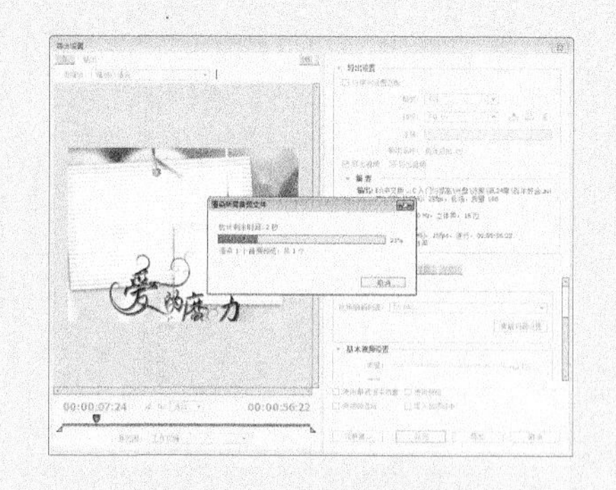


图 24-54 显示导出进度

# 第25章

## 《老有所乐》视频特效的制作

老年人的退休生活是人一生中享乐的时期，旅游、户外运动等对老年人是非常快乐的事。将老年人旅游户外运动的境况用数码相机摄下来，然后运用Premiere Pro CC将相片制作成电子相册，作为赠送给老年人的礼物，也是一件非常有意义的事情。本章主要介绍如何制作老年影像——老有所乐。

本章重点：

- 效果欣赏与技术提炼
- 制作视频的过程
- 视频后期编辑与输出

# 25.1 效果欣赏与技术提炼

在制作老年影像之前，首先带领读者预览老年影像的画面效果，并了解项目技术提炼等内容，这样可以帮助读者更好地学习影像的制作方法。

## 25.1.1 效果欣赏

本实例主要介绍制作《老有所乐》效果的具体操作方法，效果如图 25-1 所示。

图 25-1 老年影像效果

## 25.1.2 技术提炼

首先，在 Premiere Pro CC 工作界面中新建项目并创建序列，导入需要的素材。然后将素材分别添加至相应的视频轨道中，使用相应的素材制作片头效果，制作美观的字幕并创建关键帧，添加视频素材至相应的视频轨道中，添加合适的视频过渡并制作相片运动效果，制作出精美的动感影像效果。最后，制作影像片尾，添加背景音乐，输出视频，完成老年影像的制作。

# 25.2 制作视频的过程

老年影像的制作过程主要包括导入老年影像的素材，制作影像片头效果，制作影像动态效果等内容。

## 25.2.1 实战——片头视频的添加

影像效果是以动态视频素材为主，制作影像效果之前，需要制作一段影片片头。在制作片头效果之前，首先需要导入视频素材。下面介绍添加片头视频的操作方法。

**步骤 01** 在 Premiere Pro CC 工作界面中，新建一个项目文件并创建序列，按 Ctrl+I 组合键，弹出“导入”对话框，选择随书附带光盘中 8 个文件，如图 25-2 所示。

**步骤02** 单击对话框下方的“打开”按钮，将视频文件导入到“项目”面板中，如图 25-3 所示。

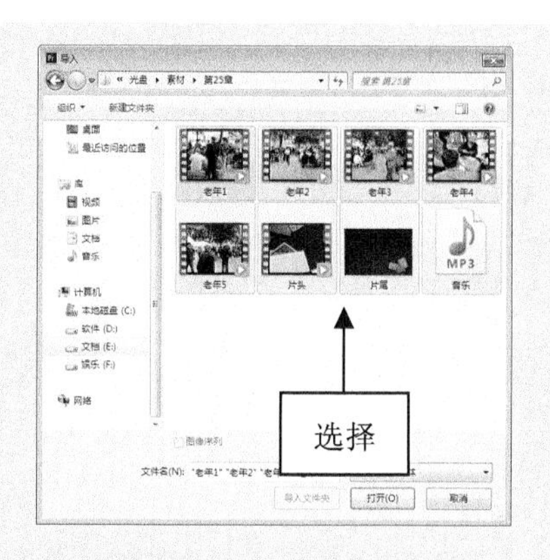


图 25-2 选择素材文件

图 25-3 导入文件至“项目”面板

**步骤03** 选择“片头.wmv”视频文件，单击鼠标左键，将其拖曳至 V1 轨道上，如图 25-4 所示。

**步骤04** 设置“缩放”为 120.0，在“节目监视器”面板中预览视频，如图 25-5 所示。

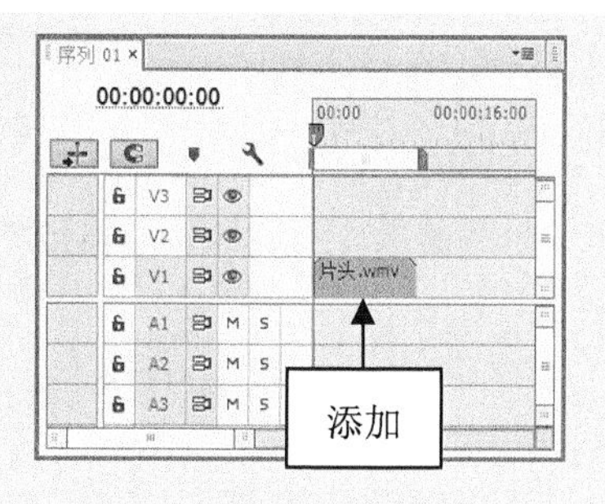


图 25-4 添加视频文件(1)

图 25-5 预览视频效果

**步骤05** 在“项目”面板中选择“老年 1.avi”视频，如图 25-6 所示。

**步骤06** 将其添加至 V2 轨道中，并删除音频文件，如图 25-7 所示。

图 25-6 选择合适的视频

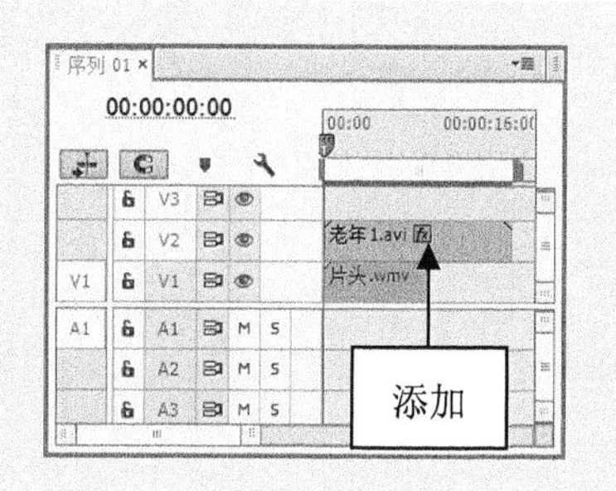


图 25-7 添加视频文件(2)

## 25.2.2 实战——画中画效果的制作

当用户导入两段或多段视频素材后，便可以将两个素材放置在不同的轨道中，组合成一段画中画效果。

**步骤 01** 选择 V2 素材，展开相应面板，拖曳时间线至 00:00:05:16 的位置，设置“位置”为 280.0、450.0，“缩放”为 67.4，“旋转”为-9.0°，添加关键帧，如图 25-8 所示。

**步骤 02** 拖曳时间线至 00:00:07:16 的位置，设置“位置”为 270.0、390.0，“缩放”为 80.0，“旋转”为 0.0°，添加第 2 组关键帧，如图 25-9 所示。

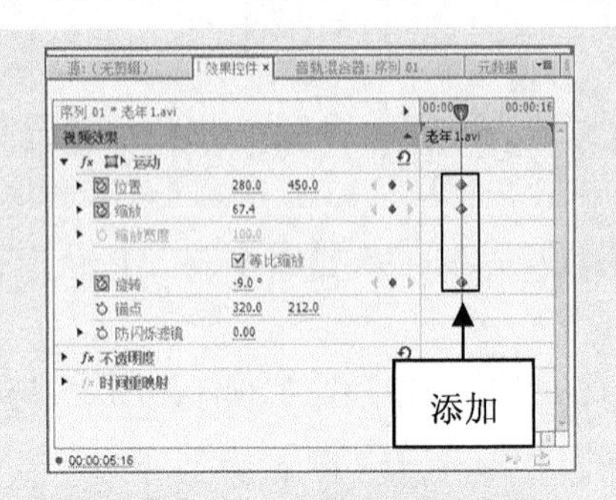


图 25-8 添加关键帧(1)

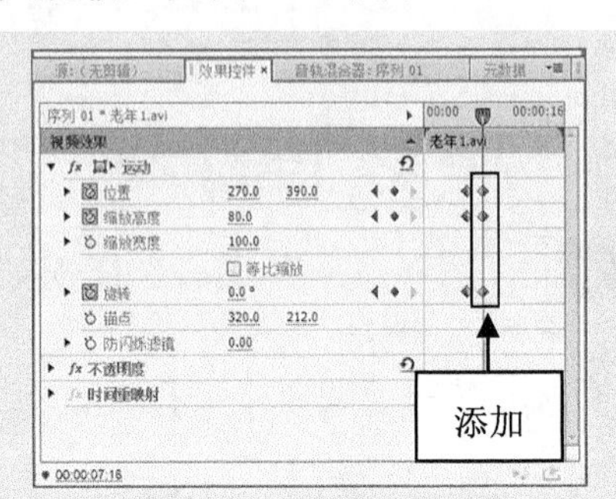


图 25-9 添加关键帧(2)

**步骤 03** 拖曳时间线至素材的起始点位置，设置“不透明度”为 0.0%，添加第 3 组关键帧，如图 25-10 所示。

**步骤 04** 拖曳时间线至 00:00:04:16 的位置，设置“不透明度”为 100.0%，添加第 4 组关键帧，如图 25-11 所示。

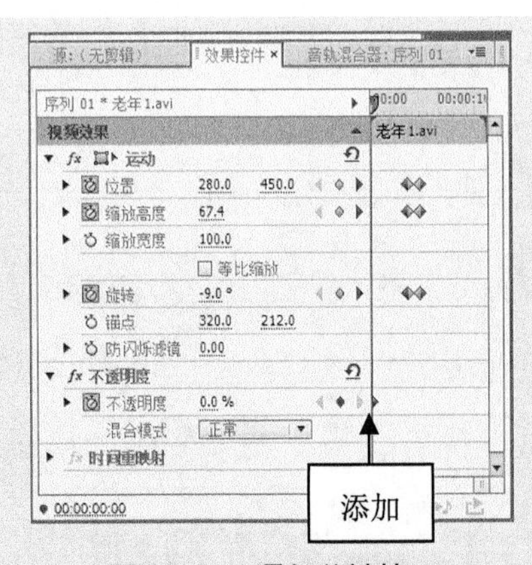


图 25-10 添加关键帧(3)

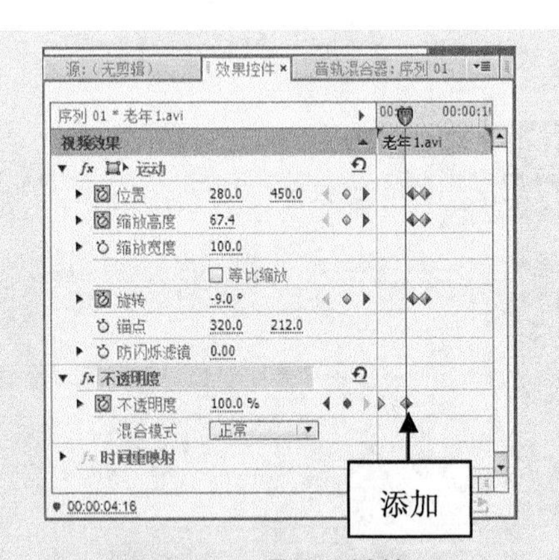


图 25-11 添加关键帧(4)

## 25.2.3 实战——画中画效果的编辑

合成画中画效果后，还需要对其属性进行编辑，让画中画效果更加有动感。

**步骤 01** 在“效果”面板中，展开“视频效果”|“键控”选项，选择“4 点无用信号遮罩”选项，如图 25-12 所示。

**步骤 02** 单击鼠标左键并拖曳至 V2 轨道上，添加视频效果，展开“效果控件”面板，如图 25-13 所示。

图 25-12 选择“4 点无用信号遮罩”选项

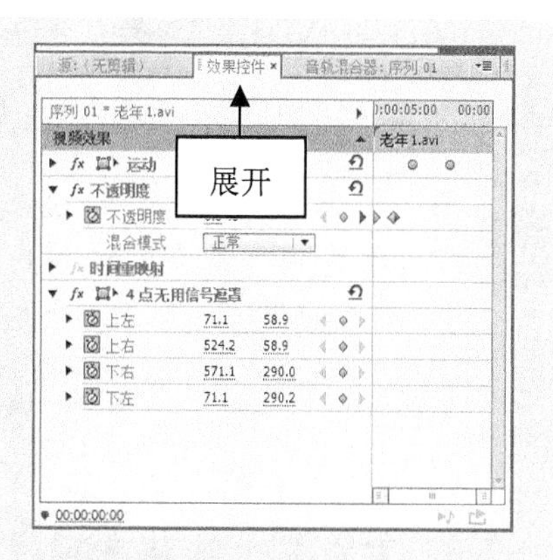


图 25-13 展开“效果控件”面板

**步骤 03** 拖曳时间线至 00:00:05:16 的位置，依次单击“上左”、“上右”、“下右”、“下左”选项左侧的“切换动画”按钮，添加关键帧，如图 25-14 所示。

**步骤 04** 拖曳时间线至 00:00:07:16 的位置，设置“上左”为-50.0、15.7，“上右”为 674.8、12.3，“下右”为 674.8、423.1，“下左”为-46.6、389.7，如图 25-15 所示。

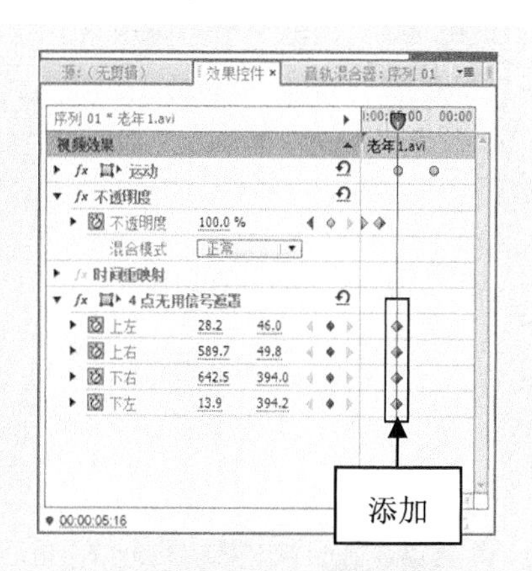


图 25-14 添加关键帧(1)

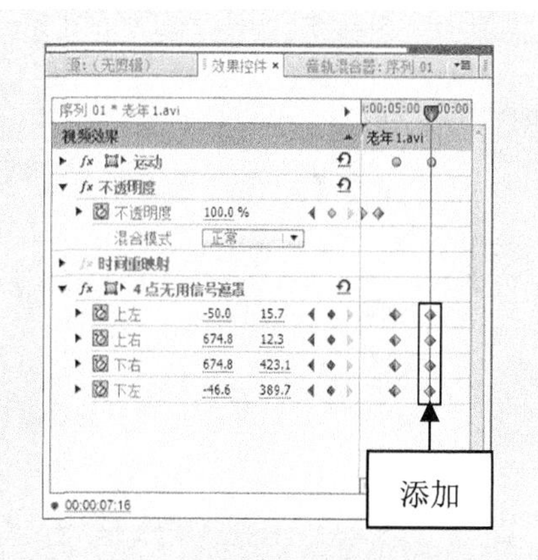


图 25-15 添加关键帧(2)

**步骤 05** 设置完成后，即可得到一段画中画效果，如图 25-16 所示。

**提示：**为了衔接片头效果，可以将片头效果中的视频素材重新导入，并导入更多的视频素材，以便后期编辑。

图 25-16　画中画效果

**步骤06** 在“项目”面板中，选择“老年 1”素材文件，如图 25-17 所示。

**步骤07** 将其拖曳至 V1 轨道上，调整素材长度，并删除音频文件，如图 25-18 所示，在“效果控件”面板中，设置“缩放”参数。

图 25-17　选择合适的视频

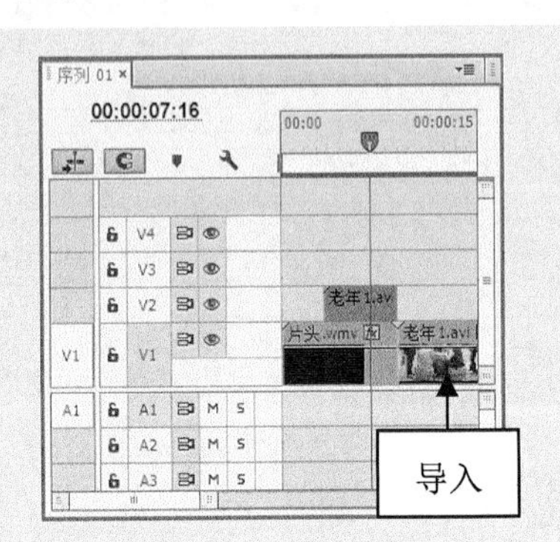


图 25-18　导入视频素材

**步骤08** 用与上述同样的方法，依次将其他的视频素材拖曳至 V1 轨道上，调整素材长度，并删除音频文件，如图 25-19 所示，并设置“缩放”参数。

**步骤09** 在“节目监视器”面板中，单击“播放-停止切换”按钮，可以查看视频画面，如图 25-20 所示。

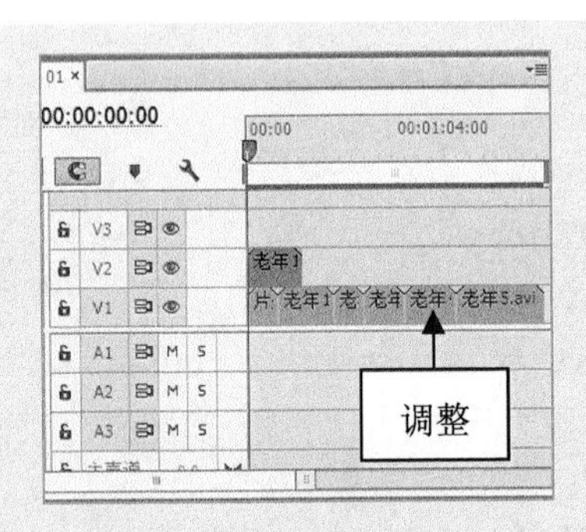


图 25-19　调整素材的长度

图 25-20　查看视频画面

## 25.2.4　实战——视频转场的添加

完成素材属性的编辑后，可以在视频素材与素材之间添加合适的转场效果，让视频之间的转换更加平滑。

**步骤01** 在“效果”面板中，展开“视频过渡”|“划像”选项，选择“菱形划像”选项，如图25-21所示。

**步骤02** 单击鼠标左键并将其拖曳至V1轨道中的“老年 1”与“老年 2”素材之间，添加转场，视频效果如图25-22所示。

图25-21 选择“菱形划像”选项

图25-22 添加转场效果(1)

**步骤03** 用与上述同样的方法，依次将“交叉伸展”、“翻页”和“带状擦除”转场效果添加至V1轨道的各个素材之间，如图25-23所示。

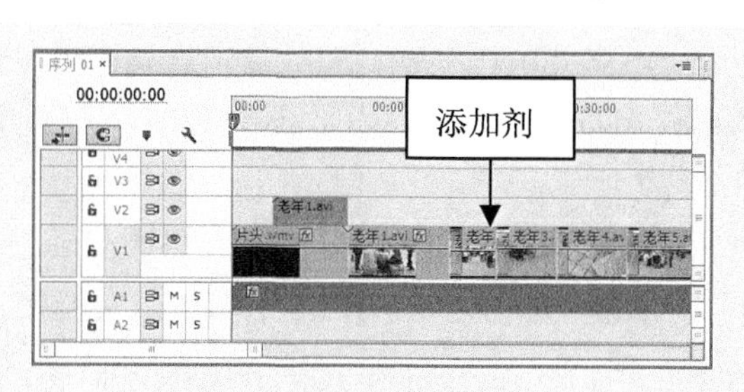


图25-23 添加转场效果(2)

**步骤04** 在“节目监视器”面板中，单击“播放-停止切换”按钮，预览转场效果，如图25-24所示。

图25-24 预览转场效果

## 25.2.5 实战——字幕效果的制作

可以为视频的起始位置添加一个带有主题含义的字幕，这样能够让整个视频内容更加丰富，主题更加明显。

**步骤01** 选择“字幕”|“新建字幕”|“默认静态字幕”命令，新建一个字幕文件，打开字幕编辑窗口，选取垂直文字工具，输入文字“老有所乐”，如图25-25所示。

**步骤02** 设置“字体”为“方正毡笔黑简体”，“填充类型”为“四色渐变”，“颜色”为金暗黄、橘黄、金黄色、金黄的四色渐变，并勾选“阴影”复选框，字幕效果如图25-26所示。

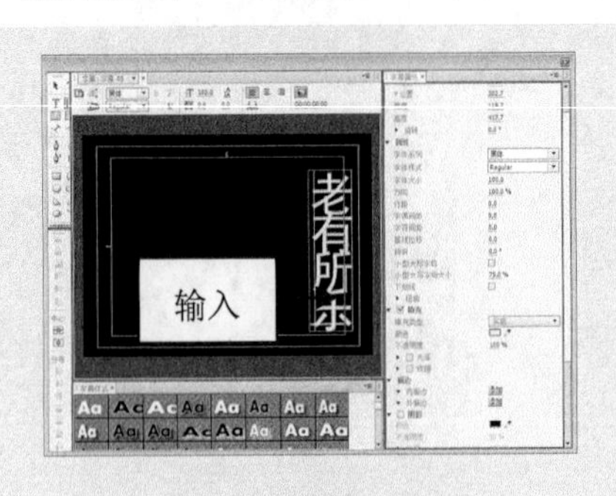


图25-25　输入文字

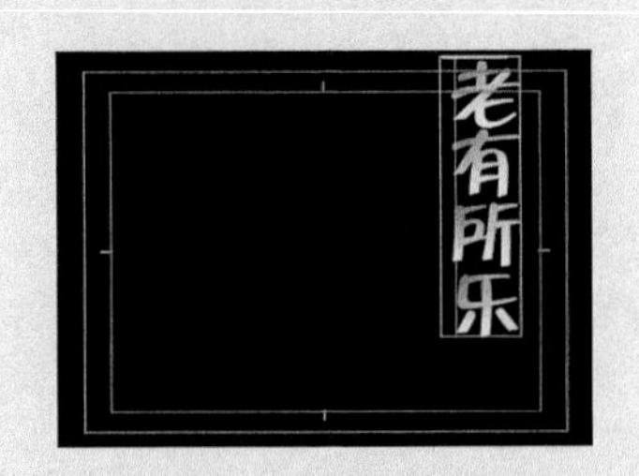


图25-26　设置参数后的字幕

## 25.2.6 实战——字幕动态效果的制作

在制作了视频转场后，还需要制作字幕动态效果，这样才能动感十足。

**步骤01** 关闭字幕编辑窗口，在“项目”面板中选择“字幕 01”，并将其拖曳至V3轨道中，如图25-27所示。

**步骤02** 展开“效果控件”面板，单击相应的“切换动画”按钮，设置“位置”为360.0、300.0，“不透明度”为0.0%，添加第1组关键帧，如图25-28所示。

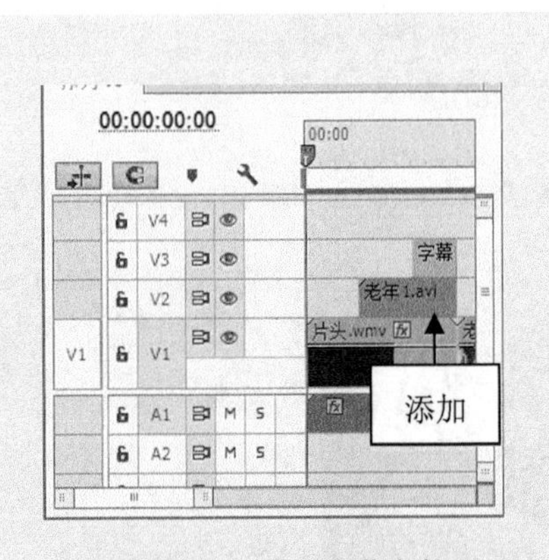


图25-27　添加字幕文件

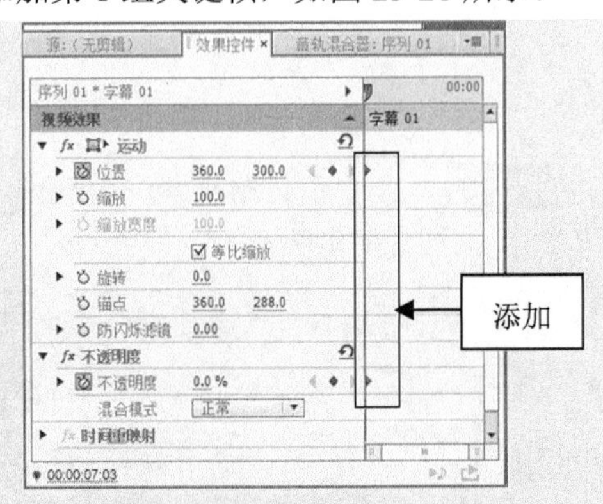


图25-28　添加关键帧(1)

**步骤03** 拖曳时间线至00:00:07:13的位置，设置“位置”为360.0、320.0，“不透明度”为100.0%，添加第2组关键帧，如图25-29所示。

**步骤04** 拖曳时间线至00:00:08:03的位置，设置“位置”为360.0、360.0，“不透明度”为 100.0%，添加关键帧，如图 25-30 所示。

图 25-29　添加关键帧(2)

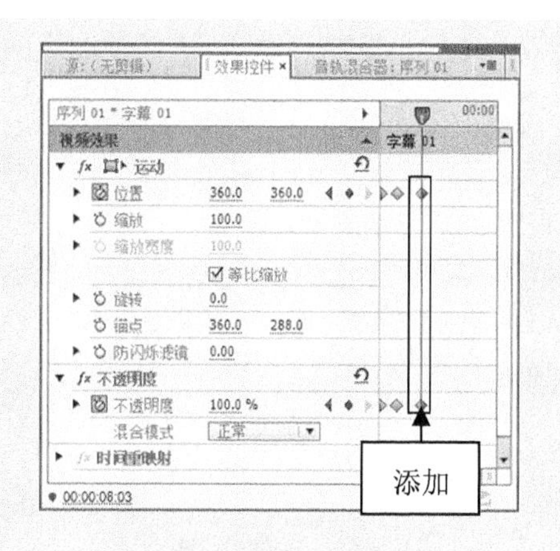


图 25-30　添加关键帧(3)

**步骤 05**　拖曳时间线至 00:00:08:13 的位置，设置“位置”为 360.0、380.0，“不透明度”为 0.0%，添加关键帧，如图 25-31 所示。

**步骤 06**　在“节目监视器”面板中，单击“播放-停止切换”按钮，预览字幕运动效果，如图 25-32 所示。

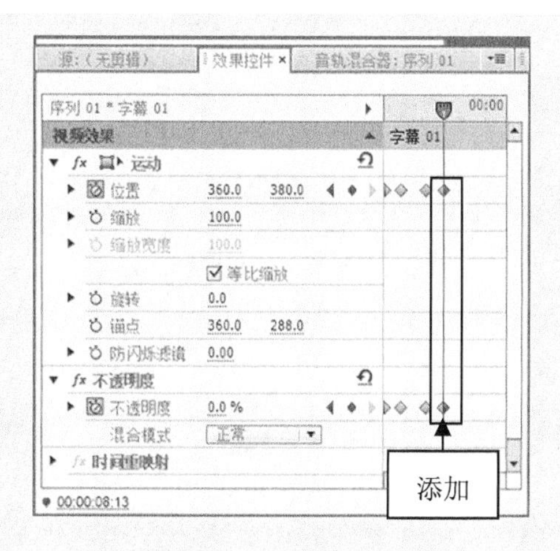


图 25-31　添加关键帧(4)

图 25-32　预览字幕运动效果

## 25.2.7　实战——片尾素材的添加

完成片头字幕的添加后，需要添加片尾素材，才能进行片尾效果的制作。

**步骤 01**　在“项目”面板中，选择“片尾.bmp”素材，如图 25-33 所示。

**步骤 02**　将图像文件添加至 V1 轨道的结束点处，如图 25-34 所示。

图 25-33　选择合适的图像

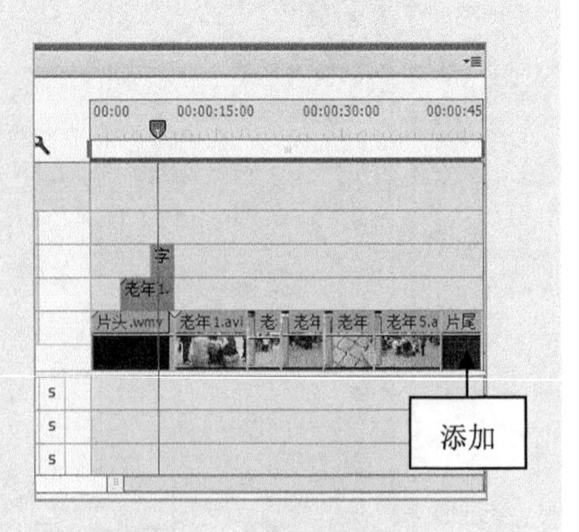


图 25-34　添加图像素材

## 25.2.8 实战——片尾运动效果的制作

在添加完片尾素材后，需要编辑片尾的视频素材，以制作出运动效果。

**步骤01** 选择“项目”面板中的“老年 5”素材，将其拖曳至 V2 轨道，并调整素材的位置和长度，如图 25-35 所示。

**步骤02** 展开“效果控件”面板，单击相应的“切换动画”按钮，添加关键帧，如图 25-36 所示。

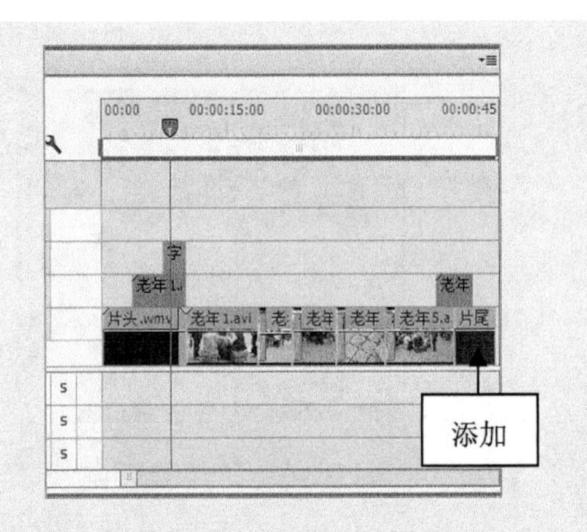


图 25-35　添加视频素材

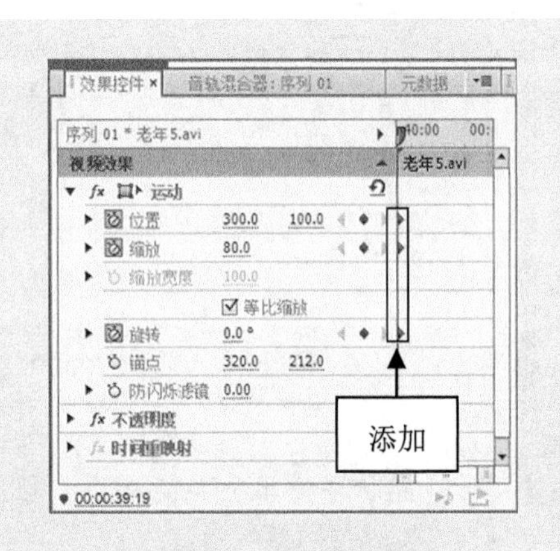


图 25-36　添加关键帧(1)

**步骤03** 拖曳时间线至 00:00:41:10 的位置，设置“位置”为 400.0、300.0，“缩放”为 60.0，“旋转”为 53.0°，添加关键帧，如图 25-37 所示。

**步骤04** 拖曳时间线至 00:00:43:06 的位置，设置“位置”为 600.0、450.0，“缩放”为 30.0，“旋转”为 348.0°，添加关键帧，如图 25-38 所示。

**步骤05** 执行操作后，即可完成片尾运动效果的制作。

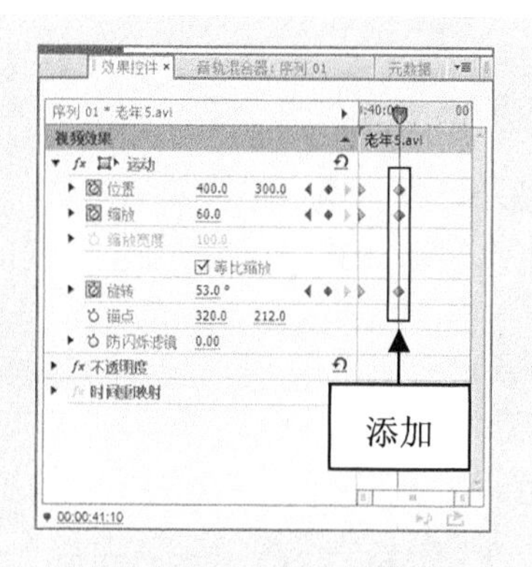

图 25-37　添加关键帧(2)

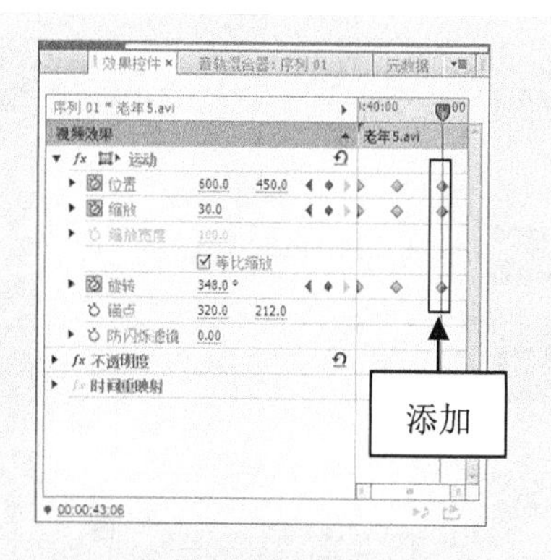

图 25-38　添加关键帧(3)

## 25.2.9 实战——片尾字幕的制作

完成片尾视频的编辑后，就可以为视频添加片尾祝福语。操作步骤如下。

**步骤 01** 新建一个字幕文件，打开字幕编辑窗口，选取输入工具，输入文字为“祝天下所有的老年朋友”，如图 25-39 所示。

**步骤 02** 设置“字体”为“华文行楷”，“字体大小”为 45.0，“颜色”的 RGB 参数为 252、254、0，其字幕效果如图 25-40 所示。

图 25-39　输入文字(1)

图 25-40　设置参数的字幕效果(1)

**步骤 03** 新建一个字幕文件，打开字幕编辑窗口，选取输入工具，输入文字为“健康长寿”，如图 25-41 所示。

**步骤 04** 设置“字体”为“华文行楷”，“字体大小”为 100.0，“颜色”的 RGB 参数为 252、254、0，其字幕效果如图 25-42 所示。

图 25-41　输入文字(2)

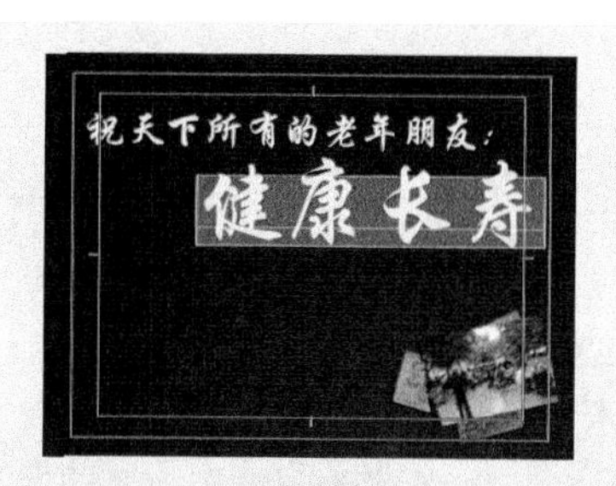

图 25-42　设置参数的字幕效果(2)

### 25.2.10 实战——片尾字幕特效的添加

在制作完片尾字幕后，还需要添加一个视频效果，以得到更好的字幕效果。

步骤01 关闭字幕编辑窗口，将“字幕 02”和“字幕 03”文件拖曳至不同的视频轨道中，如图 25-43 所示。

步骤02 为“字幕 02”文件的起始位置添加“交叉溶解”特效，如图 25-44 所示。

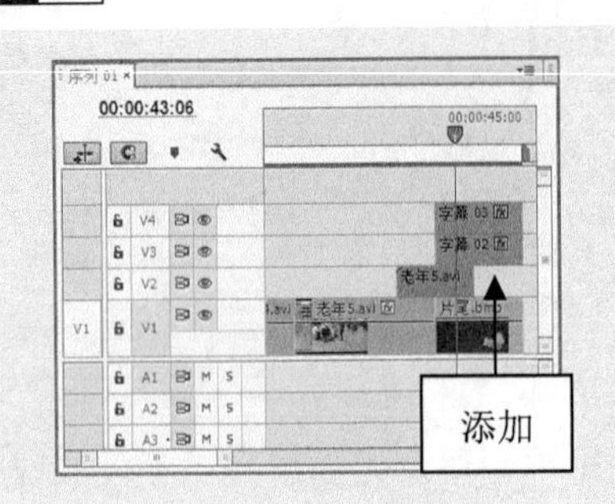


图 25-43 添加字幕文件

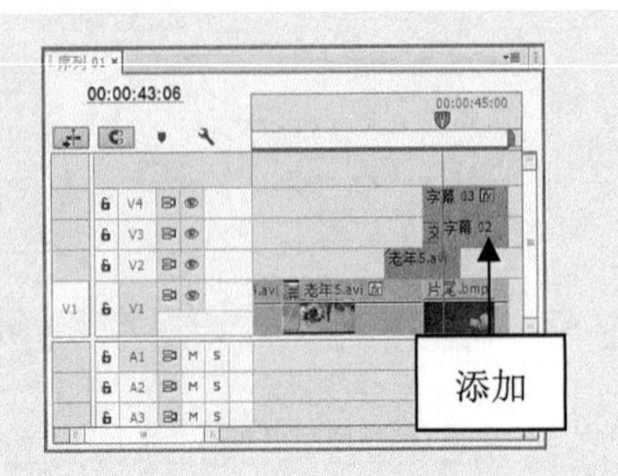


图 25-44 添加“交叉溶解”特效

步骤03 在“效果”面板中，展开“视频过渡”|“伸缩”选项，选择“伸展进入”选项，将其拖曳至“字幕 03”文件的起始位置，如图 25-45 所示。

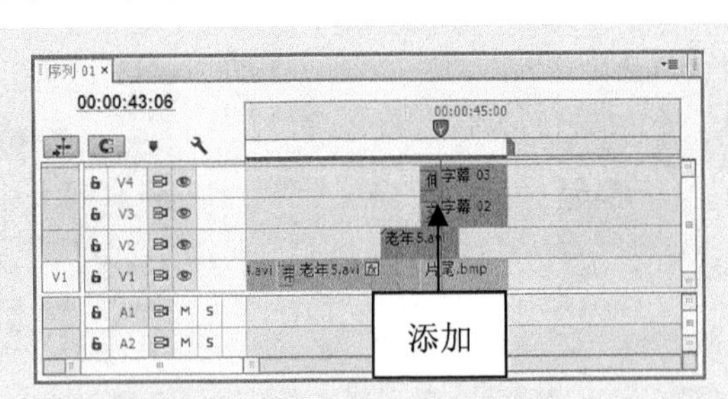


25-45 添加视频效果

## 25.3 视频后期编辑与输出

影像片头的背景画面与主体字幕动画制作完成后，接下来向读者介绍视频后期的背景音乐编辑与视频的输出操作。

### 25.3.1 实战——音乐文件的添加

在制作完字幕与片尾效果后，还需要添加音乐文件，才能得到完整的老有所乐效果。

步骤01 在“项目”面板中选择“音乐”文件，如图 25-46 所示。

步骤02 将音乐文件添加至音频轨道，并调整其长度，如图 25-47 所示。

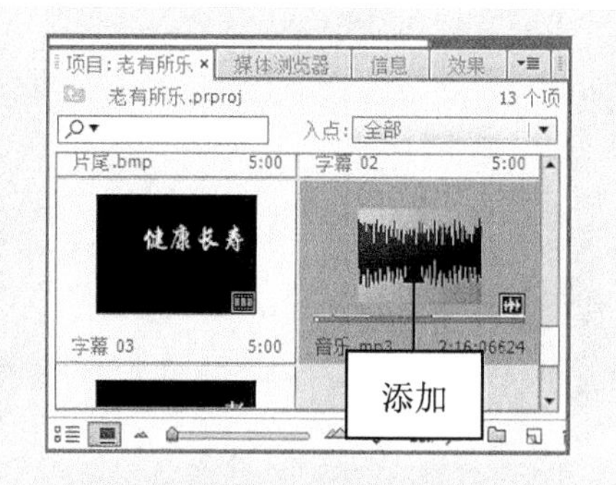


图 25-46　选择音乐文件

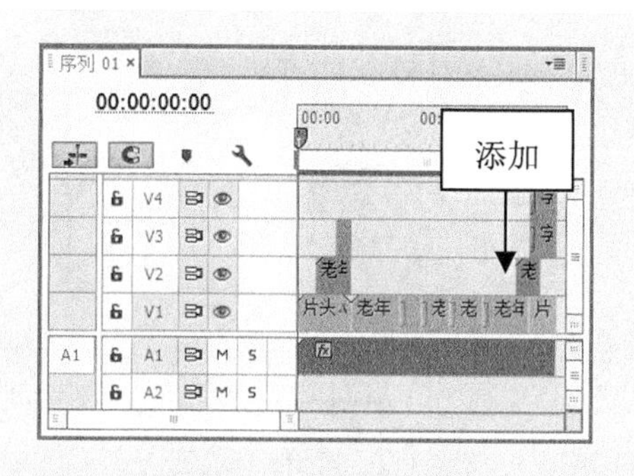


图 25-47　添加音乐文件

## 25.3.2　实战——老年影像的导出

制作影像片头、主体、片尾效果后，便可以将编辑完成的影片导出成视频文件了。下面介绍导出老年影像——《老有所乐》视频文件的操作方法。

**步骤 01**　切换至“节目监视器”面板，按 Ctrl+M 组合键，弹出“导出设置”对话框，单击“格式”选项右侧的下拉按钮，在弹出的列表框中选择 AVI 选项，如图 25-48 所示。

**步骤 02**　单击“预设”选项右侧的下拉按钮，在弹出的列表框中选择 NTSC DV 选项，如图 25-49 所示。

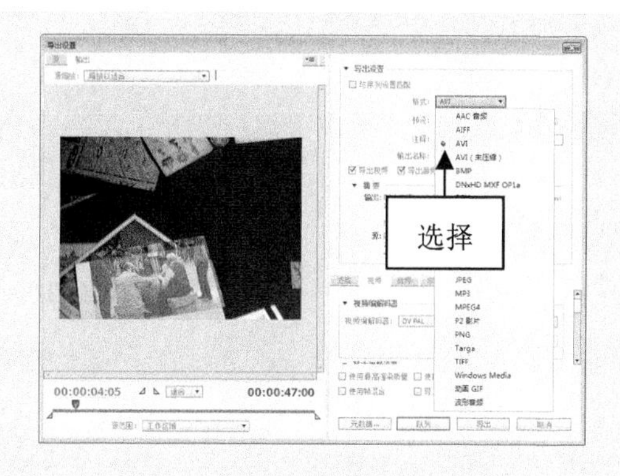


图 25-48　选择 AVI 选项

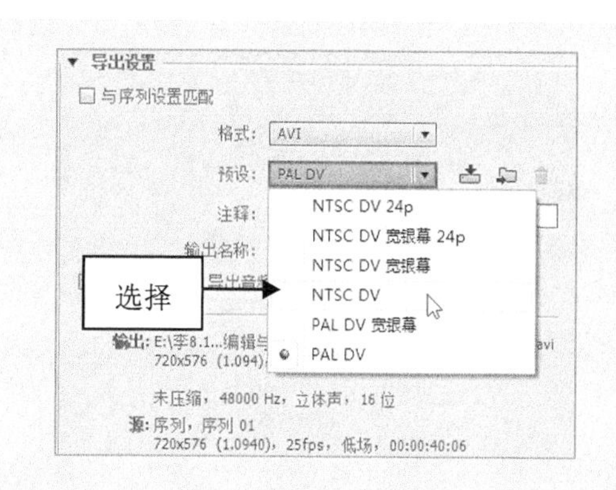


图 25-49　选择相应选项

**步骤 03**　单击“输出名称”右侧的“序列 01.avi”超链接，弹出“另存为”对话框，在其中设置视频文件的保存位置和文件名，如图 25-50 所示。

**步骤 04**　单击“保存”按钮，返回“导出设置”界面，单击对话框右下角的“导出”按钮，弹出“渲染所需音频文件”对话框，开始导出编码文件，并显示导出进度，如图 25-51 所示，稍后即可导出老年影像。

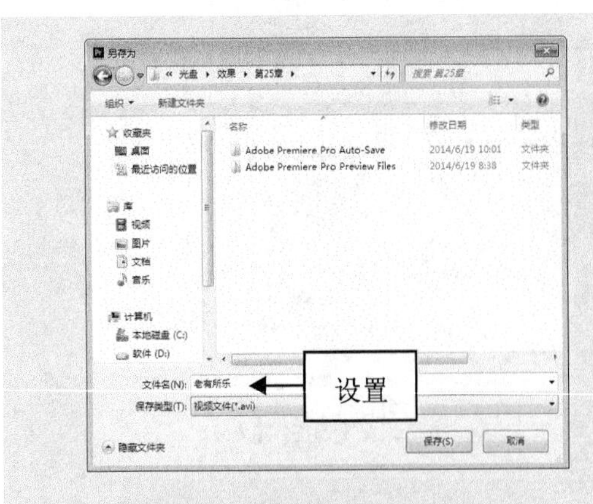


图 25-50　设置保存位置和文件名

图 25-51　显示导出进度